住房和城乡建设部“十四五”规划教材
住房城乡建设部土建类学科专业“十三五”规划教材
高等学校建筑学专业指导委员会规划推荐教材

外国近现代建筑史

（第三版）

A History of Modern Architecture（3rd Edition）

罗小未　卢永毅　主编

中国建筑工业出版社

图书在版编目（CIP）数据

外国近现代建筑史 =A History of Modern Architecture（3rd Edition）／罗小未，卢永毅主编．—3版．—北京：中国建筑工业出版社，2018.10
住房和城乡建设部“十四五”规划教材 住房城乡建设部土建类学科专业“十三五”规划教材 高等学校建筑学专业指导委员会规划推荐教材
ISBN 978-7-112-22364-0

Ⅰ．①外… Ⅱ．①罗… ②卢… Ⅲ．①建筑史－外国－近现代－高等学校－教材 Ⅳ．① TU-091

中国版本图书馆 CIP 数据核字（2018）第 131613 号

本书为住房城乡建设部土建类学科专业“十三五”规划教材，住房和城乡建设部“十四五”规划教材。本教材对2004年《外国近现代建筑史》（第二版）教材进行了修订和扩充。本教材尽可能更丰富地呈现18世纪中叶至20世纪末两百余年来的现代建筑发展概况，以进一步适应国内建筑院校的教学需求。教材主要内容包括五个章节：18世纪下半叶至19世纪下半叶欧洲与美国的建筑；19世纪下半叶至20世纪初对新建筑的探求；现代建筑走向成熟——两次世界大战之间的探索与发展；第二次世界大战后至1970年代的建筑发展；现代主义之后的建筑思潮与实践。

本书适合作为建筑学、城乡规划、风景园林、环境设计等方向的专业教材使用，也可供土建类其他相关专业师生以及业余爱好者参考学习。

为了更好地支持相应课程的教学，我们向采用本书作为教材的教师提供课件，有需要者可与出版社联系。

建工书院：http：//edu.cabplink.com

邮箱：jckj@cabp.com.cn　　电话：（010）58337285

责任编辑：陈　桦　王　跃　杨　琪
责任校对：姜小莲

住房和城乡建设部“十四五”规划教材
住房城乡建设部土建类学科专业“十三五”规划教材
高等学校建筑学专业指导委员会规划推荐教材
外国近现代建筑史（第三版）
A History of Modern Architecture (3rd Edition)
罗小未　卢永毅　主编
*
中国建筑工业出版社出版、发行（北京海淀三里河路9号）
各地新华书店、建筑书店经销
北京雅盈中佳图文设计公司制版
北京市密东印刷有限公司印刷
*
开本：787毫米×1092毫米　1/16　印张：$32^1/_2$　字数：791千字
2024年7月第三版　2024年7月第一次印刷
定价：59.00元（赠教师课件）
ISBN 978-7-112-22364-0
（32218）

第三版前言

这部教材首次出版于1982年，作者团队汇集了以同济大学罗小未先生、清华大学吴焕加先生、东南大学刘先觉先生和天津大学沈玉麟先生为核心的，多位长期从事外国建筑史教学的教师，在国内建筑教育和学科发展史上具有里程碑的意义。[①] 2004年，罗小未先生主编完成教材的第一次修订，充实了“二战”之后现代建筑多样化发展和地域性实践的内容，并新增介绍1960年代后各种建筑思潮和设计倾向的“现代主义之后”一章。数年前，再次修订工作被提上议事日程，以适应新时期教学发展的需要。罗先生认为，既然是再次修编，教材整体结构不宜大改，部分章节需补充的，应尽量尊重原作者的意见，同时也鼓励更多青年学者的参与。[②]

经老中青学者们的共同努力，这一轮修订工作结束。教材在保持整体格局的基础上，有三处较明显的调整。一是第三章内容有很大扩充，更名为“现代建筑走向成熟——两次世界大战之间的探索与发展”。二是将第二版第四章中体例与分期方式均有显著差异的第二节和第三节独立为专题篇，使历史叙述更连贯，专题特征更突出。三是教材最后为师生们拓展学习增补了近200种参考书目。

本次教材修订过程，正值中国建筑发展进入又一新的历史时期，设计实践、知识生产和教育改革呈现多元繁荣景象，中外交流的广泛性和多样性也前所未遇。作为建筑学知识体系的重要组成，外国近现代建筑史如何在时代语境中发展和提升，推动更高质量的教学资源建设，为学生充实专业知识、增强历史意识、培养批判能力和拓展学科视野提供有益的帮助，需要不断探索。因而，如果说每一次的教材修订也是作者展开各种批判及思考的过程，那么本次关注的核心议题，就是如何进一步建立起现代建筑史学史（Historiography）的自觉意识与实践思考。

外国近现代建筑史教材的编著和修订，是中西学术交流的产物。追溯自1920年代以来现代建筑史学的发展轨迹，呈现给我们的是与吉迪翁（Siegfried Giedion）、佩夫斯纳（Nicolaus Pevsner）、考夫曼（Emil Kaufmann）、希区柯克（Henry-Russell Hitchcock）、班纳姆（Reyner Banham）、泽维（Bruno Zevi）、本纳沃罗（Leonardo Benevolo）、约迪克（Jürgen Joedicke）、柯林斯（Peter Collins）、柯林·罗（Colin Rowe）、弗兰姆普敦（Kenneth Frampton）、柯泓（Alan Colquhoun）和威廉·柯蒂斯（William J. R. Curtis）等史学家名字连在一起的一系列影响深远的现代建筑史著作，它们在过去半个多世纪中被逐步引

---

① 具体见本教材第一版、第二版前言中的分工说明。

② 这些想法在当时得到了吴焕加先生和刘先觉先生的认可。由于沈玉麟先生已过世，修订工作起步阶段也同时征求了目前天津大学建筑学院外国建筑史课程负责人王蔚教授和杨菁副教授的意见。

介、翻译进来，[①]丰富了历史认知，也引发了我们的追问：现代建筑史为何不断地被重新书写？史学家们的著作有何不同？这个历史谱系内含了怎样的关联又如何影响了我们的历史编纂？

新史料的挖掘固然是修编史书的动因，但进入文本的比较阅读就能发现，历史重新叙述，根本还是源于建筑观和历史观发生了变化。一个显著的现象是，就如何确定现代建筑历史起点的问题，史学家因史观不同而看法各异。在以佩夫斯纳和吉迪翁的著作为代表的早期现代建筑史书中，极为强调技术发展对建筑变革的先导作用，因此，19 世纪中期探索艺术与技术新统一的设计改革运动就被作为现代建筑的开端，并与社会变革的进程与时代精神的塑造相结合，是历史演进的必然。而同一时期的建筑史学家考夫曼则以 18 世纪末法国建筑师勒杜（Claude-Nicolas Ledoux）的创新设计语言如何由 20 世纪勒·柯布西耶最终确立为线索，以建筑自主性的观念，构建起现代建筑历史源流的另一种解说。希区柯克的现代建筑史编纂起步早，他强调历史书写的客观性，也突出技术与社会对建筑变革的关键性推动作用，他与约翰逊（Phillip Johnson）合著的《国际式：1922 年以来的建筑》，对现代建筑新风格的塑造与传播起到了很大的作用。

“二战”后欧洲涌现的一代建筑史学家，开始质疑基于艺术史传统、以风格演变为主线的历史编纂，转而进入复杂文脉中和多维视野下的历史研究，开启现代建筑史学的新局面。如班纳姆在其著作《第一机械时代的理论与设计》中，以 19—20 世纪转折时期的教育家瓜代（Julien Guadet）、史学家舒瓦西（August Choisy）等人物的评述作为历史起点，以巴黎学院派教育中构成（Composition）概念的复杂变化作为现代建筑史的序幕，并又强调其研究“现代建筑的主要特征正是在于一种全新的空间感觉和机械美”这块磁石上展开，[②]技术成就与建造环境的有机协调成为他叙述现代建筑进步历程的主要线索。柯林斯则以其《现代建筑设计思想的演变 1750—1950》这本开创性著作，使现代建筑史全面转向了思想史的研究。他认为史学家应将“建筑师们曾经刻意追求着的想法传达出来，而不是在风格上分析他们建造的全部建筑物”。[③]他将现代建筑追溯到启蒙时代，揭示其思想源流，从而也对 18—19 世纪的历史主义作出重新审视，索恩（John Soane）、部雷（Etienne-Louis Boullée）、勒杜和迪朗（Jean Nicolas Louis Durand）这些“复古思潮”的人物转而被他视为开启新时代的革命

① 这些史学家关于现代建筑史的代表性著作，均在教材最后的“参考与扩展阅读”书目中列出。

② 班纳姆 . 第一机械时代的理论与设计 [M]. 丁亚雷，张筱膺，译 . 南京：江苏美术出版社，2009.

③ 柯林斯 . 现代建筑设计思想的演变 1750-1950 [M]. 英若聪，译 . 北京：中国建筑工业出版社，1987：10.

性建筑师。因而，观念不同，不仅梳理历史的路径不同，对关键人物的谱系建构也有明显差异。[①] 如果说班纳姆和柯林斯仍然部分延续了早期现代建筑史学家的进步史观，那么塔夫里开启了对这些观念，尤其是吉迪翁的目的论历史的猛烈批评，他在《建筑学的理论与历史》中，抨击早期的现代建筑史编纂为一种"建筑学计划"（Progetti architectonici），一种操作性批评（Critica operativa），是为预言未来而"设计了过去的历史"，其史学的理论基础是实用主义和工具论的传统。[②]

20 世纪后半叶起，对现代建筑的追根溯源，涉及社会政治、科学思维和物质技术等多个领域，也与民族意识觉醒、城市公共性的形成以及艺术文化领域的变革密不可分，因此，须将现代建筑的产生、发展和演变置于复杂的历史文脉中考察，同时揭示其思想与实践进程中的地域性与多样性，是史学界的普遍共识。弗兰姆普敦在其《现代建筑：一部批判的历史》的开篇就指出，寻找现代建筑的起点"即使不是追溯到文艺复兴时期，也至少要回顾到 18 世纪中叶"，并具体指明了"17 世纪末发生在法国的两个事件是现代建筑必不可少的条件，一是克劳德·佩罗（Claude Perrault）向维特鲁威比例关系学的普遍可行性提出挑战，二是巴黎道路和桥梁学校的创立标志的工程学与建筑学的分离"。[③] 甚至有史学家将现代思想的萌芽上溯至中世纪的后期。[④] 可见，即使走进历史深处，解读历史的视角和定义历史的起点还在不断变化。回看这部教材初创期，作者从西方 18 世纪的资产阶级革命、工业革命和新技术、新材料发展的时代变革中确定现代建筑的起点，始终保持历史唯物主义的立场，立足于在社会发展史进程中观察和解释建筑现象。第二版中，建筑史作为文化史组成部分的自觉意识得到更多的强调。那么，在此基础上，如何博采众长，尤其是如何融入思想史的新知识，呈现学科自身的连续轨迹，是目前和未来教材提升的重要目标。

历史发展既有主流，又是多线并进的。一个明显的现象是，虽然新史料不断充实，但在当代编著的历史文本中，分期、章节编排和叙述结构却并未因此更加清晰，甚至反而呈现出片段化、不连续的趋势。考察弗兰姆普敦、柯蒂斯和柯泓等史学家的著作，在时间进程的大框架中，历史叙述多以人物、设计运动、理论思潮和地域探索等不同视角和主题的多条线索并置、穿插和关联中展开。他们看来，弱化统一的归类和分期，可以避免简化和误读，更加接近历史的复杂性，而许多被淹没的事实，

---

① 图尼基沃蒂斯．现代建筑的历史编撰 [M]．王贵祥，译．北京：清华大学出版社，2012.

② 塔夫里．建筑学的理论和历史 [M]．郑时龄，译．北京：中国建筑工业出版社，2010：112.

③ 弗兰姆普敦．现代建筑：一部批判的历史 [M]．张钦楠，等译．生活·读书·新知三联书店，2012：3.

④ Liane Lefaivre, Alexander Tzonis. The Emergence of Modern Architecture: a documentary history from 1000 to 1810 [M]. Routledge, 2004.

甚至被排斥的人物、流派和作品及其价值因此会被发现、被挖掘出来。本次教材修订延续了原来的历史分期，有明显的合理性，但中国式的“近代”“现代”之分已被弱化，而在扩充后的第三章中，人物谱系既有代表主流的“大师”，也将原处于“边缘”地带的流派和人物纳入进来，如德国有机建筑、意大利理性主义、美国城市美化运动还有日本早期现代探索的专题，以及皮埃尔·夏霍（Pierre Chareau）、安德列·鲁萨特（André Lurçat）、让·普鲁维（Jean Prouvé）、朱塞佩·特拉尼（Giuseppe Terragni）、阿斯普伦德（Erik Gunnar Asplund）以及理查德·诺伊特拉（Richard Joseph Neutra）等人，都得到了应有的关注。现代建筑微观史、专题史研究成果已卷帙浩繁，为多线的历史叙述提供了丰富的资源，也为学科认识开启了一个个新的视窗。然而，相对于微观史的精深解读，教材的根本任务还是要在历史长河中建立起开放视野和关联性认知，就是既见树木又见森林，既有中观和微观考察，又不脱离宏观时空坐标和复杂历史全境。

回到修编这部历史教材后的基本问题：与以往相比，我们关于现代建筑的历史认识发生了怎样的转变？事实上，教材第二版中变化已经显现，集中反映在，拓展了对“二战”后现代建筑地域性发展的观察，增补了以批判思潮与多元理论为主体内容的“现代主义之后”一章。此次教材修编中观念与视角又有拓展，并至少在以下三个方面有了更加深入的认识。首先，如果说现代建筑史始终还是聚焦在那些被理解为对自身的现代性（Modernity）有所意识并极力主张变革的建筑师及其创新成就的话，那么，如上所述，它的发展路径和历史贡献既有主流，又有多样的，这种丰富性甚至存在于一个地域、国家乃至一个人物的思想和实践中。因此，所谓的“国际式”（International Style），与其说是现代建筑的真实面貌，不如说是宣传的产物。因而，脱离风格史的窠臼，观念与形式间的复杂关系才能得以恰当地阐释。其次，就是重新认识现代建筑和历史的关系。越来越多的研究显示，早期史学家为现代建筑战胜历史主义、开拓新时代美学的大力论证，并不全然符合事实，现代建筑的形式背后，依然深藏了与古典和乡土传统的复杂关联，无论是意大利的特拉尼或瑞典的阿斯普伦德，还是最富革命性的路斯（Adolf Loos）和勒·柯布西耶（Le Corbusier），其理论和作品中的这些特质已被充分挖掘。深入到思想史中，18—19 世纪的种种“复古”现象已不再简单而笼统地被视作现代进程中的羁绊，相反，历史主义的多样性中也蕴含了现代的思想，孕育了创新的生机，针对这一点，教材开篇的一章还需在未来作很大调整与补充。第三，在充分展现其历史性成就的基础上，现代建筑的历史叙述正从一部“进步的”历史转向一部“批判的”历史，因为“新建筑”的探索者不再被视为成功的预言家，他们过于强调新技术的进步作用和新建筑的乌托邦理想所导致的重重危机，已在“现代主义之后”的多元理论中得到全面揭示和批判。当然，在这样的转变中，如何保持这部历史文本前后的逻辑性，是一个难题。但至少，此次教材修订也并没有将后现代的批判思潮和多元实践简化成又一种“进步”的历史，而是注重在批判的基础上对以往现代建筑中历史价值未被充分认识的人物或现象重新关注，如荷兰的凡·艾克（Aldo Van Eyck）及结构主义建筑，美国的路易斯·康（Louis Kahn），或者如卡洛·斯卡帕（Carlo Scarpa）等始终植根于历史文脉的意大利建筑师，以强调他们自觉将人文传统融入现代建筑的深刻意义。

教材建设还在路上，未来的工作仍充满挑战。首先，这部教材是由多位作者不同时期的写作整合而成的，历史观念和前后叙述需要进一步统一，一些对现代建筑进程产生深远影响的历史人物、思想与实践也需补充进来。其二，现代建筑历史进程中自身内涵了多重的矛盾性和复杂性，对其观念与实践中理性与自由、瞬息与永恒、时代性与历史性、普适性与独特性之间的融合与冲突如何做出评述，仍是史学难题。其三，对功能、形式、空间、结构、类型以及真实性、合理性等现代建筑的理论学说，如何置入历史文脉中解读其概念的内涵、变迁以及与实践的关联性，又如何建立起跨学科和跨文化的自觉意识和方法，更是需要长期深入探讨的问题，甚至包括译名的统一，也需再作讨论。[①]其四，这部教材如何既体现出现代建筑史的独特性，又与陈志华先生编著的《外国建筑史（19世纪末叶以前）》呼应和衔接，甚至是书写一部超越西方为中心、包容更多地域和文化的真正的“外国现代建筑史”如何成为可能，与中国近、现代建筑史形成怎样的关联性，也是必须面对的议题。最后，外国现代建筑史如何更好地成为对中国当代建筑学以及建筑教育发展更有价值的知识形式，为历史研究和设计实践提供批判性启示，仍是编写这部教材的根本任务。希望这个简短的讨论能承上启下，为未来教材建设提供有益的思考。

需特别说明的是，开创这部《外国近现代建筑史》的前辈们为教材的第一次、第二次修

① 根据教材使用的实际反映以及出版社的建议，教材中的大部分译名仍然在这一版中沿用，但个别建筑师如路易·卡恩（Louis Kahn）、汉斯·沙龙（Hans Scharoun）的译名，重新改为路易斯·康和汉斯·夏隆，以符合国内建筑界约定俗成的译法。

订倾注心力，并不断提携后辈参与进来，他们为学术发展与传承做出的历史性贡献，始终闪耀在这部史书的字里行间。受主编罗小未先生的信任和嘱托，本人协助此次教材修订的协调工作。因学识和经验有限，教材在成果整合中的疏漏与不足难以避免，期待同行和读者的任何批评指正。不幸的是，在教材修订版定稿和开始细化整合之际，主笔人之一刘先觉先生与主编罗小未先生相继去世，[①] 心中的遗憾难以言表。在此，谨以这篇前言拙文向前辈们表达最诚挚的敬意。

最后，再完整介绍一下参与本教材编著的新老成员名单及其分工情况。[②]

第一章的第一至三节，第二章全章，第四章第一节中的五，专题二的第一、第二，由东南大学刘先觉负责，东南大学汪晓茜审校。

第一章的第四节和专题一，由天津大学沈玉麟负责，天津大学王蔚、杨菁审校。

第三章的第一至七节，由清华大学青锋基于吴焕加的成果重新编著。

第四章第一节中的一、二、三、四和第四章第二至九节，由同济大学罗小未负责；第四章第一节中的六，由同济大学陈琬与罗小未负责，专题二的第三，由同济大学蔡琬英、罗小未负责。

第五章的第一至六节由同济大学卢永毅负责，第七节由同济大学彭怒负责，第八节由同济大学李翔宁负责。

参考书目由同济大学卢永毅收集编目，清华大学青锋和东南大学汪晓茜略加补充。

修编工作还得到华南理工大学冯江的建议以及同济大学钱锋的特别支持。

感谢本教材审稿人张路峰教授。

在此，衷心感谢所有老师们的工作，没有众人的合作，没有新老学者的传承，教材的持续建设与发展是难以想象的。

同时也要真诚感谢以下多位参与此次教材修编辅助工作的成员，他们是，同济大学建筑系的博士后王伟鹏，博士研究生袁园、姚冬晖和姬琳，硕士研究生贡梦琼、关志鹏、游钦钦、王雨林、胡楠、任宇恒、李小洋、韩雨辰、谢国忠和张奕晨，他们为教材扩展阅读书目的整理、文本索引的编排以及图片出处的标注各项工作，付出了辛勤的汗水。[③]

卢永毅

2020 年 7 月于同济大学

---

① 刘先觉先生于 2019 年 5 月 16 日去世，罗小未先生于 2020 年 6 月 8 日去世。

② 本书具体章节编号与第二版有所不同。

③ 本书中提到的外语书名、期刊名采用斜体，文章名等仍采用正体。不常见的外国人名仍用原文未作翻译，以方便查阅。

第二版前言

本书是我国高等学校建筑学专业、城市规划专业及相关专业的教材和对建筑感兴趣的所有人员学习与工作的参考书。它是一本历史教材，其最终的目的是引导读者正确认识和理解建筑与建筑学的发展过程，从而使建筑历史精华体现在今日时空之中。

建筑历史主要是建筑文化史。"文化"，按《辞海》的解释是人类在社会实践过程中所获得的物质与精神的生产能力和所创造的物质与精神财富的总和。建筑文化就是这些能力与财富在建筑领域的反映。作为一种历史现象，建筑文化和其他文化一样，有历史上的继承性与革新性，在阶级社会中又有阶级性，此外还有民族性与地域性，不同时期、不同民族与不同地域的建筑又形成了建筑文化的多样性，而以上一切又与一定社会的政治、经济和其他文化密切关联。然而，建筑文化与其他文化相比却更为多元，其异质共存的情况无处不在。简单地说，它是一个人为环境，但与自然密切相关；它既是人们日常生活的场所，又常常兼作某个群体的精神象征，有时还是商品；它是物质生产，又是精神创造；它是技术，又是艺术。由于有人就有建筑，而建筑是需要人力物力来实现的，因而它既有服务于社会的任务，又往往会受社会权势所左右……建筑的多元本质使建筑难以用简单的言语来概括之，同时又使建筑的发展与变化相对其他文化，具有其自身的特殊性和一定的自主性。

建筑历史是人们认识与了解建筑与建筑学最有效的知识途径。古人有谓，欲知其人，观其行、察其言；虽然这些言行是发生于彼时彼地的往事，但它们对说明该人的本质还是十分有效的。现代著名哲学家和历史学家克罗齐和科林伍德提倡分析和批判的历史哲学。[①]科林伍德指出，历史事件并非仅仅是现象，研究历史不仅仅是观察对象，而是必须看透它，辨析出其中的思想与心理活动，才能发现各种文化与文明的重要模式与动态；历史其实是思想史。须知历史过程是由人的行为构成的，而人的行动本质是历史与社会上不同人的生存理想与客观现实相互作用的结果。因此，将历史事件重新置放在当时的社会背景与各种理想与现实的矛盾之中，透过历史事件的表象去辨析其背后的思想活动，就显得十分重要了。诚然，基于这些思想活动的经验与答案也很重要，但由于时空的变迁，过去的经验不一定能解决今日的问题；不过处于各种矛盾之中的思想活动、思想方式与价值取向却是值得研讨的，并会很有启发。建筑本来就是人为之物，这种分析和批判的历史哲学无论对研究或学习建筑历史的人都很有裨益。

本书尽可能客观地反映国外自18世纪中叶工业革命至今两百余年来建筑历史与文

---

① 克罗齐（B. Croce，1866—1943年），意大利人，著有《历史学的理论与实践》（1921年出版）；科林伍德（R.G.Collingwood，1889—1943年），英国人，著有《历史的观念》（1946年出版）。两者均为现代著名的哲学家、历史学家，提倡分析和批判的历史哲学。

化的重大事件与发展概况。由于时间与空间跨度较大，具体内容体现在下面六个方面：①18世纪下半叶至19世纪下半叶欧洲与美国的建筑；②19世纪下半叶至20世纪初对新建筑的探求；③新建筑运动的高潮——现代建筑派及其代表人物；④第二次世界大战后的城市规划与建筑活动；⑤第二次世界大战后1940—1970年代的建筑思潮——现代建筑派的普及与发展；⑥现代主义之后的建筑思潮。历史从来都不可能展现全部史实。这里尽可能列入能够反映建筑与建筑学的本质、多样性与多元性的历史事件，特别是能反映隐藏在丰富的历史现象后面的思想内容和思想意识。为此，本书虽然是在1982年的《外国近现代建筑史》的基础上重新编写的，但在对原稿作必要的修正与补充之外，还大大地充实了有利于分析和批判的新内容。现今的分量几乎是原来的一倍。例如：第六章，其中文字十余万、图片百余帧就是全新的；第五章还增加了第三世界国家的内容。正文后面还附有比较详细的索引，不仅便于读者查找，对有心的读者来说，可能还是一份有用的资料。

最后还有一个说明。由于目前国内对国外建筑师名字的音译不统一，各译各的，虽然都力求确切，但有时仍使人摸不着头脑。为此，本书尽可能采用或参考曾经在音译中做过认真及细致工作的《简明不列颠百科全书》中译本中的译名。虽然该书的译名有的与我们建筑界惯用的不完全一致，须知，有些姓氏不仅建筑界中有，其他领域也有，可能更为通行。为了取得一致，促进统一，还是采用了该书的译名。

本书的编写人除了1982年版本分属四所大学的六位老师之外，又增加了三位年轻的老师。具体分工如下：

第一章的第一、二、三节，第二章全章，第四章第一节中的五和第三节中的一、二由东南大学的刘先觉负责；

第一章的第四节和第四章的第二节由天津大学的沈玉麟负责；

第三章的第一节至第八节由清华大学的吴焕加负责；

第三章的第九节、第四章第一节中的一、二、三、四和第五章全章由同济大学的罗小未负责，第四章第一节中的六由同济大学陈琬与罗小未负责，第四章第三节中的三由同济大学蔡琬英与罗小未负责；

第六章的第一节至第六节由同济大学的卢永毅负责，第七节由同济大学彭怒与卢永毅负责，第八节由同济大学李翔宁与卢永毅负责。

此外，在工作过程中我们还得到不少学生如周磊、孙彦青、李将、王颖、李燕宁等的协助，李将还在协助编制索引中费了很多心。对他们的努力，我在此表示衷心的感谢。

由于时间与水平的关系，本书还存在很多纰漏，望读者原谅。

罗小未
2004年春

本书是高等学校建筑学专业外国近现代建筑史课程的教学参考书。篇幅按 1978 年建筑学专业教材会议所定讲课时数安排。

主编单位为同济大学，参加编写单位为清华大学、南京工学院、天津大学。

各章节编写的分工如下:

刘先觉　概述；第一章第一、二、三节；第二章；第四章第一节之三（日本）；第四章第三节。

沈玉麟　第一章第四节；第四章第二节。

吴焕加　第三章。

罗小未　第四章第一节之一（西欧）、二（美国）、七（其他）；第四章第五节。

陈　琬　第四章第四节。

王秉铨　第四章第一节之四（苏联）；第四章第六节。

蔡琬英　第四章第一节之五（罗马尼亚）；之六（朝鲜民主主义人民共和国）；参加第四章第五节。

本书的体裁及份量经教材大纲会议讨论，初稿经统稿会及审稿会审定。全书最后由同济大学罗小未汇总。

外国近现代建筑史内容较多，因受字数限制，内容尚欠详尽，有待将来再作增补。

本书主审为哈尔滨建筑工程学院哈雄文。

《外国近现代建筑史》编写小组

1979.10

目录

第四章

第二次世界大战后至 1970 年代的建筑发展

第五章

现代主义之后的建筑思潮与实践

专题篇

附　录

第一章

18 世纪下半叶至 19 世纪下半叶
欧洲与美国的建筑

第一节

工业革命对城市与建筑的影响

第二节

建筑创作中的复古思潮——古典复兴、浪漫主义、折中主义

第三节

建筑的新材料、新技术与新类型

第四节

工业革命后资本主义国家的城市规划探索

第一节
工业革命对城市与建筑的影响

17 世纪英国资产阶级革命（1640 年）至普法战争和巴黎公社（1871 年）是欧洲封建制度瓦解和灭亡的时期，是资本主义在先进国家中取得胜利的时期，是自由资本主义形成和发展的时期。

虽然英国资产阶级革命出现于 17 世纪，但是西方资本主义国家城市与建筑的重大变化却出现在 18 世纪的工业革命以后。特别是在 19 世纪中叶，工业革命已从轻工业（如纺织等）扩至重工业，铁产量的大增为建筑的新功能、新技术与新形式准备了条件。

工业革命的冲击，给城市与建筑带来了一系列新问题。首当其冲的是工业城市，因生产集中而引起的人口恶性膨胀，由于土地私有制和房屋建设的无政府状态而造成的交通堵塞和环境恶化，使城市陷入混乱之中。其次是住宅问题，不断地建造房屋的目的是牟利，或出于政治上的原因，或仅仅是谋求自己的解脱，广大的民众仍只能居住在简陋的贫民窟中，严重的房荒成为资本主义世界的一大威胁。第三是社会生活方式的变化和科学技术的进步促成了对新建筑类型的需要，并对建筑形式提出了新要求。因此，在建筑创作方面产生了两种不同的倾向。一种是反映当时社会上层阶级观点的复古思潮；另一种则是探求建筑中的新功能、新技术与新形式的可能性。

资产阶级为了发展工业而急需科学，因为科学可以探究与运用自然力量。在当时科学技术的发明中，以 1782 年詹姆斯·瓦特发明的蒸汽机影响最大。它不仅能应用于纺织、冶金、交通运输、机器制造等工业，以减少繁重的体力劳动，而且还能使工业生产集中于城市。于是，大城市人口便以惊人的速度增长起来。18 世纪下半叶，随着机器大生产的发展，原来的一些封建手工业城市已逐渐发展成为资本主义机器大生产的工业城市。首先在英国，其次在法国、比利时等国，不但旧城扩展了，新城也在交通要道和原料产地陆续诞生。恩格斯在《英国工人阶级状况》中分析资本主义城市的发展时曾经写道："人口也像资本一样地集中起来；这也是很自然的，因为在工业中，人——工人，仅仅被看作一种资本，他把自己交给厂主去使用，厂主以工资的名义付给他利息。大工业企业需要许多工人在一个建筑物里面共同劳动；这些工人必须住在近处，甚至在不大的工厂近旁，他们也会形成一个完整的村镇。他们都有一定的需要，为了满足这些需要，还需有其他的人，于是手工业者、裁缝、鞋匠、面包师、泥瓦匠、木匠都搬到这里来了。……于是村镇就变成小城市，而小城市又变成大城市。城市愈大，搬到里面来就愈有利，因为这里有铁路，有运河，有公路；可以挑选的熟练工人愈来愈多……这就决定了大工厂城市惊人迅速地成长。"①

随着资本主义大工业在城市中的发展，城

① 马克思恩格斯选集（第 2 卷）[M]. 北京：人民出版社，1972：300.

市人口迅速地增加，大城市最为突出。农村居民就相应地减少了。从表 1-1-1、表 1-1-2 中可以清楚地看出来。

这种人口迅速向大城市集中的现象，以英国最为突出。例如伦敦在 19 世纪后半叶就集中了英国 1/6 的人口，生产占全国的 1/4。这些大城市所控制的范围远远超出其行政范围。

与此同时，在资本主义制度下，由于土地的私有、工厂的盲目建造、城市建设的无计划性，大量劳动人民的居住条件非常恶劣，贫民窟到处滋生，城市房荒日益严重，使资本主义大工业城市不可避免地陷入了混乱状态。19 世纪的英国伯明翰（Birmingham）即是一例（图 1-1-1）。

在这种情况下，城市变成了一个拥挤、混乱的地方，既不能顺利地发展生产，又不宜于居住。工人住宅区恶劣的卫生条件使得流行病大爆发。恩格斯在《论住宅问题》中就尖锐地指出：“现代自然科学已经证明，挤满了工人的所谓恶劣街区，是周期性光顾我们城市的一切流行病的发源

居民百分率表（%）[①] 表 1-1-1

年 度	英 国		德 国		法 国		美 国	
	农村	城市	农村	城市	农村	城市	农村	城市
1800	68	32	—	—	80	20	96	4
1850	50	50	—	—	75	25	88	12
1860	46	54	—	—	72	28	84	16
1870	38	62	64	36	70	30	79	21
1880	32	68	59	41	65	35	72	28
1890	28	72	53	47	62	38	65	35
1900	22	78	46	54	58	42	60	40
1910	22	78	40	60	55	45	54	46
1920	21	79	38	62	53	47	48	52

注：1940 年美国约有 60% 的人口居住在城市中。

大城市人口增长表[②] 表 1-1-2

城 市	1800 年	1850 年	1900 年	1920 年
伦 敦	865000	2363000	4536000	4483000
巴 黎	547000	1053000	2714000	2806000
柏 林	172000	419000	1889000	4024000
纽 约	79000	696000	3437000	5620000

① 刘光华 . 市镇计划 [M]. 高等教育部教材审编处，1954：33.

② 城乡规划 [M]. 北京：中国工业出版社，1961：23.

地。……统治的资本家阶级以逼迫工人阶级遭到流行病的痛苦为乐事是不能不受惩罚的；后果总会落到资本家自己头上来。而死神在他们中间也像在工人中间一样逞凶肆虐。”①

另外，居住区与工作地点距离过远的矛盾也日益尖锐化。工人每天往返不但要浪费很多时间与费用，而且来往于拥挤不堪的车流中，到达工作地点时，就早已疲乏不堪了，此类情形在美国的大城市和英国伦敦尤其普遍（图 1-1-2）。这种生命和经济上的浪费是十分惊人的。

资产阶级统治者为了克服城市的混乱，曾采取一系列的措施，但是有的措施根本无法实现，有的虽然可以实现，也不能彻底解决城市的矛盾。

早在 17 世纪英国资产阶级革命后，建筑师雷恩（Christopher Wren，1632—1723 年）就曾给 1666 年惨遭大火的伦敦提出过一个改建规划，这是整顿旧城市的初步尝试。但是伦敦土地分属于几十个贵族地主，无法实行统一规划，这个尝试最后失败了。

18 世纪末，法国大革命以后，国民议会的革命政府曾设法改善过巴黎市区的部分公共设施。到了 19 世纪后半叶，所谓奥斯曼（G.E.Haussmann）的巴黎改建计划也是对城市改造的一次历史性探索实践。只是这些改造仅限于主要街区，而它们背后的贫民区的混乱仍是一时无法解决的。

资产阶级在欧洲其他大城市也曾效法过奥斯曼的方法。他们把工人街区，特别是大城市中心的工人街区切开，不论是为了公共卫生或美化，还是由于市中心需要大商场，或是由于敷设铁路、修建街道等交通的需要，其结果总是一样的：最不成样子的小街小巷没有了，但是这种小街小巷立刻又在别处，甚至就在紧邻的地方出现，而且交通越来越拥挤，人口愈来愈多，卫生条件愈来愈恶劣。

图 1-1-1　19 世纪的英国伯明翰

图 1-1-2　伦敦路德门处的街道与旱桥

① 马克思恩格斯选集（第 2 卷）[M]. 北京：人民出版社，1972：491，492.

第二节
建筑创作中的复古思潮——古典复兴、浪漫主义、折中主义

建筑创作中的复古思潮是指从 1760 年代到 19 世纪末流行于欧美的古典复兴、浪漫主义与折中主义。它们的出现主要是由于新兴的资产阶级的政治需要，他们之所以要利用过去的历史样式，是企图从古代建筑遗产中寻求思想上的共鸣。马克思说："人们自己创造自己的历史，但是他们并不是随心所欲地创造，并不是在他们自己选定的条件下创造，而是在直接碰到的、既定的、从过去承继下来的条件下创造。一切已死的先辈们的传统，像梦魇一样纠缠着活人的头脑。当人们好像只是在忙于改造自己和周围的事物并创造前所未闻的事物时，恰好在这种革命危机时代，他们战战兢兢地请出亡灵来给他们以帮助，借用它们的名字、战斗口号和衣服，以便穿着这种久受崇敬的服装，用这种借来的语言，演出世界历史的新场面。"[①]

古典复兴、浪漫主义与折中主义在欧美流行的时间大致如表 1-2-1 所示。

一、古典复兴（Classical Revival）

古典复兴是资本主义初期最先出现在文化上的一种思潮，在建筑史上是指 1760 年代到 19 世纪末在欧美盛行的仿古典的建筑形式。这种思潮曾受到当时启蒙运动的影响。

启蒙运动起源于 18 世纪的法国，是资产阶级批判宗教迷信和所谓封建制度永恒不变等传统观念的运动，曾为资产阶级革命作舆论准备。18 世纪法国资产阶级启蒙思想家的代表主要有伏尔泰、孟德斯鸠、卢梭和狄德罗等人。虽然他们的学说反映了资产阶级各阶层的不同观点，但他们却具有一个共同的核心，那便是资产阶级的人性论，"自由""平等""博爱"是其主要内容。正是由于对民主、共和的向往，唤起了人们对古希腊、古罗马的礼赞，因此，法国资产阶级革命胜利后初期，曾向罗马共和国借用英雄的服装自然不足为奇了，这也是资本主义初期古典复兴建筑思潮的社会基础。

在 18 世纪前的欧洲，巴洛克与洛可可建筑风格盛行一时，它反映出王公贵族生活日益奢侈与腐化，封建王朝已走上末路。当时在建筑上大量使用繁琐的装饰与贵重金属的镶嵌，引起了讲究理性的新兴资产阶级的厌恶，他们对于巴洛克与洛可可风格正如对待专制制度一样，认为它束缚了建筑的创造性，不适合新时

古典复兴、浪漫主义与折中主义在欧美流行的时间（年） 表 1-2-1

	古典复兴	浪漫主义	折中主义
法国	1760—1830	1830—1860	1820—1900
英国	1760—1850	1760—1870	1830—1920
美国	1780—1880	1830—1880	1850—1920

① 马克思恩格斯选集（第 1 卷）[M]. 北京：人民出版社，1972：603.

代的艺术观，因此要求用简洁明快的处理来代替那些繁琐与陈旧的东西。他们在探求新建筑形式的过程中，试图借用古典的外衣去扮演进步的角色，古希腊、古罗马的古典建筑遗产成为当时的创作源泉。在法国大革命时期，资产阶级热烈向往着“理性的国家”，研究与歌颂古罗马共和国成为资产阶级知识分子的时风。不仅文学艺术界如此，建筑界也有明显的反映。马克思说:“在罗马共和国的高度严格的传统中，资产阶级的斗士们找到了不让自己看见自己的斗争的资产阶级狭隘内容、把自己的热情保持在伟大历史悲剧的高度上所必需的理想、艺术形式和幻想。”[①]这充分说明了18世纪古典复兴所反映的资产阶级的政治目的。当法兰西共和国为独裁的拿破仑帝国所代替时，在上层资产阶级的心目中，“民主”和“自由”已逐渐成为抽象的口号，这时他们向往的是罗马帝国称雄世界的霸权。于是，古罗马帝国时期雄伟的广场和凯旋门、纪功柱等纪念性建筑便成为效法的榜样。

对古典建筑的热衷，自然引起了对考古工作的重视。18世纪下半叶到19世纪，考古工作成绩显著，大批考古学家先后出发到古希腊、古罗马的废墟上去进行实地挖掘，接着一篇篇详尽的考古报告传遍欧洲，尤其是当发掘出来的古希腊、古罗马艺术珍品运到各大博物馆时，欧洲人的艺术眼界真正打开了。另外，德国人温克尔曼（Johann Joachim Winckelmann）于1764年出版的《古代艺术史》（*History of the Art of Antiquity*），曾热烈推崇古希腊艺术“高贵的单纯和静默的伟大”，在当时也起了很大的影响作用。从这些著作与实物中，人们看到了古希腊艺术的优美典雅，古罗马艺术的雄伟壮丽。于是人们攻击巴洛克与洛可可风格的繁琐、矫揉造作以及路易皇朝后期的所谓古典主义（Classicism）的不够正宗，极力推崇古希腊、古罗马艺术的理性，认定应当以此作为新时代建筑的基础。

由此可见，18世纪古典复兴建筑的流行，固然主要由于政治上的原因，另一方面也是由于考古发掘进展的影响。

古典复兴建筑在各国的发展，虽有共同之处，但也有些不同。大体上法国以罗马式样为主，而英国、德国则希腊式样较多。采用古典复兴式样的建筑主要是为资产阶级政权与社会生活服务的国会、法院、银行、交易所、博物馆、剧院等公共建筑，还有纪念性的建筑，至于一般市民住宅、教堂、学校等建筑类型相对来说影响较小。

法国在18世纪末到19世纪初是欧洲资产阶级革命的据点，也是古典复兴运动的中心。早在大革命（1789年）前后，法国已经出现了像巴黎万神庙（Panthèon，1755—1792年，设计人：Jacques-Germain Soufflot，1713—1780年，图1-2-1，兴建时是Ste-Geneviève教堂，建成后改作供奉名人之用）那样的古典复兴建筑。此后，罗马复兴的建筑思潮便在法国盛极一时。

在法国大革命前后还出现了像部雷（Etienne Louis Boullée，1728—1799年）和勒杜（Claude-Nicolas Ledoux，1736—1806年）那样企图革新建筑的一代人。他们在资产阶级革命激情的影响下，为了追求理性主义的表现，虽然也采用古典柱式作为构图手段，但却趋向简单的几何形体，或使古典建筑具有简化、雄伟的新风格，或力求打破传统的

① 马克思恩格斯选集（第1卷）[M].北京：人民出版社，1972：604.

轮廓线，但这类建筑实现的很少。部雷最有代表性的作品是1783年设计的伟人博物馆方案、1784年设计的牛顿纪念堂方案（Newton Cenotaph），后者是一个巨球形的建筑，因体量过大而没有实现。勒杜设计的例子如巴黎维莱特关卡（Barrière de la Villette，1785年）、路易十五的皇家盐场（Saline royale d' Arc-et-Senans，1775—1778年，图1-2-2）及肖镇（City of Chaux）等。

图1-2-1 巴黎万神庙

拿破仑帝国时代，在巴黎建造了许多国家级的纪念性建筑，例如星形广场上的凯旋门（1808—1836年，设计人：J.F.Chalgrin，图1-2-3）、马德莱娜教堂（La Madeleine，Paris，1806—1842年，设计人：Pierre Alexandre Vignon）等都是罗马帝国时期建筑式样的翻版。这类建筑，追求外观上的雄伟、壮丽，内部则常常采用东方的各种装饰或洛可可的手法，因此形成了所谓的“帝国式”风格（Empire Style）。

图1-2-2 勒杜设计的路易十五的皇家盐场及肖镇

英国的罗马复兴并不活跃，表现得也不像法国那样彻底。代表作品为建筑师索恩（Sir John Soane，1753—1837年）设计的英格兰银行（The Bank of England，1788—1833年）。希腊复兴的建筑在英国占有重要的地位，这是由于当时英国人民对希腊独立的同情，在1816年展出了从希腊雅典搜集的大批遗物之后，在英国形成了希腊复兴的高潮。这类建筑的典型例子有爱丁堡中学（The High School，Edinburgh，1825—1829年，设计人：T.Hamilton）、不列颠博物馆（The British Museum，London，1823—1847年，设计人：Sir Robert Smirke）等。

图1-2-3 巴黎星形广场上的凯旋门

德国的古典复兴亦以希腊复兴为主，著名的柏林勃兰登堡门（Brandenburg Cate，1789—1793年，设计人：C.G. Langhans）

即是从雅典卫城山门吸取来的灵感。另外，德国建筑师辛克尔（Karl Friedrich Schinkel，1781—1841 年）设计的柏林宫廷剧院（Schauspielhaus Berlin，1817—1821 年，图 1-2-4）及柏林老博物馆（Altes Museum，1824—1828 年）也是希腊复兴建筑的代表作。

图 1-2-4　柏林宫廷剧院

在美国独立以前，其建筑造型都是采用欧洲式样。这些由不同国家的殖民者所盖的房屋的风格称为“殖民时期风格”（Colonial Style），其中主要是英国式。独立战争时期，美国资产阶级在摆脱殖民地制度的同时，曾力图摆脱“殖民时期风格”，但由于他们没有自己的悠久传统，也只能用古希腊、古罗马的古典建筑去表现“民主”“自由”“光荣和独立”，所以古典复兴在美国盛极一时，尤以罗马复兴为主。1793—1867 年建的美国国会大厦（设计人：William Thornton，B.H.Latrobe，图 1-2-5）就是罗马复兴的例子，它仿照了巴黎万神庙的造型，极力表现雄伟的纪念性。希腊复兴的建筑在美国也很流行，特别是在公共建筑中颇受欢迎。例如 1798 年在费城建造的宾夕法尼亚银行（Bank of Pennsylvania，设计人：B.H.Latrobe）就是这类建筑的典型例子。

图 1-2-5　美国国会大厦

二、浪漫主义（Romanticism）

浪漫主义是 18 世纪下半叶到 19 世纪上半叶活跃于欧洲文学艺术领域的另一种主要思潮，它在建筑上也得到一定的反映。

浪漫主义产生的社会背景比较复杂。资产阶级革命胜利以后，大资产阶级的统治使资本主义经济法则代替了封建制度，曾支持革命的小资产阶级与农民在革命斗争中却落了空，新兴的工人阶级仍处于水深火热之中。于是社会上出现了圣西门、傅立叶、欧文等乌托邦社会主义者。他们反映了小资产阶级的心情，也掺有某些没落贵族的意识，憎恨工业化带来的恶果，提倡新的道德世界，但反对阶级斗争，企图用和平手段说服资产阶级放弃对劳动人民的剥削、压迫。在新的社会矛盾下，他们回避现实，向往中世纪的世界观，崇尚传统的文化艺术，而这种传统艺术正好符合大资产阶级在国际竞争中强调祖国传统文化的优越感。所有这些错综复杂的社会意识，在艺术与建筑上导致了浪漫主义。

浪漫主义既带有反抗资本主义制度与大工业生产的情绪，又夹杂有消极的虚无主义色彩。它在要求发扬个性自由、提倡自然天性的同时，用中世纪手工业艺术的自然形式来反对资本主义制度下用机器制造出来的工艺品，并以前者来和古典艺术抗衡。

浪漫主义最早出现于 18 世纪下半叶的英国。1760 年代到 1830 年代是它的早期，也称之为先浪漫主义时期。先浪漫主义带有旧封建贵族怀念已失去的城堡与小资产阶级为了逃避工业城市的喧嚣而追求中世纪田园生活的情趣与意识。在建筑上则表现为模仿中世纪的城堡或哥特风格。模仿城堡的典型例子如埃尔郡的克尔辛府邸（Culzean Castle，Ayrshire，1777—1790 年），模仿哥特教堂的例子如称为威尔特郡的封蒂尔修道院的府邸（Fonthill Abbey，Wiltshire，1796—1814 年）。19 世纪中叶，在探求新建筑的热潮中，英国的工艺美术运动（Arts and Crafts Movement）虽然比它晚些，但在意识根源上有相似的地方。此外，先浪漫主义在建筑上还表现为追求非凡的趣味和异国情调，有时甚至在园林中出现了东方建筑小品。例如英国布莱顿的皇家别墅（Royal Pavilion，Brighton，1818—1821 年，参见图 1-3-3）就是模仿印度伊斯兰教礼拜寺的形式，也被称作印度—撒拉逊风格（Indo-Saracenic style）。

1830—1870 年代是浪漫主义的第二个阶段，是浪漫主义真正成为一种创作潮流的时期。当时大量出现的关于中世纪建筑样式的分析与研究报告为它准备了条件。这时期的浪漫主义建筑以哥特风格为主，故又称哥特复兴（Gothic Revival）。哥特风格不仅用于教堂，还出现在学校与其他世俗性建筑中，它反映了当时西欧一些人对发扬民族传统文化的恋慕，认为哥特风格是最有画意和诗意的。同时也有尝试以哥特建筑的结构理性主义原则来解决古典建筑所遇到的建筑艺术与技术之间的矛盾，代表人物为法国建筑师维奥莱 - 勒 - 迪克（Eugène Viollet-le-Duc，1814—1879 年）。

浪漫主义建筑最著名的作品是英国国会大厦（Houses of Parliament，1836—1868 年，设计人：Sir Charles Barry，图 1-2-6）。它采用的是亨利五世时期的哥特垂直式，原因是亨利五世（1387—1422 年）曾一度征服法国，欲以这种风格来象征民族的胜利。此外，如英国斯塔夫斯的圣吉尔斯教堂（S.Giles，Staffs，1841—1846 年，设计人：A.W.N.Pugin）与伦敦的圣吉尔斯教堂（1842—1844 年，设计人：Scott and Moffatt）以及曼彻斯特市政厅（The Town Hall，Manchester，1868—1877 年，设计人：Alfred Waterhouse）都是哥特复兴式建筑较有代表性的例子。

浪漫主义建筑和古典复兴建筑一样，并没有在所有的建筑类型中取得阵地。它的范围只限于教堂、学校、车站、住宅等类型。同时，它在各个地区的发展也不尽相同，大体来说，在英国、德国流行较广，时间也较早，而在法国、意大利则流行面较小，时间也较晚，这是因为前者受古典主义的影响较少，而受传统的中世纪形式影响较深，后者却恰恰相反。

图 1-2-6　英国国会大厦

三、折中主义（Eclecticism）

折中主义是 19 世纪上半叶兴起的另一种创作思潮，这种思潮在 19 世纪以至 20 世纪初在欧美盛极一时。折中主义越过古典复兴与浪漫主义在建筑式样上的局限，任意选择与模仿历史上的各种风格，把它们组合成各种式样，所以也称之为“集仿主义”。

折中主义的产生是由几方面因素促成的。自从资本主义在西方取得胜利后，资产阶级的真面目很快就暴露出来。他们曾经打过的民主、自由、独立的革命旗帜被抛弃一边，古典外衣对它也失去了精神上的依据，正像马克思所说：“资产阶级社会完全埋头于财富的创造与和平竞争，竟忘记了古罗马的幽灵曾经守护过它的摇篮。”[①]这时，一切生产都已商品化，建筑也毫无例外地需要有丰富多彩的式样来满足商标的要求与资产阶级个人玩尝和猎奇的嗜好。于是古希腊、古罗马、拜占庭、哥特、文艺复兴和东方情调在城市中杂然并存，汇为奇观。在 19 世纪，交通已很便利，考古、出版事业大为发达，加上摄影的发明，便于人们认识与掌握各种古代建筑遗产，以致可能对各种古代式样进行选择模仿和拼凑。另外，新的社会生活方式、新建筑类型的出现以及新建筑材料、新建筑技术和旧形式之间的矛盾，造成了 19 世纪下半叶建筑艺术观点的混乱，这也是折中主义形成的基础。

折中主义建筑并没有固定的风格，它语言混杂，但讲究比例的推敲，常沉醉于对“纯形式”美的追求。但是它在总体形态上并没有摆脱复古主义的范畴。因此在建筑内容和形式之间的矛盾，仍然没有获得解决。

折中主义在欧美的影响非常深刻，持续的时间也比较长，19 世纪中叶以法国最为典型，19 世纪末与 20 世纪初又以美国较为突出。

巴黎歌剧院（L’Opéra de Paris，1861—1874年，设计人：Charles Garnier，图 1-2-7）是折中主义的代表作，法兰西第二帝国的重要纪念物，奥斯曼改建巴黎的据点之一。它的立面是意大利晚期的巴洛克风格，并掺杂了繁琐的洛可可雕饰。巴黎歌剧院的艺术形式对欧洲各国的折中主义建筑都有很大的影响。

---

① 马克思恩格斯选集（第 1 卷）[M]. 北京：人民出版社，1972：604.

图 1-2-7　巴黎歌剧院

图 1-2-8　巴黎圣心教堂

罗马的伊曼纽尔二世纪念碑（Monument to Victor Emmanuel Ⅱ，1885—1911 年，设计人：Giuseppe Sacconi）是纪念意大利经历了 1500 年的分裂后在 1870 年终于重新统一的大型纪念碑。建筑形式采用了古罗马的科林斯柱廊和类似希腊古典晚期的宙斯神坛那样的造型。

此外，巴黎圣心教堂（La Basilique du Sacré Coeur，1875—1877 年，设计人：Paul Abadie，图 1-2-8）则是拜占庭和罗马风建筑风格混合的例子。

1893 年在美国芝加哥举行的哥伦比亚博览会，是折中主义建筑的一次大检阅。由于美国急于表现当时自己在各方面的成就，迫切需要“文化”来装潢自己的门面以之和欧洲相抗衡，所以芝加哥博览会的建筑物都采用了欧洲折中主义的形式，并特别热衷于古典柱式的表现。这种暴发户的精神状态与思想上的保守落后，使美国当时刚兴起的新建筑思潮受到了沉重的打击。

法国大革命以后，原来由路易十四奠基的古典主义大本营——皇家艺术学院被解散，1795 年，重新恢复，1816 年扩充调整后改名为巴黎美术学院（École des Beaux-Arts），它在 19 世纪至 20 世纪初成为整个欧洲和美洲各国艺术和建筑创作的领袖，是传播折中主义的中心。

20 世纪前后，社会形势的急剧变化，导致了谋求解决建筑功能、技术与艺术之间矛盾的“新建筑”运动的出现。于是，一度占主要地位的折中主义思潮逐渐衰落。

第三节
建筑的新材料、新技术与新类型

在资本主义初期，由于工业大生产的发展，促使建筑科学有了很大的进步。新的建筑材料、新的结构技术、新的设备、新的施工方法不断出现，为近代建筑的发展开辟了广阔的前途。由于应用与发挥了这些新技术的可能性，建筑的高度与跨度突破了传统的局限，在平面与空间的设计上也比过去自由多了，这些突破必然要影响到建筑形式的发展。

初期生铁结构　以金属作为建筑材料，远在古代的建筑中就已经有了应用，至于大量的应用，特别是以钢铁作为建筑结构的主要材料则始于近代。随着铸铁业的兴起，1775—1779 年在英国塞文河（Severn River）上建造了第一座生铁桥（设计人：Abraham Darby，图 1-3-1）。桥的跨度达 30m（100 英尺），高 12m（40 英尺）。1793—1796 年在伦敦又出现了一座新式的单跨拱桥——桑德兰桥（Sunderland Bridge），桥身亦由生铁制成，全长达 72m（236 英尺），是这一时期构筑物中最早与最大胆的尝试。

真正以铁作为房屋的主要材料，最初应用于屋顶上，如 1786 年在巴黎为法兰西剧院建造的铁结构屋顶（设计人：Victor Louis，图 1-3-2），就是一个明显的例子。后来这种铁构件在工业建筑上逐步得到推广，典型的例子如 1801 年建于英国曼彻斯特的索尔福德棉纺厂（The Cotton Mill，Salford，设计人：Watt and Boulton）的 7 层生产车间。它是生铁梁柱和承重墙的混合结构，在这里，铁构件首次采用了工字形的断面。民用建筑方面应用铁构件的典型例子如英国布莱顿的皇家别墅（Royal Pavilion，Brighton，1818—1821 年，设计人：John Nash，1752—1835 年，图 1-3-3），它的重约 50 吨的铁制大穹隆支撑在细瘦的铁柱上。如此应用生铁构件，可以说是为了追求新奇与时髦。

铁和玻璃的配合 为了采光的需要，铁和玻璃两种建筑材料的配合应用在 19 世纪获得了新的成就。1829—1831 年在巴黎老王宫的奥尔良廊（Galerie d'Orléans，Palais Royal，设计人：P.F.L Fontaine，1762—1853 年，图 1-3-4）中最先应用了铁构件与玻璃配合建成的透光顶棚，它和周围的折中主义的沉重柱式与拱廊形成了强烈的对比。1833 年又出现了第一个完全以铁架和玻璃构成的巨大建筑物——巴黎植物园的温室（Greenhouses of the Botanical Gardens，设计人：Rouhault，图 1-3-5）。这种构造方式对后来的建筑有很大的启示。

图 1-3-1 英国第一座生铁桥

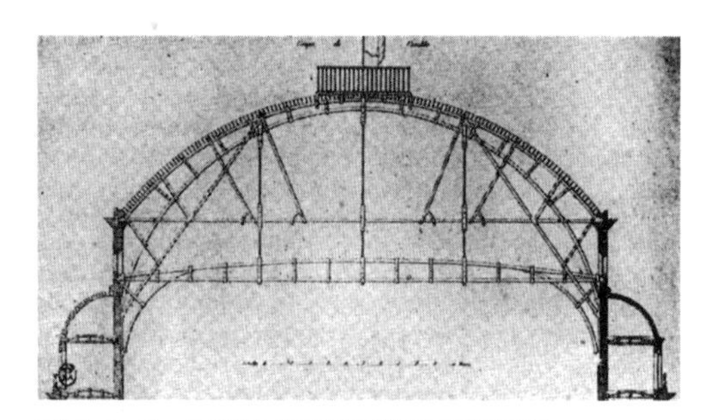
图 1-3-2 巴黎法兰西剧院的铁结构屋顶

图 1-3-3 英国布莱顿的皇家别墅

图 1-3-4　巴黎老王宫的奥尔良廊

图 1-3-5　巴黎植物园的温室

图 1-3-6　纽约哈珀兄弟大厦

向框架结构过渡　框架结构最初在美国得到发展，它的主要特点是以生铁框架代替承重墙。1854 年在纽约建造的哈珀兄弟大厦（Harper and Brothers Buildling，设计人：James Bogardus，图 1-3-6）——一座 5 层楼的印刷厂，是初期生铁框架建筑的例子。美国在 1850—1880 年间的所谓“生铁时代”中建造的商店、仓库和政府大厦多应用生铁构件作门面或框架。美国中部的贸易中心圣路易斯市的河岸上就聚集有 500 座以上这种生铁结构的建筑，如圣路易斯甘特大厦（图 1-3-7）在立面上以生铁梁柱纤细的比例代替了古典建筑沉重稳定的印象。尽管如此，它仍然未能完全摆脱古典形式的羁绊。高层建筑在新结构技术的条件下具有了建造的可能性。第一座依照现代钢框架结构原理建造起来的高层建筑是芝加哥家庭保险公司大厦（Home Insurance Company，1883—1885 年，设计人：William Le Baron Jenney，图 1-3-8），总高 10 层，它的外形仍然保持着古典的比例。

升降机与电梯　随着工厂与高层建筑的出现，垂直运输成为建筑内部交通一个很重要的问题。这个问题促进了升降机的发明。最初的升降机仅用于工厂中，后来逐渐用到一般高层房屋上。第一座真正安全的载客升降机是在美国纽约由奥蒂斯（E.G.Otis）发明的蒸汽动力升降机，它曾在 1853 年世界博览会上展出。1857 年，这座升降机被装至纽约一座商店中，1864

图 1-3-7　圣路易斯甘特大厦（左）
图 1-3-8　芝加哥家庭保险公司大厦（右）

年，升降机技术传至芝加哥。1870 年，贝德文（C.W.Baldwin）在芝加哥应用了水力升降机，到 1887 年发明电梯。欧洲升降机出现较晚，直到 1867 年才在巴黎国际博览会上装置了一座水力升降机，这种技术在 1889 年应用于埃菲尔铁塔内。

随着生产的飞速发展与人们生活方式的日益复杂，在 19 世纪后半叶，对建筑提出了新的要求——建筑必须跟上社会的需要。这时，建筑负有双重职责：一方面要解决不断出现的新建筑类型的问题，如火车站、图书馆、百货公司、市场、博览会等；另一方面需要解决新技术与旧建筑形式的矛盾问题。因此，建筑师必须了解社会生活并解决工程技术与艺术形式之间的关系问题，这迫使建筑师在新形势下摸索建筑创作的新方向。

图书馆 19 世纪中叶，法国建筑师拉布鲁斯特（Henri Labrouste，1801—1875 年）反对学院派拘泥于古典规范的方法，建议用新结构与新材料来创造新的建筑形式。1843—1850 年在巴黎建造的圣吉纳维夫图书馆（Bibliothèque Sainte Geneviève，图 1-3-9）是他的代表作之一。这是法国的第一座完整的图书馆建筑，铁结构、石结构与玻璃材料在这里得到了有机的配合。拉布鲁斯特的第二个著名作品是巴黎国立图书馆（Bibliothèque Nationale，图 1-3-10，建于 1858—1868 年）。它的书库共有 5 层（包括地下室），能藏书 90 万册，地面与隔墙全部用铁架与玻璃制成，这样既可以解决采光问题，又可以保证防火安全。在书库内部几乎看不到任何历史形式的痕迹，一切都是根据功能的需要而布置的，因此也有人称他为功能主义者，从这里我们可以看到建筑内容开始要求与旧形式决裂。但是，必须指出，他在阅览室等其他部分的处理上，仍表现有折中主义的影响。

市场 新的建筑方法在市场建筑中也获得了新的成就，不同于过去一间间封闭的铺面，而是出现了巨大的生铁框架结构的大厅。比较典型的例子有 1824 年建于巴黎的马德莱娜市场（Market Hall of the Madeleine），1835 年在伦敦建造的亨格尔福特鱼市场（Hungerford Fish Market）等。

百货商店 随着城市的发展，人口的增多，出现了大规模的商业建筑，如百货商店。这种建筑最先出现于 19 世纪的美国，是在仓库建筑形式的基础上发展出来的。纽约华盛顿商店

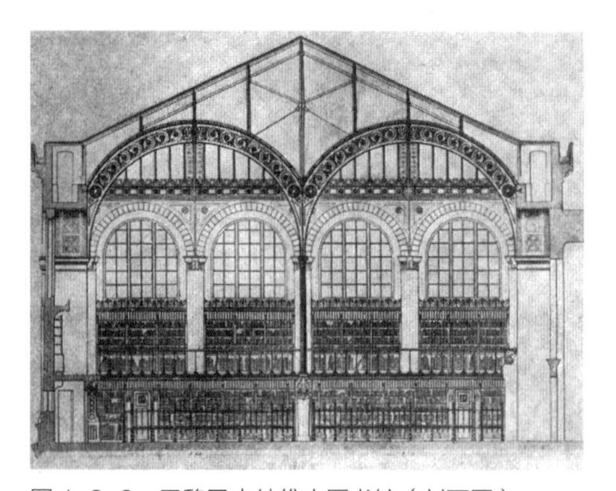

图 1-3-9 巴黎圣吉纳维夫图书馆（剖面图）

图 1-3-10
巴黎国立图书馆

（1845 年，图 1-3-11）是这种初期百货商店的一个例子，它的外观基本上保持着仓库建筑的简单形象。之后，百货商店逐渐形成了自己独具的风格，如费城的沃纳梅克商店（John Wanamaker Store，1876 年）、纽约百老汇路与布鲁姆街转角的百货商店（Broadway and Broome Street，1857 年装上升降机）等均是当时典型的例子。尤其值得注意的是 1876 年建造的巴黎乐蓬马歇百货商场（Le Bon Marché，建筑师：L.A.Boileau，工程师：G.Eiffel，图 1-3-12），它是第一座以铁和玻璃建造起来的具有全部自然采光的百货商店。

图 1-3-11　纽约华盛顿商店

图 1-3-12　巴黎乐蓬马歇百货商场

博览会与展览馆　19 世纪后半叶，工业博览会给建筑的创造提供了最好的条件与机会。显然，博览会的产生是近代工业的发展和资本主义工业品在世界市场中竞争的结果。博览会的历史可以分为两个阶段：第一个阶段是在巴黎开始和终结的，时间为 1798—1849 年，范围是全国性的；第二个阶段则占了整个 19 世纪后半叶（1851—1893 年），这时它已具有国际性质了。博览会的展览馆成为新建筑方式的试验田，博览会的历史不仅表现了铁结构在建筑中的发展，而且在审美观上也有了重大的转变。在国际博览会时代，有两个突出的建筑，一个是 1851 年在英国伦敦海德公园（Hyde Park）举行的世界博览会中的“水晶宫”展览馆（Crystal Palace），另一个是 1889 年在法国巴黎举行的世界博览会中的埃菲尔铁塔（Tour Eiffel）与机械馆（Galerie des Machines）。

图 1-3-13　伦敦“水晶宫”展览馆

图 1-3-14　伦敦“水晶宫”展览馆内景

1851 年建成的伦敦“水晶宫”展览馆（图 1-3-13、图 1-3-14）开辟了建筑规模、形式与预制装配技术的新纪元。设计人帕克斯顿（Joseph Paxton）原是一个园艺师，他采用了建造花房的办法来完成这个玻璃和铁构架装配而成的庞大外壳。建筑物总面积为 74000m^2，长度达 555m（1851 英尺），象征着 1851 年建造，宽度为 124.4m（408 英尺），共有 5 跨，结构以约 2.44m（8 英尺）为基本单位[因当时生产的玻璃长度约 1.22m（4 英尺），结构模数以此尺寸作为基数]。外形为一简单阶梯形的长方体，并有一与之垂直的拱顶，各面只显出铁架与玻璃，没有任何多余的装饰，完全表现了工业生产的机械本能。在整座建筑物中，只应用了铁、木、玻璃三种材料，施工从 1850 年 8 月开始，到 1851 年 5 月 1 日结束，总共花了不到 9 个月的时间，便全部装备完成。"水晶宫"的出现轰动一时，人们惊奇地认为这是建筑工程的奇迹。1852—1854 年，"水晶宫"被移至西德纳姆（Sydenham），在重新装配时，将中央通廊部分原来的阶梯形改为筒形拱顶，与原来的纵向拱顶一起组成了交叉拱顶的外形。整个建筑于 1936 年毁于大火。

1851 年后，世界博览会的中心转到了巴黎，于 1855 年、1867 年、1878 年、1889 年在巴黎举行了世界博览会。

1889 年的世界博览会是这一历史阶段发展的顶峰。在这次博览会上，以高度最高的埃菲尔铁塔（图 1-3-15）与跨度最大的机械馆（图 1-3-16、图 1-3-17）为中心。铁塔在工程师埃菲尔（G.Eiffel）的领导下，在 17 个月内建成。塔高达 328m，内部设有 4 部水力升降机，它的巨型结构与新型设备显示了资本

图 1-3-15　巴黎埃菲尔铁塔

图 1-3-16　巴黎世界博览会机械馆

图 1-3-17　巴黎世界博览会机械馆的三铰拱

主义初期工业生产的最高水平与强大威力。机械馆布置在塔的后面，是一座前所未有的大跨度结构，刷新了建筑在跨度上的世界纪录。这座建筑物长度为420m，跨度达115m，主要结构由20个构架所组成，四壁与屋顶全为大片玻璃。在结构上首次应用了三铰拱，拱的末端越接近地面越窄，每个点承载了120t的重量，说明了新结构试验的成功，也促使建筑设计不得不探求新形式。机械馆直到1910年才被拆除。

综上所述，可以清楚地看到，在19世纪的建筑领域，工程师对新技术与新形式的发展起了重要的作用，他们成为新建筑思潮的促进者。

第四节 工业革命后资本主义国家的城市规划探索

工业革命以前，在封建社会内部发展起来的早期资本主义城市，其城市结构和布局与先前的封建社会城市无根本区别。有一些建设较好的巴洛克或古典主义风格的城市已有较好的体形秩序。但自18世纪工业革命出现了大机器生产后，引起了城市结构的根本变化，工业化破坏了原来脱胎于封建时期的那种以家庭手工业为中心的城市结构与布局。大工业的生产方式，使人口像资本一样集中起来。工业城市人口以史无前例的惊人速度，5倍或10倍地猛增（如纽约人口自1800年至1850年的50年内增长近9倍，1850年后的50年内又增长了近5倍，有些欧洲城市也以3~5倍的速度迅猛增长）。城市中出现了前所未有的大片工业区、交通运输区、仓库码头区、工人居住区。城市规模越来越大，城市布局越来越混乱。原来的城市环境与城市面貌遭到破坏，城市绿化与公共设施异常不足，城市已处于失措状态。

城市土地成为资产阶级榨取超额利润的有力手段。土地因在城市中所处位置不同而价格相差悬殊。土地投机商热衷于在已有的土地上建造更多的大街与房屋，形成一块块小街坊，以获取更多的可获高价租赁利润的临街面。有的城市为了景观，开辟了很多对角线街道，使城市交通更加复杂，特别是铁路线引入城市后，交通更加混乱。有些城市是在原来的中世纪古城的基础上发展起来的。在改建过程中，大银行、大剧院、大商店临街建造，后院则留给贫民居住，以致在城市中心区形成了大量建筑质量低劣、卫生条件恶化、不适于人们居住的贫民窟。

工业革命后欧美资本主义城市的种种矛盾随着资本主义的发展而日益尖锐，既危害劳动人民的生活，也损害资产阶级自身的利益。这引起了某些统治阶级、社会开明人士以及空想社会主义者的疑惧。为缓和社会矛盾，他们曾实施过一些有益的探索，其中包括著名的巴黎市中心的改建、“新协和村”（Village of New Harmony）、“田园城市”（Garden City）、“工业城市”（Industrial City）等。但在资本主义制度下，这些措施虽有所补益，却未能解决城市的根本问题。

巴黎市中心改建、“田园城市”和美国的方格形（Gridiron）城市是这个时期历史发展中的主要活动，对其后各国城市建设影响较大。巴黎改建利用了强大的国家权力，进行了一个规模宏伟的城市改建规划，其侧重点在于市中心区的市容。改建后，宽阔的林荫路、严整的放射形道路与雄伟的广场、街道两旁房屋的庄严立面和平整的天际线所共同体现出来的皇都气派及其交通功能在当时是世界之冠，对后世有不小的影响。巴黎改建的局限性在于没有顾及市民急切需要解决的居住、工作、文化和休息问题。“田园城市”的理论创始于19世纪末，其后各国的卫星城镇理论与新城运动都受到了它的影响。理论创始人鉴于城市环境质量的下降与城市自然生态环境的破坏，提出了亦城亦乡的田园式城市布局，使其兼具城乡两者的优点并可缓解资本主义城市的固有矛盾。这个理论受到了卢梭的“返回自然”和空想社会主义者如康帕内拉的“太阳城”、傅立叶的“公社房屋”“理想城市”以及欧文的“新协和村”的影响，其中欧文的“新协和村”的影响最大，他们在自己的乌托邦中描绘了未来的共产主义社会。美国的方格形城市则是这个时期划分小街坊的典型实例，是为适应世界上最迅速发展的新建的大商业城市的一种典型平面布局。“工业城市”的设想方案则是资本主义人口与工业发展的一种必然产物，它已觉察到应把工业作为城市结构的一个主要组成部分。“带形城市”理论则被以后的规划工作者用作沿高速干道以带状向外延伸发展布置工业与人口的一种规划组织形式。

一、巴黎改建

自1853年起，法国塞纳区行政长官奥斯曼[①]执行法国皇帝拿破仑三世的城市建设政策，在巴黎市中心进行了大规模的改建工程。其目的，除了解决由于城市结构急剧变化而产生的种种尖锐矛盾和对帝国首都进行装点外，还在于从市中心区迫迁无产阶级，改善巴黎贵族与上层阶级的生活与居住环境，拓宽大道、疏导城市交通。

巴黎宏伟的干道规划（图1-4-1）为十字形加环形路，以香榭丽舍大道（Avenue des Champs-Elysées，图1-4-2）为东西主轴。

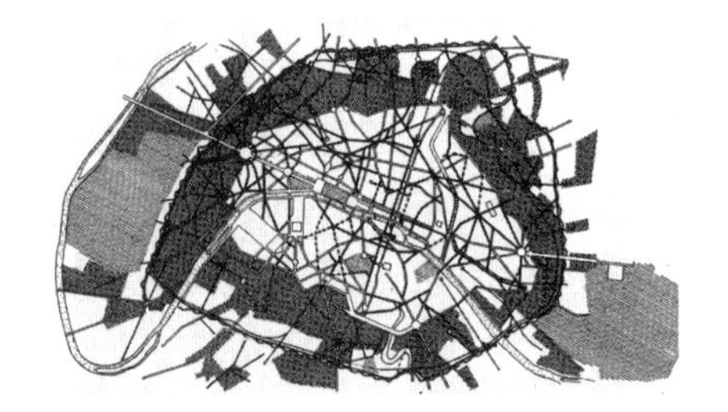

图1-4-1　奥斯曼的巴黎改建规划示意图

图1-4-2　香榭丽舍大道

① 参见本教材第4页。

图 1-4-3　19 世纪中叶巴黎协和广场与香榭丽舍大道

在奥斯曼执政的 17 年中，在市中心区开拓了 95km 顺直宽阔的道路（拆毁 49km 旧路），于市区外围开拓了 70km 道路（拆毁 5km 旧路），其中布有古典式的规则、对称的中轴线道路以及设有纪念性碑柱或塑像的装饰性广场（图 1-4-3），大大地丰富了巴黎的城市面貌。当时，对道路宽度、两旁建筑物的高度与屋顶坡度都有一定的规定。在开拓了 12 条宽阔的树木林立的放射路的明星广场四周，建筑屋檐等高，立面形式协调统一。全市各区都修筑了大面积公园。宽阔的香榭丽舍大道向东、西延伸，把西郊的布洛涅森林与东郊的文森纳森林的大面积绿化引入市中心。市中心的改建以卢佛尔宫至凯旋门最为突出，它继承了 19 世纪初拿破仑大帝的帝国式风格，将道路、广场、绿地、水面、林荫带和大型纪念性建筑物组合成一个完整的统一体，成为当时世界上最壮丽的市中心之一。

巴黎改建，除了市中心外，还设立了几个区中心，这在当时是个创举。它适应了因城市结构的改变而产生的分区要求。

从历史条件上看，巴黎还处于马车时代、工场时代和煤气灯时代，尚无新的交通工具和先进的技术，但巴黎改建推动了城市的现代化。自来水供应由原来的每天 112000m^3 增至 343000m^3。自来水干管由原来的 747km 增至 1545km。还建造了新的下水道系统，总长度从原有的 146km 增至 560km。照明气灯亦增至 3 倍。1855 年，开办了出租马车的城市公共交通事业。这时共拆房 27000 所，建房 100000 所，人口由原来的 120 万增至 200 万。

巴黎改建未能真正解决城市贫民窟问题，旧的部分拆除后，立即于新拓干道的街坊后院出现新的贫民窟。它部分满足了城市工业化提出的新要求，而因国内和国际铁路网引发的城市交通障碍也未能得到解决。但奥斯曼在巴黎改建中所采取的种种大胆的改革措施和城市美化运动仍具有重要历史意义。当时的巴黎曾被誉为世界上最现代化的城市。

二、“新协和村”

欧文（R.Owen，1771—1858 年）是 19 世纪伟大的空想社会主义者之一。他针对资本主义已暴露出来的各种矛盾，进行了揭露和批判，认为要使全人类获得幸福，就必须建立崭新的社会组织，把农业劳动和手工艺以及工厂制度结合起来，合理地利用科学发明和技术改良，以创造新的财富，而个体家庭、私有财产及特权利益将随整个社会制度而消亡。未来社会将由公社（Community）组成，其人数为 500~2000 人，土地划归国有，分给各种公社，部分地实现共产主义。最后，农业公社将分布于全世界，形成公社的总联盟，而政府将消亡。

1817 年，欧文根据他的社会理想，把城市作为一个完整的经济范畴和生产生活环境进

图 1-4-4　欧文的“新协和村”示意图

行研究，提出了一个“新协和村”（Village of New Harmony，图 1-4-4）的示意方案。他在方案中假设居民人数为 300~2000 人（最好是 800~1200 人），耕地面积为每人 0.4hm^2 或略多。他认为天井、巷弄与街道易造成许多交通不便，卫生条件也差，主张采用近于正方形的长方形布局。村的中央以四幢很长的居住房屋围成一个长方形大院，院内有食堂、幼儿园与小学等。大院空地种植树木供运动和散步之用。住宅不设厨房，而由公共食堂供应全村饮食。以篱笆围绕村的四周，村边有工场，村外有耕地和牧地，篱内复种果树。村内生产和计划自给自足，村民共同劳动，劳动成果平均分配，财产公有。

1825 年，欧文为实践这个理想，毅然动用他自己的大部分财产来创设“新协和村”。他带领 900 名成员从英国来到美国的印第安纳州，用 15 万美元购买了总面积为 12000hm^2 的土地建设“新协和村”，该村组织与 1817 年的设想方案相似，但建筑布局不同。他认为此建设可揭开改造世界的序幕，他以极大的抱负和热忱苦心经营，用去了两年时间和他几乎全部的财产，但最终失败。

和欧文的试验类似的还有傅立叶（Charles Fourier，1772—1837 年）的“法郎吉”（“Phalanges”）和卡贝（Étienne Cabet）的“依卡利亚”（Icaria）共产主义移民区等，这些也都以失败告终。

在资本主义社会中，不可能存在理想的社会主义城市。他们的实践虽在当时未产生实际影响，但其进步的思想对后来的规划理论，如“田园城市”与“卫星城市”等起到了重要作用。

三、“田园城市”

19 世纪末，英国政府针对当时的城市痼疾，以“城市改革”与“解决居住问题”为名，授权英国社会活动家霍华德（Ebenezer Howard，1850—1928 年）进行城市调查和提出整治方案。霍华德于 1898 年著述《明天——一条引向真正改革的和平道路》（1902 年再版时书名改为《明日的田园城市》），揭示了工业化条件下的城市与理想的居住条件之间的矛盾以及大城市与接触自然之间的矛盾，提出了“田园城市”（曾译为“花园城市”）的设想方案。

霍华德看到 19 世纪末资本主义大城市恶性膨胀给城市带来的严重恶果，认识到城市的无限发展和城市土地投机是资本主义城市灾难的根源，城市人口的过于集中是由于它具有吸引人们的磁性，认为如能有意识地移植和控制，城市就不会盲目扩张。他提出了“城乡磁体”（Town-Country Magnet），企图使城市生活和乡村生活像磁体那样相互吸引、共同结合。这个城乡结合体既具有高效能与高度活跃的城市生活又拥有环境清新、美丽如画的乡村景色。他认为这种城乡结合体能产生人类新的希望、新的生活与新的文化。

为了阐明规划意图，霍华德作了“明日的田园城市”示意图解方案（图 1-4-5、图 1-4-6，简称“田园城市”），将大城市工业和人口疏散到规模约为 32000 人的“田园城市”中去。其土地总面积为 2400hm²，其中心部分的 600hm² 用于建设“田园城市”。如果城市平面为圆形，则自中心至周围的半径长度为 1140m。

城市由一系列同心圆组成，分为市中心区、居住区、工业仓库地带以及铁路地带，有 6 条各 36m 宽的放射形大道从圆心放射出去，将城市六等分。

市中心区中央为一占地 2.2hm² 的圆形中心花园，围绕花园四周布置大型公共建筑，如市政府、音乐厅、剧院、图书馆、博物馆、画廊以及医院等。其外绕有一圈占地 58hm² 的公园，公园四周又绕一圈宽阔的向公园敞开的玻璃拱廊，称为“水晶宫”，作商业、展览和冬季花园之用。

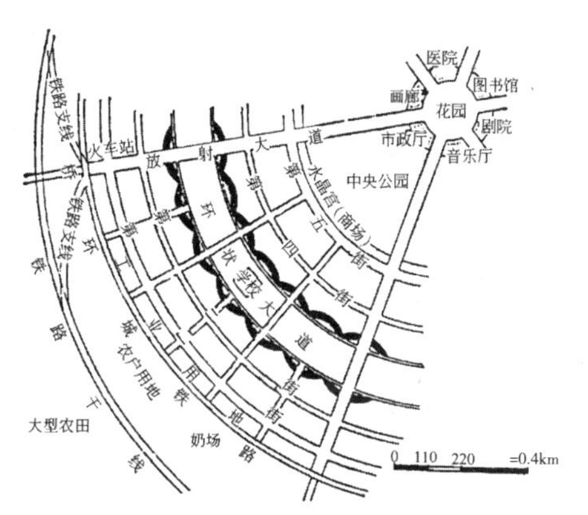

图 1-4-5 “田园城市”示意图解方案

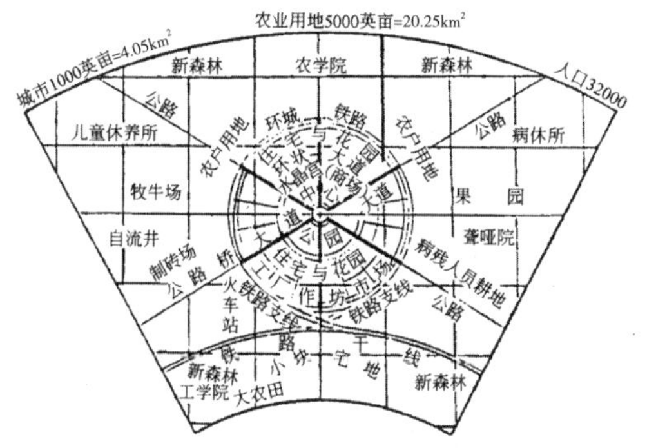

图 1-4-6 “田园城市”及其周围用地图解方案

居住区位于城市中部，有宽 130m 的环状大道从中通过。其中央有宽阔的绿化地带，安排了 6 块各为 1.6hm² 的学校用地，其余空地则作儿童游戏与教堂用。环状大道两侧的低层住宅平面呈月牙形，使环状大道显得更为宽阔壮丽。

在城市外环布置了工厂、仓库、市场、煤场、木材场与奶场等。

在工厂、仓库地带的外围，有铁路专用线引入工厂与仓库。为了防止烟尘污染，采用电力作为能源。

城市四周的农业用地有农田、菜园、牧场、森林以及休、疗养所等。在设想的 32000 名居民中，有 2000 人从事农业，就近居住于农业用地中。

霍华德提出了以母城为核心，围绕母城发展子城的卫星城市理论，并强调城市周围保留广阔绿带的原则。他建议母城的规模应不超过 60000 人，子城应不超过 30000 人，母城与子城之间均以铁路联系。

在他的倡议下，英国第一个“田园城市”于 1903 年创建于距离伦敦 55km 的莱奇沃思（Letchworth，图 1-4-7），城市和农业用地共 1840hm²，规划人口 35000 人。第二个“田园城市”于 1919 年建于韦林（Welwyn，图 1-4-8），距伦敦 27km，城市和农业用地共 970hm²，规划人口 5 万人。这两个“田园

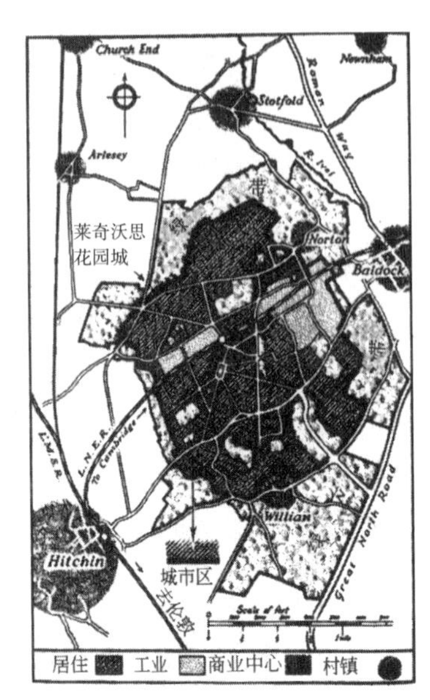

图 1-4-7　莱奇沃思“田园城市”

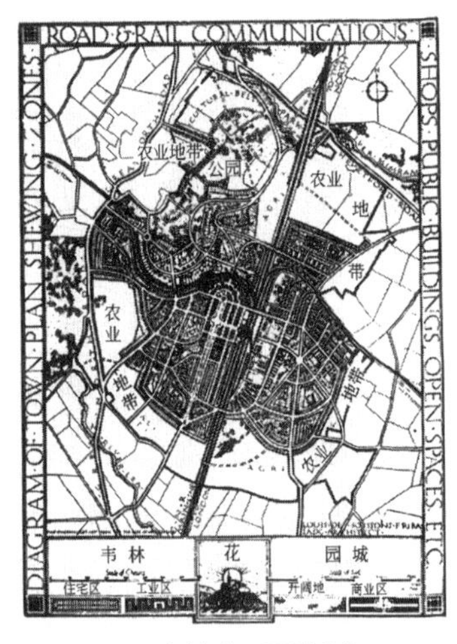

图 1-4-8　韦林“田园城市”

城市”经长期经营后未能达到原规划人口数，也未能解决大伦敦工业与人口的疏散问题。

“田园城市”理论比空想社会主义者的理论前进了一步。它对城乡关系、城市结构、城市经济、城市环境、城市面貌都提出了见解，对城市规划学科的建立起到了重要作用，并成为现代英国卫星城镇的理论基础。

四、“工业城市”

1898 年几乎与霍华德提出“田园城市”理论的同一时间，法国青年建筑师加尼埃（Tony Garnier，1869—1948 年）也从大工业发展的需要出发，开始了对“工业城市”规划方案的探索。他设想的“工业城市”（图 1-4-9）人口为 35000 人。规划方案于 1901 年展出，于 1904 年完成详细平面图。

加尼埃对大工业发展所引起的功能分区、城市交通、住宅组群都作了精辟的分析。

他对“工业城市”的要素进行了明确的功能划分：中央为市中心，有集会厅、博物馆、展览馆、图书馆、剧院等。城市生活居住区是长条形的。疗养及医疗中心位于北边上坡向阳面。工业区位于居住区的东南侧。各区间均有绿带隔离。火车站设于工业区附近。铁路干线通过一段地下铁道深入城市内部。

城市交通是先进的，设有快速干道和供飞机起飞的实验性场地。

“工业城市”住宅街坊（图 1-4-10）宽 30m、深 150m，配备相应的绿化，组成各种设有小学和服务设施的邻里单位。

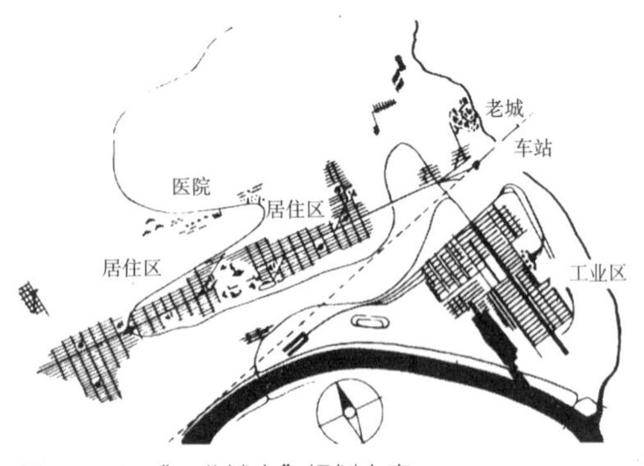

图 1-4-9　“工业城市”规划方案

图 1-4-10 “工业城市”住宅街坊

加尼埃重视规划的灵活性，给城市各功能要素留有发展余地。他运用当时世界上最先进的钢筋混凝土结构来完成市政和交通工程的设计。市内所有房屋，如火车站、疗养院、学校和住宅等，也都用钢筋混凝土建造，形式新颖、整洁。

五、“线形城市”

19 世纪末西班牙工程师索里亚·伊·马塔（Arturo Soria y Mata，1844—1920 年）提出了“线形城市”（Linear City）理论。他认为从核心向外一圈圈扩展的城市形态已经过时，这将使城市拥挤、卫生恶化。他提出城市发展应依赖交通运输线形成带状延伸，使城市既接近自然又便利交通。他于 1882 年在西班牙马德里外围建设了一个 4.8km 长的“线形城市”（图 1-4-11），后又于 1890 年代在马德里周围规划了一个马蹄状的“线形城市”（未建成），共 58km。他的理论是：城市应有一条宽的道路作为脊椎，城市的宽度应有限制，但城市的长度可以无限。沿道路脊椎可布置一条或多条电气铁路运输线，可铺设供水、供电等各种地下工程管线。最理想的方案是沿道路两边进行建设，城市宽度 500m，城市长度无限。这种带形城市可以把马德里与彼得堡连接起来。如果由一个或若干个原有城市作多方延伸，可形成三角形网络系统。

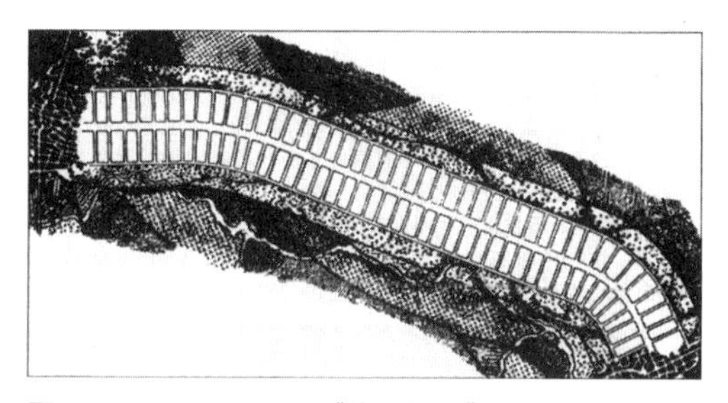

图 1-4-11　西班牙的“线形城市”

“线形城市”理论对以后的城市分散主义有一定的影响。1940 年代，现代派建筑师希尔贝赛默（Ludwig Hilberseimer，1885—1967 年）等人提出的带形工业城市理论也是这个理论的发展。

六、美国的方格形城市

18、19 世纪欧洲殖民者在北美这块富饶的土地上建立了各种工业和城市。地产投机商和律师委托测量工程师对全国各类不同性质、不同地形的城市作机械的方格形（Gridiron）道路划分（一般把街坊划分成长方形）。开发者关心的是在城市地价日益昂贵的情况下获取更多利润，于是采取了缩小街坊面积、增加道路长度的方法，以获得更多的可供出租的临街面。首都华盛顿是少数几个经过规划的城市之一，采用了放射形加方格形的道路系统。地形起伏的旧金山也生搬硬套地采用了方格形道路布局，给城市交通与建筑布局带来很多不便。这种由测量工程师划分的方格形布局不能理解为某个城市的规划，而只是在马车时代交通不发达的情况下资本主义大城市应付工业与人口集中的一种方法。

1800 年的纽约，人口仅 79000 人，集中于曼哈顿岛的端部（图 1-4-12）。1811 年的纽约城市规划（图 1-4-13）采用方格形道路布局，东西 12 条大街，南北 155 条大街。市内唯一空地是位于东西第 4 街与第 7 街，南北 22 街与 34 街之间的一块军事检阅用地，1858 年后改建为中央公园。

这个方格形城市东西长 20km，南北长 5km。1811 年制定规划时，预计 1860 年城市人口将增加 4 倍，1900 年将到达 250 万人，总图就是按 250 万人口规模进行规划的。事实上，人口增长比规划预计的快，1850 年已达 696 万人，而到 1900 年竟达 3437 万人。

1811 年的纽约总图是马车时代的产物，但它对人口与城市规模的增长尚有一定的预见性，在一定程度上适应了当时世界大城市发展的速度。这种布局方式后随同资本主义的扩散被移植至各个殖民地、半殖民地国家的新发展城市中。

图 1-4-12　纽约市曼哈顿岛鸟瞰图

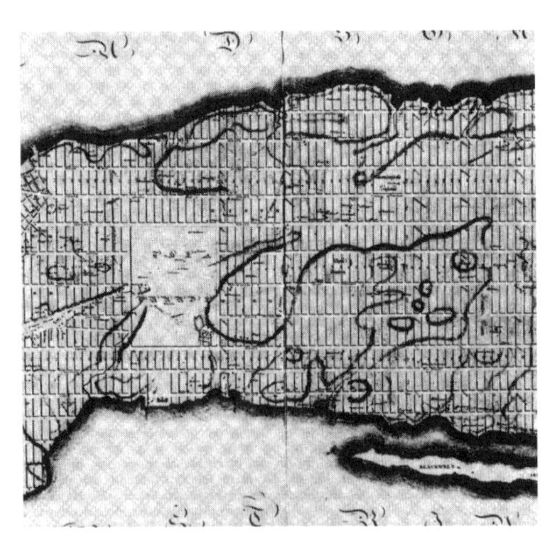

图 1-4-13　1811 年的纽约城市规划道路局部

第二章

19世纪下半叶至20世纪初对新建筑的探求

第一节
建筑探新的社会基础

自1871年的巴黎公社至1917年俄国的十月社会主义革命，以至1918年的第一次世界大战结束，是自由竞争的资本主义被垄断资本主义所更替的时期。在这个时期内，资本主义国家以德、法、英、美为代表。

普法战争之后，普鲁士统一了德国，1871年宣告德意志帝国成立，统一的国内市场与资本主义经济得到迅速发展。由于德国工业革命开始较晚，因而它新建立起来的工业部门，如钢铁、电机、化学工业等可以利用当时最先进的技术加以装备。在1870年代，德国的钢产量居世界第三位，但到19世纪末已超过英、法两个老牌资本主义国家而仅次于美国。电机、化学工业发展更为迅速，1833年，德国的化学染料产量占世界的2/3以上。19世纪末至20世纪初，德国在生产集中的基础上形成了垄断组织，开始进行资本输出，于是与英、法展开了激烈的斗争，谋求重新瓜分世界。

19世纪中叶，法国在经济发展水平上居资本主义世界第二位，仅次于英国。但到了19世纪末，已落后于美、德、英三国而退居第四位。法国经济发展相对迟缓的原因和英国一样，资本主义发展较早，工业设备陈旧，在普法战争失败之后，它的工业资金和原料来源受到巨大损失。另外，法国的自然资源，特别是煤矿资源比较稀少，对它的工业发展也造成了不利的影响。法国经济发展虽然相对缓慢，但到了19世纪末20世纪初也走向了帝国主义阶段，具有了生产垄断与资本输出的特征。

在1860年代，英国工业生产水平仍居世界第一位，但从1870年代起逐渐落后，先后被美国和德国超过，到20世纪初，已退居第三位。英国的工业生产发展速度之所以落后于美、德等国，是因为英国作为一个老牌的资本主义国家，设备没有更新。另外一个原因是英国的资本大量输出到殖民地，影响了国内工业的发展。19世纪末英国开始过渡到帝国主义阶段，由于生产的集中，在冶铁、炼钢、造船等工业部门中都形成了垄断组织。

美国是一个新兴的资本主义国家，在南北战争结束后，由于采用了先进的生产设备，使资本主义经济迅速发展起来。1860年，美国的工业生产水平居世界第四位，到1890年时就超过了老牌的资本主义国家而跃居世界第一位。农业生产水平也迅速提高。19世纪末，在美国资本主义经济迅速发展的过程中，生产和资本的集中也以很快的速度和很大的规模进行着。到了20世纪初，美国成为典型的垄断资本主义国家。

从德、法、英、美等国的发展过程可以看出，资本主义世界工农业产量在这个时期不断增长。在冶金工业中，贝塞麦、马丁、汤麦斯炼钢法已经广泛应用。钢铁产量的增长又促进了机器、钢轨、车厢、轮船的制造。在动力工业方面，这个时期出现了比旧式蒸汽机更经济、效能更高的蒸汽涡轮机和内燃机。内燃机需要液体燃料，它的出现促进了石油的开采。内燃机的发明又推动机器工业的发展，并为汽车和飞机的制造创造了条件。化学工业和电气工业是这一时期新出现的工业部门。1870—1890年代，电话、电灯、电车、无线电等先后发明。1890年代初，远距离送电试验获得成功，为工业电气化开拓了广泛的可能性。

19世纪末，资本主义世界工业生产总值比30年前增加了一倍多，随之而来的是城市人口不断增长，城市建设也不断发展。资本主义国家经济向世界范围的扩大，进一步密切了各地区之间的经济与文化联系。

在这个时期，生产急骤发展，技术飞速进步，资本主义世界的一切都处在变化之中，昨天的新东西，到今天就已陈旧，一件新东西还来不及定型就已经过时了。这时的生产发展得如此之快，建筑作为物质生产的一个部门，不能不跟上社会发展的要求。它在适应新社会的要求下迅速地摆脱了旧技术的限制，摸索着材料和结构的更新。随着钢和钢筋混凝土应用的日益频繁，新功能、新技术与旧形式之间的矛盾也日渐尖锐，于是引起了对古典建筑形式所谓的“永恒性”的质疑，并在一些对新事物敏感的建筑师中掀起了一场积极探求新建筑的运动。

这些思潮先后出现在不同的国家之中，其目的是探求一种能适应变化着的社会时宜的新建筑。但由于各国的现实情况不同，外加追求变革的建筑师本人的社会地位与个人观点的关系，解决问题的重点与方法各有不同。有的人认为问题的症结在于旧形式的羁绊，于是从形式上着手变革，带动其他，例如始于比利时的新艺术运动和奥地利、荷兰与芬兰等对简化与“净化”旧建筑形式的尝试，其中新艺术运动成功地运用了当时的新材料——铁来作结构与装饰。也有人认为应以功能来统一技术与形式的矛盾，在这方面芝加哥学派最为突出，赖特也在功能、形式与技术（部分采用钢筋混凝土结构）的统一中创造了新型的、宜人的“草原式”住宅。更有人肯定了新技术的道路，要为新技术寻找一种能说明它的美学观念和艺术形式，例如法国对钢筋混凝土的应用和德意志制造联盟的主张。就是这些探索，使建筑观念摆脱了原来与手工业的砖石结构相依为命的复古主义、折中主义美学的羁绊，初步踏上了现代化的道路。

第二节
欧洲探求新建筑的先驱及工艺美术运动

探求新建筑的先驱

在欧洲，对新建筑的探求，最早可追溯到1820年代。德国著名建筑师辛克尔（Karl Fredrich Schinkel，1781—1841年，柏林宫廷剧院的设计人）原来热心于希腊复兴风格，但在资本主义大工业急速发展的时代，辛克尔为了寻求新建筑的可能性，曾多次出国考察，先后到过英国、法国、意大利，并在日记中写道:“所有伟大的时代都在它们的房屋样式中留下了它们自己的记录。我们为何不尝试为我们自己找寻一种样式呢？”① 可见，辛克尔在接触到外面的世界时发现了建筑艺术中的时代性问题。从此，他试图在创作中摸索，晚期代表性的例子是 1827 年设计的柏林百货商店和柏林建筑学院（Bauakademie，1832—1835 年）。他开创了框架式砖石结构，并建造转换为建筑语汇，被认为是德国现代建筑的起点。

另一位德国建筑师森佩尔（Gottfried Semper，1803—1879 年），原致力于古典复兴，后来又受到了折中主义建筑思潮的影响。他曾去过法国、希腊、意大利、瑞士、奥地利等国，1851—1855 年在伦敦，并在 1851 年国际博览会的工地上工作过，深受“水晶宫”那样的建筑艺术造型和建造方式之间关系的启发，提出了建筑的艺术形式应与新的建造手段相结合的问题。他在 1852 年著有《工业艺术论》一书，1861—1863 年又发表了《技术与构造艺术中的风格》（*Der Stil in den Technischen und Techtonischen Kunsten*），出版了两卷。在文中，他试图证明建筑装饰是应用不同材料和某种技术的结果，换句话说，就是建造手段决定了建筑形式。在建筑艺术中，他深信一座建筑物的功能应在它的平面与外观上，甚至在装饰构件上反映出来。他认为新的建筑形式应该反映功能与材料、技术的特点。这种创作见解当时曾引起不少人的关注，并为那些长期受学院派的“为艺术而艺术”思想禁锢的建筑师们指出了一条新的道路。

在法国，拉布鲁斯特是一位杰出的建筑师，他所设计的巴黎圣吉纳维夫图书馆（1843—1850 年）与巴黎国立图书馆（1858—1868 年），在阅览室与书库的设计中大胆地应用并暴露了新的建筑材料与结构，在外形上虽没有跳出一般建筑的格局，但造型已开始简化。这些建筑为后来创造新建筑形式起到了一定的示范作用。

以上关于建筑的时代性、建筑形式与建造手段的关系以及建筑功能与形式的关系，成为探求新建筑的焦点。

工艺美术运动

1850 年代在英国出现的“工艺美术运动”（Arts and Crafts Movement）是小资产阶级浪漫主义的社会与文艺思想在建筑与日用品设计上的反映。

英国是世界上最早发展工业的国家，也是最先遭受由工业发展带来的各种城市痼疾及其危害的国家。面对当时城市交通、居住与卫生条件越来越恶劣的状况以及各种粗制滥造的廉价工业产品正在取代原来高雅、精致与富于个性的手工艺制品的市场，社会上，主要是一些小资产阶级知识分子，产生了一股相当强烈的反对与憎恨工业、鼓吹逃离工业城市、怀念中世纪安静的乡村生活与向往自然的浪漫主义情绪。以拉斯金（John Ruskin，1819—1900 年）和莫里斯（William Morris，1834—1896 年）为代表的“工艺美术运动”便是这股思潮的反映。

“工艺美术运动”赞扬手工艺制品的艺术效果、制作者与成品的情感交流及自然材料的美。莫里斯为了反对粗制滥造的机器制品，寻求志同道合的人组成了一个作坊，制作精美的家具、铁花栏杆、墙纸和家庭用具等，由于成本太高，未能大量推广。他们在建筑上主张搬迁到城郊建造“田园式”住宅来摆

① 转引自《20 世纪的欧洲建筑》，A.Whittick，第一卷，第 28 页。

脱象征权势的古典建筑形式。1859—1860 年由建筑师韦布（Philip Webb）在肯特建造的“红屋”（Red House，Bexley Heath，Kent，图 2-2-1）就是这个运动的代表作。“红屋”是莫里斯的住宅，平面根据功能需要布置成“L”形，使每个房间都能自然采光，并用本地产的红砖建造，不加粉刷，大胆摒弃了传统的贴面装饰，表现出材料本身的质感。这种将功能、材料与艺术造型相结合的尝试，对后来的新建筑有一定的启发作用，得到了不求气派、着重居住质量的小资产阶级的认同。但是莫里斯和拉斯金思想的消极方面，即把机器看成是一切文化的敌人，向往过去和主张回到手工艺生产，显然是向后看的，也是不合时宜的。相对来说，后来欧洲大陆的新建筑运动就多少反映出了工业时代的特点。

图 2-2-1 “红屋”

第三节 新艺术运动

在欧洲真正提出变革建筑形式的是 1880 年代始于比利时布鲁塞尔的新艺术运动（Art Nouveau）。

比利时是欧洲大陆工业化最早的国家之一，工业制品的质量问题在那里也显得比较突出。19 世纪中叶以后，布鲁塞尔成为欧洲文化和艺术的一个中心。当时，在巴黎尚未受到赏识的后印象派画家塞尚（Cézanne）、凡·高（Van Gogh）和修拉（Seurat）等人的作品都曾被邀请到布鲁塞尔进行展出。

新艺术运动的创始人之一费尔德（Henry van de Velde，1863—1957 年）原是画家，1880 年代致力于建筑艺术的革新，认为应在绘画、装饰与建筑上创造一种不同于以往的艺术风格。费尔德曾组织建筑师讨论结构和形式之间的关系，并在“田园式”住宅思想与世界博览会技术成就的基础上迈出了新的一步，肯定了产品的形式应有时代特征，并应与其生产手段一致。在建筑上，他们极力反对历史样式，意欲创造一种前所未见的、能适应工业时代精神的装饰方法。当时新艺术运动在绘画与装饰主题上喜用生长繁盛的草木形状的线条，建筑墙面、家具、栏杆及窗棂等也莫不如此。由于铁便于制作各种曲线，因此在建筑装饰中大量应用铁构件，包括铁梁柱。

新艺术派的建筑特征主要表现在室内，外形保持了砖石建筑的格局，一般比较简洁，有时使用一些曲线或弧形墙面使之不致单调。

典型的例子如霍塔（Victor Horta，1861—1947年）在1893年设计的布鲁塞尔都灵路12号住宅（12 Rue de Turin，图2-3-1），费尔德在1906年设计的德国魏玛艺术学校（Weimar Art School）等。后来费尔德就任该校的校长，直到1919年被格罗皮乌斯接替为止。

1884年以后，新艺术运动迅速地传遍欧洲，甚至影响到了美洲。它的这些植物形花纹与曲线装饰，使其脱掉了折中主义的外衣。新艺术运动在建筑上的这种改革只局限于艺术形式与装饰手法，终不过是以一种新的形式反对传统形式而已，并未能全面解决建筑形式与内容的关系以及与新技术的结合问题，这就是为什么在流行一时之后，它在1906年左右便逐渐开始衰落。虽然如此，它仍是现代建筑摆脱旧形式羁绊的过程中的一个关键步骤。

图2-3-1 都灵路12号住宅内部

新艺术运动在德国称之为青年风格派（Jugendstil），其主要据点是慕尼黑。其代表作品如1897—1898年在慕尼黑建造的埃尔维拉照相馆（Elvira Photographic Studio）和1901年建造的慕尼黑剧院。当时属于这一派的著名建筑师有贝伦斯（Peter Behrens，1868—1940年）、恩德尔（August Endell，1871—1924年）等。青年风格派在德国真正有成就的地方是达姆施塔特。1901—1903年，在黑森大公恩斯特·路德维希（Ernst Ludwig von Hessen）的赞助下，那里举行了一次形式多样的现代艺术展览会，吸引了各国著名的艺术家与建筑师参加，其中比较著名的有奥尔布里希（Joseph Maria Olbrich，1867—1908年）与贝伦斯等。展览会打破常规，除了建造一座展览馆外，还在附近一个公园里让各个艺术家自由布置，建造自己的房子，形成了一个艺术家之村。他们把建筑作为复兴艺术的起点，试图使新艺术和建筑设计紧密结合起来。最有代表性的作品是由奥尔布里希设计的路德维希展览馆（Ernst Ludwig House，1901年，图2-3-2）。它的外观简洁，窗户很大，主要入口是一个圆拱形的大门，两旁有一对大雕像，大门周围布满了植物图案的装饰，反映了新艺术运动的特征。

图2-3-2 达姆施塔特的路德维希展览馆

新艺术运动在英国也有它的代表人物，麦金托什（Charles Rennie Mackintosh，1868—1928 年）是其中最具天才者。他的作品：格拉斯哥艺术学院的图书馆部分（1907—1909 年，图 2-3-3）反映了建筑功能同新艺术造型手法的有机联系，当时的维也纳学派与分离派也受到了他的影响。

西班牙建筑师高迪（Antonio Gaudí，1852—1926 年）虽被归为新艺术派的一员，但与比利时的新艺术运动并没有渊源上的联系，他在建筑艺术形式的探新中另辟蹊径，努力探求一种与复古主义学院派全然不同的建筑风格。他以浪漫主义的幻想极力使塑性的艺术形式渗透到三维的建筑空间中去，还吸取了东方伊斯兰的韵味和欧洲哥特式建筑结构的特点，再结合自然的形式，精心地创造了独具隐喻性的塑性造型。西班牙巴塞罗那的米拉公寓（Casa Mila，1905—1910 年，图 2-3-4）便是典型的例子。建筑仍为石构，但外部造型却充满动感与张力。另一个代表作是巴特罗公寓（Casa Batlló，1905-1907 年），立面有骨形立柱和彩色马赛克贴面。他的建筑既隐含建造原则，又呈现超现实主义幻觉，一时难有响应者，直至 20 世纪后半叶他重新受到重视，被追封为伟大的天才建筑师，以其浪漫的想象力和建筑形式的复杂逻辑而备受赏识。

图 2-3-3　格拉斯哥艺术学院图书馆部分

图 2-3-4　巴塞罗那的米拉公寓

第四节
奥地利、荷兰与芬兰的探索

在新艺术运动的影响下，奥地利形成了以瓦格纳（Otto Wagner，1841—1918 年）为首的维也纳学派。瓦格纳是维也纳学院的教授，曾是森佩尔的学生，原倾向于古典建筑，后来在工业时代的影响下，逐渐形成了新的建筑观点。1895 年他出版了《现代建筑》（*Moderne Architektur*）一书，指出新结构、新材料必然导致新形式的出现，并反对历史样式在建筑上的重演，然而“每一种新格式均源于旧格式”①，因而瓦格纳主张对现有的建筑形式进行“净化”，使之回到最基本的起点，从而创造了新形式。瓦格纳的代表作品是维也纳的地下铁道车站（1896—1897 年）和维也纳的邮政储蓄银行（The Post Office Saving Bank，1905 年，图 2-4-1）。车站里还有一些新艺术派特点的铁花装饰；而银行的大厅里却线条简洁，所有的装饰都被废除了，玻璃和钢材被用来为现代的功能和结构服务。

瓦格纳的见解对他的学生影响很大。到 1897 年，维也纳学派的一部分人员成立了“分离派”（Vienna's Secession），宣称要和过去的传统决裂，代表人物是奥尔布里希（Joseph Maria Oblrich，1867—1908 年）和霍夫曼（J.C.Hoffmann，1870—1956 年）等，1898 年在维也纳建造的分离派展览馆（设计人：奥尔布里希，图 2-4-2）就是代表作之一。他们主张造型简洁，常是大片的光墙和简单的立方体，只在局部集中装饰。和新艺术派不同的是，他们的装饰主题常用直线，使建筑造型走上了简洁的道路。瓦格纳本人在 1899 年也参加了这个组织。

维也纳的另一位建筑师路斯（Adolf Loos，1870—1933 年）是一个在建筑理论上有独到见解的人。当瓦格纳还没有完全拒绝装饰的时候，路斯就已开始反对装饰，并反对把建筑列入艺术范畴。他针对当时城市生活的日益恶化，指出“城市离不开技术”“维护文明的关键莫过于足够的城市供水”。他主张建筑以实用与舒适为主，认为建筑“不是依靠装饰而是以形体自身之美为美”，甚至把装饰与罪恶等同起来。②路斯的思想反映了当时某些资产阶级建筑师在批判“为艺术而艺术”时的一个极端。他的代表作品是 1910 年在维也纳建造的斯坦纳住宅（Steiner House，图 2-4-3），

图 2-4-1　维也纳邮政储蓄银行室内大厅

图 2-4-2　维也纳分离派展览馆

图 2-4-3　斯坦纳住宅

① 《现代建筑史》，J.Joedicks，第 38 页。

② A. 路斯《装饰与罪恶》（1906 年）。转摘自 K. 弗兰姆普敦《新的轨迹：20 世纪建筑学的一个系谱式纲要》，张钦楠译。

建筑外部完全没有装饰。他强调建筑物作为立方体的组合同墙面和窗子的比例关系，完全不同于折中主义，甚至预告了功能主义建筑形式的到来。

在北欧，对新建筑的探索以荷兰最为出色。著名建筑师贝尔拉格（H.P.Berlage，1856—1934 年）对当时流行的折中主义艺术深为痛恨，提倡“净化”（Purify）建筑，主张建筑造型应简洁明快并表现材料的质感，声称要寻找一种真实的、能够表达时代的建筑。他的代表作品是 1898—1903 年建造的阿姆斯特丹证券交易所（图 2-4-4）。建筑形体维持了当时建筑的大体格局，但形式被简化了。内外墙面均为清水砖墙，不加粉刷，恢复了荷兰精美砖工的传统；在原来檐部与柱头的位置，以白石代替线脚和雕饰；内部大厅大胆地采用钢拱架与玻璃顶棚的做法，体现了新材料、新结构与新功能的特点。但是正立面的连续券门上部的圆窗和檐下的小齿饰，仍不免使人联想到当地的中世纪罗马风建筑（Romanesque Architecture）传统。

贝尔拉格主张有计划地发展城市。1902 年他为阿姆斯特丹做了第一个规划方案，1915 年又做了第二个方案。他认为城市应该作为一个整体来考虑，合理规划道路系统，注重人民生活需要，适当布置绿地与室外公共活动场所，并要有风格统一的市容。

贝尔拉格还是一个注重学习外国经验的人，正是他最先把赖特的作品从美国介绍到欧洲的。1920 年代，他又参加了“国际现代建筑大会”（CIAM），[①] 积极参与“现代建筑”运动，对荷兰，甚至北欧现代建筑的发展都有过较大的影响。

芬兰是北欧较偏僻的一个国家，在那里遍布着湖泊与森林，有着独特的民族传统，虽然曾多次受到外国的侵略，但在文化上并没有被征服。19 世纪末，它也受到了新艺术运动的影响，并主动接受了它。20 世纪初，在探求新建筑的运动中，著名建筑师埃里尔·沙里宁（Eliel Saarinen，1873—1950 年）所设计的赫尔辛基火车站（1906—1916 年，图 2-4-5）是一个非常杰出的实例，其简洁的体形和灵活的空间组合，为芬兰现代建筑的发展开辟了道路。

图 2-4-4　阿姆斯特丹证券交易所

图 2-4-5　赫尔辛基火车站

① 全称：Congrés Internationaux d'Architecture Moderne.

第五节
美国的芝加哥学派与赖特的草原式住宅

一、高层建筑的发展与芝加哥学派

1870 年代，在美国兴起了芝加哥学派，它是现代建筑在美国的奠基者。南北战争以后，北部的芝加哥取代了南部的圣路易斯城的地位，成为开发西部富源的前哨和东南航运与铁路的枢纽。随着城市人口的增加，兴建办公楼和大型公寓是有利可图的，特别是 1871 年的芝加哥大火使得城市重建问题特别突出。为了在有限的市中心区获得尽可能多的面积，高层建筑开始在芝加哥涌现。这些建筑该如何建造，是在原来的建造方法与美学观点下争取层数的增加，还是应有较大的变革或革新，是当时摆在所有建筑师和工程师面前的问题。“芝加哥学派”（Chicago School）就此应运而生。

芝加哥学派最兴盛的时期是在 1883—1893 年之间。它的重要贡献是，在工程技术上创造了高层金属框架结构和箱形基础，在建筑设计上肯定了功能和形式之间的密切关系。它在建筑造型上趋向简洁、明快与适用的独特风格，很快便在市中心闹市区占有统治地位，并接二连三地建造起来。

芝加哥学派的创始人是工程师詹尼（William le Baron Jenney，1832—1907 年）。1879 年他建造了第一莱特尔大厦（First Leiter Building，图 2-5-1）—— 一座砖墙与铁梁柱混合结构的 7 层货栈，1883—1885 年又建造了芝加哥家庭保险公司的 10 层框架结构建筑，但立面尚没有完全摆脱古典的外衣，显得比较沉重。1885—1887 年，由理查森（H.H.Richardson，1836—1886 年）设计的芝加哥马歇尔·菲尔德百货批发商店（Marshall Field Wholesale Store，图 2-5-2），在结构上仍采用传统的砖石墙承重，但外形上却摒弃了折中主义的虚假装饰，它那简洁、明确的造型手法，反映了芝加哥学派的特征。

图 2-5-1 第一莱特尔大厦

图 2-5-2 马歇尔·菲尔德百货批发商店

1891 年，伯纳姆与鲁特（Burnham and Root）设计了莫纳德诺克大厦（Monadnock Building，图 2-5-3），这座 16 层的建筑成为芝加哥采用砖墙承重的最后一幢高层建筑。在造型上，没有壁柱，也没有线脚装饰，外表光洁，凸出的檐口与窗户不同于虚假的折中主义，而是合乎结构逻辑的表现。它在传统砖石建筑上采用了新的形式，符合了当时业主不愿采用金属框架结构的要求。但毕竟层数过多，底下几层的墙最厚者达 2m 余。同为他们二人设计的卡皮托大厦（The Capitol，1892 年，图 2-5-4）却是一幢金属框架结构、折中主义外衣和东方式屋顶的 22 层建筑，高 91.5m，是 19 世纪末以前芝加哥最高的建筑。由此可见，芝加哥学派对现代高层建筑的探索并不是一蹴而就的，而是一条曲折与反复的摸索道路。其焦点表现在对新旧结构方法与新旧形式的取舍上。

图 2-5-3　莫纳德诺克大厦

1890—1894 年，伯纳姆与鲁特终于创造了一件公认的芝加哥学派的杰作，这就是 16 层的里莱斯大厦（Reliance Building，图 2-5-5）。它采用了先进的框架结构与大面积玻璃窗，同时以其透明性与端庄的比例使人大开眼界。建筑基部用深色的石块砌成，它与上部的玻璃窗和白面砖塔楼形成强烈的对照。虽然狭窄的窗间墙上还有些古典的装饰，但顶部已没有沉重的压檐了。

图 2-5-4　卡皮托大厦

图 2-5-5　里莱斯大厦

芝加哥学派的另一代表作品是霍拉伯德与罗希（Holabird and Roche）设计的马凯特大厦(Marquette Building，1894年，图2-5-6)，这是一座1890年代末芝加哥优秀高层办公楼的典型。它的立面简洁，整齐排列着面宽较阔的、横长方形的“芝加哥式窗”。内部空间是不加以固定的隔断，以便将来按需要自由划分，这是框架结构的优点之一。从街上正面看，马凯特大厦的外表像一个整体，但在背面却可看出它是一个“E”字形的平面，中间部分是电梯厅，办公室在它周围。内院向一面开放有利于面向内院的办公室的采光与通风。

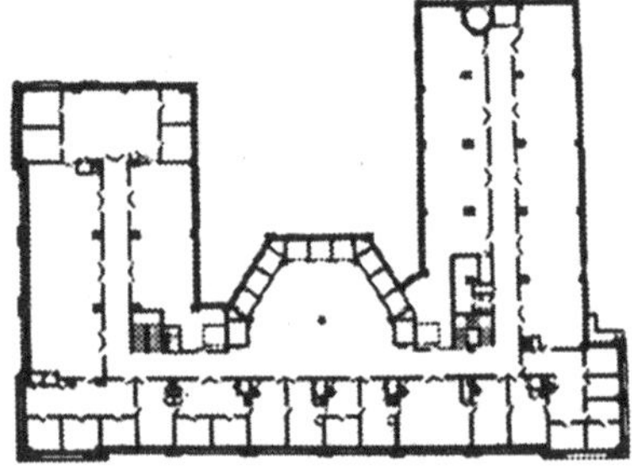

图2-5-6 马凯特大厦

由于当时迫切需要解决居住问题，该时期的主要建设对象除了高层办公楼，还有高层旅馆与高层公寓。它们外表具有办公楼的特点，如1891年建造的芝加哥“大北方饭店”就是一例，它简洁的立面与圆形的转角，明显地反映了适应工业时代审美要求的形式。

在谈到芝加哥学派时不能不提沙利文（Louis Henry Sullivan，1856—1924年）。沙利文是芝加哥学派的核心人物与理论家，也是杰出的实践建筑师。他早年在麻省理工学院学过建筑，1873年来到芝加哥，曾在詹尼建筑事务所工作，后来去了巴黎，又返回芝加哥开业。沙利文是一位非常重实践的人，当时有些人尚在犹豫要不要采用金属框架结构，而在形式上是否要采用人们已经习惯了的折中主义装饰等问题，此时，他首先提出了“形式随从功能”（Form follows function）的惊人口号。他的代表作品是1899—1904年建造的芝加哥C.P.S.百货公司大厦（Carson Pirie Scott Department Store，图2-5-7）。它的立面采用了典型的由“芝加哥式窗”组成的网格形

图2-5-7 C.P.S.百货公司大厦

构图，至于装饰，只在重点的部位如入口处才有，装饰题材是类似新艺术派又兼有沙利文个人风格特点的图案。

沙利文在建筑理论上的见解很值得关注，他说："自然界中的一切东西都具有一种形状，也就是说有一种形式，一种外部的造型，以此来告诉我们，这是些什么以及如何与别的东西互相区别开来。"因此，沙利文对建筑的结论是要给每个建筑物一个适合的和不错误的形式，这才是建筑创作的目的。他认为世界上一切事物都是"形式追随功能，这是规律"（Form ever follows function and this is the law）。同时他还进一步强调他的主张："功能不变，形式就不变。"①

为了说明高层办公楼建筑的典型形式，沙利文明确了此类建筑在功能上的特征：第一，地下室要包括有锅炉间和动力、供暖、照明的各项机械设备；第二，底层主要用于商店、银行或其他服务性设施，内部空间要宽敞，光线要充足，并有方便的出入口；第三，二层要有直通的楼梯与底层联系，功能可以是底层的继续，楼上空间分隔自由，在外部有大片的玻璃窗；第四，二层以上都是相同的办公室，柱网排列相同；第五，最顶上一层空间用作设备层，包括水箱、水管、机械设备等。基于上述特征，沙利文还考虑到，高层建筑外形应分成三段处理：底层与二层是一个段落，因为它们的功能相似；上面各层是办公室，外部处理是一个个窗子；顶部设备层可以有不同的外貌，窗户较小，并且按照传统的习惯，还加有一条压檐。典型的例子有1895年在布法罗建造的信托银行大厦（The Guaranty Trust Building，Buffalo）。

沙利文的思想在当时具有一种革命性的意义，他认为建筑的设计应该从内而外，应按功能来选择合适的结构并使形式与功能一致。这和与之同时流行着的折中主义的只按传统的历史样式设计、不考虑功能的特点是完全不同的。

由此可见，芝加哥学派在19世纪建筑探新运动中所表现出的进步意义是很大的。首先，高层办公楼是一种新类型，新类型必定有它的新功能，芝加哥学派突出了功能在建筑设计中的主要地位，明确了结构应利于功能的发展和功能与形式的主从关系，既摆脱了折中主义的形式羁绊，也为现代建筑摸索了道路。其次，它探讨了新技术在高层建筑中的应用，并取得了一定的成就，使芝加哥成了高层建筑的故乡。第三，其建筑艺术反映了新技术的特点，简洁的立面符合新时代工业化的精神。

但是芝加哥学派并不能摆脱当时社会条件的局限，所有这些成就只能成为资本家追逐利润的投机手段。因此，芝加哥学派的建筑多半集中在市中心区一带，地价昂贵与追逐利润迫使它们不断向高层发展，随之而来的是严重的城市卫生与交通问题。

在建筑创作上，芝加哥学派的发展也未能一帆风顺。1893年芝加哥的哥伦比亚世界博览会全面复活折中主义风格的做法，是对刚刚兴起的新建筑思潮的一次沉重打击，它反映了美国垄断资产阶级试图借用古代文化来装点门面，以争夺世界市场的思想。从此，芝加哥的高层建筑中有不少采用了象征美国大工商企业的"商业古典主义"风格。

除芝加哥以外，纽约在这一时期内的高层建筑也发展得很快。如1911—1913年建造的

① 参见 Jürgen Joedicke，"A History of Modern Architecture"第27页。

伍尔沃斯大厦（Woolworth Building，设计人：Cass Gilbert，图 2-5-8）已高达 241m，52 层，外形设计采用的是哥特复兴式手法，由于它高耸入云，当时记者把它称之为“摩天楼”（Skyscraper），从此，形容超高层建筑的“摩天楼”一词开始广为传播。在它建成之后，纽约市政当局出于日照与通风的原因，制定了法规，要求高层建筑随着高度的上升要渐渐后退，这对 1920—1930 年代纽约摩天楼的造型产生了深刻的影响。

二、赖特的草原式住宅

赖特（Frank Lloyd Wright，1869—1959 年）是美国著名的现代建筑大师。1887 年，18 岁的他来到了芝加哥；1888 年，进入沙利文与阿德勒（Dankmar Adler，1844—1900 年）的建筑事务所；1894 年，赖特离开了这个建筑事务所独立开业，并发展了美国土生土长的现代建筑。他在美国中部地区农舍的自由布局的基础上，融合浪漫主义的想象力，创造了富于田园诗意的“草原式住宅”（Prairie House）。之后，他在居住建筑设计方面取得了一系列的成就，他所提倡的“有机建筑”便是这一概念的发展。

图 2-5-8　伍尔沃斯大厦

草原式住宅最早出现在 20 世纪初期。它的特点是：在造型上力求新颖，彻底摆脱折中主义的常套；在布局上与大自然结合，使建筑与周围环境融为一个整体。“草原”用以表示他的住宅设计与美国中部一望无际的大草原结合之意。

草原式住宅大都位于芝加哥城郊的森林地区或是密歇根湖滨，是当时中产阶级的住宅。它的平面常呈十字形，以壁炉为中心，起居室、书房、餐室都围绕着壁炉布置，卧室一般放在楼上。室内空间尽量做到既分隔又连成一片，并根据不同的需要有着不同的层高。起居室的窗户一般比较宽敞，以保持室内与自然界的密切联系，但由于在造型上强调水平向的，层高一般较低，出檐又大，室内光线往往比较暗淡。建筑物的外形充分反映了内部空间的关系，体形构图的基本形式是高低不同的墙垣、坡度平缓的屋面、深远的挑檐和层层叠叠的水平阳台与花台所组成的水平线条，它们被垂直面的大烟囱所统一，显得层次很丰富。外部多表现为砖石的本色，与自然很协调，内部也以表现材料的自然本色与结构为特征，由于它以砖木结构为主，所用的木屋架有时会被作为一种室内装饰暴露于外。比较典型的例子如 1902 年赖特在芝加哥设计的威利茨住宅（Ward W.Willitts House），1907 年在伊利诺伊州河谷森林区设计的罗伯茨住宅（Isabel Roberts House）以及 1908 年在芝加哥设计的罗比住宅（F.C.Robie House）等。

威立茨住宅建在平坦的草地上，周围是树林，平面呈十字形。十字形平面在当地民间住宅中是常用的，但赖特在平面上来得更灵活，在门厅、起居室、餐室之间不作固定的完全分割，使室内空间增强了连续性，外墙上用连续成排的门和窗，增加室内外空间的联系，这样就打破了旧式住宅的封闭性。在建筑外部，体形高低错落，坡屋顶伸得很远，形成很大的挑檐，在墙面上形成大片阴影。在房屋立面上，深深的屋檐，连排的窗孔，墙面上的水平饰带和勒脚及周围的矮墙，形成了以横线为主的构图，给人以舒展而安定的印象。

罗伯茨住宅（图 2-5-9~ 图 2-5-11）是赖特设计的小住宅中最优美的作品之一。建筑平面是草原式住宅惯用的十字形，大火炉在它的中央。室内采用了两种不同的层高，起居室的净空是两层的高度，顶棚根据屋顶的自然坡度而灵活处理，在顶棚之下，设有一圈回廊式的陈列墙，可以布置瓶花、盆景或其他装饰品，以丰富室内空间的艺术处理。外形上，互相穿插的水平屋檐以及深深的阴影落在门窗与粉墙上，衬托出一幅生动活泼的图景。建筑物的周围有花台和树木，与自然环境结合紧密。

罗比住宅（图 2-5-12）是赖特在草原式住宅的基础上设计的城市型住宅中的一例，在某种程度上与芝加哥学派的建筑构思较为默

图 2-5-9　罗伯茨住宅外观

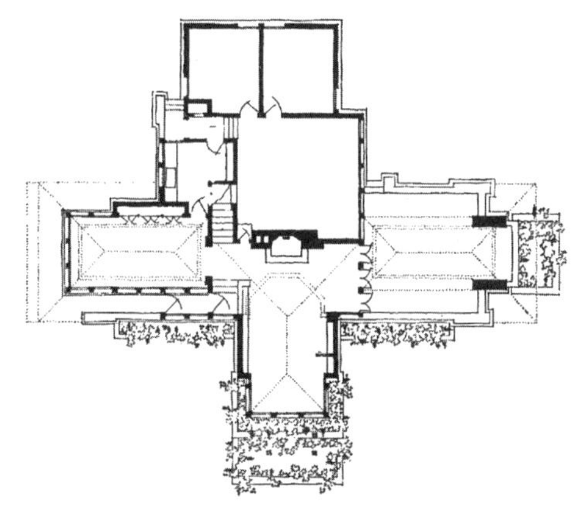
图 2-5-10　罗伯茨住宅平面图

图 2-5-11　罗伯茨住宅起居室

图 2-5-12　罗比住宅

契。它的平面根据地形布置成长方形，特点是强调层层的水平阳台和花台，结合周围的树木，也能获得自然之趣。它的造型对后来城市花园住宅的设计有深远的影响。

尽管赖特的草原式住宅并没有引起美国的普遍重视，然而它的名声却传至欧洲，引起了德国、荷兰对赖特作品的极大兴趣。

草原式住宅是为了满足资产阶级对现代生活的需要与对建筑艺术猎奇的结果。赖特力图摆脱折中主义的框框，走上了体形组合的道路，创造了新的建筑构图手法，对美国现代建筑的发展起到了积极的探索作用。

第六节 法国对钢筋混凝土的应用

大工业生产为建筑技术的发展创造了良好的条件，新材料、新结构在建筑中得到了广泛的试验机会。钢和钢筋混凝土从 19 世纪中叶起就对建筑的发展有极为重要的影响。自从 1855 年贝赛麦炼钢法（转炉炼钢法）出现后，钢材便开始在建筑上普遍应用了。钢筋混凝土则在 19 世纪末 20 世纪初才被广泛采用，它给建筑结构与建筑造型提供了新的可能性。

钢筋混凝土的出现和在建筑上的应用是建筑史上的一件大事，在 20 世纪头 10 年，它几乎被认为是一切新建筑的标志。钢筋混凝土的发展过程是很复杂的。早在古罗马时代，建筑中就已经有天然混凝土的结构方法，但是它在中世纪时失传了。真正的混凝土与钢筋混凝土是近代的产物。1774 年英国在普利茅斯附近英吉利海峡的涡石礁上成功地采用石块与混凝土的混合结构建造了一座灯塔（人们按水手的传说称之为涡石塔，Eddystone Lighthouse）。当时所谓的混凝土只是一种石灰、黏土、砂子、铁渣的混合物。1824 年英国首先生产了胶性的波特兰水泥，遂为混凝土结构的发展提供了条件。起初常把混凝土用作铁梁中的填充物，后来进一步发展了用混凝土制作楼板的新形式。1855 年巴黎博览会展出了由兰博（J.L.Lambot）设计的钢筋水泥船，这对钢筋混凝土的出现具有积极意义；1868 年法国园艺家莫尼埃（H.Monnier）以铁丝网与水泥试制花盆；1868—1870 年他又在法国建成了一座钢筋混凝土水库。所有这些试验的成功，都为近代钢筋混凝土结构的发展奠定了基础。

钢筋混凝土的广泛应用是 1890 年以后的事了。它首先在法国与美国得到发展。

法国建筑师埃纳比克(François Hennebique，1842—1921 年）于 1890 年代在法国赖因堡（Bourg la Reine）为自己建造的别墅，可作为应用钢筋混凝土的广告。包杜（Anatole de Baudot，1834—1915 年） 于 1894 年在巴黎建造的蒙玛尔特教堂（Saint-Jean de Montmartre，图 2-6-1），是第一个采用钢筋混凝土框架结构的教堂。钢筋混凝土结构很快传遍欧美。

20 世纪初著名的法国建筑师佩雷（Auguste Perret，1874—1955 年）善于运用钢筋混凝土结构，同时努力发掘这种材料与结构的表现力。他早期的钢筋混凝土作品是巴黎富兰克林路 25 号公寓（图 2-6-2），建于 1903 年。这是一座 8 层钢筋混凝土框架结构建筑，框架间填以褐色墙板，组成了朴素大方的外表，一切装饰都去掉了，但并不单调。佩雷说："装饰常有掩盖结构的缺点。"他在巴黎还设计了庞泰路车库（Garage automobile à Rue de Ponthieu，1905 年，图 2-6-3）与埃斯德尔（Magasins Esders）服装工厂（1919 年），这两座建筑都显示出了钢筋混凝土新结构的艺术表现力。

另一位法国建筑师加尼埃[①] 也善于应用钢筋混凝土这种新结构。他曾设计过"工业城市"（Cité Industrielle）的假想方案，人口为 35000 人，有明确的功能分区，并作了部分街区的设计，建筑全部为钢筋混凝土结构，布局整齐、外形简洁，反映了他对工业时代特点的探求。1901—1904 年他在"工业城市"中所做的市政厅、底层开敞的集会厅与中央铁路车站方案（图 2-6-4）都应用了钢筋混凝土这种新材料与结构配合来获得新颖的造型与开敞明快的效果。1910 年他在里昂所建的运动场则是他在家乡的作品之一。

图 2-6-1
巴黎蒙玛尔特教堂

图 2-6-2
富兰克林路 25 号公寓

图 2-6-3　庞泰路车库

图 2-6-4　加尼埃设计的"工业城市"中的中央铁路车站方案

第一次世界大战期间，法国工程师弗雷西内（Eugène Freyssinet）在巴黎近郊的奥利（Orly）机场建造了一座巨大的飞船库（1916 年，图 2-6-5），它由一系列的抛物线形的钢筋混凝土拱顶组成，跨度达 96m（320 英尺），高度达 58.5m（195 英尺）。拱肋间有规律地布置着采光玻璃，具有别致的装饰效果。1924 年他又在旁边建了一座尺度较前者略大、同样结构的飞船库。

① 参见本教材第一章第四节。

图 2-6-5　奥利机场的飞船库

图 2-6-6　世界上第一座无梁楼盖的仓库

瑞士著名工程师马亚尔（Robert Maillart）设计过许多新颖的钢筋混凝土桥梁，其大多为中空箱体式断面的三铰拱结构。桥板两端下面的非承重部分被镂空，以减少桥的重量，故其形式极为轻快，并且形式和结构应力的分布是一致的。此外，马亚尔还在苏黎世建造了世界上第一座无梁楼盖的仓库（1910 年，图 2-6-6）。

所有这些新结构的出现，对于现代的工业厂房、飞机库、剧院、大型办公楼、公寓等的功能要求有了合理的解决。它们的空间不再为结构所阻碍，可以更自由、更合理地布置建筑平面和组织空间了。

第七节
德意志制造联盟

在 19 世纪末德国的工业水平迅速地赶上了老牌资本主义国家——英国和法国，跃居欧洲第一位。当时的德国一片欣欣向荣，它不仅要求成为工业化的国家，而且希望能成为工业时代的领袖。它乐于接受新东西，只要对自己的工业发展有利便吸取。为了使后起的德国商品能够在国外市场上和英国抗衡，1907 年出现了由企业家、艺术家、技术人员等组成的全国性的“德意志制造联盟”（Deutscher Werkbund），核心创办人为穆泰修斯（Hermann Muthesius，1861—1927 年），它的目的在于提高工业制品的质量以求达到国际水平。

在建筑艺术领域，德国不像英国那样有过工艺美术运动，也不像美国有芝加哥学派和比利时有新艺术运动那样深刻的改革传统。1897 年，比利时新艺术派的费尔德应邀到德国举行展览，轰动一时，自此，德国对接受外来的新思想很感兴趣。接着，美国新建筑的先驱——赖特的作品集于 1910 年在德国出版，当时德国还举行了一些像布鲁塞尔新派绘画那样的展览，许多著名的外国建筑师也被邀请。由于这些内外因素的共同影响，促进了德国在建筑领域的创新。德意志制造联盟是这一新思潮的支持者，它有许多著名的建筑师，他们认定了建筑必须和工业结合这个方向。其中享有威望的是贝伦斯（Peter Behrens，1868—1940年），他以工业建筑为基地来发展真正符合功能与结构特征的建筑。他认为建筑应当是真实的，现代结构应当在建筑中表现出来，这样就会产生前所未见的新形式。1909年，他在柏林为德国通用电气公司设计的透平机制造车间与机械车间，造型简洁，摒弃了任何附加的装饰，成为现代建筑的先行者。

透平机车间（AEG Turbine Factory，图2-7-1）按功能分为两部分：一个主体车间和一个附属建筑。机器制造过程中需要充足的采光，建筑的外形如实地反映了这种需要，在柱墩之间开足了大玻璃窗。车间的屋顶由钢三铰拱构成，避免了设柱，为开敞的大空间创造了条件。侧立面山墙的轮廓与它的多边形大跨度钢屋架一致，打破了传统的造型惯例。这座建筑本来是钢骨架的，但在转角处却做成了沉重的砖石墙体外形，这说明建筑师在面对新结构与传统审美的矛盾时仍有些束手无策。贝伦斯所作的这座透平机车间为探求新建筑起了一定的示范作用，它在现代建筑史上是一个里程碑，被西方称之为第一座真正的"现代建筑"。

图2-7-1　德国通用电气公司透平机车间

贝伦斯不仅对现代建筑有一定的贡献，而且还培养了不少人才。著名的第一代现代建筑大师沃尔特·格罗皮乌斯（Walter Gropius，1883—1969年）、密斯·凡·德·罗（Ludwig Mies van der Rohe，1886—1969年）、勒·柯布西耶（Le Corbusier，1887—1965年）都先后在贝伦斯的建筑事务所工作过。他们从贝伦斯那里得到了许多教益，为他们后来的发展奠定了基础。

格罗皮乌斯和阿道夫·迈耶（Adolf Meyer，1881—1929年）于1911年设计的、在阿尔费尔德的法古斯工厂（Fagus Werk，Alfeld，Germany，图2-7-2），是在贝伦斯建筑思想启发下的新发展。格罗皮乌斯是制造联盟内冉冉升起的新星，也是现代建筑早期最为热忱的鼓吹者之一。他青年时期在柏林和慕尼黑学习建筑，1908年加入了贝伦斯建筑事务所，直到1910年离开，与迈耶合作开业，这座工厂就是两人合作完成的。之后，他继续以设计、写作及建筑教育等一系列工作，对现代建筑的历史产生了深远的影响，被誉为最重要的现代建筑大师之一。

这是一座制造鞋楦的工厂，平面布置和体形主要依据生产需要而定，打破了对称的格式。工厂原本由另一建筑师设计，采用了简朴的历史主义元素，格岁皮乌斯说服业主，将其改造为一座新颖的现代建筑。项目中办公楼建筑处理得最有新意，平屋顶没有挑檐，在长约40m

图 2-7-2　法古斯工厂　图 2-7-3　德意志制造联盟科隆展览会办公楼

的外立面上，除了支柱外，全是玻璃窗和金属板做的窗下墙，工业制造的轻薄建筑材料组成的外墙，完全改变了砖石承重墙建筑的沉重形象。特别是，建筑师没有把玻璃窗嵌放在柱子之间，而是安放在外皮上，显示出玻璃和金属墙面不过是挂在建筑骨架上的一层薄膜，愈发增强了墙面的轻巧印象。在转角部位，设计师利用钢筋混凝土楼板的悬挑性能，取消角柱，玻璃和金属连续转过去，与传统的建筑处理手法全然不同。

总之，法古斯工厂的非对称的构图、简洁整齐的墙面、没有挑檐的平屋顶、大面积的玻璃墙以及取消柱子的建筑转角处理这些手法，和钢筋混凝土结构的性能一致，符合玻璃和金属的特性，也适合实用性建筑的功能需要，同时又产生了一种新的建筑形式美。其实，这些处理并非格罗皮乌斯首创，19 世纪中叶以后许多新型建筑中已采用过其中的一些手法，但过去它们都是出于工程师和工匠之手，而格罗皮乌斯则从建筑师的角度，把这些处理手法提高为后来建筑设计中常用的新建筑语汇。在这个意义上，法古斯工厂是现代建筑史上里程碑式的作品。

1914 年，德意志制造联盟在科隆举行展览会，除了展出工业产品之外，把展览会中的建筑也作为新的工业产品来展出。它们形象新颖，结构轻巧，造型明快，极富有吸引力。展览会中最引人注意的是格罗皮乌斯设计的展览会办公楼（图 2-7-3）。这座建筑全部采用平屋顶，由于经过技术处理，可以防水和上人，这在当时还是一种新的尝试。在造型上，除了底层入口处采用一片砖墙外，其余部分全为玻璃窗，两侧的楼梯间也做成圆柱形的玻璃塔。这种结构构件的外露、材料质感的对比、内外空间的沟通等设计手法在当时全部是新的，都被后来的现代建筑所借鉴。

从以上所述欧美新建筑的一些情况来看，它们的目的都是要在建筑设计上创时代之新，使功能、技术与艺术有机结合，并满足当代社会的要求。由于这些创新是在 19 世纪后半叶到 20 世纪初资本主义社会急骤变化的时期进行的，建筑师的探索必然要受到资本主义的经济法则与当时社会的历史性、阶级性与知识水平的制约。同时，建筑师必须面对与解决在此急骤变化时期建筑形式上的新旧审美观之间，新技术与旧形式之间，新功能、新技术与新形式之间的种种矛盾。

第三章

现代建筑走向成熟——两次世界大战之间的探索与发展

两次世界大战之间这段时期是现代建筑发展历程中最重要的时期之一。自19世纪以来不断积累的理念与实践革新，凝聚在众多先锋艺术家与建筑师的探索之中，迸发出一系列里程碑式的成果。尤其是赖特、格罗皮乌斯、密斯、柯布西耶等大师，以极大的热忱拓展了现代建筑的可能性，他们这一时期的很多重要作品成为现代建筑经典，在很大程度上帮助定义了新建筑的典型特征。经过20世纪二三十年代风起云涌的先锋实验，一些核心理念与形态要素沉淀下来，逐渐固化为现代建筑的主流内涵。到“二战”前，现代建筑已经拥有了丰富的理论与实践成果，在欧洲与美国得到了更为广泛的接受，并且开始向其他国家与地区扩散和传播。这标志着现代建筑已经走向成熟，开始在全球范围内改变建筑与城市的总体面貌。在建筑史上，通常将现代建筑从孕育到成熟的历程称为现代主义运动，而两次世界大战之间的这一阶段毫无疑问是现代主义运动中最激动人心的段落。

第一节 政治、经济和社会背景与建筑总体潮流

这一时期现代建筑的探索与发展，与当时西方社会的政治、经济、社会与文化条件紧密相关。在政治上，1918年第一次世界大战结束，德意志帝国、奥匈帝国、沙俄与奥斯曼帝国等四大帝国走向终结，作为胜利者的协约国与美国试图通过《凡尔赛和约》重构欧洲的政治版图，为持久的和平提供保障。根据民族自决原则——每一个民族都应该拥有独立的国家主权，一系列新的民族国家如匈牙利、捷克和斯洛伐克、南斯拉夫、波兰、芬兰等在原有帝国体系的土地上建立起来。一个政府间国际组织“国际联盟”也于1920年成立，其意图是通过国际协商与统一行动防范战争的再次爆发。在战后的几年中，这些措施并未平息中东欧国家之间的纷争，直到1925年一系列国家间条约的签订，才将新的国家边界固定下来。在多个国家爆发的无产阶级革命也加剧了这一阶段政治局势的动荡。在“十月革命”的刺激下，德国、匈牙利都曾经尝试建立苏维埃政权，英国的工人运动也一直持续到1920年代末期。伴随着苏联将注意力从革命输出转向国内建设，欧洲国家的革命运动才逐渐平息，政治体系在新旧国家中普遍转入正常运作。

但是凡尔赛体系内在的冲突并未就此消散，匆忙建立的新国家所带来的民族与领土问题甚至延续到“二战”之后。国家间利益分配的不均衡也在经济衰退的影响下转化为民族主义情绪的催化剂。在墨索里尼与希特勒的领导下，法西斯主义借机夺取了意大利、德国等国的政权，并且最终导向第二次世界大战的爆发。这也意味着凡尔赛体系在压制德国、防范战争再次爆发的目的上是完全失败的。正如英法联军总司令斐迪南·福

煦（Ferdinand Foch）元帅所预言的："这并不是真正的和平条约，而只是暂停二十年的停火协议。"在"一战"结束仅仅20年后的1939年，欧洲陷入更为惨烈的战火之中。

在激烈的政治动荡中，先锋艺术家与建筑师们不可能置身事外。建筑的经济效能与文化特征与国家政治、经济状况紧密相联，这一时期的很多流派与建筑师个体都被卷入复杂多变的政治格局之中，与不同的政治力量结盟或者对抗，他们的命运也随之变幻沉浮。在未来主义、构成主义以及包豪斯等流派与组织的发展历程中，特定政治因素的影响最为明显。

经济的作用同样是决定性的。历时4年3个月的"一战"使得35个国家15亿人口卷入其中，最终致使上千万人死亡，数千万人受伤。东、西两线战场的厮杀给法国、比利时、德国、俄国以及中东欧国家都带来了巨大的战争创伤。仅仅在法国，估计损失房屋30万套、工厂与矿山8000座、公路5.2万km，铁路6000km。各国战争直接损耗达1800亿美元，间接损失大约1500亿美元。战争期间欧洲各国国民生产都停滞下来，转入战时体系。巨额战争消耗，不仅制造了急剧的通货膨胀，也让很多国家背负庞大的战争借款。到战争结束时，协约国集团总计欠美国外债160亿美元。英、法虽然获胜，获得了德国所有的海外殖民地与战争赔款，但是战争的打击是如此彻底，以至于他们再也无法回到战前的经济地位。数百万退役军人进一步加剧了各国的失业问题。德国的情况则更为严重，1921年，国际赔款委员会决定，德国应向英国、比利时、法国赔偿350亿美元，这远远超过了德国的偿还能力。由此带来的后果之一是战后德国的通货膨胀发展到无法控制的地步，民众的财富在货币贬值中快速蒸发，到1923年底甚至需要4万亿金马克兑换1美元。"巴黎和会"英国代表团的成员之一、经济学家约翰·凯恩斯（John Maynard Keynes）曾经断言，对德国的严苛限制将阻碍欧洲整体的经济复兴，在战后立即得到了印证。

"一战"中，美国经济获得了长足发展。一方面没有受到战争的直接影响，另一方面通过为参战国提供军备与借款，也刺激了本国经济的增长。伴随着欧洲主要参战国的衰落，美国当之无愧地成为全球最强大的国家。在战后短暂的经济困难之后，美国进入被称为"咆哮的20年代"（Roaring Twenties）的快速增长阶段，工业产出年增长率达到10%。美国的经济成就也开始溢出到欧洲。为了扭转欧洲的经济困境，美国在1924年提出了道威斯（Dawes）计划，削减德国的战争赔款，由美国为德国的国际借款提供保障，使得欧洲资金流转得以推进。大量美国资本的进入，再加上对战时欠款的逐步勾销，欧洲经济开始复苏。1925年欧洲国民收入恢复到战前水平。1920年代后半期，美国经济一片繁荣，欧洲虽然仍然受到失业问题的困扰，但经济复苏明显。相应地，流入建筑领域的投资也逐步提升，很多重要的现代建筑作品就诞生于这一时期。

但是，美国资本主义体系的结构性缺陷也为全球经济发展埋下了定时炸弹。1929年10月24日纽约股票交易所的崩盘引发了一系列连锁反应。在战后国际金融贸易体系的紧密联系下，这一事件迅速扩展为跨大西洋的经济危机，最终转化为延续了约10年的大萧条（Great Depression）。到1933年，整个资本主义世界的工业生产下降了37.2%，工厂大量倒闭，失业率激增。在1932—1933年间，英国失业率达到22%~23%，美国为27%，最为严重的德国甚至高达44%。农产品价格暴跌，甚至出现大规模销毁农产品的情况。这些挫折摧毁了人们对政治经济制度的信心，激化了国内矛盾，为极权主义体制提供了可乘之机。1933年之后，西方经济才开始获得缓慢恢复，但是在某些领域，大萧条的影响一直延续到第二次世界大战。1939年，伴随着战争的爆发，欧洲各主要参战国的经济发展再次陷入停滞，也严重制约了民用建筑活动的展开。

相比于政治与经济的动荡，两次大战间的科学与技术获得了一系列划时代的突破，深远地改变了现代人的生活方式以及对世界的认知。其中最为典型的是爱因斯坦的相对论，虽然他的狭义相对论与广义相对论在“一战”前就已发表，但是阿瑟·爱丁顿（Arthur Eddington）爵士于1919年5月29日的日蚀观测对广义相对论预言的证实，通过媒体传播让全世界意识到了相对论的重要性。“科学革命——新的宇宙理论——牛顿的理念被抛弃了。”泰晤士报的这一评语展现了新理论对人们旧有观念的冲击。尽管当时很少有人真的能理解爱因斯坦的理论，但是新的时空观、质能转化等理念却被广泛接受了，很多先锋建筑师与理论家试图将这些观点与新建筑的探索结合在一起，比如德国建筑师埃里希·门德尔松（Erich Mendelsohn）与瑞士历史学家西格弗里德·吉迪翁（Sigfried Giedion），分别在建筑作品与历史写作中结合了自己对相对论的理解。

与相对论同样重要的是原子科学的进展。自20世纪初以来科学家对原子结构的逐步了解，在1920年代达到了顶峰，维尔纳·海森堡（Werner Heisenberg）于1927年提出了“测不准原理”（Uncertainty Principle），尼尔斯·波尔（Niels Bohr）基于此前的发现提出的“哥本哈根解释”（Copenhagen Interpretation），构成了量子力学的理论基础。这些理论所带来的技术变革要等到“二战”之后才能充分显现。

物理学的快速进展也推动了化学、医学、地质学、气象学等学科的进步，并且转化为实际的技术成果。塑料与合成树脂在1930年代取得了很大的进展，开始用于广泛的领域；冶金技术推动大量合金制品的出现，得以满足现代工程技术日益增长的不同需求；研究者们对疾病机制的研究更为深入，维生素研究在这一时期取得很大的进步，基于物理与化学手段的提升，研究者们可以了解这些物质的结构并且展开人工合成，这为一系列相关疾病的治疗提供了有效手段；生物化学的研究推动了新药研制，使得此前难以治疗的如“肺炎”等疾病获得有效诊治。亚历山大·弗莱明（Alexander Fleming）于1928年发现了青霉素，带来了随后一系列抗生素的研究与进展，显著增加了人类对抗疾病的手段。地质学研究为更大规模的石油与矿产开采提供了条件；而气象科学的发展可帮助人们更有效地对生产与生活做出规划。

对普通人影响最大的还是大规模消费品、大众传媒与远距离交通的进步。自18世纪开始的工业化进程在这一阶段进一步加速，亨利·福特（Henry Ford）的流水线生产模式彻底改变了现代工业的组织方式，汽车作为日用消费品开始进入百姓家庭。到1930年，欧洲超过500万人拥有汽车。在法国，汽车拥有数是1913年的12倍。福特T型汽车成为现代工业的代名词："它由最好的材料，最好的工人，根据现代工程最简单的设计制造。但是它的价格低廉，任何有较好薪水的人都能够负担。"[①] 福特用来描述汽车产品的话也被很多人视为建筑的未来，工业化思想在这一时期深刻渗入现代建筑的革新思想中，从格罗皮乌斯到阿尔瓦·阿尔托，这一因素几乎影响了每一位先驱。

汽车的大范围普及也影响了人们的出行与生活方式，起到类似作用的是航空旅行的扩展。"一战"显著推进了飞行器的技术进步。1919年，约翰·阿尔科克（John Alcock）与阿瑟·布朗（Arthur Brown）首次飞越大西洋，同年，巴黎与伦敦之间的客运航线开通。到1930年代，航空旅行已经是富有的度假者与高层管理人员出行的普遍选择。人们已经意识到，汽车与飞机将会改变我们对距离的概念以及互相交往的模式，随之而来的是建筑与城市的重新组织。现代主义成熟期内各个城市规划模型的提出大多建立在以飞机和汽车为基础的交通架构之上，勒·柯布西耶与赖特的城市规划提议就是最好的范例。

一个更庞大、流转更为迅速、控制力更为深入的大众传媒体系在广播、电影、报纸、杂志的快速扩张之下建立起来。大规模工业生产使得收音机在普通家庭中普及，到1930年，大多数较为富裕的西方家庭都已经拥有这一主导性的信息获取和娱乐设施。电影工业迎来一个黄金时期，数百万人涌入电影院观赏不断涌现的商业电影作品，甚至远东地区的东京与上海都建立起了繁荣的电影工业。报纸与杂志再加上新闻广播与电影新闻短讯，信息的流转速度大幅增加，也成为影响大众意识形态的主要工具。时尚、体育与社会新闻可以在短时间内扩散到全球，激发各地人们的模仿与追随。这一工具也受到新建筑支持者的重视，他们通过公共展览、出版物以及影像资料等方式有效传播了现代建筑的理念与形象，为新建筑在全世界的扩展提供了条件。

在现代文化发展史上，两次世界大战之间这20年是当之无愧的高峰期。即使是放大到人类文明史的尺度，这一时期的成就也令人赞叹。甚至当代文化的一些主要特征，也是由那一时期的革命性成果来定义的。从文学、美术到音乐、电影，几乎每一个艺术门类都迎来了根本性的变革。如果说这些革命从19世纪就已经开始孕育，那么到"二战"之前，这些领域的现代面貌就已经成型。作为现代文化体系的一个重要组成部分，现代建筑的成熟就是这一总体潮流的典型体现。

尽管对"现代"一词的定义存在大量争议，但是在文化领域，它至少包括两方面特征：一是与过去的断裂，这意味着对传统的质疑与突破；二是对当下的反应，也就是对突变中的政治、经济、社会条件有敏锐的感知，并且立即做出回应。18世纪以来对个人独立自主的推崇，在20世纪前半期融入文化先锋的血液之中，艺术家的个人感受与探索，而不是对潮流的追随，成为杰出性的标杆。多元化是这种文化条件下

---

① FORD H. My life and work[M]. 1st World Library – Literary Society, 2004: 89.

的必然产物，而先锋艺术家与大众流行文化之间的分裂则是从这一时期开始出现的新现象。

对新时代的复杂反应鲜明地体现在文学创作中。奥斯瓦尔德·斯宾格勒（Oswald Spengler）于1918年出版的《西方的衰落》从世界历史演化的总体维度预言西方文明的发展周期，他的悲观论调在战后的沮丧情绪中激发了大量争议，从一个侧面反映出人们对于未来不确定性的惶恐。詹姆斯·乔伊斯（James Joyce）的《尤利西斯》出版于1922年，堪称现代文学史上最重要的作品之一，乔伊斯以“意识流”的方式描绘了主人公利奥波德·布卢姆（Leopold Bloom）在都柏林一天的经历，这种方式将重点转向对角色内心思想、意识与情感的描述，而不是像过去一样侧重于故事情节。马塞尔·普鲁斯特（Marcel Proust）与弗吉尼亚·伍尔芙（Virginia Woolf）的作品也属于这一范畴。T. S. 艾略特（T. S. Eliot）的《荒原》出版于1922年，同样被视为现代诗歌的标志性作品。他将引用、隐喻等传统素材与探索性的诗歌形式结合在一起，主题则展现了个人情绪的悲凉、惶恐与无助。虽然采用了不同的题材，这些文学家的共同特点是展现出现代人内心世界的复杂、纠缠、争斗与断裂。这不仅是对个体的写照，也展现出了20世纪上半叶剧烈变化的社会条件对每一个人从身体到心灵的深入影响。弗朗茨·卡夫卡（Franz Kafka）的作品中那些在充满敌意的、无法理解的社会环境中生存的孤独、困惑、焦虑和无助的个体，成为现代文学史上的经典形象。

电影也开始成为一种新的艺术手段。谢尔盖·爱森斯坦（Sergei Eisenstein）1925年的《战舰波将金号》展现出了这一媒介的巨大潜能。影片中奥德萨阶梯一幕被认为是电影历史上最经典的时刻之一。这个6分钟的片断容纳了150多组短镜头，以特有的蒙太奇手法展现了电影强大的感染力。罗伯特·维内（Robert Wiene）的《卡里加里博士的小屋》（1920）以及弗里茨·朗（Fritz Lang）的《大都会》（1927）是表现主义电影的代表作品，它们体现了电影与其他艺术门类，如绘画、建筑的密切融合。与这些先锋电影同步发展的是好莱坞电影的商业市场，它们满足普通大众对娱乐、猎奇、时尚的渴望，在全世界主要城市创造出一个新的大众消费领域。

爵士乐是这一时期最重要的音乐革新。它起源于美国新奥尔良的黑人社区，是一种糅合了带切分节奏的舞曲与非传统、无规则器乐演奏的乐曲形式。它源于早期蓝调与黑人民间音乐的即兴演奏，令全球追随者们兴奋异常。在1920年代，爵士乐成为美国社会浮华、多变、一片繁荣的最好写照，以至于一些人用“爵士摩登”（Jazz Modern）来称呼这一时期。爵士乐的新颖和独创也被欧洲艺术家们所欣赏，包豪斯的学生乐队就是当时德国最著名的爵士乐队之一。

在所有文化种类中，与现代建筑的发展关系最密切的是欧洲先锋艺术运动。经历了战前的缓慢积累，先锋艺术运动在两次世界大战期间迎来了爆发期，大量流派不断涌现，新的作品不断颠覆此前的传统，以激进的方式探索艺术与当代现实的复杂关系。绘画、雕塑、音乐乃至于建筑都被卷入这一整体性的革新洪流之中，在众多颠覆性的试验中逐步淘汰出主流的现代形象。我们将在后面的章节中详细讨论这些先锋艺术运动的作用。

哲学与思想文化仍然扮演着重要角色。弗里德里希·尼采（Friedrich Nietzsche）的影响是持久性的，他对现代社会的深刻分析以及对个体面对价值虚无所能作出的反应，一直是先锋艺术家们的重要思想源泉。德国唯心主义往往与浪漫主义纠缠在一起，由此导向对个人情感、精神价值、独创性以及象征表现的强调。这体现在从表现主义到有机建筑理论等一系列先锋艺术与现代建筑探索之中。科学与技术的决定性影响，也引发了理性主义思潮的高涨。秩序、效用、效率和规划成为很多人追求的核心价值。在风格派、构成主义、纯粹主义以及包豪斯的后期探索中，这些价值取向都有充分的体现。分析哲学与现象学是这一时期最重要的哲学发展，但是它们对于建筑的影响还并不明显，要等到“二战”以后才会看到马丁·海德格尔（Martin Heidegger）后期思想等渗入建筑理论体系当中。西格蒙德·弗洛伊德（Sigmund Freud）的精神分析学说、神智学（Theosophy）等理论流派也对一些先锋艺术团体产生了影响，部分作用也体现在现代建筑的早期实验中。

还必须提及的是马克思主义以及与之关联的左翼思想。“十月革命”的胜利成为打破旧制度，建立新世界的典范，这激发了无数渴望变革的先锋艺术家。从画家到建筑师，很多的现代先驱即使不算是马克思主义者，也大多对左翼思想抱有同情，从格罗皮乌斯、密斯到勒·柯布西耶、恩斯特·梅等欧洲精英都或多或少地与苏联或者本地的左翼力量有所关联，他们的一些作品也出自这一类的合作。相对地，在纳粹德国这样的极权国家，现代建筑往往遭受右翼政治势力的攻击与限制，这些最终导致了在法西斯统治下现代建筑所遭受的挫折。

20 世纪二三十年代是西方政治思想上极为错综复杂的年代，帝国主义、自由主义、共产主义、法西斯主义、民族主义等各种思潮互相纠缠。再加上政治、经济的动荡不安，一个先锋艺术团体中可能有多种不同的思潮共同作用，这为理解先锋艺术家与建筑师的思想背景带来了很大的困难。但也正是这样复杂的现实与思想条件，构成了新思想与新实践的孕育温床。在这个初看起来混乱和无序的状态下，现代建筑开始从各个方向的探索中收获成果，最终汇聚成为一个拥有较为稳定的理论与实践内核的现代建筑体系。

第二节
先锋艺术流派及其建筑影响

尽管任何领域的历史都有其延续性，但今天绝大部分研究者都认同 20 世纪初期是艺术发展史上的一个重要分水岭。这是现代艺术（Modern Art）的诞生期。不同于此前各个时代的艺术变迁，现代艺术的革命性来自于一种获得普遍认同的“现代意识”。这种意识认为现代是一个全新时代，与之对应的是全新的现实以及面对现实的方式。因此，人们只能依赖革新与独创而不是模仿与追随来获得所需的解答。正如德国哲学家尤尔根·哈贝马斯（Jürgen Habermas）所分析的："现代性不能，也不会从其他时代提供的模式中借用引导自己的原则；它只能从自身中创造自己的规范。"[①]

没有什么领域比艺术变革更鲜明地体现了现代性的这种革命意识。发源于19世纪的先锋（Avant-garde）艺术运动深刻改变了人们对艺术的传统理解。无论在内涵、形式还是欣赏方式上，现代艺术都对此前数千年的文化传统提出了挑战。"先锋"一词来源于中世纪的法语，原指部队的前锋，需要承担奋勇冲锋，突破敌军防线的重任。今天，研究者普遍使用这一术语指代20世纪初期西方艺术领域的革命性探索。尽管有各种不同的诉求，对传统的突破与新路径的尝试是这些探索共同具备的特征。

通常认为，现代艺术的起源之一是印象派对表现技法的革新。传统的动摇为此后更为开放和多元的试验打开了大门。高更、凡·高与塞尚强调象征的画面特征为此后的表现主义与抽象绘画奠定了基础。巴黎是这一时期当之无愧的文化中心，见证了野兽派、立体派等流派的兴起与传播。未来主义、表现主义也在意大利、德国等地获得了自己发展的土壤。至"一战"以后，先锋艺术家的探索更为活跃，流派更替也进一步加速。风格派、构成主义、达达主义、超现实主义等团体将现代艺术的理念与表现范畴拓展到此前难以想象的程度。广义上说，现代建筑也是这一先锋文化运动的一部分，而且建筑的变革相比于绘画等领域来说范围更大，对人们生活的影响也更为深入。这一方面是因为很多建筑师，比如圣伊利亚、陶特、凡·杜斯堡、勒·柯布西耶等本身就是先锋艺术运动的成员，另一方面，许多现代建筑的理念与形式也是移植于其他艺术门类。因此，要理解现代建筑的源起与成熟，必须结合这一时期先锋艺术的发展来讨论。在这一节中，我们将讨论一些主要的先锋艺术流派与现代建筑的深入联系。

1. 未来主义

现代社会与传统社会之间的差异不仅仅在于机器、技术、资本主义经济体系、官僚制度的全面统治，也在于同外部条件的转变所伴生的人们在信念、价值、自我认知、生活方式等方面的巨大变化。正如德国社会学家乔治·齐美尔（Georg Simmel）所写的："现代生活最深刻的问题，来自于在面对压倒性的社会力量、历史遗产、外部文化以及生活技术时，人们仍然希望维护个体自主性的渴望。"[②]这种渴望可以通过两种不同的方式来实现：第一种是对现代社会条件做出悲观的反应，不得不在其他地方，如传统、宗教以及封闭的内心世界去寻找慰藉，普金、拉斯金、威廉·莫里斯以及此后的工艺美术运动就属于这种倾向；第二种是对现代社会条件欢欣鼓舞，通过热情的赞颂和吸收与这些外部力量融为一体，从而化解个体与其他因素之间的差异与冲突。本节所要讨论的

① HABERMAS J. The philosophical discourse of modernity: twelve lectures[M]. Cambridge, UK: Polity in association with Basil Blackwell, 1987: 7.

② HARRISON C, WOOD P. Art in theory, 1900–2000: an anthology of changing ideas[M]. Malden, Mass.; Oxford: Blackwell Publishers, 2003: 132.

未来主义就属于后一种倾向。它是先锋艺术运动中最早倡导抛弃传统怀旧，以全面的革命来接受现代工业社会及其价值取向的派别之一。

作为一个先锋艺术流派，未来主义涵盖了诗歌、绘画、雕塑与建筑等不同的艺术领域。它起源于意大利诗人菲利波·托马索·马里内蒂（Filippo Tommaso Marinetti） 于 1909 年发表的《未来主义的基础与宣言》（The Foundation and Manifesto of Futurism）。马里内蒂的诗歌早期属于象征主义流派，强调通过直觉性的词语表述来象征性地展现另一个超越现实的世界。但是亨利·伯格森（Henri Bergson）关于现实是由各种进程与流变所构成的哲学理论，乔治·索雷尔（Georges Sorel）对于暴力在解放与政治净化过程中所起作用的赞颂以及意大利北部的工业化发展等因素逐渐改变了马里内蒂的立场。他的《未来主义的基础与宣言》于 1909 年 2 月 20 日发表在巴黎《费加罗报》（*Le Figaro*）上，引起了巨大的反响。在宣言中，他激进地提出了一系列价值主张："①我们要歌唱对危险、能量以及无惧的热爱；②勇气、鲁莽与反叛是我们诗歌的本质元素……④我们确认这个世界的华丽被一种新的美强化了：速度的美……⑦除了斗争，不再有其他的美……⑧我们已经生活在绝对中，因为我们创造了永恒的、完美的速度；⑨我们赞颂战争——世界唯一的清洁方式——军国主义、爱国主义、自由实现者摧毁性的姿态，值得为之死去的美好理念……"[①] 马里内蒂对变革的渴望，对创造的鼓励，对工业文明——速度、力量、冷酷——的推崇，在宣言中表露无余，这些观点被很多后来的先锋艺术家所接受。宣言内所蕴含的对战争的浪漫主义憧憬以及意大利民族主义情绪则是未来主义所特有的元素，也被此后的意大利早期现代主义建筑师所继承。

马里内蒂开创了以宣言的形式表达先锋艺术立场的传统。一群意大利艺术家开始汇聚在马里内蒂周围，通过一系列宣言与艺术试验来充实未来主义的观点与形态内涵。1910 年，由翁贝托·波丘尼（Umberto Boccioni）等人发表的《未来主义绘画技术宣言》（Technical Manifesto of Futurist Painting）为未来主义绘画的特征倾向提出了框架。呼应伯格森关于流变的哲学理论以及马里内蒂对速度的赞美，波丘尼等人提出："我们在画面上所复制的姿态不再是普遍动态中的一个固定的瞬间。它就应该是动态的感受本身。"[②] 他们反对模仿，拒绝"和谐"与"品位"，希望以"运动"与"光线"取代实体。为此，以波丘尼为代表的未来主义画家在早期作品中试图利用流动性的多彩线条来展现实体的消解与"动态感受"。随后，与巴黎先锋艺术家的交流帮助未来主义吸收了立体派绘画手法，彻底放弃了对印象派技法的依赖。马塞尔·杜尚（Henri-Robert-Marcel Duchamp）的绘画作品《咖啡机》（Coffee Mill）更是给予他们极大的启发。在这幅绘画作品中，杜尚将咖啡机的功能性构件拆解开来，将屈臂连续运转的不同阶段同时描绘在画面中。这种做法成为表现运动性最理想的手段，他在 1912 年的作品《走下楼梯的裸体》也是对这一主题的典型注解（图 3-2-1）。成

① HARRISON C, WOOD P. Art in theory, 1900–2000: an anthology of changing ideas[M]. Malden, Mass.; Oxford: Blackwell Publishers, 2003: 148.

② 同上，150.

图 3-2-1 《走下楼梯的裸体》

熟阶段的未来主义绘画中融合了立体派的片面处理与杜尚的进程描绘，典型代表作是卡洛·卡拉（Carlo Carrà）的画作《红色骑马人》（The Red Horseman）。波丘尼的雕塑则将常规物品转化为流动性的实体，以此展现运动对固体性的消解。他于 1912 年完成的《空间中连续的独特形式》成为未来主义的代表性雕塑作品。

相比于绘画与雕塑的自由度，要在建筑中展现未来主义的先锋立场更为困难。这一工作的完成要归功于安东尼奥·圣伊利亚（Antonio Sant' Elia）。虽然没有多少真正建成的作品，但是圣伊利亚在一系列绘图中展现的未来主义建筑设计，构成了那个时期最大胆的设想。尽管对于圣伊利亚在多大程度上参与了未来主义团体还存在争议，但是他假想设计中的未来主义特征是毋庸置疑的。这些建筑与城市绘图完成于 1912—1914 年之间，并且以《新城市》（La Città Nuova）为名公开举办展览。相关的理论表述则出现于他于 1914 年发表的《消息》（Messaggio）一文中，随后这篇文章经过局部修改，作为《未来主义建筑宣言》（Manifesto of futurist Architecture）发表。在宣言中，圣伊利亚激烈抨击了那些仍然在依照“维特鲁威、维尼奥拉与桑萨维诺的原则”工作的历史主义建筑师，“建筑不能臣服于任何历史延续的法则。它必须是全新的，就像我们的头脑是全新的一样。”[①] 而对于未来主义建筑，宣言中写道：“我们失去了对纪念性的、沉重的静态建筑的偏爱，我们已经以轻盈的、实用的、易变的以及迅捷的事物充实了我们的感受……未来主义建筑是基于计算、大胆的奋勇以及简单性的建筑；是以钢筋混凝土、钢、玻璃、纸板、纺织纤维，以及所有那些取代了木头、石头和砖的材料建造的建筑，这让我们获得最大限度的弹性与轻盈。”[②] 宣言最后的立场宣示更多展现的是马里内蒂的口吻：“就像古代人从自然元素中吸取灵感，我们——在物质上与精神上都是由人自己决定的——必须在我们自己创造的全新的机械世界中找到灵感，而建筑是这个世界最美丽的表现，她是最完整的融合，最有效的集成。”[③] 未来主义者试图以机械时代全新的创造力，来填补传统体系崩溃之后留下的价值空洞，这种意图展现出了尼采超人哲学的影响。

要为宣言坚定和鲜明的言辞找到恰当的建筑体现，并不是一件容易的事。在《新城市》中，圣伊利亚的众多设计一方面的确体现了未来主

① Sant' Elia, Manifesto of Futurist Architecture（1914）.

②、③ 同上 .

义对速度、流动、勇气与力量的强调，但另一方面也并未像宣言所说那样抛弃传统、纪念性与静态实体感，而是在很大程度上仍然依赖这些典型的建筑品质。这其中最强有力的是“中心火车站和飞机场”设计，圣伊利亚前瞻性地设想了一种结合航空港与火车站的大型交通枢纽，散射出的大量铁道、延伸向远方的跑道以及占据枢纽中心的大尺度斜坡，渲染出了未来主义对流动、速度与变化的赞美（图 3-2-2）。但与此同时，建筑庞大的力量、坚挺的竖向性以及完整的对称，也在明白无误地塑造堪比大型宗教建筑的纪念性。或许用交通枢纽取代教堂能更直接地展现未来主义者重新塑造城市的愿望：“我们必须创新和重建未来主义城市，就像一座巨大而喧嚣的造船厂，在每个细节上都是灵活、可移动和动态的；未来主义的房屋应该像是一个巨大的机器。”[①]

图 3-2-2　中心火车站和飞机场

圣伊利亚还创造了其他的手段来体现未来主义建筑立场。比如不再将电梯“藏在虫洞一样的电梯井中，应该像铁与玻璃的蛇一样簇拥在立面上”，[②] 这也成了未来主义建筑设想中最具标志性的元素，随后被主流现代主义语汇所吸收。传统装饰的去除与斜线的使用是另外两个典型的圣伊利亚特征。除了多种交通流线的汇集之外，光洁的竖向与斜向实体构成了这些假想绘图中最主要的体量元素。

虽然这些设计中没有任何一个付诸实现，而且传统的纪念性、三段式结构与实体感仍然强烈，但圣伊利亚的绘图仍然将未来主义拒绝传统、赞美机器、推崇变化、渴望力量的宗旨清晰地展现了出来。无论是在立场、表述方式还是建筑特征上，未来主义都为此后的先锋艺术运动留下了深刻的影响。不同于此前的工艺美术运动、新艺术运动对工业与机器生产的拒绝或者犹豫不决，未来主义是最早对现代工业生产给予无条件赞美和接受的先锋流派之一。他们的立场虽然在某些方面过于极端，但是在 20 世纪初期的先锋热潮中，未来主义的确将此前已经萌芽的一些观念推升到一个新的高度，这也构成了他们最主要的理论遗产。

1914 年爆发的第一次世界大战给未来主义带来沉重的打击。出于对战争与民族主义的热忱，马里内蒂、波丘尼、圣伊利亚都主动加入了意大利军队。不幸的是，波丘尼与圣伊利亚很快在战争中阵亡。马里内蒂虽然幸存下来，但是未来主义已经失去了它最有才华的艺术家。在战后，未来主义在建筑界的影响力有所减弱，但是它的很多观点在构成主义、风格派等其他艺术团体中获得了新的生命。

①、② Sant’Elia, Manifesto of Futurist Architecture（1914）.

2. 表现主义

另外一个在战前已经羽翼丰满，但是对现代建筑的作用主要集中在“一战”后才显现出来的先锋艺术流派是表现主义。这是一个诞生于 20 世纪初，以德国和奥地利等德语文化区为中心，涵盖了绘画、音乐、文学、建筑等多种门类的现代艺术派别。不同于未来主义有一个相对紧密的团体以及相对统一的艺术宣言与立场，表现主义是一个松散的称呼，并无明确的定义与划分边界。它涵盖了这一时期德语区大量的艺术家与艺术团体，他们并没有共同认可的纲领，一些艺术家甚至反对将自己归于这一范畴之内。但是在他们各自的艺术创作中都不同程度地体现出德语文化体系中独有的历史、哲学、艺术传统与个人体验的特征。因此，也有人将表现主义运动称为“德国表现主义”，它无疑是德语区在 20 世纪先锋艺术运动中最重要的贡献，不仅影响了这一地区在两次世界大战之间的现代艺术与建筑，甚至在战后也仍然被视为衡量德国当代艺术的标尺。

有许多不同的理论因素影响了表现主义。首先是曾经在 18 世纪末期至 19 世纪初期盛行于德国思想界的浪漫主义传统。以弗雷德里希·施莱格（Friedrich Schlegel）、约翰·沃尔夫冈·冯·歌德（Johann Wolfgang von Goethe）为代表的思想家们从北欧哥特文化与南欧古典文化之间的差异出发，发掘出一系列德意志文化体系中所特有的价值倾向，比如对自然的神秘主义崇敬、对原始文明的尊重、对象征手段的重视、精神意志的核心地位、强烈情绪的宣泄、个体的创造性表现等。这些元素与古典主义文化所强调的理性、光明、清晰有着明显的差异。艺术史学家威廉·沃林格（Wilhelm Worringer）的著作进一步阐述了南北两种文化的根本性区别，他在 1908 年出版的《抽象与移情》（*Abstraction and Empathy: A Contribution to the Psychology of Style*）中指出北方原始哥特艺术的抽象与象征手法与南方古典艺术的和谐与秩序，分别基于对世界不同的认识。抽象是面对一个混乱、神秘、充满威胁的世界时，人们主观建构出来的一个避难所，从而在意志与精神的领域，而不是现实世界中获得抚慰。因此，以哥特艺术为代表的原始抽象艺术是人们不安情绪的强烈展现，它们更偏向于狂欢般的精神宣泄而不是对世界的平静再现。沃林格将反抗古典传统的抽象艺术倾向与德国唯心主义的“艺术意志”（Kunstwollen）理论联系在一起，为许多表现主义艺术家提供了理论支持。

尼采的作用仍然是决定性的，两次世界大战之间正是“尼采崇拜”的高峰期。尼采对西方文明衰败、堕落的分析，以“上帝死了”所表述的虚无主义以及依靠无所限制的个人创造来填补空虚，以超人意志对抗世界的荒诞，从而实现对生活的肯定等诸多观点，不仅被表现主义奉为圭臬，其深远的影响还延伸到“二战”后的后现代主义思潮，甚至是 21 世纪初的今天。“只有作为一种美学现象，存在于世界才具有合法性。”[①] 尼采的话是对整个现代艺术运动最强有力的支持之一，所以当保罗·克里（Paul Klee）在 1899 年到达慕尼黑时，在日记中写道：“空气中充满了尼采。对自我和直觉的光荣赞颂。”[②] 最重要的表现主义团体“桥社”（Die Brücke）的名字就来源于尼

---

① NIETZSCHE F W. The birth of tragedy: out of the spirit of music[M]. London: Penguin, 1993: 32.

② BASSIE A. Expressionism[M]. Parkstone Press, 2008: 43.

采的《查拉图斯特拉如是说》（*Also Sprach Zarathustra*）中的一句话：“人的伟大在于，他是一座桥而不是目的地。”①

总体说来，表现主义与未来主义都产生于面对现代社会急剧变革所作出的反应。正如前面所说，未来主义通过拥抱和欢庆工业社会来消融个体与外界的冲突，而表现主义则是退缩到直觉性的主观世界中，通过个体情绪的强化来对抗外界的冲击。相应地，表现主义艺术呈现出如下主要特点：反抗经典学院传统的技法与题材；注重个体主观感知的呈现远远超过对外部现实的描绘；利用各种媒介渲染极其强烈的情绪与心理状态，涵盖从焦虑、绝望、暴躁到狂喜的各种极端情绪；推崇中世纪艺术，如木刻等原始表现方式；通过象征性手段体现对精神救赎的渴望；部分艺术家怀有在类似中世纪的统一社会体系中重组现代社会的乌托邦理想。就像它的名字所表明的，表现主义的核心是对超越现实的意识、价值与精神的强烈表现，德国演员与作家鲁道夫·布鲁姆纳（Rudolf Blümner）的话非常有代表性：“永远不要在一幅表现主义绘画前说立面的房屋是扭曲的。因为那不是一座房屋，那是一幅画。”② 奥地利画家奥斯卡·柯克西卡（Oskar Kokoschka）的肖像画或许是表现主义最好的说明，透过狂野的笔触与色彩，柯克西卡却能准确地呈现出被描绘的人最为内在的精神气质。他为一直欣赏他、支持他的阿道夫·路斯（Adolf Loos）所画的肖像堪称历史上最经典的建筑师画像之一。

表现主义最早起源于绘画。德国艺术家们吸收了塞尚、高更、凡·高与马蒂斯的绘画技法，逐渐形成了以浓烈的色彩，松散、断裂的笔触，大胆、扭曲的抽象与夸张以及明显的象征性隐喻为基础的表现主义绘画特色。挪威画家爱德华·蒙克（Edvard Munch）的《尖叫》（The Scream）为极端情绪的渲染树立了典范，成为表现主义的重要启发者（图3-2-3）。这一运动吸引了从维也纳到慕尼黑，从阿诺德·勋伯格（Arnold Schönberg）到瓦西里·康定斯基（Wassily Kandinsky）等众多艺术家的参与。德累斯顿的“桥社”与慕尼黑的“青骑士”（Der Blaue Reiter）是最重要的表现主义团体。《狂飙》（*Der Sturm*）杂志不仅是表现主义的主要传媒阵地，也是其他先锋艺术运动的重要支持者。因为它广泛的影响力，大量先锋建筑师也加入了表现主义运动。从德意志制造联盟到包豪斯，两次世界大战之间主要的德国现代建筑事件大多与表现主义有着这样那样的联系。

图3-2-3 《尖叫》

① BASSIE A. Expressionism[M]. Parkstone Press, 2008: 37.
② 同上，123.

相比于绘画上的相似性，表现主义建筑更为多元，建筑形态与特定建筑师的个人色彩关系更为密切。布鲁诺 · 陶特（Bruno Taut）是德国表现主义建筑师团体中的核心人物。他在1914年发表在《狂飙》杂志上的《一种必然性》（A Necessity）中写道，建筑应该追随绘画的发展，以新的材料，如钢铁、玻璃、混凝土来塑造新的，基于表现、节奏与动态的“结构性强度”，它将远远超越“古典的和谐理念”，成为类似于中世纪大教堂一般汇聚所有艺术门类的精神象征。[1] 陶特在1913年莱比锡博览会上设计的钢铁工业展览馆是他的表现主义建筑立场的直接展现。虽然采用钢和玻璃等先进的工业材料，但这个建筑所展现的则是阶梯状金字塔一般的纪念性，顶部光亮的圆球则象征了最终完美的实现与升华。

在1914年科隆德意志制造联盟展览会上，陶特设计的玻璃屋成为表现主义的代表性作品（图3-2-4）。这个设计显然受到了德国作家保罗 · 希尔巴特（Paul Scheerbart）的影响，在他的以《玻璃建筑》（*Glasarchitektur*）为代表的一系列著作中，希尔巴特赋予玻璃崇高的象征内涵。他描绘了一个透明的、多彩的、灵活的玻璃与钢的建筑，成为光明、精神与新时代社会和谐的建筑结晶。陶特的玻璃屋将希尔巴特的设想转化为构筑物。这座建筑主要由各种不同大小和颜色的玻璃面板与玻璃砖建造而成，在建筑的入口上方刻着希尔巴特的引言：“彩色玻璃摧毁仇恨”，在建筑的其他地方也刻有“玻璃带来一个新的时代”“我们对砖文化感到遗憾”“没有玻璃宫殿，生活变成一种负担”等典型的希尔巴特语句。[2] 在建筑内部，玻璃屋与表现主义绘画之间的关系更为清晰，光线穿透彩色玻璃为建筑内部渲染出五彩斑斓的光影效果，人们踩着玻璃砖拾级而上，一道流水逐级跌落象征灵魂的净化，最终，游客在光的穹顶下感受充沛的光明，仿佛进入完美的精神世界。陶特的玻璃屋给观赏者带来了前所未有的梦幻体验，不仅展现了新工业材料不可限量的表现力，也是他的象征性乌托邦设想的绝佳呈现。

在“一战”期间，陶特的注意力只能转向空想设计。他完成了两本著作《城市之冠》（*Die Stadtkrone*）与《阿尔卑斯山建筑》（*Alpine Architektur*），继续描绘他心目中的作为完美精神载体的建筑。其中最为典型的是他所描绘的阿尔卑斯山顶的晶体般的建筑。它们尖锐、纯粹、透明，闪烁着光芒，象征着人类命运的最终拯救与实现。在1918年，陶特、阿道夫 · 贝恩（Adolf Behne）、格罗皮乌斯

图3-2-4　玻璃屋

① COLQUHOUN A. Modern architecture[M]. Oxford: Oxford University Press, 2002: 89.

② FRAMPTON K. Modern architecture: a critical history[M]. London: Thames and Hudson, 1985: 116.

（Gropius）等人共同组织了“工人艺术委员会”（Arbeitsrat für Kunst），吸引了大批表现主义建筑师与艺术家，如费宁格（Feininger）、芬斯特林（Finsterlin）、门德尔松等人的加入。这一团体的纲领展现出表现主义者的政治意图，他们希望各个艺术门类的结合在大众中形成一种凝聚性的力量，成为整个社会的精神核心。这一理念此后被完整地移植到格罗皮乌斯所撰写的包豪斯纲领中。除了“工人艺术委员会”的活动以外，陶特还与其他一些表现艺术家利用私人交流的方式，共同探索建筑与社会的未来景象。他们一同发起了“玻璃链”（Die Gläserne Kette）活动，邀请多位建筑师在信件中传递想法。这一团体中有瓦西里·路克哈特（Wassili Luckhardt）、汉斯·夏隆（Hans Scharoun）、格罗皮乌斯等人。在这些信件中，参与者们探讨了从城市规划到无意识创作等丰富的主题。在1920年代，陶特的主要精力转向了社会住宅的设计工作。他在柏林完成了大量住宅社区项目。这些建筑更偏向功能化的设计，但是大量色彩的利用仍然透露出表现主义特征。在1927年的魏森霍夫展览中，陶特的建筑也是少有的几座拥有色彩的作品之一。

表现主义对个人创造、精神表现以及象征性的强调，必然与那些重视标准化工业生产、理性组织与效率的观点形成冲突。这种对立显现在1914年德意志制造联盟年会上。在会上，赫尔曼·穆特休斯（Hermann Muthethius）提出10点倡议，要在标准化与使用典型设计（Typisierung）的基础上推动德国工业产品与建筑的国际竞争力。这种观点遭到亨利·凡·德·费尔德（Henry van de Velde）的激烈反对，他针锋相对地提出了10条原则，核心是强调艺术家的自由创作，反对以任何标准或固定原型进行限制。这一争论体现了艺术创作的自由意志与规范化工业生产之间难以弥合的差异。尽管德意志制造联盟成立的初衷是实现两者的融合，但实际上这种差异或者冲突一直存在，也延展到包豪斯教育体系的争论与转变中。着重主观情绪呈现的表现主义艺术家显然站在凡·德·费尔德一边，陶特与格罗皮乌斯也反对穆特休斯以官僚体系规范艺术创作的主张。

1919年当选德意志制造联盟主席的汉斯·珀尔齐希（Hans Poelzig）也属于表现主义阵营。在主席致辞中他说道，传统手工艺中体现了绝对的艺术意志，经济效用并不是最核心的考虑，制造联盟所关注的是以手工艺为基础的艺术创作，而不是工业。从这里可以看到表现主义与工艺美术运动以及新艺术运动所共有的对现代工业生产体系的疑虑。珀尔齐希于1919年完成的柏林大剧院（Grosses Schauspielhaus，图3-2-5）是一个重要的表现主义作品。理查德·瓦格纳（Richard Wagner）的戏剧作为“整体艺术”（Gesamtkunstwerk）的代表，被认为能够将各个艺术门类融合起来，成为民族文化的核心。因此剧院被赋予了类似于陶特的阿尔卑斯宫殿般的象征性内涵。帕尔齐希在剧院内部设计了著名的倒悬钟乳石形状的装饰，营造出了脱离现实的奇幻氛围，展现出了表现主义对个性化狂想的认同。工业建筑是珀尔齐希的另一个实践领域。与彼得·贝伦斯（Peter Behrens）类似，珀尔齐希的主要关注点是给

图 3-2-5 柏林大剧院

予工业建筑纪念性与表现性内涵。不同之处在于贝伦斯转向古典主义，而珀尔齐希则试图寻找新的手段。1911 年他在波兹南（Poznań）设计的水塔塑造出了英雄性的高塔形象，堪称表现主义纪念性的典型代表。1912 年完成的位于卢班（Luboń）的化工厂，被珀尔齐希赋予浑厚的体量和强劲的韵律感，是埃里希 · 门德尔松的表现主义工业建筑的先驱。

与陶特一样，埃里希 · 门德尔松的成长受到了特奥多尔 · 费希尔（Theodor Fischer）的影响，后者对场地特性以及创造性地使用不规则形态的强调被很多表现主义建筑师所继承。在慕尼黑，门德尔松与康定斯基的青骑士团体有所接触，并且参与了一些相关活动。“一战”期间，门德尔松也致力于空想设计，他的工厂、剧院、机场假想设计与圣伊利亚的设计有部分共同点，都放弃了传统装饰，以朴素的体量塑造强烈的动态，工业构件也成为力量与跨度的表现元素。两者的不同之处在于：圣伊利亚的纪念性与工业化特征更为明显，而门德尔松则更倾向于实体流动性的凸显。以不规则的流动线条突破古典和谐的庄重是表现主义绘画的主要特点。除了门德尔松之外赫尔曼 · 芬斯特林也在探索流动性体量在建筑中的可能性，他的假想设计更为夸张和强烈。

1921—1924 年间在德国波茨坦（Potsdam）建造的爱因斯坦天文台（Einsteinturm）是门德尔松这一时期工作的总结（图 3-2-6）。虽然功能是天文观测，但门德尔松的主要意图是要象征性地呈现爱因斯坦的相对论。对于表现主义者来说，相对论对人们世界观的改造比它真实的物理价值更为重要。在这里，门德尔松的战时设想中那些连贯性的不规则实体找到了明确的指代，那就是相对论中物质与能量之间界限的消融。一切都是可以相互转化的，一切都是同一事物的不同状态，连续与流动才是自然的本质。物理变化的流动性被门德尔松转化为建筑实体的流动感。这座建筑墙体的连续性常常让人忘记它其实是采用混凝土框架与砖和抹灰的方式建造，而不是以混凝土整体浇筑的。爱因斯坦天文台以其独特的形态、整体的体量、曲线的无处不在而

图 3-2-6 爱因斯坦天文台

成为表现主义最重要的代表作。在德国之外，门德尔松早期建筑的表现性也受到了荷兰阿姆斯特丹学派（Amsterdam School）的推崇，爱因斯坦天文台的塑性体量与米歇尔·德·克勒克（Michel de Klerk）等人用红砖砌筑的复杂形体之间的确存在相当程度的相似性。

表现主义建筑的多样性还体现在雨果·哈林（Hugo Häring）的作品中，其中最典型的是他位于德国荷尔斯泰因（Holstein）的古德嘎考农场（Gut Garkau Farm）（图3-2-7）。这个设计最核心的考虑是不仅要满足使用功能，同样重要的是要展现具体功能的特殊性以及将功能本身及其价值通过建筑元素呈现出来。在古德嘎考农场中，不同的功能元素获得了不同的建筑处理。比如谷仓，哈林采用了哥特尖拱屋顶，既是对传统类型的回应，也是出于结构与功能效用的考虑。最为特殊的是牛圈，它被设计成了梨形，一方面是为了适应在中心为牛群提供饲料的工作模式，另一方面也是为了凸显位于梨形顶端的唯一一头公牛在整个牛群中的特殊地位。不同于对效用的单纯追求，哈林也强调对功能的形态表现。对于他来说，一个建筑也是一个活的事物，就像人的情感需要表现一样，建筑的目的，它的功能，它的运作也需要体现在它的实体中，以此来定义建筑在整个人的生活与社会组织中的价值。实际上，这也是其他表现主义建筑师象征性表达的思想基础。“我们尝试着不让我们对待功能的态度与表现的需求产生冲突，而是让它们并肩而行。我们力图将我们关于生命表现、创造、运动和自然的观念联系在一起；因为在我们对功能形式的创造中，我们遵循着自然的路径。”[①]哈林的这段话表述了他的有机功能主义的核心原则。

在1926年出版的《现代功能性建筑》（*Der Moderne Zweckbau*）一书中，阿道夫·贝恩并未掩饰他对有机功能主义的推崇。他区分出三种不同的立场：一是功能主义（Functionalist），类似于哈林的农场，特定的功能及其表现会导向差异化的建筑结果；二是理性主义（Rationalist），试图以一种标准化与普遍性的解答回应各种需求；三是功利主义（Utilitarist），仅仅关注效用与经济得失，

图3-2-7 古德嘎考农场

① JONES B. Modern architecture through case studies[M]. Oxford: Architectural Press, 2002: 56.

对其他因素无动于衷。三者的核心差异不在于满足功能，而是在于对功能到底意味着什么有不同理解。贝恩与哈林认为，功能还与整个文明的总体意义有关。通过对意义的传达与强调，功能还可以“扩展和精炼，强化和升华，移动和塑造人……建筑师创造了功能，同样的功能创造了建筑师。”① 对于表现主义者来说，表现不仅是呈现，也是内在活力的实现，是价值与意义的肯定与弘扬。这也解释了表现主义建筑师对赖特的推崇，在他们的理论与赖特的有机建筑理论背后是同一个起源于浪漫主义的观念，即世界的本质是活的有机体，它的情感与特性需要体现，它的价值追求必须得到实现。

类似的哲学观点，在深受德国唯心主义思想影响的文化体系中有广泛的支持者。奥地利人智学（Anthroposophy）专家鲁道夫·斯坦纳（Rudolf Steiner）就是一个例子，他认为可以通过艺术、思想上的神秘主义训练来实现对现实之上的精神世界的清晰认知。他所设计的位于瑞士多纳赫（Dornach）的歌德堂（Goetheanum）主要用于人智学的神秘主义表演（图 3-2-8）。它采用了类似于爱因斯坦天文台的塑形体量，以混凝土建造，其目的也在于超越日常观念的框架，指向另一个无法以常规言辞表述的超验世界。歌德堂也是混凝土具有丰富的可塑性的早期明证之一，这种潜能在“二战”后勒·柯布西耶的作品中得到了进一步的挖掘。

总体说来，表现主义运动拥有浓厚的德国文化背景，融入了浪漫主义、唯心主义、尼采哲学等诸多思想的影响，因此产生出了差异性极大的不同的艺术表现与观点主张。这也使得表现主义这一概念变得极为松散，在建筑上没有形成一个统一的形态特征。但这与其说是缺陷，更像是优点。一个强调创造性表现的流派当然会拒绝任何规范性的统一约束。在具体的建筑语汇之下，必须看到表现主义的理论价值更为深远，它的基本理念仍然是对主体（Subjectivity）在面对异类的外部世界时所能做出的反应。而这一点仍然是困扰当代人的哲学问题，表现主

图 3-2-8　歌德堂

① BEHNE A. The modern functional building[M]. Santa Monica, Calif.: Getty Research Institute for the History of Art and the Humanities, 1996: 123.

义艺术家们对此所作的尝试解答，也会伴随着这个问题的存在而继续给予我们启发。

3. 风格派

在现代建筑早期发展中，荷兰扮演了重要角色。最早产生国际性的影响力，并且在世纪之交发挥了承前启后作用的先驱是亨德里克·贝尔拉赫（Hendrik Petrus Berlage）。虽然他最重要的建筑作品“阿姆斯特丹交易所”仍然属于历史主义的范畴，采用了大量罗马风的主题与细部，但是建筑对传统红砖材料的熟练驾驭，对大尺度铸铁拱架与玻璃顶棚等工业材料的运用以及完整和宏大的空间效果，都对后来的荷兰建筑师产生了影响。作为一个过渡性的人物，贝尔拉赫的理论论述相比于他的作品更为接近此后的现代主义。他反对学院派对立面的过度重视，认为建筑的实质是空间，而空间的围合主要依赖于墙体，他写道：“建筑师的艺术在于：空间的创造，而不是立面的描画。利用墙体来建立一个空间的外皮，这样一个空间，或者一系列的空间通过墙的复杂性展现出来。”[①] 贝尔拉赫明显吸收了戈特弗里德·森佩尔（Gottfried Semper）对空间与围合的观点，他也是现代建筑先驱中较早强调空间理念的。这一理论倾向使得贝尔拉赫成为最早了解和意识到赖特的建筑成就的欧洲建筑师之一。

贝尔拉赫对荷兰建筑师的影响是多样性的。在“一战”后有两个派别——阿姆斯特丹学派与风格派——分别延续了贝尔拉赫的实践与理论线索，进而发展到截然不同的立场。以米歇尔·德·克勒克与亨德里克·维德韦尔德（Hendrik Wijdeveld）为首的一组阿姆斯特丹建筑师以《转折》（*Wendingen*）杂志为中心，继续挖掘贝尔拉赫早前展示出的基于手工艺传统的红砖建筑的表现力。赖特的草原住宅强烈的水平性以及门德尔松的爱因斯坦天文台的塑性都在阿姆斯特丹学派的作品中有所呼应。在克勒克 1917 年的阿姆斯特丹扎恩街（Zaanstraat）船住宅项目（Het Schip）中，建筑师用红砖砌筑出圆滑的建筑体量，带形窗与檐口强调出建筑的水平延展，屋顶与局部的窗户仍然在映衬当地建筑传统，但是整个建筑已经没有贝尔拉赫留恋的历史主义的束缚（图 3-2-9）。船住宅项目位于亨布雷大街（Hembrugstraat）上的一段，也体现出了手工艺传统、流动性体量、水平性等特征，中心高耸的塔楼并无实质性使用功能，反映出了阿姆斯特丹学派对象征性表现的认同。在很多方面，阿姆斯特丹学派与德国表现主义建筑有相似之处，它们都强调建筑体量的变化与象征性的表达，突出建筑师基于特定场地、传统与项目要求的个人化创作，而不是单一的标准化解决方案。这种偏向有机性的特征也使得阿姆斯特丹学派与注重理性化的风格派形成了鲜明的对比。阿姆斯特丹学派的弱点之一是缺乏自身

图 3-2-9　船住宅项目

① BANHAM R. Theory and design in the first machine age[M]. London: Architectural Press, 1960: 140.

的理论建构，也就无法形成持久性的贡献，在克勒克去世之后，这一团体也逐步消散。

贝尔拉赫曾经谈道，艺术品质的目标是实现“平静”（Repose），这也是比例控制应该达到的最佳效果，当这一目标得以实现，建筑也就获得了真正的“风格”。他写道：“我几乎可以这样说，两个词‘风格’与‘平静’是同义的；也就是说平静等同于风格，或者说风格等同于平静。”[①]这里对比例、静态、平衡以及风格概念的阐释与风格派的立场非常接近。实际上，正是通过贝尔拉赫，森佩尔著作中的“风格”（De Stijl）一词才被选择成为这一团体核心杂志的名称，风格派的名称由此而来。

风格派是一个发源于荷兰的先锋艺术流派，但此后的改组吸收了越来越多的国外艺术家，也使得风格派的影响超越地域限制，成为塑造现代建筑最重要的流派之一。风格派团体成立于 1917 年，《风格》（*De Stijl*）杂志随之出版。团体早期主要关注绘画，核心成员包括特奥·凡·杜斯堡（Theo van Doesburg）与巴特·凡·德·勒克（Bart van der Leck），但最重要的成员，也是团体的精神核心，是皮特·蒙德里安（Piet Mondrian）。蒙德里安接受过学院训练，但是一直致力于寻找自己的绘画道路，他曾经尝试过印象派与野兽派绘画。1911—1914 年间他待在巴黎，深受立体派抽象与几何化画风的影响，他自己的抽象绘画体系逐渐形成。1916 年，与荷兰数学家和神智学家肖恩马克斯（M. H. J. Schoenmaekers）的结识，对蒙德里安绘画理论的成型至关重要。通过他，蒙德里安为自己已有的想法找到了恰当的哲学支持与表述，从而完成了从直觉到理论的衍变。与此前提到的斯坦纳类似，肖恩·马克斯也认为在现实世界之上还有一个更为真实、理性、完美、恒定的世界，人的精神能够通过某种特殊的方式揭示这一领域，从而获得真理并实现精神的目标。这实际上是新柏拉图主义的一种现代变形。无论是在其古代还是现代形式中，柏拉图主义的吸引力都在于它给予了一个完美世界的承诺，借此摆脱现实世界诸多变化与挫折的困扰。而走向完美世界的途径，是抛弃现实世界那些易于变化、充满缺陷的事物，比如身体、情感、实体、财富。从毕达哥拉斯时代开始，数学与几何以其完美的逻辑性而成为通向完美世界的理想象征。在肖恩马克斯的现代神智学理论中，这一点仍未改变，他在《塑性数学原理》（*Beginselen der beeldende wiskunde*）一书中提到，“塑性数学”可以揭示自然的本质：“我们现在学会在想象中将现实转译为能够被理性控制的结构，为了此后在‘被给予’的自然现实中恢复同样的建构……”[②]

蒙德里安早在 1909 年就加入了神智学团体。肖恩马克斯的著作帮助他阐明了自己的理论架构，形成了被称为“新塑性主义”（Neo-Plasticism）的绘画理论。在 1920 年的一篇重要文章《新塑性主义：塑性均衡的总体原则》（Neo-Plasticism: The General Principle of Plastic Equivalence）中，蒙德里安指出艺术表现的不应该是个体差异，而应该是普遍（Universal）的东西，它是不变的，“超越所有的痛苦与所有的幸福：它是均衡”。[③]这种论述几乎是柏拉图主义的翻版。对于艺术家来说，

① BANHAM R. Theory and design in the first machine age[M]. London: Architectural Press, 1960: 143.

② READ H E. A concise history of modern painting[M]. London: Thames & Hudson, 1997: 198.

③ HARRISON C, WOOD P. Art in theory, 1900-2000: an anthology of changing ideas[M]. Malden, Mass.; Oxford: Blackwell Publishers, 2003: 289.

更为重要的是如何用艺术手段来体现不变的普遍性。蒙德里安认为"在所有的艺术中"都存在"客观的与主观的搏斗，普遍的对抗个体的：纯粹塑性表现对抗描述性的表现。这样的艺术倾向于均衡的塑性。"[①] 可以看到，他将抽象塑性绘画与传统模仿式绘画对立起来，并且明确地选择了前者。通过对实体性与表意形象的去除，蒙德里安认为绘画能够实现真正纯粹的艺术。对于新塑性绘画的具体方法，蒙德里安也给予了清晰的说明："它是展现了最为深刻现实的长方形彩色平面的构成。它通过对关系的塑性展示，而不是自然的表象来达到这一目标。"[②]"绘画通过平面中的平面来获得塑性的表现。通过将三维的实体缩减到单一平面上，它展现了纯粹的关系。"[③] 这篇文献的重要性在于它几乎完整地阐释了风格派的哲学基础以及相应的表现手段。它对普遍性与稳定性的推崇，使得风格派与表现主义以及阿姆斯特丹学派形成了对立。它所定义的抽象性、几何性、色彩运用以及对几何形体之间关系的塑造则是风格派绘画与建筑一直追随的形式特征。蒙德里安自1914年就开始尝试使用纯粹的几何色块与平直线条创作绘画。在1921年完成的一系列彩色构成作品中，他的新塑性绘画风格彻底成熟。黑色等宽线条精确划分的方形或长方形原色块，成为艺术史上最独特的作品系列之一。这也为其他风格派艺术家与建筑师树立了典范（图3-2-10）。

风格派其他成员也都与蒙德里安类似，认同抽象几何元素可揭示普遍与永恒本质的作用。创始成员之一凡·德·勒克同样采用原色几何块作画，只是画面元素相比于蒙德里安的作品更为松散，统一性与纯粹性上更弱一些。另一位重要成员凡·杜斯堡是一位画家与建筑师，充沛的活力与组织能力使他成为风格派最重要的组织核心。同样在1919年的一篇文章中，凡·杜斯堡以自己的方式呼应了蒙德里安的观点：艺术的目标是展现艺术家对"事物根本本质"的创造性体验，他所使用的方式必须进行"重新评价与净化。手、脚、树与景观并不是完全的绘画手段。绘画手段应该是：颜色，形状，线与平面。"[④] 风格派支持者们还赋予这一艺术手段特定的社会理想，通过超越个体，艺术家们会一同努力实现"无论是理智的还是物质的生命、艺术与文化国际性的统一体"。[⑤]

在1919年的文章中，蒙德里安已经作出

图3-2-10 蒙德里安作品《场景1》

① HARRISON C, WOOD P. Art in theory, 1900-2000: an anthology of changing ideas[M]. Malden, Mass. ; Oxford: Blackwell Publishers, 2003: 289.

② 同上，290.

③ 同上，291.

④ 同上，283.

⑤ 同上，281.

预言：“新塑性的未来以及它在绘画中真正的实现是彩色塑性建筑……它统治了建筑的内部与外部，包括任何能通过颜色来塑性地表现关系的东西。”[①] 实际上，有了蒙德里安的成熟的构成元素，将风格派绘画从二维平面转化为三维构成在操作上并没有太大的难度，真正困难的在于用这种新的语汇去取代传统建筑元素，这需要深度的思想变革。在一个经典的风格派构成中，所有元素都体现为纯粹的几何关系，而其他任何约束都是不可接受的。如果坚持风格派艺术手段的纯粹性，就需要挑战一系列经典的建筑主题，比如实体性、上下的重力关系、等级制度、象征性内涵，甚至是使用功能。

赖特的作品为风格派建筑师们提供了启发。在这些欧洲建筑师眼中，赖特的草原住宅背后的浪漫主义理想被抛弃了，他们在罗比住宅这样的作品中看到的是抽象的几何元素，灵活的构成与组合，开放的空间联系，稳定的水平性。赖特被视为风格派的同路人，而不是有机建筑哲学的倡导者。罗布·范特·霍夫（Rob van't Hoff）1916 年的亨尼（Henny）别墅明显是基于赖特的威利茨住宅的变形，但是建筑中的对称关系以及坚实的体量感仍然与风格派的纯粹元素构成相去甚远（图 3-2-11）。

建筑师雅各布斯·奥德（Jacobus Johannes Pieter Oud）在 1919 年的一个厂房设计方案中局部尝试了更接近于风格派绘画的三维构成。在元素关系上，奥德的构成元素甚至已经摆脱了赖特建筑中水平性的全面统治，在上下前后等方向自由布局。在风格派理论体系中，空间被理解为可以供几何元素任意组合，产生构成关系的无限场域，既不是贝尔拉赫的被砖表皮包裹的房间，也不是赖特的依附于大地引力的水平延展。上下、左右、轻重都失去了差别，所有元素仿佛自由飘浮在空间中随意伸展，只有这样元素才能获得绝对的纯粹性。

凡·杜斯堡在 1917 年开始尝试在瓷砖铺地与彩色玻璃窗中运用典型的风格派构成图案。他在 1923—1924 年间与凡·伊斯特伦（Cornelis van Eesteren）合作完成的一系列建筑模型与绘图，更全面地展现了蒙德里安所说的“彩色塑性建筑”的可能性（图 3-2-12）。传统的体量、墙、地面、屋顶、窗都消

图 3-2-11　亨尼别墅

图 3-2-12　凡·杜斯堡，凡·伊斯特伦，住宅设计方案

① HARRISON C, WOOD P. Art in theory, 1900–2000: an anthology of changing ideas[M]. Malden, Mass. ; Oxford: Blackwell Publishers, 2003: 290.

失不见了，取而代之的是彩色几何板块悬浮在空间中所产生的构成体系。凡·杜斯堡选择了用45度轴测图来描绘，去除了透视视点以及重力关系的暗示。1924年的《时空构造II》（Construction de l'Espace-Temps II）既是建筑图示，也可以视为风格派平面绘图，它也预示了凡·杜斯堡在1926年提出的要素主义（Elementarism）。不同于蒙德里安的新塑性主义，要素主义接受45度斜线与图案某种程度的倾斜，凡·杜斯堡认为这可以带来更大的活力。但蒙德里安对纯粹性的钟爱使得他无法接受这些"干扰"因素，立场上的差异也导致两人关系的决裂，蒙德里安最终退出了风格派团体。

最终实现风格派理念与实际建筑物间忠实转化的，是建筑师与家具设计师里特维尔德（Gerrit Rietveld）。正规学院教育的缺乏似乎为他运用风格派元素扫除了更多的障碍，但这并不应该抹杀他作为先锋实验者的敏锐性、开拓性与高超的职业素养。里特维尔德的早期家具设计明显受到他的老师克拉尔哈莫（P. J. C. Klaarhamer）的影响，采用了大量简洁的几何形体与光滑表面。在1918年，里特维尔德引入了著名的里特维尔德节点（Rietveld joint），也就是使用暗销将两个构件连接在一起。这种节点可以简化构件的形状，有助于实现快速的工业化生产，同时也维护了单一构件的独立性，使得整个家具呈现为许多构件的松散组合。正是因为这种节点的引入，里特维尔德的家具设计获得了风格派的共鸣。从1918年开始，他的家具作品开始不断出现在《风格》杂志上，其中最为著名的是大约在1918年设计，刊载于1919年9月期《风格》杂志上的扶手椅。整个椅子由4块平板与方形截面的木条以里特维尔德节点组合而成，在外观上看来仿佛一堆几何积木的松散堆积，椅子的强度与舒适性反而退居其次。大约在1923年，这把椅子被涂上了风格派的经典原色，从而成为著名的"红蓝椅"。从那时起，它就被视为标志性的风格派作品。在1919年《风格》杂志的介绍文字中，里特维尔德写到："构造与部件相调和，以保证没有任何部件是统治性的，或者是臣服于其他部件。通过这种方式，整体自由和清晰地站立在空间中，形式从物质中凸显出来。"①

里特维尔德与凡·杜斯堡一直维系着紧密的关系，在1924年的《走向塑性建筑》一文中，凡·杜斯堡列出了一系列设计要点，包括："……⑤长方形板面分隔功能空间，它们可以在想象中无限延伸；⑥抛弃墙体开洞的做法，用窗体的开放性打破传统墙体的围合；⑦通过开放墙体，消除内外的区分；⑧只用点承重，平面由此可以开放穿透；⑨分隔墙体可以活动；⑩空间与时间结合；⑪新建筑反对封闭，各个功能空间从中心向外伸展；⑫去除对称与重复；⑬不再只重视正面，新建筑各个面同样发展；⑭使用多种颜色；⑮新建筑反对装饰。"②里特维尔德在1923—1924年间于荷兰乌得勒支（Utrecht）设计建造的施罗德（Schröder）住宅（图3-2-13），将很多凡·杜斯堡的理念贯彻到实践中。

这是一个两层的长方体住宅，一部楼梯位于中心位置，一层环绕楼梯布置门厅、厨房、阅读室。为了消除建筑的体量感，里特维尔德在立面上将

① OVERY. Carpentering the classic: a very peculiar practice. the furniture of Gerrit Rietveld[J]. Journal of Design History, 1991(3): 156.

② MALLGRAVE H. Architectural theory Vol. 2. an anthology from 1871 to 2005 [M]. Oxford: Blackwell, 2007: 189-191.

图 3-2-13 施罗德住宅

阳台、挑檐、栏板、部分墙体以颜色与位置进行区分，使得立面转化为多层次彩色几何板片的构成。窗户与门则被消解为板片之间所留下的偶然的空隙，而不是在墙体上刻意挖开的空洞。在维护了房间完整的前提下，里特维尔德以娴熟的构成技巧掩盖了体量的整体性，传统建筑的重力传递与等级关系都在漂浮的几何元素中无影无踪。在住宅内部，里特维尔德的风格派理念融入每一个细部，不仅是墙面、地面、栏杆、家具获得了彩色塑性处理，甚至吊灯也被设计成为三个向度长条的交错，展现出了高度的一致性。呼应凡·杜斯堡对空间流动性的强调，里特维尔德在二层采用了彩色活动隔墙，当隔板收起时，整个二层连通成为一个开放大空间。施罗德住宅更强烈地渲染出了彩色塑性元素突破房间的约束，在三维体量中自由延伸，甚至突破到建筑之外的风格派特色。就像他的家具设计一样，里特维尔德或许不是风格派最核心的思想力量，但他确实是最具备将理念与现实建造和生产相结合的人。施罗德住宅与传统建筑的强烈差异，源于里特维尔德对风格派原则与操作手段的绝对忠诚，这是 20 世纪初期先锋艺术家中普遍存在的勇气与品质。

在 1920—1922 年间，风格派团体经历了较大的人员变动。大多数早期荷兰成员退出，几位其他国家的成员，如德国人汉斯·里希特（Hans Richter）与俄国人埃尔·利西茨基（El Lissitzky）加入进来。里特维尔德依然保持对团体的忠诚，而凡·杜斯堡则是团体的中坚与领导者。与人员的多元化平行的，是风格派的主要立场也变得更为多元，从早期蒙德里安纯粹形式美学的单一性转向后期凡·杜斯堡的更为综合性的要素主义。在利西茨基的影响下，凡·杜斯堡开始认同工业技术、经济性、卫生条件等外部因素的作用，其后果是一种与现实生活更为紧密结合的艺术，而不是局限于普遍性抽象形式的操作。虽然这种艺术倾向的转变导致了凡·杜斯堡与蒙德里安之间的决裂，但凡·杜斯堡也成功地让风格派与其他先锋艺术团体，比如未来主义、达达主义、至上主义、构成主义等产生关联，也使得风格派后期与欧洲现代建筑的理性化潮流更为接近。

机械美学的概念是凡·杜斯堡为风格派注入的新理念。在 1922 年的一篇文章中他写到：“由于下述说法是正确的，即文化在它最宽泛的意义上来说意味着独立于自然，那么我们不应惊讶于机器站在我们文化的风格意志的最前沿……机器的新的可能性创造了我们时代的一种美学表现，我曾经称之为‘机械美学’。”[①] 在未来主义之后，又一个先锋艺术团体明确赞颂了机器的特殊意义。虽然未来主义者强调的是机器的力量与无情，但凡·杜斯堡将机器视为自然的对立面。与蒙德里安的新塑性元素一样，机器也体现了抽象、体现了普遍的法则、体现了非个人化的必然性，因此也可以成为纯粹的美学手段。必须注意的是，在这里，机器

---

① BANHAM R. Theory and design in the first machine age[M]. London: Architectural Press, 1960: 188.

的价值并不是作为生产工具，而是“一种精神领域的现象”。[①] 这表明凡·杜斯堡仍然没有脱离风格派早期的新柏拉图主义哲学立场，这也是其他很多现代主义先锋对机器所抱有的立场。

借由凡·杜斯堡在西欧各国的活跃传播，风格派的理论与实践得以影响到其他国家的现代主义进程。最重要的事件之一是凡·杜斯堡于 1922 年在魏玛对包豪斯表现主义倾向的激烈批评，这也是促使包豪斯转向与工业生产更紧密结合的动因之一。风格派提供了一个绝佳的范例，说明先锋艺术运动如何与建筑革新并肩而行。它为现代建筑提供了全新的彩色塑性语汇，展现了空间几何构成的雄厚的表现潜能。虽然很少有作品像施罗德住宅那样将风格派的特色贯彻到每个细节，但是它无疑已经成为现代建筑最经典的形式元素之一。此外，风格派所推崇的一系列艺术理念，如空间延展、纯粹形式、抽象与普遍的关系、机械美学等，也被吸收到现代建筑的理论范畴之中，其影响直到今天仍然清晰可辨。

4. 构成主义

在第一次世界大战以前，俄国艺术家已经广泛地接受了西欧先锋艺术运动的影响。从早先的印象派、野兽派到此后的立体派、未来主义、表现主义，都先后进入俄国艺术家的视野。像康定斯基这样参与了西欧先锋运动的重要艺术家回到俄国工作，也进一步推动了俄国先锋艺术的探索与尝试。艺术家们在绘画、雕塑、戏剧与文学等领域展开了大量创作，既吸收了西欧的成果，也有自己独特的拓展，这些前期工作为战后苏俄先锋艺术的繁荣发展奠定了基础。

除了康定斯基的抽象绘画作品以外，“一战”前俄国最重要的先锋艺术贡献是卡齐米尔·马列维奇（Kazimir Severinovich Malevich）的至上主义（Suprimatism）。马列维奇初期吸收了立体派与未来主义的技法与观念，他的《黑方块》（Black Square）于 1915 年在彼得格勒（Petergrad，即圣彼得堡）的“最后的未来主义展 0，10”中展出，标志着一种独特的抽象绘画——至上主义——正式诞生。从名字就可以看出，马列维奇认为他的新绘画模式超越了此前的绘画传统，甚至包括立体派与未来主义。这种优越性并不是建立在风格上，而是基于根本哲学理念的差异。与风格派等其他抽象绘画类似，马列维奇也认为现实世界的种种表象并非真的本质，因此传统绘画对具体事物与场景的描绘并不能展现最重要的真理。绘画需要一种“新的现实主义”（New Realism），必须抛弃模拟，甚至剔除任何外部事物的痕迹，让绘画成为一种纯粹和独立的媒介去展现那个不同于表象的背后“现实”。虽然对表象的否定是几乎所有抽象绘画都认同的出发点，但至上主义比其他流派都更为极端。在马列维奇看来，甚至是蒙德里安对几何元素之间“关系”的表现都仍然是事物模拟的残留，“即使他的建构是非物性的，但是奠基在颜色内在关系的基础上，他也不可避免地被限制在美学平面的围墙之间，无法实现哲学的穿透。”[②] 因此，越是远离事物表象，越是抽象，绘画就越能脱离约束，实现最彻底的“非物性”

① BANHAM R. Theory and design in the first machine age[M]. London: Architectural Press, 1960: 151.

② HARRISON C, WOOD P. Art in theory, 1900-2000: an anthology of changing ideas[M]. Malden, Mass. ; Oxford: Blackwell Publishers, 2003: 293.

（Non-Objective）。它不是产生于模拟，而是来自于“直觉理性”。因此，至上主义绘画将先锋艺术运动中的抽象潮流推向了极致，在《黑方块》之后，1919 年展出了《白色上的白色》（White on White），几乎已经不再有什么东西可以进一步抽象和抛弃了。马列维奇给予他的至上主义语汇大量的哲学解释，认为这些纯粹的形状与颜色可以展现更为深刻的关于空间、时间、速度、感受的理念。这种强烈的唯心主义哲学特征，也构成了至上主义不同于其他抽象画派的地方，马列维奇写道：“至上主义有一种纯粹的哲学动机，通过颜色获得认知。”①

一些青年艺术家很快成为马列维奇的追随者，利西茨基就是其中一位。在 1920 年代早期，他是马列维奇在维捷布斯克人民艺术学校（Vitebsk People' s Art School）的同事，也是至上主义的坚定支持者。但利西茨基所接受的更多是至上主义的抽象艺术倾向，而不是马列维奇以“直觉理性”为基础的艺术哲学。相比于马列维奇的至上主义绘画，利西茨基的创作虽然也属于抽象艺术的范畴，但语汇更为多样化，构成更为动态，在理念上也更多地结合精确数学关系等理性因素。在 1920 年代创作的一系列被命名为“普朗恩”（Proun，大意是“肯定革新的项目”）的作品中，利西茨基描绘了极为多样化的艺术图景。它们大多是由线条、片面与三维几何体组成的复杂组合，斜向元素的大量出现给予图片极强的动势（图 3-2-14 为《普朗恩 2C》）。不同于马列维奇简化而神秘的色块，利西茨基所展现的是一个空前复杂的抽象几何元素的世界。他

图 3-2-14 《普朗恩 2C》

的创作与立场实际上更接近于荷兰风格派。在凡·杜斯堡的引介下，他也加入了这一团体，并且将苏俄先锋艺术的情况介绍给西欧，不仅是对风格派，也对此后的包豪斯等机构产生了影响。

康定斯基与马列维奇都推动了俄国抽象艺术的发展，但是对俄国先锋艺术运动产生决定性推动作用的还是十月革命。伴随着沙俄帝国的瓦解，一个建立在马克思主义思想体系上的全新政治体制骤然诞生。它与此前的任何社会体制都有如此巨大的差异，以至于几乎社会生活的各个领域都需要进行革新与重建。文化与艺术就是这样一个需要重新定义的领域。作为在线性进步的历史序列中处于更高一级的社会主义体系，应当有全新的文化，既不能沉醉于俄国的封建传统，也不能追随西方资本主义社会的学院艺术。但同时，新的苏维埃国家也

① HARRISON C, WOOD P. Art in theory, 1900-2000: an anthology of changing ideas[M]. Malden, Mass. ; Oxford: Blackwell Publishers, 2003: 293.

不可能在一夜之间找到所有艺术门类的指导原则，那么新近发展起来的先锋艺术运动就成了最好的出发点。一方面，先锋艺术对过去都持有激烈的批判态度，它们所认同的时代更替必然导致艺术更替的黑格尔式理念，本身也是马克思主义历史哲学的基础之一；另一方面，先锋艺术运动更多地容纳了新科学与技术成就的影响，也与马克思主义对生产力的强调相调和。

对苏维埃新艺术的探索在革命之前就已经开始，由亚历山大·波格丹诺夫（Alexander Aleksandrovich Bogdanov）推动的“无产阶级文化”运动（Proletkult）试图探索适合无产阶级的文化特征。这一运动的主要产物是大量的戏剧、电影、图像宣传品。它们在素材上逐渐抛弃传统民间元素，更多地展现出当代科学与技术的成分，以体现无产阶级与新生产力的联盟关系。十月革命后，此前零散的个人与团体摸索扩展为整体性的讨论。对于先锋艺术家们来说，这是一个难以想象的机会，所有旧的阻碍都被摧毁了，整个社会被一种理想化的情绪所鼓动。就像革命能够获得成功一样，新的政治经济条件与思想意识也必然导向全新艺术的诞生。

战后新艺术教育机构的建立为先锋艺术家们提供了主要的活动场所。马列维奇从 1919 年开始在新成立的维捷布斯克人民艺术学校任教，他的教学主要集中于至上主义抽象绘画与雕塑上。在莫斯科——苏俄先锋艺术运动当之无愧的中心，艺术家们的探索更为活跃，也产生了明显的观点分歧。讨论的焦点在于艺术的独立性与效用、结构、材料等物质性因素之间的关系。在 1920 年代初期，这些活动都围绕新成立的艺术教育机构“高等艺术暨技术学院”（Vkhutemas，后改名为 Vkhutein）展开。这一机构成立于 1920 年，其前身是两个传统艺术学校——“莫斯科绘画、雕塑与建筑学院”（Moscow School of Painting, Sculpture and Architecture）与斯特罗加诺夫工业设计学院（Stroganov School of Industrial Design）。类似于德意志制造联盟，这个机构成立的意图就是消除艺术创作与工业生产之间的割裂。在苏俄，这种联合还被赋予了体现苏维埃先进性的政治任务。在成立之初，以什么样的具体策略去完成这一任务还并不明确，学校成为众多先锋艺术家进行实验性创作与教学的场所。实际上，在很多方面，高等艺术暨技术学院与几乎同时建立的包豪斯都有强烈的相似性，比如都是由先锋艺术家任教师，都采用工坊教学体制，都关注色彩、形体等抽象艺术训练，也强调金属、木作、产品设计等实用性操作。甚至两所学校的变迁与命运都存在高度的平行，而在对于苏俄先锋建筑文化的贡献上，高等艺术暨技术学院甚至比包豪斯在德国当时产生的影响更为卓著。

在高等艺术暨技术学院内部，实际上存在不同的派别。其中一派是以尼克拉·A. 拉多夫斯基（Nikolai A. Ladovsky）为核心的“理性主义”（Rationalism），而另一派则是以弗拉基米尔·塔特林（Vladimir Tatlin），亚历山大·罗钦科（Alexander Rodchenko），亚历山大·维斯宁（Alexander Aleksandrovic Vesnin）等人为核心的“构成主义”（Constructivism）。马列维奇也在 1925 年加入了这所学校，他这一时期的“建筑构成”（Arkhitekton）作品试图将至上主义扩展到三维体量中，从而与建筑产生关联。但这些作品仍然是纯粹形式的探索，对于结构、材料以及功能的考虑并不属于至上主义的理论范畴。拉多夫斯基领导的“理性主义”流派并不像他们的名字显示的那样偏向于科学与技术。实际上，与贝恩所描述的“理性主义者”类似，这里的理性不仅指在具体的事例中进行合理的推理，也强调去发现艺术背后普遍性的心理与形式原则。如果得以完成，那么对普遍原则的普遍使用便是最理想的理性选择。在高等艺术暨技术学院的实际教学中，拉多夫斯基主要侧重于抽象元素可以普遍使用的形式语法，其中一个核心主题是同一元素的规则性重复与变形。机械与工业元素在高等艺术暨技术学院的作品中普遍存在，但是在拉多夫斯基的指导下，它们更多地作为塑造特定张力的形式元素。比如 1922—1923 年间的悬挂餐厅方案中，体量的放大与排列都遵循确定的规则，金属构件与缆车则有助于强化这种序列中的力量感。在高等艺术暨技术学院，拉多夫斯基所指导的基础空间与形体训练对新一代苏联建筑师产生了巨大的影响。

如果说马列维奇的至上主义与拉多夫斯基的理性主义所关注的焦点仍然是形式元素的内涵与原则的话，另一流派“构成主义”则针锋相对地反对这种对形式的偏好。就像这个流派的名字所表明的，他们认为作为建筑的构造并不能被简化为纯粹的形式分析，而必须与结构、材料、机器、生产以及社会效用产生更密切的关系。1921 年，“构成主义者第一工作组”在莫斯科艺术文化研究院（Inkhuk）成立。1921 年由高等艺术暨技术学院教师亚历山大·罗钦科与瓦瓦拉·斯特帕洛娃（Varvara Stepanova）发表的《构成主义者第一工作组纲领》中明确写道：“构成主义者团体为自己设定的任务是发现物质结构的共产主义表现。”[①] 这明确体现出构成主义者试图借助物质性元素，而不是纯粹形式构成，来实现艺术在新社会中的建设性作用。“我们唯一的意识形态是基于历史唯物主义的科学共产主义……”构成主义者坚决反对纯粹“美学活动”与“理智和物质生产功能的割裂”，取而代之的是对共产主义政治特征、合理运用材料以及功能组织的强调。“没有任何东西是偶然的、缺乏计算的，没有任何事物来自于盲目的品位和美学的任意性。所有东西都应该是由技术和功能导向的。”[②] 阿列克谢·甘（Aleksei Gan）在 1922 年的《构成主义》（*Constructivism*）一书中这样宣称。很显然，构成主义者认为以材料、结构与功能为核心的物质性，比纯粹的美学考虑更符合马克思唯物主义原则。科学与技术应该成为主导力量，而不是理性主义者所憧憬的普遍的形式原则。构成主义应该是苏维埃建筑的全新基础。

可以看到，理性主义与构成主义的争论，只是以另一种方式呈现出来的关于建筑作为艺术品以及建筑作为实用品之间不同侧重的差异。在现代建筑发展历程中，这一差异也以各种方式出现在德意志制造联盟、风格派、包豪斯等团体的内部争论中。先锋艺术的发展并未像许多艺术家所宣称的那样实现了艺术与生产的完美结合，只是以新的方式呈现出差异与冲

---

① BIERUT M. Looking closer 3: classic writings on graphic design [M]. New York: Allworth Press, 1999: 12-13.

② SITNEY P A. The essential cinema: essays on films in the collection of anthology film archives [M]. New York: Anthology Film Archives, 1975: 60.

突，而当时的先锋艺术家重建整个艺术世界的野心则将这一差异放大成为公开的争论。

虽然存在理念上的巨大差异，理性主义与构成主义在实践作品中的差异实际上要小得多。这是因为：一方面，理性主义者在作品中也吸纳了大量工业结构与材料，与构成主义者有类似的语汇来源；另一方面，构成主义艺术家们也不是技术专家，他们所擅长的仍然是工业元素的艺术表现，而不是为实际工程问题提供卓越的技术解决方案。因此，在构成主义作品中，材料、结构与功能也往往是通过突出的形式表现来获得强调，而不是因为切实的效用。最后，这两个派别有着同样的政治立场，那就是以一种新的艺术取代传统艺术，使之与苏维埃社会的意识形态相切合。这意味着摒弃经典的艺术理念、材料与技法，吸纳具有时代特征的新元素。在这些因素的作用下，理性主义与构成主义的作品展现出很强的趋同性，都强调机械性结构与材料的使用，同时也都依赖于富有张力的形态组合以及对机器的象征性表达等形式语汇。

相比于西欧的先锋艺术运动，苏俄先锋艺术家有着更为明确的政治意图，所以也倾向于使用更夸张和更有力度的手段传达新社会与新艺术的理念。超常的形态特征与象征性元素的高度宣传性是理性主义与构成主义艺术家共同接受的艺术原则，这也使得苏俄先锋建筑拥有了更大的共性，掩盖了不同流派在思想倾向上的差异。在粗略的状况下，也有人用构成主义来指代总体的20世纪20年代的苏俄先锋建筑，但必须注意到这种说法对当时各种艺术思潮复杂性的忽略。

特殊的时代条件为苏俄先锋艺术家提供了丰富的激励与探索的空间。1917—1930年间出现了大量先锋建筑设计与作品，构成了现代主义早期的重要成果。塔特林的第三国际纪念碑通常被视为构成主义建筑最重要的代表作（图3-2-15）。塔特林早先接受绘画、雕塑等艺术训练，1913年对巴黎的访问让他接受了毕加索的实物拼贴的手法，开始尝试使用木头、金属等元素进行拼贴的“反浮雕”（Counter-Relief）设计。他于1919—1920年之间设计的第三国际纪念碑典型性地展现了西欧先锋艺术的影响如何在苏俄的政治与艺术氛围的催化之下转化成为更为激进的实验成果。在1920年的一篇合著文献中，塔特林宣称要使用“材料、体量与建造”来取代传统艺术对视觉美学的依赖。钢铁、玻璃等“现代经典材料”可以导致新的艺术内涵：“运动、张力以及它们之间的相互关系。”[①] 这一文字描述很好地对应了第三国际纪念碑的特质。塔特林的作品是由内外两组钢架组成的高达400m的红色螺旋塔，粗壮的构件与强硬的结构体系定义了钢塔的主要特征。在钢塔内部，从上至下分别悬挂着圆管、金字塔以及圆柱三个透明体量，分别对应于不同规模的集会空间，并且按照一年一圈、一月一圈以及一天一圈的速度旋转。这个设计鲜明地体现了构成主义对材料，结构以及政治意图的重视，虽然可以在其中看到未来主义雕塑等因素的影响，但是塔特林通过更为极端化的处理，创造出了一个前所未有的巨型构筑物。在另一方面，也应该注意到，尽管构成主义强调功能、技术与科学，第三国际纪念碑仍然只能说是一座雕塑而不是建筑，塔特林的意图仍然是创造一种全新的形

① MALLGRAVE H. Architectural theory Vol. 2. an anthology from 1871 to 2005 [M]. Oxford: Blackwell, 2007: 171.

态和语汇，而不是解决技术与功能的问题。正如前文所说，构成主义者很大程度上仍然依赖着象征性建筑语汇，这使得构成主义作品的形态特征与表现性实际上更为突出。

其他艺术家的作品也在不同程度上展现出了这种两面性。利西茨基 1920 年左右设计的列宁讲坛（图 3-2-16）方案同样使用斜向钢桁架，但更为令人注目的是主体结构的前倾与列宁身体姿势的切合，利西茨基早先的普朗恩作品中丰富的动势在这里转化为了苏维埃宣传的鼓动性。一年后的“云中悬架大厦”（Cloud-hanger）方案实际上更接近于构成主义宗旨。巨大的空中悬挑是对材料与构造的极限挑战，同时可以带来良好的光照与通风条件，利西茨基展现了苏俄先锋建筑师设想中的理想化成分。这一个在当时看来过于激进的设想，在 1960 年代的巨构思潮以及 21 世纪初期开始扩展的大尺度悬挑结构中获得了更好的实现。

图 3-2-15　第三国际纪念碑

图 3-2-16　列宁讲坛

维斯宁兄弟是构成主义建筑师的中坚力量，他们的创作特征是以钢和玻璃搭建完整的几何体量，再与大量机械与工业元素相结合。1923 年的劳工大厦竞赛方案中，维斯宁兄弟将线缆、桅杆、轮船通风口等部件添加在建筑上部，仿佛下部的建筑仅仅是上部构成主义雕塑的基座。1924 年他们参加了列宁格勒真理报大楼设计竞赛。其方案是一个竖长的玻璃体，就像圣伊利亚所提倡的，竖向电梯暴露在建筑体量外部，以凸显动感。转轮、探照灯、钢结构桁架进一步渲染出机械化特征，而标牌、旗帜则透露出建筑的宣传性。简单地浏览这个方案的平面，就会意识到维斯宁兄弟在多大程度上为了形态特征而牺牲了建筑实用性，这也是一个类似于第三国际纪念碑式的宣言，而非实际的建筑提议。

1925 年巴黎装饰艺术博览会上，康斯坦丁 · 梅尔尼科夫（Konstantin Melnikov）设计的苏联馆（Soviet Pavilion）是苏俄先锋建筑在西欧的第一次公开展示（图 3-2-17）。梅尔尼科夫也是高等艺术暨技术学院的教师，并且加入了拉多夫斯基领导的理性主义团体“新建筑师联盟”（ASNOVA）。苏联馆体现出了理性主义抽象构成的特色，一块长方形的场地被两段楼梯组成的对角线所切分，梯步的倾斜进一步强化了核心元素的不稳定性，塑造出令人惊异的动态氛围。在楼梯上空交叉的斜板体现出理性主义构成对于韵律与节奏的重视。镰刀、斧头的徽标与建筑一块儿在宣示一个新社会与新建筑的诞生。苏联馆鲜明地展现出了苏联先锋建筑的形态特征，它与勒·柯布西耶的新精神馆构成了本次博览会上最重要的现代建筑作品。

图 3-2-17　苏联馆

梅尔尼科夫在 1927—1928 年之间设计的鲁萨科夫（Rusakov）工人俱乐部实际上有更强的构成主义特色（图 3-2-18）。剧场的扇形看台这一功能性元素成为建筑形体的决定性因素，它们的斜向抬升明晰地暴露在建筑体量构成上。在内部，可以活动的隔声面板可以分隔看台，以适应不同的听众规模。这个建筑具备良好的声学效果以及使用效率，它的特殊性还在于项目的功能特征也成了建筑形态的主要源泉，同时也实现了先锋建筑师所追求的动势与力量感。这显然比其他构成主义者单纯地添加机器构件更为成熟。

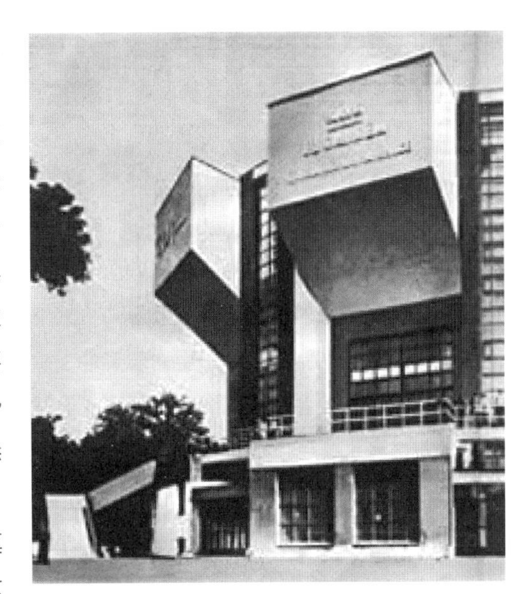

图 3-2-18　鲁萨科夫工人俱乐部

伊利亚·戈洛索夫（Ilya Golosov）在莫斯科设计的朱耶夫（Zuyev）工人俱乐部是这种新建筑类型的另一个范例。这个设计的主要特点是玻璃圆柱体与矩形体量之间毫无妥协的碰撞。强烈的对比、粗壮的几何体量以及不加掩饰的冲突，是构成主义建筑的主要形态特征。虽然同样基于抽象几何语汇，苏联先锋建筑师相比于他们的西欧同行有着更为粗犷的力量，这显然与构成主义反对细腻的形式修饰有密切关系。

在苏联先锋建筑师对于几何体量抽象构成的深入探索中，伊凡·列昂尼多夫（Ivan Leonidov）的列宁图书馆学研究院（Lenin Institute for Librarianship）设计展现出了不同于构成主义主流的惊人效果。这个综合体由一些纤细而光洁的线性体量与一个被支撑起来的玻璃球构成。虽然同样是大尺度的空想设计，并且同样倚重于工业与机械元素，但这个设计可以被视为塔特林的第三国际纪念碑的反面案例。如果说塔特林的作品展现的是粗壮、笨重与强硬，那么列昂尼多夫所渲染的则是轻盈、通透与舒展。建筑师对比例与材料关系的精湛驾驭证明了苏联先锋建筑师们卓越的实验性成果。

在构成主义的松散团体中，一个新的组织“当代建筑师联合会”（OSA）于1925年诞生了。核心成员包括莫伊谢伊·金兹堡（Moisei Ginzburg）、V. 弗拉迪米洛夫（V. Vladimirov）、维斯宁兄弟①、费多尔·亚洛夫金（Fedor Yalovkin）等人。当代建筑师联合会仍然接受构成主义对技术、效用与物质决定性的认同以及对新建筑师联盟形式主义偏向的反对。他们的新特征在于更为忠实地去探索新建筑与苏联社会需求的结合，而不是像早期构成主义者那样仅仅停留在象征性表达上。他们不仅关注新的技术、材料与功能组织，而且尝试让这些元素有效地改变日常人的社会生活。

这些工作最典型的体现是金兹堡与伊格纳迪·米尔尼斯（Ignaty Milinis）所设计的纳康芬（Narkomfin）公寓大楼（图3-2-19）。它是OSA的核心理念“社会聚合器”（Social Condenser）的建筑体现。这是金兹堡在1928年提出的一个概念，主要意思是建筑应该帮助重新组织人们的社会生活，打破传统的社会阶层划分，重新凝聚人群的社会重心。这一概念充分体现出了OSA依靠建筑实现社会改良的意图。纳康芬公寓大楼为金兹堡提供了一个绝佳的机会，去探索一种新的集体生活方式以及与之相适的建筑。OSA成员在这个项目中进行了大量富有远见的探索，比如标准化构件、多样化的住宅组合、街道式长廊等。其中最富有新意的是上下两层公寓的交错布局，这也被勒·柯布西耶“二战”后的经典作品马赛公寓所采用。不同类型的住宅与长廊构成一个完整的长方形体量，而服务于集体生活的食堂、健身房、图书馆以及托儿所等公共设施则在一旁的另一体量中，两者以空中走道相连接。通过将多样化的生活设施纳入集合住宅中，金兹堡试图将

图3-2-19　纳康芬大楼

① 维斯宁兄弟是Aleksandr Vesnin（1883—1959年）、Leonid Vesnin（1880—1933年）和Viktor Vesnin（1882—1950年）。

纳康芬公寓大楼变成一个浓缩社会生活各个方面的“社会聚合器”，这也成为此后建筑师在集体住宅项目中经常追随的理念。

1920 年代苏联动荡的军事与经济形势并没有给先锋建筑师们太多实践的机会，大量设想停留在纸面上。这一方面给予建筑师与艺术家们很大的自由度，去尝试更具挑战性的方案，但另一方面也意味着难以弥合先锋设想与社会现实之间的差距。当 1930 年代苏联的政治经济体制进一步巩固，政府开始加强对文化艺术领域的影响。这一时期苏联官方所推行的文化政策是“社会主义现实主义”（Socialist realism）。它主要意味着以写实的手段表现社会核心价值，比如英雄主义、民族文化的凝聚力以及普通大众的劳动与团结。遵循“社会主义现实主义”的艺术作品被看作对国家现状的真实呈现，它们的写实技法更便于普通大众阅读和理解，实现艺术的政治宣传功能。与此同时，此类作品与民族文化传统的结合也有助于巩固国家认同。在这些方面，先锋抽象绘画与雕塑都存在巨大的局限。它们的抽象性削弱了意义的传达，对于当时的普通民众来说也过于陌生和怪异。在这一总体潮流之下，苏联先锋艺术运动从 1920 年代末期开始衰落，最终在 1930 年代初逐渐湮灭。

在建筑领域，1931 年的苏维埃宫设计竞赛是先锋建筑运动的转折点。这次竞赛吸引了欧洲各国一些最重要的现代建筑师参加，尤其是勒·柯布西耶具有强烈构成主义特色的设计堪称现代史上的经典设计之一。但是最终获胜的是年轻建筑师鲍里斯·约凡（Boris Iofan）的团队。在经过修改后的最终方案里，一座高达 100m 的列宁雕像站立在一层一层不断缩进和拔高的圆柱形体量之上，建筑与雕像的高度合计超过了 400m（图 3-2-20）。约凡的设计体现了“社会主义现实主义”的一些设计原则：以古典主义为基础的纪念性、充分利用绘画与雕塑渲染建筑主题以及与民族文化传统的密切结合。这一竞赛的结果，标志着苏联先锋建筑运动的终结。仍然留在国内的先锋建筑师们要么作为技术专家参与到建筑活动中，比如金兹堡，要么修正自己先前的先锋建筑语汇，试图与官方建筑语汇靠拢，比如梅尔尼科夫的重工业部大楼设计。

冷战时期东西方意识形态的对立影响了人们对于苏联先锋建筑运动的认知，直到 20 世纪末期以来这一运动的丰富内涵才得到了更公正的评价。苏联先锋建筑运动是 1920 年代欧洲现代建筑探索不可或缺的组成部分，它所展现的活力与激情构成了现代主义运动中激动人心的一面。先锋建筑师们将新建筑与新社会结合在一起的尝试是现代建筑社会理想的充分展现。这些要素赋予苏联先锋建筑运动不同凡响的力量。某些设想即使在今天看来仍然富有强

图 3-2-20　约凡的苏维埃宫方案

烈的感染力。苏联先锋建筑师们所获得的一系列成果对风格派、包豪斯等西欧现代建筑先驱产生了重要影响。在苏联国内，先锋建筑运动也不可避免地为此后的苏联现代建筑师奠定了基调，其影响在 1960 年代以后的苏联现代建筑中能够清晰地看到。

第三节 格罗皮乌斯与包豪斯

在现代设计史上，有一个教育机构扮演了无可替代的角色，无论是在建筑、家具、产品设计、平面设计、展览出版还是教学体制与教育理念上，这个机构都作出了开创性的贡献，以至于很多人直接把它视为现代设计最重要的起源地之一。这个机构就是德国的魏玛州立包豪斯学校（Staatliches Bauhaus in Weimar），简称包豪斯（Bauhaus）。

1. 包豪斯的前身

包豪斯并不是一所凭空而来的全新的艺术学校，它的诞生、发展以及终结都反映了当时诸多艺术、政治与经济条件的影响。它 14 年的存在时间（1919—1933 年）很大程度上与魏玛共和国短暂的历史相重叠，在它身上集中体现了那一时期各种试验革新、艺术思潮与政治力量角逐的冲突与变化，反射出了德国 1920 年代现代建筑与设计发展进程中的活力与争论。

包豪斯的起源要追溯到“一战”之前。1902 年，比利时建筑师、新艺术运动的代表性人物亨利 · 凡 · 德 · 费尔德（Henry van de Velde）受萨克森大公的邀请来到魏玛，担任大公的工业与手工业艺术顾问。这一任命寄托了当时德国政府提升国内产品品质，参与国际竞争的意图。1905 年，凡 · 德 · 费尔德为负有盛名的萨克森大公美术学院（Grand Ducal Saxon College of Fine Arts）设计了新校舍，一座类似于麦金托什的格拉斯哥艺术学院的建筑。超大面积的开窗显露出建筑师对工业元素的认同。凡 · 德 · 费尔德还建立了一所职业艺术学校，并且在 1908 年改名为大公工艺美术学校（Grand Ducal School of Arts and Crafts）。凡 · 德 · 费尔德在美术学校旁边为新的工艺美术学校设计了校舍，仍然是融合了传统建筑类型与新的工业性元素的新艺术运动建筑。不同于传统的美术学院，凡 · 德 · 费尔德采用工坊的形式组织工艺美术学校，课程包括金属铸造、纺织、书籍装帧、瓷器与首饰设计制作等实用艺术门类，学生跟随教师在实际操作与具体产品制作中学习技艺，这也成为后来包豪斯的特色教学模式。

“一战”爆发之后的 1915 年，作为比利时人的凡 · 德 · 费尔德被迫离开，工艺美术学校也随之关闭。凡 · 德 · 费尔德留下的继任者推荐名单中就有后来成为包豪斯校长的沃尔特 · 格罗皮乌斯（Walter Gropius）。早在“一战”以前，格罗皮乌斯就已经是德意志制造联盟中声名卓著的青年建筑师，他与阿道夫 · 迈耶（Adolf Meyer）合作设计的法古斯工厂与德意志制造联盟模范工厂是当时最为大胆的新建筑作品，尤其是前者，被尼古拉斯·佩夫斯纳（Nikolaus Pevsner）等历史学家视为现代建筑成熟的标志。在1913年的德意志制造联盟年鉴中，格罗皮乌斯发表了名为《现代工业建筑的发展》（The Development of Modern Industrial Architecture）的文章，里面汇集了十余座北美工业建筑如谷仓、工厂的图片。格罗皮乌斯称赞这些建筑展现出一种“压倒性的纪念性力量”，召唤欧洲建筑师“拒绝历史主义的怀旧……和其他那些妨碍真实的艺术纯真性的幻想。”[①] 这篇文章将工业建筑与金字塔相提并论，强烈触动了一大批青年建筑师，其中包括柯布西耶，他在《走向新建筑》（*Vers une architecture*）[②] 中不仅复制了格罗皮乌斯的谷仓图片，而且将工业生产与现代建筑更密切地联系在一起。此后，格罗皮乌斯参与了陶特组织的“玻璃链”通信，与表现主义团体发展了更密切的关系。

凡·德·费尔德离开之后，1916年在魏玛当地政府的邀请之下，格罗皮乌斯递交了一份建议书，提议设立一个教育机构，为工业、贸易与手工业发展提供艺术指导，这显然是德意志制造联盟将生产与艺术相互结合的艺术目标的延续。第二年，仍然运作的大公美术学院教授们也提交了一份倡议书，提出在学院中增设建筑、工艺美术与戏剧等专业。这些建议体现出了当时德国艺术学院改革运动的动向，目标是将学院经典教育体系转变为更广泛的艺术教育，同时容纳手工艺创作以及所有艺术门类所共有的基本训练。

1919年4月1日，格罗皮乌斯与魏玛政府签约，成为美术学院与工艺美术学院的领导者。在他的建议之下，两所学校合并成为一所新的艺术教育机构——“魏玛州立包豪斯”。“包豪斯”是一个新造的词，它来自于德语“建造”（Bau）与“房屋”（Haus）的结合，直译过来即为“建造房屋”。同时，这个词也与中世纪德国的建造大教堂的石匠行会“Bauhütten”一词接近。这一关联显露出格罗皮乌斯创校理念中明确的表现主义特征。实际上，从1919年成立到1927年，包豪斯都没有建筑学专业，但格罗皮乌斯选用“包豪斯”一词并非牵强附会，而是体现出了要将各个艺术门类在建筑中融为一体的愿望，就像中世纪大教堂中建筑、绘画、雕塑与音乐的密切融合一样。前文曾经提到，德国表现主义运动的核心特征之一就是对中世纪的憧憬，对于19世纪末至20世纪初期的众多德国艺术家来说，中世纪具有一种特殊的吸引力，那就是精神世界与现实世界的统一。这来自于宗教改革前基督教对西欧社会的深入侵染。对于那些面对现代社会的剧变与割裂的艺术家来说，对中世纪的怀旧中蕴含着对艺术、社会、精神与现实重新恢复统一性的渴望，这普遍体现在表现主义艺术家的作品与言论中。

1919年发表的《魏玛州立包豪斯纲领》（Programm des Staatlichen Bauhauses in Weimar）也显露出了格罗皮乌斯建校早期的表现主义倾向。在这一文献中，格罗皮乌斯宣称：“所有视觉艺术的最终目标是完成建

---

① BEHNE A. The modern functional building [M]. Santa Monica, Calif.: Getty Research Institute for the History of Art and the Humanities, 1996: 104.

② 这本书的法语原名直译应当为《走向一种建筑》。因为这本书早期的英文本书名被译为 *Towards a new architecture*，所以中文版译名采用了《走向新建筑》。近年出版的新的英文版已经修正为 *Towards an architecture*。

筑……今天，各种艺术相互分裂，只有通过所有手工艺人有意识地协作，它们才能获得拯救。”因此，“建筑师、雕塑家、画家，我们都必须回到手工艺……艺术家是值得称赞的手工艺人。”最后，“让我们创造一个新的手工艺匠人行会，去除那些在手工艺匠人与艺术家之间树立起障碍的阶级差别！让我们一同渴望、构思和创造未来的新建筑，它将建筑、雕塑和绘画拥为一个整体，有一天，它将在数百万工人的手中升入天堂，就像一种新信仰的晶莹象征。”[①] 包豪斯教师莱昂内尔·费宁格（Lyonel Feininger）为《纲领》设计的木刻封面《未来的大教堂》，描绘出了一座高耸的晶体般的教堂发散着四射的光芒，这让人很自然地联想起陶特在阿尔卑斯山顶所设想的水晶教堂。在相似性背后，是德国表现主义圈子赋予精神追求的崇高地位，他们设想以艺术的手段催生一种统一的精神追求，在现代社会中发挥出宗教曾经在中世纪所发挥的凝聚整个社会的作用。

必须注意到，这样一种具有明显唯心主义倾向以及中世纪怀旧色彩的立场与格罗皮乌斯作为法古斯工厂建筑师的角色之间所存在的显著不同。前者对手工艺的强调与宗教性色彩与后者的工业化特征和客观性显然难以融为一体，这里透露出了格罗皮乌斯建筑实践与建筑思想的折中性。他曾经写道：“将生命中所有重要组成部分包容进来，而不是将一些部分排除在外以形成过于狭窄和教条化的路径，这种强烈渴望是我整个一生的特征。”[②] 与之对应，格罗皮乌斯善于吸纳不同潮流的影响，但也导致了他的理论与实践缺乏一致性与明晰原则的后果，有时甚至存在冲突和断裂，这也体现在包豪斯自身教学思想的转变上。

包豪斯建校初期的表现主义色彩也可以在第一个校徽设计中看到，这个由包豪斯学生竞赛选拔出来的设计采用了与费宁格的封面同样的传统木刻技法，内容是一个包豪斯人托举着一座金字塔，身边环绕太阳、星辰、佛教万字符等象征符号，意图同样是塑造一种跨越文化与宗教的统一体。在这样的氛围下，包豪斯建校时除了吸收前美术学院的教授以外，格罗皮乌斯还邀请了一系列先锋艺术家担任教师，这些教师也大多属于表现主义流派，比如费宁格，约翰·伊顿（Johannes Itten），奥斯卡·希勒姆尔（Oskar Schlemmer）等，而最为著名的或许是保罗·克利（Paul Klee）与康定斯基，他们分别在 1921 年与 1922 年加入包豪斯。

因为这一明显的表现主义背景，包豪斯早期阶段也被称为表现主义阶段。

2. 包豪斯在魏玛

1919—1925 年，包豪斯的校址位于魏玛，这是包豪斯成立、巩固并开始展现影响的阶段。格罗皮乌斯在创校初期确立的，在手工艺劳动中将所有艺术门类结合起来，最终在建筑中获得总体实现的理念，与此前凡·德·费尔德的工艺学校体系有很大的连续性。至少在两个重点方面上早期包豪斯继承了凡·德·费尔德学校的传统，一是以工坊作为教学的主体模式，二是对手工艺的强调。《包豪斯纲领》中明确阐明了手工艺劳动在整个艺术体系中的重要性，与此形成对比的是《纲领》对工业生产的忽略，这实际上是包豪斯表现主义阶段的典型

---

① MALLGRAVE H. Architectural theory vol. 2. an anthology from 1871 to 2005[M]. Oxford: Blackwell, 2007: 200.

② BENEVOLO L. History of modern architecture[M]. Cambridge, Mass.: M.I.T. Press, 1971: 420.

特点。只是在 1922 年之后，与工业的结合才开始在包豪斯体系中占据更为主导的地位。

包豪斯的教学体系由三部分组成：首先是基础课程，涉及对基本形式、色彩、材料的认识与操作；其次是工坊阶段，学生可以自行选择在绘画、雕塑、金属、玻璃、纺织、印刷等各种不同的工坊中学习；最后是综合阶段，在建筑课程中将此前所学习的各种知识加以综合利用。这一体系设计体现出了《纲领》所设想的各种艺术门类的最终融合，但实际上直到 1927 年包豪斯才设立建筑课程，这所学校最重要的教学成果还是体现在基础教学与工坊学习之中（图 3-3-1）。

从 1919 年到 1922 年，包豪斯的基础教学都是由约翰·伊顿所指导的。伊顿认为人具有天然的创造力与艺术才智，只是被太多常规与习俗所束缚。所以在基础课程中，伊顿引导学生们摆脱日常习俗的影响，以直觉的方式重新认识基本颜色、材质与形状，并且接受基本形式与颜色组合与构成的训练。学生们所做的不再是描绘一个具体的物体，而是颜色、形状、关系的抽象训练，其中至关重要的是“对比”训练，比如大小、高低、厚薄、多少、黑白、软硬、轻重等。伊顿对直觉的重视体现出他的表现主义倾向，在课程中他常常引导学生通过呼吸与形体的动作准备来进入学习状态，这种神秘主义特色也与他的拜火教信仰有关，许多学生也追随他参与相关的宗教活动。伊顿的基础教学在包豪斯体系中具有极为重要的地位，它对颜色、材料和形式的抽象元素训练为学生在不同工坊中的创作学习提供了良好的支撑。马塞尔·布劳耶（Marcel Breuer）、约瑟夫·亚伯斯（Josef Albers）等包豪斯学生正是通过这一基础课程以及此后的工坊学习成长为优秀的艺术家，并加入包豪斯教师团队。这充分证明了伊顿课程体系的有效性。在伊顿于 1922 年离开包豪斯之后，基础课程先后由更倾向于工业材料与技术运用的匈牙利艺术家拉兹洛·莫霍利-纳吉（László Moholy-Nagy）以及包豪斯毕业生约瑟夫·亚伯斯接任。

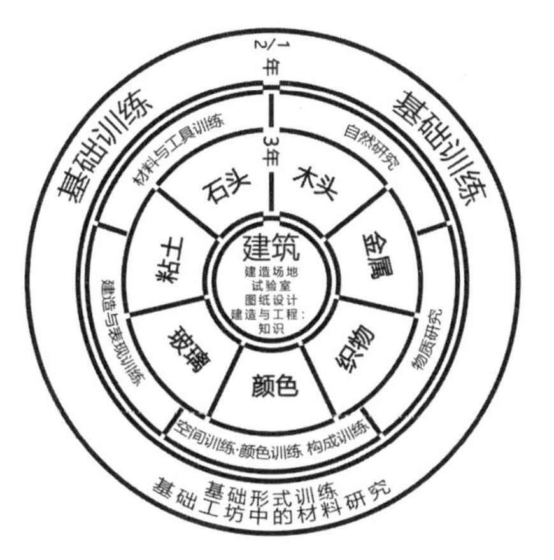

图 3-3-1 包豪斯课程结构

保罗·克利与康定斯基在加入包豪斯之后也承担了与基础课程平行的训练课程。他们的教学同样集中于颜色与形式的抽象训练。克利会要求学生从点、线、面开始逐步提高抽象构成复杂程度，并且进一步添加颜色等元素，试图帮助学生掌握各种素材的构成关系。康定斯基所钟爱的红色方块、黄色三角形、蓝色圆形等元素，成为许多学生颜色、形状训练的基本出发点。在包豪斯的众多产品中，不难看到这些典型元素的身影。克利与康定斯基都是画家，他们的教学也都归属于抽象绘画的范畴，它们与伊顿的基础课程一同构建了包豪斯设计语汇的抽象与几何基础。

在完成 6 个月的基础课程之后，学生们会进入不同的工坊中学习。这些工坊是包豪斯最具活力的组成部分，为了实现手工艺与艺术的结合，格罗皮乌斯为每个工坊都配备了一个“形式导师”（Master of Form）与一个“工艺导师”（Master of Craft），分别负责艺术品质与工艺技巧。工坊体系并不是包豪斯的独创，在凡·德·费尔德的学校以及其他工艺美术学校中这都是普遍的做法。但包豪斯的成就在于格罗皮乌斯邀请了一批一流的艺术家担任工坊的形式导师，正是在这些杰出艺术家的引导下，包豪斯成为当时最活跃的先锋设计实验场所，也诞生了一大批经典的现代设计作品。可以说，这些工坊构成了包豪斯的灵魂。

工坊的设置并无绝对的原则，大多是根据物质条件限制以及导师的个人倾向来决定的。一些时候，导师也可以在各个工坊之间转移。实验性与探索性是这些工坊所共有的特征，学生们不应模仿教师的作品，而是在不断尝试中摸索新的可能性。包豪斯的基础课程为学生提供了基本的形式基础，而欧洲先锋运动中不断涌现的新素材则成为包豪斯作品的活力来源。在家具、印刷与广告、陶瓷、纺织品等工坊中，包豪斯教师与学生都创作出了一流水准的现代设计作品。也正是基于这些作品，包豪斯才被称为现代设计的卓越摇篮。

早期包豪斯发展历程中一个重要的转折点是凡·杜斯堡的魏玛之旅。作为风格派与要素主义的领军人物，凡·杜斯堡是机器美学的重要倡导者。与利西茨基的密切接触也使得他吸收了构成主义的影响。1921 年，凡·杜斯堡搬到了魏玛，开始在包豪斯学员卡尔·彼得·罗尔（Karl Peter Röhl）的工作室中讲授风格派课程，并且吸引了不少包豪斯学生。凡·杜斯堡希望能够接替伊顿离开后的教职，但格罗皮乌斯将这一职位给予了莫霍利－纳吉。这进一步激发了凡·杜斯堡对包豪斯的批评，他指责包豪斯仍然沉醉于手工艺劳动而忽视机器生产不可抗拒的胜利。针对包豪斯表现主义阶段对形式、直觉、象征性、神秘主义的偏重，凡·杜斯堡以风格派与构成主义的几何、功能、结构理性来加以对抗。他富有感染力的传导迅速在包豪斯学生中引发一股热潮，风格派元素开始普遍出现在学生作品中，比如布劳耶的板片椅（Slatted Chair），这与他早期具有非洲原始特色的设计大相径庭。甚至格罗皮乌斯办公室的家具与灯具设计，也都呈现出明显的风格派特征。

虽然格罗皮乌斯有意避免凡·杜斯堡对包豪斯产生独断性的影响，但不可否认的是，在 1922—1923 年间包豪斯的教学宗旨出现了新的改变，从此前对手工艺联合的中世纪浪漫憧憬转换到对艺术与工业生产相互结合的强调。在 1922 年 3 月写给教职员的一封信中，格罗皮乌斯仍然在谈论集体行动的整体性，但是他特别强调了机器与工业生产也应该被纳入其中，“如果包豪斯与外部世界的工作和工作方法失去联系，就会变成怪诞人士的天堂。”[①] 相对于浪漫主义倾向，格罗皮乌斯强调：“从分析到综合的转变正在各个领域发生，工业也一样。它将会寻求我们在包豪斯试图培养的具备充分训练的人，这些人将把机器从他（缺乏创造精神）的状况中解放出来。”[②] 与 1919 年

① MALLGRAVE H. Architectural theory vol. 2. an anthology from 1871 to 2005[M]. Oxford: Blackwell, 2007: 207.

② 同上 .

的《包豪斯纲领》相比，这封信对工业与机器的赞美和推崇是完全不同的，这也标志着格罗皮乌斯有意推动包豪斯脱离表现主义的主导，更多地寻求教学与工业生产的结合。这实际上是包豪斯教育哲学的重要转变，也引起了教师团体中仍然坚持表现主义立场的一些成员的不满与抵制。正是在这种背景下，以伊顿为首的一些教师离开了包豪斯。格罗皮乌斯随即邀请了对于机器和工业生产更具好感的艺术家加入包豪斯。这意味着包豪斯表现主义阶段的结束，标准化、大规模生产、机械元素开始成为包豪斯作品中的典型特征。这种转变戏剧性地体现在 1922 年由奥斯卡 · 希勒姆尔设计的包豪斯新校徽中，原校徽的中世纪特征被几何元素的规整与秩序所取代。

虽然包豪斯还没有建筑课程，格罗皮乌斯自己的建筑创作并没有停止。1919 年，他设计了 4 月工人运动死难者纪念碑。其主体为一个扭曲转折向上的尖锐实体，象征着斗争的残忍与向上的力量，建筑语汇具有明显的表现主义特色。1921 年，他与阿道夫 · 迈耶合作设计了柏林南部的索末菲（Sommerfeld）住宅，采用了传统特色强烈的叠木式墙体，在屋顶和装饰上也都体现出明确的中世纪内涵。在这个建筑中，格罗皮乌斯进行了容纳其他实用艺术的尝试，包豪斯教师与学生设计的壁面、彩色玻璃、家具都出现在住宅中，虽然在形态特征上并不完全统一。

1922 年，受印度诗人泰戈尔的邀请，部分包豪斯作品在印度加尔各答进行了展出。但最重要的展览，还是 1923 年 8 月在魏玛举行的包豪斯成果展。格罗皮乌斯在展览开幕式上进行了名为“艺术与技术：一种新的结合”（Arts and technology, a new unity）的发言，宣示了包豪斯从早期表现主义阶段以精神性为核心的个体艺术创作，转向以技术合理性为基础的能够与工业生产密切结合的设计探索。尽管遭到一些包豪斯教师的反对，与工业技术的结合不可逆转地成为此后包豪斯教学与创作的核心主题，也使得包豪斯作品对现代设计发展产生了更深远的影响。

在展览会上，各个工坊的实验性作品获得了充分的展示，同时出版了一份报告《魏玛国立包豪斯 1919—1923》（Staatliches Bauhaus in Weimar 1919—1923），作为对政府资助的汇报。与此同时，格罗皮乌斯组织了“第一次国际现代建筑展”（1st International Modernist Architecture Exhibition），汇聚了陶特、门德尔松、密斯、勒 · 柯布西耶、赖特等人的作品。这也是最早的国际性的现代建筑展览之一。

作为包豪斯艺术融合理念的体现，由包豪斯教师乔治 · 穆赫（Georg Muche）在格罗皮乌斯与阿道夫 · 迈耶的协作下设计建造的示范性的“安霍恩住宅”（Haus am Horn）也是展品之一（图 3-3-2）。穆赫的设计是一个方形平面的一层建筑，中间的起居室通过高侧窗采光，环绕四周的是各种功能用房，从平面到家具都根据房间功能进行了特定布置。建筑外墙由预制混凝土板建造而成，除了基本的开窗外几乎没有任何其他元素。这体现出穆赫所看重的是纯粹功能性的低成本住宅的探索。在这个项目中，尝试了嵌入家具、标准装配、热工效能等多种新手段，这也从一个侧面展现出

图 3-3-2 “安霍恩住宅”

了包豪斯的工业转向。在住宅内部，是来自于包豪斯各个工坊的家居、织物、壁画与用品。相比于此前的索末菲住宅，这些作品中的风格派特征与建筑的几何性特质更为融洽。

1923年的包豪斯展览取得了巨大的成功，全面展现了 4 年来包豪斯活跃设计实验的丰富成果，在整个欧洲都产生了巨大的影响。但是这并没有挽救包豪斯在魏玛的命运。从建校起始，包豪斯因为其国际性以及教师与学生团体中的左翼倾向而受到魏玛右翼势力的持续批评。随着 1924 年右翼势力的上台，魏玛政府决定停止对包豪斯的资助，虽然同年成立的包豪斯之友协会中有爱因斯坦等重要人士，并且试图为包豪斯筹资，但仍然无法帮助包豪斯延续下去，魏玛政府宣布包豪斯在 1925 年 4 月 1 日解散。

但这并不是包豪斯的终结。在获知魏玛政府的决定后，许多德国城市邀请包豪斯前往办学。在经过多方比较之后，格罗皮乌斯选择了德绍（Dessau），一个化学与电气工业城市。1925 年，在结束了魏玛的合约之后，包豪斯迁往德绍，开启了一个新的阶段。

3. 1925 年之后的包豪斯

包豪斯选择德绍作为新校址的重要原因之一，是德绍能够提供更多建设项目的机会，其中最快到来的是包豪斯新校舍的修建。早在 1924 年，格罗皮乌斯与阿道夫 · 迈耶曾经为德国埃朗根（Erlangen）的国际哲学学院提供过一个设计，建筑平面为风车状，主要体量形成三个支翼，一条廊道联系另一座独立的“L”形楼体。虽然没有实施，但这个设计在很多方面已经预示了此后包豪斯校舍的主要特征。

在德绍，新校址位于城市边缘的空地上，因此不会受到既有城市环境的影响，格罗皮乌斯可以完全按照自己的意愿进行设计。1924 年哲学学院方案中的风车状布局得以沿用，主要原因是这种布局的功能效用。学院中不同的功能设施可以分别设置在不同的分支之中，各个分支都可以获得良好的采光通风，同时可以通过中心节点互相连通（图 3-3-3）。新校舍除了供包豪斯使用外，还需要容纳另一所技术学校。格罗皮乌斯把这所学校置于西北侧相对独立的体量中。在包豪斯的部分，最核心的是四层高的工坊支翼。作为包豪斯教育体系中最重要的组成部分，工坊区采用了开放平面以适

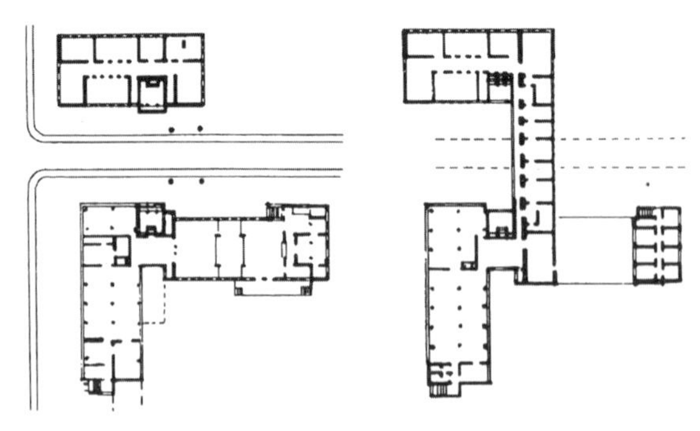

图 3-3-3 包豪斯校舍平面图

应灵活性需求。外立面上则采用了通高的玻璃幕墙，这是格罗皮乌斯早在法古斯工厂就采用过的手段。只是在德绍，整个幕墙是通过悬挑支撑凸出在主体结构之外，从而可以获得连续的整体性玻璃立面。这成为包豪斯新校舍最令人瞩目的特征（图 3-3-4）。一道廊桥将技术学校与工坊翼连接起来，这部分容纳的是教师与行政办公室。格罗皮乌斯自己的办公室就位于廊桥二层的中心位置。一条道路从廊桥下穿过，形成局部的纪念性对称布局。在项目最东侧是最为独立的学生宿舍。这是一个 6 层的完整长方形体量，东面的宿舍大多有一个平板悬挑出来的小阳台，给予建筑立面丰富的构成效果。在宿舍与工坊之间的是食堂，这里也作为包豪斯剧场使用，是包豪斯集体生活中最富有活力的区域。

作为新包豪斯强有力的标志，德绍新校舍展现了格罗皮乌斯对于功能性、抽象几何形态、工业元素的重视。相比于此前的法古斯工厂与模范工厂，包豪斯新校舍更为彻底地展现了新建筑从理念、布局、形态与细节等方面与传统建筑的不同。格罗皮乌斯强调，不仅仅是建筑，

图 3-3-4 包豪斯校舍工坊

还有人们认识新建筑的方式也应有所改变："典型的文艺复兴与巴洛克建筑有对称的立面，以及中心轴线上的入口。它们给予观察者的视觉景象是平面的和二维的。产生于当代精神的建筑拒绝对称立面的表现性外观。人们必须环绕建筑行走来理解它的形式的三维特征以及其各个部分的功能。"[①] 确实，如格罗皮乌斯所说，包豪斯校舍给予当时人们的感受是完全新颖的。尽管新建筑的各种要素已经孕育许久，但包豪斯校舍以其巨大的体量、强烈的特质给予这些要素最为有力的综合与展现。它被视为现代建筑史中一座里程碑式的作品，同时也是包豪斯最重要的成果之一。遵循各个艺术门类在建筑中获得综合的理念，包豪斯各个工坊都参与了新校舍的建设。壁纸工坊设计了建筑内部的颜色、金属工坊设计了灯具、家具工坊贡献了新的家具设计，而印刷工坊则完成了校名字体的设计。

与校舍同时建设的是由格罗皮乌斯设计的教师住宅。这是 4 栋独立建筑，其中 3 栋同样的建筑形体是由两套咬合的教师住宅组成，格罗皮乌斯自己的住宅则是独立的一栋。相比于包豪斯校舍，这些住宅的几何构成更为复杂，形体相互咬合穿插，大玻璃窗与白色墙面产生灵活对比，还有典型的风格派片状元素参与构成，充分展现出新建筑语汇的丰富潜能。同样，壁纸工坊为这些住宅提供了色彩设计，包豪斯设计生产的家具也成为康定斯基等教师的日常用品。

1926 年 10 月，整个包豪斯搬入新校舍，开启了包豪斯历程中新的阶段。工坊训练仍然在整个体系中占据核心地位，但是在格罗皮乌斯"艺术与技术"相结合的指向之下，工坊设

① GROPIUS W. Bauhausbauten Dessau[M]. Dessau: Bauhaus, 1930：19.

置进行了调整。彩色玻璃、印刷、书籍装订、瓷器等工坊不再开设，剩下的工坊也都逐渐远离个人化的单一作品性的艺术创作，转而关注于适合向工业移植的产品原型设计。不仅是新的工业材料得到广泛使用，产品的实用性、经济性、标准化以及工业生产的便利性都成为工坊创作的核心。比如纺织工坊注重纯粹几何图案的探索，与工业界建立了密切的合作关系。很多创作成果付诸生产，成为包豪斯最为成功的工坊之一。家具工坊是另一个充分吸收了格罗皮乌斯新指向的工坊。在德绍，包豪斯毕业生布劳耶、亚伯斯、艾尔弗雷德·阿恩特（Alfred Arndt）相继作为青年导师（Junior Master）指导工坊。从1925年开始，或许是受到了斯塔姆（Stam）钢管椅作品的启发，布劳耶将化工生产使用的精密钢管移植到家具设计中，设计了一系列钢管椅作品，其中包括著名的以康定斯基名字命名的瓦西里椅（图3-3-5）。钢管的轻盈、结构的明晰、支撑与包裹的材料区别，布劳耶的钢管椅几乎颠覆了人们对传统座椅的认知，是包豪斯产品中极具独创性的作品之一。它们对工业材料的使用，批量生产的便利性以及同时兼备的独特形态品质，是格罗皮乌斯艺术与技术相结合理念的理想代表。正是在这一时期，包豪斯的教师与学生完成了大量家居用品设计，很多成了现代工业设计的经典成果，也奠定了包豪斯在现代产品设计史上的重要地位。

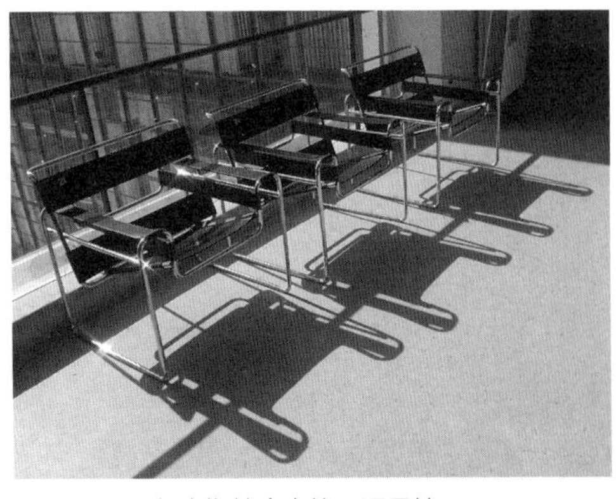

图3-3-5　包豪斯校舍中的瓦西里椅

1927年，伴随着瑞士建筑师汉内斯·迈耶（Hannes Meyer）的到来，包豪斯教育体系中至关重要，但却一直空缺的建筑教育终于开启。与此同时，德绍的确为格罗皮乌斯与他的同伴们提供了更多的建造机会。1927年格罗皮乌斯赢得了德绍劳动办公室的设计竞赛，建筑在1928—1929年间建造完成。建筑平面为半圆形，使得位于中心的工作人员能够更有效地服务于外围等候的人群。除了外围的条窗以外，格罗皮乌斯在中心部分设计了天窗来提供照明。与包豪斯校舍一样，这里的平面产生于对功能的分析与处理，同时兼备优雅的形态特征，因此被评论家阿道夫·贝恩称为格罗皮乌斯最好的建筑。包豪斯师生们还获得了参与德绍托顿（Törten）工人住宅社区的规划设计的机会，格罗皮乌斯试图在这个项目中探索标准化与理性规划在新住宅体系中的运用，在1926—1928年之间一共建造了300余套两层的工人住宅。其他包豪斯教师，如乔治·穆赫也在托顿地区建造了“钢住宅”等实验性建筑，尝试了新技术的可能性。

1928年4月，考虑到包豪斯学校已经较为稳固，同时也希望将更多精力用于个人的建筑事业，格罗皮乌斯辞去了包豪斯校长的职务。在9年的时间里他不仅建立了包豪斯，组织了课程体系，想方设法让包豪斯在复杂的政治环境中存活，还领导包豪斯成为国际知名的先锋设计教育机构。这一段历程也成为他个人生涯中最具价值的成果之一。在离开包豪斯之后，格罗皮乌斯转向城市规划与建筑工业化的探索，他在最低限度住宅、板式高层住宅、住宅区规划以及装配式住宅等问题上都有所影响。虽然这些研究大多未能转化为实际的建造成果，但格罗皮乌斯仍然在 CIAM 等机构组织的理论讨论中发挥了重要的作用。

在离开包豪斯之前，格罗皮乌斯曾建议密斯·凡·德·罗为继任者，但遭到密斯的拒绝，随后在他的推荐下，汉内斯·迈耶成为包豪斯的第二任校长。与格罗皮乌斯的包容性不同，汉内斯·迈耶有强硬的个人立场，并且据此对包豪斯进行了深入改革。他将新成立的建筑教育命名为“房屋系”（Building Department），并且限制了绝大部分工坊的独立性，将它们纳入房屋与室内家具等四个系中。工坊的创作也被要求更多地转向日用品设计，限制纯粹的艺术性创作。这些转变与汉内斯·迈耶鲜明的理论立场有关。在现代主义早期发展中，汉内斯·迈耶持有非常极端的实用性立场，在一篇名为“建造”（Bauen）的文章中他写道：“世界上所有事物都是这一公式的产物：功能 × 经济，所以没有任何东西是艺术作品：所有艺术都是构成，因此对立于功能；所有生命都是功能，因此也是非艺术的……建筑作为‘艺术家的情感成果’是不成立的……建造就是组织：社会的、技术的、经济的、心理的组织。”[①]可以看到，迈耶将功能、经济、技术以及理性组织与艺术截然对立起来，反对个人化的美学表现，而试图以实证性的因素来为建筑提供所有的基础。为此，迈耶大幅度限制了包豪斯艺术家的控制力，引导工坊转向实用设计，他曾经在一次参观中批评纺织工坊：“在地板上躺着的是年轻女孩的情感复合物。在任何地方，艺术都在扼杀生活。”[②]

在立场上看，汉内斯·迈耶非常接近于苏联构成主义，他个人的政治倾向也明显地偏向左翼。体现在建筑设计中，他的创作也呈现出较为强烈的构成主义色彩。比如他的巴塞尔彼得学校的方案，通过悬索拉起一个庞大的钢架屋顶，令人联想起第三国际纪念碑的粗壮结构。1927 年的国联总部竞赛方案是迈耶的代表性设计。基于功能使用的不同，迈耶将不同尺度的功能组块放置在不同的体块中，但是建筑整体富有对比张力的形态构成仍然形成了强大的感染力（图 3-3-6）。

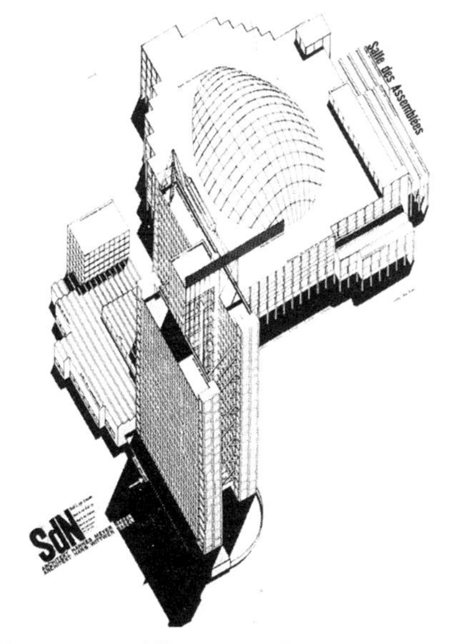

图 3-3-6　汉内斯·迈耶设计的国联总部竞赛方案

① Meyer, Bauen (1928).

② SIEBENBRODT M, SCHÖBE L. Bauhaus[M]. New York: Parkstone Press, 2009.

尽管他在言辞中激烈批评艺术表现，但这并不意味着他的作品中不具备这样的熟稔的形态驾驭。这一时期迈耶也完成了一个建成作品，即位于贝尔瑙（Bernau）的德国商业联盟总会的学校，迈耶同样将功能分区布置，并且根据地形变化与景观视野灵活分布，整个建筑物舒展、平和，与场地条件获得了很好的结合，这也是迈耶最优秀的作品之一。

出于迈耶对纯粹艺术创作的极端立场以及他的左翼倾向，这位包豪斯第二任校长很快在包豪斯内外都遭受了极大的反对。在 1930 年他被免去了校长职务，由密斯接任为第三任校长。尽管时间不长，但汉内斯 · 迈耶对包豪斯的贡献仍然不可忽视。最重要的是他建立了较为完整的建筑教育体系，设置了 9 个学期的建筑课程，并且邀请了路德维希 · 希尔伯赛默（Ludwig Hilberseimer）、马特 · 斯塔姆（Mart Stam）等人来讲授课程。学生们在学习之余也可以在托顿社区住宅项目中获得实际经验，这最终实现了包豪斯建校之初所设立的以建筑学习作为最终整合的目标。正是在迈耶的重新组织下，包豪斯开始转向侧重于建筑教育。在离开包豪斯之后，迈耶与追随他的学生一道前往苏联，试图参与那里的建筑与城市建设。此后，他又回到瑞士度过余生。

密斯在 1930 年接任校长后，对包豪斯继续进行调整。他更进一步削弱了工坊的重要性，让学生专注于建筑与家具设计的学习。从教学到实践，包豪斯的体制都更为规范化，从而失去了此前包豪斯所特有的活力。在密斯手中，包豪斯越来越像常规的建筑技术学校，而不是格罗皮乌斯所培育的那个先锋实验学校。

虽然密斯试图通过严格的纪律限制让包豪斯摆脱政治纷争，但外部的政治压力最终无法避免。伴随着右翼势力在德绍掌权，包豪斯受到越来越激烈的攻击，最终不得不在 1932 年 9 月离开德绍，迁往柏林。但很快，长久以来被视为偏向左翼的包豪斯就受到了冲击，被当局短暂关闭。虽然此后又曾经重开了一段，但是在德国日益紧张的政治气候下，已经没有包豪斯继续存活下去的空间。1933 年 7 月 20 日，教师们宣告了包豪斯的解散，这所学校在经过了 14 年的精彩历程后走向终结。

4. 包豪斯的影响

即使仅仅存在了 14 年，包豪斯的影响却一直延续了下去。“二战”前后，大批包豪斯教师前往国外，也把包豪斯教育体制引介到了其他国家。1933 年约瑟夫 · 亚伯斯最早前往美国，在北卡罗莱纳的黑山学院授课，1950 年之后则是在耶鲁大学任教。拉兹洛 · 莫霍利 - 纳吉担任了 1937 年在芝加哥成立的“新包豪斯”学校的校长，并且把包豪斯体系全面移植了过去。好几位包豪斯毕业生追随他在学校中任职，这所学校最终合并到伊利诺伊工学院当中。格罗皮乌斯于 1934 年前往伦敦，1937 年又受聘到哈佛大学任建筑系教授。密斯也在包豪斯结束之后前往芝加哥，出任阿莫尔学院（Armour Institute）建筑系的系主任，在学校与伊利诺伊理工学院合并之后，他一直在这所学校任教。除此之外，布劳耶、希尔伯塞默、沃尔特 · 彼得汉斯（Walter Peterhans）以及赫伯特·拜尔（Herbert Bayer）等包豪斯教师也都前往美国，对美国的现代建筑教育与文化发展产生了重要影响。

还有很多包豪斯教师与学生在德国各地的学校中任职，他们都或多或少地将包豪斯的特征灌注到这些学校的教育体系当中。甚至是在纳粹上台之后，虽然包豪斯学校遭到终结，但包豪斯培育的学生仍然在德意志帝国（1933—1939 年）的工业设计与商业文化中完成了不少工作。

今天看来，包豪斯以其杰出的设计成果被誉为现代设计的摇篮。从瓦西里椅到包豪斯校舍，从包豪斯出版物到纺织品和家具，许多在工坊中孕育的探索性作品都已成为经典，以至于人们会用“包豪斯”风格来称呼它们。但实际上并不存在统一的“包豪斯风格”，它最多只能模糊地指代 1922 年之后包豪斯作品中强调与工业技术结合、实用与生产的便利性，同时以抽象艺术的形式和色彩控制为基础的设计倾向。在很大程度上，这实际上也是现代设计的一些主流特征。格罗皮乌斯从早期的表现主义立场转向“艺术与技术结合”，展现出包豪斯积极吸收新近艺术思潮的态度，这使得包豪斯避免成为一个封闭的艺术家圈子。通过与风格派、构成主义以及其他艺术思潮的密切交流，包豪斯迅速接受欧洲先锋艺术的发展成果，并转化为设计的丰富源泉。

在作品背后，是包豪斯作为教育机构的独特性。它的成功很大程度上在于格罗皮乌斯引入了一批一流艺术家，并且以工坊的体制支持这些艺术家领导下的积极探索。正是有伊顿、克利、康定斯基等知名艺术家的基础教育以及希勒姆尔、莫霍利－纳吉等人多元化的工坊创作，包豪斯才获得源源不断的创作活力。与此相对应的是包豪斯所特有的学校文化。教师与学生随时抱有浓厚的兴趣参与各种问题的讨论，各种宗教、政治思想、哲学倾向并存于包豪斯之内，这些思想又往往转化为特定的设计立场与作品。以集体生活为基础的包豪斯校园生活极为开放和活跃，聚会、演出、庆祝活动以及各种团体活动随时随地地在包豪斯中发生。不仅是在工坊与课程中，即使是在日常生活中，包豪斯教师与学生都时刻尝试着新的可能。从校舍到家具、日常用品以及穿着服饰，任何地方都可以是创作的场合。整个包豪斯就是一个沸腾的充满活力的发生器，正是在教师与学生不曾停歇的创作探索中，包豪斯才可能不断诞生出富有创造力的作品。这种独特的学校文化与气质，直到今天仍然是很多人心目中理想设计学院的典范。

包豪斯的建筑教育因为时间短暂，产生的影响有限。意义更为重大的仍然是包豪斯校舍等建成作品。它不仅是新建筑面貌的一次强有力的展现，也是包豪斯纲领中将建筑与各个艺术门类相结合这一宗旨的探索尝试。除了一流画家以外，格罗皮乌斯和他的继任者也邀请到了最为优秀的建筑师加入包豪斯团体，汉内斯·迈耶、马特·斯塔姆、希尔贝赛默等人都在现代建筑发展史上占有一席之地。但在包豪斯教师中建筑作品成就最高的，还是包豪斯第三任校长——密斯·凡·德·罗。

第四节 密斯·凡·德·罗的早期探索

两战之间的德国毫无疑问是现代建筑发展初期最重要的策源地，从理论到实践，德国涌现了一大批优秀的现代建筑推动者。除了前面谈到的格罗皮乌斯之外，另一位对整个现代建筑运动都产生了深远影响的现代主义大师是路德维希·密斯·凡·德·罗（Ludwig Mies van der Rohe），他与勒·柯布西耶并称为欧洲最重要的两位现代建筑定义者。密斯的许多建筑成果，被吸收进入经典的现代建筑语汇，至今仍然在全球各地的建筑项目中不断重现。这一方面体现了密斯卓越的创作的生命力，但另一方面也展现出了在随意搬用过程中对密斯的建筑语汇背后深刻建筑思想的漠视。只有结合密斯特有的文化、思想与成长背景，才能更为深入地理解他的建筑创作。

1. 成长经历

密斯·凡·德·罗于1886年3月27日诞生于德国亚琛的一个石匠世家，原名为马利亚·路德维希·迈克尔·密斯（Maria Ludwig Michael Mies），直到1920年代早期，他才自己改名为结合了父母双方姓氏的路德维希·密斯·凡·德·罗。他的父亲擅长大理石雕刻与墓碑制作，经营着自己的石匠工坊，并且参与亚琛众多历史建筑的维修。这一家族背景或许与密斯此后对建筑细节的专注有所关联。亚琛曾经是查理曼帝国的中心，这里有中世纪最重要的建筑遗存之一——帕拉丁礼拜堂。在城市各处遍布着历史久远的民用建筑，这些建筑的古老、质朴与稳固给幼年的密斯留下了深刻的印象。他曾经写到，这些中世纪建筑“大多数很简单，但是很清晰。我被这些建筑的力量所吸引，因为它们不属于任何时代……所有伟大的风格都逝去了，但它们仍然在那里。它们是中世纪建筑，没有任何特别的品质，但它们是真正建造的。”[①]可以看到，这些建筑作为坚固的构筑物，超越时代风格变迁的特性是密斯所欣赏的。在此后的生涯中，密斯不断探索的也正是他所认同的，不随时间流逝而改变的建筑的本质性要素。

密斯幼年在亚琛的天主教教会学校学习了三年，此后他进入一所技术学校学习制图等技能，期间也在夜校中学习建筑、构造与数学。离开学校后，密斯在本地建筑工场作为免费的学徒砌砖工工作一年。他此后建筑中对砖的精湛驾驭显然与这一经历密不可分。此后，密斯开始在一些建筑师事务所工作，学习制图与装饰设计。密斯提到，一次在建筑师艾伯特·施奈德（Albert Schneider）的书桌上，他读到了一篇介绍拉普拉斯（Laplace）的文章和一本《未来》杂志，这点燃了他的求知欲。此后，密斯一直坚持阅读学习哲学与文化书籍。虽然从未进入过高等院校，但是通过常年坚持不懈的自主学习，密斯造就了自己的理论深度，成为一个富有思想内涵的建筑大师。

1905年，密斯前往柏林，起初在约翰·马

① Mies van der Rohe, interview with Dirk Lohan (German-language typescript, Chicago, summer 1968); Mies van der Rohe Archive, Museum of Modern Art, New York.

滕斯（John Martens）的事务所任绘图员，随后进入布鲁诺·保罗（Bruno Paul）事务所任绘图员。此外，他业余时间也在工艺美术博物馆（Kunstgewerbe Museum）学校与美术学校（Hochschule für Bildende Künste）中学习。1906 年，年仅 20 岁时，因为结识业主阿洛伊斯·里尔（Alois Riehl）夫妇并受到器重，密斯获得了第一项建筑委托，为这对夫妇建造一个周末度假住宅。完工于 1907 年的里尔住宅虽然是个小项目，但在密斯的建筑历程中非常重要，因为它在很多方面展现了密斯此后设计作品的主要特征。比如项目位于一个斜坡之上，密斯堆土垒出了一个平台，使建筑站立在一个平面之上。后期密斯很多建造在平地上的建筑也都有这样一个平台。里尔住宅最重要的特点是它的两面性。从主立面看，这是一个简朴的传统小住宅，紧凑完整，几何体量清晰刚硬，体现出明确的秩序感、稳定性与完整度。但建筑一侧山墙则完全不同，它位于平台边缘之上，高耸的屋顶在平台的映衬下展现出向上伸展的强烈动势，山墙下是 4 根立柱支撑的门廊，很显然是在呼应古希腊神庙的建筑原型。这个立面所展现的是超越平静秩序的纪念性与难以遏制的力量。通过场地经营与布局摸索，密斯在这个小建筑中实现了两种不同品质的共存，稳定的几何秩序以及超越秩序的纪念性与活力也成了密斯此后建筑中不断重现的双重主题。阿洛伊斯·里尔是当时德国著名的哲学教授，他不仅为密斯提供了实践的机会，还在此后的时间中为密斯在哲学与文化等方面的自我培养提供了极大的帮助。

密斯于 1908 年进入贝伦斯事务所工作，在这里工作了四年。贝伦斯凭借他在德国通用电气公司（AEG）的工作，成为德国当时最重要的建筑师。他的事务所吸引了一批富有才华的年轻人，除了密斯以外，格罗皮乌斯与勒·柯布西耶也几乎同时在贝伦斯事务所工作过。贝伦斯的创作很大程度上受到卡尔·弗里德里希·辛克尔的庄重、冷静的新古典主义的影响，在建筑语汇上倾向于采用有完整几何形体与厚重古典纪念性的元素，他的代表作 AEG 工厂透平机车间就是最好的例证。在建筑理论上，贝伦斯非常推崇尼采关于英雄意志的观点，他认为精神意志应当超越物质的平庸，勇敢而坚定地成为价值塑造者，就像尼采的《查拉图斯特拉如是说》中所描述的超人一样。贝伦斯自己的建筑风格有时就被称为“查拉图斯特拉风格”，以厚重而强硬的纪念性象征精神意志的升华与力量。他的另一个作品，建于 1906—1907 年的哈根火葬场鲜明地体现出了这种气质。考虑到这个设计与里尔住宅的相似性，德国学者弗里茨·诺伊迈耶（Fritz Neumeyer）认为密斯的设计很可能受到了贝伦斯的影响。[①]

在贝伦斯事务所，密斯参与了 AEG 工厂等项目的设计，还在俄国圣彼得堡德意志帝国大使馆项目中任驻场建筑师。辛克尔的新古典主义以及贝伦斯的建筑理论都对他产生了深刻的影响。在此后谈及这一段经历时，密斯说：“一句话，或许可以说我学习到了伟大的形式。”[②]这里的伟大，一方面是指辛克尔新古典主义的秩序与隆重，另一方面也是指贝伦斯赋予建筑语汇的精神内涵以及对意志表现的强调。这两

① NEUMEYER F. The artless word: Mies van der Rohe on the building art[M]. Cambridge, Mass. ; London: MIT Press, 1991: 52.

② 同上，57.

点也可以与里尔住宅两面性产生对应。

从 1911 年开始，密斯参与了贝伦斯在荷兰的库勒 - 穆勒（Kröller-Müller）别墅项目。这段时期，他对荷兰建筑师贝尔拉赫的观点与作品有了更深入的了解。不同于贝伦斯对精神意志以及象征性形式表现的强调，贝尔拉赫更注重建筑的理性与客观性。延续了森佩尔与维奥莱 - 勒 - 迪克的结构理性主义立场，贝尔拉赫认为建筑的基础是一种客观的真理而不是主观的形式创造，他写道:“我们建筑师必须找到抵达真理的道路；这意味着我们必须再次理解建筑的本质。”[①] 这里的真理更多地指向物质性的结构、材料、实用需求，贝尔拉赫以此批评那些醉心于建筑外观的历史主义建筑，他的理性主义观点也成为现代建筑重要的思想源泉之一。贝尔拉赫这种突出客观性的建筑立场对密斯触动很大，甚至使他开始质疑贝伦斯对主观意志表现的推崇有形式主义的倾向。在一段回忆中他写道：“我意识到建筑的任务并不是发明形式。我尝试着理解它真正任务的本质。我询问彼得 · 贝伦斯，但是他没有给我答案。他从来没有问过自己这个问题。”[②]

1912 年，密斯正式离开贝伦斯事务所，接手了库勒 - 穆勒别墅项目的设计，并且与贝尔拉赫的设计进行竞争。密斯提交的最终成果是一个有着强烈辛克尔色彩的古典主义作品。虽然有多立克柱廊等典型的历史元素，这个设计清晰的几何形态、多种体量的灵活搭接却展现出了新建筑的特征。最终密斯的设计没有获胜，贝尔拉赫的获胜方案也没有得以实施。在荷兰，密斯也接触到了赖特的建筑作品，这给予他很大的启发：“这里，最终有一位建筑大师吸取了建筑确实的源泉，他以真正的创造性将他的建筑创作带到现实之中。”[③]

此后，密斯回到柏林，开始自己开业。直到战争之前，他完成了一些住宅设计，大多延续了传统形态与细部处理，但几何性特征仍然强烈。“一战”中，密斯应征入伍，先是在柏林从事文书工作，然后在法兰克福任军队的铁路工程师，还曾被派遣到罗马尼亚参与桥梁与道路施工。战争结束后，密斯于 1918 年底回到柏林。

据密斯晚年的伴侣劳拉 · 马克思（Lora Marx）回忆，密斯曾说自己在战争结束后的一段时间内经历了精神崩溃的危机，主要缘由是对建筑应当遵循何种原则的疑虑。在一段时间的调养后，密斯恢复了身体与精神的健康，“他说他通过理性思考解决了这一危机，那就是建筑必须属于它的时代”。[④]

2. 密斯的先锋设计试验

“一战”后，密斯的建筑道路出现了重大的转变。如果说他战前的实践仍然很大程度上属于历史主义的范畴，比如对辛克尔的新古典主义以及贝伦斯的历史纪念性的借鉴，那么在战后，密斯明确地脱离了这种传统建筑道路，全面投入了新建筑的探索中。通过与柏林先锋艺术圈子的密切接触，密斯很快了解和吸收了许多当时最为激进的艺术观点。而他的超人之

---

① NEUMEYER F. The artless word: Mies van der Rohe on the building art[M]. Cambridge, Mass. ; London: MIT Press, 1991: 68.
② 同上，66.
③ 同上 .
④ SCHULZE F, WINDHORST E. Mies van der Rohe: a critical biography[M]. Chicago, Ⅲ. ; London: University of Chicago Press, 2012: 55.

处就在于：他具备非凡的能力将这些观点与建筑实践结合起来。密斯在很短时间内完成了一系列极具新颖性的新建筑提案，迅速将自己树立为德国现代建筑创造的代表性人物。他这一时期的一系列构思与作品，也被公认为现代建筑史上具有决定性意义的成果之一。

密斯这一时期的巨大变化，与柏林当时的文化气候紧密相关。在战前，德国统治性的艺术思潮是表现主义，倚重象征性、神秘主义、强烈主观情绪的表达以及富有狂想色彩的乌托邦设想。这一思潮与德国文化传统中的浪漫主义与唯心主义倾向有直接的相关性。在战后，经历了战争创伤，身处于新建立的共和体制下的德国知识分子与艺术家开始寻求新的艺术立场。一股被称为“新客观性”（Nue sachlichkeit）的思潮开始获得更多的支持。从很多方面看，新客观性可以被视为表现主义的对立面，比如表现主义突出个人色彩，而新客观性则追求普遍的秩序与规律。此外，表现主义注重狂想，而新客观主义则更强调与现实事物、事件以及具体效用的结合。总体说来，新客观性试图摆脱表现主义对主观性的依赖，力图在一种更为客观的，具有普遍性与现实性的基础上发展艺术创作。

在建筑中，物质性元素的成分比其他艺术门类更多，因此，早在1896年德国批评家理查德·斯泰特（Richard Streiter）就使用了“客观性”（Sachlichkeit）一词了赞颂英美住宅的简朴与实用，1902年赫尔曼·穆特休斯在他的《风格—建筑与建造—艺术》（*Style-Architecture and Building-Art*）一书中也使用了这个词来推崇简单、实用、理性，去除多余装饰与形式考虑的建筑。他在1914年德意志联盟会议上与凡·德·费尔德的争论也体现出了他倾向于“客观性”的立场。

在战后的柏林，“新客观性”获得了新的支持力量，先锋艺术运动中的“达达”流派一直对表现主义沉迷于不切实际的个人世界持批评态度，但他们自身的立场也缺乏足够的确定性。伴随着荷兰与苏俄先锋文化的传入，风格派与构成主义成为对抗表现主义的重要力量。从前面的论述中，我们已经看到风格派与构成主义从语汇到理论上的关联，他们都强调一种非个人化的普遍性基础，更为重要的是他们有一套完整的艺术语汇与实践范例。1920年代初期，很多荷兰与苏俄艺术家来到柏林。德国艺术家马克斯·佩希施泰因（Max Pechstein）与塞萨尔·克莱恩（César Klein）组织成立了十一月团体（Novermber gruppe）。这一组织是当时柏林最重要的先锋艺术团体，成员汇集了达达主义、风格派、构成主义、超现实主义等不同流派的艺术家。其中一个重要艺术倾向是风格派与构成主义者所支持的“新客观性”。十一月团体吸纳了康定斯基、利西茨基、施利希特（Rudolf Schlichter）等成员，而密斯·凡·德·罗也是其中一员。很显然，他从这一组织中吸收了德国、荷兰与苏俄先锋艺术运动的成分。

实际上，早在战前，从密斯在贝伦斯和贝尔拉赫两种不同立场之间的转变就可以看到密斯对于贝尔拉赫理性主义的认同，“客观（Sachlich）、理性并且清晰的结构将会成为新艺术的基础”，贝尔拉赫的这句话与新客观性的观点相互切合。荷兰与苏俄先锋艺术实验的成果开始激励密斯更为大胆地尝试以新的建筑手段体现这一建筑立场。很快，密斯杰出的综合与创造能力就带给人们一个令人惊叹的成果，这就是1921年的弗里德里希大街（Friedrich strasse）摩天楼设计。

这是德国第一次举行摩天楼设计竞赛，地址是柏林弗里德里希大街上一个三角形的街角地块。密斯的设计与其说是一个完整方案，不如说是一个概念设计。他的摩天楼采用了一个奇特的三角形平面，中心是交通核，三个角上是有大量尖角的房间。这个方案真正的不同寻常之处是他的结构与表皮。在一张举世闻名的透视图中，密斯将楼板描绘得极为纤薄，支撑柱则几乎没有呈现，建筑的表皮是一层纯粹和通透的玻璃，在尖角形成的光影变化中清晰地将片状楼板的层叠秩序展现出来（图3-4-1）。很显然，密斯提供的是一个不切实际或者说是具有欺骗性的建筑图景，但是他的大胆设想对于此后遍布全球的玻璃摩天楼的预见仍然是令人叹服的。在1922年夏季的《曙光》（*Frühlicht*）杂志上，密斯在他第一次公开发表的文章中解释了这个设计的意图：“只有建造中的摩天楼揭示了大胆的结构思想，高耸钢质骨架的印象是令人臣服的。另一方面，当立面覆盖上石块，这种感受就被摧毁了，构造特征也被拒绝，随之失去的是所有艺术理念的基础性原则。”[①]“当人们使用玻璃来覆盖非承重的墙体系，这些建筑的结构原则就变得清晰了。玻璃的使用迫使我们转向新的道路。”[②]

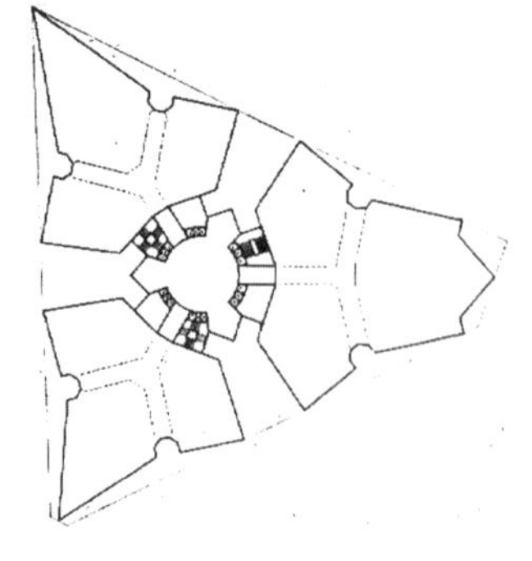

图3-4-1 弗里德里希大街摩天楼方案

密斯的理念，是让本质性的结构不仅成为建筑支撑的主导，也要成为建筑形象的主导，因此他强调将承重性的结构元素，比如楼板，与非承重性的围护墙体区分开来，并且通过使用玻璃取代传统的石墙来强化这种差异。对结构的重视在建筑理论中并不鲜见，但密斯敏锐地捕捉到了新的技术条件与材料，以一种超乎想象的方式塑造出了结构的强烈特质。他不仅实践了新客观主义的立场，也同时吸收了表现主义对玻璃这种材料的热忱，这也展现出了密斯综合各种影响并转化为独创性个人实践的能力。从玻璃摩天楼开始，结构一直是密斯此后建筑实践中具有决定性的因素，只是在不同的阶段，结构在他的整体建筑理论中所扮演的角色会有所不同。

1921年弗里德里希大街摩天楼方案因为其平面的独特而被昵称为“蜂巢”（Wabe）方案。1922年，密斯在此基础上完成了命名为“玻璃摩天楼”的另一个方案。与1921年的方案类似，玻璃摩天楼也主要是由片状薄层楼板与玻璃表皮构成，只是在平面上密

① SCHULZE F, WINDHORST E. Mies van der Rohe: a critical biography[M]. Chicago, Ill. ; London: University of Chicago Press, 2012: 65.
② 同上.

斯放弃了对称的尖角布局，采用了完全随意的曲线轮廓。密斯解释到，由此形成的曲面玻璃能够形成丰富的光影与反射效果，但这种曲线自由平面的设想在现在看来仍然是具有预见性的。在这两个摩天楼设计中，密斯提供了现代建筑史上最大胆的设想之一。但是在设计背后仍然有坚固的理念支撑，对结构以及新材料的大胆强调，是这两个设计成为此后无数现代摩天楼的预言者的主要原因。

通过玻璃摩天楼的设计，密斯完成了身份的转变，从相对传统的住宅建筑师转变为先锋建筑探索的代表性人物。在随后的几年中，密斯继续投入假想性建筑设计，完成了一个又一个极富价值的设计方案。这一工作的推进同密斯与柏林先锋艺术团体，尤其是十一月团体的接触密切相关。他是其建筑分部最主要的支持者，并且为团体刊物《G：基本造型的材料》（G：*Material zur Elementaren Gestaltung*）杂志的出版提供了极大的帮助。这本杂志在凡·杜斯堡的建议之下，于 1923 年 7 月开始出版。名称来自于利西茨基的建议，取自德语 Gestaltung（意为设计、形式生成、结构性组织等）的首字母。杂志的新客观性倾向在第一期的封面上一览无余，一段宣言性的文字写道：“基本形式创造的基础性需求是经济。力量与材料的纯粹关系……我们没有对美的需求，它作为一种单纯的装饰，被粘贴在我们（有明确导向）的存在之上——我们的存在需要一种内在秩序。”①

在这一期杂志上，密斯发表了他著名的混凝土办公楼方案（图 3-4-2）。相比于玻璃摩天楼设计中对光影效果的留恋，混凝土办公楼更为纯粹地坚持了结构的主导性。密斯的手绘透视图中展现了一个以柱梁支撑的多层长方形楼体，柱的尺寸、位置、柱帽以及正交横梁都得到了精确刻画。外围墙体与支撑结构的区别仍然强烈，连续的条窗明确定义了围护结构的非承重特征，同时刻画出了鲜明的横向几何特征。在方案解释文字中，密斯写道：“我们拒绝任何美学考虑、任何教条以及任何形式主义。用我们时代的方式，从项目本质中创造形式。这是我们的工作。”对于办公楼本身，密斯指出了功能与结构的决定性：“支撑的大梁结构以及非承重的墙。这意味着皮肤与骨骼结构。工作台最实用的排布决定了房间的深度；它是 16 米。”②可以看到，密斯的目标是创造一个完全由结构体系与实用功能定义，在最大程度上去除了

图 3-4-2 混凝土办公楼方案

①、② SCHULZE F, WINDHORST E. Mies van der Rohe: a critical biography[M]. Chicago, Ill. ; London: University of Chicago Press, 2012: 74, 75.

单纯形式考虑的方案。混凝土办公楼可以说是密斯“新客观性”倾向最强烈的方案，与玻璃摩天楼一样，密斯的实验成功地预见了此后无数同样放弃了“形式”考虑、模式化批量制造的现代主义建筑。

在这篇文字中，还有一句话体现了密斯建筑理论的复杂性：“建筑艺术是在空间中理解的时代意志。”[①] 在1926年之前的许多文献中，密斯常常重复这句话，它揭示了密斯这一时期建筑思想的结构性特征。“时代意志”的观念显然来自于黑格尔哲学的“时代精神”。简单地说，密斯认同黑格尔所认为的，存在的本质是一种精神意志，但这种精神意志独立于任何个体，有着自己的规律与意图，因此相对于个体来说，实际上具有某种客观性。黑格尔认为，这种绝对精神在每个时代会有不同的体现。也就是这个特定的“时代精神”决定了这个时代从物质到思想的主要特征。按照这个观点，时代精神虽然是一种精神实体，但它恰恰是所有客观现实的普遍基础，是独立而稳定的，体现在最具时代特色的事物中。对于深受德国唯心主义哲学侵染，同时又接受“新客观性”诉求的密斯来说，“时代精神”的理念很好地将这两者结合了起来，这个时代的客观条件正是时代精神的意志体现，因此追求“客观性”同时也是追求精神成就的过程。他在1924年的一段文字清晰地呈现了这种逻辑：“只有通过满足使用功能，而成为时代意志的工具，我们的实用性建筑才会成长为建筑艺术。”[②] 所以不能认为密斯一味地追求结构、功能与材料效用，必须意识到这些目标本身并不是最终目的，它们仅仅是时代意志的工具。对于密斯来说，精神目的始终是第一位的，这是他一生建筑理论不变的前提。

在《G》杂志的第二期上，密斯刊登了他的另外一个设计方案——混凝土住宅（图3-4-3）。方案的解释文字同样直接和坚定：“我们不知道形式，只有房屋问题。形式不是目标，而是工作的结果……我们的特别关切在于将建造活动从美学思辨中解放出来，让建筑重新成为它应该的样子，那就是建造。”[③] 这里体现出了密斯对形式主义的激烈反对，他认为要让结构、材料、合理性等建造问题成为建筑的主导性因素，而不是不切实际的美学设想。尽管如此，混凝土住宅远比这段文字所描述的要丰富和灵活，它是一个风车状分散平面的低层建筑，采用混凝土墙板结构。平面分支的伸出与转折，围合出不同大小、高度、开放程度的院落平台。在立面上，密斯采用了水平长条窗，显然在比例与位置上都有精心的考虑。这个设计中明显可以看到赖特的风车状开放平面以及突出水平性的特征。但是在纯粹几何形态与简洁立面上，密斯的设计更接近于利西茨基的《普朗恩》构成作品，风格派与构成主义的影响也是无可辩驳的。

在1924年十一月团体建筑展上，密斯展出了他的砖住宅设计（图3-4-4）。作为这一时期先锋实验设想中最后一个成果，这个设计也预示了他此后的设计走向。不同于混凝土住宅的封闭性与实体感，砖住宅将自由平面的理念推到了新的高度，大量的墙体脱离房间的

---

① NEUMEYER F. The artless word: Mies van der Rohe on the building art[M]. Cambridge, Mass. ; London: MIT Press, 1991: 241.

② MIES, Building Art and the Will of the Epoch! 1924: 246.

③ SCHULZE F, WINDHORST E. Mies van der Rohe: a critical biography[M]. Chicago, Ⅲ. ; London: University of Chicago Press, 2012: 75.

图 3-4-3 混凝土住宅方案

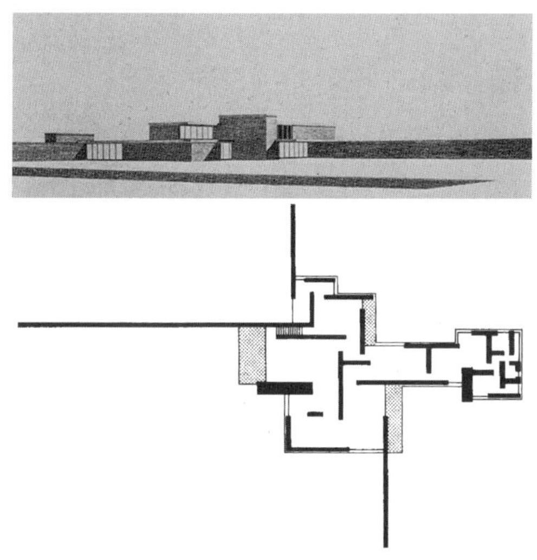

图 3-4-4 砖住宅方案

束缚成为独立站立的片状元素，墙体之间的关系也变得灵活多变。在这个平面中已经不存在房间的概念，所有的空间都没有严格的限定，彼此之间通过大量的走道与缝隙连接在一起。很多学者指出了砖住宅的平面与凡 · 杜斯堡1918 年的风格派画作《俄国舞蹈家的节奏》之间的高度相似性。考虑到十一月团体与风格派的密切关系，尤其是密斯与凡 · 杜斯堡的个人关系，这种联系不无道理。正当凡 · 杜斯堡等人也在尝试新塑性建筑的可能性时，密斯设想了风格派元素最绝妙的建筑运用。在立面处理上，砖住宅也呈现出新的动向，密斯放弃了混凝土住宅中在盒子上开条窗的做法，而是与平面类似，将外墙、窗户以及屋顶都处理成区分明显的独立片状元素。整个建筑从内到外都可以看作砖、玻璃、混凝土等完整几何板块的搭接。前面谈到过里特维尔德的施罗德住宅也是基于这样的设想，但密斯的砖住宅显然更为纯粹，也有着更强的秩序性。无论在任何时期，秩序始终是密斯建筑作品中不曾削弱的要素。

1921—1924 年这一段时间是密斯创作精力最为旺盛的时期，他以极大的热情与卓越的才华将先锋艺术观念与手段运用在建筑设想中，虽然这 5 个作品各自有不同的侧重，这反映出密斯还没有相对确定的语汇选择，但仍然在大胆尝试不同的可能性。但是在每一个设计中，他敏锐的洞察力与建筑技能都将他所尝试的理念推至一个新的高度。在当时看来，这些设想的新颖性都令人震惊，甚至显得不切实际。但现代建筑的发展很快就证明了这些设想的合理性与预见性。通过杂志与展览等途径，密斯的假想设计很快在欧洲各国引发巨大的反响，这使得密斯成为德国先锋建筑最重要的代表人物。1925 年他受邀加入德意志制造联盟，并且很快在联盟中扮演重要角色。与此同时，密斯的探索并未停歇，在随后的一段时间中，他开始将此前实验性设想中的理念转化到真实的建筑实践当中。

3. 密斯在 1920 年代的现代建筑实践

虽然密斯积极投身于先锋建筑的假想设计中，但是在 1907—1926 年的 20 年里，他的实践作品仍然是传统样式的独立住宅。与最早的里尔住宅类似，这些作品大多有着朴素的外观、较为完整的几何体量、与建筑紧密结合的花园等特征。1920 年代初期的一系列假想设计为密斯此后的现代建筑作品奠定了基础。从 1921 年开始，密斯已经在探索将先锋建筑理念运用于实践当中。他在 1921 年完成的彼得曼（Petermann）住宅设计展现出了一个完全由整洁的长方形体量搭接构成的平屋顶住宅，从窗户到烟囱等种种建筑元素都被几何化，完全抛弃了他这一时期作品中的传统元素。虽然未能建造实施，但正是这个方案的几何性与构成特征获得了凡·杜斯堡的赏识，在他的积极推荐下密斯被吸收到十一月团体之中。

密斯的传统建筑设计在 1926 年断然终结，他义无反顾地转向了现代建筑设计，并且在此后的数十年间创造出一系列载入史册的经典建筑作品。这一现代建筑的实践历程开启于 1927 年建成的沃尔夫（Wolf）住宅。这座为纺织品商人与艺术收藏家埃里希·沃尔夫（Erich Wolf）设计的住宅位于当时的德国古本（Guben）地区（现属波兰）。在建造完成 20 年之后，这座建筑不幸毁于“二战”战火，好在密斯委托的摄影师留下了这位现代主义大师第一个现代建筑作品的外观图像（图 3-4-5）。从平面上可以看到，密斯将此前积累的多种现代建筑要素融合到设计中。以壁炉为中心的开敞连通的起居空间让人联想起赖特的草原住宅，风车状的布局以及分支间围合出来的庭院与“混凝土住宅”格局相近。当然关系更为紧密的还是“砖住宅”的方案。虽然 1923 年假想设计中由独立墙体构成的流动性不得不在实际建造中遭遇极大的妥协，但是密斯仍然在很多方面试图保存“砖住宅”的设计特征。他将卧室与服务性设施等封闭性房间集中在房屋后部，在建筑前部的客厅、音乐室与餐厅则相互贯通，通过落地窗的设置分割出一些独立墙体，部分墙体的延伸与穿插展现出“砖住宅”的平面特征。虽然使用了砖来建造，但密斯几乎完全抛弃了砖建筑的传统细部，比如在门窗过梁上并未采用特殊的处理，这削弱了砖建筑的建构特征，将砖呈现为一种匀质的，可以随意裁剪的构成性元素，就像风格派构成中那些漂浮在三维空间中的片面一般。在餐厅外部，屋顶向外延伸形成一个很深的挑檐，这是在“混凝土住宅”与“砖住宅”中都存在的元素，它强化了建筑室内室外相互沟通的感受。与砖住宅设计相同，密斯将挑檐粉刷成白色，强调了屋顶平面与竖直墙体的差别。

图 3-4-5　沃尔夫住宅

在起居空间外部是砖砌的花园。与住宅墙体的简单性不同，在这里，密斯充分展现了他对砖构的高超驾驭能力。花园的铺地、矮墙、台阶、花坛等都由砖砌而成，朴素、沉静却也不缺乏力量与趣味。尽管面积很小，这个小花园仍然堪称现代建筑史上最重要的景观设计作品之一。它证明砖超越了传统的建筑潜能，同时也是密斯精湛的细节处理的明证。“仔细地将两块砖放在一起，建筑由此起源。”[①] 密斯的这句名言不仅是对沃尔夫住宅的准确解读，也展现出他对细节与基本建构品质的强调。

不可否认，沃尔夫住宅向实用需求的妥协很大程度上牺牲了“砖住宅”的开放与流畅，但密斯并未放弃实现这一先锋理念的尝试。1927—1930 年之间，他设计建造了位于德国克雷菲尔德（Krefeld）的伊斯特斯（Esters）住宅与朗格（Lange）住宅（图 3-4-6）。这两个相邻的砖住宅有类似的平面与外部特征，与沃尔夫住宅相比更为简洁。去除了上一个设计中还存留的屋顶线脚，整面砖墙成为一个匀质的几何面。从建成效果来看，这两个住宅似乎过于封闭，但在密斯的原设计中，两个住宅一层面向花园的一面是整面的玻璃，二层的窗户也是通高的落地窗，再加上更为轻盈的屋顶与挑檐，两个住宅在外观上应当非常接近“砖住宅”设计。显然是业主的保守导致了这些理念的错失，密斯对此颇有抱怨，此后也很少提到这两个项目。

这一时期，密斯还有另外一个重要的砖构作品——建造于 1926 年的卡尔 · 李卜克内西（Karl Liebknecht）与罗莎 · 卢森堡（Rosa Luxemburg）纪念碑（图 3-4-7）。李卜克内西与卢森堡是德国共产主义运动的领袖，并且参与了 1919 年的斯巴达克斯团起义。在起义失败之后，他们于 1919 年 1 月 15 日被枪杀。1926 年，爱德华 · 福克斯（Eduard Fuchs）——一位文化历史学者、艺术收藏者以及德国共产党成员邀请密斯为设想中的卡尔 · 李卜克内西与罗莎 · 卢森堡纪念碑提供设计，以取代此前设想的新古典主义方案。密斯最初的回应是：“因为大多数人是在墙面前被枪杀的，我想要建造一面砖墙。”[②] 密斯

图 3-4-6　伊斯特斯住宅与朗格住宅

① NEUMEYER F. The artless word: Mies van der Rohe on the building art [M]. Cambridge, Mass.; London: MIT Press, 1991: 338.

② SCHULZE F, WINDHORST E. Mies van der Rohe: a critical biography [M]. Chicago, I II .; London: University of Chicago Press, 2012: 87.

图 3-4-7　卡尔 · 李卜克内西与罗莎 · 卢森堡纪念碑

的设计最终建造在柏林弗里德里希斯费尔德（Friedrichsfelde）中心墓地。这是一个用工人们从拆毁的建筑中回收的砖块建造而成的厚重纪念碑，6m 高，12m 长，4m 厚。砖的粗糙与暗淡准确渲染出了行刑墙的冷峻。更具有感染力的是砖砌实体的堆叠穿插，这些体块既体现出难以抗拒的沉重感，也蕴含着坚毅的力量与动势。密斯的设计体现出质朴、悲壮以及坚定和力量等复杂的情绪，完美地呼应了德国共产党人对 1919 年革命的纪念情感。在密斯的所有作品中，这个纪念碑以其强烈的象征性与表现力而成为一个特例。密斯简短而深刻的语句仍然是对这个设计最好的解读：“（我把它建造）成为一种方形。我是说清晰与真实，这两种力量结合在一起对抗正在降临的，杀死所有希望的浓雾。”① 1933 年，这一纪念碑被纳粹拆毁。

1927 年的德意志制造联盟斯图加特博览会为密斯实现自己的先锋理念提供了理想的机会。此时的密斯，已经成为德国新建筑运动的领军人物之一。他在 1926 年被推选为德意志制造联盟副主席。在 1927 年的斯图加特博览会上，他组织了著名的魏森霍夫（Weissenhof）住宅建筑展，邀请当时欧洲最重要的现代建筑师在这里设计建造模范住宅。魏森霍夫展览是现代建筑史上最为重要的建筑展览之一，它宣示了现代建筑在欧洲的广泛发展，具有重要的里程碑意义，我们在后面的章节中再对它进行详细讨论。

这次展会上密斯的另外一个作品同样具有重要意义，那就是他与李利 · 莱奇（Lilly Reich）合作完成的“玻璃屋”展厅。李利 · 莱奇是一位杰出的家具与室内设计师，擅长利用新的工业材料与技术，是当时德国最重要的女性设计师。从 1920 年代到密斯离开德国之前，莱奇都是密斯一系列设计作品的重要合作者，许多经典的家具设计都出自两人之手。

就像 1914 年陶特的玻璃屋一样，密斯试图以探索性的设计来呈现玻璃这种材料的特殊魅力。他说服了德国平板玻璃生产商协会投资设立“玻璃屋”展厅。在一个封闭的长方形展厅中，密斯以玻璃墙为主要元素限定出一个接近于住宅室内的空间。密斯在“砖住宅”中所设想的开放、流动的空间组织第一次获得了实际的呈现。除了以不同颜色、透明度、反射度的玻璃构成的平面墙体之外，房间中没有其他的阻隔，几件家具松散地定义出空间的性质。在起居室的长向上，一道透明玻璃墙隔离出一个长条花园，几棵植物说明了室内外连通的设

① COHEN J L. Mies van der Rohe[M]. London: Spon, 1996: 42.

计意图。房间面对入口的短边上用浅色玻璃隔离出另外一个院落，里面是威尔海姆·林布赫克（Wilhelm Lehmbruck）的雕塑——年轻女性半身像。她的曲线与实体感与玻璃的抽象与通透产生强烈的反差。这些玻璃墙都由通高的玻璃组成，纤细的镀镍框架看起来更像是玻璃的几何分隔而不是支撑结构。密斯以拉伸的白色织物作为屋顶，光线从上方均匀过滤下来，与玻璃墙产生密切的呼应。在地面上，密斯与莱奇以白色、灰色与红色的油毯铺砌，色块与几何边界划分出房间与走道的不同区域。

在“玻璃屋”中，密斯与莱奇将最新的工业材料与“砖住宅”中发展的空间理念完美地结合在一起。玻璃与织物彻底消除了传统建筑的重量感，从而让空间的流动与关联得到最大程度的强调。虽然是风格派开启了以几何板面的构成消解房间封闭性的尝试，但只有在这里，传统墙体、屋顶以及地面的实体感才被最大程度地规避了，整个房间仿佛是几块无重量的几何面所限定出的连续空间，而传统建筑的结构性特征则被刻意隐藏。同时，不同于风格派的自由与松散，密斯的“玻璃屋”实际上有严格的秩序，屋顶与地面平面准确地限定了墙体的统一高度。这种规范的秩序性从里尔住宅起始，是密斯的建成作品中一直存在的元素。

在材料运用、墙体组织、地面与顶面处理、花园与雕塑的设置等许多方面，“玻璃屋”都直接预示了密斯随后完成的巴塞罗那博览会德国馆的设计。几乎所有重要的元素都已经在玻璃屋中出现了，因此我们可以将“玻璃屋”看作德国馆的原型，它体现了这一时期密斯的建筑理念中最本质的部分。在1933年的一篇名为“没有反射玻璃，混凝土会怎样，钢会怎样？”的文稿中，密斯对自己的设计进行了精确的解读：

“它们是真正的建筑元素和新建筑艺术的工具。它们容许一种空间构成的自由手段，我们绝不会再放弃。只有现在我们才能自由地阐释空间，打开它并且与景观相连接。什么是墙，什么是开口，什么是地面，什么是屋顶，都再次变得清晰。构筑的简单，建构方式的清晰以及材料的纯净，展现了原初美的光芒。”[①]

这段话不仅对于解释“玻璃屋”、德国馆极为重要，也是理解密斯此后众多设计作品的钥匙。他强调以结构、建构节点以及材料的简单与清晰来让各个建筑元素的本质性特征得以显现，获得明确的秩序与理解。同时也是通过这种简单性，让空间摆脱束缚，获得更大的自由。正如肯尼斯·弗兰姆普敦（Kenneth Frampton）所强调的，秩序与自由一直是密斯作品中相互交织的两条线索，但它们并不构成矛盾。[②]在密斯的建筑思想中，物质的秩序同精神的自由与自我实现之间并不存在冲突，只是在不同的时期，它们会以不同的方式相互关联。我们在前面提到，在1926年之前，他是通过黑格尔的时代意志的观念将当代物质条件与精神意志融为一体，但是在1926年之后，密斯不再使用时代意志的观念，而是更多地强调精神的自由，需要自己做出决定去探寻价值与意义。这显然比时代意志的观念给予建筑师更大的灵活性，他们需要自己定义什么是具有本质性价值的，而不是像“混凝土办公楼”方

① NEUMEYER F. The artless word: Mies van der Rohe on the building art[M]. Cambridge, Mass. ; London: MIT Press, 1991: 314.

② SCHULZE F, WINDHORST E. Mies van der Rohe: a critical biography[M]. Chicago, Ⅲ. ; London: University of Chicago Press, 2012: 117.

案所宣称的那样，完全臣服于功能、结构以及材料合理性等物质条件的限制。了解密斯建筑思想中这一哲学维度，对于准确理解密斯的意图与手段至关重要。

1928 年密斯接受了一项重要委托，为 1929 年巴塞罗那博览会设计德国展馆。德国政府起初并没有建造展馆的计划，在得知英国与法国都有自己的展馆之后才决定修建德国馆。因为展品另有场所，德国馆并不是用于布展，它最主要的用途实际上是举行开馆仪式。据密斯回忆，他所听到的要求很简单："我们需要一个展馆。设计它，但不要用太多玻璃。"[①] 实际上，展馆本身正是最为重要的展品，官方组织者希望以这个展馆来展现一个摆脱了战败阴影，开放、繁荣、民主的新德国，没有人比密斯更完美地达成了这一目标（图 3-4-8）。

密斯亲自调整了场馆选址，他挑选了博览会入口广场西侧边缘的一个长方形地块，其长向与博览会入口轴线相平行。在广场靠展馆的边界上树立着八根高大的爱奥尼圆柱，一条路径横穿场地引向展馆后小山上的西班牙村。很多人忽视了这八根圆柱的存在，但是当年的参观者在广场中透过耸立的巨柱看到德国馆的情景要比单独看展馆丰富得多。这是因为密斯的德国馆的横向特征与立柱的竖向性有着强烈的反差。同时，整体看来，外围的立柱再加上平台上的长方形展室，就仿佛古希腊神庙的外廊与内室，这赋予德国馆一种强烈的古典气质。这或许是密斯挑选这一场址的原因之一。与他的很多项目一样，密斯将建筑主体放置在一个抬升的平台之上，从而使建筑脱离复杂的场地，矗立在一个纯粹的平面之上。

平台上的建筑主体由三部分组成。最北侧的是有着长方形屋顶的展馆主体，南侧是一个院子，中心设置了一个长方形浅水池，在西南角是两间服务用房（图 3-4-9）。可以看到，

图 3-4-8　巴塞罗那博览会德国馆

① SCHULZE F, WINDHORST E. Mies van der Rohe: a critical biography[M]. Chicago, Ⅲ. ; London: University of Chicago Press, 2012: 117.

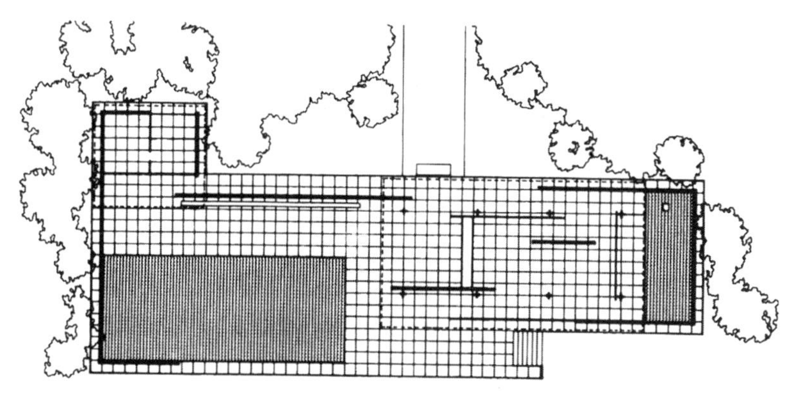

图 3-4-9　巴塞罗那博览会德国馆平面图

密斯在这里重复了他此前的设计中常见的住宅与花园密切结合的格局。水池院子的格局让人联想起有着下陷院落的沃尔夫住宅，只是在这里环境更为开敞。同样使用淡黄色石灰华铺砌的围墙与地面衬托出水面的平静。一条石灰华长凳沿水面长边布置，在喧嚣的博览会中塑造出一个宁静的场所。北侧的主展厅可以被看作“玻璃屋”的进一步发展。或许是接受了官方的要求，密斯没有像“玻璃屋”那样全部使用玻璃墙，而是将玻璃墙与不同颜色和材质的大理石墙结合在一起。平面的主题仍然是“砖住宅”以来密斯所热衷的独立墙体构成，围合开放流动空间的灵活格局。这些大理石与玻璃墙大致围合出一个中厅以及环绕四周的廊道。在最北侧，大理石墙围出一个向天空开放的长方形水院，在水院西端站立着格奥尔格 · 科尔贝（Georg Kolbe）的雕塑《黎明》（Dawn），黑色女性躯体与展馆其他部分的抽象几何特质形成强烈反差（图 3-4-10）。虽然密斯使用了大理石墙，但这些大理石都有着光洁的表面，与玻璃墙一样反射着光影。华丽的花纹与色彩更加强化了展厅的奢侈感。尤其是展厅正中的独立墙体采用了昂贵的缟玛瑙条纹大理石。这些石头原本计划用于跨洋邮轮的舞厅，密斯高价购入，并且以石块的大小来决定展馆屋顶的高度。因此，密斯的德国馆依然维持了“玻璃屋”中通透性与光影反射所带来的减弱重量与实体感的视觉体验。同时他也依靠大致的对称布局与昂贵的石材增强了展厅的仪式感与奢侈感。

除了大理石的运用之外，德国馆与“玻璃屋”最大的区别在于屋顶与支撑结构。密斯用一片整洁的白色薄片屋顶取代了玻璃屋的半透明白色织物顶棚。很显然，密斯仍然想要维持屋顶部分的轻盈与纯净。为这片屋顶提供主要支撑的是八根钢柱。它们都与墙体相互脱离。为了消除立柱常见的实体感，密斯将它们的截面设计为十字形，外部包裹着高反光度的镀铬表皮，与玻璃墙和大理石墙一样反射着周围的景致。独立立柱与穿插墙体的结合是密斯设计中的新元素，它们有效增加了展厅的复杂性。同时立柱的规整布局也带来了更为强烈的秩序

图 3-4-10　巴塞罗那博览会德国馆内景与雕塑

感，让人联想起馆外八根爱奥尼石柱的庄重与严整。不同于古典柱式的地方在于：密斯并没有体现立柱与地面和屋顶交接处的结构特征，就好像柱子只是被放在了两个平面中而不是与上下层紧密地连接在一起。密斯的意图在于以独立墙体和立柱塑造一种纯净的空间感受，因此实体感、重力关系、结构交接乃至于方向性等因素都被刻意地隐藏了。这也使得这个小建筑很容易让参观者迷失方向，所感受到的是不断延伸和转折的连续空间。

作为密斯最伟大的作品之一，巴塞罗那德国馆是密斯自 1920 年代初期以来先锋建筑试验的制高点。宽松的条件使得他能够更为自由地实现自己的建筑理念。密斯积极吸收了风格派构成与新材料、新工艺等外部元素，以他杰出的敏锐度与驾驭能力将它们融入自己的建筑作品当中。对于密斯来说，这些元素所指代的是当代的现实，而现实是不容否认的，因此历史主义的怀旧不可接受。“美是真理的闪现。”密斯引用奥古斯丁的这句话中，真理并不是指任何规则与定理，而是指与现实紧密相关的根本性条件。但是仅仅有现实并不足以决定建筑，它只是提供了一个起始条件，重要的仍然是人们如何在这种条件下确立价值与意义，就像他在 1930 年的一篇文章中所写的：“新的时代是一个事实；无论你说是还是否它都存在。但它不比任何其他时代更好或更坏。它只是纯粹被给予的，它自身并无区别……所有这些都沿着自己注定的，并无价值的道路前进。具有决定性的仅仅是我们面对这些被给予的事物如何肯定自己。正是在这里精神的问题开始了。”[①] 而对于这一时期的密斯来说，精神价值在建筑中体现在新的空间形态与感受中：“建筑艺术是人与他的环境的空间对话，这证明了他如何肯定自己，以及他如何掌控它。”[②]由此我们可以理解为何密斯一直坚持“砖住宅”空间模

① NEUMEYER F. The artless word: Mies van der Rohe on the building art[M]. Cambridge, Mass. ; London: MIT Press, 1991: 309.

② MIES. The precondition of architectural work. 1928: 299.

式的探索，并且在德国馆中获得最彻底的实现，对于密斯来说，这意味着一种全新的空间关系，也就意味着人与现实的一种全新的关系，它可以昭示人肯定自我价值的新方式，一种新的生活方式以及新的精神价值。密斯的建筑思想中这一深刻的德国唯心主义背景，也赋予他的作品超乎寻常的深度，而绝不是对功能、材料或者技巧的简单呈现。

巴塞罗那德国馆是密斯"二战"前建筑生涯的巅峰，它的革命性在整个建筑史上都是罕有的，而这距离密斯第一个现代建筑作品——沃尔夫住宅仅有3年。展馆本身以及展馆中摆设的由密斯与莱奇所设计的巴塞罗那椅，是德国对现代主义运动所做出的卓越贡献的最佳代表。密斯以他非凡的建筑才能展现了新建筑可能带来的难以想象的新体验。德国馆不仅是密斯最伟大的作品之一，也是整个现代建筑史上最伟大的作品之一。遗憾的是，在博览会结束后，展馆即被拆除。但西班牙政府一直试图重建它，在多次拖延之后，最终德国馆在1986年密斯100周年诞辰之际完成重建，至今仍然吸引着来自全球各地的现代建筑朝圣者。

在设计建造德国馆的同时，密斯还接受了另一项委托，为一对来自捷克布尔诺（Brno）的图根哈特（Tugendhat）夫妇设计住宅。这对夫妇是非常理想的业主，年轻、富有、开放，渴望新尝试，同时也与密斯一样对哲学有浓厚的兴趣。在看过德国馆的设计以及实地参观了沃尔夫住宅之后，他们认定密斯是最佳人选。1930年，图根哈特住宅在布尔诺竣工，它是密斯在"二战"前最重要的住宅作品（图3-4-11）。虽然同属于现代建筑设计，图根哈特住宅与3年前的沃尔夫住宅有一处根本性的差异，后者采用的是传统的砖石承重结构，因此较为厚重封闭，而图根哈特住宅使用的是与德国馆类似的钢结构体系，这给予平面极大的自由度，同时上下层墙体可以不相对应。

这座住宅位于一个斜度较大的山坡上，建筑共三层，嵌入坡地之中。住宅最上部是卧室部分，一道贯通的门廊将三层左右两部分的居室分开，一边是车库以及司机的居室，另一边是图根哈特夫妇与孩子们的卧室。从第三层进入，沿着转角楼梯下到二层是餐厅、起居室、书房以及位于一侧的厨房、佣人住房等服务设施。第二层显然是整个设计中最精彩的地方，这里的餐厅、起居室、书房部分可以看作德国

图3-4-11　图根哈特住宅

馆模式的再现。十字形镀铬钢柱构成了富有秩序的点状支撑，一道华丽的缟玛瑙大理石墙将起居室与工作室大致分开，另外一道近乎半圆形的望加锡（Makassar）檀木墙体则围合出餐厅的领域（图 3-4-12）。我们看到，以独立墙体灵活地分割空间是密斯一直尝试的设计策略。在图根哈特住宅中，密斯的墙体布局与构成实现了简单性、灵活性与便利性的均衡，创造出了前所未有的住宅空间体验。起居部分的南侧与西侧是通高的大幅玻璃墙，让业主能够直接看到山下广阔的景观。长立面的窗扇中有两块可以通过电动机械降落到下层，使得室内外空间连接在一起。密斯在伊斯特斯住宅与朗格住宅设计中不得不放弃的理念在图根哈特住宅中终于付诸实施。房间中的家具很多是由密斯与莱奇所设计的，尤其是起居部分，密斯专门为这个住宅设计了布尔诺椅与图根哈特椅。他们在斯图加特博览会“玻璃屋”中使用过的威尔海姆·林布赫克的女性半身雕像再次出现，她被放置在大理石墙的一端，提醒着人们抽象建筑空间与人的精神价值之间的关系。

如果说德国馆是密斯此前各种先锋实验的结晶，那么图根哈特住宅则是这些先锋设计能够与实用住宅相互结合的证明。在住宅建成后，一些评论家如罗杰·金斯布格尔（Roger Ginsburger）批评图根哈特住宅的设计过于强调艺术品质与精神性，不适于家居生活。但是图根哈特家族则鲜明地反驳道：这座住宅非常实用，他们十分喜爱。尤其是图根哈特夫人的辩护与密斯的建筑特质非常切合，她写道：“我的母亲告诉我，这种空间体现是在这所住宅中生活最根本的品质：在提供了隔绝与隐私的同时，还同时有一种从属于更大整体的感觉。”[①] 这正是密斯所强调的以新的空间模式塑造新的生活方式的真实反映。建成之后，图根哈特夫妇一直居住在这里，直到纳粹入侵捷克，这个犹太家庭才被迫逃离。

4. 离开德国

1920年代这十年是密斯最为成功的十年。他从一个来自于德国小城的建筑学徒迅速提升为德国最具影响力的现代建筑师，并且开始获得国际性的声誉。这一成就当然来自于密斯坚持不懈的自我学习，积极吸收各种建筑与思想

图 3-4-12 图根德哈特住宅室内

① MERTINS D. Mies [M]. London, New York: Phaidon Press Limited, 2014: 179.

元素以及持续的摸索与尝试。他在 1920 年代的工作，构成了现代建筑发展早期最有价值的一部分成果。

但是在进入 1930 年代之后，密斯的建筑事业却遭遇了很大的挫折。他的一系列投标与住宅设计都未能获得成功，获得的委托寥寥无几，最终建成的更是屈指可数。这种退步的原因一方面是全球性经济衰退的影响，另一方面也是因为纳粹上台之后对现代建筑在德国的发展所造成的影响。密斯参与的很多公共建筑投标都因为与当局的新古典主义倾向不相符而遭遇失败。密斯曾经对朋友说，希特勒与阿尔伯特·施佩尔（Albert Speer）审阅过他为 1935 年布鲁塞尔博览会德国馆所做的设计，他说希特勒对于设计非常不满，气愤地将图纸扔到地上，在上面踏步而过。密斯的遭遇仅仅是现代建筑运动在纳粹掌权之下遭遇的诸多挫败之一。

这一时期两个较为重要的实践作品是 1931 年柏林建筑博览会的模范住宅与 1933 年的莱姆克（Lemke）住宅。模范住宅是和德国馆与图根哈特住宅类似的以立柱支撑与独立墙体构成的灵活室内空间。莱姆克住宅则是一个简朴的 L 形一层住宅，平面非常紧凑，密斯没有条件采用图根哈特式的灵活分割，但通高玻璃墙带来的室外空间与景观的连通仍然得以保持。除了这两个建成作品之外，密斯还完成了一系列住宅设计，遗憾的是都未能实施。其中最有特色的是 1934—1935 年的胡伯（Hubbe）住宅与 1935 年的乌尔里希·朗格（Ulrich Lange）住宅。这两个设计的起居部分保留了开放、灵活平面的特色，也都有整面的玻璃墙保持内外沟通。不同之处在于：密斯以往的住宅设计基本上直接向外部的景观开放，但是在这两个方案中，密斯建造了一道长方形围墙将住宅与内院大致包围了起来，仅仅留下一些开口片断与墙外景观相联系。密斯解释说这是由于这些住宅的地段周边条件不好，所以需要围墙来进行屏蔽。也有学者指出，1930 年代严峻的社会形势与职业挫折让密斯更多地退缩到个人世界中，以高度保护的家庭生活补偿在社会生活中的压力与不快。从某种程度上，密斯的院落住宅就类似于阿道夫·路斯的白墙住宅，外部的封闭与朴素是对内部丰富与温暖的家庭生活的保护。的确，在密斯的院落住宅内部，室内空间与各种不同大小内院之间的丰富关系是密斯此前的开放性设计中不曾有过的新元素。

这一时期，密斯还完成了一些大型公共建筑的方案或设想，包括 1928 年斯图加特银行与办公大楼设计、1929 年亚历山大广场规划设计、1933 年帝国银行（Reichsbank）总部大楼等。这些方案大多基于此前的玻璃摩天楼与混凝土办公楼设计，以整面玻璃幕墙或者连通的条窗展现结构体系，同时规整平面的重复塑造出强烈的韵律感。

在 1930 年代密斯最重要的工作之一是主持包豪斯学校。在迈耶离职后，密斯于 1930 年在德绍接任校长。他迅速强化了学校纪律，并且进一步压缩工坊的自由度，试图让包豪斯以更为规范的运作模式避免卷入政治运动。但是德绍右翼政府最终决定停止对包豪斯的资助，他们同意将包豪斯转变为一所私立学校，并且将包豪斯的名称与相关专利都转让给密斯。1932 年 10 月，密斯的包豪斯在柏林一所租来的厂房中开学，与他一同前来的包括不到 100 名学生以及亚伯斯、希尔贝赛默、康定斯基、莱奇等教师。但是柏林的政治气候更为紧张，1933 年 4 月 11 日，盖世太保封闭了学校，搜索与共产党相关的文件资料。密斯付出了极大的努力与纳粹当局交涉，终于使得盖世太保有条件地同意重开包豪斯。但是包豪斯的教师们已经失去了信心，他们决定关闭包豪斯。这也是这所著名的现代设计学校最后的终结。

1936 年，密斯收到芝加哥阿莫尔理工学院（Armour Institute of Technology）建筑学院的信件，询问他是否愿意前往任教，领导这所学校。同时，哈佛大学也与他取得联系，商讨邀请他作为建筑教授候选人的可能性。密斯虽然对哈佛的教职感兴趣，但是他不愿作候选人而希望直接获得委任。最终，格罗皮乌斯接受了哈佛的教职，而密斯则接受了阿莫尔理工学院的邀请。1938 年，密斯开始担任建筑系主任，这也开始了他的建筑生涯的新历程。不同于他于 1920 年代在德国的尝试与实践，密斯在美国的作品展现出一些新的动向。我们将在后面的章节中讨论密斯这一新阶段的建筑创作。

第五节 勒·柯布西耶的建筑与城市理论和实践

1920 年代可能是现代建筑发展史上最激动人心的十年，在前面的章节中主要讨论以格罗皮乌斯、密斯等人为代表的现代建筑先驱如何极大拓展了现代建筑的内涵范畴，并且以不朽的作品为现代建筑许多经典主题做出了定义。他们堪称现代建筑发展黄金时代的伟大英雄。而在欧洲建筑文化的另一个中心——法国，还有另外一位对整个现代主义建筑与城市规划都产生了深远影响的建筑师，他的理论探索与实践最为鲜明地展现了现代主义一些重要的特征，这也使得他在很多人心目中成为现代建筑的最具典型性的代表人物。他就是瑞士人夏尔-爱德华·让纳雷（Charles-Edouard Jeanneret），在 1920 年代初移居法国后他开始使用自己所起的别名，也就是为更多人所熟知的——勒·柯布西耶（Le Corbusier）。

1. 拉绍德封的教育成长与早期游历

1887 年 10 月 6 日，夏尔-爱德华·让纳雷诞生在瑞士西部靠近法国边境的小城拉绍德封（La Chaux-de-Fonds）。这座小城以制表业闻名于世，让纳雷家族也世代经营钟表雕刻的生意，直到工业化给他们的手工制作传统带来毁灭性的打击。这也使得让纳雷很早就体会到了工业化不可抗拒的影响。

与赖特一样，让纳雷幼年时也接触了弗洛贝尔（Froebel）教育体系，尤其是以纯粹几何体组成的弗洛贝尔体块（Froebel blocks），这或许与他成年后对经典几何形体的强烈兴趣有所关联。让纳雷的父亲记录道，11岁的让纳雷“通常是个好孩子，聪明，但是个性上有些问题，多疑，易怒，还有反叛；有时他让我们感到有些焦虑”。[①] 这些性格特征在让纳雷此后的生涯中有着更为鲜明的体现。

1902年让纳雷进入拉绍德封一所由艺术家夏尔·勒皮埃特尼（Charles L'Eplattenier）领导的艺术学校学习。勒皮埃特尼曾经在布达佩斯以及巴黎美术学院（École des Beaux-Arts）学习，受到了工艺美术运动与新艺术运动的深入影响。他在1905年设立了高级装饰艺术课程，让纳雷是首批15名学员之一。在勒皮埃特尼的指引下，让纳雷也很快吸收了西欧艺术潮流的影响，他在1906年完成的一个表面设计中展现出了对新趋势的理解与驾驭。表面上部是具有典型新艺术运动曲线特征的蜜蜂与露珠雕刻，而下部则是层叠的几何体块，象征岩石。在这个早期作品中，规整几何秩序与自由形体的并置——这一勒·柯布西耶作品中不断重复的元素已经有所体现。

勒皮埃特尼是一位富有远见与雄心的艺术家，他试图在工艺美术运动与新艺术运动的基础上塑造一种富有汝拉（Jura）地区特色的艺术文化，结合当地特有的传统文化、动植物样本以及手工艺技术塑造新的设计语汇。遵循新艺术运动所倡导的整体艺术原则，勒皮埃特尼也认同建筑将是各种艺术门类的综合者。正是在他的建议下，年轻的让纳雷转向了建筑学习，并且很早就开始在勒皮埃特尼的引导下从事住宅设计。

1906年，年仅18岁的让纳雷即获得第一个建筑委托，他在本地建筑师赫内·夏帕拉兹（René Chapallaz）的帮助下设计建造了法雷（Fallet）别墅（图3-5-1）。这个建筑的基本形态来自于当地的传统住宅类型，但是在大量的装饰细部中，让纳雷将当地常见的杉树转化为抽象的几何图案使用在山墙、栏杆、窗框等地方。在随后两年中，让纳雷又完成了另外两个住宅——雅克梅（Jaquemet）别墅与斯托瑟（Stotzer）别墅。这两个住宅仍然基于传统住宅类型，但是相比于法雷别墅，自然装饰图案已经大幅减少，成排的矩形窗洞成为立面的主要元素。这三个住宅都归属于勒皮埃特尼以新艺术运动为基础的汝拉地区艺术风格的范畴，但是可以看到让纳雷开始逐渐脱离这种以传统与装饰为核心的设计语汇。

他的这种变化很可能与他这一时期频繁地出游欧洲其他国家，接触到各种不同的建筑倾向有关。就像他的父亲所描述的，让纳雷的不安分与叛逆很难被拉绍德封的平静与封闭所束缚。在1907—1912年之间，让纳雷前往国外游历，并且在一些建筑事务所短期工作，这些经历极为重要，对于此后一生的建筑创作都

图3-5-1　法雷别墅

① JENCKS C. Le Corbusier and the continual revolution in architecture[M]. New York, N.Y.: Monacelli, 2000: 23.

有深入影响。首先是 1907 年，他与雕塑家朋友莱昂·佩兰（Léon Perrin）前往意大利游历。令他印象最为深刻的不是古典细部，而是这些历史建筑强烈的几何形态。这种对基本几何形的兴趣可能与他的弗洛贝尔教育有关，也可能与他所阅读的亨利·普罗旺赛尔（Henry Provensal）的《未来的艺术：走向全面和谐》（*L'art de demain: vers l'harmonie intégrale*）一书中的柏拉图主义倾向有关。值得注意的是这本书的命名与勒·柯布西耶的《走向新建筑》之间的潜在关联。

在托斯卡尼，让纳雷被艾玛修道院（Charterhouse of Ema）深深吸引，这个建筑群特殊的住宅布局、整体性以及宗教氛围让他留下这样的文字："我遇到了一种真正的、无法抗拒的人类的渴望，沉默与孤寂，但也与他人保持日常接触，同时向那些无法言说的东西开放。"[①]从新精神馆到拉图雷特修道院，这座建筑的影子在勒·柯布西耶的众多作品中不断出现。

此后，让纳雷还造访了维也纳，但是霍夫曼（Hoffmann）及其他新艺术运动建筑师的装饰性倾向并不让他满意。1908 年，让纳雷前往巴黎，一直待到了第二年 11 月。这一期间，他幸运地获得了在奥古斯特与古斯塔夫·佩雷（Auguste and Gustave Perret）事务所工作的机会。在巴黎的这段经历是决定性的。跟随着佩雷，让纳雷第一次了解了混凝土结构及其潜能，他也看到了佩雷依靠这种材料所创造的全新建筑形态。这种革新不是来自于装饰图案的发明，而是新的材料与结构逻辑。佩雷对让纳雷的巨大影响，也可以在他于 1906 年完成的富兰克林（Franklin）大街公寓与后者于 1926 年提出的"新建筑五点"之间的相似性中看到，框架结构、底层架空、自由平面、屋顶花园等元素已经出现在佩雷的先驱性作品中。它们此后将成为让纳雷 1920 年代实验性住宅作品的核心。

在事务所工作之外，通过业余学习数学、工程以及建筑史，让纳雷也接受了法国结构理性主义的影响，在写给老师勒皮埃特尼的信中，他坦承，在经过数月的孤独探索之后，他对于建筑有了新的理解："在巴黎的八个月向我呐喊：逻辑、真理、诚实，看到过去艺术的梦想背后的东西。巴黎说抬起你的眼睛，向前走，烧掉那些你热爱的东西，热爱那些你烧掉的东西。"[②]这些话表明，在欧洲文化中心巴黎所接触到的东西，已经鼓动让纳雷脱离勒皮埃特尼的汝拉地区新艺术风格的束缚，试图以更宏大的视角探讨建筑本质的可能性。佩雷的古典主义以及法国的结构理性主义都不可动摇地进入了让纳雷的建筑思想之中，并且将伴随他一生。

1909 年，让纳雷短暂回到拉绍德封，为勒皮埃特尼建设艺术中心的计划提供了一个艺术家工作室的设计（图 3-5-2）。在这个方案中，艾玛修道院的单元、古典主义轴线与对称、纯粹几何块构成的金字塔形状以及可能的混凝土材料的使用，都体现出了游历所带来的改变。让纳雷不再满足于一种地区性传统，开始憧憬跨越地域与时间的建筑语汇。

1910—1911 年之间，让纳雷在德国游

① FRAMPTON K. Le Corbusier[M]. London: Thames & Hudson, 2001: 5.

② JENCKS C. Le Corbusier and the continual revolution in architecture[M]. New York, N.Y.: Monacelli, 2000: 44.

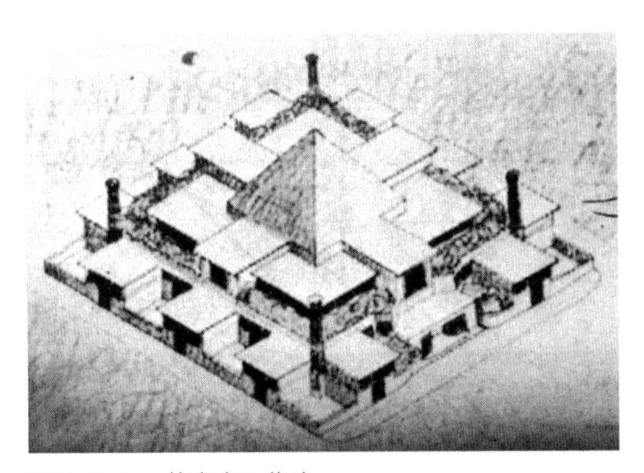
图 3-5-2 艺术家工作室

历，他接受了拉绍德封艺术学校的资助，前往德国了解德意志制造联盟的状况。这些调查资料在 1912 年以《德国装饰艺术研究》（*Étude sur le Mouvement d'art décoratif en Allemagne*）的名字出版。与德意志制造联盟中众多建筑师与艺术家的广泛接触显然帮助让纳雷更深刻地体会到了当代工业技术的成就，汽车、轮船、飞机等现代工业产品成为他关注的焦点，它们清晰的生产逻辑与独特形式对于让纳雷来说是一种全新的推动力。对工业与机械的赞赏由此贯穿到他此后的建筑探索，尤其是“新精神”时期的思想脉络中。这期间，他先后在著名建筑师特奥多尔·费希尔以及彼得·贝伦斯的事务所短期工作，但是贝伦斯象征性的古典纪念性与他在法国所接受的结构理性主义存在明显冲突，他对此的不满也溢于言表：“在贝伦斯工作室，你并不从事纯粹的建筑，有的只是立面：构造性的谬误随处可见……”①

离开德国后，让纳雷前往东欧与近东地区旅游，这一路程持续时间达 5 个月。他从布拉格经过塞尔维亚、保加利亚到达土耳其和希腊，然后经由意大利回到德国。在这次东方之旅中，让纳雷看到了丰富的地中海建筑传统以及东方各国的独特文化，而令他印象最为深刻的是雅典卫城。他在后来出版的书中记录到，在雅典的两周内，每天都会前往卫城，在这里他看到了精确的几何体、清晰的数学关系、纯净的色彩、步移景异的建筑场景以及统治性的精神力量。这些元素也构成了他此后建筑实践的重要养分，虽然是以现代建筑的语汇体现出来的。在他的好友——作家威廉·瑞特（William Ritter）的影响下，让纳雷也对巴尔干半岛与近东地区的乡土文化产生了浓厚的兴趣。在这些淳朴的农宅与用具中，他看到了一种甚至优于先进文化的真实性与合理性。启蒙时代“高贵野蛮人”的观点，即还没有受到文明影响的人反而保持了纯真的善良与美好，通过东方之旅印入了让纳雷的脑海，此后转移到他对工程师与工业制造的赞美之中。

让纳雷于 1912 年回到拉绍德封，一面在艺术学校中教授建筑，一面开始独立开业。同年，他为父母设计了让纳雷－佩雷（Jeanneret-Perret）别墅。虽然在建筑形态上还较为传统，但这座“白色别墅”中体现的更多是让纳雷在各国游历中吸收的影响，而不是汝拉地区建筑特色。建筑的白色几何体量明显在呼应地中海沿岸建筑传统，立面的素整有贝伦斯的特征，内部结构上采用的石棉水泥柱网则源于他在佩雷事务所获得的经验。大约同时的另一个项目法夫尔－雅库（Favre-

① FRAMPTON K. Le Corbusier[M]. London: Thames & Hudson, 2001: 8.

Jacot）住宅则展现出更为强烈的意大利建筑特征。

让纳雷对新建筑特征的摸索在1916年设计的施沃布（Schwob）住宅中更为大胆。这所住宅的平面采纳了帕拉第奥式的A1、B、A、B、A1的格局节奏，长方形体与半圆柱体的形态组合也与让纳雷-佩雷别墅呼应，但革新之处在于让纳雷大胆采用了混凝土框架结构与双层玻璃窗，在地面与墙体中嵌入了管道用于冬季采暖。除了这些技术措施外，让纳雷还首次大范围地采用了后来被他称为“控制线”（Tracés régulateurs）的设计手段。他在墙面与门窗设计中都采用了这种方法来确保各个部分都拥有1：1.618的黄金比例。让纳雷对这种古典比例的热衷，体现了他的建筑思想中对绝对秩序与完美和谐等柏拉图主义美学理念的认同。

在拉绍德封，让纳雷最重要的探索并不是建成的建筑，而是在1914—1915年，在工程师麦克斯·杜布瓦（Max Dubois）的协助下发展而成的多米诺（Dom-ino）体系（图3-5-3）。这实际上是一个基于埃纳比克（Hennebique）框架体系的钢筋混凝土结构单元，由六根支柱撑起三层长方形无梁楼板，在楼板的短边是连通上下的楼梯。每一层楼板都延展到立柱之外，使得立面有可能脱离支撑结构。让纳雷的构想是以这个结构体系为单元，通过大批量的工业制造，再加以组合装配来快速搭建住宅，借此解决“一战”后欧洲严重的住宅短缺问题。这个设想显露出了让纳雷以标准化的工业制造改造建筑生产模式，并解决社会问题的愿景，这将是他此后一系列创新设想的起点。

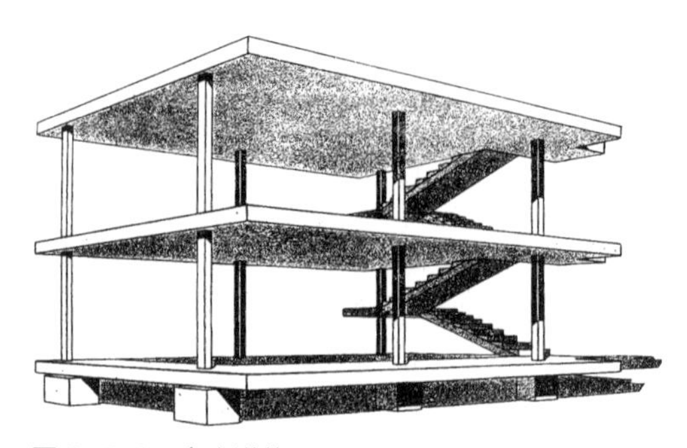
图3-5-3 多米诺体系

多米诺这个名字来自于住宅（Domicile）与创新（Innovation）两词的结合，同时也意指类似于多米诺骨牌的平面形态以及可以如骨牌一样拼接的组合方式。混凝土结构并不是让纳雷的发明，但多尼诺体系的重要性在于它精确地剥离出了这一现代建筑主导性结构体系中最为本质的元素，并且为灵活性与多样性留下了足够的空间。或许让纳雷自己都没有意识到多米诺体系具备怎样的建筑潜能，但是他此后的建筑创作逐步揭示了一整套全新的现代建筑语汇可以在此基础上发展而来。多米诺体系可以被视为让纳雷引领时代的才华最初的体现，它也毫无疑问地堪称现代建筑史上最为重要的图示理念之一。

从这些成果中可以看到，年轻的让纳雷所考虑的早已超越了拉绍德封这座小城的疆界，他的热情与野心已经无法在平静的小城生活中获得满足。1917年1月，在与施沃布住宅的业主因为超支而发生矛盾之后，他动身离开家乡，前往巴黎定居，一个属于勒·柯布西耶的时代即将拉开序幕。

2. 从《新精神》到"新建筑五点"

1917 年对于建筑师来说并不是一个好年份，战争影响了建筑活动，让纳雷的设计事业并没有获得机会立刻展开。他在瑞士人麦克斯·杜布瓦的帮助下为一些工程提供咨询，尤其是牵涉混凝土的部分。他的表亲，毕业于日内瓦美术学院的皮埃尔·让纳雷（Pierre Jeanneret）成为他的合伙人，两人一直是密切的同伴，这一时期的主要作品几乎都出自于两人的合作。这种工作关系一直持续到"二战"爆发，皮埃尔加入法国抵抗军为止。在战后，两人才又恢复合作关系，在救世军大楼（Cité de Refuge）改造以及昌迪加尔（Chandigarh）规划等项目中一同工作。在他们之间，毫无疑问，勒·柯布西耶是主要的理念与设计提供者，而皮埃尔·让纳雷则以细致的工作帮助完善和实现勒·柯布西耶的大胆设计。

因为缺乏建筑委托，初期让纳雷的主要精力投注于从多米诺体系开始的新建筑模式的探索。1919 年他提出了莫诺尔住宅（Maison Monol）的设想，同样是以点状柱网支撑整片的混凝土连续拱顶，外围墙则使用他所开发的填充建筑废料的大块空心砖砌筑。虽然拱顶体现出了地中海建筑的元素，但混凝土柱网所带来的内部自由空间则是全新的，这是莫诺尔住宅与多米诺体系共有的特点，也是勒·柯布西耶自由平面的前身。

1920 年，让纳雷兄弟一同提出了雪铁汉（Citrohan）住宅的设想（图 3-5-4）。这是一个完整的三层住宅，不同于多米诺体系，它采用了两侧墙体承重的模式。让纳雷介绍，雪铁汉住宅的内部格局借鉴于巴黎勒让德餐厅（Legendre Restaurant）的空间格局，一层平面前部是起居室，后部是服务用房，一道夹层覆盖了后半部，使住宅前部形成一个通高空

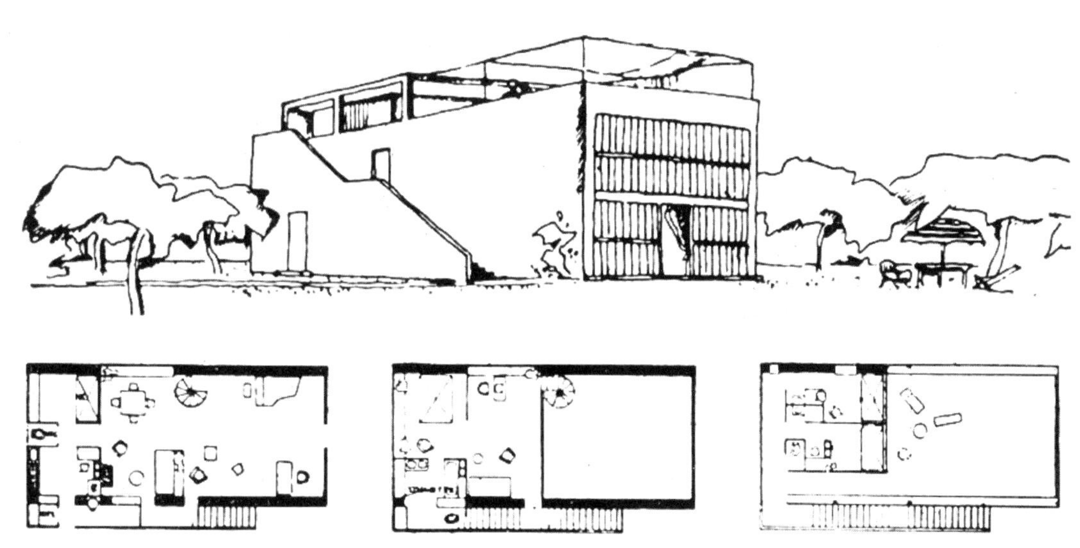

图 3-5-4 雪铁汉住宅设想

间。让纳雷写道：“一天，我们发现了这里，显然这里有某种范例，能够运用于住宅的组织中。”[①] 雪铁汉这个名字，意为建立一种标准化范例或者是原型，用于大规模地批量制造，就像雪铁龙汽车的生产一样。正如弗兰姆普敦所指出的，在雪铁汉住宅中，勒·柯布西耶此后建筑生涯中住宅设计的核心要素已经基本确立，其中包括：在有限场地中通过上下贯通空间获得扩展、采用平屋顶获得屋顶花园、金属框架、大面积开窗、混凝土框架与墙面填充的结合以及将同一原型用于各个阶层住宅的理念等。[②] 1922 年，让纳雷两兄弟又提出了新一版的雪铁汉住宅，最重要的变化是整个住宅被架空立柱（Pilotis）抬升了一层，使得地面层可以用于车库、服务以及开放空间。

在这一时期，让纳雷的经历中最重要的变化之一是结识了画家阿梅德·奥赞方（Amédée Ozenfant）。在他的热情鼓励下，让纳雷开始作画，并且在此后的日子中一直保持半天从事建筑工作，半天从事美术创作的习惯。经过奥赞方的引介，让纳雷开始进入巴黎的先锋艺术圈子，并且迅速成长为这一领域中富有活力的成员。早在 1916 年的一篇名为“立体派注释”（Notes on Cubism）的文章中，奥赞方就阐述了他自己的绘画理论，也就是后来被称为“纯粹主义”（Purism）的流派。奥赞方批评立体派绘画过于混乱、随意、缺乏逻辑，倡导对立体派进行“净化”，以纯粹的经典几何形态描绘事物的原型，以此获得具有普遍性的理性表达，而不是立体派缺乏秩序的肆意扭曲。这种强调理想原型、稳定秩序以及超越偶然性的普遍原则的观点，对于早就具有柏拉图主义倾向的让纳雷来说并不难接受。他吸收了奥赞方的绘画技法，两人开始一同在画廊展出作品。1918 年奥赞方与让纳雷一同发表了文章《立体主义之后》（Après le Cubisme），其中写道：“艺术品不能是偶然的、特异的、印象的、无机的、反抗的、不规则的，相反，应该是总体的、静止的、表现不变的东西。”[③] 两人于 1920 年发表的《纯粹主义》（Purism）再次重申了这一画派的柏拉图主义立场：“立体主义只展现了它们偶然的方面，甚至于在错误理念的基础上，他们还创造任意的和幻想的形式……从标准形式净化而来的纯粹主义元素不是一种拷贝，而是一种创造，其目的是将事物的总体性与不变性实体化。因此，纯粹主义元素就类似于仔细定义的词语；纯粹主义句法是建构性的模数化手段的运用；它是控制画面空间的法则的运用。”[④] 在这些原则指引下，奥赞方与让纳雷的纯粹主义绘画往往是由普通事物抽象和简化而生成的规整、纯净的二维几何形体所构成的，单个事物的偶然性特征都被略去，仅仅留下最基本的几何原型，他们将这些元素称为“原型事物”（Objet-types），就像柏拉图主义所强调的抽象和纯粹的本源性理念。一幅纯粹主义绘画（图 3-5-5）就是一系列“原型事物”的叠加，这种以抽象简化的方式获得基本形式元素以及以“原型事物”

---

① 引自 FRAMPTON K. Le Corbusier[M]. London: Thames & Hudson, 2001: 19.

② 同上 .

③ 转引自 BANHAM R. Theory and design in the first machine age[M]. London: Architectural Press, 1960: 207.

④ HARRISON C, WOOD P. Art in theory, 1900–2000: an anthology of changing ideas[M]. Malden, Mass. ; Oxford: Blackwell Publishers, 2003: 242.

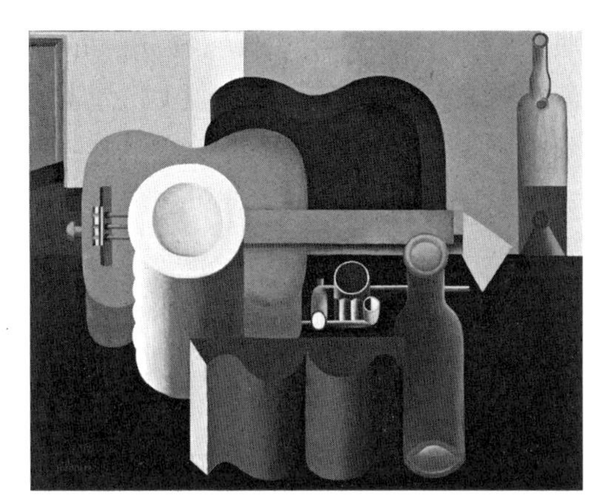

图 3-5-5 柯布西耶的纯粹主义绘画作品《静物》

并置叠加的纯粹主义美学深刻影响了让纳雷在1920 年代的建筑创作，很多学者也将这一阶段称为他的“纯粹主义阶段”。

1919 年，奥赞方、让纳雷以及诗人保罗·达赫梅（Paul Dermée）一同开创了先锋艺术杂志《新精神》（*L'Esprit Nouveau*），在创刊词中写道：“有一种新精神，由精确概念引导的建造与综合的精神。”① 就像杂志名称所宣扬的那样，三位创办人试图以这份杂志为媒介倡导绘画、建筑、音乐、文学以及工业生产等方面的大胆革新。让纳雷是杂志的主要撰稿人之一，在 1920 年秋季刊的一篇文章中，让纳雷第一次采用了勒·柯布西耶（Le Corbusier）的假名，这可能来自于他名为勒·柯布齐尔（Le Corbezier）的曾祖父。从此，勒·柯布西耶成为这位现代主义大师为人熟知的称呼，很多人喜欢使用简化的柯布（Corbu）来称呼他，在法语中，这个词的意思是乌鸦。

1923 年，勒·柯布西耶将他此前在《新精神》杂志中发表的文章结集出版了名为《走向新建筑》一书。自其面世以来，这本书被许多人视为整个现代主义运动中最重要的一本书。虽然书的内容来自于零散发表的文章，缺乏统一性的主题，但是书中涵盖了勒·柯布西耶与奥赞方关于现代建筑许多根本性的观点，这些观点很多是现代建筑核心主题的鲜明体现。勒·柯布西耶与奥赞方以他们特有的坚定而有力的语汇，创造了现代建筑的代表性宣言。

与那一时期的很多建筑著作一样，《走向新建筑》对以巴黎美术学院为代表的教条化历史主义建筑持激烈的批评态度。勒·柯布西耶也接受了黑格尔关于时代进步与时代精神的理念，“一个新的时代开始了，存在着一种新的精神”，当“建筑仍然被传统所窒息”“大量的产品已经根据新的精神构思出来；这种情况在工业生产中最为典型”。② 因此，建筑师应该向工程师学习，因为他们的工作“受到经济规律的启发，由数学计算所控制，让我们与普遍法则相符。它实现了和谐。”③ 就像他们的纯粹主义绘画所倡导的，勒·柯布西耶的建筑原则也应该产生于稳定的、普遍性的和必然性的法则，而工业生产就是最好的典范。因此勒·柯布西耶认为建筑应该向当代工业产品，向飞机、向轮船、向汽车学习，在经济、数学、效用以及普遍秩序的引导下发展出标准化的经典原型。

“住宅是居住的机器。”书中的这句话几

① FRAMPTON K. Le Corbusier[M]. London: Thames & Hudson, 2001: 13.

② LE CORBUSIER. Towards a new architecture[M]. Oxford: Architectural Press, 1987: 4.

③ 同上 .

乎成为勒·柯布西耶的代名词，但他想要表述的并不仅仅是建筑应该是高效的工具，更为重要的是，建筑应该像机械产品那样产生于必然性和普遍性的原则，这才是建筑不可动摇的基础。最后，勒·柯布西耶还宣告了他对新建筑社会效用的雄心，通过经典原型的大批量制造，他认为可以创造出能够与被工业生产改造过的新时代生活方式所适合的建筑，从而避免出现社会动荡。《走向新建筑》最终以对新建筑无尽的自信来作结尾："建筑还是革命。革命可以被避免。"①

虽然很多主题并非勒·柯布西耶首先提出，但《走向新建筑》给予了它们强有力的声明。书中选择的大量照片与图示也给予文章更强烈的渲染力，这些都是这本书成为现代主义经典的原因。这本书也是勒·柯布西耶书籍撰写、出版生涯的起点，他一生写作出版了30多本书，数百篇文章，在全球各地进行了无数演讲。通过这些工作，他也创造了一种新的现代建筑师的样板，在完成建筑之外也充分利用各种传媒宣传自己的观点与作品，将自己塑造成为世界性的建筑领袖。这一模式至今仍然是全球明星建筑师所追随的道路。

与《走向新建筑》的出版并行的，是勒·柯布西耶的建筑创作开始走上正轨，他开始完成一系列住宅作品的设计建造。其中最早的作品之一是1923年的拉·罗什—让纳雷（La Roche-Jeanneret）住宅。对比这个住宅与勒·柯布西耶此前的作品，很多人会惊讶于其转变的剧烈。传统元素几乎消失殆尽，留下的是一个由白色几何体块与长方形开窗构成的三层平顶建筑。但如果考虑到勒·柯布西耶在巴黎接触到的先锋艺术潮流，他的纯粹主义美学倾向，此前的假想设计，《新精神》中对各种建筑问题的探讨，那么这种转变也就不那么突然了。

首先，白色是勒·柯布西耶纯粹主义阶段统治性的建筑色彩。他在1926年写道："白色粉刷的白色是绝对的，所有事物都被它映衬出来，被绝对地记录下来，就像白纸黑字；它是诚实可靠的。"② 对于他来说，白色的纯粹和明确使它成为最理想的背景，它就仿佛是纯粹主义画家的画布，让其他事物的本质性特征显露出来。其次，规整的几何形体也符合纯粹主义的立场，勒·柯布西耶1920年代住宅作品的统一特征就是外部形体的完整，而且就像《走向新建筑》所描绘的，这些形体以及外表面上的窗洞等元素都受到控制线的调控，这一普遍法则是获得绝对和谐的保证，它的数学精确性取代了历史主义装饰的随意与混乱。

拉·罗什-让纳雷住宅与纯粹主义绘画之间还有更深的关系。这个住宅实际上由两部分组成，较小的一部分是勒·柯布西耶的兄弟阿尔伯特·让纳雷（Albert Jeanneret）夫妻的三层住宅，而较大的部分是瑞士籍银行家拉·罗什（Raoul La Roche）的住所与画廊。这位业主是先锋艺术的爱好者，并且委托奥赞方与勒·柯布西耶购置了一批立体主义与纯粹主义的绘画。因此，勒·柯布西耶在他的住宅中特意设计了一座画廊，这也是整个建筑中最精彩的部分。人们从大门进入后穿过分隔画廊部分与住宅部分的中庭，由左侧角部的楼梯上到二

① LE CORBUSIER. Towards a new architecture[M]. Oxford: Architectural Press, 1987: 289.

② LE CORBUSIER. The decorative art of today[M]. Cambridge: MIT Press, 1987: 190.

层，然后进入带有外凸弧形墙壁的架空在立柱之上的画廊展厅。沿着弧墙有一条坡道，通向夹层的书房（图3-5-6）。这个行进序列是勒·柯布西耶著名的“建筑漫步”（Architectural promenade）理念的第一次呈现，它来自于东方之旅中卫城建筑群的体验。在勒·柯布西耶手中，一条刻意设定的路径以及在路径四周不断展开和变化的空间体验，成为他的建筑创造中极富魅力的设计手段。在室内的几何构成与色彩上，勒·柯布西耶明显受到了风格派的影响。他在1923年10月的展览上看到了凡·杜斯堡与凡·伊斯特伦的彩色塑性建筑模型，随即修改了自己的别墅设计。拉·罗什-让纳雷住宅中几何面的构成关系以及多样化色彩的运用即与此有关。但明确的秩序与精确关系则是风格派构成中所缺乏的，这来自于勒·柯布西耶自己的纯粹主义立场。在勒·柯布西耶的驾驭之下，拉·罗什-让纳雷住宅的多彩墙面自身就构成了一个杰出的抽象艺术作品，以至于拉·罗什感叹道：“我委托你为我的收藏提供画框，而你给我提供的是墙的诗歌。我们俩谁最应该受到指责？”①

图3-5-6 拉·罗什-让纳雷住宅坡道

1923—1925年间，勒·柯布西耶还为父母在日内瓦湖边设计了一座小住宅——湖边别墅（Villa Le Lac），这是一个单纯的长方体，一道11m长的水平带窗将充沛的光线与日内瓦湖景带入室内。勒·柯布西耶放弃了传统房间的观念，在一个完整的体量内以局部隔断的方式来划分不同的功能空间。在平面格局上，这座小住宅实际上是雪铁汉住宅一层平面的扩展，它展现了勒·柯布西耶的典型住宅格局如何与丰富的日常生活场景相结合。在住宅外部，有勒·柯布西耶设计的小花园，一条从墙壁中伸展出来的水泥长桌上是一个长方形窗洞，将日内瓦湖框入视线之中。这座朴素的住宅被证明是一个完美的居所，勒·柯布西耶的母亲在这里居住了37年，直到她在将近100岁时去世。

勒·柯布西耶对住宅原型的多种设想在1924年终于得到了实践的机会。工业家亨利·弗吕日（Henri Frugés）委托他在佩萨克（Pessac）设计一个低收入工人住宅区。在这个项目中，勒·柯布西耶的多米诺体系、莫诺尔住宅设想以及雪铁汉住宅都获得了应用，它们分别用于组合式住宅组团，独立式三层住宅以及低层住宅单元。虽然勒·柯布西耶设想的批量生产能大幅度降低成本，但佩萨克项目证明在当时的条件下还不可能实现。入住的工人们难以接受新建筑语汇，他们在平屋顶上添加了坡顶，还将原来的长条窗填充成传统的方窗。直到1980年，这个住宅区的新业主才决定恢复到勒·柯布西耶的原始设计。虽然存在这样的波折，但弗吕日住宅（Cité Frugès）是勒·柯布西耶第一次尝试以标准单元构建集体性住宅，这将成为他一直关注的主题。

① FRAMPTON K. Le Corbusier[M]. London: Thames & Hudson, 2001: 39.

很快，在1925年的巴黎举行的国际现代装饰与工业艺术博览会上，勒·柯布西耶展出了他最新的住宅构想——新精神馆。早在1922年勒·柯布西耶就提出了别墅公寓（Immeubles-Villas）的设想（图3-5-7）。他结合艾玛修道院住宅与花园相结合的格局与雪铁汉住宅的室内布局（这两种空间模式实际上本身就很接近），以多层建筑的方式建造层叠的空中别墅。一个别墅公寓中包含有120套住宅以及公共服务设施，比如食品商店。大楼顶部是屋顶花园以及长达1000m的跑道，供居民休憩、锻炼。新精神馆实际上是这个设想方案中的一个别墅单元，它的总体平面是一个完整的长方形，由两层高的L形住宅与剩余部分的花园组成（图3-5-8）。住宅室内是雪铁汉住宅的变形，最外部是两层通高的客厅，后部有夹层与楼梯，下方是厨房等服务设施，上方是卧室。客厅一旁的花园也是两层通高，充足的面宽带来充沛的光照与空气流通。除了格局的新颖外，新精神馆的室内也像拉·罗什－让纳雷住宅一样进行了色彩与几何构成的处理。勒·柯布西耶还同时展示了他的模块化组合家具，这些标准几何块可以灵活移动和装配，就像多米诺体系所设想的那样。

图3-5-7　别墅公寓

图3-5-8　新精神馆

从总体布局到家具墙面，新精神馆都是一个革命性的作品。它将健康的室内外连通、灵活的内部空间、抽象艺术以及工业化批量生产等新兴建筑理念融合在一起，创造出一个全新的住宅形象。尽管受到主办方的刁难而不得不选择了一块有树的场地，但是勒·柯布西耶巧妙地将树包进了花园之中，反而强化了新精神馆的特色。勒·柯布西耶的作品第一次获得了国际性的展示机会，新精神馆毫无疑问是1925年展会上最耀眼的作品之一。再加上新精神馆一旁附加展厅中展出的勒·柯布西耶的城市规划构想，这次展览极大地提升了勒·柯布西耶作为新建筑与城市规划理论与实践国际性领袖的地位。

展览会结束后，勒·柯布西耶开始忙碌起来，他在1926年设计了几个重要的住宅。其中之一的库克（Cook）住宅具有特殊的意义，它是第一个完整体现勒·柯布西耶“新建筑五点”的设计作品。“新建筑五点”是勒·柯布西耶在1927年总结提出的五条设计原则，分别是：底层架空、屋顶花园、自由平面、水平带窗与自由立面（图3-5-9）。

这些设想在此前的设计中都曾经分别出现过，但是勒·柯布西耶现在作为一个整体提出来，是为了给予新建筑一个稳定的规范原则。他在一张著名的图示中展现了“新建筑五点”与传统建筑的鲜明差异。它们将要带来的并不是五个局部的变化，而是整个建筑设计模式的改变。这种变化的基础则是多米诺结构体系带来的从内到外，从上至下的自由度。“新建筑五点”的提出，标志着勒·柯布西耶前期的现代建筑探索到达一个成熟的阶段。从早期的结构设想出发，在逐步的实践与摸索中他发掘出新的手段与策略，最终获得了一个较为全面的建筑革新提议。勒·柯布西耶这一发展过程几乎与密斯在德国从玻璃摩天楼到德国馆的历程相平行，两位现代建筑大师共同在 1920 年代为现代建筑的经典范式做出了定义。

勒·柯布西耶日益增长的国际声誉使得他在 1927 年的德意志制造联盟魏森霍夫住宅展上成为最重要的参展建筑师之一。密斯将最靠近入口的小山丘场地给予了勒·柯布西耶，后者在这里建造了两座示范性住宅，一座是典型的雪铁汉住宅，另一座是横向的集体住宅（图 3-5-10）。勒·柯布西耶在这里尝试以可变化的平面来适应不同人口的居住需求。这两座住宅都遵循了新建筑五点，成为勒·柯布西耶成熟建筑语汇的国际性宣言。

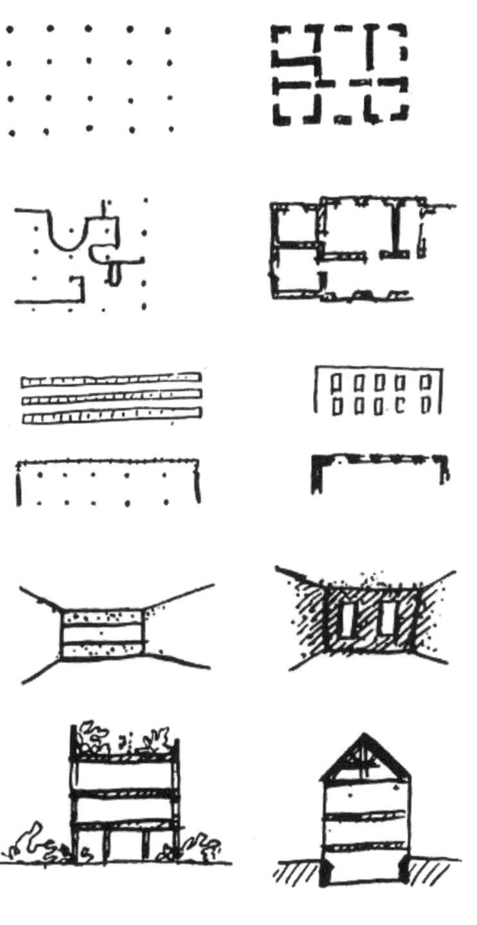

图 3-5-9 “新建筑五点”

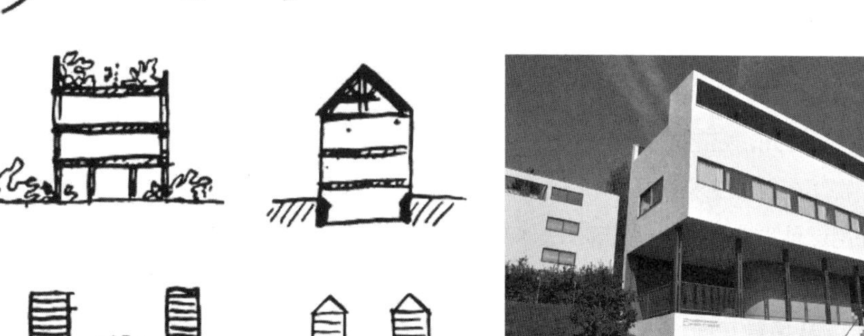

图 3-5-10　魏森霍夫住宅展上的勒·柯布西耶作品

3. 斯坦因－德·蒙齐别墅与萨伏伊别墅

勒·柯布西耶纯粹主义阶段别墅设计的制高点是建造于1926—1928年的斯坦因－德·蒙齐（Stein-de Monzie）别墅与1923—1931年的萨伏伊（Savoye）别墅。这两个设计虽然并未超出勒·柯布西耶以新建筑五点为代表的在早期实践与设想中积累的手段与策略，但是更宽松的条件与更大的体量给予他充分的空间，来展现他的成熟建筑语汇还远未穷尽的创作潜能。他通过这两个设计表明现代建筑并不是对旧建筑的局部革新，是一种全新的设计方法与空间模式，它足以创造出与历史上那些伟大先例相媲美的完全崭新的建筑体验。

斯坦因－德·蒙齐别墅位于巴黎郊区，勒·柯布西耶在1926年接受了这项委托，为米克尔·斯坦因（Michael Stein）夫妇以及加布里埃尔·德·蒙齐（Gabrielle de Monzie）女士设计一所共用的别墅。德·蒙齐女士的前夫阿纳托利·德·蒙齐（Anatole de Monzie）是政府财政部长，也是勒·柯布西耶的热情支持者，正是他的帮助让勒·柯布西耶有机会建造了新精神馆。

图3-5-11　斯坦因－德·蒙奇别墅

斯坦因－德·蒙齐别墅非常鲜明地体现了勒·柯布西耶的一些独特的建筑要素（图3-5-11）。首先，它的形体与立面完全是控制线的产物。在纯粹主义阶段，勒·柯布西耶大量地使用这种古典工具来确定窗户、门洞等元素的比例与位置，这为他提供了一种确保比例和谐以及摆脱了随意性与偶然性的手段。勒·柯布西耶的古典主义倾向还体现在别墅平面的格局上，正如科林·罗（Colin Rowe）所分析的，平面的划分采用了帕拉第奥平面中常见的ABABA的节奏。就像《走向新建筑》中所阐述的，勒·柯布西耶并不认为现代建筑与古典建筑是截然对立的关系，与此相反，真正优秀的建筑应该同样产生于理想的普遍原则，比如比例与节奏。

总体看来，斯坦因－德·蒙齐别墅也可以被看成是新精神馆的放大，因为其主要体量也是由L形住宅部分与通高的花园平台构成。这种相似性在面向花园的立面上最为明显，虚实体量的强烈对比与背面主立面的密实形成强烈反差。在内部，斯坦因—德·蒙齐别墅最为典型地展现了自由平面的原则，从上到下的4个平面，除了局部楼梯与中庭外几乎毫无相似之处。正是依靠这种灵活性，勒·柯布西耶创造出了变化极为丰富的室内空间。上下贯通的立柱锚固了整体结构，而脱离结构的曲线墙体则强化了空间流动性以及难以预测的偶然性。这种规整的柱网体系与异形墙体的结合，秩序与自由、几何框架与有机形体的并置，将成为勒·柯布西耶标志性的平面特征。勒·柯布西耶与皮埃尔曾经用生动的比喻来说明这种综合性特征：“很多年以来我们已经习惯于看到那些极为复杂的平面给人一种印象，仿佛是人们的内脏没有被包裹起来。我们决定将它们进行划分，置于秩序之下，只显示出一个简单的清晰的体量。”① 这段话显然是在针对巴黎美术学院的构成（Composition）式语法。它也从一个侧面展现出了勒·柯布西耶思想中试图将绝对秩序与日常生活的偶然性与有机性融合在一起的观点。

萨伏伊别墅位于巴黎西北部的普瓦西（Poissy），是勒·柯布西耶为保险承销商皮埃尔·萨伏伊（Pierre Savoye）设计的度假别墅（图3-5-12）。萨伏伊为这个项目提供了宽松的场地，一片空旷的林中草地以及宽松的预算，使勒·柯布西耶能够自由地实现自己的建筑设想。从外观看来，萨伏伊别墅是新建筑五点教科书式的例证。建筑主体是一个近似方形的白色盒子，带形条窗横穿四个立面。外围的白色立柱将盒子撑离地面，勒·柯布西耶特意调整了立柱截面，让它们看起来更为纤细，强化了白色盒子漂浮在地面上的观感。

自由平面的原则展现在三层平面的显著差异上。底层的U形平面主要容纳车库与仆人用房，但是在中心部位是入口门厅与主要的交通路径的起点（图3-5-13）。勒·柯布西耶采用了一个大胆的举措，将一条折返坡道放置在整个建筑的中心轴线上。这种通常只用于工业建筑的元素在萨伏伊别墅中成为贯穿整个建筑的主要路径，它让建筑漫步的策略得到最充分的实现（图3-5-14）。顺着坡道逐步上升感受变化的空间氛围是萨伏伊别墅创造的经典现代建筑场景。勒·柯布西耶对坡道的特殊效果有着清晰的认识：“它是一种建筑漫步，展现出不断变化的，出乎意料的，有时甚至是令人惊讶的各个方面。在毫无妥协地由竖向支撑与横梁组成的笼子般的结构体系中能获得这样的多样性，是非常有趣的。”② 在坡道旁边还有一道弧形回转楼梯沟通上下层，它塑性的连续实体是别墅中重要的形态元素之一。在二层，环绕坡道与楼梯的是起居室、厨房、住房以及

图3-5-12 萨伏伊别墅

① FRAMPTON K, FUTAGAWA. Modern architecture, 1851-1945[M]. New York: Rizzoli, 1983: 344.

② BENEVOLO L. History of modern architecture[M]. Cambridge, Mass.: M.I.T. Press, 1971: 502.

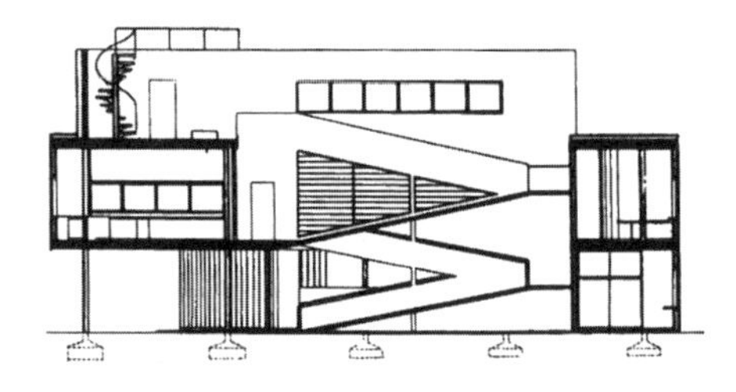

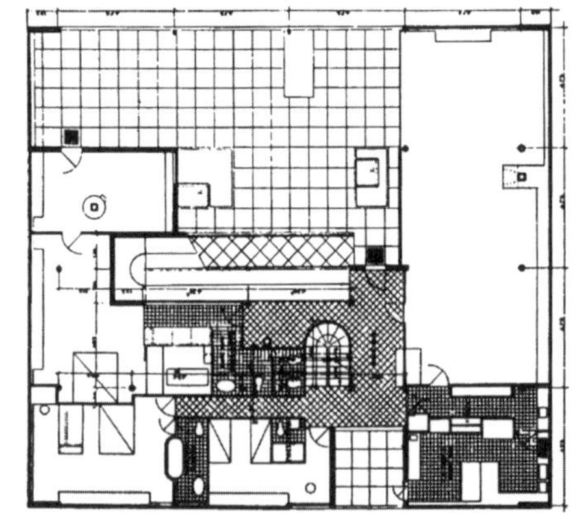

图 3-5-13　萨伏伊别墅平、剖面图

图 3-5-14　萨伏伊别墅内景

露天花园。其中起居室与花园直接通过落地窗相连，给予萨伏伊一家一个安静的家庭内院，连续的条窗让周围树木的绿色与内院中的阳光融为一体。在一侧的住房部分平面更为复杂，最具特色的是勒·柯布西耶为主卧设计的浴室，模仿人体躺卧曲线的陶瓷锦砖台座让人联想起勒·柯布西耶纯粹主义绘画中的那些抽象的“原型事物”。

从二层再往上就是屋顶平台，勒·柯布西耶原本计划在三层布置萨伏伊夫妇的主卧。为了回应萨伏伊夫人关于“住房不应该是严整的长方形，而应该有一些舒适的转角”的要求，勒·柯布西耶设计了一组圆滑的墙体，围合出主人的浴室与淋浴间。后来设计的修改放弃了三层的卧室，但曲线形墙体保留了下来，作为阳光浴室的围墙，它的有机形态成为二层强烈直线几何关系的有效补充。

作为勒·柯布西耶纯粹主义别墅的巅峰之作，萨伏伊别墅是勒·柯布西耶这一阶段现代建筑探索的最终汇聚。这个项目特殊的场景与条件使得勒·柯布西耶以戏剧性的手段展现了建筑漫步、新建筑五点、“原型事物”等理念的实践成果。正是这种戏剧性让萨伏伊别墅比他的其他任何作品都更远离人们的传统建筑理念。萨伏伊别墅与格罗皮乌斯的包豪斯校舍、密斯的德国馆一样成为现代建筑当之无愧的革命性代表。

1929 年，勒·柯布西耶在此前住宅实践的基础之上总结出四种住宅设计模式：一种是像拉·罗什－让纳雷住宅那样的自由形体；第二种是完全方整的外形，比如斯坦因－德·蒙齐别墅；后两种分别是前两种类型的不同结合，其中第三种是在规整多米诺楼板内部划定墙面，这样墙面外部的楼板将为房间提供遮阳，典型案例是 1928 年在突尼斯迦太基设计的贝祖（Baizeau）别墅；第四种则是在方整外壳中容纳自由变化的体量，代表作是萨伏伊别墅（图 3-5-15）。至此，从拉绍德封的传统农宅出发，经过近 20 年的不懈探索，勒·柯布西耶终于定义出一套完整的现代住宅体系，即

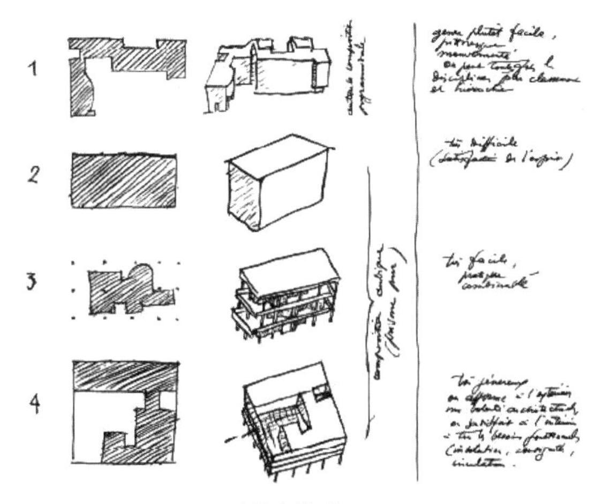

图 3-5-15　四种住宅模式

承载了他的“住宅就是居住的机器”的理想主义，也蕴含着对日常生活偶然性与有机性的包容。尽管他从不吝啬于为现代建筑设定规则与模范，但勒·柯布西耶展现出了一个天才的创造者可以在稳定的规则之内挖掘出多么丰富的潜能。这也是勒·柯布西耶被很多人视为现代建筑最伟大的形式给予者的原因。

萨伏伊家族一直使用这座度假别墅直到“二战”爆发，虽然勒·柯布西耶的空间创造令人赞叹，但这座建筑中的一些技术缺陷，比如严重的屋面漏水问题，却给萨伏伊家族带来极大的困扰。战后，他们放弃了这所住宅，在避免了被政府拆除的厄运之后，萨伏伊别墅终于在 1965 年被列入法国历史建筑的名录。今天这里还陈列着勒·柯布西耶与皮埃尔·让纳雷和夏洛特·贝里安（Charlotte Perriand）一同设计的家具。勒·柯布西耶与贝里安在 1929 年开始合作，除了模数化组合家具之外，最为著名的是扶手沙发与勒·柯布西耶躺椅。它们鲜明的几何特征与明确分离的结构要素是勒·柯布西耶建筑理念的又一次体现。

萨伏伊别墅是勒·柯布西耶纯粹主义别墅设计的巅峰，同时也是终结。他难以抑制的探索热情不容许他停留在任何既定的成果之上。纯粹主义的抽象与简化固然确立了一些操作规则与技法手段，但是也不可避免地将传统、材质、象征性表达等因素一概抛弃。或许是意识到了这种自我限制的副作用，从 1930 年代开始，勒·柯布西耶开始主动地超越纯粹主义原则的限制，将更多元的因素引入自己的设计之中。一个有趣的案例是他未实现的智利 M. 埃拉苏里斯（M. Errazuriz）住宅设计。虽然雪铁汉住宅原型以及折返坡道、水平条窗等元素仍然存在，但是建造的材料却替换成了木头、石块以及传统结构模式。这并不仅仅是迎合当地施工条件所作的妥协，也包含着勒·柯布西耶对于“纯粹性”要求的放松以及对乡土元素更大的包容。

另一个代表性的例证是 1931 年的芒德罗（Mandrot）别墅。勒·柯布西耶不再用白色粉刷这种“纯净”材质，而是采用了当地传统的石块墙体。这给予这个小住宅完全不同于此前纯粹主义住宅的厚重感与乡土特色。这种乡土转向在 1935 年的周末住宅（Maison de Weekend）设计中更为明显。除了红砖与毛石墙的厚重材质外，这座住宅还采用了现浇混凝土连续拱顶，一个在莫诺尔住宅中曾经出现的元素。不同之处在于，周末住宅中的拱顶上部被砌上了矮墙，里面填充了厚厚的土层，用于种植草皮。在一张草图中，这些草皮从屋顶一直延伸到地面。很显然，勒·柯布西耶试图创造整个周末住宅被埋在地层之下的洞穴印象。这与萨伏伊别墅漂浮在地面之上的场景完全是两个极端。纯粹主义别墅的纯净、轻盈、方整完全让位于周末别墅的多元、厚重以及含混。这种剧烈的反差显然并不是一种偶然现象，它体现出勒·柯布西耶建筑思想的重要转变。正如阿兰·柯泓（Alan Colquhoun）所指出的，勒·柯布西耶的纯粹主义阶段“面对的问题是解决永恒的文化价值与现代技术之间的冲突，因此他以技术与柏拉图式的‘不变元素’相结合来加以解决。但是在1920年代末期，勒·柯布西耶改变了这种静态的模式，他承认了不确定性与变化的存在。在《新精神》哲学中被压制的元素——无序、有机形态、直接体验、直觉——都开始浮现。”[①] 柯泓所说的这些元素实际上在勒·柯布西耶的拉绍德封成长经历以及他的意大利游历、东方之旅中都已经存在，只是在1920年代被机器美学与纯粹主义原则所掩盖。但是在1930年代，它们开始成为勒·柯布西耶新建筑探索的基石。芒德罗别墅与周末住宅这两个小项目，仅仅是勒·柯布西耶这种重要转变的先声。直到“二战”后，这种新的倾向才主导了勒·柯布西耶的后期建筑生涯，而它最重要的代表是再一次令世界震惊的朗香教堂。

4. 勒·柯布西耶战前的公共建筑设计

就像《走向新建筑》中所透露出来的，勒·柯布西耶是现代主义运动中英雄主义最典型的代表。他激昂而坚定的文字表明，他所设想的绝不仅仅是创造一种新的建筑，而是要对整个人类的生活模式进行改造，使之健康、理性、经济、实用，更加符合新的时代条件。而建筑师，依靠他的感知力与创造力，将成为这一进程中的主导者之一。在1920年代末期，勒·柯布西耶加入了由休伯特·拉格赫德尔（Hubert Lagardelle）与菲利普·拉穆尔（Philippe Lamour）领导的新工团主义（Neo-Syndicalist）团体，并且成为组织刊物《规划》（*Plans*）与《序幕》（*Prélude*）的编辑与主要撰稿人。这一组织的主要主张是废除议会制民主制度，以技术精英为领导者，实现经济与社会生活的理性规划与控制。显然，这种精英领导模式与勒·柯布西耶自身的英雄主义理想在很大程度上是相符的，这也可以部分说明勒·柯布西耶为何会在“二战”中向法西斯政权以及法国维希政府寻求支持以实现他的建筑或城市规划设想。

勒·柯布西耶在更大尺度、更大规模上实现理性规划，并且改造人们生活方式的观念，主要体现在他的公共建筑设计与城市规划提案中。虽然在“二战”前他并没有获得很多机会来实施这些设想，但是他的很多重要理念与构想已经在一系列建成作品、竞赛投标、假想方案以及出版文献中呈现出来。这将对他战后的大规模实践产生了深远影响。在这一节中，我们将讨论他这一时期的公共建筑设计，在下一节着重讨论他的城市规划理论。

在获得实际委托之前，勒·柯布西耶已经在探索新的多层建筑模式。他最早的设想之一是前面已经提到过的1922年的别墅公寓。他将四个模仿艾玛修道院的别墅单元重叠在一起，以多层建筑的高密度来满足中产阶级的舒适生活需求。这一设想还被整合到他的“三百万人当代城市”与“光辉城市”等规划方案中，多层别墅公寓被放大到一个街区的规模，环绕出街区内部的大片绿地，或者是采用曲折的锯齿状布局，同样围合出不同尺度的绿地。在

① COLQUHOUN A. Modern architecture[M]. Oxford: Oxford University Press, 2002: 156.

勒·柯布西耶的规划中，这些将作为城市中精英阶层的住宅。

1926 年，他为巴黎救世军设计了人民宫（Palais du Peuple）项目，在这座六层建筑中，勒·柯布西耶采用了他同时期在住宅建筑中探索的底层架空与水平条窗，楼梯的规整与白色墙面也展现出纯粹主义原则的控制。实际上，新建筑五点不仅适用于住宅设计，也可以运用于大型公共建筑中。在勒·柯布西耶此后的公共建筑方案中，这些原则将继续扮演主导性的角色。

真正让勒·柯布西耶在国际建筑界崭露头角的公共建筑设计，是他与皮埃尔在 1927 年完成的国联（League of Nations）总部大楼设计竞赛方案（图 3-5-16）。这次竞赛意图在日内瓦湖边为战后成立的国联建造总部大楼，其中涵盖了秘书处办公楼、秘书长住宅、图书馆以及容纳 2500 人的大会堂等设施。对于还从未设计过大型建筑的勒·柯布西耶来说，这无疑是一个巨大的挑战。但就像此前的新精神馆一样，他提出的解决方案再次令全欧洲耳目一新。考虑到这个项目庞大的体量与复杂的功能构成，勒·柯布西耶与皮埃尔采用了将不同功能相互分割，相对独立地进行处理的策略。最靠近湖边的是弧形的秘书长住宅，紧接在后面的是梯形平面的 2500 人大会堂及附属办公建筑。这一部分通过连廊与左后方的秘书处办公楼相连，后者采用了薄板设计，以保证良好的采光通风。在秘书处的中段横向轴线上设置有图书馆。在细部处理上，勒·柯布西耶与皮埃尔大量采用了底层架空、带形条窗、屋顶平台等典型建筑语汇，塑造出以水平性为主体的简洁、通透、清晰，同时不缺乏差异性的建筑形象。虽然体量延展以及不同功能的区分实现了更合理的布局，但这个设计的总体格局仍然部分保留了具有巴黎美院平面特点的多重轴线关系。秘书长住宅、大会堂以及后部的放射状花园明显地标定出了综合体主轴线的位置。与这条轴线垂直的是由图书馆与秘书处办公楼两翼构成的次要轴线。这种多重轴线的关系在勒·柯布西耶的一个远期设想中表现得更清楚，他设想将来在主轴线的另一侧会建造新的建筑，最终会与秘书处形成大致的对称关系。这种安排体现出了勒·柯布西耶设计语汇中一直存在的古典主义脉络。相比于汉内斯·迈耶更为激进的摩天楼方案，他们的设计展现出了现代建筑与古典原则之间的并行不悖，而这正是《走向新建筑》所极力倡导的。

图 3-5-16　国联总部大楼设计竞赛方案

在竞赛评选中，勒·柯布西耶与皮埃尔的方案因为高效与经济而获得好评，获得了贝尔拉赫、霍夫曼、莫瑟（Moser）以及滕伯（Tengbom）等评委的支持，但是另外四位学院派评委的反对以及评委主席霍塔（Horta）的犹疑导致了优胜方案的难产。随后的第二轮竞赛更换了建造地点，勒·柯布西耶也提交了修改方案，在对称性与轴线关系上进行了加强。但最终设计委托还是落入了四位新古典主义建筑师手中，他们吸收了勒·柯布西耶第二轮设计中很多功能与布局的设计特征。

国联竞赛是欧洲现代建筑史上的标志性事件。它一方面展现了现代建筑的巨大活力，另一方面也表明了历史主义传统在公共建筑中仍然强大的势力。实际上，在1920年代的主要公共建筑竞赛中，最终获胜的大多是历史主义建筑。但是通过竞赛的公共讨论，现代建筑也有效地拓展了公众对新建筑的认知。也正是在国联竞赛之后，欧洲现代建筑师们意识到了联合与团结的重要性。1928年国际现代建筑大会（Congrès International d'Architecture Moderne，简称CIAM）在瑞士成立，成为现代建筑师共同讨论建筑与城市问题的论坛。CIAM的成立标志着欧洲现代建筑力量的成长，是现代建筑史上的里程碑事件之一，我们将在后面给予详细讨论。

虽然未能获胜，国联竞赛作为当时欧洲最重要的建筑事件极大地提升了勒·柯布西耶作为现代建筑代表人的声誉。尤其是苏联构成主义建筑师们在勒·柯布西耶的作品中感受到了与他们的纲领相似的要素。1928年，勒·柯布西耶受邀访问苏联，并且在这里获得了一项重要委托——消费者合作社中央联盟（Centrosoyus）大楼（图3-5-17）。与国联竞赛类似，这座庞大的公共建筑也包括大量的办公和大会堂两大部分以及餐厅、剧院、俱乐部等附属设施。勒·柯布西耶也采取了相近的处理方式，将办公置于方整的长方形板楼之中，大会堂则分离出来，以廊道与板楼相连。勒·柯布西耶认为这种大体量公共建筑的核心问题是人流组织，在这个建筑中有两种“节奏”：“一种是（雇员）无序的流入，这发生在地面层开敞的水平面上：这是一个湖泊；第二种是受到保护避免了噪声与人流来往干扰的，静态、稳定的工作，每个人都在自己的位置上，并且受到监督……建筑就是人流交通。想一想；它批驳了学院式方法，赞同底层架空原则。”[①] 与之对应，勒·柯布西耶不仅采用了大面积的底层架空，还设置了巨大的回旋坡道，帮助2500名雇员沿着坡道抵达6层以下的办公室。这种将功能要素给予强化和暴露，成为主要形体特征的做法显然与构成主义原则相互呼应，亚历山大·维斯宁甚至称它为“一个世纪以来在莫斯科建造的最好的建筑”。[②]

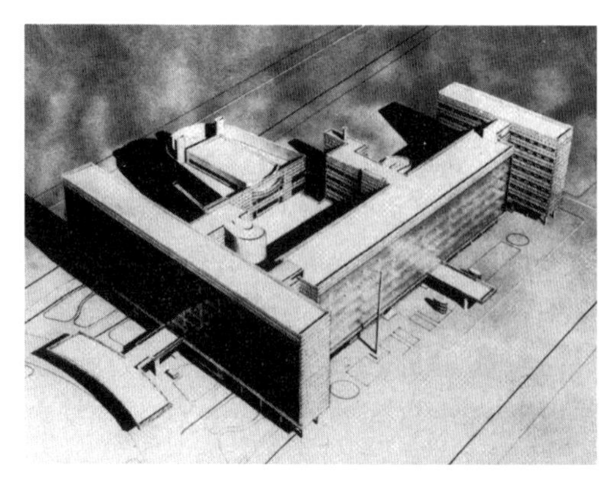

图3-5-17 消费者合作社中央联盟大楼

除了交通组织以外，勒·柯布西耶还试图在这座建筑中采用被称为“精确呼吸”（Exact respiration）的供热系统，两层相互分离的玻璃幕墙形成封闭立面，隔绝热量交换，一套

① COHEN J L. Le Corbusier, 1887–1965: the lyricism of architecture in the machine age[M]. Köln ; London: Taschen, 2004: 49.
② 同上.

中央供暖系统将热空气送入每个房间。这实际上类似于当代普遍使用的中央空调系统，但是当时的技术条件不足以保证系统的实效，因此没有采纳，这也导致大楼在竣工后出现较为严重的热工问题。即使这样，中央联盟合作大厦作为勒·柯布西耶第一个大型公共建筑的委托仍然具有划时代的意义。经过一段拖延之后，1935 年大厦才最终完工。它巨大的体量、通高的玻璃立面以及方正的外形在今天看来似乎很常见，但这恰恰证明了勒·柯布西耶在 20 世纪初期发展的建筑语汇在今天仍然被广泛运用。在很多方面，中央联盟合作大厦比国联竞赛方案更为大胆和激进，它英雄性地展现了欧洲现代建筑先锋的革新意志。虽然并不是构成主义的成员，但是勒·柯布西耶对工业生产的认同以及结构理性主义思想都让他成为许多构成主义者们所赞赏的同志。这种密切关系在勒·柯布西耶随后的另外一个方案——苏联苏维埃宫（Palace of the Soviets）竞赛方案中体现得更为突出。

作为第一个五年计划的制高点，苏联政府规划了一个巨大的用于集会、表演、会议以及其他公共服务的建筑——苏维埃宫。它的规模是前所未有的，包括容纳 15000 名观众以及 1500 名演员的表演厅，供 50000 人聚集的室外集会场地，1 座 6000 人的会议厅用于第三国际大会以及 500 人与 200 人会议厅各两个，外加不计其数的管理用房以及服务设施。这一项目的设计竞赛在 1931 年举行，吸引了包括格罗皮乌斯、门德尔松、珀尔齐希、勒·柯布西耶等欧洲最重要的现代建筑师参加。很显然，苏联政府希望用这个庞大的建筑展现社会主义国家的集体性力量，从而使此前热闹一时的国联大厦相形见绌。勒·柯布西耶的话敏锐地揭示了这种特点："布尔什维克主义意味着所有的东西都是最大的。"[①] 这种超尺度的建筑在建筑史上都没有先例，勒·柯布西耶与皮埃里·让纳雷也提供了一个绝无仅有的解决方案。结合他在国联竞赛与中央联盟合作大厦中积累的经验，勒·柯布西耶采用了将各个功能块分散布置，再以宽大的坡道、廊道等交通路径进行连接的方式。在尝试了多重布局之后，他们最终采用了古典的轴线对称布置方案（图 3-5-18）。尽管如此，整个建筑给人的印象是革命性的，尤其是 15000 人演出大厅。勒·柯布西耶找到一个简单的出发点：如何保证如此庞大的演出厅具备良好的声学效果。依靠工程计算的帮助得到了一个曲面屋顶，剩下的工作就是如何为屋顶提供结构支撑。很可能是受到了构成主义的启发，勒·柯布西耶采用了在他的整个建筑生涯中都极为罕见的特殊结构模式，以一道弧拱以及放射状梁架将屋顶悬吊起来。虽然在《走向新建筑》中他就赞美了欧仁·弗雷西内（Eugene Freyssinet）在飞艇仓库中使用的混凝土拱梁，但他只在苏维埃宫方案中使用了这种元素。表演厅宏大的结构尺度使它足以与塔特林的第三国际纪念碑媲美，但拱的古典气质则是勒·柯布西耶不同于构成主义的地方。他将苏联先锋建筑的影响与自己的古典主义美学倾向完美地结合在一起。

苏维埃宫的其他部分也都体现了宏大和开放的气质，在表演厅前部是底层架空的平台，用于 50000 人公共集会，有巨大的坡道将人流引入。平台之下是表演厅的门厅，勒·柯布

---

① FRAMPTON K. Le Corbusier [M]. London: Thames & Hudson, 2001: 97.

图 3-5-18　勒·柯布西耶与皮埃里·让纳累的苏维埃宫竞赛方案

西耶将这里称为“广场”（Forum），希望这里像古希腊城邦的广场那样成为民众开放讨论公共事务的场所。在轴线的另一端，是 6000 人会议厅，同样采用了梁架悬挂的结构。这个方案鲜明的结构特色，有序的交通组织，比其他任何作品都更接近于《走向新建筑》所宣扬的建筑与机器之间的亲缘关系，竞赛评委更是直言它看起来更像是一座工厂。虽然得到苏联先锋建筑师们的极力赞誉，但在斯大林指示下的苏联政府已经决定了将新古典主义树立为国家建筑风格的典范。最终竞赛优胜落入鲍里斯·约凡的历史主义方案手中。虽然这个项目最终并未建造，但勒·柯布西耶的方案仍然堪称现代建筑史上最为独特的公共建筑设计。它的超尺度结构体系与体量构成启发了从建筑电讯派（Archigram）与新陈代谢派（Metabolism）以来的众多现代建筑师。

20 世纪 20 年代末至 30 年代初，勒·柯布西耶与皮埃里·让纳雷在巴黎完成了两个公共建筑，分别是 1929—1933 年的救世军大楼以及 1930—1933 年的瑞士学生公寓（Pavillon Suisse）。救世军大楼是为无家可归者提供救济的设施，其中包括了宿舍、餐厅、医疗、图书馆、教室与咨询等功能，旨在为居民提供全面的集体生活条件。从这一点来看，这与苏联建筑师所倡导的容纳了住宿与集体生活设施的“社会聚合器”有相似之处。勒·柯布西耶的处理也与苏联建筑师类似，他将所有住宿集中于长方形板楼中，其他集体性设施布置在板楼旁边的独立体量以及板楼底部的完整空间中。值得注意的是大楼的入口序列，人们先从一个开放的立方体中进入，经过登记后向右转，经过一道吊桥进入圆柱形的接待厅，然后再走入餐厅。勒·柯布西耶将救济机构的进入程序与建筑漫步的路径处理结合在一起，构成了救世军大楼富有雕塑感的形态构成。在这个项目中他也采用了“精确呼吸”的通风系统，整个南立面都是密封的双层玻璃。但是经费的削减导致这套系统无法提供冷却空气，这导致夏季室内空气过热。虽然勒·柯布西耶拒绝作出修改，救世军仍然自行将一些窗户改造为可开启的。战后大楼维修时，勒·柯布西耶与皮埃尔为玻璃立面增加了部分遮阳设施以及可以开启的窗扇。

巴黎瑞士学生公寓（图3-5-19）与救世军大楼的整个格局相近，学生的住宿位于底层架空的板楼之中，楼梯与一层的门厅和餐厅则独立于板楼之外。勒·柯布西耶仍然在南面采用了全玻璃立面，虽然这里设置了可开启窗扇，但仍然带来了严重的日照问题，不得不在此后更换了玻璃与遮阳帘。在最早的设计中，勒·柯布西耶希望采用类似于他的别墅作品的细钢柱作为底层立柱，但瑞士工程师里特（Ritter）质疑这种结构的抗风压能力，于是勒·柯布西耶将它们替换成曲线截面的粗壮混凝土柱，这些内部埋有上下水管道的厚重立柱成为他战后著名的马赛公寓“鸡腿柱”的前身。需要特别留意的是勒·柯布西耶在一层的餐厅部分设计了一道毛石砌筑的曲线墙体，这导致了楼梯与餐厅的平面都变得不规则（图3-5-20）。在1948年出版的《新的空间世界》（*New World of Space*）中，勒·柯布西耶解释道：“轻微弯曲的墙提示出深远的延展，它内凹的表面似乎提取和汇聚了整个周围的景观。”[①]这种特殊的元素被他称为“声学”（Acoustic）设施，意在强调不同元素的融合与互相影响，就像声音的混合一样。瑞士学生公寓的这道弧墙以它的乡土性以及弧线特征展现出了与他的纯粹主义别墅有所不同的建筑立场。就像萨伏伊别墅要刻意地脱离地面以维护自身的独立与纯粹，勒·柯布西耶的纯粹主义住宅所关注的是自身的几何完整与内部空间分布，对待外部环境几乎没有特殊的反应。而他的周末住宅以及瑞士学生公寓中的声学设施则转而强调对当地材料、传统以及景观条件的回应，由此才有材料与形态的改变。这再一次体现出勒·柯布西耶的建筑立场开始出现新的变化，将在“二战”后的一系列重要作品中得以充分体现。

图3-5-19 巴黎瑞士学生公寓

① GANS D. The Le Corbusier guide[M]. Princeton Architectural Press, 2006: 40.

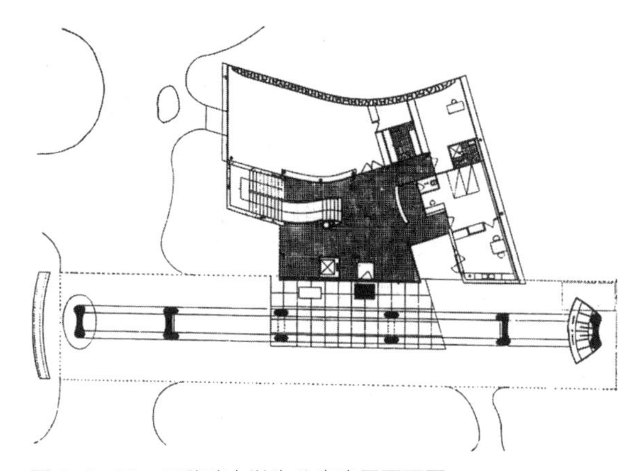

图 3-5-20 巴黎瑞士学生公寓底层平面图

图 3-5-21 巴西教育与公共健康部大楼

或许是受到“精确呼吸”系统日照问题的触动以及在 1931 年摩洛哥与阿尔及利亚旅行中看到北非乡土建筑如何利用厚墙与遮阳来抵抗炎热气候，勒·柯布西耶在 1930 年代初提出了遮阳板（Brise-soleil）体系，也就是在建筑立面上添加一层主要用于遮阳的板片网格。在调控了光线的同时，这些网格强烈的几何韵律感以及黑白对比也成为重要的形式元素。勒·柯布西耶称赞它们为“建筑的交响乐”。他在为阿尔及利亚提供的几个摩天楼方案中都采用了这一手段，但直到 1939 年的巴西教育与公共健康部大楼中才第一次看到遮阳板的真正运用（图 3-5-21）。这座大楼的设计是由卢西奥·科斯塔（Lúcio Costa）以及奥斯卡·尼迈耶（Oscar Niemeyer）等年轻建筑师邀请勒·柯布西耶指导完成的，从平面到细部都体现出典型的勒·柯布西耶的特色。尤其是它完整的遮阳板立面，展现出了一种全新的高层建筑形象。遮阳板将成为勒·柯布西耶战后公共建筑立面处理的核心元素，仍然在今天的建筑实践中被大量运用。

5. 勒·柯布西耶的城市规划设想

在勒·柯布西耶诸多不同身份中，他作为现代城市规划先驱的地位并不低于他的建筑师地位。就像他的建筑是现代主义早期最富有革命性的作品，他的城市规划构想也可以说是那一时期最为大胆和激进的。他所探索的不是任何单独的城市规划问题，而是全新的城市规划体系。他在 1924 年出版的《明日之城市》（*Urbanisme*，中文名译自英译本 *The City of Tomorrow*）一书中宣称：“我们必须有行为的原则。我们必须有现代城市规划的根本性原则。”[①] 这与他从纯粹主义绘画到新建筑五点都一直坚持的为绘画与建筑树立规范原则与理想原型的意图一脉相承。而城市，作为社会生活的主要载体，为勒·柯布西耶以技术精英的理性规划彻底改造人类生活环境的宏伟蓝图提供了最理想的场所。他的规划理论，展现了现代主义最具雄心壮

① LE CORBUSIER. The city of tomorrow and its planning[M]. London: Architectural Press, 1971: 161.

志的一面，但也同时暴露出独断和片面的一面。现代城市规划面临的许多问题，仍然与他当时的诸多设想有所关联。

勒·柯布西耶对城市规划问题的早期接触来自于他广泛的欧洲游历。他很早就阅读了卡米罗·西特（Camillo Sitte）的《依据艺术原则的城市规划》（*City Planning According to Artistic Principles*），他在德国的游历笔记中留下大量西特所推崇的中世纪城镇景观的草图。在德国，他还接触到了那里的花园城市运动，这一发源于埃布尼泽·霍华德（Ebenezer Howard）的理念在20世纪初的欧洲有巨大的影响力。花园城市理念随后也成为勒·柯布西耶城市构想中的重要基石之一。勒·柯布西耶也是最早对托尼·加尼埃（Tony Garnier）的城市规划理论给予重视的人之一，他在1914年里昂的展览中看到了加尼耶的城市规划构想，后者1917年出版的《工业城市》（*Une cité industrielle*）受到了勒·柯布西耶的高度赞誉。不难看出，加尼耶的一些重要观念比如功能分区、交通规划以及线性延展等都出现在了勒·柯布西耶自己的规划构想中。

虽然这些因素的影响不容否认，但是勒·柯布西耶的城市规划设想仍然是原创性的。这是因为他的城市理念实际上与他的建筑理念紧密相联。一系列城市重构的重要设想都奠基于新的建筑类型与格局之上。相比于加尼耶，他有更为详尽的建筑计划，而相比于圣·伊利亚，他的城市图景则更为完整。这一特征提示我们，应当将勒·柯布西耶这一时期的建筑与城市规划理念看作一个整体，才能掌握他的理论立场的核心。

勒·柯布西耶第一次全面展示他的城市规划观念是在1922年秋季沙龙展（Salon d'Automne）上，主办方希望他能提供一些城市美化的设计，比如住宅入口的装饰，而勒·柯布西耶则回应说，我将给你设计一个喷泉，在它后面是一座三百万人的城市。这就是他的名为“三百万人的当代城市”（A contemporary city of three million inhabitants）的巨大城市模型（图3-5-22）。这个令人震惊的模型显然不是一时的产物。在《新精神》杂志上，勒·柯布西耶已经撰写了一些文章讨论城市规划问题。1924年，他将这些文章集合在一起，再加上对“三百万人当代城市”的分析说明，出版了《明日之城市》一书。书的前言中的几段话对于理解勒·柯布西耶这一时期的城市规划理念非常有帮助。他写道：“城市是一个工具。但城市不再满足这一功能。”而造成这一问题的原因在于无序，“随处可见的秩序的缺

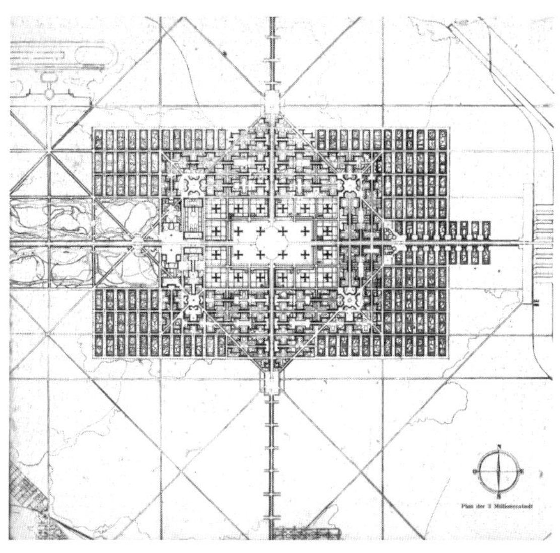

图3-5-22 “三百万人的当代城市”平面图

乏让我们烦恼；它们的衰落伤害了我们的自尊，侮辱了我们的尊严”。而对于如何建立秩序，所依赖的将是几何，“几何是途径，由我们自己创造，通过它们我们感知外部世界，并且表现我们的内心世界。几何是基础”。在这一方面，机器是几何与秩序的典范：“机器是几何的产物。我们所生活的时代在本质上是几何的时代；它所有的理念都指向这一几何方向。”[①]可以看到，这里对秩序、对几何、对机器的赞美与《走向新建筑》中的柏拉图主义理念并无不同，如果说纯粹主义别墅是这些理念在建筑上的体现，那么“三百万人当代城市”就是它们在城市规划中的体现。

在勒·柯布西耶的心目中有明确的改造对象，那就是有着密集的不规则街道肌理的欧洲城市，他称之为驮驴（Pack-donkey）模式。早在17世纪笛卡尔就曾经批评了这种城市的偶然性，并且倡导“由一个建筑师在空旷场地上自由规划的充满规律性的城市”。[②]勒·柯布西耶城市规划构想的主要内容之一就是给予城市规整的几何秩序。“三百万人当代城市”是这种理想几何秩序的最佳体现。勒·柯布西耶将曼哈顿式格网体系与典型的法国巴洛克式放射状道路结合起来，构成了城市中心区的几何结构。与柏拉图的理想国类似，勒·柯布西耶将居民阶层的划分也转译到城市格局之中，密集的城市中心是属于城市公民和商业的，这相当于一个精英阶层，他们在中央摩天楼中工作，居住在摩天楼周边的多层别墅公寓中。在这一区域外围是大片的绿地，再往外是环绕城市中心的工业区与花园城市，工人们在这里工作和居住。还有另外一部分人在中心商业区工作，但是居住在外围花园城市，因此在各个区域之间有快捷的道路进行连接。

虽然融入了正交格网，“三百万人当代城市”所采用的实际上仍然是花园城市的中心集中模式，城市内外层之间、建筑之间的大量绿地都展现出了花园城市理念的影响。但不同于霍华德缩减城市规模，控制人口密度的倾向，勒·柯布西耶认为应该提高城市人口密度，以减少交通需求。依靠用于居住的别墅公寓与用于工作的位于中心部位的24幢十字平面摩天楼，勒·柯布西耶试图同时实现城市中心区的空间疏解、密度增长、流畅的交通以及大面积的公园与开放空间。摩天楼的十字形平面与锯齿状轮廓是为了获得更充分的采光与通风，它们随后被勒·柯布西耶称为笛卡尔摩天楼（Cartesian skyscraper）。对传统街道的改造是三百万人城市的核心，除了直线方向以外，勒·柯布西耶对不同交通类型进行了分类。最低的地面层也是所有建筑的架空层，用于重型货物运输。在上面建筑入口层的道路用于常规交通模式。横穿城市南北与东西轴线的则是两条100多米宽的高速公路，用于连接周边地区的快速交通。最后，在摩天楼中心的平台上，是用于飞机起降的机场。庞大的尺度是三百万人城市的最鲜明的特征，这是一座为现代交通体系而设计的城市，是勒·柯布西耶对机器与工业生产的完全信任所带来的结果。速度与尺度在现代交通设施的影响下都将发生巨变，为

① LE CORBUSIER. The city of tomorrow and its planning[M]. London: Architectural Press, 1971: 1.

② DESCARTES. Discourse on the method: of rightly conducting the reason and seeking truth in the sciences[M]. London: HV Publishers, 2008: 17.

此勒·柯布西耶特意采用鸟瞰的方式来展现这座城市的景象。

在一系列富有未来主义色彩的图像中，勒·柯布西耶描绘了三百万人城市的壮观场景。它是对传统城市概念的彻底颠覆，街道、广场、建筑与花园等种种元素都被重新定义，勒·柯布西耶以肯定的口吻写道："整个城市就是一个公园……它是这样一个城市，它的居民生活在平静和纯净的空气中，噪声被压制在绿树的叶片之后。纽约的混乱被克服了。这里，沐浴在光线中，站立着一个现代城市。"① 现代主义对创造一个新的理想生活环境的承诺，在这里得到最典型的表述。

在勒·柯布西耶看来，这些设想都出自普遍的原则与理性，因此可以用于任何地方与任何城市。他在1925年的瓦赞规划（Plan Voisin）中将这一模式用于巴黎旧城区的改造（图3-5-23）。密布着曲折街道的巴黎塞纳河北岸，正是勒·柯布西耶所批判的"驮驴"式城市的典型。因此他提出拆除所有的旧建筑，让整个区域还原到"白板"（Tabula Rasa）状态，然后在巴黎旧城中心树立起18幢笛卡尔式摩天楼以及少许多层公寓。一条宽阔的高架公路横穿整个场地，与公路垂直的是一条正对西岱岛的中心轴线。瓦赞规划戏剧性地呈现了勒·柯布西耶拒绝传统，在现代建筑的基础上重构人们生活场景的立场。从它诞生以来，瓦赞规划就成了现代主义城市与传统城市体系之间巨大差异的典型代表，而它对待传统城市的无情态度也在此后成为很多人批评现代主义的根据之一。

1931年，勒·柯布西耶受邀为莫斯科的城市规划政策提供建议，他提交了一份名为"对莫斯科的回信"的报告，其中包含有一个新的城市规划模型。在随后于布鲁塞尔召开的CIAM第三次会议上，勒·柯布西耶展出了这一方案（图3-5-24），将其命名为"光辉城市"（Ville Radieuse），并且在1935年出版了同名书籍。"光辉城市"方案

图3-5-23　瓦赞规划模型图片

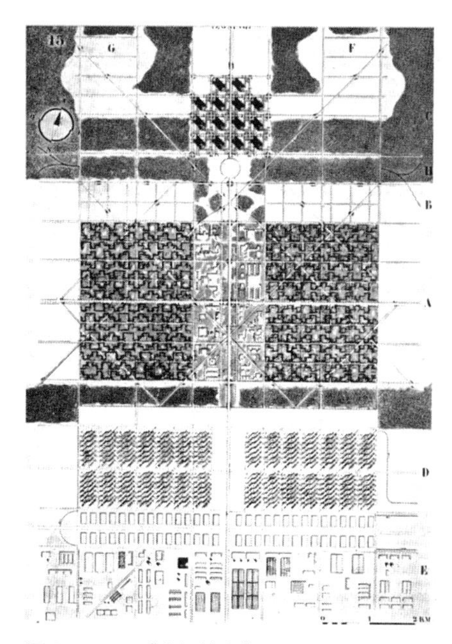

图3-5-24　"光辉城市"平面图

① LE CORBUSIER. The city of tomorrow and its planning[M]. London: Architectural Press, 1971: 177.

的提出，标志着勒·柯布西耶城市规划思想的一个重要转折。其核心是城市的总体结构，他从三百万人当代城市的中心集中式结构转向了以光辉城市为代表的线性延展结构。换句话说，也就是从霍华德的花园城市模式转向索里亚·伊·马塔的线性城市体系。转变的动机是对于城市发展的考虑。他写道："任何围绕中心设计的城市（所有过去的城市都建立在由'驴道'决定的平面上，包括我自己1922年的三百万人现代城市），都不可能有规则的、有机的发展：这是一种生物性的缺陷。"[①] 相比于花园城市模式所强调的稳定与平静，线性城市以快速交通为轴线的组织结构所具有的最大优点之一就是无限的延展性。索里亚·伊·马塔曾经设想："最完美的一种城市也许就是一条沿独立道路而建的城市，它将从加迪斯延伸至圣彼得堡，从北京到布鲁塞尔。"[②] 在1920年代，线性城市观点对于欧洲建筑师来说并不陌生，尤其是以米哈伊尔·奥克西维奇（Mikhail Aleksandrovich Okhitovich）和尼古拉·米柳京（Nikolay Alexandrovich Milyutin）等为代表的苏联规划师曾经尝试在一五计划中运用这一策略。勒·柯布西耶很可能吸收了这些影响，进而对此前的三百万人城市方案进行了结构性的调整。

新的光辉城市方案仍然采取了功能分区的策略，商业、文化、居住、生产各自集中在明确划分的区域中，只是划分的方式从此前从内到外的圈层划分转换到新的平行条带划分。在光辉城市中，摩天楼作为商业中心仍然占据城市核心的地位，它位于最顶部的中央轴线的端头；在商业区下部是一条交通带，用于铁路与飞机等快速交通；再下方是居住区，在几何网格中分布多层住宅；居住区的中心部分，沿中央轴线两边的是分布于大块绿地中的政府、文化与公共设施；与居住区以绿带相隔的是工业区，分别布置有轻工业、仓储、物流以及重工业。这种条带划分的重要优势显然是任何一个分区都可以获得横向的无限延伸发展，这是加尼耶工业城市模型的特点之一，更是线性城市理念的精髓。不同于加尼耶、马塔和米柳京的是勒·柯布西耶的光辉城市还有着严整的纵向秩序。弗兰姆普敦指出，这一方案有着强烈的人文主义特色，商业区仿佛城市的头脑，交通带就像展开的上肢，中心轴线是脊柱，居住区是身体，而工业区则是下肢。他还认为"光辉城市"方案与《明日之城市》中登载的北京紫禁城的平面有相似之处。勒·柯布西耶曾经称赞北京的城市平面优于巴黎，或许他也从这里获得了启发。无论这是否能够被证实，光辉城市的确从另一个侧面体现了勒·柯布西耶对秩序以及以政治力量强硬地推动规划实施的认同。

勒·柯布西耶对线性城市模式的兴趣还体现在他同一时期的其他城市规划设想中。他在1929年为巴西里约热内卢以及1930年为阿尔及利亚阿尔及尔提供的城市规划方案中提出了一种新的构想：以沿海岸的高架高速公路连通城市不同分区。特别之处在于这些架在空中的高速公路实际上是一座延绵的线性建筑的屋顶，道路下方密集排布的是住宅单元。在阿尔及尔草图中，勒·柯布西耶甚至展示了不同的

① PEARMAN H. Airports: A century of architecture [M]. New York: Harry N. Abrams, 2004: 81.
② BENEVOLO L. History of modern architecture [M]. Cambridge, Mass.: M.I.T. Press, 1971: 334.

家庭可以在一个住宅单元中自由地选择自己喜爱的住宅类型，无论它是现代还是乡土的。在这种构想中，居住、交通、景观与多元性等诸多因素都被融合在一个线性建筑中，作为勒·柯布西耶又一个超越常人想象力的宏大构想。阿尔及尔与里约方案也成为线性城市理念的戏剧化表述。

除了这些方案与书籍之外，勒·柯布西耶对现代城市规划最重要的影响是1943年出版的《雅典宪章》（*The Athens Charter*）。它是基于1933年CIAM第四次会议的讨论结果，由勒·柯布西耶整理、总结发表的，其中许多重要观点实际上来自于勒·柯布西耶自己的规划理论。宪章中最重要的内容是关于城市功能分区的观点。勒·柯布西耶列出了城市的四项基本功能："居住""工作""休闲"以及"交通"。宪章认为，传统城市处于完全混乱的状况中，现代城市应该根据四项基本功能重构城市，而重构的基本原则是四种功能的分区。虽然宪章并没有明确提出分区原则，但是这一思想仍然透露在文献的字里行间。宪章强调，在全部四种功能中，"居住"是最重要的，工作与休息区域都应该与居住区保持最短距离，而交通则依据三种功能区的布局所决定。对于"居住"区的建筑与城市形态，宪章所支持的是勒·柯布西耶与格罗皮乌斯所提出的那种分布于大片绿地中的高层集合住宅。不难看出，在很大程度上，《雅典宪章》所重申的是勒·柯布西耶自1920年代以来所坚持的城市规划思想。宪章最后强调的以集体性利益的权威压制个人利益，从而使得规划与管制得以实施的观点也与他一直秉持的精英统治的理念相符。

在1930年代，勒·柯布西耶已经成为全球现代建筑界最耀眼的明星，他的建筑与规划思想在世界各国都拥有了大批追随者。他对现代建筑经典语汇的形成以及传播的贡献几乎无人可以匹敌。但是在他获得更大规模实践机会之前，"二战"到来了，整个西欧的建筑与城市建设都趋于停滞。勒·柯布西耶不得不退缩于假想设计中，为了使得自己的建筑与城市理想获得实践机会，他也曾经与墨索里尼和法国维希政府联系，寻求他们的支持与实践机会。这也导致了部分后来人对他的建筑与规划思想中集权主义倾向的批评。不可否认，年轻时对尼采的阅读让勒·柯布西耶接受了在虚无的条件下以创造性的意志与行动塑造价值的理念，这是他众多革命性的大胆设想的前提。"这个时代不再是一个可以轻易获得或者是放松的时代。它在行动中获得强有力的支持。你不可能作为一个'失败者'获得任何事物（愚蠢与希望破灭也是同样致命的）；我们需要信仰以及对于人类内在尊严的信心。"[①] 这样的话语在那个时代的现代主义先锋中并不少见，它们也是整个现代主义运动的助推剂。

勒·柯布西耶不仅塑造了众多现代主义特色的建筑与城市规划作品，也塑造了一个最典型的现代主义英雄的形象。他无尽的创造力并未因为战争的影响而衰退，在"二战"之后，一个新的勒·柯布西耶将重新出现在国际建筑界，并且再一次推动现代建筑走向新的方向。

---

① LE CORBUSIER. The city of tomorrow and its planning[M]. London: Architectural Press, 1971: 2.

第六节
欧洲各主要国家现代建筑的扩散与接受

虽然我们强调了密斯、勒·柯布西耶等大师的突出贡献，但不应忘记现代主义运动是一次集体性的国际性运动，各个国家的现代建筑师均参与其中，并且做出了卓越的贡献。在20世纪二三十年代，现代建筑在欧洲各主要国家均有很大程度的发展，现代建筑师的作品也开始呈现出不同的地域与文化特征。正是基于这些不断涌现的成果，现代建筑才在两次大战之间迅速充实了建筑语汇储备，发展成为一种有着丰富技术与文化内涵的新建筑体系。在第六、七两节我们将逐一讨论这些具有历史意义的现代建筑与历史事件。第六节将着重讨论欧洲主要国家现代建筑的发展以及在非西方国家的扩散，第七节将主要讨论美国这一时期的建筑活动。

1. 荷兰

荷兰是现代建筑的重要发源地之一，我们之前已经讨论过阿姆斯特丹学派以及风格派各自的实践以及对其他现代建筑师的影响。但在这两个团体之外，还有一些相对独立的建筑师也在进行各自的探索。

贝尔拉赫虽然属于上一代的新艺术运动先驱，但是在战后他仍然在阿姆斯特丹南区的城市扩张规划中发挥了巨大的作用。他在1902年接受了这项规划委托，早期方案体现出了卡米洛·西特城市空间观点的影响，以中世纪城市肌理为核心，强调街道与广场等室外空间的完整性与艺术特征。这一倾向与他同一时期的阿姆斯特丹交易所设计中明显的中世纪特色完全相符。战后，贝尔拉赫修正了方案，并在1917年获得政府通过付诸实施。新方案中加入了更为宽阔的直线道路，削弱了中世纪浪漫主义色彩，强化了整个方案的合理性与经济性。但这一改变并未放弃区域中街道、节点与公共空间的丰富与完整。舒缓的建筑高度、连续的街道立面以及尺度不一的街道与绿化给予整个区域生动的城市形象。虽然受到CIAM早期反对传统街道的“理性规划”支持者们的批评，但贝尔拉赫的规划设想现在被公认为对阿姆斯特丹城市发展的重大贡献，这一新扩展的区域也成为此后阿姆斯特丹学派结合了荷兰传统砖构建筑与个性化建筑表现的作品最为集中的地区。

阿姆斯特丹建筑师威廉·杜多克（Willem Dudok）早先接受工程师训练，在军队中负责军事建筑长达十年，这一工程经历对他此后的建筑语汇产生了持续的影响。1915年他被任命为希尔弗瑟姆（Hilversum）的公共建筑负责人，并且在1928年被任命为城市总建筑师。他最重要的一系列作品就位于这座城市。与阿姆斯特丹学派一样，杜多克也惯于使用砖这种传统材料，但不同之处在于他并没有采纳大量传统元素以及浪漫主义的自由形态，而是专注于规整的砖砌几何体量的搭接与穿插。在这一点上他明显受到了赖特复杂体量组合的影响，其最重要的作品——

希尔弗瑟姆市政厅——展现出坚硬体量之间的动态关系，而地面附近连续的横向线条更是赖特草原住宅时代最鲜明的特征。杜多克对几何形体的驾驭以及工程倾向还体现在他1930年完成的阿姆斯特丹德拜伊科夫（De Bijenkorf）百货大楼上（图3-6-1）。这里他使用了巨幅玻璃立面，创造出通透的玻璃体量与实墙体量之间的巨大反差，这一特征使得德拜伊科夫百货大楼成为现代建筑早期在玻璃使用上的杰出范例。

马特·斯塔姆（Mart Stam）是在欧洲先锋建筑运动中极为活跃的荷兰建筑师。他主要的建筑活动在德国开启。在1922年迁往柏林之后，他接受了“新客观性”的观念，认同以严格的经济、效用、结构等元素作为建筑的基础。这一时期斯塔姆与利西茨基等先锋建筑师有密切的接触与合作。利西茨基著名的“云中悬架大厦”就出自两人的合作。很可能是对悬挑结构的兴趣引领斯塔姆在1920年代中期设计出了最早的悬挑钢管椅，他的作品直接启发了密斯与布劳耶的悬挑钢管椅设计。1924年斯塔姆与汉斯·施密特（Hans Schmidt）、埃米尔·罗斯（Emil Roth）以及利西茨基共同创立了杂志《*ABC*》，他们所倡导的极端的功能主义立场是整个现代主义运动中最为鲜明的。

图3-6-1　德拜伊科夫百货大楼

斯塔姆参与设计过的最重要的建筑是鹿特丹的凡内勒（Van Nelle）工厂。轻盈的白色与整面的玻璃以及交错的廊道创造出了迥异于传统的工厂形态（图3-6-2）。斯塔姆对机械般功能性观点的坚持让凡内勒工厂成为欧洲新客观性建筑思潮中最优秀的代表之一，但是也不应忽视这一项目的另外两位建筑师——凡·德·弗路赫特（L.C. van der Vlugt）与布林克曼（J.A. Brinkman）对当代形式与材料的纯熟驾驭为建筑所带来的出色形象。勒·柯

图3-6-2　凡内勒工厂

布西耶曾经称赞它："像舞蹈台面一样清洁和明亮，全部由透明玻璃与灰色金属框构成的立面……面向天空……升起……所有的一切都向外开放。鹿特丹的凡内勒烟草工厂，现今时代的产物，去除了此前无产阶级劳工一词中所喻指的所有绝望情绪。"① 他自己稍晚一些的中央联盟合作社大楼以及救世军大楼等项目很可能受到了这个设计的影响。

作为欧洲现代建筑的重要代表，马特・斯塔姆也参加了魏森霍夫展览，他也是 CIAM 的创始成员之一。在汉内斯・迈耶任校长期间，斯塔姆也在包豪斯客座讲授基础构造与城市规划，随后他前往苏联参与了那里的一些规划与建设活动。

另一位参与了魏森霍夫展览的荷兰建筑师是雅各布斯・奥德。他也是风格派成员，曾经尝试将蒙德里安的几何构成体系转化为新的建筑形式语汇。但是在 1918 年就任鹿特丹市政住宅总建筑师之后，奥德更多地关注于工人住宅的设计。虽然凡・杜斯堡批评他背离了风格派的构成原则，但奥德已经明显地放弃了对于纯粹形式问题的专注，更多地考虑以现代建筑手段建造健康、经济、适用和具有普遍性的集合住宅。他于 1924 年设计的荷兰角（Hook of Holland）工人住宅是新建筑倾向最好的说明。虽然在局部几何构成与色彩运用中还可以看到风格派的元素，但项目整体所呈现的是洁净、轻松与舒适的建筑形象。荷兰角住宅展现了现代建筑语汇在塑造清新、健康的建筑特征上的优势。作为现代建筑早期的成功案例，它以及类似的基弗胡克（Kiefhoek）住宅项目将奥德树立成为当时欧洲最重要的现代建筑师之一。在谈到自己与风格派的决裂时奥德写道："毫无疑问，风格派给予了我们无法忘怀的建筑价值；但是对于我所关注的方面，它已经间接地完成了。我的立场就类似于过去的炼金士，他们在寻找金子的过程中并没有发现金子，但是找到了其他珍贵的材料。"② 在随后的魏森霍夫展览中，他的联排住宅作品引起了极大的关注。

与奥德类似，另一位荷兰建筑师约翰内斯・杜伊克（Johannes Duiker）深入挖掘了现代建筑在表现健康、活跃的环境氛围方面巨大的潜能。他 1925—1928 年之间在希尔弗瑟姆设计完成的阳光疗养院（Zonnestraal Sanatorium，图 3-6-3）

图 3-6-3　阳光疗养院

① CURTIS W J R. Le Corbusier: ideas and forms[M]. Oxford: Phaidon, 1986: 102.

② BENEVOLO L. History of modern architecture[M]. Cambridge, Mass.: M.I.T. Press, 1971: 411.

证明了现代建筑在医疗建筑类型上的优势。在当时的医疗条件下，充足的日照是治疗结核病的重要手段，所以杜伊克顺理成章地设计了大量通高玻璃墙以及开放平台来获得最好的日照条件。他将建筑平面分解开来以确保各个设施都获得良好通风。在满足医疗功能的情况下，阳光疗养院超乎寻常的开放、轻快与洁净创造出了一幅理想的医疗建筑图景。这一崭新的建筑形象对年轻的阿尔瓦·阿尔托产生了直接的触动，并且直接影响了后者的帕米欧疗养院的设计。

1927 年杜伊克与贝鲁纳·毕吉伯（Bernard Bijvoet）在阿姆斯特丹开放学校（Open Air School）中再一次证明了混凝土框架结构在获得开放性与充分光照上的卓越能力（图 3-6-4）。每层平面由两间室内教室与位于角部的开放平台构成，因为不再需要角柱，开放学校的角部完全悬挑出来，展现出了极为轻快的建筑形象。玻璃体与开放平台的组合让结构体系成为建筑的主要视觉元素，这正是密斯在玻璃摩天楼方案中试图实现的。

图 3-6-4 阿姆斯特丹开放学校

与斯塔姆合作完成了凡内勒工厂设计的凡·德·弗路赫特与布林克曼也是具有代表性的荷兰现代建筑师。凡·德·弗路赫特于 1922 年与维布哈（J. G. Wiebenga）合作设计的格罗宁根（Groningen）技术学校就采用了与密斯的混凝土办公楼类似的通长玻璃窗，只是还保留了中心对称的古典布局。1927 年他与布林克曼一同设计的凡内勒商店有着精准的几何形体，展现出了类似于勒·柯布西耶纯粹主义别墅的形态特征。凡内勒工厂也出自布林克曼与凡·德·弗路赫特的设计，马特·斯塔姆担任了项目建筑师。它是继贝伦斯的透平机车间与格罗皮乌斯的法古斯工厂之后，欧洲最重要的工业建筑。布林克曼与凡·德·弗路赫特以及威廉·凡·泰耶（Willem van Tijen）一同完成的贝尔侯德公寓（Bergpolderflat）在住宅建筑史上有特殊的意义，它可能是欧洲第一座单侧廊道式的高层住宅板楼。这使它成为格罗皮乌斯在 CIAM 上所倡导的理性住宅模式的最早范例。这个建筑采用了钢结构、预制木板或混凝土板装配、轻质混凝土板式隔墙等新的技术方案，是当时欧洲最富实验性的住宅建筑。与凡内勒工厂类似，贝尔侯德公寓的轻盈、通透以及工业化的建造方式展现出了现代建筑与传统住宅建筑的巨大差异。

总体说来，荷兰开放的商业传统以及与欧洲各国密切的文化联系，使得荷兰建筑师更易于接受先锋建筑理念。从贝尔拉赫到杜伊克，荷兰建筑师在现代建筑史中所扮演的开拓者角色也塑造了荷兰建筑文化的先锋性特征，这一点一直持续到今天。

2. 英国

相对隔离的地理条件以及保守的建筑文化让现代建筑在英国的发展步伐慢于欧洲大陆。甚至麦金托什（Charles Rennie Mackintosh）的建筑作品在欧洲大陆获得的赞誉多过在英国本土。从 1920 年代起，一些英国建筑师开始接受来自欧洲大陆新建筑的影响，现代建筑的因素开始越来越多地出现在一些独立作品中。

1928 年伊斯顿与罗伯特森事务所（Easton and Robertson）在伦敦完成的皇家园艺大厅（Royal Horticultural Hall）使用钢筋混凝土建造了椭圆形的大跨度拱架，以此支撑 45.7m（150 英尺）长、21.9m（72 英尺）宽的大厅。这种以新材料塑造古典纪念性的做法非常接近于佩雷在 1919 年的埃斯德成衣车间（Esders Workshop）设计。托马斯·泰特（Thomas Tait）1928 年的克里托住宅（Crittall Housing Estate）与艾米亚斯·康纳尔（Amyas Connell）的高临（High and Over）住宅明显地吸收了欧洲大陆现代主义住宅建筑的形式特征，白色的几何体量与矩形窗洞与英国传统的砖砌宅邸有着明显的差异。同样由康纳尔与贝索尔·沃德（Basil Ward）于 1932 年设计的新农场（New Farm）住宅有着复杂的体量构成与材料对比，展现出了建筑师对现代主义元素的成熟驾驭。约瑟夫·艾伯顿（Joseph Emberton）在 1930 年设计的皇家科林斯游艇俱乐部（Royal Conrinthian Yacht Club）是第一个获得不列颠皇家建筑师协会（RIBA）奖项的现代建筑（图 3-6-5）。这座站立在水边的轻盈建筑展现出了与轮船船舱相近的特质，大量玻璃的使用给予它清新

图 3-6-5　皇家科林斯游艇俱乐部

的视觉形象。工程师欧文·威廉姆斯（Owen Williams）设计的一系列工业建筑将大面积玻璃幕墙与轻盈的混凝土结构结合在一起，创造出了能与鹿特丹凡内勒工厂相媲美的工业建筑形象。最为典型的是位于诺丁汉郡比斯顿（Beeston）的布茨（Boots）制药厂，通透的玻璃体量由两排蘑菇形立柱支撑，透露出强烈的建构特色。

除了英国本土建筑师以外，一些外国建筑师的到来也推动了现代建筑在英国的发展。门德尔松于 1933 年逃离德国，来到英国。他与建筑师塞尔吉·谢尔马耶夫（Serge Chermayeff）组成合伙人公司，完成了一些建筑作品。其中最有特色的是位于贝克斯希尔（Bexhill-on-sea）的德拉沃尔海滨展馆（De La Warr Seaside Pavilion）。门德尔松善于使用的半圆形体量再次出现，通透的玻璃墙、深远的挑台以及轻盈的结构给予这座休闲建筑轻松、洁净的视觉形象，树立了海边商业设施的典型范例。从 1934 年开始，身为犹太人的门德尔松参与了在英属巴勒斯坦，也就是今天

图 3-6-6 英平顿乡村学院

的以色列地区的一系列建筑活动，对于现代建筑在这一地区的传播起到了推动作用。

格罗皮乌斯在移居英国之后与英国建筑师麦克斯韦 - 弗莱（Maxwell-Fry）合作完成了数项设计，最为突出的是英平顿乡村学院（Impington Village College，图 3-6-6）。与包豪斯校舍类似，格罗皮乌斯将不同的功能分置于不同的部分，采用分支状的布局保证各个部分的采光与通风条件，也赋予建筑平面高度的清晰性。但不同于包豪斯校舍的工业化特征，英平顿乡村学院的红砖材料、舒缓的水平延展、微弱的曲线以及形体的变化，与环境和当地建筑传统有着更密切的融合，整体建筑氛围更为柔和与亲切。在格罗皮乌斯迁往美国就任哈佛大学设计学院教授之后，这些建筑特征中的一部分在他参与设计的研究生中心里得以重现。

贝索尔德 · 路贝特金（Berthold Lubetkin）是另一位在英国完成了重要工作的外国建筑师。路贝特金出生于格鲁吉亚的第比利斯，早年曾在莫斯科高等艺术暨技术学院学习，受到苏俄先锋建筑运动的影响。1922 年他前往巴黎，与让 · 金斯伯格（Jean Ginsberg）一同工作，在这里他结识了勒 · 柯布西耶。1930 年路贝特金迁往伦敦，在这里他与六位青年建筑师合作建立了特克顿（Tecton）团体，专注于现代建筑创作。他们最早的作品之一是伦敦动物园的大猩猩馆与企鹅池，后者是现代建筑早期最有趣的作品。在一座椭圆形的水池中，两条混凝土坡道相互交错着盘旋而下，是企鹅们分外钟爱的游戏场所（图 3-6-7）。除了上下接口外，这两条纤薄的混凝土滑道完

图 3-6-7 伦敦动物园的企鹅地

全悬挑在空中，令所有人赞叹不已。站在这一杰作背后的是结构工程师奥维·阿鲁普（Ove Arup），企鹅池开启了阿鲁普与他的同事们挑战现代建筑结构难题的历程。在此后的诸多具有挑战性的现代建筑作品都采用了阿鲁普公司的结构解决方案，今天以奥维·阿鲁普创建的奥雅娜（Ove Arup）公司仍然是全球最重要的结构咨询公司。

路贝特金与特克顿团体的下一个重要作品是伦敦的高点公寓（High Point Apartment）。这座白色的八层公寓采用了十字形平面来获取良好的通风与采光。在地面层，建筑采用了底层架空，这一部分的公共设施也使用了不同于上部楼层的不规则平面，这些特征都体现出了勒·柯布西耶的直接影响。

加拿大人威尔斯·科特斯（Wells Coates）从1920年代开始在伦敦执业，他是现代建筑的积极支持者。由他设计的伊索科（Isokon）大楼被设定为现代建筑与家具设计的实验场所。他将勒·柯布西耶在《走向新建筑》中所赞誉的邮轮模式移植到建筑中，通过侧向长廊连接每一个住房。在1934年建成后，伊索科就成了伦敦艺术家，尤其是新到来的德国流亡建筑师们所热衷的居住地。格罗皮乌斯与布劳耶都曾在这里居住，在它曾经的居民中还包括侦探小说作家阿加莎·克里斯蒂（Agatha Christie）。威尔斯·科特斯参与了1933年的CIAM会议，并且是现代建筑研究组（MARS）——CIAM英国分支的创始成员。

虽然在20世纪早期的现代建筑发展中步伐较慢，但是经过1930年代的启蒙，英国建筑师，尤其是年轻一代开始更开放地接受欧洲大陆的建筑成果与理念。在战后的现代建筑发展中，他们将扮演极为重要的角色。

3. 德国

德国是现代建筑发展的沃土，除了前面详细讨论的格罗皮乌斯与密斯之外，还有一大批现代建筑师在进行独立的现代建筑探索。

马克思·伯格（Max Berg）与工程师绍尔（Trauer）于1913年合作完成的百年大厅（Centennial Hall）清晰地展现了德国早期现代建筑发展中的两个主题，一个是技术进步，另一个是精神内涵。百年大厅是为了纪念在莱比锡战胜拿破仑一百年所建造的纪念性建筑。伯格与绍尔采用混凝土拱券结构搭建出直径比万神庙还大24m的穹顶大厅，放射状的混凝土结构在天窗的照射下转化为强烈的表现性元素，成为统一的德国国家身份认同的建筑载体。这种将暴露的结构体系与纪念性结合在一起的做法是现代主义中一直存在的一条脉络，它还将在意大利工程师奈尔维“二战”后的体育宫项目中继续发挥作用。

我们在前面章节中提到过门德尔松和他的表现主义作品——爱因斯坦天文台。在20世纪二三十年代，门德尔松执掌着德国最兴盛的建筑师事务所。他的委托扩展到工厂、办公楼与百货商场等领域。在这一时期，他的表现主义特征受到了明显的抑制，被建筑师以娴熟的手法与更为主流的现代建筑语汇，比如秩序、规整的几何形体以及重复的标准单元等结合在一起。“奥德是功能化的。阿姆斯特丹是动态的……前者将理性放在首位——通过分析。后者则是非理性——通过视觉……我则坚持调和，两者都是有必要的。两者都需要对方。”① 这段写于 1923 年的话充分体现了门德尔松向折中立场上的转变。开姆尼茨的绍肯（Schoken）百货商店与柏林哥伦布大楼（Columbushaus）说明了这种折中如何实现。规整的条窗陈述了效率、洁净与清晰，而表现主义特征则被限制在温和的曲形体量中。相比于勒·柯布西耶与密斯的别墅设计，门德尔松的这两个项目虽然设计更为简单，但是其崭新的形象仍然为此后的现代主义公共建筑树立了杰出的典范。

在其他的公共建筑作品中，门德尔松常常使用转角与楼梯等元素来形成圆柱形外凸形体。作为他早期表现主义语汇的凝练成果，这一特征一直延续到他“二战”后的工作中。虽然事业蒸蒸日上，但纳粹上台终结了门德尔松作为犹太人在德国的建筑生涯，他不得不离开德国，此后在英国与以色列继续工作。当晚年看到赖特的古根海姆博物馆时，他慨叹道：“如果可能，我希望在我早期草图的引导下重新开始。”② 显然他在惋惜没有继续挖掘此前表现主义设计的潜能。

另一个出现转变的表现主义先驱是布鲁诺·陶特。陶特的玻璃屋与玻璃链信件等作品让他成为表现主义乌托邦式个人幻想的代表性人物。但与此同时，他还有不同的一面，那就是他在集体性社会住宅中表现出来的克制与理性。在这里，表现主义的狂想与放任让位于对环境、功能、效率与经济性的切实考虑。早在 1912—1915 年，陶特就在马格德堡（Magdeburg）设计过两个住宅社区，体现出了花园城市理念与简洁朴实的现代建筑语汇的影响。1924 年，陶特出任左翼住宅合作社 GEHAG 的总建筑师，在柏林总建筑师马丁·瓦格纳（Martin Wagner）等人的帮助下，陶特发起或者监督完成了近 12000 套住宅的建设。其中最为有名的是陶特与瓦格纳设计的柏林马蹄铁形（Hufeisensiedlung）住宅区（图 3-6-8）。虽然在建筑单体上这些住宅建筑都接近于“新客观性”所强调的简洁形体与朴素立面，但是在总平面格局上，陶特仍然体现了自己的特点。他不同意采用理性主义者所支持的单一秩序，比如单一朝向的住宅排布以获得相同的光照，而是坚持建筑规划应当考虑场地特点，因地制宜，并且主动地创造活跃的公共空间。马蹄铁形住宅区中围绕水池形成的马蹄形花园就是陶特这种有机思想的最好代表，这仍然可以被视为陶特表现主义立场的另外一种体现。大量色彩的使用是陶特另一个不同于“新客观性”建筑师的地方，在他的住宅区项目中往往大胆地使用原色粉刷来塑造丰富性，同时也鼓励居民个人参与建筑决定，这种多样性与参与性使得陶特成为居民参与设计策略的早期实践者。凭借着这些出色的住宅区设计，陶特

图 3-6-8　柏林马蹄形住宅区

① ZEVI B. Erich Mendelsohn: the complete works[M]. Boston: Birkha, 1999: lx.

② 同上 .

也成为1920年代最重要的德国现代建筑师之一，他参与魏森霍夫展览的作品也是那次展览上少有的具有色彩的作品。

表现主义流派中较为年轻的汉斯·夏隆一直保持着较为强烈的个人特色，尤其是对曲线或者不规则建筑元素的运用。“为何所有东西都要是直线的？”他曾经这样向阿道夫·贝恩抱怨。[①] 他于1929年设计的布雷斯劳（Breslau）单身人士与无子女夫妇住宅以及1933年建成的施明克（Schminke）住宅，都展现出了非常规建筑元素的出色表现力（图3-6-9）。夏隆是少有的一直与现代建筑主流形式语汇保持距离的建筑师，在他“二战”后的实践中，这种距离创造出了更为独特的作品。

1920年代欧洲现代建筑发展中最重要的事件之一是1927年德意志制造联盟斯图加特展览会的魏森霍夫（Wiesenhof）住宅建筑展。这是德意志制造联盟展览的一部分，它获得了斯图加特政府的资助，设计建造一个社会住宅示范区，并且在展览后将住宅出租给民众。身为德意志制造联盟副主席的密斯担任了展览的策划与主持。这次展览汇聚了一大批当时欧洲最重要的现代建筑师，并且以建成建筑的方式进行展出。它给予欧洲现代建筑一次隆重的集体展示机会，标志着现代建筑已经在欧洲各国获得了长足的发展。

图3-6-9 施明克住宅

一开始，密斯委托哈林设计总体规划。他们两人当时在柏林共享办公室，并且在1926年一同参与创建了德国现代建筑师团体“环社”（Der Ring）。因为没有统一性的纲领，环社内的建筑师在现代建筑的总旗帜下仍然保持自身的独立倾向。哈林提出的方案就体现了他的有机功能主义特征。因为场地位于一座小山丘上，他因地制宜地让不同的建筑分布于顺应地形延展的不同高度的台地上，创造出了极富特色的层叠关系。但是密斯对秩序的热衷使他修改了哈林的规划，将结合了地形特征的曲线布局更改为统一的直线布局。这一变化充分体现出了阿道夫·贝恩所提出的哈林的“功能主义”与密斯的“理性主义”之间的差异。也正是因为这一分歧，导致哈林与门德尔松等建筑师退出了这次展览。

即使如此，展览仍然涵盖了当时最主要的德国现代建筑师，其中很多人是“环社”的成员。同时密斯还成功邀请到来自法国、荷兰、比利时与奥地利的现代建筑师参展，主要人员包括勒·柯布西耶、格罗皮乌斯、贝伦斯、珀尔齐希、陶特、希尔贝赛默、夏隆、奥德、斯塔姆等人。众多建筑师的参与使得魏森霍夫建筑展成为欧洲现代建筑精英的作品聚会（图3-6-10）。我们在前面已经提到勒·柯布西耶的两个作品，它们占据了最显眼的入口位置，是对新建筑五

① JONES B. Modern architecture through case studies[M]. Oxford: Architectural Press, 2002: 28.

点的典型阐释。密斯自己的作品则位于中心山顶上，这是一个有着方整形体的三层集合住宅。在建筑立面上没有过多处理，密斯关注的核心是住宅内部灵活可变的划分以适应不同的住宅需求。这反映出了他同时期在玻璃屋与德国馆中对灵活空间划分的兴趣。

图 3-6-10 魏森霍夫住宅展

图 3-6-11 魏森霍夫建筑展上奥德的作品

格罗皮乌斯的设计体现出了新的动向。在包豪斯的工业转向之后，他明确脱离了此前的表现主义传统与象征性表达，转向对建筑工业化的探索。他在魏森霍夫的两个两层住宅是一次标准化批量制造的实验，住宅采用轻钢骨架与预制墙板装配而成。整个住宅平面格网也由装配墙板 1m 的宽度所决定。

奥德的作品展现了他在联排住宅设计上的经验，他设计了 6 座相同的并排小住宅（图 3-6-11）。这些住宅有着紧凑的平面，但奥德对形体的控制以及前后院落的布局给予它们非常生动活跃的建筑形象，这使得奥德的作品照片常常被用作魏森霍夫展的标志性照片。

其他的参展建筑师也都展现了自己的建筑特色。比如陶特的作品中采用了他标志性的多重色彩，而夏隆的曲线形楼体是对功能元素给予形式表现这一表现主义原则的典型体现。虽然存在这些个人差异，但魏森霍夫建筑展给予人们的现代建筑形象是统一的，比如说平屋顶、方整体量、白色墙面、简洁窗洞等元素出现在绝大多数建筑师的作品中。这次展览明白无误地为一个已经基本成熟的现代建筑体系发出了集体性的宣言，它也证明了现代建筑运动不是个人偏好，而已经是一项取得很多共识的国际性倾向了。也正是这种明确的宣言式特质，使得魏森霍夫展遭到德国右翼势力的激烈批评。他们认为现代建筑的国际性倾向与德国本土文化特质之间存在冲突，而且现代建筑师中普遍存在的左翼倾向也是招致巨大政治压力的原因之一。在当时，魏森霍夫被右翼批评者称为阿拉伯土民村，意指这些白色建筑与阿拉伯乡土建筑之间的相似性。

在德国其他城市，一些地方政府在偏向左翼的社会民主党的控制之下，往往成为更有利于现代建筑发展的土壤。一个典型的例子是法兰克福，1925 年时任民主党市长路德维希·兰德曼（Ludwig Landmann）邀请建筑师恩斯特·梅（Ernst May）主持法兰克福的住宅建设。梅早年曾在英国学习，接触和了解了花园城市的理念，此后雷蒙德·昂温（Raymond Unwin）所倡导的卫星城式花园郊区也对他在法兰克福的工作产生了直接影响。1925 年担任法兰克福城市总建筑师后，他主导了被称为“新法兰克福”的一系列郊区住宅项目。在这些项目中，梅将花园城市的理想居住环境与现代建筑的工业化生产方式结合在一起。这些主要为 2~4 层的集体住宅都采用了平屋顶、粉刷墙面等现代建筑模式，分布在充沛的绿地与花园之中，保证了优越的卫生与环境条件。梅将欧洲传统的沿街住宅模式与新发展的行列式住宅模式相互结合，实现了良好街道尺度与高效率日照通风条件的折中，给予这些社区组织格局上的丰富性。每个住宅区都配备有良好的公共服务设施，在总体布局上也根据小区地形特点灵活变化，获得了极为便利、活跃与优美的居住条件。在建筑内部，梅与他的合作者们大量使用钢筋混凝土以及标准化门窗等预制装配，由玛格丽特·舒特－利霍茨基（Margarete Schütte-Lihotzky）设计的装配式法兰克福厨房就产生于这里，这也成为当代整体厨房设计的先驱。“新法兰克福”系列住宅小区展现了当时现代建筑的杰出成果，梅与他的同伴们证明了现代建筑的工业化效率完全可以与亲切宜人的居住环境相结合。法兰克福周边这些与花园城市有着亲缘关系的现代住宅社区也为后来的卫星城规划理念提供了很好的借鉴。

魏玛共和国短暂的政治稳定与经济繁荣为德国现代建筑在 20 世纪二三十年代的蓬勃发展创造了条件。政府试图展现新德国的开放与繁荣也给予了密斯等建筑师运用现代建筑语汇塑造德国新颖形象的机会。这些活动让德国在 1920 年代末期成为欧洲现代建筑发展的领头羊。但是，随后纳粹的上台再次打断了德国的现代建筑进程。虽然不像斯大林领导下的苏联那样有统一的艺术与建筑政策，但希特勒的第三帝国仍然有着明确的国家建筑导向，而这种导向对于现代建筑抱有敌视的态度。

从 1920 年代开始，德国右翼力量已经开始对新近发展起来的现代建筑展开攻击。他们的理由主要有几点：①现代建筑的国际性缺乏与德国建筑传统的关联，无法体现德意志民族的身份特征；②现代建筑的唯物主义倾向与德国文化对精神意志的重视并不相符；③现代建筑与工业生产的紧密关联侵蚀了手工艺传统，是资本主义生产体系的代表；④广泛存在的左翼倾向让现代建筑运动具有了共产主义色彩；⑤现代建筑的平屋顶、白色墙面、光洁的窗洞等设计存在严重的功能缺陷。在 1920 年代末期，以保罗·舒尔茨－瑙姆堡（Paul Schultze-Naumburg）为首的德国建筑师激烈批评现代建筑，并且倡导以德国民族传统为基础的建筑创作。他们的观点得到了右翼政治力量的支持。德国独特的民族文化与民族意识被视为欧洲文明最后的堡垒，这也是希特勒在《我的奋斗》中推崇“血与土壤”理念的原因之一。

在这种条件之下，包豪斯被右翼势力视为现代建筑在德国的典型代表，右翼势力从建校开始就不停歇地对包豪斯展开攻击。他们将包豪斯称为“文化布尔什维克主义”的堡垒。包豪斯在魏玛、德绍、柏林之间的迁徙以及最终的解散，都与右翼势力所施加的越来越难以抗拒的压力有关。包豪斯教师大多出走国外，他们留下的作品，比如康定斯基 、保罗 · 克利、施莱默等人的绘画被移除出魏玛美术馆。德绍的包豪斯校舍也被转变成纳粹党培养干部的学校，他们一度还在平屋顶上添加了木制的坡屋顶，以减弱其现代建筑特征。

希特勒所选择的第三帝国建筑道路，仍然基于古典主义与纪念性。以辛克尔冷静庄重的新古典主义为基础，并且进一步加以放大和强化的策略，成为德国的官方建筑导则。希特勒本人对建筑有浓厚的兴趣，他年轻时曾经向多所大学申请学习建筑学，但是没有获得录取。在成为元首之后，他开始借助他的御用建筑师实现自己的建筑愿景。保罗 · 路德维希 · 特斯特（Paul Ludwig Troost）在希特勒上台后成为他的主要建筑专家。他在 1934 年设计的慕尼黑德意志艺术博物馆（House of German Art）将辛克尔的老博物（Altes Museum）馆进一步放大和加以整肃，由此获得一种压迫性的古典主义。在特斯特去世之后，阿尔伯特 · 施佩尔（Albert Speer）接替了他的角色。施佩尔是海因里希 · 特森诺（Heinrich Tessenow）的学生，他将特森诺经过简化的新古典主义语汇进一步放大到宏大纪念性场景的创作中，从而成为纳粹极权主义建筑的形式基础。他在 1936 年为纳粹党集会设计的纽伦堡齐柏林集会场（Zeppelinfeld）将巨大的柱廊与梯台结合在一起，为数万人的纳粹集会提供了宏大的背景。同样基于柱廊的理念，施佩尔还提出了将上千盏防空探照灯垂直射向天空的戏剧性构想，将纳粹建筑压迫性的纪念性延展到高耸的天空之中。施佩尔为希特勒准备的终极建筑献祭是柏林中心规划。他设计了一条令巴黎以及华盛顿的城市轴线相比之下仿佛侏儒一般的帝国轴线，在轴线端头站立的是超尺度的民众宫，一个直径 250m 的穹顶被放置在 315m 见方的古典主义基座之上，整个建筑高度达到惊人的 290m。民众宫不可思议的尺度是希特勒无穷无尽统治性野心的代表，也是纳粹德国政治文化哲学的终极体现（图 3-6-12）。

德国与苏联在官方建筑风格上相近的古典主义倾向，在 1937 年巴黎世界博览会上得到了戏剧化的展示。德国馆与苏联馆在埃菲尔铁塔轴线两边相对站立，分别由两个国家的官方建筑师代表施佩尔与苏维埃宫竞赛获胜者伊奥凡设计。施佩尔设计的核心是由长方形壁柱环

图 3-6-12　柏林中心规划模型

绕的竖塔，在塔的顶部站立着纳粹德国标志性的雄鹰雕塑，几乎是纽伦堡齐柏林集会场设计的缩影。约凡的设计有着类似的竖向性与雕塑元素，一系列片状元素逐渐上升，在顶端站立着一男一女两人的宣传性雕像。这也可以看作是约凡未曾实现的苏维埃宫方案的变形。1937年的展览表明，在德国与苏联两个曾经的现代建筑先锋运动最活跃的地区，新建筑在政治压力下已经被剥夺了活力与重要性，这是现代建筑早期发展中所遭受的严重挫折。

纳粹统治意味着德国在现代建筑运动中领袖地位的终结。格罗皮乌斯、密斯、门德尔松等杰出建筑师的离开将现代建筑的影响带到了其他国家，而德国本身则陷入了“二战”以及战后分裂的悲惨境遇之中。甚至在“二战”结束之后很多年，德国建筑界仍然受到这一历史进程的影响，缺乏其他主要西方国家的现代建筑发展的活力。在更深刻的层面，对纳粹德国及其种族灭绝制度的历史性批判，也促使西方知识分子对启蒙时代以来的西方社会展开深入的反思，其中很多思想也渗入了20世纪60年代开始对现代主义的批判反思之中。

4. 奥地利

奥地利在现代主义早期历史中扮演了重要角色，瓦格纳、霍夫曼、分离派等个人与团体对于新建筑的开拓、摸索做出了很大贡献。世纪之交的维也纳是许多杰出人物在各自领域中完成开创性工作的场所，阿道夫·路斯就是其中非常独特的一位。早在“一战”以前，路斯对分离派以及历史主义风格，尤其是滥用装饰的抨击就已经对西欧建筑界产生了触动。他以斯坦纳住宅（Steiner House）为代表的建筑作品以及极端简化的几何外形与朴素立面被很多人视为现代建筑典型外部形态的先驱。

相比于很多德、法现代建筑师，阿道夫·路斯一直保持高度的独立性。他专注于自己独特的建筑探索，这也造就了他与众不同的作品序列。他于1927—1928年在布拉格设计的穆勒别墅（Villa Müller）对于捷克以及整个欧洲现代建筑史都有重要意义。这个建筑朴素到有些乏味的外观是路斯对于住宅建筑外表应该沉默和冷淡这种一贯立场的体现，但是在建筑内部，路斯积极探索了他的“体积规划”（Raumplan）的新理念。他写道：“这是建筑中伟大的革命时刻——楼层地面转化为体量。在伊曼纽尔·康德之前，人们无法以体量的角度来思考，建筑师不得不让卫生间与大厅有同样的高度……但是随着三维象棋的发明，未来的建筑师将能够让楼层地面扩展到空间中。”[①] 这也就是说抛弃传统的分层理念，将整个建筑内部视为一个可以随意划分调整的三维体量进行设计，可以有无穷无尽的体量组合而无需受到分层的限制。路斯早在维也纳的鲁伏（Rufer）住宅中就引入了局部的层高变化，他于1925—1926年为达达主义艺术家特里斯坦·查拉（Trisan Tzara）在巴黎设计建造的查拉住宅进一步推进了这一理念的演化，这所住宅立面的明确分段以及严整的对称布局实际上掩盖了内部空间划分与层高变化的复杂性，路斯在这里证明了“体积规划”在处理特殊地段与多样化功能需求时的有效性。而穆勒住宅可以说是路斯的“体积规划”理念的顶峰，别墅内部复杂多变的楼梯、十余种不同的房间地面标高以

① COLQUHOUN A. Modern architecture[M]. Oxford: Oxford University Press, 2002: 81.

及变化的空间大小与高度，充分展现了“体积规划”所带来的无尽可能（图 3-6-13）。虽然在室内元素的细部处理上路斯明显收到了西欧现代建筑潮流更为几何化、抽象化的影响，但是建筑内外强烈的差异，复杂多元与简朴默然之间的对立，仍然是典型的路斯住宅建筑特征。

在奥地利维也纳，哲学家维特根斯坦与路斯的学生保罗·恩格尔曼（Paul Engelmann）合作设计的维特根斯坦住宅是现代建筑史上最有趣的建筑之一。作为 20 世纪最有影响力的哲学家之一，维特根斯坦在完成《逻辑哲学论》（*Tractatus Logico-Philosophicus*）之后认为哲学的问题已经解决，因此放弃了哲学研究，回到奥地利的乡村小学任教。他的姐姐注意到了维特根斯坦的情绪问题，为了避免他出现自杀倾向，便委托维特根斯坦回到维也纳帮助设计和建造自己的住宅（图 3-6-14）。最终完成的维特根斯坦住宅在很大部分上是维特根斯坦的工作成果。建筑明显受到了路斯住宅建筑的影响，方整的几何体量、朴素的粉刷墙面以及缺乏修饰的开窗都是典型的路斯式特征。但是在建筑内部，维特根斯坦没有采用路斯的复杂装饰与温暖氛围，而是维持了与建筑外观一致的简朴和平淡，在门窗等建筑细节上则透露出维特根斯坦早年接受工程教育所积累的机械设计才华。有很多学者对于维特根斯坦住宅与他的哲学思想之间的关联进行了讨论，这一问题因为维特根斯坦前期与后期哲学巨大的转变而变得更为复杂，因为维特根斯坦住宅的建造恰好位于这一思想转折点上。

在奥匈帝国覆灭以后，奥地利迎来了完全不同的政治气候，也对城市建筑活动产生了影响。1919—1934 年之间，维也纳政府处于社会民主党人的控制之下，他们的社会主义倾向也使得这一时期的维也纳获得了“红色维也纳”的称号。为了缓解底层民众的住宅短缺问题，维也纳在 1925—1934 年之间展开了大规模的由政府主导的公共住宅建设。尽管阿道夫·路斯等人支持在郊区建设独立住宅这种分散模式，但政府最终采用的是彼得·贝伦斯所倡导的在城市中建造大型集体住宅单元的建议。这些项目中最为宏大的是由卡尔·恩（Karl Ehn）在 1927 年设计的卡尔·马克思大院

图 3-6-13 穆勒住宅室内

图 3-6-14 维特根斯坦住宅

（Karl-Marx-Hof）（图 3-6-15）。这是一个延绵 1 公里的住宅项目，采用了沿场地周边的院落布局，为 1382 个家庭提供住宅，同时还涵盖诊所、洗衣房、图书馆、办公室、商店以及花园的公共设施。这种将住宅与社会服务设施结合在一个建筑体系之中的做法，是苏联建筑师“社会聚合器”理念的典型的体现，与左翼政治力量对集体性生活的推崇相互对应。虽然整体上形态简朴，但项目中巨大的拱廊、雕塑以及灯柱都透露出集体主义英雄性的象征内涵。卡尔·马克思大院是欧洲集体生活乌托邦设想最为庞大的象征，这也是现代建筑史上一条一直存在的脉络，我们在后面的章节中会看到它如何再次出现在勒·柯布西耶的战后住宅设计中。

5. 法国

在欧洲乃至世界建筑历史上，法国一直是一个有着决定性贡献的国家。从罗马风时代开始，法国历史建筑的宏大、规整、秩序以及高超的结构技巧就构成了独有的建筑传统。19 世纪的结构理性主义以及新古典主义建筑潮流将

图 3-6-15　卡尔·马克思大院

这一传统继续传递下去，因此两次世界大战之间的法国现代建筑也体现出比其他国家更为强烈的结构性特征与古典气质。在前面章节中谈到的勒·柯布西耶就是一个鲜明的例子，他的成熟建筑体系是在法国建立起来的，新建筑五点和控制线等形式原则都体现出了法国建筑传统的特征。

我们已经提到勒·柯布西耶在很大程度上受到了佩雷的影响，而佩雷的主要特征就是将新材料与结构，主要是混凝土的使用与古典建筑原则结合在一起。除了 1903 年的富兰克林大街公寓与 1919 年的埃斯德成衣车间以外，1922 年的兰希圣母教堂（Notre Dame du Raincy）将混凝土结构与古典立柱拱顶模式结合在了一起。阿兰·柯泓将他与贝伦斯称为两位“过渡古典主义者”（Transitional Classicist），但贝伦斯对象征纪念性的强调明显不同于佩雷的结构理性主义倾向，这也是德法建筑与文化传统差异的体现之一。

法国工程师在混凝土结构上的突出贡献是现代建筑的重要驱动力之一。他们的作品证明了混凝土并不仅仅是一种新的材料，还意味着前所未有的结构可能性以及全新的形式语汇。欧仁·弗雷西内设计的于 1916—1923 年之间建造而成的飞艇仓库，跨度达到了 91m，高度 61m，轻松超过了所有伟大历史建筑的跨度，这也是勒·柯布西耶将尚未完工的飞艇库照片放入他的《走向新建筑》，并且在苏维埃宫的设计中使用了这种混凝土拱的原因之一。

除了法国工程师以外，其他国家的工程师也对混凝土结构的建筑潜能进行了深入探

索。瑞士工程师罗伯特·马亚尔（Robert Maillart）的无梁楼板结构在前面的章节中已经提及。但马亚尔更为人熟知的是他的桥梁作品。它们往往采用空心盒体截面的混凝土铰接拱，三个铰接点分别位于桥梁中部和拱与两岸接触的端点。这一结构不仅坚实、经济，在视觉形态上也极为舒展、坚挺。1930年完成的瑞士萨西纳图贝尔桥(Salginatobel Bridge）将轻盈与力量同时融合在混凝土拱跨之中，造就了现代桥梁史上不朽的杰作之一（图3-6-16）。1933年的施万德巴赫桥（Schwandbach Bridge）仅仅使用了厚度16cm的拱和支撑墙来形成这座水平方向上还有弧度的桥梁。在1939年的瑞士国家展览会（Swiss National Exhibition）上，马亚尔与建筑师汉斯·吕辛格（Hans Leuzinger）合作设计的混凝土展厅用6厘米厚的拱壳展示了混凝土结构的惊人极限，展览结束后的破坏性承重试验证明，这种结构的强度远远超过人们的常规想象，这为此后的混凝土薄壳建筑打开了广阔的前景。意大利建筑师奈尔维（P. L. Nervi）与西班牙工程师爱德华多·托罗哈（Eduardo Torroja）分别在1932年和1935年完成的体育场工程都展现了混凝土大尺度悬挑结构的卓越性能。他们所设计的看台顶棚证明了杰出的结构设计与富有吸引力的建筑形态之间的密切关系。

对新的材料与结构的敏锐度以及对结构表现力的热爱也构成了法国现代建筑师的主要特点。亨利·索维奇（Henri Sauvage）设计的巴黎阿米霍大街（Rue des Amiraux）公寓采用了非常新颖的总体格局与结构组合。这座建筑三个朝向街道的立面都逐级退台，但是在建筑内核退缩的房间却由大跨度的混凝土拱支撑，下面是一个公共游泳池。这种非常规的组合展现出极大的创新性。阿尔伯特·拉普拉德（Albert Laprade）与L. E. 巴赞（L. E. Bazin）于1929年完成的勒马布车库（Le Marbeuf Garage）也突出地展示了这一倾向，他们使用6层高的玻璃墙作为建筑立面的核心元素，透过它，人们可以看到两侧悬挑平台上陈列的雪铁龙汽车。这个作品的机器美学倾向与雪铁龙汽车的特征相辅相成。

图3-6-16 萨西纳图贝尔桥

在巴黎的另外一个建筑作品，同样利用了玻璃的通透性。皮埃尔·夏霍（Pierre Chareau）与贝尔纳·毕吉伯（Bernard Bijvoet）设计的玻璃之家在1928—1932年间建造而成（图3-6-17）。这是一位医生的住宅兼诊所，由一所老式三层住宅改造而来。因为三层的业主不愿搬离，建筑师只能将医生所拥有的下面两层全部拆除重建，以新的钢结构支撑整个建筑。皮埃尔·夏霍毕业自巴黎美院，擅长以工业材料以及复杂的机械结构设计家具。在玻璃之家（Maison de Verre）中，夏霍对材料与细节的高度驾驭得到了充分的展现，他使用了玻璃砖这种新颖的材料，在金属框架的支撑下建成建筑的主要立面。玻璃砖的半透明效果与点阵式肌理给予这座建筑新奇的外部特征。同样精彩的是建筑内部，夏霍对金属材料以及构造节点的诠释展示了这一材质尚未被认识到的建构魅力。他设计的那些构造精细的栏杆、楼梯以及书架，让人忘记了金属的生硬，转而意识到这种材料所具有的高度可塑性。同时，金属建构的轻盈、挺直与机械性特征拓展出了一个全新的表现领域，玻璃屋与斯塔姆和布劳耶的钢管椅都是这一领域的开拓性作品。它们共同诠释了“住宅是居住的机器”这一论断中所蕴含的美学原则。

图3-6-17　玻璃之家

虽然规模不大，玻璃之家非常典型地体现了法国建筑师对新材料与新结构的深刻表现力的认识。另外一个项目——位于法国克利希（Clichy）的人民宫（Maison du Peuple）在更大的尺度上呈现了这一特征。它由波多因（Eugène Beaudouin）、马赛·洛兹（Marcel Lods）和博迪安斯基（Vladimir Bodiansky）以及让·普鲁维（Jean Prouvé）设计，在1935—1939年之间建成。在原有露天市场的场地上，建筑师建造了一个两层建筑，下部仍然是市场，上部增加了一个金属结构的半透明玻璃体量，其屋顶可以通过机械装置打开，从而满足从市场到集会等多种不同的功能。外露的金属结构、悬挑的雨篷、半透明的玻璃以及精心控制的构造节点是这座建筑的核心特征。伴随着钢材料越来越多地运用于现代建筑，钢结构的建构特征将成为现代建筑最重要的品质来源之一。法国建筑师在这两个项目中的尝试是这一领域优秀的早期成果。

人民宫的建筑师之一让·普鲁维在建筑史上以装配式建筑的探索而著名。他一直关注于发展一整套从结构到细节的装配体系，使得人们可以利用大批量的工业生产与快速装配来获得充分的建筑供给。标准化批量制造与建筑生产的结合是经典的现代主义主题，但让·普鲁维可能比其他任何人都走得更远。他的事务所与工厂开发出了一系列使用钢、铝、玻璃、木材的装配式构件，足以依靠这些构件完整搭建一座建筑。其中最为著名的是1948年的费勒伯可拆卸住宅（Ferembal Demountable House）与1949—1950年的热带住宅（Maison Tropicale）。普鲁维装配住宅的新颖结构与精细组件被公认为装配式住宅体系中的经典案例。

波多因与洛兹在1932年设计的穆特住宅区（Cite de la Muette）同样在结构工程师的协助下尝试使用预制装配技术，大量预制墙板被用于高层与多层住宅之中。这两种典型现代住宅模式的组合给予这个住宅区更为丰富的形态构成，大量的绿地试图为高层住宅的人口密度做出补偿。

建筑师安德列·卢萨（André Lurçat）在1930—1933年间设计建造的卡尔·马克思中学（Karl Marx Middle School）是现代主义运用于教育设施中的早期典范（图3-6-18）。卢萨是CIAM的创始成员之一，在这个项目中他采用了基于光照考虑的建筑格局，主要的三层教学楼位于场地北侧，使得南侧的整个活动场地都沐浴在阳光中。简洁、清新的建筑形体，大面的开窗以及灵活的院落划分给予这个项目格外健康、开放的气质。就像杜伊克的开放学校一样，卢萨的作品再次证明了现代建筑体系的功能性原则与教育建筑的类型特征之间密切的对应性。

图3-6-18　卡尔·马克思中学

正如大卫·瓦特金（David Watkin）所强调的，现代建筑理论的三个核心要素：一为宗教、社会与政治的因素，二为时代精神的理念，三为对理性与技术的强调，大致分别来源于英国、德国和法国的建筑传统。在现代主义早期，以勒·柯布西耶为代表的活跃在法国的现代建筑师的确体现出了对工业材料、技术以及结构理性主义的更为强烈的兴趣，这很大程度上决定了早期法国现代建筑的总体面貌。作为现代建筑体系的核心理念与重要形式来源，法国现代建筑对此后全球现代建筑的发展都起到了至关重要的引领作用。

6. 北欧

北欧建筑发展很明显地受到欧洲大陆的强烈影响，但是在19世纪末20世纪初的民族浪漫主义潮流中，北欧建筑师们开始尝试将欧洲主流建筑传统与北欧当地的文化特征结合起来，创造了兼备正统性与本土特质的建筑作品。丹麦建筑师詹森-克林特（P. V. Jensen-Klint）在哥本哈根郊区设计的格伦特维（Grundtvig）教堂就是这一运动的杰出代表（图3-6-19）。虽然早在1913年詹森-克林特就赢得了设计竞赛，但真正的建造在1921—1926年间完成。这座教堂选择哥特风格而不是古典风格本身就是北方建筑传统的体现。最重要的是，建筑师创新性地引入了当地民间建筑的阶梯状山墙与竖向砖砌凹槽元素，最终的结果是一座融合了罗马风的厚重、哥

图 3-6-19　格伦特维教堂

特的竖向性以及地方传统典型特征的纪念性建筑，它管风琴般的立面是宗教建筑历史中最独特的成果之一。

不同于詹森－克林特的哥特倾向，瑞典建筑师阿斯普伦德（Erik Gunnar Asplund）所倚重的是古典建筑体系，这来源于他所接受的学院教育以及年轻时意大利与希腊之旅所产生的影响。将古典建筑体系与北欧文化传统结合的一系列成功项目让阿斯普伦德成为北欧古典主义（Nordic Classicism）的代表性建筑师，这种风格取代民族浪漫主义的地区性特色在1920年代的北欧国家中被大量运用于纪念性的公共建筑。

阿斯普伦德最为突出的北欧古典主义作品是1924—1928年间建造的斯德哥尔摩公共图书馆。阿斯普伦德采用了在矩形边框的中心设置圆厅的经典格局，自辛克尔的老博物馆以来，这种组合已经成为新古典主义最常见的纪念性平面。在这一框架之下，阿斯普伦德的建筑放弃了过多的古典细节，以朴素而充实的体量来展现北欧文化的内敛气质。即使如此，在通过一道狭窄和昏暗的楼体进入高耸而明亮的圆厅时，阿斯普伦德仍然创造出了震慑人心的纪念性。在放弃了最初的穹顶设计后，阿斯普伦德以笔直的白色粉刷墙体强化了中庭的竖向性，仅有的顶光从上部渗透下来，营造出了一种质朴但庄重的氛围。这一设计中对路径和顶光的控制对另一位北欧建筑巨匠阿尔瓦·阿尔托（Alvar Aalto）产生了巨大的影响。

1920年代是一个转折的年代，许多建筑师在这一时期从传统建筑转向了现代建筑。阿斯普伦德是最早经历了这一过程的北欧建筑师之一，他也被视为北欧现代建筑运动的先驱。1930年斯德哥尔摩展览会上阿斯普伦德设计的“天堂餐厅”是北欧现代建筑第一个具有国际影响力的作品（图3-6-20）。它将现代建筑的轻盈与通透提升到了一个新的高度，通透的玻璃与纤薄的遮阳檐口的组合渲染出浓烈的假日氛围。阿尔托曾经评价道：“斯德哥尔摩展览刻意传达的社会讯息，在建筑语汇上表现为纯粹、自发的欢愉。这里有一种节日的优雅，也有着孩子一般的天真与无忌。”[①] 这个临时建筑显然无法抵御北欧的严寒，但是在短暂的展会时节，阿斯普伦德仍然捕捉到了夏日的休

图 3-6-20　“天堂餐厅”

① AALTO A, SCHILDT G. Alvar Aalto in his own words[M]. New York: Rizzoli, 1998: 72.

闲情绪。

阿尔托的评论揭示出了阿斯普伦德现代建筑设计作品的一项重要特点。就像他的北欧古典主义作品一样，阿斯普伦德从来不满足于对欧洲主流建筑体系的移植，而是试图将外来建筑语汇与本土的文化语境相结合。抽象的原则在他的创作中需要让位于特定氛围的营造以及使用者的情绪感受。这一特点在他的另外一个世界性的杰作——斯德哥尔摩林中墓地（Woodland Cemetery）中得到了最好的解释（图 3-6-21）。这座建筑在 1935—1940 年间建成，不同于欧洲常规殡葬设施将纪念性的悼念建筑放置在轴线尽端的做法，阿斯普伦德将三个礼拜堂与火化设施放置在进入道路的一侧，在另一侧则是空旷而纯净的大草坪，路旁竖立着一座十字架，远处的山丘上种植有一片“沉思林”。两个小一些的礼拜堂有各自的前院，两侧的单坡挑檐创造出传统院落的家居感，软化了黄色石材的肃穆。阿斯普伦德仔细区分了仪式参与者、等候者、遗体各自的区域与流线，避免了交叉干扰。最北端的大礼拜堂也拥有自己的“院落”，阿斯普伦德设计了一个巨大的开放敞廊，既类似神庙，也接近城邦广场周边的柱廊。这用于具有重要意义的葬礼仪式。林中墓地火葬场将现代主义的抽象与民间建筑传统以及象征性历史元素结合在一起，创造出平静、亲切、静穆的殡葬氛围，阿斯普伦德充分证明了现代建筑渲染细腻氛围与情绪的能力。林中墓地火葬场是阿斯普伦德一生中最后一件重要作品，他在这个项目完工的同一年去世，也成为第一个在这里举行殡葬仪式的人。①

图 3-6-21　林中墓地

阿斯普伦德的作品已经展现出北欧现代建筑对人们感受体验的细微关注，这一点将成为此后北欧现代建筑发展中的一条连贯线索，而其中最耀眼的一环就是芬兰建筑师阿尔瓦·阿尔托。1898 年 2 月，阿尔瓦·阿尔托出生于芬兰西部小城库奥尔塔内（Kuortane）。他的家庭说瑞典语，阿尔托从小就接受了面向西方的开放文化态度。但是在另一面是阿尔托对芬兰本地传统和自然环境的深厚情感。他的父亲是土地测量师，祖父则是注册的森林管理人，甚至阿尔托这个名字在芬兰语中的意思就是海浪。这片土地上的山丘、湖泊、森林不断出现在阿尔托成年后讨论建筑的文献中。北欧文化与原始自然的密切联系使得它们具备了不同于南欧的神秘主义与浪漫主义色彩，这一特征在阿尔托的作品中得到了充分的诠释，创造出了独树一帜的北欧现代建筑。

1907 年，阿尔托一家搬往芬兰中部城市于韦斯屈莱（Jyväskylä）。1916 年阿尔托进入赫尔辛基理工大学（Helsinki University of

① FRAMPTON K, FUTAGAWA. Modern architecture, 1851-1945[M]. New York: Rizzoli, 1983: 396.

Technology）学习建筑。他的教授阿马斯·林格伦（Armas Lindgren）是芬兰民族浪漫主义运动的领军人物，在进入学术界以前，林格伦与赫尔曼·格瑟里斯（Herman Gesellius）以及埃里尔·沙里宁（Eliel Saarinen）是合伙人。他们共同设计的芬兰国家博物馆（National Museum of Finland）以及维瑞斯克（Hvitträsk）别墅等作品结合了传统民间建筑的不规则形体、天然材料、灵活开窗以及中世纪城堡的厚重特征，是芬兰民族浪漫主义风格的巅峰之作。虽然从未像他的老师们那样直接挪用传统语汇，但林格伦、格瑟里斯以及沙里宁对芬兰本地建筑原则的重视被阿尔托的成熟作品所继承和发展。1921 年毕业后，阿尔托前往瑞典，在建筑师阿维德·比耶克（Arvid Bjerke）的事务所短暂工作。在这一时期，他接触到了拉格纳·阿斯贝格（Ragnar Östberg）、阿斯普伦德等人的北欧古典主义风格作品。虽然未能成功地在阿斯普伦德的事务所中获得职位，阿尔托还是与阿斯普伦德建立了密切的联系。在很多方面，阿尔托都把阿斯普伦德视为他最重要的导师，这种影响直接体现在阿尔托对阿斯普伦德设计手法的借鉴上，最直接的例证是维堡市立图书馆。在瑞典的游历对阿尔托的后续发展有两个重要影响：一是吸收了北欧古典主义风格作为自己的实践起点，二是通过阿斯普伦德等瑞典建筑师的介绍了解到西欧现代建筑的发展。

1923 年，阿尔托回到家乡于韦斯屈莱设立自己的建筑事务所，他获得的第一项重要委托是于韦斯屈莱工人俱乐部。阿尔托的设计是典型的北欧古典主义作品，一个长方形的体量被底层的多立克圆柱所支撑，整个建筑的严谨与封闭以及中心圆厅的设计都与阿斯普伦德的图书馆有相似性，也进一步展现出了北欧古典主义与德国新古典主义之间的关联。1924 年阿尔托与艾诺·马西奥（Aino Marsio）结婚之后，前往意大利蜜月旅行。意大利的历史建筑，尤其是古老的城镇与自然环境的结合给予阿尔托很大的触动。他在 1925 年的一篇文章中写道：“世界上有很多纯粹的、和谐的文明景观的例证；你在意大利与法国南部可以发现最珍贵的案例。没有哪一寸土地未受触动，但没有人会抱怨这里缺少风景的秀美。”[①] 仔细留意一下就会意识到，不仅仅是阿尔托，勒·柯布西耶与路易斯·康等现代建筑大师也都受到了意大利传统建筑的深远影响，这是杰出建筑超越风格与时代的持久性价值的证明。在阿尔托身上，不仅意大利建筑的形态与格局都进入了他的作品序列，最重要的是建筑与环境所形成的和谐人文关系成了他重要的建筑品质。

1927 年阿尔托将事务所搬迁到芬兰第二大城市图尔库（Turku），在这里他不仅获得了更多的委托，至关重要的是他在极短的时间内完成了从北欧古典主义到现代建筑的转变。在 1928 年发表于图尔库当地报纸上的一篇文章中，阿尔托明确阐明了新建筑与传统建筑之间的鲜明差异：“欧洲艺术已经抵达一个转折点，这次是建筑师对此最为关注。‘艺术’就像一个天平，在右手边的托盘中是自由创造性的作品，而在左边放置的更多地受到实际需求的限制……这个时代——让我们称之为工业时代——完全聚焦于天平的左手边。”[②] 这些话语体现出了阿

① AALTO A, SCHILDT G. Alvar Aalto in his own words[M]. New York: Rizzoli, 1998: 22.

② 同上，59~60.

尔托对于功能主义建筑理念的接受，他认同依赖新的工业生产条件解决当代生活的实际需求，而不是仍然受限于传统风格之中。阿尔托在图尔库的第一个设计作品——西南农业合作大楼（South-Western Agricultural Cooperative Building），展现出了剧烈的转折。阿尔托毫不犹豫地放弃了北欧古典主义风格，采用了工厂般朴素的现代设计。白色粉刷墙面与僵硬的开窗格局都体现出了功能理性主义的影响。这是阿尔托现代主义道路的起点，也是他独特的个人创作的起点。

很快，在图尔库萨诺马特报馆办公楼与印刷车间（Turun Sanomat Newspaper Building）的设计中，阿尔托的现代建筑原创性就开始出现了。虽然仍然采用了白色墙面与带形条窗等标准元素，阿尔托也引入了一些富有新意的变异。首先，在底层，他设计了一个两层高的通高玻璃橱窗，里面展示着图尔库萨诺马特报的放大样张，与维斯宁兄弟在列宁格勒真理报大楼中的想法如出一辙。其次，在印刷车间，阿尔托采用了有着圆滑轮廓的蘑菇形立柱。具有强烈雕塑感的塑性元素给予整个车间不同于建筑整体几何秩序的有机氛围，这将是阿尔托此后不规则塑性建筑元素的先声。最后，阿尔托首次采用了圆形天窗，引入顶光，这一最初的功能性设计将演变成为他所倚重的建筑要素。

阿尔托最早的堪称经典的建筑作品是维堡市立书馆（Municipal Library Viipuri），位于现在的俄罗斯维堡（Vyborg）市，当时属于芬兰的领土。阿尔托在1927年赢得了设计竞赛，他的获胜方案明显借鉴了阿斯普伦德的斯德哥尔摩图书馆的设计。不仅两者的立面有着相似的组成，阿尔托也将阿斯普伦德设计中最为戏剧性的进入借阅大厅的楼梯引入到自己的设计中。但因为选址的变化，图书馆并没有立刻修建，阿尔托也赢得了时间修改设计。直到1933年末，阿尔托的最终方案才得以确定，建造在1934—1935年间完成。在这段时间，阿尔托逐渐摆脱了与阿斯普伦德作品过于明显的相似性，以大量的个人创作将方案改造为一个新颖的现代建筑。这个最终方案由两部分组成：位于上部的图书馆主体以及下部的办公室与演讲厅。阿尔托仍然保留了阿斯普伦德行进序列的戏剧性，但是给予它完全不同的现代诠释。观众从入口大厅进入后将向右转，经过一个缩小的入口顺着楼梯向上，然后突然暴露在一个宽敞明亮的被书架所环绕的空间中，继续前进的话需要向后转折，经过一段楼梯后上到最高处的借阅处，才能将整个空间尽收眼底（图3-6-22）。这是一个整体连通，但是有着丰富层级变化的大空间，一边是分为两层的书籍陈列，另一边是两层高的阅览室。阿尔托利用屋顶高度的变化加强了两边的区分，在图

图3-6-22 维堡市立图书馆阅览大厅

尔库萨诺马特报社大楼中出现过的圆形顶光在这里均匀地布置在屋顶上，是整个空间唯一的自然光源。虽然完全采用简洁的现代建筑语汇，但阿尔托的阅览室有着与阿斯普伦德的图书馆相近的庄重氛围。使用者们被周围密布的书架以及顶部弥漫的白色天光所包围，书籍的密集肌理与纯净的白色墙面之间的差异让人联想起多变的尘世与完美的天堂之间的差异。在解释这一设计的意图时，阿尔托说他的设计来源于山地的再现。他写道："我描绘各种各样绝妙的山景，它们的斜坡被不同方位的阳光所照射，这逐渐引发了这个建筑的主要理念。这个图书馆的建筑体系由处于不同高度的几个阅读和借阅区域组成，位于中心的管理与监督部分位于最高点。我孩童般的绘画只是间接地与建筑思考相关联，但是它们最终引向了剖面与地平面的交织以及水平与垂直架构的某种统一。"[①]对于顶光的使用，更体现出阿尔托对人们感受的细腻关怀，他提到了顶光可以解决侧向光不均匀分布的问题。他增加了顶窗的高度，来避免任何直射光线，"这个体系具有人性化的理性，因为他提供了一种适合阅读的光照，被天窗锥筒表面的反射所混合和柔化"。[②]这段话里提到的"人性化的理性"（Humanly rational）是解读阿尔托建筑作品的关键，以效率和绝对原则为核心的机械理性在阿尔托看来是不完整的，还应当包含人性化的关怀，这样的理性才是完整的。在维堡市立图书馆中已经体现出了这种倾向，将发展成为阿尔托最终的建筑思想：人性化的建筑。

除了图书馆以外，维堡的演讲厅也非常有特点，这里阿尔托第一次采用了木板组合而成的曲面屋顶。他声称这种设计是出于声学效果的考虑。但难以否认的是，它同样带来了塑性的曲面元素，掩盖了原有的横梁结构，木材的材质与色彩也给予演讲厅更为自然的氛围。

在设计维堡市立图书馆的同时，阿尔托还完成了另外一个重要作品——位于芬兰西南部城市帕米欧（Paimio）肺病疗养院（图 3-6-23）。与维堡图书馆类似，阿尔托的这个设计也吸收了他人的影响。1928 年夏季，阿尔托游历了荷兰，在希尔弗塞姆他看到了杜多克砖砌实体的复杂组合。更为重要的是，他看到了杜伊克的阳光疗养院。在 1929 年开始设计帕米欧疗养院时，阿尔托在很大程度上吸收了杜伊克的设计策略。他保留了阳光疗养院中各个设施的分散布局，每个分支都有着不同的朝向，以获取良好的通风效果。帕米欧病房区的平面格局几乎是阳光疗养院病房组团的放大，只是后来根据院方的要求，病房部分从 4 层增加到 6 层，加强了整个建筑的竖向性，才与杜伊克

图 3-6-23　帕米欧肺病疗养院

① AALTO A, SCHILDT G. Alvar Aalto in his own words[M]. New York: Rizzoli, 1998: 108.
② 同上，105.

的横向性建筑特征有了显著的差别。①

尽管如此，帕米欧疗养院中仍然体现出了阿尔托自己的特点。这座位于树林中的白色建筑透露出格外清新的气质，在平面中多处采用的弧形圆角是独特的阿尔托特征。他对“人性化的理性”的强调也体现在对肺结核病人的细致关怀中。考虑到病人们需要长时间卧床休息，阿尔托为两人间设计了特殊的洗手盆，使得流水溅落时不会产生噪声影响他人的休息。为了避免眩光对卧床病人的影响，阿尔托使用了壁灯而不是顶灯，同时将屋顶粉刷成绿色来减弱反射光线。为了保证充分的日照，阿尔托还为每层都设计了独立的开放阳台，病人们可以在这里接受日光浴。除了建筑以外，阿尔托还设计了许多家具，他将桌子与衣橱都固定在墙上，以便于地面的清扫。采用新近发展的悬挑钢管结构，他设计了病人的餐桌，帮助他们在床上进餐。在这里还第一次出现了阿尔托著名的“帕米欧椅”（Paimio Chair），采用木制胶合板制成。阿尔托指出，斯塔姆与布劳耶著名的钢管椅有着很大的缺陷，比如触感冰冷以及并不舒服的乘坐体验。帕米欧椅不仅避免了这些问题，还设定了特定的靠背角度以帮助病人们呼吸。作为阿尔托重要的家具作品，帕米欧椅也是阿尔托卓越的家具设计生涯的起始，他随后参与创立了阿尔泰克（Artek）家具公司，将他出色的现代家具产品销往世界各地。

正是有了这些细致的考虑，再加上更大的规模，让阿尔托的帕米欧疗养院获得了比杜伊克的阳光疗养院更大的影响力。它代表了新一代的医疗建筑，清洁、理性、轻松、高效，集中体现了阿尔托对于建筑与环境、使用以及人的细腻感受等各个方面的考虑。这一作品让阿尔托迅速成长为芬兰现代建筑的领军人物，也让他获得了国际性的承认。1933 年他再次将事务所迁往首都赫尔辛基，并且参加了当年 8 月在雅典举行的 CIAM 会议。在赫尔辛基，阿尔托与木材商哈里·古里克森（Harry Gullichsen）和玛利亚·古里克森（Maire Gullichsen）夫妇结识，并且获得了他们的极大支持。他不仅从哈里的公司获得了一些委托，还在玛利亚的支持下成立了阿尔泰克家具公司。1937 年阿尔托为这对夫妇在诺尔马库（Noormarkku）的一片树林中设计了一座乡村休闲别墅。这座被称为玛利亚别墅（Villa Mairea）的作品是阿尔托最重要的住宅作品，也是与萨伏伊别墅、图根哈特别墅等齐名的现代住宅建筑经典（图 3-6-24）。

古里克森夫妇是阿尔托理想的业主，他们有优秀的艺术品位，积极支持现代设计，最重要的是他们对阿尔托的才华深信不疑。反过来，阿尔托给予业主的信任最好的回报，在这座住宅中他展现出了自己成熟阶段最典型的建筑特征，让建筑与环境、与传统、与古里克森家族的职业背景以及居住者的亲身感受达成了出色的和谐。玛利亚别墅是阿尔托建筑创作中的一个重要节点，在经历了从报社大楼到帕米欧疗养院等主体上是吸收借鉴既存现代建筑语汇的项目之后，阿尔托开始超越现代建筑范式，大胆地探索具有个人特色的建筑道路。在玛利亚别墅中几乎可以看到阿尔托这一独特道路的所有特征，体现在更强烈的传统与乡土因素、几何秩序与不规则塑性元素的结合、叠加式的形体组合模式、自然材料的大量运用、与环境的

① QUANTRILL M. Alvar Aalto: a critical study[M]. New York: New Amsterdam, 1983: Chapter 3.

图 3-6-24　玛利亚别墅

密切融合以及室内的特殊氛围上。阿尔托在少年与青年时代就已经熟悉的芬兰文化传统、自然条件以及民族浪漫主义建筑策略开始在成熟的建筑控制下，回归到他的创作范畴中。

阿尔托 1926 年的一篇文章《从大门踏步到起居室》对于理解玛利亚别墅的设计非常有帮助。首先，他谈到住宅的入口应该是一个花园："门口踏步正确的位置应该是我们离开街道或者道路进入花园的地方。花园的墙壁就是住宅真实的外墙。"[①] 在玛利亚别墅，入口的上方是一个曲线轮廓的顶棚，它的木质材料与特殊的立柱都让人意识到这是一个独立的区域，它就像阿尔托所说的入口花园中的亭子，一条粗石铺砌的道路在门廊下引向别墅的入口。一方面呼应别墅位于树林中的环境特征，另一方面映衬主人的职业特色。阿尔托在这个建筑中采用了大量的木材，在入口立面的白色墙壁左下方，书房部分向外凸出出来，这一部分采用了深色石材、玻璃与木材，与门廊以及二层倾斜的木窗一块儿极大地强化了立面的丰富性，与树林的肌理更好地融为一体。

进入大门后是一个门厅，通过木柱格栅与后面的房间分隔开来。这些木柱在玛利亚别墅中大量出现，它们仿佛是周围树木的隐喻，模糊了室内外的界限。在门厅内向左转，几步台阶后就进入宽敞明亮的起居室，这一序列与维堡图书馆的入口序列非常类似。整个起居部分是一个近乎方形的开放空间，阿尔托采用了瓷砖与木材两种材质对空间进行划分。在两个对角分别设置了壁炉和以书架分隔出来的书房。在另外一个角上是通向二层的楼梯，阿尔托采用了木质踏步，还对第一个踏步进行放大与圆角处理，让楼梯与地面的关系更为柔和。大量木材以及砖红色瓷砖的使用给予整个起居空间温暖的氛围。阿尔托特别强调了室内环境的设计："我们可以说：芬兰住宅应该有两张面孔。

① AALTO A, SCHILDT G. Alvar Aalto in his own words[M]. New York: Rizzoli, 1998: 51.

一个是与外部世界进行美学接触的面孔；另一个，它的冬季面孔，朝向内部而且体现在室内设计上，它强调我们房间内部的温暖。”① 北欧漫长而寒冷的冬季是阿尔托这种想法的理性根据（图 3-6-25）。

玛利亚别墅采用了简单的“L”形平面，但柱网支撑的结构方式使得一层的主要部分连接成了贯通的开放空间。在起居室的侧面是厨房与餐厅。它们面向内部花园的一面都采用了大片玻璃，让花园景观渗入房间内部。玛利亚别墅的二层是卧室部分，比较特殊的是角部的女主人工作室，用于玛利亚的艺术创作。阿尔托将这一部分加高，设置了一小段夹层，并且凸出到一层的矩形轮廓之外，形成一个木质表面的曲线形体，有效地标识出了这个房间的特殊性。在花园内部是一个曲线轮廓的小水池。1946 年，阿尔托为玛利亚别墅加建了环绕花园的敞廊与桑拿房，采用了极为朴素的粗石围墙与传统木屋，还利用绳索捆绑等方式展现了结构的古朴。这一加建部分的屋顶上还有覆土，上面密布的蒿草进一步强化了森林中历史久远的木屋的印象。这里对应着阿尔托有一个重要观点：“你的住宅应该刻意地展现一些你的缺陷。这可能是一个建筑师权威不得不终止的地方，但一个没有此类特征的建筑是不完整的；它不会是活的。”② 人类无法抵抗时间的流逝，阿尔托以这样的方式制造出时间的厚度，可以看作对人类缺陷的一种认同。这一点非常鲜明地将阿尔托与勒·柯布西耶的纯粹主义作品区别开来，他重视人的特性更胜过理想原则的完美，因此人的缺陷作为人不可分割的重要特征也得到强调，而不是像勒·柯布西耶纯粹主义

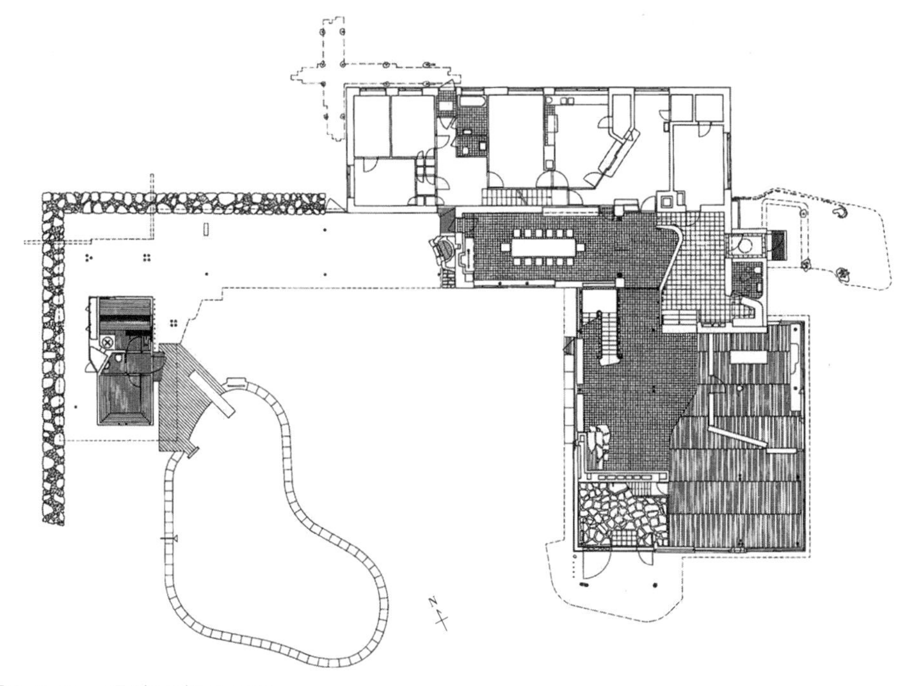

图 3-6-25　玛利亚别墅平面图

① AALTO A, SCHILDT G. Alvar Aalto in his own words[M]. New York: Rizzoli, 1998: 52.

② 同上，55.

时代的柏拉图主义美学一样，被抽象几何秩序的永恒与完美所掩盖。

玛利亚别墅是阿尔托最具代表性的作品之一。它鲜明地展现了阿尔托对人这一因素的更全面的考虑，正是这一要素使得阿尔托不同于其他很多现代建筑师。在 1940 年的一篇重要文献《建筑的人情化》中，阿尔托给予这一立场非常清晰的阐释。他认为现代主义所倡导的理性主义本身并没有错误，但是这里所指的理性的范畴必须扩大，应当包括对人的需求、人的感受更为深刻的分析与满足。他写道："已经结束的现代主义建筑的第一阶段中，不是理性本身有什么错，而是没有把理性贯彻到底。不是要反对理性。在现代建筑的新阶段中，要把理性方法从技术的范围扩展到人性的心理的领域中去。""让建筑更为人性意味着更好的建筑，它也意味着比单纯的技术性更为宏大的功能主义。这个目标只能通过建筑的手段实现——通过创造和各种不同技术性事物的结合这种方式，它们将为人类提供最为和谐的生活。"[①] 正是这一终极目标，"和谐的人类生活"使阿尔瓦·阿尔托的作品超越了机械功能主义，将传统、自然、人的感受等种种因素引入到创作中去，因为这些因素都是构成人的特质必不可少的元素。很多人以"有机性"形容阿尔托的建筑，这里的"有机性"并不是指生物特征，而是泛指人的生命特征。通过对这些特征作出广泛的回应，阿尔托让自己的作品成为现代主义运动中最具人性化的成果之一。

阿尔托的有机性也使得他与赖特具有了很大的共通性。1939 年阿尔托参加了纽约世博会的芬兰馆的设计竞赛，他提交了三个方案，最终囊括了第一、二、三名。最终建造的是一片木质的波浪形墙壁。赖特在参观了芬兰馆后，非常罕见地称赞它为天才的作品。而阿尔托则一直对赖特抱有敬意，在他的作品中也不难觉察出对赖特的借鉴与学习。

"二战"爆发中断了阿尔托在芬兰的建筑实践。1940 年他受邀前往美国，在麻省理工学院任客座教授。在这里，他为 MIT 设计了位于查尔斯河边的贝克学生公寓，采用了新英格兰地区常见的红砖材质。战后阿尔托回到芬兰，红砖的使用也被他一同带入到他战后的诸多建筑实践，比如珊纳特赛罗市政厅（Town Hall of Säynatsalo）以及芬兰理工学院的设计中。

7. 意大利

意大利的未来主义曾经对欧洲的先锋建筑运动产生极大的触动，但是圣伊利亚等人的成果最多只停留在纸面上，并未对意大利本土的建筑实践产生多少影响。伴随着伯乔尼、圣·伊利亚等人在"一战"中战死，未来主义也失去了曾经拥有过的活力。"一战"后，意大利的现代建筑发展明显慢于德国、法国等国家。从 1920 年代中期开始，在内部国家力量与外部影响的双重作用下，意大利现代建筑开始获得切实的成果。

不同于其他国家的民主政体，自墨索里尼 1922 年上台到 1945 年被枪决，意大利都处于法西斯的专制统治之下。墨索里尼政权的重要政治目标之一是强化意大利的国家与民族认同，并且将法西斯树立为意大利国家传统与当代发展的合成体。现代建筑在意大利的发展与这一政治背景密切相关。墨索里尼政府对待现

---

① AALTO A, SCHILDT G. Alvar Aalto in his own words[M]. New York: Rizzoli, 1998: 103.

代建筑的态度相对宽松，一方面，具有重要政治意义的项目仍然被给予新古典主义建筑师，以体现意大利作为罗马帝国文化继承者的合法性，另一方面，现代建筑也被给予一些机会，表明法西斯统治的开放性以及与时代发展的紧密联系。在这种条件下，意大利现代建筑在20世纪二三十年代迸发出了一定的活力。

因为与北方工业国家有更密切的关系，文化上也更为开放，这一时期的现代建筑成果基本上集中在意大利北方地区，并且首先出现在工业建筑与现代交通设施等类型上。由工程师贾科莫·马特-特鲁科（Giacomo Matté-Trucco）设计的都灵菲亚特汽车公司林格托工厂（Lingotto Automobile Factory）通常被视为意大利第一个重要的现代建筑作品（图3-6-26）。这个庞大的工业设施是混凝土结构在当时最出色的运用成果之一。它的独特之处在于将建筑屋顶建造成为菲亚特汽车的测试跑道。这一典型的工程师处理手段的新颖性立即引发了欧洲建筑界的关注，它强烈的未来主义特色很可能启发了勒·柯布西耶随后的高速公路与公寓大楼相结合的理念以及在马赛公寓顶部设置跑道的设计。

图3-6-26 菲亚特汽车公司林格托工厂

几乎在同一时间，一群毕业于米兰理工（Politecnico di Milano）的意大利年轻建筑师开始组织起来，倡导现代建筑发展。他们在1926年组成了“七人组”（Group 7），成员包括菲济尼（L. Figini）、拉科（S. Larco）、珀利尼（G. Pollini）、拉瓦（C. E. Rava）、特拉尼（G. Terragni）、加斯塔洛拉（U. Gastagnola）以及后期加入的里贝拉（A. Libera）。作为意大利最重要的现代建筑团体，“七人组”发表的《理性主义宣言》常常被视为意大利20世纪二三十年代现代建筑的代表性立场。宣言声称：“新的建筑，真实的建筑，必须诞生于对逻辑与理性的严格遵循之中……我们并不去假装要创造一种新的风格，但是通过持续地使用理性，通过让建筑尽可能完美地满足问题的需求，我们确信一种风格会在选择过程中诞生。我们必须要在这里成功：以纯粹节奏、简单建构的无法定义的抽象完美来让建筑变得高贵。”“对真诚、对秩序、对逻辑以及在所有这些之上，对清楚头脑的追求——这些是新精神的真实特点。”[①] 这些言辞表明“七人组”在极力追随北方现代主义的发展趋势。宣言的表述与勒·柯布西耶在《走向新建筑》中的文字有很多相似之处，但同时也存在不同之处。勒·柯布西耶对工业与机械的赞美并未出现在“七人组”的宣言中。对于意大利建筑师来说，新建筑更多是逻辑、秩序、结构等原则的运用，而成果的重心则是理性主义的形式与风格。这显然与意大利文化传统中建筑风格的演进历史有密切关系。在与传统的关系上，“七人组”也和很多北方建筑师有所不同：“传统的精神……是如此的深刻，以至

① JONES B. Modern architecture through case studies[M]. Oxford: Architectural Press, 2002: 158.

于新建筑明显地，甚至必然地会保有一种典型的国家特色。传统，如我们所说，不会消失，只会改变外观。”在他们看来，现代建筑与传统有天然的联系，因此将自然而然地继承意大利的国家文化。这一立场显然与墨索里尼政府的政治目的相贴合。实际上，与法西斯政权的密切关系是意大利20世纪二三十年代现代建筑运动的重要特征。1928年成立的另一个现代建筑团体意大利理性建筑运动（Movimento Italiano per l' Architecttura Razionale，简称MIAR）对此表述得更为直接："除了在当下严酷的条件下服务于（法西斯）革命以外，我们的运动没有其他的道德目标。我们呼吁墨索里尼给予我们充分的信任，使我们能够实现这一目的。"[①]

1930年代，意大利现代建筑开始获得更多的实践成果。在建筑师皮亚琴蒂尼（M. Piacentini）的支持下，一组建筑师完成了意大利最早的现代建筑集群——罗马大学城。皮亚琴蒂尼设计的总体规划与行政办公楼（Senate Building）仍然基于古典传统的轴线对称格局，并且使用了简化的柱廊元素。但卡珀尼（Capponi）与庞迪（Ponti）设计的植物学院和数学学院大楼以及米克鲁奇（Giovanni Michelucci）与帕加诺（Giuseppe Pagano）合作完成的物理学院（1931）则去除了所有的历史风格残余，精确的几何体量以及朴素的立面处理给予整个集群一种肃穆的统一性。这是意大利现代建筑师所秉持的现代建筑与古典传统相互结合的原则最早的成果体现之一。

米克鲁奇与合作者设计的佛罗伦萨新圣母玛利亚火车站（Santa Maria Novella Railway Station）是意大利1930年代最重要的公共建筑竞赛成果。因为车站选址就位于著名的新圣母玛利亚（S. Maria Novella）教堂斜对面，任何历史主义设计都可能相形见绌，反而是米克鲁奇等人的现代主义设计背负了较少的历史负担。这座车站有着强烈水平性的立面很可能是受到了赖特的影响，而车站内部的大跨度结构以及玻璃顶棚展现出了工业建筑的色彩（图3-6-27）。

"二战"前意大利最重要的现代建筑创作来自于"七人组"成员朱塞佩·特拉尼（Giuseppe Terragni）。特拉尼早年在米兰理工学院学习建筑，在这里接触到了西欧现代建筑潮流，并且与"七人组"中的很多其他成员结识。1927年他与自己的兄弟阿蒂利奥（Attilio）在意大利北部城市科莫（Como）成立设计事务所。特拉尼毫无疑问是20世纪二三十年代意大利现代建筑师中最富才华的，也是"七人组"理性主义思想最典型的体现。他对秩序、逻辑、精确性的热爱可以解释为何他对勒·柯布西耶的作品极为推崇。后者的纯

图3-6-27　佛罗伦萨新圣母玛利亚火车站

① BENEVOLO L. History of modern architecture[M]. Cambridge, Mass.: M.I.T. Press, 1971: 565.

粹主义作品正是理想几何秩序与超越时代的比例原则的现代建筑体现。特拉尼的作品很大程度上吸收了勒·柯布西耶的几何特征，而确保黄金比例的“控制线”——勒·柯布西耶最喜爱的工具——也在特拉尼的作品中得到广泛的利用。他对这位导师是如此地热爱，以至于在“二战”中走上战场时都在行李中加入了勒·柯布西耶全集。①

特拉尼最重要的作品是1932—1936年之间建造于科莫的法西斯宫（Casa del Fascio）（图3-6-28）。作为当地法西斯的总部，这个建筑有重要的政治内涵，这成为特拉尼设计的起点。他解释道，现代主义的开放性与法西斯的政治倾向完全相符：“这就是墨索里尼的理念：法西斯主义是一个‘透明’的房子，人人都可以注视它并给出自己的诠释，同时也隐喻着：在政治等级和人们之间不存在任何束缚、界限与障碍。”② 与此相对应，法西斯宫面向广场的立面由大面积的开放框架所构成，底部的大幅入口提示了背后大厅的存在。在建筑内部，就像《理性主义宣言》所宣称的，特拉尼将现代建筑语汇与意大利的历史建筑传统结合了起来。建筑中心是一个对称中庭，四周的立柱与框架让人联想起文艺复兴府邸的柱廊内院，烘托出庄重的纪念性氛围。这个建筑有着精准的形体，平面为边长33.2m的方形，建筑高度为边长的一半16.6m，体现出意大利理性主义建筑师对精确比例的强调。就像勒·柯布西耶所倡导的，边长比例为1：2的控制线决定了立面上主要元素的位置与比例，整个立面仿佛按照严格的数学规则切割出来的，在秩序感上甚至超过了勒·柯布西耶的纯粹主义别墅。除此之外，特拉尼对节奏以及对比的精湛驾驭也赋予法西斯宫丰富的语汇。他在4个立面采用了4种不同的处理方法，但是依靠严谨的秩序框架，这些多样化的元素仍然被牢牢地束缚在紧密的体量之中。法西斯宫的这种对于细节与整体的精密调控是特拉尼作品最杰出的品质。

图3-6-28 法西斯宫

特拉尼的其他作品如科莫的圣伊利亚幼儿园（Sant’Elia Nursery School）以及朱利亚尼-弗里赫里奥公寓大楼（Casa ad Appartamenti Giuliani-Frigerio）也都表现出了他对形体、比例、材料对比游刃有余的掌握。在特拉尼的建筑语汇中有现代主义早期抽象几何元素构成组合中堪称最为细腻和成熟的成果，是现代建筑语汇精细结构的体现。这也使得特拉尼的作品即使在今天也备受赞誉。

1938年，特拉尼还完成了但丁纪念堂（Danteum）的设计方案。在一个完整的长方形体量中，特拉尼按照但丁《神曲》的序列设置了“森林”“地狱”“炼狱”以及“天堂”等4个场景。在森林中，他以密集的立柱象征浓密的树木，在地狱中，他用昏暗的光线烘托压抑、沉重的氛围，炼狱部分开始有天光象征

① JONES B. Modern architecture through case studies[M]. Oxford: Architectural Press, 2002: 150.

② CURTIS W. Modern architecture since 1900 [M]. London: Phaidon, 1996: 364.

净化与上升的进程，最后在天堂中以玻璃柱体现最终的光明、纯洁与完美。在建筑史上很少有作品会如此忠实地展现一个文学作品的叙事性，特拉尼的设计虽然没有建造，但仍然是对现代建筑象征性内涵的强烈渲染。这种建筑阐释可以成为政治宣传的重要工具。在但丁纪念堂序列的最末端是一条长廊，与墨索里尼规划的帝国大街平行。在长廊的尽头是法西斯鹰的雕像，意味着新的帝国将是这一旅程的终点。

特拉尼的政治立场让他走向了与圣伊利亚类似的命运。他早在1928年就加入了法西斯，1939年他加入意大利军队，任炮兵上尉，随后参与了东线战场的战斗。他的被俘导致了他精神与身体的崩溃。特拉尼再也未能从这一打击中恢复，1943年因肺结核病于科莫去世。他的政治立场也影响了人们对他的作品的评价，尤其是法西斯宫。直到“二战”结束多年之后人们才能更为公正地评价它的建筑价值。作为特拉尼短暂但卓越的建筑生涯中最杰出的作品，法西斯宫今天也被视为不可或缺的现代建筑经典之一。

意大利现代建筑的理性主义倾向还以另外一种方式体现在皮尔·路易吉·奈尔维的作品中。严格说来，奈尔维更接近于结构工程师而不是建筑师，他与马亚尔一样具有敏锐的感知力，善于将结构特有的形态特征与秩序韵律展现出来，形成突出的表现力。如果说特拉尼通过对勒·柯布西耶的借鉴延续了古典建筑理论的比例原则，那么奈尔维与更早之前的佩雷则是将古典结构理性主义思想与现代结构技术结合在一起。我们在前面已经提到了他的体育场设计，他于1935—1939年之间为意大利空军设计的一系列机库则是更为典型的作品。与欧仁·弗雷西内的飞艇库面对的问题类似，奈尔维需要用经济的结构手段实现111.5m长、44.8m宽的大跨度开放空间。传统的柱梁结构体系不再适用，奈尔维采用了交叉肋拱组成的拱顶结构。在最早建造的奥维多（Orvieto）机库中，他将机库门一侧的三点支撑与其他三侧的密集斜向支撑组成了复合支撑体系。虽然严格的几何秩序已经带来极为统一的视觉效果，但奈尔维认为复合式支撑体系仍然不够纯粹。在后续的6个机库中，他将地面支撑改造为统一的六点支撑方式，仅仅在四角与长边的中心以A字形的粗壮斜撑承载拱顶。改进后的机库展现出惊人的纯粹性，斜角拱肋组成的方形格网仿佛古代穹顶中的藻井般覆盖了一体的空间，营造出强烈的古典氛围。这一改进透露出奈尔维对于对称性、统一性等古典原则的执着追求，而这些原则也是古典美学思想的重要内核。也正是在这一点上，奈尔维的结构表现力不同于那些仅仅关注效用的结构工程师。在他的结构理性主义背后是从古至今一直延续的以建筑的手段体现永恒秩序的哲学理念。

在1920年代意大利建筑创作中还必须提到一个特殊的作品——由“七人组”成员里贝拉（Adalberto Libera）为作家马拉帕特（Curzio Malaparte）在卡普里岛（Isle of Capri）上设计的别墅（图3-6-29）。虽然建筑的朴实外表与几何体量体现出理性主义特征，但这个设计的决定性力量在于马拉帕特本人。他选择将别墅建造在一块伸入海中的岩石山体上。“现在我居住在岛上，在一个简朴和忧伤的房子里，我自己在海上一块孤独的岩石上建造了它。”[1]“我

① https://www.archdaily.com/777627/architecture-classics-villa-malaparte-adalberto-libera.

图 3-6-29　马拉帕特别墅

自己欲望的图像。”马拉帕特自己的话揭示了这个建筑的品质，这更多不是来源于建筑，而是来自于建筑与环境的绝妙融合。在这个特殊的场景中，建筑的朴素与沉默成为作家所期望的“孤独与忧伤”的承载之物。尤其是经过一段台阶走上屋顶平台，在嶙峋的山势与宽广的大海之间，这片类似于古代祭坛一样的平台成为作家独自沉思的理想场所。意大利建筑传统不可思议的厚度，在这里再次得以体现，并且还将在战后意大利建筑师的创作中不断闪现。

作为轴心国成员之一，意大利的现代建筑发展也与墨索里尼的法西斯统治有着密切的联系。墨索里尼参观了 1931 年 3 月的第二次意大利理性主义建筑展，这被解读为对意大利现代建筑的肯定与支持，但这最多也不过是一种不置可否的模糊态度。当他真的需要以建筑形象展现意大利的国家形象时，就像在苏联与德国所出现过的那样，古典主义的纪念性仍然是最终选择。墨索里尼计划在 1942 年举行罗马世界展览会（Rome Universal Exhibition），庆祝法西斯统治 20 周年。这显然是展现意大利整体国家形象的绝好机会。从 1937 年开始，意大利建筑师就展开了展览场地与展馆的规划与设计。最终，无论是老一代建筑师还是新一代建筑师，都走向了一条相近的道路——有着对称布局、严整平面、几何体量以及抽象化拱廊与门廊等古典主义特征的新建筑。对于参与展馆设计的意大利现代建筑师来说，这种古典主义结果是现代建筑与意大利文化传统相互结合的产物，“建筑师们致力于给予这个纪念性的综合体崭新的现代建筑，同时还怀有一种理想，与伟大的意大利和罗马建筑的范例相关联。”[①] 最为典型的是由圭里尼（Giovanni Guerrini）、帕杜拉（Ernesto Bruno La Padula）和罗马诺（Mario Romano）合作完成的意大利文化宫（Palazzo della Civiltà Italiana，图 3-6-30）。方形体量以及覆盖整个立面的拱廊明确指向罗马大斗兽场的历史先例，它的冷峻与历史寓意成为意大利法西斯建筑最重要的代表。罗马世界展览会最终于 1941 年取消，意大利文化宫还没有建造完成就失去了用途，并且一直荒废到 1950 年代，这也象征了意大利现代建筑在法西斯体系下的脆弱经历。

图 3-6-30　意大利文化宫

① BENEVOLO L. History of modern architecture[M]. Cambridge, Mass.: M.I.T. Press, 1971: 574.

8. CIAM

在前面的章节中，我们提到过1928年国际现代建筑大会（Congrès International d'Architecture Moderne，简称CIAM）的成立是现代建筑史上的里程碑事件之一。它是第一个具有广泛性的国际现代建筑师团体。在它的诸次会议中汇集了从勒·柯布西耶、格罗皮乌斯等建筑大师，到欧美等主要现代建筑起源地的重要建筑师，再到日本、土耳其等刚刚开始引入现代建筑的国家的代表等众多现代建筑支持者。CIAM比其他任何单一事件或者组织都更全面地展现了世界各国的现代建筑力量，以至于很多人将CIAM视为国际性现代主义运动的标志，甚至将CIAM等同于现代建筑本身。但是这种认知显然有其局限性，它忽视了现代主义运动的复杂性。虽然具有广泛的代表性，但必须避免将CIAM误解为一个有着单一目标的统一体。实际上CIAM是一个相对松散的组织，从来没有严格的章程与成员标准，更重要的是，CIAM从诞生开始一直到终结都是不同立场和观点相互交锋的场所。在它发展的各个阶段，不同的团体针对问题的关注点、解决方案乃至于组织架构都有着激烈的争论。因此，并不存在一个单一的CIAM体系。与其说它是现代建筑的整体代表，不如说它是现代建筑的国际论坛，为多种多样的思想与倾向提供了论辩讨论的机会。也正是因为这一特征，CIAM历次会议及其准备历程成为现代建筑发展史上一系列重要问题的讨论场所，CIAM就像一个透镜折射出那一时期不同流派之间关于现代建筑与现代城市发展方向的巨大差异。CIAM的演变历程中的确浓缩了现代建筑与现代城市规划理论与实践的许多发展节点与倾向转折，因此，把CIAM视为一个历程而不是一个固定的整体更能代表现代建筑与现代城市规划的演化。

成立一个国际现代建筑师团体的想法最早是由利西茨基等苏联先锋建筑师提出的。苏联特有的集体主义文化催生了一系列先锋建筑师团体的出现。利西茨基作为将苏联先锋建筑运动引介给西欧的桥梁，曾经邀请勒·柯布西耶一同成立国际性的先锋建筑师团体，但是未能得到后者的支持。1927年的国联总部设计竞赛带来了很大的改变，勒·柯布西耶的现代建筑方案因为受到学院派评委的反对未能最终入选。勒·柯布西耶与瑞士建筑史学家与评论家希格弗莱德·吉迪翁随即发起了一场国际性运动，试图扭转局势，赢得竞标。正是在这种情况下，成立CIAM的建议获得了勒·柯布西耶等人的支持，他们将它视为一个重要的途径，帮助扩大现代建筑的影响，进而推动勒·柯布西耶的国联方案获得胜利。

另外一些推动CIAM成立的因素还包括1927年魏森霍夫建筑展参展建筑师在斯图加特召开的以德国“环社”与瑞士制造联盟建筑师为主体的会议以及以汉内斯·迈耶、马特·斯塔姆、汉斯·施密特为核心的瑞士ABC团体。他们都认为需要一个更广泛的组织厘清现代建筑发展的正确倾向，而不是容忍不同立场的各自为政。瑞士制造联盟的重要资助人，有着法国—瑞士血统的贵妇曼德罗夫人（Helene de Mandrot）愿意提供资助。经过紧密的筹备之后，1928年6月26—28日，CIAM成立大会在曼德罗夫人位于瑞士的拉撒拉兹城堡（Chateau of La Sarraz）召开。如大会秘书吉迪翁所说，CIAM 的目标主要包括两项：定义新建筑的基础与原则以及向公众与政府积极推介现代建筑。[①]

勒·柯布西耶作为当时最有影响力的现代建筑师之一，在 CIAM 的历史中占据了举足轻重的地位，尤其是在“二战”以前的早期阶段。在第一次大会上，勒·柯布西耶就列出了六项主题作为大会的讨论议题，分别是：①现代建筑表现；②标准化；③卫生；④都市主义；⑤基础学校教育；⑥政府与现代建筑的争议。可以看出，从一开始 CIAM 的讨论范畴就不仅仅是现代建筑，现代城市规划以及与社会政治的关系也是关注的焦点，这将在随后的 CIAM 争论中得到完整的展现。

来自 8 个欧洲国家的 24 位建筑师参与了会议，包括贝尔拉赫、勒·柯布西耶兄弟、安德列·卢萨、雨果·哈林、恩斯特·梅以及 ABC 团体。在两天的会议中，与会者集中讨论了勒·柯布西耶六项问题中的前四项，并且在会议后发表了 CIAM 历史上的第一份宣言《拉撒拉兹城堡宣言》（Chateau of La Sarraz Declaration）。在一开始，宣言强调了现代建筑师的团结统一：“在这里签名的建筑师代表着现代建筑师的国际团体，他们强调在建筑的基本问题以及他们对社会的职业责任上有着统一的观点。”[②] 随后，宣言确认了现代建筑的一些基本原则，强调建筑要与时代紧密相关，必须摆脱学院派与传统的束缚，当代建筑应当实现高度的“经济效率”，这主要通过理性化与标准化等工业手段实现。城市也是宣言的主题之一，宣言强调：“城市规划是对集体生活功能的组织。”“城市化不是由已经存在的美学原则所决定的：它的本质是功能秩序。这个秩序包括三项功能：（a）居住，（b）生产，（c）休闲（物种的延续）。”[③] 虽然仅仅是一份简短的纲领，《拉撒拉兹城堡宣言》仍然透露出一些重要主题，比如标准化、对集体性的强调以及城市的功能分区，这些都将在随后的讨论中延展出激烈的争论。尽管宣言声称取得了统一观点，但实际上，会议中勒·柯布西耶与 ABC 团体之间有着难以弥合的分歧，这体现在分别以法语和德语发表的两份宣言的明显差异之上。分歧的核心实际上是建筑师的社会角色，认同工团主义立场的勒·柯布西耶认为建筑师应该作为技术精英参与资本主义工业社会的发展，而更倾向于苏联构成主义立场的 ABC 团体则认为建筑师应当利用资本主义的技术条件帮助实现新的集体主义社会。[④] 这一观点差异也将在随后的 CIAM 会议中演变为直接的观点对峙。

第二次 CIAM 会议在恩斯特·梅的建议下在法兰克福召开，主题为“最低限度住宅”。前面已经谈到恩斯特·梅在法兰克福郊区建设的卫星城住宅社区是 1920 年代最成功的现代建筑实验之一。这些被称为“新法兰克福”的大型项目充分利用了标准化预制装配等手段控制建筑造价，力图为更多的低收入群体提供良好的住宅环境。但是不断攀升的市场价格迫使梅不得不缩减住宅建造数量，因此他希望 CIAM 2 能够讨论最低条件的住宅产品来应对

① MUMFORD E P. The CIAM discourse on urbanism, 1928-1960[M]. Cambridge, Mass. ; London: MIT Press, 2000: 10.
② CONRADS U. Programmes and manifestoes on 20th-century architecture[M]. Lund: Humphries, 1970: 109.
③ 同上，110.
④ MUMFORD E P. The CIAM discourse on urbanism, 1928-1960[M]. Cambridge, Mass. ; London: MIT Press, 2000: 19.

严苛的经济条件。1929年10月24日，CIAM 2在美因河畔法兰克福（Frankfurt-am-Main）的棕榈树公园（Palmengarten）开幕，来自18个国家的130余人参与了会议，包括环社的几乎所有成员以及何塞普·路易斯·塞尔特（Josep Lluis Sert）、阿尔瓦·阿尔托等新成员。勒·柯布西耶因为在南美洲演讲旅行而未能出席，他委托表亲皮埃尔代为发言。

在开幕式上，吉迪翁宣读了格罗皮乌斯的演讲“最低限度住宅的社会学基础”（The Sociological Foundations of the Minimum Dwelling），这成为大会讨论的核心。格罗皮乌斯强调工业社会的发展，呼吁新的住宅形式：“工业家庭的内部结构让它从单一家庭住宅转向多层公寓住宅，并且最终转向集中式的总体家居（Master Household）。”[①]这里的“总体家居”类似于苏联建筑师提出的“社会聚合器”，意指在集体住宅中提供集中性的服务设施，比如餐厅、儿童看护、衣物洗涤等，从而将家庭成员，尤其是女性从家居服务中解放出来，实现“理智与经济上的独立，成为男性平等的伙伴”。[②]对于具体的住宅形态，格罗皮乌斯赞同勒·柯布西耶的提议，以高层建筑的模式建造住宅。他以计算数据论证了勒·柯布西耶的观点，高层住宅可以实现更大的人口密度，同时留出了足够的楼间距以保证充分的阳光、空气流通、绿地以及景观视野。在这里，格罗皮乌斯第一次提出了在低层、中层与高层住宅建筑模式之间进行选择的问题。但他的观点遭到了恩斯特·梅的反对，他根据法兰克福的经验认为中低层住宅是更为合理的方案。

与CIAM 2同时举行的是名为“最低限度住宅单元”（The Minimum Dwelling Unit）的展览，展出了由梅的员工准备的来自欧洲各个城市的270个住宅单元的平面，面积在23~91m^{2}之间的一到三居住宅，大部分满足格罗皮乌斯的标准：“成人应该有他自己的房间，虽然可能很小。”[③]参展方案中大部分都来自于德国，大约总数的一半来自于法兰克福，梅的众多建设成果展现了如何通过标准化部件以及集成家居在有限的面积中提供完善的功能服务。

在1930年的准备会议上，勒·柯布西耶提出CIAM 2对于最低限度住宅的关注过于狭窄，应该对于整个住宅社区进行讨论。随后CIAM 3的主题被确定为“理性场地规划”（Rational Site Planning），也就是住宅社区的建筑与规划。这次会议于1930年11月27—29日在布鲁塞尔的美术宫（Palais des Beaux-Arts）召开。因为以恩斯特·梅以及马特·斯塔姆、汉斯·施密特等左翼建筑师组成的“建筑师团”（Architects' Brigade）已经动身前往苏联参与“一五计划”的城市规划活动，CIAM开始落入格罗皮乌斯与勒·柯布西耶的主导之下。前者在CIAM 2上提到的住宅模式问题再次成为讨论中心，尽管梅的同事波姆（Herbert Boehm）与考夫曼（Eugen Kaufmann）仍然支持低层住宅的法兰克福模式，但是格罗皮乌斯展示的10~12层的住宅板楼获得了勒·柯布西耶与诺伊特拉（Richard Joseph Neutra）等人的支持，成为关注的焦点。

从高层住宅的日照、景观与密度优势出

---

① MUMFORD E P. The CIAM discourse on urbanism, 1928-1960[M]. Cambridge, Mass.; London: MIT Press, 2000: 38.
② 同上，37.
③ 同上.

发，会议讨论被引导到对传统城市格局的批评。欧洲历史城市的街道与街区格局被认为是混乱的，过于密集，交通干扰严重，通风与日照条件恶劣，需要被开放式的行列式布局或者是大片绿地中的高层建筑等更为“理性”的规划格局所替代。这实际上体现了勒·柯布西耶从“三百万人城市”到“瓦赞规划”再到“光辉城市”一直坚持的彻底重构欧洲城市格局的观念。勒·柯布西耶在1929年发表的一篇文章中毫无保留地对传统街道发起了攻击：“它是永恒步行者们的步行路径，几个世纪之久的遗迹，一个错位的器官，不再发挥功能。对于我们来说街道已经不再有用。当已经说过和做过一切之后，我们必须承认它令人厌恶。那么为什么它还存在？”[①] 由此，CIAM 3的讨论超越了住宅区规划而延伸到城市规划的总体格局。虽然仍然有雨果·哈林等人的反对，会议的最终成果还是体现了勒·柯布西耶与格罗皮乌斯的以高层建筑和绿地取代包括花园城市在内的传统规划模式的理念。

同期举行的展览被命名为“理性的场地规划”，展出了荷兰、德国、比利时、瑞士等地的56个低层、中层或高层住宅。勒·柯布西耶的“光辉城市”方案也在这次会议上展出，这些内容也汇集在1931年出版的书籍《理性的建造方法》(*Rationelle Bebauungsweisen*)之中。

经过最近两次会议的讨论，CIAM的议程已经转向了城市规划问题。虽然密斯曾经疑虑关于现代建筑的会议是否应该涉及城市规划这样政治化的议题，但在勒·柯布西耶、吉迪翁以及格罗皮乌斯的推动下，CIAM 4的主题被确定为“功能城市”，在勒·柯布西耶的建议下，定于1933年在苏联莫斯科召开。

“功能城市”已经是当时城市规划思想中的热点问题。在霍华德花园城市、马塔的线性城市、加尼耶的工业城市以及勒·柯布西耶的光辉城市中都有不同城市功能的分区设置。CIAM《拉撒拉兹城堡宣言》中也体现了对城市的功能分解。在1930年代，“功能城市”成为现代城市规划区别于传统城市混乱格局的主要指针，在凡·伊斯特伦的阿姆斯特丹扩展规划等项目中占据核心地位。CIAM于是委托凡·伊斯特伦为CIAM 4准备用于讨论的功能城市导则。[②]

1932年的苏维埃宫竞赛为CIAM带来了波折。与国联竞赛类似，勒·柯布西耶的现代建筑方案输给了苏联建筑师的新古典主义设计。吉迪翁代表CIAM给斯大林写了两封措辞强硬的信件表达不满，虽然斯大林并未真的读到信件，但是苏联政府建筑立场的转变已经不可逆转。在这种背景下，苏联政府要求将CIAM莫斯科会议推迟一年召开。在拒绝这一提议之后，CIAM 4决定改到从马赛到雅典的SS·帕垂斯Ⅱ(SS Patris Ⅱ)号游船上召开。1933年7月29日，满载着超过100名代表、宾客以及家属的SS·帕垂斯Ⅱ号从马赛港启程。

勒·柯布西耶在游船上发表了主题演讲，强调城市的主要功能包括四项：居住、工作、休闲与交通，其中最为重要的是居住。虽然花园城市模式能够满足个体化的需求，但是它失去了城市的集体化组织的优点。因此更为合理的方案是以高层建筑与大面积绿地为核心的高密度城市，这体现了城市规划作为一种“三维”

① MUMFORD E P. The CIAM discourse on urbanism, 1928-1960[M]. Cambridge, Mass.; London: MIT Press, 2000: 56.

② 同上，61.

科学的特征。汽车与铁路带来了全新的交通尺度与速度，也就意味着传统街道与建筑密度的修正。为了实现城市的彻底重构，必须跨越土地私人占有这一障碍，因此勒·柯布西耶呼吁城市与乡村土地应当被“动员”起来用于公共建设。[①] 可以看到，这些观点是勒·柯布西耶在光辉城市等方案中已经成熟的想法，在这里以“功能城市”的名义获得更系统的表述。

在轮船甲板上还展出了 CIAM 代表们根据会议之前的要求准备的对 33 座城市的分析，其中包括对城市的功能分区、交通体系以及与周围区域的关系等内容的分析。在抵达雅典后，这些展板组成了名为“功能城市”的展览，在国立理工学院（Ecole Nationale Polytechnique）中展出。围绕会议主题与展览内容，各国代表在船上、在雅典，甚至是回到马赛之后进行了广泛的讨论。因为涉及的问题极为庞大，会议并未能达成一致意见。最终会议没有发布决议文件，仅仅是在 1933 年发表了由吉迪翁编辑的会议讨论的综述，名为《观察》（Constatations）。作为 CIAM4 的基础性文件，《观察》不仅登载了对 33 个城市的分析，还包括了一系列基于“功能城市”原则的规划建议，比如：城市四项功能能够有明确分区，并且合理地处理相互关系；居住区应该占据最好的地段，并且保证每个居所的最低日照要求；建筑不应沿街布局，而应当是在绿地中大间距分布；拆除传统城市中心的拥挤街区，改造为绿地或者是公共设施用地；工业区应当以绿地或体育场与居住区隔离，并且邻近快速交通设施，减少通勤距离与时间；统计与计算等科学方法应该被用于对交通流量的分析，并且进一步确定街道的尺度与分布。《观察》所汇集的观点代表了 CIAM 对于城市问题最全面的分析与立场，正如埃里克·芒福德（Eric Mumford）指出：“《观察》对于 CIAM 来说几乎扮演了神圣文本的角色，在随后的 10 年中被不断提起作为 CIAM 工作的基础。”[②] 在陈述这些成果的同时，《观察》也记录了讨论中的分歧，比如对于私人土地应当通过“征用”还是“动员”来获得。吉迪翁准确地分析到，在这一分歧背后是将现代建筑与城市规划视为政治活动还是技术活动的不同立场，更深远的则是对待资本主义体系是反对还是支持的差异。这一分歧在 CIAM 起始就存在于以 ABC 为代表的左翼力量与以勒·柯布西耶为代表的政治立场较为中立的建筑师之间，它构成了 20 世纪二三十年代复杂的政治局势下现代建筑讨论的一个重要组成部分。

虽然未能形成最终的会议决议，但西班牙建筑师塞尔特与勒·柯布西耶分别根据会议讨论撰写了自己的总结性文件。各自以《我们的城市能幸存吗？》（*Can Our Cities Survive?*）以及《雅典宪章》（*The Athens Charter*）为名于 1942 年与 1943 年出版。其中影响更大的是《雅典宪章》，它重申了勒·柯布西耶自 1920 年代以来所坚持的城市规划思想，尤其是在 CIAM 4 上发表的“功能城市”观点。《雅典宪章》成为勒·柯布西耶最重要的城市规划文献之一，是他作为现代城市规划理论先驱的直接证明。虽然很难找到任何一个城市与他的“三百万人城市”或者是“光辉城市”比较接近，但是《雅典宪章》中体现的规划思想仍然影响了全球大量现代城市

① MUMFORD E P. The CIAM discourse on urbanism, 1928-1960[M]. Cambridge, Mass.; London: MIT Press, 2000: 79.
② 同上，90.

的形态。最为典型的或许是巴西利亚的规划，而勒·柯布西耶也在战后的昌迪加尔规划与建筑设计中部分实施了《雅典宪章》的理念。在更细微的层面，全球大量现代城市与社区的面貌，其优点与缺陷也都与 CIAM 4 以及《雅典宪章》所认同的“功能城市”理论有着直接的关联。

在 CIAM 4 之后，伴随着现代建筑在苏联、德国等国家遭受压制，欧洲现代建筑运动遭遇低潮。1937 年 6 月 28 日至 7 月 2 日在巴黎召开的 CIAM 5 是“二战”前的最后一届，会议的主题是勒·柯布西耶建议的，对“功能城市”主题的延展。回应他关于居住在城市 4 项功能中最为重要的观点，CIAM 5 的主题被确定为“住宅与休闲”。会议展览集中体现了城市休闲、乡村的城市化以及新建筑与新城市环境的生物性优点，这些案例大多属于对“功能城市”原则的实践成果。除此之外，讨论也涉及了休闲、身体与精神需求等更为宽泛的问题，使得勒·柯布西耶宣称：现代建筑“已经超越了理性主义与功能主义，我们的研究不受限制地扩展了创造的范畴，并且对生活的多重方面做出了回应；通过在现代的尺度上发现新的品质，我们将获得能够企及的结果。”[①]相比于 CIAM 4 的坚定与明确，勒·柯布西耶的话体现出更多的模糊性，这与他 1930 年代的作品中出现的从纯粹主义的绝对美学向更多乡土与传统元素的建筑语汇的转向有所关联。在他战后的作品中，这种超越“理性主义与功能主义”的特征将引向一系列新的建筑创作。

“二战”爆发意味着 CIAM 第一阶段活动的终结，下一次 CIAM 会议将于 1947 年在英格兰布里奇沃特（Bridgewater）召开，会议将涉及完全不同的议题与分歧，展现出现代建筑所面临的新的挑战。而在战前这一阶段，CIAM 的确在以下几点集中性体现了现代建筑与现代城市规划在二三十年代所取得的诸多成果：①全面体现了世界性的现代建筑力量，各国建筑师获得了一个前所未有的舞台展开讨论与交流；②在勒·柯布西耶、格罗皮乌斯、吉迪翁等核心人物主导下，CIAM 讨论了现代建筑中最重要的一系列议题，比如建筑工业化、住宅、社区规划以及功能城市，这些论题构成了现代建筑运动的重要内涵；③ CIAM 也展现出了现代建筑运动的复杂性，它是不同立场与观点交锋的场所，左翼、右翼以及相对中立的建筑师都提出了不同的建筑与城市提议，CIAM 的讨论折射出现代建筑与政治环境之间的交织关系；④通过众多展览与出版物，CIAM 毫无疑问推动了民众对现代建筑与城市规划的认知与接受。尤其是《雅典宪章》等经典文献将一系列典型的现代建筑与城市规划理念传播到世界各地，对于战后各国的建筑与城市发展将产生重大的影响。

正是因为以上原因，我们才将 CIAM 称为现代建筑与城市规划发展史上的里程碑事件。在两次世界大战之间这一现代建筑早期发展最为重要的时间段，CIAM 是证明现代建筑走向成熟的重要指针之一。

---

① MUMFORD E P. The CIAM discourse on urbanism, 1928-1960[M]. Cambridge, Mass.; London: MIT Press, 2000: 115.

第七节
美国的建筑活动以及其他国家的现代建筑发展

“一战”以后，传统欧洲强国英、法、德都遭受了极大的削弱，美国则保持了稳健的发展，并且在战争中获利，正式超越英国成为全球政治、经济实力最为强大的国家。相对独立的地理位置，稳定的政治架构以及更为单纯的文化传统使得美国具备了完全不同于欧洲的现代建筑条件。首先，20 世纪二三十年代的美国很少受到欧洲先锋建筑运动的影响，文化进程上相对保守；其次，欧洲风起云涌的不同意识形态的政治斗争在美国也不存在，社会改革乃至于革命的呼吁微乎其微；此外，美国发达的商业体系在建筑活动中占据了主导地位，商业资本寻求利益的企图决定了主流建筑面貌；最后，伴随着国际地位的上升，美国作为一个整体性国家主体的认同感也显著提升，这也导致了对一种与之相适应的建筑语汇的需求，历史主义以其成熟的纪念性内涵成为理想的选择。在这些条件下，20 世纪二三十年代的美国建筑活动走上了一条与欧洲先锋建筑运动完全不同的轨迹，即使是赖特这样独立于美国主流建筑体系的个人化天才也与欧洲现代主义的理念与实践有着巨大的差异。在本节中，我们将讨论美国这一时期的建筑活动，并且还将在最后讨论欧美主要国家之外其他国家现代建筑的发展与扩散。

1. 城市美化运动

发源于 19 世纪七八十年代的芝加哥学派是美国对现代建筑发展最大的贡献之一。形态简洁、结构清晰、秩序严谨的芝加哥摩天楼是功能主义建筑原则的清晰说明。然而，因为缺乏足够的理论思想与社会文化的支撑，芝加哥学派仍然只是一种局部性的探索尝试，未能像在欧洲一样源源不断地接受先锋艺术、工业技术以及社会理想的养料而进一步发展为更全面的建筑运动。虽然沙利文（Louis Sullivan）以其独特的浪漫主义立场呼吁整体性的建筑变革，但是在美国强大的商业体系面前，这种声音变得无关紧要。1893 年在芝加哥举行的哥伦比亚世界博览会（World's Columbian Exposition）通常被视为芝加哥学派终结的标志。虽然在博览会之后还有一些零星的芝加哥学派作品出现，如沙利文与阿德勒（Dankmar Adler）的卡森 · 皮里 · 斯科特百货公司大厦（Carson, Pirie, Scott and Company Building），但经济衰退严重削弱了芝加哥的建筑活力。大多数芝加哥学派建筑师转向了被市场所接受的历史主义，而沙利文则成为孤独和难以被理解的另类，在穷困潦倒中衰老下去。

芝加哥博览会之所以重要，是因为丹尼尔 · 伯纳姆（Daniel Burnham）——博览会总体规划的制定者之一，芝加哥学派的重要成员，同时也是巴黎美术学院毕业生——背弃了芝加哥学派的质朴倾向，为博览会设计了有着强烈巴黎美院式纪念性轴线的规划方案。在博览会的核心——荣耀之院（Court of Honor），一系列有着古希腊与古罗马纪念性风格外观的建筑沿着大型长方形水池周边布局。它们实际上是两层高的展棚，其古典立面并非石质，而是用石膏、水泥、黄麻纤维等廉价材料建造再粉刷为模拟大理石的白色。博览会由此获得了“白色城市”（White City）的昵称。这些有着华丽古典外皮的展棚仿佛是奥古斯特·普金（A. W. N. Pugin）所批评过的欺骗性建筑的典型案例，是历史主义建筑内外分裂的直接体现。除了一栋建筑之外，荣耀之院中所有的建筑都出自于美国东岸的学院派建筑师之手，对于这种布景式的虚荣倾向，沙利文感叹道：“在自由的土地上，在勇敢者的家乡，建筑死了……世界博览会所造成的破坏将持续半个世纪，如果不是更长的话。”[①]

对于欧洲参观者，芝加哥博览会的白色建筑只是对欧洲传统的廉价模仿，但是对于美国社会，博览会却是一个壮观的建筑成就。它不仅展现了美国也可以拥有与欧洲类似的宏大纪念性，也清晰地说明了有着明确目的的统一规划可以创造多么不同寻常的城市场景。在美国此前以自由放任政策所主导的城市建设中，建筑活动大多局限于单一项目，还少有博览会这样的大尺度规划建设。“白色城市”作为切实的案例启发了美国其他城市的效仿，在历史主义的框架下，以统一的规划方案与建筑风格塑造城市的纪念性景观。伯纳姆自身也在全国各地的演讲中推动这些设想，许多城市委托他提供规划方案，这些活动组成了 20 世纪初期的美国“城市美化运动”（City Beautiful Movement），其核心是以学院式的规划格局以及古典主义的历史风格创造富有纪念性的城市场景。这一运动最具代表性的成果是华盛顿“国家广场”（National Mall）的规划与建设（图 3-7-1）。

早在皮埃尔·朗方（Pierre Charles L'Enfant）1791 年的华盛顿规划中，国会山向西直到将要建设的华盛顿骑马像之间就有一条 120m 宽、1.9km 长的花园大道，它构成了华盛顿最重要的中心轴线。但是在随后的 100 多年间，这条轴线并未落实，国会山与华盛顿纪念碑之间的区域变成了一个杂乱的花园，散布着温室、火车站、市场等民用设施。1902 年，由参议员麦克米兰（James McMillan）领导的委员会委托伯纳姆、奥尔姆斯特德（Frederick Law Olmsted）、麦金姆（Charles McKim）等人为这一区域提供新麦克米兰方案，并且在随后实施。麦克米兰方案要求拆除这一区域杂乱的民用建筑，在国会山与华盛顿纪念碑的轴线上铺设开放草坪，草坪外侧是由 4 排高大的榆树护卫的两条道路，再往外则是沿轴线方向整齐排列的文化、教育以及政府建筑，

图 3-7-1 华盛顿“国家广场”

① SULLIVAN L H. The autobiography of an ieda[M]. New York: Dover Publications, 1956: 325.

都采用历史主义风格。华盛顿纪念碑再往西规划有水池与林肯纪念堂，这是整个轴线的终点。此外还有一条南北轴线，终点分别是后来建造的杰斐逊纪念堂以及北侧的白宫，这条轴线与东西主轴线在华盛顿纪念碑交错。麦克米兰方案最终完善了朗方的规划设想，以宏大的轴线、宽阔的草坪、规整的林荫大道以及历史主义建筑为美国塑造了最重要的国家纪念建筑核心。它满足了美国日益强化的塑造与其强大的国家实力相匹配的建筑与城市形象的愿望。从芝加哥博览会起源的学院式潮流最终引致了美国代表性的纪念性场景，这是城市美化运动最重要的成果。

虽然伯纳姆还为其他许多城市提供了规划方案，但真正获得落实的并不多。其中最著名的或许是 1909 年的芝加哥城市规划方案，伯纳姆与贝内特（E. H. Bennett）的设计将把这座城市改造为密歇根湖旁的巴黎，但最终未获实施。克利夫兰是少有的将伯纳姆的规划方案付诸实施的案例，在一个类似于国家广场的轴线草坪周边布置了一系列长方形的历史主义建筑，包括市政厅、邮政局、图书馆等市政设施。在这些有限的城市规划成果之外，城市美化运动的影响更多是在建筑上。杰斐逊很早就将新古典主义引入为美国的代表性建筑风格，城市美化运动更推动了美国各地政府采用纪念性的历史主义风格建造市政建筑，这将对美国很多城市核心区域的城市风貌产生持久的影响。除此之外，城市美化运动所倡导的整体规划与控制，也为一贯崇尚自由放任政策的美国城市灌注了规划理念，在美国城市规划发展史上具有重要的地位。

2. 摩天楼建筑的发展

美国是摩天楼建筑的故乡，在芝加哥学派衰落之后，摩天楼设计又回到了历史主义道路上。非常典型的是伯纳姆设计的纽约富勒大楼（Fuller Building），这座 1902 年完工的 22 层高摩天楼采用了芝加哥摩天楼中常用的钢结构，但是在外观上伯纳姆采用了古典三段式，以大量的历史元素营造出厚重的文艺复兴式府邸的立面效果。因为地段的限制，这座大厦采用了 25 度尖角的平面，从特定角度看去极为尖锐、挺拔，因此获得了“熨斗大厦”（Flatiron Building）的昵称。钢结构的使用极大地拓展了摩天楼的高度可能性，富勒大楼也开启了纽约摩天楼建设的新时代。

在芝加哥，一场国际性的设计竞赛再一次证明了历史主义的统治性力量。1922 年，芝加哥论坛报（Chicago Tribune）为自己的总部办公楼的设计发起了国际竞赛，吸引了全球将近 300 份参赛方案，很多著名欧美建筑师都参与其中。与 1920 年代的其他重要设计竞赛如国联竞赛以及苏维埃宫竞赛一样，芝加哥论坛报大厦设计成为现代设计与历史主义设计同台竞逐的场所。欧洲建筑师，尤其是先锋建筑师们提出了极富个性的设计，阿道夫·路斯出人意料地将大楼设计成一个巨型的多立克圆柱，这让很多人质疑他是否在传达反讽的意味。但实际上多立克柱式与路斯所认同的在公共性纪念建筑中使用古典语汇的立场并无严格的冲突。布鲁诺·陶特的方案是一座由钢和玻璃构成的尖锐锥体，可以被视为他的玻璃屋与阿尔卑斯山顶建筑设想的结合体。希尔伯塞姆与麦克斯·陶特（Max Taut）的方案都将大楼的设计简化到实用性的极致，除了结构框架与玻璃窗以外几乎不再有其他元素，这是极端功能主义思想的体现。相比起来，格罗皮乌斯与阿道夫·迈耶的方案虽然也基于格网与玻璃幕墙，但是在形体组合、几何构成以及横向、竖向节奏变化上有更多的考虑，是竞赛中最出色的现代主义设计之一。美国本土的设计师大多采用历史主义的装饰手段，很多设计采用了古典与哥特风格，也还有许多设计吸纳了其他建筑传统比如埃及建筑、美洲印第安建筑的元素，体现出了摩天楼设计中建筑语汇的混乱。最终获胜的是纽约建筑师豪威尔（John Mead Howells）与胡德（Raymond M. Hood）的哥特风格设计方案，他们将法国鲁昂大教堂（Rouen Cathedral）始建于16世纪早期的火焰式哥特（Flamboyant Gothic）风格的南塔放大成摩天楼，华丽的塔顶扶壁与雕刻满足了业主对于建造“世界上最美的办公建筑”的要求。与城市美化运动类似，芝加哥论坛报竞赛展现了当时美国对于宏大、奢华建筑形象的追索。

这次竞赛第二名的方案值得特别留意，它来自于芬兰建筑师埃里尔·沙里宁以及芝加哥建筑师华莱士（Dwight Wallace）与格林曼（Bertell Grenman）的合作设计。虽然同样以上下贯通元素强调了建筑的竖向性，沙里宁的方案回避了直接的历史联想，建筑采用逐层退台，最终结束在一个完整的方形体量上。相比于获胜方案，这一方案更为质朴，但是也显得坚实与挺拔。虽然未能获胜，但是沙里宁方案中强烈的竖向性、几何形体以及退台设计都预示了此后美国摩天楼建筑的发展。凭借这一方案，沙里宁也在美国国内获得了很高的声誉，他于1923年举家迁徙到美国芝加哥居住和从业。1925年他应邀设计了匡溪教育社区（Cranbrook Educational Community）的校园建筑，并且在那里任教和担任著名的匡溪艺术学院（Cranbrook Academy of Art）教授与院长。

20世纪20年代是美国资本主义体系发展的黄金时代，稳健的经济发展促进了投资与消费的增长，汽车、电力、电话、航空旅行等技术进步带来了生活方式的快速变化，而爵士乐、电影、无线广播的大规模扩散也帮助塑造了前所未有的大众娱乐方式。从纽约到伦敦，巴黎到上海，1920年代见证了全球性消费文化的诞生与发展。这一变革在社会生活的各个方面都有明显的体现，而与建筑关系最为密切的是地产开发的增长以及迎合消费潮流的“装饰艺术”（Art Deco）风格的流行，这两个因素都集中在美国，尤其是曼哈顿的摩天楼建筑中。

作为美国的经济与金融中心，曼哈顿是地产投资最热衷的地区。在1920年代经济成长中极大获利的大公司与投资商纷纷在曼哈顿黄金地带建造可租赁的办公建筑。高昂的利润使得摩天楼成为地产投资最理想的模式，许多曼哈顿代表性的摩天楼建筑就是在这一时期建造而成。而对于建筑风格，传统的历史主义显然已经无法与快速更迭的消费文化相匹配，不断追求新奇效果的商业刺激手段呼吁新的建筑表象，这最终转化为对新的装饰风格的需求。就像变化的时装，装饰的更替能以相对简单的方式获得新的建筑形象，装饰艺术风格所满足的就是这种消费需求。

装饰艺术风格的名称来自于1925年在

巴黎举行的“国际现代装饰与工业艺术博览会”（Exposition Internationale des Arts Décoratifs et Industriels Modernes）。我们此前提到梅尔尼科夫的苏联馆与勒·柯布西耶的新精神馆是这次展览会上最重要的现代建筑作品，但是他们两人的创作分别基于苏联先锋艺术运动与多米诺住宅体系的探索，均拒绝将建筑视为装饰问题，因此与展览会的主题有极大的差异。然而，正是在提供极为丰富与新颖的装饰产品这一点上，这次展览会取得了决定性的影响力。展会的目标是全面呈现“现代”设计，但是不同于欧洲现代建筑运动的意图与原则，这里的“现代”仅仅指风格与形式的变异，任何不同于以往的或者不常见的形式元素都可以被视为新创造。因此，展会上汇集了来源各异的装饰产品，最为常见的是将当代工业元素，比如几何形体、流线型形态、部分先锋艺术元素与传统图案、异域文化题材等因素加以糅合所形成的装饰语汇。这种语汇以其新奇感与华丽的形式被 1920 年代商业文化所吸收，扩展成为席卷欧美的装饰艺术风格。必须注意的是，虽然这种风格与现代建筑运动类似，也强调在现代工业条件之下探寻形式的革新，但是它缺乏现代建筑运动，尤其是欧洲现代建筑发展中所内含的理念支撑，因此仅仅局限在装饰元素的摸索之上。任何新奇的，具有宣传效果的装饰元素都可以被接纳，无论它来自于现代工业还是埃及法老的陵墓。从某种角度上看，现代建筑与装饰艺术风格站在对立的两面，前者认为现代建筑是对形式主义的否定，而后者所关注的恰恰是形式的创造。欧洲复杂的政治文化环境促进了前者的发展，而美国专注的资本主义商业文化则是后者理想的土壤。

在建筑上，美国装饰艺术风格的典型代表是 1920—1930 年代的美国摩天楼。其风格特征包括较为方整的几何体量、强烈的竖向性元素、退台式设计、顶部的特殊处理，如尖顶或者阶梯状形态以及采用来源各异的装饰图案。装饰艺术风格摩天楼的代表作是威廉·凡·阿伦（William van Alen）设计的克莱斯勒大厦（Chrysler Building，图 3-7-2）。这座 259m 高的摩天楼在 1928—1930 年之间建

图 3-7-2 克莱斯勒大厦

造于纽约曼哈顿。建筑采用了退台设计，一方面符合纽约维护街道光照条件的规划要求，另一方面也呼应美洲地区阶梯状金字塔的造型特点，是当时摩天楼建筑中普遍采用的设计模式。大楼立面主要由秩序感强烈的几何框架构成，中心的竖向线条突出了楼体的高耸，在楼房顶部是不锈钢材质的有着放射状图形的尖顶，最上面挺立的尖塔仍然是对哥特式高塔的回应。虽然整体体量上较为整洁，克莱斯勒大厦仍然采用了金属材料的轮胎、雄鹰、山形回纹等装饰元素，展现出了克莱斯勒汽车公司的行业性质。

建造于1930—1931年的帝国大厦（Empire State Building）由威廉·兰姆（William F. Lamb）设计，采用了与克莱斯勒大厦类似的对称性平面与退台设计，但是立面处理上更为简洁，竖向性线条遍布楼体四周（图3-7-3）。在大厦顶部是一座有着翼形装饰的灯塔，其上还树立着高达62m的广播天线与避雷针，这使得整个建筑的高度达到了惊人的443m。帝国大厦是纽约第一座超过100层的摩天楼，而仅仅使用1年零3个月就建造完成，是1920年代快速发展的结构与建造技术最直接的证明。帝国大厦将世界最高建筑的纪录保持了40年之久，这所建筑著名的观光平台以及以楼体为背景的灯光表演也成为美国著名的文化象征。

另一个较为重要的摩天楼项目是雷蒙德·胡德（Raymond Hood）与合伙人公司设计的洛克菲勒中心（Rockefeller Center），由14座装饰艺术风格的高层建筑组成，占据了曼哈顿第五大道与第六大道以及48街至51街之间的22英亩土地。洛克菲勒中心典型性地体现了地产资本对于摩天楼设计的控制，“在离窗口30英尺以外的建筑面积上，我从来赚不到一文钱”，洛克菲勒的这一判断导致14座高层办公楼都采用了退台式窄板楼的设计，保证室内充足的采光。整个地块的布局规划也力图夺取最大的商业盈利。发展商对整个项目提出一系列具体的建设要求，而建筑师的控制力则被压缩到对地产要求的实施与满足上，这意味着新的建筑生产模式，建筑与项目的主导权与设计要素都落于地产投资者的掌控中。1935年《建筑论坛》（*Forum*）杂志已经谈到了这种变化：“从一开始，洛克菲勒中心的目标就是投入一定的资本，保证一定的收

图3-7-3　帝国大厦

入……建筑的形式由出租经营部门决定，而不是产生于建筑师的绘图室。”洛克菲勒中心是发达的地产资本主导摩天楼建设的典型范例。

纽约摩天楼的商业形象与美国消费文化的紧密关系在 1931 年 1 月 13 日阿斯特饭店（Astor Hotel）由巴黎美院建筑师协会组织的纽约天际线（Skyline of New York）表演中展现得淋漓尽致。超过 20 名建筑师穿着由他们的建筑作品改造而来的服装在舞台上进行集体展示，其中包括凡 · 阿伦的克莱斯勒大厦与舒尔茨（Leonard Schultze）的华尔道夫酒店（Waldorf-Astoria Hotel）。这些建筑大多在 1929—1930 年之间完成，是“咆哮的 20 年代”最后的建筑体现。这场表演绝妙地隐喻了这一时期摩天楼建筑与外表装饰的密切勾连，也以戏剧化的方式展现了 1920 年代美国消费文化的荒诞与浮华。开始于 1929 年的大萧条为这一时代画上了句号，日益严峻的经济与政治局势终结了 1920 年代的歌舞升平，美国摩天楼建设的一个高峰时期就此结束。这种建筑类型新的演变将在“二战”后以密斯为代表的现代建筑师的影响下进入一个新的阶段。

3. 赖特的早期公共建筑

弗兰克 · 劳埃德 · 赖特（Frank Lloyd Wright）是现代建筑史上的传奇人物，他开始于 1893 年的独立建筑执业延续了 66 年之久，几乎覆盖了现代建筑从起源到成熟，并最终获得全面接受的整个时段。从最早的草原住宅开始，赖特的作品就对欧美建筑师产生了巨大的影响，这种影响伴随着他自身创作的不断演化而发生着变化。从草原住宅到流水别墅，再到塔里埃森以及最后的古根海姆博物馆，很少有建筑师能够实现如此多元的建筑语汇的更替。更令人钦佩的是，在不断演化之中，他的作品仍然保持着卓越的水准，不断创造一个又一个现代建筑经典。

在影响了整个现代建筑进程的同时，赖特也堪称现代建筑史上的异类。与其他很多建筑师乐于成为某个团体以及流派成员的做法相反，赖特从始至终保持着创作与思想上的独立性，除了沙利文与自己以外，他很少对其他建筑师有所认同。而对于欧洲现代建筑运动，赖特更是抱有激烈的批评态度。不仅是在建筑上，他的生活方式、政治观点以及独特个性都使他与美国主流社会保持着距离，这种差异在他身上形成了独立于世的光环，也对他的职业生涯造成了不利的影响。从某种程度上来说，赖特的独特性与他所提倡的“有机建筑”理论有关。这一理论来源于沙利文的教导，可以上溯到爱默生有机超验主义以及更为深远的欧洲浪漫主义思想。就像梭罗在瓦尔登湖边的独自生活一样，赖特也在实践着与自然而不是与流派、与规则、与习俗为伍的生存方式。他一生的建筑活动都是对这一立场的说明。

在前面的章节中已经讨论了赖特的草原住宅作品，这是他 1893—1909 年间芝加哥橡树公园时期发展起来的一种住宅设计思想与手段。1910 年他的《瓦斯穆斯作品集》（*Wasmuth Portfolio*）在欧洲出版，并且巡回展出，对欧洲先锋建筑运动，尤其是荷兰、德国的现代建筑师产生了巨大的触动。草原住宅流动的空间、鲜明的几何特征启发了从凡 · 杜斯堡到密斯，再到杜多克等建筑师的创作，成为整个现代建筑发展历史上重要的一环。密斯对于赖特的评价是对这一影响最好的说明："我们越深入地研究他的这些创作，就越钦佩他那无与伦比的才能、构思的大胆以及独立的思想和行动。他的作品中产生出来一股强大的动力，鼓舞了整整一代人。"①

橡树公园时期，与草原住宅的水平延展与开放有着巨大差异的是赖特的公共建筑作品。最早的是 1903—1906 年之间建造于布法罗（Buffalo）的拉金（Lakin）大厦（图 3-7-4）。很可能是受到了沙利文的影响，赖特突出强调了建筑的竖向性与纪念性，而不是草原住宅的水平性与亲切感。他将建筑形体处理成几个封闭砖砌体块的结合，以抗拒周围杂乱的城市环境。在明显的轴线控制之下，赖特构建出了厚重的实体感与仪式感。在建筑内部，办公空间围绕中庭布置，天光可以通过顶窗一直照射到地面层。这种以带有天光的中庭为核心的做法成为赖特最主要的公共建筑布局手段，它有利于创造一个隆重而纯净的空间核心（图 3-7-5）。在拉金大厦，赖特将这种布局所带来的特殊空间效果称为"工作的大教堂"，他试图以这种中心性的空间模式强化整个机构人员体制的凝聚与统一。这种意图也成了他其他众多公共建筑的核心理念。与他的住宅作品类似，赖特也坚持自行设计拉金大厦的办公家具，这是新艺术运动与有机建筑理论所共享的"整体艺术"理念的逻辑结果。在其背后是对生物体中部分与整体之间密切关系的认同与移植。所以当得知自己未能获准对拉金大厦中使用的电话机进行改造以适应整体环境时，赖特表达出了极度的失望。②而在他控制力更强的住宅作品中，赖特甚至会帮业主挑选花瓶。

图 3-7-4　拉金大厦

图 3-7-5　拉金大厦中庭

除了空间特征以外，拉金大厦还体现了赖特的技术革新。他将楼梯、卫生间等服务性设施放在建筑外围独立的体块中，从而避免了对中心办公区域的干扰，这种服务设施与被服务区域相互隔离的做法将在战后成为另一美国建

① NEUMEYER F. The artless word: Mies van der Rohe on the building art[M]. Cambridge, Mass. ; London: MIT Press, 1991: 66.

② FRAMPTON K. Modern architecture: a critical history[M]. London: Thames and Hudson, 1985: 61.

筑大师路易斯·康（Louis I. Kahn）的典型策略。两人相似性的根源，是浪漫主义思想中内在功能或者是活力将逐步成熟，最终在现实中获得独特表现的理念，这也是有机建筑理论的核心思想。拉金大厦也是美国最早采用空调设施的公共建筑之一，新鲜空气经过了加热或者是制冷后进入大厦，再通过与楼梯毗邻的通风塔向外排出。这展现出了赖特对于机器的态度。他并不像工艺美术运动支持者那样敌视机器，也不像风格派与勒·柯布西耶那样推崇机器，而是将机器视为一种正常的工具，应该给予合理的使用。因此赖特从不回避先进技术的使用，但是这种利用始终处于他的整体建筑思想的控制之下，从未成为主导性元素。

1908 年为他的叔叔詹京·琼斯（Jenkin Lloyd Jones）设计建造的联合教堂（Unity Temple）是赖特早期最重要的宗教建筑作品（图 3-7-6）。这座建筑与拉金大厦有着很大的相似性，比如厚实、封闭的外观，角部的实体化处理以及立面中心部位的竖向构件。这些构件顶部的植物纹样再一次体现出沙利文装饰语汇的影响。两者不同的地方在于联合教堂有着更为复杂的轴线关系，建筑的两个主要部分——教堂本身与一旁的社区中心，有着各自的竖向轴线，一条横向轴线将两者串联起来，获得与古代神庙类似的进深与轴线关系。教堂部分的设计与拉金大厦类似，四周布置座椅与圣坛，中心部位的中庭有天光置顶，给予室内更为均匀的光线效果。联合教堂迥异于常规教堂的设计体现出赖特对于信仰与宗教建筑的独特看法："为什么不建造一座庙宇，不是以常见的方式献给神——比日常感受更为情感化——而是献给人，适合于他将这里作为一个会面的地方使用，在里面为了神去研究人自身？"[①] 赖特对权威的拒绝以及认为本质已经蕴含于事物本身的哲学观念是这种宗教理解的基础。联合教堂的格局与厚重的确非常类似于古希腊议事厅。

图 3-7-6　联合教堂

赖特的草原住宅与公共建筑之间的巨大差异尚未得到很好的解释。一个可能的原因是建筑与外部环境的关系。草原住宅往往在自己的独立的地块中，赖特希望它们开放延展与周围的自然环境有更好的交融，不少草原住宅中还包括非常优秀的花园设计，比如 1903 年的马丁（D. Martin）住宅。而公共建筑往往位于嘈杂的城市环境中，赖特一直对于大城市持有激烈的反对态度，这在他的"广亩城市"理念中体现得非常清楚。此外，公共建筑因其重要性也受到更多社会潮流的影响，比如当时仍然强大的历史主义。面对这一负面的条件，赖特可能希望以封闭性以及强硬的实体感形成某种抵抗的姿态。在 1928 年一篇未发表的演讲稿中

① WRIGHT F L. Frank Lloyd Wright collected writings Vol. 2[M]. New York: Rizzoli in association with Frank Lloyd Wright Foundation, 1992: 212.

他写道："在那些建筑中可以看到对'拒绝'的强调；如果不是因为别的什么原因的话，这些建筑仅仅为了这唯一的理由存在，这在当时是非常新鲜的。在那时——是布法罗的拉金大厦对立于纽约的熨斗大厦。"[①] 就像他的导师沙利文一样，赖特对于当时的主流建筑体系持否定的态度，他的有机建筑哲学也引导他在建筑内部而不是外部去寻找设计的源泉。他的众多公共建筑的核心价值就在于内部空间秩序与氛围的营造，而对外的封闭性也是他此后很多作品中的典型特征。

在平静的橡树公园生活和工作了将近 20 年之后，赖特感到了疲惫和厌倦，他此后回忆到："这个具有吸引力，但是非常耗费精力的建筑师阶段结束了……我失去了对工作的掌握，甚至是对它的兴趣……所有的事情，个人的或其他的，都压在我的身上。尤其是家庭事务。我不知道我想要什么。我爱自己的孩子。我爱自己的家。"[②] 赖特决定作出改变，1909 年他离开了橡树公园的家庭与工作，与玛马·切尼（Mamah Borthwick Cheney）女士一同离开芝加哥，前往欧洲处理作品集的出版与展览事宜。这一事件对于他此后的工作与生活都造成了巨大的影响，也标志着他稳定的橡树公园时代的结束。

4. 赖特 20 世纪二三十年代的建筑创作与城市构想

在欧洲待了将近一年之后，赖特于 1910 年回到美国，开始在威斯康星斯普林格林（Spring Green）附近他母亲的家族聚居的山谷中建造新的住所与工作室。他将这个建筑称为"塔里埃森"（Taliesin），取自威尔士中世纪诗人的名字。这显示出了赖特对于母亲家族的威尔士移民血统的认同。早在 18 岁时他就将自己的名字从弗兰克·林肯·赖特改为弗兰克·劳埃德·赖特，其中劳埃德是她母亲的姓氏。

"塔里埃森"基本上延续了他此前的草原住宅设计，强调水平延展以及平面的自由灵活。但是与芝加哥郊区不同，塔里埃森坐落于一片自然环境优越的山地中，赖特在设计中作出了一些调整让建筑与场地条件更为切合。他将建筑体量拉开、错动以适应地面的起伏，同时也围合出一个更大的半开放内院；整个建筑的形态也更为复杂多变，避免单一秩序的强硬；在墙面处理上也比芝加哥的别墅作品更为简朴，赖特采用了淡黄色粉刷，与环境色彩相近；在材料上，赖特还使用了大量片状毛石砌筑竖向墙体，强化了建筑的天然与古朴。这些特征使得塔里埃森与所处的场地环境有了更密切的融合。"任何建筑都不应该建在山上或其他东西之上。它应该就是山。属于山。山与住宅应该共同生活，因为彼此而更幸福。"[③] 赖特的这段话揭示了塔里埃森的设计所遵循的根本原则，它展现了赖特建筑思想中极为重要的一个方面：建筑应当与自然环境融为一体。

这一特征在他早期的草原住宅中就已经非常明显，它的源泉是沙利文的建筑理论以及赖

---

① WRIGHT F L. Frank Lloyd Wright collected writings Vol. 1[M]. Rizzoli in association with Frank Lloyd Wright Foundation, 1992: 256.

② MCCARTER R. Frank Lloyd Wright[M]. London: Reaktion, 2006: 88.

③ WRIGHT F L. Frank Lloyd Wright collected writings Vol. 2[M]. New York: Rizzoli in association with Frank Lloyd Wright Foundation, 1992: 224.

特母亲家族的唯一神教派宗教信条。这两者都认同美国有机超验主义观点，认为自然的本质是一种活的、善良的力量，一种充满情感与精神，具有目的性、独特性与创造性的力量，它需要获得实现，并且在物质世界中表现出来。因此与自然的紧密结合就是与这种富有生命力的善良本质的结合，在各种物质收益之外，它还具有特殊的精神价值。这种理论的根基实际上是欧洲浪漫主义思想以及更早的认为世界具有活力的古典主义思想，通过爱默生、格里诺、梭罗等美国思想家的传导对 20 世纪初期的美国文化产生了深远的影响。沙利文与赖特的建筑理论论述中反复出现的“有机”一词，就来自于这一思想传统中未曾改变的，认为世界本身具有有机性的立场，这也将是我们理解赖特“有机建筑”理论的思想基础。他的作品所呈现出来的与场地的密切结合，对自然材料、自然光线以及自然色彩的运用都是这一思想基础的派生物。

从橡树公园出走事件对赖特在美国的声誉造成了很大的影响，导致了他职业生涯中一段时期的低落。但是在日本，他获得了一项重要的建筑委托，1916—1922 年他主持设计建造了东京帝国饭店（图 3-7-7）。这个设计很大程度上是他在 1913—1914 年的作品芝加哥米德威花园（Midway Gardens）的延伸。米德威花园虽然总体上继承了草原住宅的横向性与体量组合特点，但是采用了与草原住宅不同的轴线对称布局，在装饰密度与语汇的复杂性上也远远超过了他的住宅设计。帝国饭店也同样采用了有着强烈巴黎美院特征的轴线进深布局，在中心轴线上依次分布门厅、餐厅以及会议厅，两侧对称排列的是线性的客房侧翼。

图 3-7-7 东京帝国饭店

米德威花园与帝国饭店的设计都表明了赖特在将小尺度的草原住宅设计扩展到大尺度的公共建筑上所面对的难题。与住宅的身份相匹配的自由形体与简单装饰在公共建筑中并不一定适用，而且这两个项目所要求的对公众的开放性也不宜采用拉金大厦式的封闭性处理。因此赖特转向了轴线对称布局以及大量装饰题材的运用来改造草原住宅体系，强化其纪念性与建筑元素的分量。但是这种改造几乎造成了与草原住宅的自然与开放延展完全对立的效果，这可能是赖特随后放弃了草原住宅体系，开启新的建筑尝试的原因之一。因此，弗兰姆普敦将帝国饭店称作“赖特 17 年之久的草原文化的‘绝唱’”。[①]赖特杰出的建筑素养帮助帝国饭店在1923年毁灭性的东京大地震中幸存。原因之一是赖特采用了发源于芝加哥学派的浮筏（Floating Raft）式基础，另一个原因是赖特不顾业主的反对坚持设计了入口水池，这在大地震之后的火灾中发挥了重要作用。与日本项目有关的另一个事件是赖特通过帝国饭店业主大仓（Okura）男爵赠送的礼物，第一次读

① FRAMPTON K, FUTAGAWA. Modern architecture, 1851–1945[M]. New York: Rizzoli, 1983: 201.

到了冈仓天心撰写的《茶之书》（*The Book of Tea*）。这本书不仅激发了赖特对茶道的兴趣，还间接地帮助赖特了解了老子的哲学思想，尤其是《道德经》中对于“空”与“无”的论述被赖特与自身建筑实践中对空间的强调结合起来，这也是他日后经常提及中国古代哲学中已经蕴含了空间理念这一观点的来源。

就在赖特专注于帝国饭店工程的过程中，塔里埃森发生了一出惨剧。[①] 如罗伯特·麦卡特（Robert McCarter）所说，赖特一生都未能从这一悲剧中完全恢复。[②] 这一惨剧之后，赖特 1920 年代初期的住宅设计发生了转变。他分别于 1920 年和 1921 年在加利福尼亚的洛杉矶与帕萨迪纳（Pasadena）设计建造了巴恩斯代尔（Barnsdall）住宅和米拉德（Millard）住宅。不仅在平面格局和场地环境中有着显著的不同，这两个住宅在厚重、封闭以及内向性上与此前的草原住宅也大相径庭。造成这种变化的原因之一或许是加利福尼亚炎热的气候需要更厚重的墙体，另一方面也来自于赖特对于美洲印第安建筑传统的吸收。巴恩斯代尔住宅与玛雅建筑的相似性、米拉德住宅丛林遗址般的建筑效果都证明了赖特在更广阔的传统中提取建筑线索。除此之外，威廉·柯蒂斯（William Curtis）等学者也指出，这两个设计的特殊性与赖特这一时期在生活、职业与社会关系上都遭受挫折之后的孤独或许有所关联。他从草原住宅的开放与闲适转向封闭与内向，可能是他自身心理状况的一种反映。[③]

在心理因素之外，这两个住宅在装饰细节上的做法也值得关注。米拉德住宅采用以植物纹样模板浇筑的混凝土砌块，巴恩斯代尔住宅则广泛使用了由蜀葵转化而来的装饰主题（因此也被称为蜀葵住宅），这两种做法都体现了沙利文的装饰生成策略。赖特在 1924 年的全国生命保险（National Life Insurance）大楼方案中甚至将蜀葵的形态放大作为摩天楼的形态基础，塑造出了与当时流行的装饰艺术风格完全不同的摩天楼形象。

1930 年代，赖特的个人生活与工作都逐渐稳定下来，已经年逾 60 的赖特又进入了一个新的创作高峰期。其中最负盛名的是位于宾夕法尼亚（Pennsylvania）的熊跑（Bear Run）地区的考夫曼（Kaufmann）住宅，它更为人熟知的名字是流水别墅（图 3-7-8）。老埃德加·考夫曼（Edgar Kaufmann, Sr.）是匹兹堡的一位富有的商人，他的儿子小埃德加·考夫曼（Edgar Kaufmann, jr.）曾经跟随赖特学习建筑，通过这一渠道两人有了较为密切的联系。1934 年考夫曼决定重建他在匹兹堡西南方 69km 处熊跑溪的一个小瀑布旁的度假屋，他邀请赖特来主持设计。对于考夫曼家族来说，熊跑溪瀑布有着特别的意义，他们的家庭成员常常在夏季到瀑布中戏水，这成了家庭度假生活中最重要的组成部分之一。考夫曼提出的要求是将度假别墅放置在熊跑溪的南岸，这样可以获得面向瀑布的最佳视野。但是赖特没有接纳这一提议，他做出了一个出人意

① 一个精神异常的仆人在房间中纵火并且用斧头杀死了七个人，其中包括与赖特一同离开橡树公园的玛马·博斯维克女士以及她的两个子女。这一事件给赖特带来了沉重打击，他哀叹道：“她，塔里埃森为之建造的原因……离去了。”MCCARTER R. Frank Lloyd Wright[M]. London: Reaktion, 2006: 98.

② 同上 .

③ CURTIS M. Modern architecture since 1900[M]. Oxford: Phaidon, 1982: 154.

图 3-7-8 流水别墅

料的决定：将新的度假别墅直接建造在瀑布之上，让水流从建筑与岩石之间穿流而过。这一大胆的提议造就了现代建筑史上又一个名垂青史的杰作，流水别墅的别称也由此而来。

回忆一下前面提到过的赖特说建筑不应当在山上，而应该与山融为一体的话，将有助于我们理解他的设计意图。熊跑溪瀑布不仅是一处优美的景观，也是整个考夫曼家族度假活动的中心，将建筑与瀑布融为一体既实现了与自然环境紧密结合的理念，也从另一个侧面展现了有机建筑理论“从内而外”的设计原则。赖特曾经给予有机建筑一个简短的定义：“我所说的有机建筑是指在与事物存在的条件相和谐的情况下从内向外发展的建筑，与之相区别的是从外部施加而来的建筑。”[①] 狭义地看，从内而外可以说是建筑的内部功能、人的使用活动决定外部的形态，而不是随意套用一套既定的建筑模式或者语汇。草原住宅自由多变的平面与形态构成是这种思路的范例之一。但是从更广义的角度来看，从内而外还可以被理解为从内在本质到外在表现的过程。前面在讨论有机超验主义思想时已经解释了，在浪漫主义传统之下，世界的本质被认为是一种内在的活力，它通过不断的自我表现与实现转化为物质化的实体。因此，赖特所说的“由内而外”实际上就是强调建筑的生成也应当遵循同样的秩序。整个建筑活动的内在活力是人的使用、人的感受、人的情绪反应，比如考夫曼家庭成员在瀑布水流中的嬉戏愉悦，这一核心要素应当获得最突出的表现，主导建筑的形态特征。当然，对于从内到外的过程中如何获得确定的形态，有机建筑理论并未给予明确解答，但至少有一点是清楚的，因为浪漫主义强调每个个体的独立性与创造性，所以任何从内而外的过程都是不相同的，这也意味着并不存在统一的模式与形态。以有机性为基础的建筑理论都不约而同地反对以僵化的标准以及唯一的解决方案处理不同的问题。这也说明了为何有机建筑理论不会提出确定的建筑设计手法，而是强调由不同问题的不同特性推导特殊的解决手段。赖特一生多变的建筑语法是“由内而外”所带来的丰富性最有效的说明。除此之外，沙利文的“形式追随功能”、贝恩所阐述的欧洲先锋运动中以雨果·哈林为代表的“有机功能主义”也是这种“由

① WRIGHT F L. Frank Lloyd Wright collected writings Vol. 1[M]. Rizzoli in association with Frank Lloyd Wright Foundation, 1992: 127.

内而外”设计思想的体现。阿尔瓦·阿尔托的人性化思想也蕴含着这一倾向，人们常常使用“有机”一词来形容他们的作品，其根据就在于这一起源于浪漫主义的思想线索。

在流水别墅的设计中，赖特有机建筑的特点得到了最全面的体现。建筑最核心的形态特征——几层水平实块的交错叠放实际上是瀑布之下岩石形态肌理的自然延伸。赖特用大尺度悬挑混凝土平台的方式放大了这一构成秩序，在获得强烈戏剧性的同时也维护了与环境的统一性。竖向墙体的石材就来自于附近的采石场，就像在塔里埃森一样，它们增加了建筑的野趣与质朴。在建筑内部仍然延续了以壁炉为中心的起居室格局，石墙以及凸出于地面的天然岩石将自然元素引入室内。与草原住宅相同，赖特坚持水平性是营造轻松舒适居家环境的核心要素，因此流水别墅采用了比常规建筑更为低矮的层高，大面积的横向条窗将外部景观转化成横向画幅，强调了视野的宽度。

“整体性”是有机建筑理论的另一个要素，就像一个生物的各个部分共同组成具有活力的整体，那么有机建筑的各个部分，从主体到细节也应该构成相互支持的统一体。赖特诠释这一原则的方式之一是他的住宅设计不仅包括通常意义的建筑，也包括周边花园与室内装饰。家具常常被作为住宅的一部分嵌入其中，或者是由赖特做专门的设计。甚至是室内器物陈设，他有时都会亲自为业主挑选。流水别墅的家具陈设都出自赖特之手，为了进一步强化水平性，他使用了不少日本住宅的题材（图 3-7-9）。这些控制手段，在流水别墅的室内营造出了极为强烈的庇护感，仿佛让人置身于备受保护的山洞之中，而走上室外平台又会立刻感受到山林与水流的环绕。“……现在你们已经通过玻璃、悬臂梁以及对空间的感受而解放，你们已经和景观融为一体……你和树木、花卉和大地一样都是景观的组成部分……你们自由地成为自然环境中的组成部分，而我相信这也正是造物主的意图。”[①] 赖特的话清晰阐述了流水别墅与自然的密切关系。

在这个设计的奇思妙想背后，是赖特对混凝土悬挑结构的大胆运用。虽然他对以勒·柯布西耶为代表的欧洲现代建筑不以为然，但是他从来不拒绝技术革新与新建筑语汇的引入，他反对的是以僵化的规则将这些元素的使用变成教条。流水别墅的室外平台是混凝土悬挑结构在现代建筑中杰出的使用案例之一，这座建筑出奇的灵动效果就在于这些平台漂浮般的视觉效果。实际上，赖特在原始设计中仍然低估了流水别墅结构的难度，在驻场建筑师悄悄地将平台配筋增加了一倍的情况下，这一部分结构也几乎达到了受力强度的极限，在模板拆除

图 3-7-9 流水别墅室内

① CURTIS W. Modern architecture since 1900 [M]. London: Phaidon, 1996: 313.

之时，平台就已经出现了偏移，直到近年进行了全面的结构加固之后，流水别墅的结构问题才得到最终解决。

尽管存在结构与防潮等方面的问题，流水别墅作为赖特有机建筑思想最完美的代表，仍然是这位现代建筑大师卓越建筑才华的明证。在60余岁还能不断超越自己成熟的建筑体系，同时也超越流行的建筑潮流，完成流水别墅这样绝妙的设计，赖特本身就是有机哲学理论对于内在活力的创造性与表现力的杰出证明。这也是人们往往将流水别墅视为他最重要的代表性作品的原因。在建成两年之后，赖特在流水别墅的上方设计了客房与仆人用房，以近似的建筑元素强调了与环境的结合。考夫曼家族在1937—1963年之间持续使用这座度假别墅，1993年，小考夫曼——赖特的学生，将这座建筑捐献出来，面向大众开放。

赖特对创新性混凝土结构的使用还体现在他1930年代的另一个设计作品——约翰逊制蜡（Johnson Wax）公司办公楼的设计中（图3-7-10）。这家强调家庭氛围的公司希望有一个不同寻常的、亲切的工作氛围。赖特再次采用了在拉金大厦与联合教堂中使用的外部封闭、内部围绕采光中庭布置的格局。虽然是传统布局，但赖特设计了独特的荷叶式结构体系，上粗下细的圆柱支撑着放大的圆盘，各个圆盘之间以短梁相接，在中心部位，天光可以直接透过圆盘间隙渗入大厅之中。独特的结构体系给予常规柱网布局的平面令人惊讶的室内效果。优雅而轻盈的荷叶式结构与弥漫的光线一同创造出明亮、柔和、温暖和富有梦幻色彩的环境氛围。赖特再次以独特的设计为约翰逊公司的家庭企业的理念提供了出色的建筑诠释。1943年，赖特还为约翰逊公司设计了实验楼，不同于传统高层建筑的柱网体系，他采用了从中心核上悬挑出楼板的结构，整座实验楼仿佛是一棵大树在每层伸展出枝条成为楼面。这种结构方式也被赖特仅有的两座高层建筑中的另外一座——普莱斯（Price）大厦所采用，赖特以这种方式展现出了与高层建筑主流的差异。

图3-7-10　约翰逊制蜡公司总部室内

1927年，赖特为了完成一个沙漠酒店设计，在亚利桑那（Arizona）的沙漠中用木架与帆布搭建了一个临时设计营地。虽然酒店并未建造，但这一沙漠旅程给赖特的建筑想象提供了新的空间。10年后，他在亚利桑那斯科茨代尔（Scottsdale）市郊外的沙漠中购买了一块土地，开始建造西塔里埃森，这里成为他的家庭及其学徒们冬季的住宿与工作营地（图3-7-11）。从橡树园时代开始，赖特的工作室就是年轻建筑师的培育地，像沙利文一样，赖特也热衷于用他自己的思想对年轻人重新启蒙。随着时间的推移，他在斯普林格林的西塔里埃森已经演变成一个住宅、工作室、

图 3-7-11　西塔里埃森

建筑学校的综合体，世界各地的年轻人慕名而来，一边工作一边跟随赖特学习。与传统建筑学院的学科体制不同，赖特的学校在理念与教学体系上都极为特殊。这里没有课程，也没有测试，甚至建筑设计都不一定是主要的教学目的。赖特要求学生从事各项劳动，有的是维持西塔里埃森的运作，有的是动手参与西塔里埃森与其他项目的建造。在日常生活接触以及各式各样的聚餐、晚会以及私人交谈中，赖特将他自己对建筑以及其他许多事物的观点灌输给学徒们。与其说西塔里埃森是一个建筑学校，不如说它是一个帮助学徒们发现和发展自身天性的学园，这与赖特反对制度约束，强调内在天性的培育与发展的有机哲学思想有着直接的关联。相比于学院，西塔里埃森更接近于中世纪的师徒工坊。在赖特晚年，自身地位的神化甚至使得西塔里埃森有了一种等级化的宗教氛围。

西塔里埃森特殊的气候条件以及当地的印第安建筑传统为赖特提供了灵感。与 10 年前的沙漠营地类似，赖特不仅使用了更为粗壮的毛石，还模仿印第安帐篷用木结构与帆布建造工作室、起居室等房间。“当 2000 年后印第安人回到这里重新夺回他们的土地时，他们会注意到我们尊重了他们的方向。”赖特的这句话清晰地印证了他从巴恩斯代尔住宅开启的结合美洲原生建筑传统的浓厚兴趣。

西塔里埃森粗糙的肌理与更为厚重的建构特征与亚利桑那荒野的自然环境相互匹配。但是在人可以接触到的地方，精心设计的家具、温暖的色彩与充沛的光线给予赖特的学徒们十分亲切、温馨的感受。西塔里埃森的很大一部分是由赖特的学徒们建造的，动手实干是西塔里埃森建筑教育的特点之一，也是西塔里埃森与包豪斯最相似的地方。从 1937 年开始，赖特与他的学徒们就开始了在东、西塔里埃森之间如候鸟般地迁徙，这两处营地就仿佛赖特的乌托邦，强烈的个性与独特的观点让他无法对外部主流世界产生认同，只有在他自己的建筑与自然环境之间，他才能与他的追随者们专注于自己的事业。在赖特去世之后，他建立的工作室与学校继续存在，并且仍然坚持着年复一年的搬迁转换，直到 2020 年，学校才最终搬离塔里埃森。

5. 广亩城市与赖特的后期创作

塔里埃森不仅是一处生活与办公设施，也是赖特心目中理想生活方式的代表：远离城市，在自然环境中独立自主地从事自己所擅长的工作。这种独立性既来自于浪漫主义对个体特殊性的强调，也来自于美国政治文化中强烈的个人主义传统。托马斯·杰斐逊（Thomas Jefferson）是此种个人主义政治理想的典型代表，他坚信个人有足够的理性与能力管理好自己的事务，过多的政府干涉不仅会影响效率，还有可能造成权力机构对个体的压迫。因此，在赖特看来，有机性与个体性有着密切的联系："真正的个体性，首要的是精神的一种内在品质，或者让我们说个体性是有机的精神性。"[①]赖特幼年时在威斯康星叔叔的农场中所感受到的，就是这样一种在广阔的原野中一个家庭不受干扰地独自居住、经营和发展的生活状态。在他成年后，这种印象转化为他对理想美国家庭的设想："真正的美国精神，能够依靠自己的优点对事务做出自主的判断，它存在于西部与中西部，在那里开阔的视野、独立的思想以及将常识用于艺术领域，就像用在生活中的趋势，更为明显。"[②]赖特的草原别墅虽然大多数位于城市郊区，但是它们的独立性以及与周围环境的关系体现的也是上述独立自主的居住理想。

有着这样的理念，赖特对城市的失望与反感也就不难理解了。对于他来说，人口的高密度聚集不仅造成了恶劣的城市环境，而且也让人在复杂的城市体系中失去了价值目标，在忙碌与杂乱中耗去生命。他在1932年出版的《正在消失的城市》（*The Disappearing City*）一书中，对城市提出尖锐的批评："在大城市中生命自身变成了不得安宁的'租客'。公民已经失去了人类存在真正的目标……他挣扎着，做作地维护牙齿、头发、肌肉以及精力；在人造光线中视觉变得昏暗，听觉主要依靠电话；冒着受伤甚至是死亡的危险面对或者穿过车流。他的时间被他人有规律地浪费着，因为他也在有规律地浪费着他们的时间，所有人都在走向不同的方向，走过脚手架、水泥地或者是地下道，走进另一个地主所有的另一个方盒子。"[③]

赖特一生都保持着对大城市的批判态度。同时，基于他的有机建筑理念，赖特也提出了解决城市问题的总体策略：消灭城市，将人口疏散到广阔的土地上。在《正在消失的城市》中，赖特描述了这一替代模式，他称之为"广亩城市"（Broadacre City）。经过随后的进一步发展，"广亩城市"成为赖特最重要的城市规划以及理想社会组织形态的设想。广亩城市的名字来源于赖特疏散思想的核心单元，每个家庭都被配给4047m^2（1英亩）土地建造独立住宅。充足的土地使得每个家庭都可以建造富有个性的、有着良好环境条件的有机住宅。与住宅疏散相对应，其他设施如工厂、医院、商场、宾馆也都要划分为更小的单元，沿主要道路分散开来。赖特指出，广亩城市的稀疏布局有着足够的技术支撑，因为汽车、电话、无线广播已经改变了当代人的尺度与距离的概念。良好的道路体系能够帮助人们迅速抵达目的地，无需依赖城市的聚集效应。因此，快速

① WRIGHT F L. The disappearing city[M]. New York: W.F. Payson, 1932: 16.
② MALLGRAVE H F. Architectural theory Vol. 2. An Anthology from 1871 to 2005[M]. Oxford: Blackwell, 2007: 140.
③ WRIGHT F L. The disappearing city[M]. New York: W.F. Payson, 1932: 4.

道路在广亩城市中扮演了重要角色。与勒·柯布西耶的三百万人城市规划类似，赖特也设想了多层次的，结合了高速铁路、快速车道以及地下货运车道的复合道路系统。此外，赖特还设想飞机以及类似于直升机的未来飞行器可以进一步消除广亩城市中的距离感。对先进技术的使用是赖特构想中重要的成分，他提出大规模地使用标准化的住宅单元，比如厨房与卫生间以及工业化的装配式墙体来建造独立住宅。在城市中，技术与机械造成了混乱与压迫，但是在广亩城市中，它们将成为解放和完善的工具。“机器……将使城市中所有人性化的东西迁往乡村……让人的生活坚定和清晰地奠基在大地上……很快就不再需要为了任何目的将大量的人群集中在一起。”①

1934 年，在考夫曼的资助下，赖特以及他的学生们依据广亩城市设想制作了一个 3.6m 见方的模型，展现了一块 10.36km^2 地块上容纳了 1400 个家庭的城市单元（图 3-7-12）。除了分布在 4047m^2（1 英亩）土地上的独立住宅，模型中还描绘了分散的学校、政府机构、体育场、图书馆、社区中心等设施，它直观地展现了将城市功能分散在广阔的农场与原野中的特殊景象。通过随后的展览，赖特的广亩城市也被大众所熟知。虽然在很多技术专家看来，赖特的设想完全不切实际，但是这种简单化的判断忽视了赖特城市设想背后的社会理想。他的意图不仅仅是提供一个城市框架，更重要的是重构美国社会。广亩城市的可能性建立在对土地制度、生产方式以及社会管理模式的全面变革之上。就像每个家

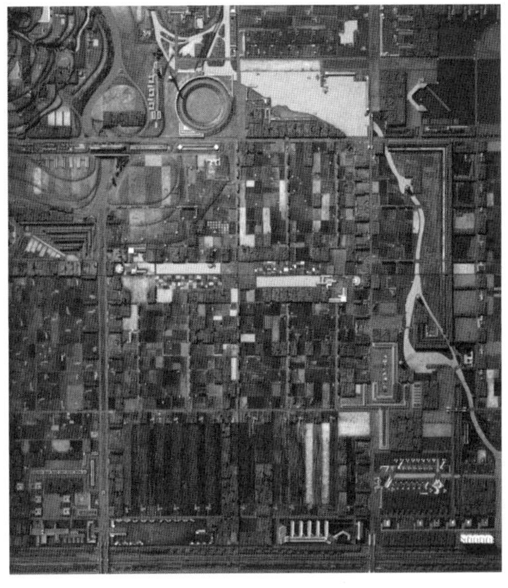

图 3-7-12　广亩城市模型

庭都有自己的独立性一样，在赖特的理想社会中每个人都能获得尊严，有足够的空间与机会去发展自己的才能。在广亩城市中，有机建筑与个体生活，与民主融为整体，因为只有独立和完善的个人才能体现民主的价值。赖特的广亩城市中所蕴含的实际上是一个更为理想的美国，他借用美国作家塞缪尔·巴特勒（Samuel Butler）所创造的词汇“尤索尼亚”（Usonia）来命名它，意指整体与联合。可以看到，赖特的“尤索尼亚”设想与同时期的主流城市规划思想，比如《雅典宪章》有着显著的不同。虽然两者都是建立在新的技术条件，比如建筑的工业化生产以及汽车、飞机等快速交通手段之上，同时两者也都强调大量绿地的供给，但勒·柯布西耶的目的是强化城市的凝聚性作用，让大城市变得更为高效和舒适。与此相反，赖特的目的则是削弱城市的凝聚力，他的广亩城

① ROSENBAUM A. Usonia: Frank Lloyd Wright's design for America[M]. Washington, D.C.: Preservation Press, National Trust for Historic Preservation, 1993: 78.

市几乎已经不能被称作传统意义上的城市。赖特的观念是：在新的时代已经不再需要城市，独立的个体家庭以及适度集中的公共设施将提供更优越的生存条件。这两种倾向的对立实际上在现代城市规划思想中一直存在，比如霍华德的田园城市就包含有将城市分解和扩散的理念。只是在赖特的广亩城市中，消解城市的做法达到了一个极限。这种极端的观念很难在现实的城市运作中实现，但美国典型的郊区化独立住宅模式以及相应的公共设施配置也在某种程度上部分实现了赖特的设想。

虽然没有在此后继续对城市问题的探索，也没有其他的机会将广亩城市的设想付诸实施，但赖特并没有放弃“尤索尼亚”的理想。在他建筑生涯的末期，赖特将大量的精力投入到低成本中产阶级独立住宅的设计中，他一共完成了超过一百个此类小住宅的设计。它们大多基于类似的模式与技术条件，赖特试图通过这些住宅证明广亩城市中所设想的经济、舒适同时不乏个性的独立住宅是完全可行的。这一百余个小住宅就是尤索尼亚（Usonian）住宅的典范，它们也被称为美国风住宅。典型的尤索尼亚住宅，比如1939年的罗森鲍姆（Rosenbaum）住宅（图3-7-13），是一个相对朴素的一层独立住宅，面积在90~140m^{2}之间，平面大多为“L”形，其中一边主要是以壁炉为中心的起居室与餐厅，另一边则是紧凑排布的两至三间卧室。两边环绕形成半围合的内院，大面积的玻璃开窗让起居室与卧室都与内院保持良好的沟通。为了控制造价，尤索尼亚住宅没有地下室与阁楼，层高不高，屋顶多为平屋顶或者是缓坡屋顶。建造上也相对简单，赖特使用了标准化的混凝土砌块作为墙体材料，并不需要很熟练的工匠就能完成砌筑工作。地面中铺设了水暖管道，极大提高了房屋的冬季供暖效率，玻璃窗与挑檐的结合也保证了冬夏两季对阳光的合理运用。

虽然相比于赖特早期的住宅作品，尤索尼亚住宅的体量与空间构成要简单得多，但是在这有限的条件下赖特对住宅细部的精心处理仍然给予这些住宅优越的室内品质。一些典型的赖特元素仍然得以沿用，比如与建筑融为一体的家具、刻意保持低矮的层高、局部的高度变化、对水平性的强调、砖与木头的结合使用以

图3-7-13 罗森鲍姆住宅

及不同位置与尺度的光线引入。尤索尼亚住宅的质朴与谦逊中仍然充满了赖特住宅作品中一以贯之的充实与丰富，它们的杰出品质得到了住宅业主的充分证实，其中一位在给赖特的信中写道：“只要我居住在这房子里，这些房间总是让我愉悦。它几乎是活的，它在运动……当然，我的妻子对我非常生气，因为我从来不想离开去任何地方——我就只想呆在家里。”[①] 没有任何一位现代主义大师像赖特一样完成了如此之多的中产阶级住宅设计。在他建筑生涯的最后阶段，赖特将他的无尽才华用在了更接近于普通人生活的设计工作中，这是他的尤索尼亚理想的局部实践。住宅是与人们生活最亲密的建筑类型，也能够最深刻地影响人们的生活，虽然其他大师也都有代表性的住宅作品，但是赖特无论是在数量还是品质上都堪称整个现代建筑运动中的翘楚，这也与他以有机建筑引导人们生活的理想相辅相成。赖特曾经有精辟的短句陈述了这一关系：“我现在意识到，有机建筑就是生活，而生活就是有机建筑，否则，两者都是徒劳。”[②]

进入 1940 年代，赖特已经年逾七十，就在人们认为他的时代已经结束之时，赖特又一次以令人惊叹的作品获得了世界性的瞩目，这将是漫长的建筑生涯中最后一项重要委托。在赖特去世半年之后，1959 年 10 月，所罗门·古根海姆博物馆（Solomon R. Guggenheim Museum）在纽约落成开馆（图 3-7-14）。实际上，早在 1943 年赖特就接受了古根海姆的委托，为他的现代抽象绘画收藏设计一个新的博物馆。鉴于抽象绘画的特殊性，古根海姆希望有一种新颖的展示空间与之相匹配。赖特记录道：“这个建筑由所罗门·古根海姆提议，希望为一种新近的绘画形式提供适合的展览场所，在这种绘画中，线条、颜色与形式是属于自身的语言……不再复制任何活动的或不活动的物品，由此将绘画置于之前仅属于音乐的领域中。”[③] 赖特接受了这一挑战，着手设计一个超越常规美术馆展陈理念的新建筑。

或许是古根海姆收藏绘画的抽象性与音乐的抽象性的关联，让赖特在音乐般的流动性中找到了线索。早在 1924—1925 年他曾经设计过一个汽车游览项目，驾车人可以顺着逐渐缩小的螺旋坡道环绕建筑外围蜿蜒爬升，一直到顶部观赏景观。在坡道内部，建筑的中心位置则是大空间的天文馆。这个项目没有实施，但是它的螺旋坡道的理念与赖特的公共建

图 3-7-14　古根海姆博物馆中庭

① MCCARTER R. Frank Lloyd Wright[M]. London: Reaktion, 2006: 147.
② WRIGHT F L. The disappearing city[M]. New York: W.F. Payson, 1932: 85.
③ CURTIS W. Modern architecture since 1900 [M]. London: Phaidon, 1996: 414.

筑中常见的采光中庭的结合，就构成了古根海姆博物馆的核心空间结构（图 3-7-15）。赖特几乎将汽车游览项目上下颠倒了过来，人们先乘坐电梯上到顶层，然后顺着步行坡道盘旋而下，直到地面。坡道外墙就成了作品展墙。在连续流畅的行动过程中，参观者完成了所有作品的观赏。坡道以内，是从地面贯通到屋顶的中庭，充沛的光线透过放射状的骨架照射到博物馆内。从地面向上望去，坡道栏板就像一条白色条带在上空盘旋伸展，强烈的黑白色彩对比让中庭本身成为一个出色的抽象艺术作品（图 3-7-16）。这正是赖特的意图，在有机建筑理论指导下，每一个建筑都应该体现每一个项目的特殊性，古根海姆博物馆的特殊性就来自于现代绘画与现代建筑共同的抽象性特征。尽管赖特非常不喜欢纽约，也曾建议其他的建造地，但古根海姆博物馆最终选址在了纽约第五大道第 88~89 街之间面向中央公园的地段上。它白色的曲线体量与周围的环境形成巨大的反差，这是赖特拒绝与大城市相妥协的立场体现。在古根海姆博物馆中，可以再一次看到从拉金大厦、联合教堂延续下来的内向性。它成为赖特一生高傲性格与坚定意志的最后的证明。

1959 年 4 月 9 日，赖特在亚利桑那凤凰城去世。尽管他在晚年可能出于宣传的目的声称自己出生于 1869 年，但实际上出生于 1867 年的他离世时已达 91 岁高龄。很少有建筑师能有这么长的职业生涯，也很少有建筑师能在这 60 余年中不断改变和超越自己成熟的建筑模式，更少有建筑师能像他那样不断创作出一个又一个经典。虽然他的创作与现代建筑的诞生与发展的历程几乎平行，他本人也被视为现代建筑大师之一，但赖特一直对以勒·柯布西耶早期作品为代表的很多其他建筑师追随的欧洲现代建筑主流持反对的立场。他称那些

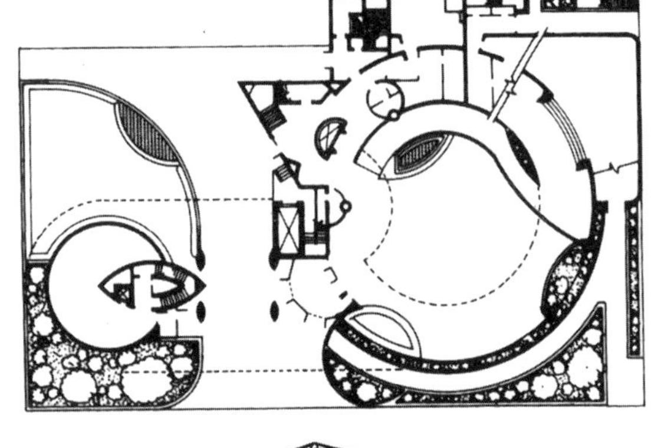

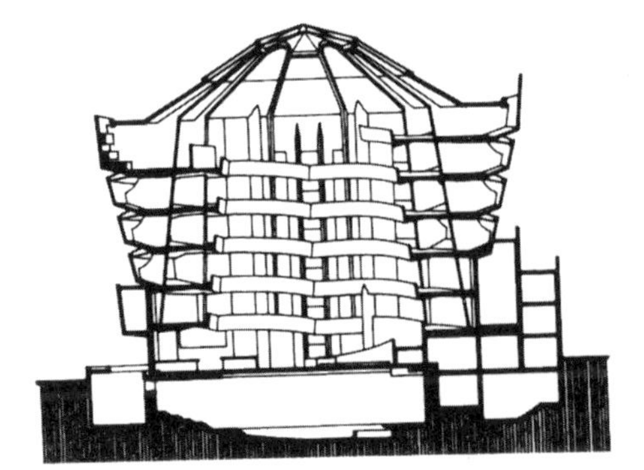

图 3-7-15　古根海姆博物馆平面图、剖面图

图 3-7-16　古根海姆博物馆

有着僵硬几何外形的白色建筑是“纸板住宅”，认为它们忽视了人性、文化与个体的自由与独立。一套成熟的现代建筑语法与操作模式，与赖特基于内在活力与个体特殊性的有机建筑理论存在先天的冲突。正是这种差异，让赖特成为现代建筑运动中 “孤独”的大师。但从另一面看来，正是这种独立与坚毅才使得他能够在欧洲现代建筑之外，创造只属于他自己的建筑传统。他的有机建筑理论不可能像“新建筑五点”一样为建筑师提供精确的规则，但是他对活力、对自然、对精神、对生活、对从内而外、对整体性、对个体特殊性、对无尽创造力的强调，所关注的实际上是更深刻的建筑问题，其本质是对于人、对于建筑，乃至于整个世界相互关系的哲学思考。这一思想体系甚至注定要超越赖特自己的实践，持续地启发后代建筑师的创作。

生长是有机建筑论与机械建筑论之间最大的差别之一，赖特的景仰者之一——密斯的话或许是对这位大师最好的纪念：“他永无穷尽的力量，让他就好像是广阔原野中的大树，一年又一年，延展出日益高贵的树冠。”[①] 没有其他比喻，更适合描述这位现代主义的有机建筑大师。

6. 美国的其他现代建筑活动

美国相对独立的地理位置与政治经济文化使得美国的建筑发展与欧洲存在差异，欧洲先锋建筑运动在早期对于美国建筑实践几乎少有影响，历史主义仍然是最主要的建筑手法。看到了美国先进的工业建筑成就与保守的建筑文化之间的巨大差异，勒·柯布西耶曾经在《走向新建筑》中呼吁：“让我们听从美国工程师的建议，但是要对美国建筑师保持警惕。”[②]

一些欧洲移民建筑师的实践活动帮助扩展了现代建筑在美国的影响，其中最知名的是鲁道夫·辛德勒（Rudolph Michael Schindler）与理查德·诺伊特拉（Richard Joseph Neutra）。他们两人有很多相似之处，年龄相近，都在维也纳技术大学学习过并相互结识，都受到瓦格纳、路斯等建筑师的影响。此后他们又先后来到美国，都在赖特的工作室中工作过，而且还在一段时间内是合伙人。在设计实践中，他们两人属于最早进行现代建筑探索的那批人，都明显地接受了欧洲现代建筑的影响，但相比起来辛德勒的作品有更多个人特色，而诺伊特拉则更强烈地体现了与欧洲现代建筑文化的紧密联系。

辛德勒于 1914 年来到美国，先在芝加哥的建筑设计公司工作。在积极地与赖特通信接触之后，辛德勒最终成为赖特事务所的成员。那一时期，赖特的主要工作是东京帝国饭店，当他不在美国时，很多事务所的工作都由辛德勒负责。此后，他前往洛杉矶，负责赖特的巴恩斯代尔住宅的设计与建造工作。这段工作经历让辛德勒选择在洛杉矶定居和工作，他设计了自己的住所与工作室——辛德勒－切斯（Schindler-Chase）住宅，并且在此后离开赖特事务所独自开业。

辛德勒－切斯住宅被认为是辛德勒最出色的住宅作品之一，它明显地体现出了赖特同一时期作品的影响（图 3-7-17）。住宅平面是

① MCCARTER R. Frank Lloyd Wright[M]. London: Reaktion, 2006: 199.

② LE CORBUSIER. Towards a new architecture[M]. Oxford: Architectural Press, 1987: 42.

典型的风车形，三个分支划分出不同方向与面积的花园。与赖特的草原住宅一样，良好的绿化景观将住宅掩映在绿色背景之中。在结构上，辛德勒使用了他关注已久的预制混凝土墙体（Slab-Tilt），这些 1.2m 宽的斜面体块赋予辛德勒 - 切斯住宅类似于巴恩斯代尔住宅一般厚重的印第安建筑特征。但辛德勒巧妙地在体块之间保留了透光窄缝，创造出了相当细腻的墙体变化。另一个重要特征是木结构体系，辛德勒运用了很复杂的木梁体系支撑屋顶，面向花园的一面也采用了强调横向分割的木制落地窗。压低的层高、裸露的密集木梁、天然的木质色彩以及横向滑动的通高木窗，无不展现出日本住宅的鲜明特色。赖特在帝国饭店项目中与日本文化的广泛接触也渗透到了辛德勒的建筑语汇中，这可以解释辛德勒 - 切斯住宅与赖特后期的尤索尼亚住宅非常类似的室内氛围。印第安建筑的厚重与日本建筑的水平性共同构成了辛德勒 - 切斯住宅的独特气质，这座谦逊的一层建筑隐藏在树丛与草地之中，是对赖特的有机建筑思想的另一种诠释。

图 3-7-17　辛德勒 - 切斯住宅

图 3-7-18　洛弗尔海滨住宅

在独立开业之后，辛德勒的设计有了更多的个人倾向，其中最重要的是加利福尼亚新港海滩（Newport Beach）的洛弗尔海滨住宅（Lovell Beach House）（图 3-7-18）。这座建筑展现了辛德勒对于混凝土结构的精心驾驭。为了抵御频繁地震的威胁以及获得更好的海滨景观，辛德勒用 5 根粗壮的混凝土柱将住宅的主要部分架到了空中，地面层被用于服务用房或开放场地。通过架空部分的楼梯，可以进入二层的通高中庭，辛德勒沿用了辛德勒 - 切斯住宅中的横向落地窗，强化了设计的几何秩序。最顶层是住房，密集的木梁体系再次出现，给予室内亲切的居家氛围。在洛弗尔海滨住宅中，辛德勒成功地将特殊的结构体系、活跃的空间组成以及清晰的几何构成关系结合在一起，创造出极为新颖的建筑形象。这里的底层架空、水平条窗、自由立面等特征与勒 · 柯布西耶同时期提出的“新建筑五点”有密切的平行性，这展现出了辛德勒对现代建筑发展动向的敏锐掌握。

另一位来自维也纳的建筑师理查德 · 诺伊特拉于 1923 年来到美国，先是在赖特的事务所短暂工作，参与了巴恩斯代尔住宅的设计，随后接受辛德勒的邀请与他组成合伙人公司。但不久之后，诺伊特拉开始独自开业。他最早的作品之一是 1927—1929 年为洛弗尔在洛杉矶郊区一处山坡上设计的别墅。相比于辛德勒海滨住宅的复杂几何构成，诺伊特拉的建筑语汇更为简洁。整体体量仿佛在一个精确的长方体中切割出来，楼板与屋顶形成规整的条带，渲染出严整的竖向秩序。诺伊特拉精细地控制了白色墙面与玻璃幕墙的构成组合，塑造出了稳重而通透的立面效果。通过局部的悬挑与架空，洛弗尔住宅有着与辛德勒海滨住宅类似的挺拔与通透，山地的巨大坡度进一步加强了建筑的动势（图 3-7-19）。在内部，诺伊特拉的细部处理也更为抽象，大面积的白色墙面与顶面给予室内空间体量清晰的展现，让人联想起勒·柯布西耶纯粹主义别墅的室内效果。总体看来，诺伊特拉比辛德勒更为接近于欧洲的以规整几何秩序为基础的现代建筑体系。

在现实中，诺伊特拉也一直扮演美国与欧洲现代建筑界纽带的角色，他早在拉撒拉茨会议之后就参与了 CIAM 的活动，并且作为美国国家代表出席了 CIAM2、CIAM3、CIAM4 等重要会议。尤其在 CIAM3 上展出了诺伊特拉的城市规划构想——“改进的快速城市”（Rush City Reformed）。与勒·柯布西耶以及格罗皮乌斯同一时期的观念类似，诺伊特拉提出以现代主义的中高层建筑以及快速交通体系重构城市，这展现出了他对欧洲先锋建筑师对于技术、理性控制以及几何秩序的认同。在战后，诺伊特拉的建筑作品更多地结合了工业材料与轻盈的钢结构体系，塑造出一种典型的诺伊特拉式住宅语汇，他的考夫曼沙漠住宅（Kauffman Desert House）等作品成为美国现代别墅设计的经典。

图 3-7-19 洛弗尔住宅

威廉·勒斯凯茨（William Edmond Lescaze）是另外一位将欧洲现代建筑引入美国的移民建筑师。他来自于瑞士，曾经在苏黎世联邦理工大学学习，对于欧洲先锋建筑运动有所了解。1920 年勒斯凯茨移民美国，并且于 1929 年与费城建筑师乔治·豪（George Howe）组成了豪与勒斯凯茨（Howe & Lescaze）设计事务所。他们合作完成的费城储蓄基金大厦（Philadelphia Savings Fund Society Building）堪称美国第一个现代主义摩天楼（图 3-7-20）。不同于同时期纽约装饰艺术风格的摩天楼，PSFS 大厦恢复了芝加哥学派的质朴与简洁，历史装饰被彻底去除，整个建筑体量简洁、清晰，立面完全由横向条窗与楼板组成。这种语汇将成为此后数十年美国以及全球摩天楼建筑中最常见的形象模式。

美国强大的国家实力与文化产业注定了这个国家将在现代建筑发展中扮演更为重要的角

图 3-7-20 费城储蓄基金大厦

色。1932 年在纽约现代艺术博物馆（MOMA）举行的“现代建筑：国际展览”在全球现代建筑推广中发挥了重要作用。根据展览内容出版的书籍《国际式风格》（*The International Style*）让书名中的这一概念成为很多人心目中对现代建筑的定义。它一方面帮助定义了现代建筑的部分特征，从而利于人们理解和接受，另一方面也造成了一些误解，限制了人们对现代建筑多样性的认识。

这次展览的计划是由 MOMA 主持人阿尔弗雷德·巴尔（Alfred Barr）在 1930 年提出的，它也是 MOMA 举行的第一个建筑展览。在 1930—1932 年之间，历史学家希区柯克（Henry-Russell Hitchcock）与建筑师菲利普·约翰逊（Philip Johnson）受巴尔委托多次前往欧洲收集现代建筑资料，并联系参展事宜。充分的准备使得这次展览比此前的任何现代建筑展都更全面地汇集了当时现代建筑的主要代表人物。通常人们所熟知的现代主义四大师——赖特、格罗皮乌斯、勒·柯布西耶、密斯都在邀请之列。因为并不认同其他人的作品，赖特起初退出了展览。虽然最终还是被说服参与其中，但赖特发誓再也不会参与这样的活动。最终展览于 1932 年 2 月 10 日在纽约开幕，展览的主要部分是 4 位欧洲建筑师格罗皮乌斯、密斯、勒·柯布西耶与奥德的作品，涵盖了包豪斯校舍与萨伏伊别墅等经典设计。另一部分是从 15 个国家中挑选出来的 37 个现代建筑作品，其中美国现代建筑的代表除了赖特以外还包括诺伊特拉、豪与勒斯凯茨，以及胡德。

在随后出版的《国际式风格》一书中，希区柯克对现代建筑的发展进行了简短归纳，并且试图对展览所呈现出来的现代建筑特征进行总结。在他看来，现代建筑体现出三个主要特征：①以空间而不是实体为核心的建筑理念；②规整的几何形而不是轴线对称作为建筑秩序的基础；③摒弃随意使用装饰。这些方面综合在一起就形成了国际式风格。[①] 与上述标准相呼应，这次展览中的现代建筑大多有着相似的特征，比如方整的外形、白色墙面与玻璃组成的立面以及强烈的水平性。必须承认，希区柯克的国际式风格定义的确捕捉到了 20 世纪二三十年代很大一部分现代建筑的形态特征，比如勒·柯布西耶的纯粹主义别墅以及密斯的魏森霍夫住宅展作品，它们接近的样貌是现代建筑给予大众最初的典型印象。在这一点上，国际式风格的概念对于提取和定义现代建筑的核心特征做出了贡献。

但是在另一面，也应当注意到希区柯克的三项标准无法将贝伦斯的透平机车间、赖

① HITCHCOCK，JOHNSON. The international style[M]. Norton, 1966: 36.

特的草原住宅、雨果·哈林的古德嘎考农场、门德尔松的爱因斯坦天文台等项目纳入。甚至是勒·柯布西耶的瑞士学生公寓以及密斯的巴塞罗那德国馆，因为不完全符合标准。这表明国际式风格的理念实际上仅仅指代了现代建筑中一部分作品的倾向，而绝非整个现代建筑的特征。在这一限制的背后，是希区柯克以形式和风格来定义现代建筑的巨大局限。实际上，反对将建筑简化为风格问题是现代主义建筑师对抗 19 世纪历史主义设计策略的核心观点，赖特、密斯、勒·柯布西耶都明确强调过建筑的核心问题不是风格，形式仅仅是正确的设计理念与进程的结果而不是起点。正是在这一点上，国际式风格的理念与现代建筑运动广泛的复杂性以及深刻的理念变革之间存在巨大的反差。此后很多人将国际式风格直接对等于现代建筑的做法是对现代主义运动最大的误解之一。

希区柯克在 1966 年《国际式风格》再版时，谈到了国际式风格与整体现代主义运动的关系。他将现代建筑的发展比喻为一条编织的粗绳，国际式风格构成了主流，而赖特的有机建筑、阿姆斯特丹学派、德国表现主义以及斯堪的纳维亚经验主义等流派则构成了支流，或者保持着一定的独立性，或者逐渐汇入国际式风格之中。[①] 但是从 1960 年代现代主义受到广泛批评开始，希区柯克所描述的这些支流反而得到更多的重视与更高的评价。今天学术界也普遍认同这些现代建筑的“另类”传统是现代建筑最具活力的部分之一，将持续启发当代以及未来的建筑创作。

7. 其他国家的现代建筑发展

现代建筑成熟的标志之一，是它不再局限于一小部分人在有限区域中的局部探索，而是被世界各国的实践建筑师所接受，先运用于某些示范性项目中，随后引发更多的追随者，使得现代建筑逐渐成为从业建筑师的主流选择。在 20 世纪二三十年代，现代建筑开始从主要发源地向周边国家扩散，首先是欧洲，随后扩展到近东、远东、南美以及非洲。到 1930 年代末期以及 1940 年代初期，在世界各主要国家中，现代建筑案例已经普遍出现。虽然“二战”爆发造成了建筑活动在很多国家的停滞，但是在战后重建中，现代建筑开始占据全球建筑实践的主流。在这一节中，我们将讨论在这些国家中“二战”之前的现代建筑成果。

欧洲较早发展的工业化体系以及密切的文化与人员交流为现代建筑的扩散创造了良好的条件。捷克就是这一条件的获益者，它毗邻德语区的地理位置以及较为发达的工业经济，很早就提供了现代建筑的实践机会。密斯在布尔诺设计的图根哈特住宅以及阿道夫·路斯的穆勒别墅在前面已经谈到，同一时期约瑟夫·克兰茨（Josef Kranz）设计的同样位于布尔诺的时代咖啡馆（Era Café）展现了本土建筑师对西欧现代建筑语汇的吸收。其他欧洲国家在 1930 年代也都出现了代表性的现代建筑，德·科尼克（Louis Herman de Koninck）是最早在比利时从事现代建筑探索的建筑师。他于 1930 年在布鲁塞尔设计的坎尼尔小屋（Canneel Cottage）以及 1937 年的贝赫图小屋（Cottage Berteaux）都属于典型的国际式风格作品。位于瑞士苏黎世的多尔德托住宅

---

① HITCHCOCK，JOHNSON. The international style[M]. Norton, 1966: 36.

（Doldertal Flats）是由吉迪翁委托阿尔弗雷德与埃米尔·罗斯（Alfred and Emil Roth）与前包豪斯教师马塞尔·布劳耶在1935—1936年设计建造的。在这里，阿尔弗雷德的北欧现代建筑特色与布劳耶富有雕塑感的几何体量结合在一起，完成了吉迪翁设计典范性多层集合住宅的任务。除此之外，约瑟夫·菲舍尔（Josef Fischer）在匈牙利布达佩斯的霍夫曼（Hoffmann）别墅，斯塔莫·帕帕达克斯（Stamo Papadakis）在希腊雅典的格利法达（Glyfada）住宅，奥维·邦（Ove Bang）在挪威奥斯陆的工会大楼（Workers'Union Building）也都是各自国家中的早期现代建筑范例。在1930年代末期，现代建筑已经成为一个遍及欧洲各地的现象，作为已经确立的新建筑模式，其地位已经不可动摇。

在欧洲以外的其他国家，现代建筑大多通过对欧洲经验的借鉴而萌芽。土耳其凯末尔革命（Kermal's Revolution）之后，现代建筑被作为西方化与现代化的途径之一。建筑师塞伊菲·阿尔坎（Seyfi Arkan）曾经在德国汉斯·珀尔齐希事务所中学习与工作，在凯末尔的支持下，他设计了安卡拉外交部长住宅（1933—1934年）、弗洛里亚海滨别墅（Florya Sea Pavilion，1935年）作品，将现代建筑以及现代生活方式通过高层政治领袖的示范向整个土耳其进行推广。

因为欧洲政治局势的日益严峻以及犹太复国主义运动的发展，英属巴勒斯坦地区在20世纪二三十年代吸引了大批欧洲犹太人移民。急剧的人口增长带来了特拉维夫（Tel Aviv）的快速建设与扩张。这座城市根据英国城市规划理论先驱帕特里克·格迪斯（Patrick Geddes）的总体规划建设。在20世纪三四十年代，来自欧洲的犹太移民建筑师们在特拉维夫建造了超过1000座3~4层的独立住宅建筑，它们大多以钢筋混凝土为材料，有着整洁的几何形体与朴素的白色粉刷墙面，展现出了1930年代朴素功能主义建筑的典型特征。虽然这一建筑体系来源于欧洲，但是移民建筑师们也根据巴勒斯坦地区的典型气候特征进行了修正。比如欧洲现代建筑中大面积的开窗被大幅度缩小以减少日照，阳台与遮阳挑檐的大量出现也是出于同样的目的，底层架空也得到广泛使用以促进空气流动。这些因地制宜的改进使得特拉维夫早期现代建筑形成了自己的特征。今天这些建筑还大量地存在，因为大多采用了白色粉刷，特拉维夫的20世纪三四十年代现代建筑聚居区也被称为“白色城市”，已经被列入世界遗产名录，作为现代建筑早期成就的纪念物。

特拉维夫白色建筑中大量出现圆弧形元素被一些学者归因于埃里希·门德尔松的影响，这是因为门德尔松毫无疑问是“二战”前最著名的犹太现代建筑师，而且他也是犹太复国运动的积极支持者。他的晚期建筑活动集中在后来成为以色列的这片土地之上。1936—1937年，门德尔松为犹太复国运动的领袖，在1948年成为以色列第一任总统的柴姆·魏茨曼（Chaim Weizmann）设计建造了位于雷霍沃特（Rehovot）的魏茨曼住宅（Weizmann Residence）。建筑封闭的外表皮意在隔绝日晒，建筑内部的水池与凉廊有利于院落环境的调节，也体现出了中东地区建筑传统的特色。突出建筑表皮的圆柱形楼梯筒以及半圆形阳台，显然是门德尔松个人建筑语汇的标志。1936—1939 年门德尔松在耶路撒冷斯科普斯山（Mount Scopus）上设计建造了希伯来大学哈达萨医院与医学院（Hadassah Medical Centre）（图 3-7-21）。建筑岩石般坚硬的体量仿佛在荒漠中生长出来，门德尔松试图以朴素的建筑语汇创造一种超越宗教派别的精神性，他写道："鉴于他极为朴素和安宁，那些生活在伟大的精神创造——圣经、新约和古兰经的世界里的人们，一定不会感到失望的。"[①] 建筑敞廊上的半圆穹顶展现出了门德尔松对地区传统以及历史元素表现性内涵的兴趣。哈达萨医院表明门德尔松的建筑设计思想和语汇又演进到了一个新的阶段，他的这一作品也堪称以色列最重要的早期现代建筑杰作。

日本是亚洲最积极地吸收西方影响的国家之一。在现代建筑的引入上，他们也走在前列。早在 1920 年代，毕业于东京大学的堀口舍己（Horiguchi Sutemi）就曾经游历欧洲，考察现代建筑的发展。回到日本之后他出版了一本介绍荷兰现代建筑的书，并且开始进行现代建筑创作。他于 1930 年完成的吉川住宅（Kikkawa House）使用了大量类似于风格派几何构成手法的体量组合，明白无误地展现出了欧洲现代建筑的影响。他于 1933 年在东京设计的冈田邸（Okada House）有重要的价值，在这个相对传统的住宅中，堀口舍己探索了西方抽象建筑语汇与日本传统园林的结合（图 3-7-22）。站立在由方形板块环绕的水池之中的石块与木柱传达出了日本园林的天然与孤寂。这也是日本建筑师将现代建筑与日本文化传统相互结合的早期尝试之一，这一策略也被此后的日本建筑师所延续。

最早获得国际关注的日本现代建筑师是坂仓准三（Junzo Sakakura），1930 年他从东京工业大学毕业后前往巴黎，在勒·柯布西耶工作室中工作了 7 年，是勒·柯布西耶最重要的助手之一。在 1937 年巴黎世界博览会上，坂仓准三设计的日本馆将勒·柯布西耶的经典设计原则与日本建筑特色相互结合，塑造了极为新颖的建筑效果，获得了博览会金奖（图 3-7-23）。在这个设计中，多米诺结构体系、底层架空、建筑漫步、色彩组合等手段明显来自于勒·柯布西耶，但坂仓准三所使用的天然材料、通透格栅以及与花园的密切关系则透露

图 3-7-21　希伯来大学哈达萨医院与医学院

图 3-7-22　冈田邸院落

① CURTIS W. Modern architecture since 1900 [M]. London: Phaidon, 1996: 384.

出日本传统建筑的细腻与平静。在战后，坂仓准三成为日本建筑界的重要人物，他曾经担任日本建筑协会主席，并且在1959年协助勒·柯布西耶设计建造了东京国立西洋艺术博物馆。

另一位日本建筑师前川国男（Kunio Maekawa）也受到勒·柯布西耶的巨大影响。1928—1930年，他也曾为勒·柯布西耶工作了两年，在1930年代初，他回到日本自行开业。他于1942年完成的东京自宅虽然在外观上更为接近日本传统住宅的材料与形态，但是住宅内部的通高中庭与夹层明显来自于勒·柯布西耶最常用的雪铁汉住宅模式。前川国男更大的影响还是在战后。通过借鉴勒·柯布西耶战后的粗野主义建筑语汇，前川国男对于新一代日本现代建筑师的成长产生了很大的影响。除了日本建筑师以外，出生于捷克的安托宁·雷蒙德（Antonin Raymond）也在日本留下了一系列现代建筑作品。雷蒙德原本为赖特工作，在东京负责帝国饭店工程。但随后他开始独立执业，并且完成了东京女子基督教学院等项目。他对钢筋混凝土的熟练运用给予日本建筑师很大的启发。

图 3-7-23　巴黎世界博览会日本馆

在巴西，勒·柯布西耶的影响仍然是主导性的。在教育与公共健康部大楼之后，卢西奥·科斯塔与奥斯卡·尼迈耶仍然紧紧追随勒·柯布西耶的建筑语汇。他们与保罗·韦纳（Paul Wiener）一同设计的1939年纽约世界博览会巴西馆与坂仓准三的日本馆类似，在典型的勒·柯布西耶建筑体系中加入了自己的建筑特色。对于尼迈耶来说，他希望体现的巴西特色存在于巴西丰富的自然景观之中，他写道："由人创造的直角，坚硬和僵化，并不吸引我。引起我注意的是自由、感性的曲线——我在自己国家的群山中、河流的蜿蜒中，天上的云朵以及大海的波浪中遭遇到曲线。整个宇宙都是由曲线构成的。"[①] 对曲线性元素的浓厚兴趣被转译到巴西馆的设计中，平面坡道与地面的弯曲给予整个建筑更强烈的表现力。在此之后，将现代建筑平直几何语汇与曲线形形体的结合成为尼迈耶建筑创造的核心原则，1942年的潘普哈赌场（Casino Pampulha）以及1943—1946年的阿西西圣弗朗西斯教堂（Church of St. Francis of Assisi）充分展现了这种新颖组合的强大的建筑潜能（图3-7-24）。尼迈耶更重要的舞台，是首都巴西利亚的一系列重要政府建筑，这些包括国会大厦与总统府在内的优秀设计，已经被认同为巴西的国家标志。尼迈耶本人也被视为20世纪最重要的南美建筑师之一。

委内瑞拉建筑师卡洛斯·劳尔·维拉纽瓦（Carlos Raul Villanueva）也从法国将现代建筑的影响带回了南美。他早年曾在巴黎美术学院学习，回到委内瑞拉之后的最早的作品之一——加拉加斯哥伦比亚学校（Gran Colombia

① NIEMEYER O. The curves of time: the memoirs of Oscar Niemeyer [M]. London: Phaidon, 2000: 3.

图 3-7-24　阿西西圣弗朗西斯教堂

School of Caracas）显然有安德列·卢萨的卡尔·马克思中学的影响存在。这个建筑使用的钢筋混凝土框架结构是这种材料与结构在这个国家的早期范例。维拉纽瓦更为重要的建筑成就是从 1944 年开始的大学城（Ciudad Universitaria）项目，这个占地 $2km^2$ 的校园中有超过 40 栋校园建筑，维拉纽瓦在整整 20 年的时间内负责了其中多座建筑的工作。这些建筑展现了他将现代建筑经典语汇与地方传统以及当代艺术结合在一起的多彩成果。其中最重要的一座是马格纳礼堂（Aula Magna），它强烈的结构表现性让人联想起勒·柯布西耶未曾实现的苏维埃宫大会堂的设计，而建筑中开敞的通廊、格栅以及会堂内部由亚历山大·考尔德（Alexander Calder）设计的彩色浮云雕塑则体现出南美地区的气候特点以及西班牙文化传统的热烈与奔放（图 3-7-25）。大学城在 2000 年被列入世界遗产名录。

以上这些案例表明，到 20 世纪 30 年代末期与 40 年代初期，现代建筑已经在世界各国获得极大的发展，从门德尔松到尼迈耶等建筑师的实践中可以看到，现代建筑体系与地区自然条件与文化的结合可以创造更为丰富的建筑内涵，这证明了现代建筑广泛的适应性以及远未穷尽的创作可能。在两次世界大战之间这 20 余年时间中，现代建筑从早期的局部摸索迅速成长为世界性的建筑运动。到“二战”之前，作为一种成熟的建筑体系，现代建筑已经发展了一套充实的语汇累积。有一系列大师成为新建筑的代表人物，他们的很多作品被视为经典，定义了现代建筑的典型形象。还有 CIAM 等组织团体推进现代建筑与城市规划的讨论以及与建筑实践平行的全新的现代建筑理论体系。这些特征共同表明，经过 19 世纪末期以来持续的探索演化，到 20 世纪 30 年代末期，现代建筑的理论与实践已经基本确立，现代建筑力量有了巨大的提升，大量现代建筑作品占据了越来越重要的地位。可以说现代建筑的发展已经达到了相当成熟的地步，堪称人类建筑史上最重大建筑变革之一的现代主义运动已经积聚了足够的力量与实力，即将在战后的建筑与城市发展中主导全球众多城市的面貌。

图 3-7-25　马格纳礼堂

第四章

第二次世界大战后至 1970 年代的建筑发展

第一节
战后各国的建筑概况

第二次世界大战从世界范围来说始于1939年，结束于1945年，即从德国入侵波兰起，到德国和日本投降为止。

在此数年中，各国政治与经济条件的不同，思想与文化传统的不一和对于建筑本质与目的的不同看法使各地建筑发展极不平衡，建筑活动与建筑思潮也很不一致。

对各个国家来说，战后政治形势的变更（如社会主义国家与第三世界国家的兴起和有些国家在政权上的分裂）、经济的盛衰、建筑工业在各国经济中所占的地位、世界上局部战争的连绵不断及冷战带来的分歧与冲突等都直接或间接地影响到城市的建筑活动和对待城市规划与建筑设计的态度。同时，尖端科学在战后日新月异的发展及其对工业的影响，也在强烈地影响着建筑。例如化学工业从军事工业转向平时建设、材料工业，特别是钢、玻璃与各种合金、塑料、陶瓷等在数量与质量上的发展，电子工业与计算机在科研、生产与管理上的推广应用，核物理学、原子能利用的趋于成熟，甚至人造卫星与宇宙飞船的发展等都为建筑提供了较前优越得多的条件，也对建筑提出了新的要求，并从正面或反面刺激着人们的城市与建筑观念的变迁。另一方面，战后技术至上思想的泛滥，工业生产无政府状态地高速增长，也加深并恶化了原来就已够严重的城市问题、污染问题，甚至还产生了对人权、人身的侵犯等问题。这些问题强烈地影响着城市与建筑的发展与变化。此外，建筑本身既是一种工业产品，又是一个需要大量消耗多种其他工业产品的市场。战后建筑工业的兴旺直接或间接带动了材料工业、建筑设备工业、建筑机械工业和建筑运输工业的突飞猛进。同时，建筑还需要大量的劳动力，这无疑关系到国家的就业问题。因此，建筑工业的荣枯对国家的经济至关重要。例如美国就把建筑工业列为国家经济三大支柱之一。其结果是国家干预建筑工业，力图利用建筑工业来调整国家经济；同时，与建筑材料、建筑设备、建筑机械、建筑运输有关的大公司、大企业与大财团也在千方百计地左右建筑工业，使之朝着有利于自己的方向发展。这些干预与左右必然会影响城市与建筑活动以及城市规划与建筑设计思想的发展和变迁。

在建筑思潮方面，西欧和美国在战后最初的二三十年中继续为建筑的现代化做出贡献；日本在现代建筑中的崛起，引起世人瞩目；第三世界国家的建筑也在现代化与本土地域性的结合中取得了杰出的成绩。这时期的建筑虽然名目繁多、五彩缤纷，但基本观念仍属现代建筑。1960年代中期，世界各先进工业国在庆幸自己在经济建设与改造世界方面的胜利时，又发现了工业的无止境发展与技术至上对地球与人类的危害。于是，社会上出现了一股批判过去、批判权威、要求分裂与自立门户的所谓后工业时代，或称后现代主义、现代主义之后的思潮。这些思潮最先反映在哲学、文学、艺术、影视、政治等批评上，到1970年代也波及建筑。所以，1960—1970年代，是一个欧美发达国家表现最显著的、建筑从现代到后现代的转折时期。本章主要涉及战后1940—1960年代的建筑发展状况和多种思潮，而1960—1970年代之后的所谓后现代时期的发展则将在第五章作专门的论述。

正如上面所说，战后各国的发展十分不平衡，难以一概而论。限于篇幅，下面选几个当时被认为影响较大的国家与地区予以介绍。

一、西欧

第二次世界大战对西欧的城市，无论是战胜国还是战败国，均造成了极大的损失。其严重程度使许多人担心没有很长时间是不可能恢复过来的。然而由于种种原因，诸如美援、技术发展与因此而引起的经济增长，竟使恢复工作出乎意料地快速进行。在这个过程中，许多国家都出现了应急的重建同城市长远规划的矛盾，其中英国与荷兰处理得比较出色。

英国

英国的经济是从殖民体系的基础上发展起来的。它的工业生产在19世纪曾居于世界首位。20世纪的两次世界大战都强烈地冲击了它的殖民体系。特别是第二次世界大战以后，亚非拉民族解放运动蓬勃发展，英属殖民地纷纷独立，英国的政治、经济与军事实力进一步受到打击，工业生产的增长也就缓慢了。到1960年代末，它的工业生产次于美、苏、日、德、法居于世界第六位。深厚的工业基础、科技实力与生产经验使它不仅在汽车、飞机、化学、电子与石油工业方面仍能在国际市场上进行竞争，在建筑设计与城市规划方面也能不断地作出一些新贡献。

由于英国几乎有3/4的人口居住在城市，所以早在1930年代便在城市无限膨胀的灾难中看到了必须控制大城市发展的重要性。第二次世界大战一开始就使一些大城市，诸如伦敦和考文垂（Coventry）受到破坏，促使他们尚在战争期间，即自1941年起，便已开始着手重建这些城市的规划和设计。[①] 因此，战争一结束，这些城市的修复与重建工作就有计划、有条理地按照规划方案而进行了。到1950年代中叶，伦敦周围的8个卫星城镇[②]便已拥有原计划人口的一半了。然而，他们并不就此满足，持续的调查研究使他们不断地发现新问题并提出新的尝试办法。例如各个城市建筑缺乏特色和城市中心缺乏生气等问题，经过分析，认为前者是设计问题，后者是因城市规模过小而引起的，于是从1960年代起，不仅注意了设计的多样化和创造地方特色，而且把一些新城的人口从原来规划的5万扩大到了10万。因此，英国卫星城镇规划的参考价值，很大程度取决于它在工作过程中的持续研究和不断地发现问题、改进问题的工作方法。

英国在中、小学校的建设与设计中也做出了不少成绩。它在1945—1955年的10年中共建了约3500所中、小学校，容纳了180万名学生。其中哈特福德郡[③]的成绩较好。学校大多为单层，按错落排比方式布局，保证了学生课内外、室内外的联系，并成功地采用了预制装配的金属骨架和钢筋混凝土顶棚与墙板

---

①、②　见本书专题一“英国的城市规划”。

③　Hertfordshire，主持设计人为阿斯金（Charles H. Askin，1893—1959年）。

系统，见图 4-1-1。[①]

在建筑设计上，现代建筑在战争期间完全在英国站稳了脚。1950 年代以英国青年建筑师史密森夫妇（A.and P.Smithson，前者：1928—1993 年，后者：1923—2003 年）和斯特林（James Stirling，1926—1992 年）为代表的新粗野主义（New Brutalism，又译为“新野性主义”，战后现代建筑派的一个企图在建筑形式上创新的支派）[②]和 1960 年代以库克（Peter Cook，1936—）为代表的阿基格拉姆派（Archigram）所提出的未来乌托邦城市的设想，[③]对当时的青年建筑师与建筑学生影响很大。虽然阿基格拉姆派提出的插入式城市（Plug in city）没有实现，但一度在青年人中掀起了一股以钢或钢筋混凝土建造的巨型结构（Mega-structure）[④]来综合解决多种用途与可变要求的建筑设计倾向，并预告了在建筑中采用与表现尖端技术的高技派（High-Tech）[⑤]的到来。

1960 年代下半期，面对尖锐的城市交通问题，英国开始研究旧城中心的改建。其基本见解之一是：过去那种把机动车纳入专用车道的办法已不能解决问题，建议建造架空的“新陆地”（New Land）。“新陆地”的上面是房屋，下面是机动车交通与服务性设施，行人可以不受干扰地自由来往于房屋之间。这样的见解被应用到一些大型的建筑群中，如伦敦的南岸艺术中心（South Bank Art Center，1967 年，设计人 H.Bennett，图 4-1-2），它和其东侧的国家剧院（1967—1976 年，设计人 Denys Rasdun & Partners）可以说是英国战后最初二三十年中最杰出的公共建筑。1980 年代，伦敦码头区改建（London Dockland）项目又为旧城的改建复兴拓展了新的领域。

高技派虽然不是英国所独有，但从世界范围来说，英国在高技派方面的贡献可谓是最杰出的。这可能与它在 19 世纪时便已创造了像水晶宫那样的建筑的传统有关。自 1970 年代起，英国建筑师福斯特（Norman Foster，1935—）、罗杰斯（Richard Rogers，1933—2021 年）、格雷姆肖（Nicholas Grimshaw，1939—）和霍普金斯（Michael Hopkins，1935—2023 年）等都有采用各种尖端的工程技术来创造端庄与优雅的建筑的经历。

此外，阿鲁普（Ove Arup，1895—1988 年）

图 4-1-1　哈特福德郡的一所学校

图 4-1-2　伦敦的南岸艺术中心

① Pantley Park Primary School，Welwyn Garden City，Hertfordshire，1948—1950 年。
② 参见本章第四节。
③ 参见本章第二节。
④、⑤ 参见本章第七节。

和他的联合事务所（Arup Associates）以擅长解决工程技术难题闻名世界。世界上许多需要在技术上进行探索的建筑，如悉尼歌剧院以及上述高技派大师的一些作品都是请他作顾问的。

法国

法国的一些城市在第二次世界大战中受到严重的破坏，损失很大。法国的居住情况在战前便已相当紧张；战后，住宅建设更成为当务之急。好在其战后的经济恢复是比较快的，1949 年，它的工业生产已达到战前的水平；之后，1949—1969 年这 20 年中，法国的国民生产总值的年平均增长率约为 11%。因此，它的建筑活动相当活跃。

1970 年代以后，法国的经济增长速度有所下降，建筑活动的步伐就比较慢了。

战后最初几年，由于法国没有像英国那样在战争期间便已开始进行城市规划，因此应急的重建与城市规划之间的矛盾很大，有时就像互不相关似的各行其道。这个问题到 1960 年代初才渐有好转。

勒阿弗尔（Le Havre）是法国沿英吉利海峡的主要城市，它的市中心在战争中被全部炸毁。1944 年，法国现代建筑的老前辈佩雷接受了规划与重建的任务，但具体工作到 1947 年以后才开始进行。勒阿弗尔的规划采用了能配合居住房屋预制构件的 6.24m 作为模数。预制构件在此第一次被大规模地应用。有些房屋的结构，包括墙板在内的各种部件都是预制的。为了避免建筑形式因采用同一构件而雷同，勒阿弗尔有意在建筑体量与节奏上进行调整，并特别为此制造了一些特殊的构件。

法国自 1950 年代下半期通过了一系列关于区域发展与地区规划的条例后，在国家的资助下建造了不少采用预制装配的工业体系的住宅。这些居住区的规模都异常地大，其中由国家资助的图卢兹 · 勒 · 米拉居住区（Toulouse-Le-Mirail，1961—1966 年，设计人 Candilis，Josic and Woods，图 4-1-3）的居民人数是 10 万，近巴黎的 Aulnay-sous-bois 的居民是 7 万，它们比英国战后早期的卫星城镇都要大。在图卢兹 · 勒 · 米拉居住区中，机动车与行人各有自己的道路网，互不干扰，住宅的种类与组合方式多种多样，这宣告了法国的大量性居住建筑

（a）鸟瞰图

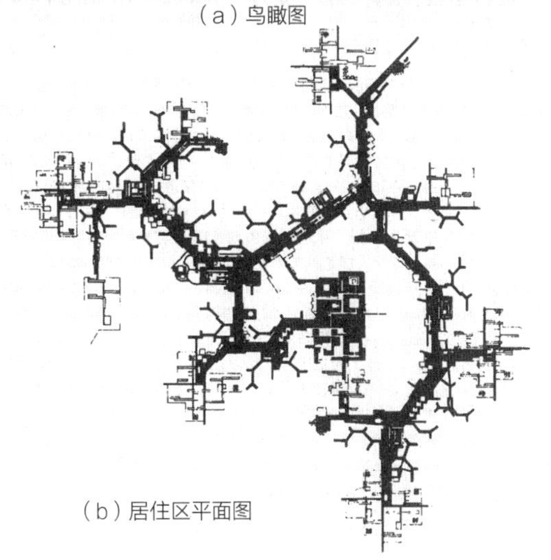

（b）居住区平面图

图 4-1-3　图卢兹 · 勒 · 米拉居住区

已由采用预制构件进入到全预制装配的工业体系。法国的工业建筑体系不仅使法国迅速地解决了尖锐的住房问题，并因它在组合上的灵活、形式多样与色彩丰富而受到世界的关注。

1961 年巴黎通过了酝酿已久的限制城市中心发展、把工厂和办公楼搬到郊区以及在巴黎周围发展 5 个新城的巴黎改建规划。这个规划虽然并未完全实现，但它使巴黎的建设可以比较有计划地进行。其中巴黎西郊的德方斯新区（La Défense）[①]是巴黎改建中的一个典型实例。

在建筑设计方面，战后现代建筑取代了学院派成为法国的主流，并在战后 30 余年中迸发出不少引人注目的火花。

勒·柯布西耶设计的马赛公寓大楼[②]从设计构思来说刚好同勒阿弗尔相反，它是一幢从城市规划角度出发而设计的房屋，体现了勒·柯布西耶早在 1920 年代便已开始探索的关于构成城市的最基本单元的设想。马赛公寓建成后，人们对它的议论很多，有的是对功能的议论，也有的是对那称为粗野主义的风格不能接受。

其后，勒·柯布西耶设计的朗香教堂[③]又轰动了整个建筑学坛。它一方面使本来忠诚于他的信徒大为震惊，同时也为那些正在踌躇是否能在创作中超越理性主义之道的青年建筑师开了先河。

正如法国曾在 1889 年世界博览会中以埃菲尔铁塔和机械馆创建了当时世界上最高的和跨度最大的铁结构一样，它在第二次世界大战后也在建筑技术上不断创新。巴黎的国家工业与技术中心陈列大厅建于 1958 年，跨度 218m，是迄今跨度最大的薄壳结构。1977 年，法国的国立蓬皮杜艺术文化中心[④]因表现出了一个完全不同于过去人们所认为的文化建筑应有的典雅面貌，引起了人们的广泛关注和议论。

联邦德国

德国的城市在第二次世界大战中所遭受的损失最为惨重。就分裂后的联邦德国来看，战前原有住宅 1050 万户中被破坏了 500 万户，其中 235 万户完全被毁。联邦德国各城市中心的破坏尤其严重，如科隆的城市中心建筑被破坏了 70%，维尔茨堡（Wurzburg）市中心的破坏达 75%，柏林的破坏则更为严重。

联邦德国在战后的经济发展是比较快的。它在 1950 年的国民总产值已经超过战前 1936 年同一地区的水平，1960 年的国民总产值是 1950 年的 3 倍多，1970 年又是 1960 年的 1 倍多，达到了 6790 亿马克（合 1855 亿美元），居美国、日本之后，占资本主义世界的第三位。

战后联邦德国首先着手的是住宅建设。它在 1949—1950 年间就建了 10 万户。1950 年国家公布的住房建设条例中把 6 年的目标定为 180 万户。所以，到 1960 年代，住房问题已基本上解决了。但联邦德国在城市规划上并不顺利，因为联邦德国的城市规划权属于地方当局，而地方当局往往比较照顾私人利益，故很少看到由政府举办的较大规模的建设。在所有联邦德国的城市中，汉诺威（Hanover）在战后重建与长远规划方面做得较好。

20 世纪 40 年代末 50 年代初，联邦德国为了国民的精神需要，恢复作为战败国国民对国家的信心，费了许多精力修复和重建历史建

① 参见本章第二节。
② 参见本章第四节。
③ 参见本章第九节。
④ 参见本章第七节。

筑。有的整条街都按原样修复起来，如科隆近圣马丁的河滨民居。有的建筑虽已全部被破坏，也按原样重建。在这方面，他们作了许多尝试，其中不少建筑躯架是新结构，外壳则用传统材料尽可能细致地把原来的装饰与细部恢复起来。

在设计思想上，在希特勒统治时期，只允许歌颂国家与歌颂权力的新传统派，[①] 因此，战后初期领先走现代建筑道路的主要是一些1920年代现代建筑派中没有逃亡国外的老建筑师，如巴特宁（O.Bartning）、夏隆和卢克哈特兄弟（W.and H.Luckhardt）等。1950年，同20多年前的包豪斯有联系的同仁在乌尔姆建立了一所继承包豪斯传统的被称为新包豪斯的建筑学院（New Bauhaus，Hochschule für Gestaltung，Ulm，1968年解散）。同时，联邦德国的建筑开始趋向现代化，出现了不少具有国际先进水平的现代建筑。如柏林爱乐音乐厅（Berlin Philharmonie，1959—1963年，设计人夏隆，图4-9-5），[②] 斯图加特的罗密欧与朱丽叶公寓（The Romeo and Juliet Apartment，设计人夏隆和W.Franck，图4-1-4），在明斯特的新剧院（The New Theatre at Münster，1955年，设计人Deilmann，Hausen Rave和Ruhnau，图4-1-5）和在慕尼黑奥林匹克公园附近的巴伐利亚发动机制造厂（BMW）的办公楼（Verwaltung der Bayerischen Motoren-werke，1972年，设计人K.Schumntzer，图4-1-6）等，均是既重理性又在形式上颇具特色的。

1957年，联邦德国把酝酿了多年的柏林汉莎区改建成了一个称为Interbau的国际住宅展览会（Interbau，Hansaviertal）。[③] 展览

图4-1-4　罗密欧与朱丽叶公寓

图4-1-5　明斯特的新剧院

图4-1-6　巴伐利亚发动机厂的办公楼

①、②、③　参见本章第二、六、三节。

会的设计主持人是巴特宁，像30年前的魏森霍夫住宅展览会[①]一样，他邀请了国际知名建筑师，如格罗皮乌斯、勒·柯布西耶、阿尔托、雅各布森（A.Jacobsen，1902—1971年，丹麦著名建筑师）、尼迈耶（O.Niemeyer，1907—2012年，巴西著名建筑师）等和联邦德国自己的建筑师共同参与设计。那次展览会是战后现代优秀住宅设计的一次巡阅。

1970年代末建成的柏林国际会议中心（图4-1-7）是一座耗资达4亿美元，可容纳2万人同时在里面进行各种活动，配备了当时最尖端的机械与电子设备的全欧洲最大的会议中心。它代表了联邦德国1970年代的经济水平，也代表了它的科技水平，是一座彻底的高技派与机械美相结合的产品。人们对它的评价褒贬不一。

意大利

意大利与德国虽同为战败国，但在战争中受到的破坏却比德国轻得多。战后意大利在经济恢复上曾一度较快，之后由于政权的更迭和缺乏重要的工业资源，自1960年代起，步伐开始平缓。它在1970年的工业产值次于美、苏、日、德、英、法，居世界第7位。

意大利在战前便已严重缺乏住宅，战后首先从住宅建设入手，建设的数量虽然很大，

图4-1-7 柏林国际会议中心

但到1950年代末还是供不应求。在大规模的住宅建设中，意大利感到最棘手的是没有及早做好城市规划。这个缺陷随着政府的不断更迭而越来越严重。例如米兰市关于发展居住区的设想草图是1954年才做出来的，罗马的则到1957年还在讨论之中。因此意大利战后的应急建设与城市长远规划的矛盾比上述各国更为严重，建筑的风格与质量也参差不齐。

在设计思想上，意大利比其他国家显得多样和善变。由于古代传统在意大利从未中断，1920年代的现代建筑思潮又曾产生强烈的影响，因此，虽然意大利在战前的主导风格是折中主义的新传统派，但同时也具有尊重新技术的特点。战后，人们在摆脱法西斯统治的过程中批判了新传统派，全面走上了现代建筑的道路。当时的建筑风格虽然形形色色，但实质上不外乎两种倾向。一是在罗马、都灵和巴勒莫等地所谓的新现实主义（Neo-realism）。他们主张把目光转向人们每天日常生活中所见所闻的具体现实，用最通俗、最普通和最像日常交谈的语言把它表达出来，并反对抽象的、同日常生活无关的东西。建筑师里多尔菲（M.Ridolfi）设计的罗马蒂布尔蒂诺区（Tiburtino District，设计人：Ridolfi，Quaroni and Fiorentino等，1950年代，图4-1-8）可谓它们的代表。另一方面则倾向于理性的分析和建造技术，不过在这方面各自的重点与格调不一。例如在1940年代与1950年代，米兰每三年举行一次的设计与艺术展览会，米兰三年展（Milan Triennals）就曾为提高大量性住宅的建造质量做过许多工作。他们收集了意大利各地住宅从规划到构造的各种做法，并对这些资料从功能与技术合理性方面进行分析。

① 参见第三章第六节。

图 4-1-8　罗马蒂布尔蒂诺区的一角

图 4-1-9　罗马火车站

这对当时各国的大量性住宅设计与生产具有很大的启发作用。在实践上，罗马火车站（Terminal Station，Rome，1948—1951 年，设计人 Calini，Montuore，Castellazzi 和 Vitellozzi，图 4-1-9）和米兰的称为维拉斯加塔楼（Torre Velasca，1958 年完成，设计人 B.B.P.R 设计室，图 4-1-10）的高层办公楼可谓这方面的代表。前者在不作修饰的情况下尽量把结构做得很美，后者则完全按实际需要与条件来建造。此外，他们还建造了不少利用新技术来创造浓厚宗教气氛的教堂。

在意大利最具有国际声誉的现代建筑师无疑是奈尔维（P.L.Nervi）。这位兼工程师、建筑师与营造师于一身的人物建造了不少在工程

图 4-1-10　维拉斯加塔楼

技术与艺术上均无可非议的作品。如罗马小体育宫[①]和米兰的皮雷利大厦（Piralli Building，Milan）[②]均被公认为最具有国际先进水平的杰作。

二、北欧

瑞典

正如英国在城市规划中做出成绩一样，瑞典在住房建设中成为榜样。

瑞典在战争中的中立使它的城市没有蒙受损失，但政府对城市规划与住房建设的关注——规划先行、颁布保证规划实施的法令、政府资助住房建设等——使它很早便宣布全国基本上解决了住房问题，租金也比较合理。魏林比（Vällingby）[③]是首都斯德哥尔摩郊外的一个新区，可谓这方面的典范。它的规划与设计做得非常细致，在做规划时便几乎把每幢房屋都落实到住户上。图 4-1-11 是它的一个居住区的一角，图 4-1-12 是城中心区的公共会堂。

①、②　参见本书专题二。
③　参见本书专题一。

图 4-1-11　魏林比某住宅区的一角

图 4-1-13　格伦达新村

图 4-1-12　魏林比新城中心区的公共会堂

（a）外观

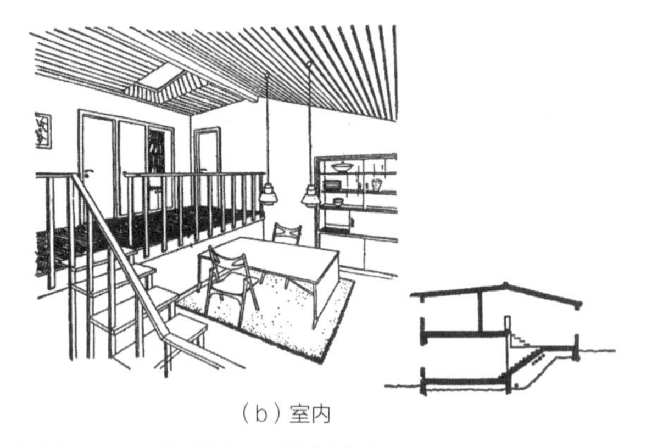

（b）室内

图 4-1-14　魏林比的一组低层住宅

瑞典住房的建筑风格类似下面第八节要谈到的所谓北欧的“人情化”与“地方性”倾向，但较之更为普通与朴素并更接近传统，人们称之为“新经验主义”（New Empericism）。其代表人物是马克利乌斯（Sven Markelius）和厄斯金（Ralph Erskine），所建住宅大多为标准设计，但在规划上十分灵活并具有特色，如斯德哥尔摩的格伦达新村（Siedlung Gröndel，1948—1950年，设计人S.Backström、L.Reinius，图 4-1-13）和魏林比的一组低层住宅（设计人 Höyer和Lynndquist，图 4-1-14）。

丹麦与芬兰

丹麦与芬兰曾受到战争的破坏，但国家对待城市与建筑的态度与瑞典相仿，舍得在这方面花费技术力量与资金，所以能从容不迫地医治战争创伤，并继而进行建设。

这两个国家的设计力量也比较雄厚，在丹麦有年老而经验丰富的菲斯克尔（K.Fisker，1893—1965 年），又有年轻有为的伍重（J.Utzon，1918—2008 年，图 4-1-15 是他在弗雷登斯堡设计的一个富有地方色彩的住宅新村，1962—1963 年），还有善于把现代化与传统结合起来的雅各布森。在芬兰则有世界著名而杰出的阿尔托。他们都企图在工业化中渗有手工业，在现代化中反映传统。人们把这种建筑风格称为现代建筑中的“人情化”与“地域性”。阿尔托除了设计房屋外还主持了芬兰许多城市的规划工作。雅各森则除了设计住房外还设计了不少公共与工业建筑。伍重在澳大利亚设计的悉尼歌剧院则是 20 世纪的精品之一。[①]

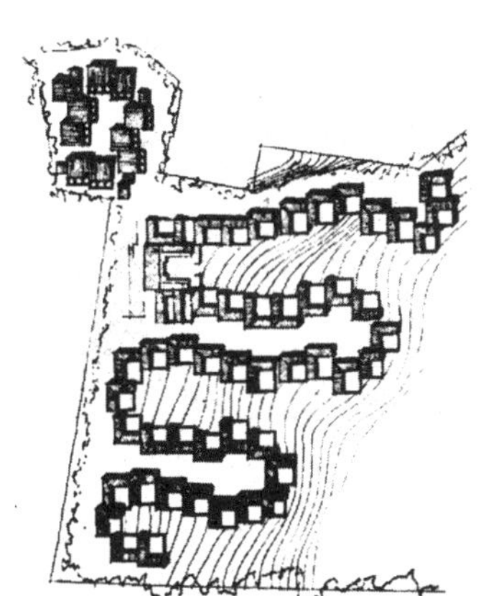

（a）总平面图

（b）单元平面图

（c）局部鸟瞰图

图 4-1-15 弗雷登斯堡的一个住宅新村

荷兰

荷兰在战前便已十分重视建筑与城市的结合，阿姆斯特丹和鹿特丹的建设一直是在规划的指导下进行的。战后，在异常艰巨的重建与新建中，他们坚持了这个优良的传统。在战争中被炸成平地的鹿特丹市中心的重建是这方面较成功的例子。其中，以林巴恩步行购物街（Lijnbaan，图 4-1-16）最为出色，设计人是范登布鲁克（J.H.Van den Broek，1898—1978 年）、巴克马（J.B.Bakema，1914—1981 年）。

战后，荷兰在探索构成城市的基本单元（如勒·柯布西耶所谓的“居住单元”，Unité d’Habitation）方面做了许多工作。这些“居住单元”是由多种不同类型的住宅组成的，规模有大有小，有高有低，并配备有与其规模相适应的公用设施。研究人范登布鲁克和巴克马为了强调它们在形式上的多样化以

图 4-1-16 林巴恩步行购物街
（沿步行街的建筑高 2 层，后面为多层与高层建筑）

① 参见本章第九节。

及批判两次世界大战之间由欧洲现代建筑派所提倡的行列式，把它们称为“形象组团”（Visual Group）。用这些“形象组团”可以组成各种不同规模的既统一而又具有个性的居住小区或大区，如已建成的在亨厄洛的小德里恩住宅区（Klein Driene in Hengelo，1956—1958年，图4-1-17）便是一个实例。图4-1-18所示是他们为北肯纳麦兰区（Nord-Kennemerland）做的方案。

在建筑创作上，第二次世界大战后的荷兰继承了他们自20世纪初便不断在建筑创新上做出贡献的光荣传统。除了上面谈到的范登布鲁克和巴克马外，1950年代的凡·艾克[①]（Aldo Van Eyck，1918—1999年）以他在阿姆斯特丹设计的儿童之家（Children's Home，Amsterdam，1957—1960年，图4-3-7）引起了人们的广泛关注。他理性地把生活行为、空间、结构与构造和贴近人情的建筑形式结合起来考虑，奠定了后来所谓具有结构主义哲学的建筑设计[②]的基础。1970年代，建筑师赫茨伯格[③]（H.Hertzberger，1932—）在阿珀尔多伦建的中央贝赫尔保险公司总部大楼（Central Beheer Headquaters，Apel-doorn，1970—1972年，图4-3-8）更加受到赞许，它为办公楼创造了一种新的形式。

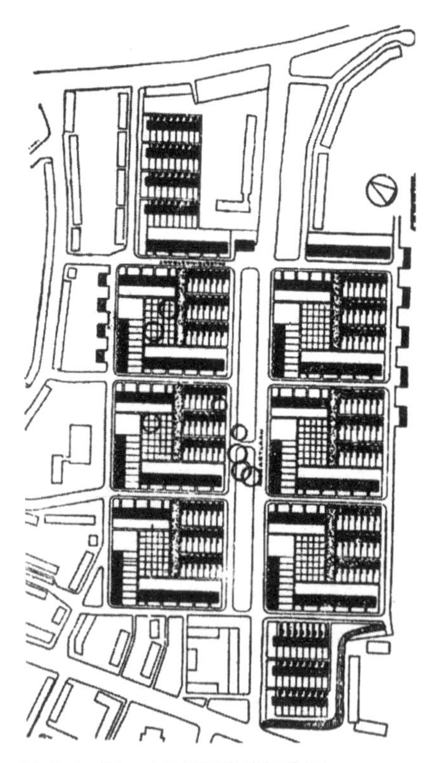

图4-1-17　小德里恩住宅区布局

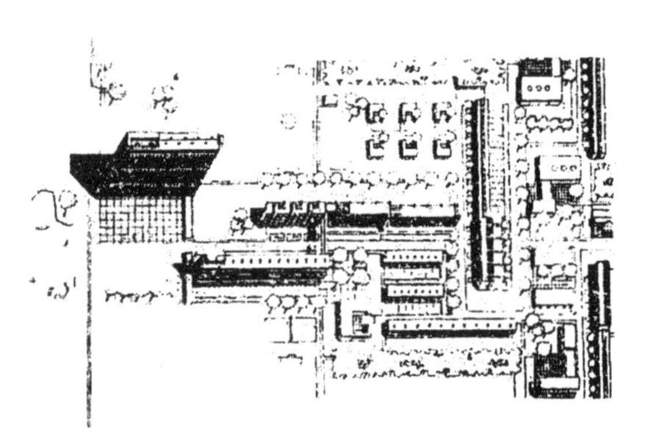

（a）城市“居住单元”方案

（b）住宅区设计

图4-1-18　北肯纳麦兰区的住宅区

①~③　参见本章第三节。

三、美国

美国在第二次世界大战中虽是参战国，但由于远离战场，成为欧洲反法西斯阵营的大后方。战争爆发后，它凭着自己比较丰富的物质资源，整顿和加强了军备的计划和领导，使自己不仅没有损失，并因接受大量的军事订货而发了大财。1940 年美国的国民生产总值是 813 亿美元，1945 年达到 1828 亿美元。战后，它凭借自己的先进技术、工业生产与经济实力，利用自己的资本不仅控制了西欧与拉美的多数国家，并深入到亚非地区。1960 年它的国民生产总值达到 5037 亿美元，经过 1960 年代的经济黄金时期，于 1970 年又达到了 9741 亿美元。在此形势下，战后美国的建筑也有很大的发展。1973 年后，美国经济由于生产过剩和石油危机一度衰退，但不久后又跃居世界首位。

战后直接影响美国建筑发展与变化的是它强大的物质技术力量、雄厚的技术人员队伍和一大批专门投资房屋建设与经营的大业主（Developer）。它们共同使美国在建筑材料（如钢与钢筋混凝土趋向于轻质高强，各种塑料和化工产品被应用在建筑中）、建筑结构（如轻型、薄腹、预应力、空间薄壳与各种三维空间结构的发展）、施工技术（如振动技术、预制装配、滑模、顶升、施工机械以及利用直升机来吊装等）、建筑设备（如空调、电梯、灯光等使用的舒适性、适应性、灵活性、多样化与自动化等）等方面领先于世界。人们常说，美国往往不是这些事物的发明者，但它却是这些事物的大规模推广应用者和提高者。大型的建筑企业与建筑师联合事务所的出现是战后美国的一个特色，这些组织拥有数百甚至上千名的工作人员。它们的业务包括城市规划、建筑设计、建筑结构、建筑设备、电气与机械等全过程，其中有些还同建筑材料企业、营造公司、房屋建设与经营者同属于一个经济垄断组织。它们经常独家包揽某一城市的主要建筑业务，并扩展到其他城市与国家。例如美国的 SOM[①] 和 DMJM[②]建筑设计事务所的年收入在 1970 年代为 3500 万美元以上，它们在全国的主要城市分设机构，业务范围远及联邦德国、意大利诸国，甚至还遍及中东、南亚、东南亚国家。它们的设计方向常在国内与国外产生很大的影响。此外，一些房屋建设与经营者和那些同建筑材料、设备、机械或运输工业有关的大公司、大企业，为了使建筑成为自己的产品的广告，也常常不惜投入巨资通过设计竞赛或提供研究基金来左右建筑设计的方向。这种活动及其内含的企图在美国比在其他国家更为突出。

发展高层建筑是美国战后建筑的一个主要方面。城市商业中心土地越来越昂贵，人们常把房屋的规模与质量作为业主财富与威信的象征，促使许多业主和房屋建设与经营者经常不惜把一些质量仍然很好的房屋推倒重来，如纽约的利华大厦、西格拉姆大厦[③]都是在这种情况下建造起来的。它们大多为钢框架幕墙结构，其预制装配程度可达 60% 以上。由于建筑是封闭的，因此全部采用人工空调和采光系统。1960 年代后期，美国开始向新型结构的超高

---

① Skidmore，Owings & Merrill 建筑设计事务所，总部在芝加哥。

② Daniel，Mann，Johnson & Mendenhall 建筑设计事务所，总部在洛杉矶。

③ 参见本章第五节。

层发展。结构上的改革，主要是加强外圈的抗风与抗震性能，采用了筒体结构，使高层建筑在 1968 年达到了 100 层，高 373m（芝加哥的约翰·汉考克大厦[①]），1973 年达到 110 层，高 411m（纽约世界贸易中心[②]），1974 年的芝加哥西尔斯大厦[③]也是 110 层，但高 443m，曾长期是世界最高的建筑。同时，美国还拥有 1976 年建成的，当时世界最高的钢筋混凝土结构大楼——水塔广场大厦，[④]76 层，高 260m。这个突破同高强混凝土的发展与应用是分不开的。

在居住建筑方面，美国的城市与郊区均有发展。战后，私人汽车的普及使很多具备条件的人迁到远离城市喧闹的地方，形成了城郊住宅区的无限蔓延。这里有独立的拥有大花园的富翁住宅，也有中层阶级的大型住宅区。这些住宅区有的采用美国建国初期的农场似的传统形式，也有的是把欧洲现代派的经验与美国实际结合起来的新型居住区，如雷士顿（Reston）等。新建的居住区多设有公共的商业设施与一些供游戏用的设施如球场、游泳池、人工湖等。郊区住宅在 1960 年代时极其兴旺，几乎成为每个美国人所向往的美景，但必须自备汽车。城市住宅主要是高层的，有供百万富翁居住的极为豪华的公寓，也有供没有条件迁到郊区去住的低收入阶层的低标准公寓。后者由于社会治安的恶劣，越来越暴露出了它的不适应性。

美国在建设卫星城镇方面并不成功。战后由联邦政府批准，由政府通过发放公债资助的 13 个新城，到 1978 年时只有 6 个是有发展前途的，其余 7 个已因工厂不愿迁入、居民过少而停顿。目前，政府号召要着重对旧城中那些破落的地区进行重建，并把这种重建称为“旧城中的新城”（New Town in Town），用以吸引中层阶级居民返回城市，以便挽回城市由于居民外迁而损失的税收。

1960 年代起不少城市开始了对城市中心区的改建，波士顿与费城等进行得较好。[⑤]改建的方案从规划到建筑大多是采取设计竞赛的方法进行选择的。其总的倾向是车行与人行分道，三维地组织空间，综合发展有商业、娱乐、旅馆、办公甚至有医院等设施的多种用途中心（Mixed-use Centre）。其目的是使行人不必接触到机动交通工具便能享受到现代城市中的一切设施。

在建筑设计方面，美国在第二次世界大战期间终于摆脱了学院派设计思想的束缚，全面走上了现代建筑的道路。美国在战前便拥有像赖特和诺伊特拉（图 4-1-19 是他设计的 Warten Tremaine 住宅，圣巴巴拉，加利福尼亚，1947—1948 年）那样非常出色的，既是现代派又具有美国特色的建筑师。1930 年代，德国的现代建筑派成员涌入美国。他们在美国 1930 年代经济危机的恢复时期以及第二次世界大战中充分发挥了作用并证实了他们的理论和才能。其中不少还在大学里任教甚至主持教育大权，如格罗皮乌斯任哈佛大学设计研究院的教授与建筑系系主任，密斯任伊利诺伊工学院的建筑系系主任等。此外，法国的勒·柯布西耶、芬兰的阿尔托和瑞士的建筑历史学家与理论家吉迪翁等也经常到美国讲学。这样就奠定了欧洲的

①、②、④ 参见本书专题二。

③ 现名为威利斯大厦（Willis Tower）。

⑤ 参见本书专题一。

图 4-1-19 诺伊特拉设计的一座住宅

图 4-1-20 索尔克生物研究所

现代建筑理论在美国的根基。然而，任何建筑理论都是它对当时与当地社会上的某种需要、某些条件或某些社会思潮的反映，战后的美国毕竟与两次世界大战之间的德国不同，与战争时期的美国也不同，欧洲的经验到了美国之后，便成为富有美国特点（要取悦顾客）的东西了。战后一二十年中，美国建筑师在对理性主义进行充实与提高（既要重视功能与技术的合理性与先进性，又要使其形式能取悦人）方面作了不少尝试。1950 年代下半期，在美国还掀起了一股称为典雅主义（Formalism）[①] 的风潮，由于这种风格较能表现美国国家或那些大企业、大公司的权势而盛行一时。此外，欧洲不论有什么新思潮都会迅速流入美国。如粗野主义和各种追求个性与象征的倾向，虽源于欧洲，但在美国得到了富有美国特色的反映，例如埃罗·沙里宁（Eero Saarinen，1910—1961 年），路易斯·康（Louis Kahn.1901—1974 年，图 4-1-20 是他在加利福尼亚 La Jolla 设计的索尔克生物研究所——Salk Institute for Biological Research，1959—1965 年）和贝聿铭（Ieoh Ming Pei，1917—2019 年）均取得了十分杰出的成绩。1960 年代末，美国出现了一种批判现代建筑的理性原则、提倡自由地引用历史符号的设计倾向，这种倾向成为后来西方各种统称为后现代主义（Post-Modernism）思潮的先声。

四、巴西

拉美国家由于在战争期间远离战场，不仅没有受到破坏，个别国家（例如巴西）反而因此而活跃一时。但新老殖民主义者对它们的长期控制，使各国的发展极不平衡，即使在一国之内，各地区的差别也很大。沿海大城市如里约热内卢、加拉加斯等，建筑活动频繁，规模也很大；而内地则仍然非常落后。

在建筑设计上，大城市受美国与西欧的影响极深，形式现代化，但由于工业基础较差，建筑技术比较落后，造型上则倾向于在严谨之中寻求奇特，喜用曲线的形体和变化多端的遮阳板，这些现已成为拉美国家建筑风格的特征。里约热内卢的佩德雷古胡综合住宅区（Pedregulho Residential Complex，1947—1952 年，设计人 Affonso Eduardo Reidy，图 4-1-21）是这方面的一个典型例子。建筑师在每幢房屋

① 参见本章第六节。

的设计上、在群体的体量与室内外空间的平衡上表现出了杰出的技巧。

在城市规划上，拉美国家一般来说不那么重视。但 1950 年代下半期，从 1957 年起，巴西新都巴西利亚（Brasilia）① 的建设，同印度的昌迪加尔② 一样，轰动了世界。巴西利亚选址于巴西中部的沙漠高地上，从规划以至设计都表现出了很大的魄力和决心。规划方案是通过方案竞赛而录取的，设计人是科斯塔（Lucio Costa）。其中城市中心的三权广场与总统府（设计于 1958 年，图 4-1-22）的设计均非常有特色，设计人是战前曾同勒·柯布西耶共同设计巴西教育卫生部大楼的尼迈耶。

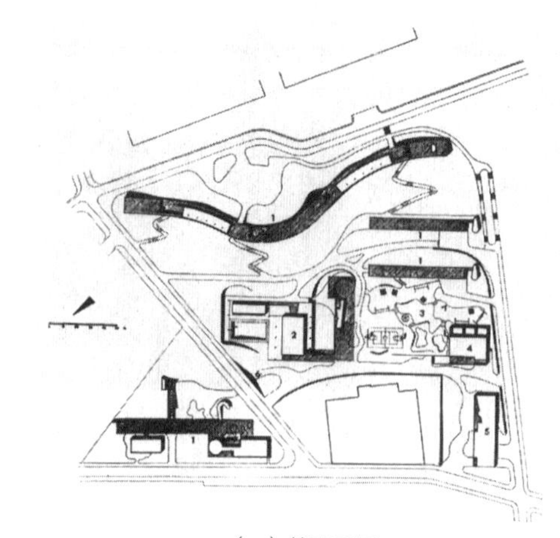

（a）总平面图

（b）外观

图 4-1-21 佩德雷古胡综合住宅区

五、日本③

日本在第二次世界大战中是战败国，经济受到重创，但是经过 15 年的恢复与成长之后，东山再起，不论是工业生产还是科学技术方面，都发展迅速，大有后来居上之势。尤其在 1960—1990 年代，年产值增长达 13%，比欧洲发展最快的德国还快 1 倍，是美国的 3~4 倍，成为仅次于美国的世界经济大国。在建筑事业方面，以不到 30 年的时间，继承了欧美的成就，积极开展技术革新活动，同时更重视技术管理工作，建筑企业实现了现代化，因此，日本从原先落后的状态挤入了世界先进行列。

战后日本的建筑发展，与经济发展基本一样，大体上可分为三个时期：恢复期（1945—1950 年）、成长期（1950—1960 年）和发展期（1960 年以后）。

（a）局部外观

（b）总体鸟瞰

图 4-1-22 巴西利亚总统府

①、② 参见本书专题一。

③ 本节资料参考童寯著《日本近现代建筑》。

1945 年日本的工业生产总值只有战前的 30%。城市建筑 1/3 被破坏，东京则达 55%，当时房荒十分严重。为此，日本立即计划建造简易住宅 30 万户，以应急需。1947 年，在东京开始建造 4 层钢筋混凝土公寓式住宅。1948 年，日本成立建设省，主管全国基建任务，使后来建筑事业的顺利发展得到了保障。当时，临时住宅法规规定每人居住面积不超过 $10m^2$。1955 年，日本成立住宅公团（住宅公司），专门从事全国住宅建设工作。1958 年以后，住宅建设数量日增，于是开始走建筑工业化的道路。1945—1968 年，全国共完成了 1000 万户住宅的建设。战后日本现代建筑的先行者前川国男（Kunio Maekawa，1905—1986 年）设计的 10 层的晴海公寓（图 4-1-23）是日本住宅公团主持的东京港湾工业区住宅建设的著名实例。这是一座实验性住宅，着眼于抗震结构，造型稍感沉重，依赖一片阳台调剂外观，尚能有所变化。战后，大阪周围满布住宅公团所造的居民点，最著名的是南面的泉北丘陵。其他如千叶县千叶市，爱知县丰明市，东京都世田谷区、板桥西、多摩市和奈良市、横滨市矶子区等地都有住宅公团开发建设的地区。

图 4-1-23　东京晴海公寓，1958 年

1947 年日本对被原子弹破坏的广岛市重新进行规划，同时把很多精力放在那些曾受战争损害的城市的整理、重建与发展上，并在这方面积累了很多经验。1960 年代起，日本在筑波科学城、关西科学城与新宿副中心的规划与建设上的成就，使它进入了国际先进行列。同时，日本对古城京都与奈良的保护也为世界古城与古建筑保护开创了新局面。

在建筑设计方面，1947 年，日本为了纪念广岛原子弹爆炸死难者和制止战争，决定在爆炸位置建设和平中心。丹下健三（Kenzo Tange，1913—2005 年）设计了纪念券门和两层楼的纪念馆（图 4-1-24，1950 年建成）。纪念馆上层陈列模型、图片阐明战争惨象，下层是空廊，建筑造型完全是西方现代建筑的面貌。丹下健三自此奠定了他后来几十年在日本建筑创作界的卓越地位。与丹下健三齐名的有他的老师前川国男和同学坂仓准三、吉阪隆正等，他们都是勒·柯布西耶 1953 年在东京设计上野公园西洋美术馆时的助手。可见，勒·柯布西耶当时在日本的影响是很大的。

1960 年代初到 1970 年代初是日本经济

图 4-1-24　广岛和平中心纪念馆与纪念券门

也是日本建筑的大发展时期。经济与科学技术的飞速发展，对日本建筑的现代化有很大的推进作用。在这一时期内，大型的公共建筑、体育建筑、高层建筑、市政厅建筑等类型都有突出的发展。建筑对新结构与新技术的应用也取得了相当大的成就。

在公共建筑方面，前川国男设计的京都文化会馆与东京文化纪念会馆是一对姊妹作品，1961 年建成。两座建筑的造型均显得粗壮厚重，受到了勒·柯布西耶的粗野主义的影响，并掺有日本民族传统手法。其中东京文化纪念会馆显得更加雄浑有力（图 4-1-25）。

1962 年，日本在海外建造了一座著名的文化建筑——罗马的日本学院。这座日、意文化交流机构由吉田五十八设计，外观很简单，但在柱间排列节奏和深檐错落中，取得了日本传统茶室的造型效果。院内一角还布置有日本传统的庭园——“和风庭园”。

1960 年代，日本有两次大建筑方案竞赛：国立京都国际会馆和东京国立剧场。国际会馆竞赛方案于 1963 年由丹下健三的门徒大谷幸夫中选，国立剧场方案到 1966 年由岩本博行完成。

京都国际会馆造型象征“合掌”，又近似传统神社叉形架，既象征国际合作，又具有耐震稳定作用。全馆空间构思新颖，亦能与结构紧密联系，但体形变化过于复杂，不免有矫揉造作之势。

图 4-1-25　东京文化纪念会馆

东京国立剧场基地四周空旷，面对皇宫，被规定为“美观区”。剧场造型简洁雅致，用深棕色预制水泥构件仿公元 8 世纪日本寺院井干式仓库的墙面，正立面入口远望并不凸显，而连续挑檐与仿井干外墙的单纯形式，颇有传统韵味，呈现出剧场作为日本歌舞伎、文乐、雅乐等民间艺术表演场所的独特形象。

1964 年，丹下健三在东京建造了他的传世杰作——代代木体育馆（图 4-1-26）。该建筑不仅技术合理，造型新颖，而且平面适合于功能，内部空间经济，可以节省空调费用，同时还带有鲜明的民族风格。大体育馆平面为蚌壳形，主要跨度为 126m，能容纳 15000 人。小体育馆平面呈圆形，并有喇叭形的入口，内部可容 4000 人。

1966 年建筑师林昌二（日建设计）设计的皇居旁大楼被认为是“具有战后日本现代建筑最高水平的作品”，[①] 为了适应基地的不规则形，两栋细长的办公楼通过夹在其间的中央大厅错接在一起。中央大厅两端有两个独立的圆筒形支撑体，内设楼梯与各种服务性设施。建筑造型明快有力，细部均做得十分精致（图 4-1-27）。

1970 年在大阪举行的世界博览会（图 4-1-28），是充气建筑的一次大展出。建筑物标新立异，有蘑菇状、贝壳状、拱状、筒状等，探索了充气结构的各种可能性。展览会上的日本馆由日本建筑设计事务所设计，是由五个圆厅组成的钢结构大圆圈，以此象征五瓣的日本国花（樱花）。

① 弗兰姆普敦，张钦楠，关肇邺，等．20 世纪世界建筑精品集锦 1900—1999（第 9 卷）[M]. 吴耀东，译．北京：中国建筑工业出版社，1999: 111.

（a）小体育馆室内

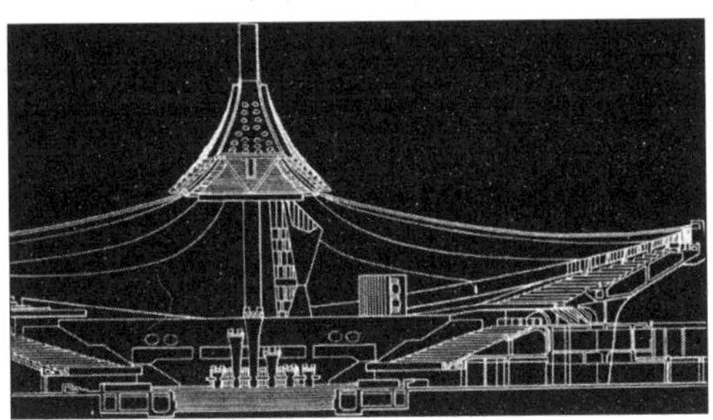
（b）大体育馆剖面图

图 4-1-26　东京代代木体育馆

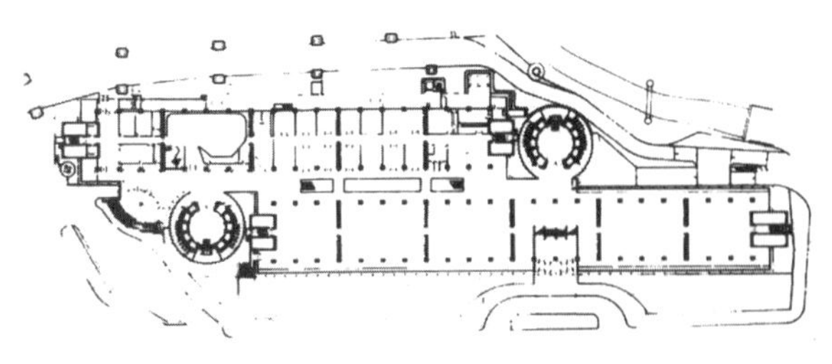
（a）建筑平面图

（b）鸟瞰

图 4-1-27　皇居旁大楼

在追随西方的高级娱乐性社交活动建筑中，比较典型的是丹下健三于 1961 年设计的神奈川户冢高尔夫球会所。造型最突出的部分是反卷钢筋混凝土薄壳屋顶，由 6 根钢筋混凝土柱支承。翌年完成的九州宫崎高尔夫球俱乐部由竹中工务店设计施工，位于宫崎市海滨，造型采用圆边圆角的处理手法，充分探索了混凝土塑性造型的特点。这是继勒·柯布西耶创造的粗糙水泥饰面之后的另一种手法。

战后日本大量新建县与市的厅舍（办公楼）。

图 4-1-28
大阪世界博览会全景

这些厅舍一般可分为大、中、小三种，内容含有办公部分、市民活动部分和市会议场。属大型厅舍的如丹下健三于1955年设计的东京都厅舍，1958年建造的香川县厅舍以及坂仓准三于1961年设计的吴市厅舍。其中香川县厅舍外廊露明的钢筋混凝土梁头应用了日本传统的木构手法，是对开拓民族风格的一种尝试（参见图4-8-6）。中型厅舍如1954年建造的清水市厅舍、1962年建造的江津市厅舍。小型厅舍如1960年建造的仓敷市厅舍（参见图4-4-7）、1964年建造的大阪府枚冈市厅舍（图4-1-29）以及1966年建造的古河市行政中心等。其中枚冈市厅舍用钢筋混凝土曲线屋顶模拟民族形式，仓敷市厅舍用水泥模拟传统井干式仓库造型，都是对民族新风格的探索。

高层建筑从1960年代中期开始在日本有很大的发展。自1923年关东大地震以后，出于安全考虑，并照顾到当时的经济能力，政府当局于1931年规定居住区建筑高度限制在16m/20m以内，商业区在31m以内。这样，最高建筑也不超过10层。1962年日本建设省通过电子计算机检验高层建筑新结构体系的抗震性能，保证安全之后，于1963年修正建筑法规，撤销高度限制，1964年公布新法令。建筑高度自1968年开始进入30层领域。自东京三井霞关大厦（36层，高147m）开始，有1970年建成的东京新宿京王广场旅馆（高47层，客房950间）、1974年建成的东京新宿住友大厦（高52层）与同年完工的新宿三井大厦（高55层），1979年又在东京建造了60层的阳光大楼。其他城市如大阪、名古屋、神户等地也都有20多层到30层以上的高层建筑。

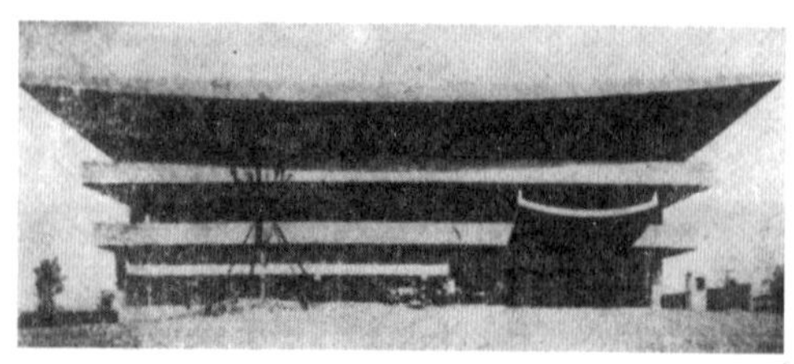
图4-1-29 大阪府枚冈市厅舍

在住宅设计中十分具有特色的是由槙文彦设计的代官山集合住宅（始建于1969年）。基地处于东京一个副中心的边沿，高度限制为10m，容积率是1.5。设计的特点为室内外空间尺度宜人，并在沿街住户与街道之间通过不同层面的空间组合，使人在活动上各得其所。基地上原有的自然环境尽可能地保存下来，包括上面原有一座小神舍，这使自然环境与人文环境均显得特别丰富。建筑手法的谦和与接近人情，使代官山集合住宅同时也是城市设计中的成功实例（图4-1-30）。

图4-1-30 代官山集合住宅沿街外观

战后日本的建筑的确是丰富多彩。1972 年黑川纪章（Kisho Kurokawa，1934—2007 年）在东京的中银仓体大厦（图 4-1-31）是当时新陈代谢派关于“永恒还是临时”[①] 的一次宣言。1960 年代，英国的 P. 库克的插入式城市没有实现，1970 年代黑川纪章在日本经济飙升的背景下却把用轻钢板制成的可在工厂大量预制的装配式居住单元实现了。然而真的要把它变成工业化建造体系还有许多困难，因而只能暂到此为止。

综上所述，可以看出日本建筑在战后发展极快，在建筑类型、建筑技术及设计手法方面均已步入先进行列。从建筑风格来看，有些建筑不免受到勒 · 柯布西耶与赖特在日本的助手雷蒙（Antonin Raymond）的影响，[②] 同时不少建筑师也试图探讨民族传统手法在新建筑上的应用。

图 4-1-31　中银仓体大厦

六、苏联

第二次世界大战结束后，苏联在战争破坏的废墟上开始了新的建设。住宅、工厂和各类公共建筑大量修复和兴建，不少几乎夷为平地的城市，很快地又展现在地平线上，短短的几年内取得了很大的成绩。在设计思想方面，1930 年代时曾提倡的“社会主义现实主义”的文艺创作思想与方法，在反法西斯战争胜利的形势下，被继续奉为建筑设计的指导思想，并在战争所激励的爱国主义和民族主义情绪高涨的气氛中，更被引为唯一正确的思想与方法。

社会主义时期的现实主义强调建筑与文学、戏剧、绘画、音乐一样，是与“帝国主义及其仆从国的腐败思想作斗争的最有力武器”，认为：“建筑的主要特征是形成建筑物的思想艺术和建筑形象”“否认建筑是艺术，就是否认社会主义现实主义的创作方法”，而否定社会主义现实主义创作方法就意味着政治上的背离。这样，就把建筑设计局限为只是艺术创作，而且是某种既定形象的艺术创作。他们认为：“随着苏联经济力量的不断高涨，大批生产性和实用性建筑……都将成为真正的艺术作品。”于是，在强调社会主义制度优越性和战胜德国法西斯的胜利喜悦下，把高大雄伟与繁琐装饰认作是显示比资本主义制度优越和富裕的象征；在批判世界主义、强调民族形式的口号下，把帝俄时代从俄罗斯文艺复兴到折中主义的艺术形式视为社会主义的民族形式。城市道路、广场是以气派、轴线和对景为主来决定其走向和尺度的；大量性住宅也要有台基、重

① 《20 世纪世界建筑精品集锦 1900—1999》第 9 卷第 119 页。

② 前川国男于 1928 年，坂仓准三于 1929 年去巴黎，曾先后进入勒 · 柯布西耶建筑事务所学习和工作。1922 年美国建筑师赖特在东京完成帝国饭店的设计，工程完成后，赖特的助手雷蒙就定居东京，并对日本建筑界产生了一定的影响。雷蒙还曾在日本训练一批助手，如吉林顺三、前川国男等。丹下健三又受到前川国男的影响。

檐和窗楣装饰；阳台不是根据使用需要与经济上的可能性，而是根据所谓立面构图来配置；凯旋门与大柱廊成为经常出现的建筑构图母题。不仅在城市中如此，建在诸如伏尔加河—顿河运河上的船闸（建于1948—1952年，设计人L.Polgakov等，图4-1-32）这样的工程性建筑中也大量使用。①

1950年前后在莫斯科兴建了第一批高层建筑，共8幢，高度多为20余层，其中有住宅、旅馆、办公楼等，也包括26层的莫斯科大学。莫斯科古德林斯基广场（起义广场，Kudrinskaya Square-Vosstania，设计人M. Posokhin等，图4-1-33）建于1950—1954年，其中央部分高33层。从当时的宣传报道看，建造高层建筑的主要目的在于"试图归还莫斯科一个优美的城市轮廓线"，使之成为统领附近建筑的形象中心。为了区别于资本主义国家的摩天楼，所有高层建筑的屋顶都加上了出自17或18世纪莫斯科建筑式样的钟楼、墩柱，立面上也作了不少凹进凸出的垂直向的体量划分。至于这些由虚假装饰所造成的空间浪费、材料浪费以及增加结构荷载和施工困难等似乎并不在意。

图4-1-32 伏尔加河—顿河运河上的船闸

图4-1-33 莫斯科古德林斯基广场（起义广场）上的高层建筑

战后，由于大量建设的需要，对于住宅、学校等大量性建筑和工业厂房的工业化问题，如标准设计、定型构件等曾给予相当的重视，花了很大的力量去研究和编制体系。但在"建筑就是艺术"的思想指导和传统形象的束缚下，却出现了诸如研究怎样用机械化的手段来加工与仿制古典柱式和装饰构件，并使之标准化与定型化等。于是战后初期的苏联建筑处于既要满足实际的对大量性建筑的需求又要把建筑装饰起来的矛盾之中。当时一个简单的解决办法是：把公共建筑与沿街或从街上看得到的建筑装饰起来，而住宅，特别是街上看不到的，则形式简单。就住宅单体来说，只重外貌处理而不重内部装修。由于当时住宅区的建筑布局提倡周边式，于是沿马路的建筑质量与街坊内部的差别很大。这种情况普遍存在于当时的苏联。乌克兰基辅的科列西亚季克大街

① 《20世纪世界建筑精品集锦1900—1999》第7卷第127页。本卷主编为格涅多夫斯基与海特；中方协调人为张祖刚；俄译中为吕富珣。

（Kreshchatik Street，1947—1954 年，图 4-1-34）是当时的实例，设计人是符拉索夫（A.Vlasov）等。

1953 年斯大林逝世后，赫鲁晓夫提出要从实用出发，认为经济问题、社会问题是最基本的问题，建筑师必须重新认识自己的任务，要在大量性建筑中采用装配式混凝土工艺，在居住区建设方面重新推行自由布局与建筑形式应以简朴为美等。1960 年代始，随着文学艺术创作方向先后得到“解冻”，建筑创作的美学方向也趋于自由。不仅 1920 年代的俄罗斯构成主义重新获得肯定，欧美的各种思潮也得到了反映。但这毕竟是一个文化根基很深的国家，不论是什么经验与影响，都在建筑师追求生活真实与艺术自由中附上了当时苏联各民族的特点，形成了多种方向并进的局面。

最先反映上述变化的是 1950 年代下半期莫斯科西南区的新切廖姆什基 9 号街坊（The Nineth Block of New Cheremushki，1956—1957 年，图 4-1-35），设计人是奥斯捷尔曼（N.Osterman）、利亚申科（S.Lyashenko）、巴甫洛夫（T.Pavlov）等。这是一个工厂预制、现场装配的实验性住宅区，内有 14 种不同的类型，经过实验后把适合的类型向莫斯科与其他城市推广，反映了要在大量性住宅中把结构、功能、经济和艺术审美等方面结合起来的尝试。

（a）沿大街的拱门

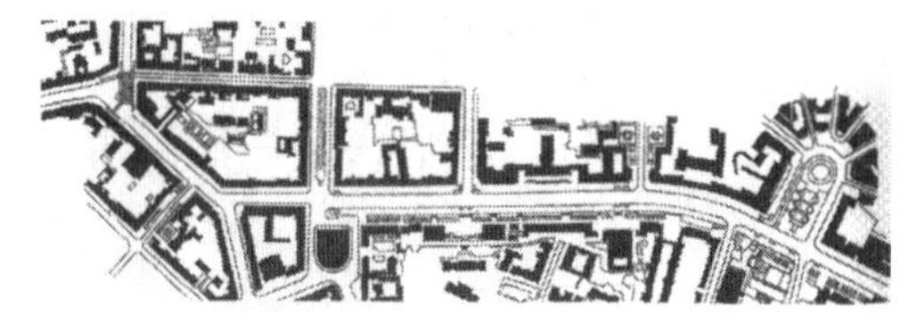

（b）总平面图

图 4-1-34　在基辅的科列西亚季克大街

（a）外观

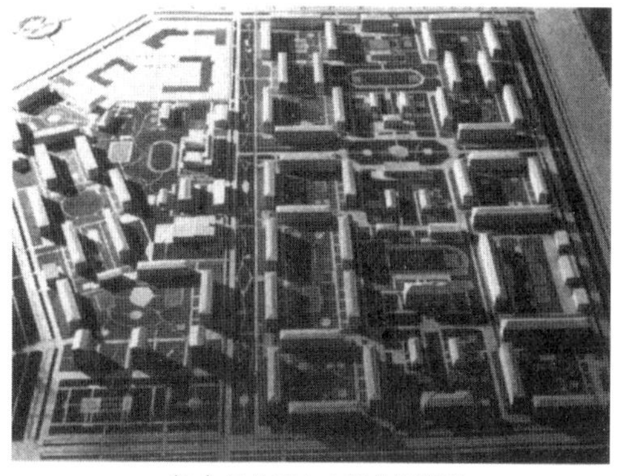

（b）居住区中央部分的模型

图 4-1-35　莫斯科新切廖姆什基 9 号街坊

苏联曾于 1934 年为它的“国家级标志性建筑”苏维埃宫举行过一次轰动国际建筑界的国际设计竞赛，苏联建筑师约凡（Boris Iofan）获奖（参见图 4-2-4）。后来，国内进行了多次重新设计，始终没有建成。1958 年，鉴于原拟放置苏维埃宫的基地环境已具眉目，于是再次在国内举行设计竞赛，苏联资深建筑师符拉索夫获奖。符拉索夫分析了基地的情况，鉴于它的后面就是这个地区（莫斯科西南区）的绝对制高点——高 26 层的莫斯科大学，符拉索夫不是用争高的手法，而是用低缓的形体，即通过两者对比的方法，既达到了建筑作为一个群体的艺术多样性，同时也突出了自己（图 4-1-36）。建筑风格采用没有装饰的框架结构、玻璃幕墙，四个立面均有柱廊，完整而简洁，表现了苏联当时的典型倾向。

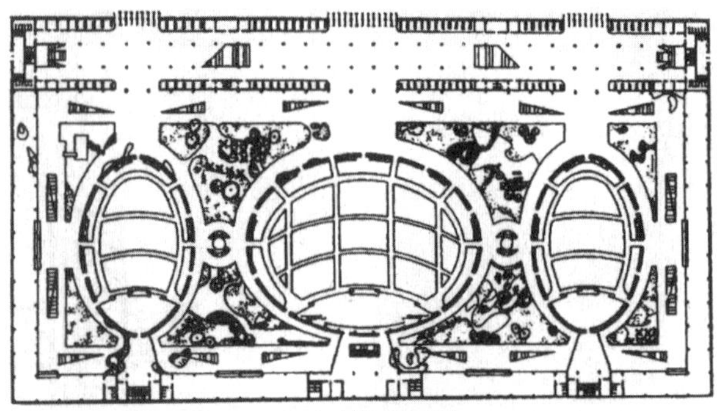

（a）基地平面图

（b）基地全景图

图 4-1-36　1959 年苏维埃宫设计竞赛方案之一

在建筑技术上，苏联也有很大的发展。最突出的是 1960—1967 年建成的莫斯科奥斯坦丁电视塔（Teletower in Ostankino，图 4-1-37），结构工程师是 H. 尼基金（N.Nikitin），建筑师是布尔金（D.Bwidin）等，高 533m，一度是世界最高的塔。塔身的下半部（385m 以下）是钢筋混凝土结构，上半部是钢结构。塔底固定在一个埋深仅为 3m 的环形基础上。

图 4-1-37　莫斯科奥斯坦丁电视塔

格鲁吉亚共和国的第比利斯汽车公路局办公楼（1974 年，设计人查卡瓦 P.Chakava 等，图 4-1-38）是一座在形式与技术上均十分大胆的建筑。建筑建在一个落差达 33m 的陡峭山地上，位于两条城市干道之间，地形的复杂使建筑无法按常规来建造。结果，建筑由 3 座

（a）公路一侧景观

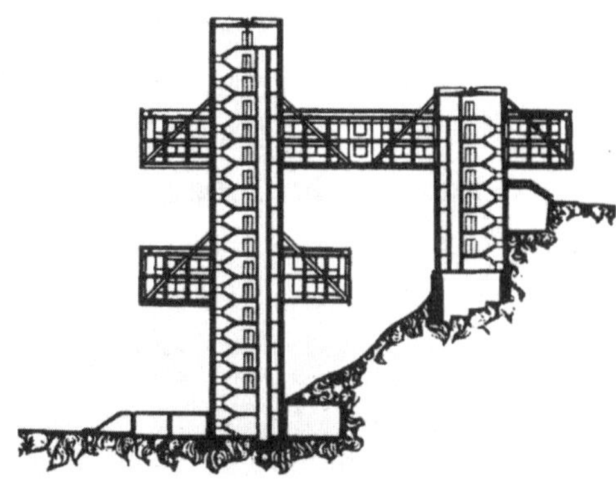
（b）剖面图

图 4-1-38　格鲁吉亚共和国第比利斯汽车公路局办公楼

各距离 28m，高度分别为 7 层、13 层、17 层的塔楼以及架在它们之间的水平向楼层组成。在结构上采用了垂直向的塔楼加上水平向的悬挑体系，功能合理，并在造型上有效地把处于不同水平线上的形体交错层叠，以产生强烈的运动感。它不仅吸引了行驶于两条干道上的人们的注意，并使人一见难以忘怀。这个实例还说明了各加盟共和国也在创新，有些共和国还在适应与表现他们的地域特色方面做出了不少成绩。

第二节
战后至 1970 年代的建筑思潮

现代建筑经过两次世界大战之间的成长、战争时期与战后恢复时期的考验，被普遍认为更符合时代发展的需要，于是逐步取代原来持续了数百年的学院派，成为西方国家占主导地位的建筑实践。

现代建筑也被称为欧洲的先锋派、现代运动、功能主义、理性主义、现代主义、国际式等。从它诸多的名称可以看出它不是一时或一家之言，而是继承了从 19 世纪至 20 世纪初各种探索新时代建筑的理念与实践，结合两次世界大战之间各国的具体情况综合而成的，并涌现出了一系列颇有影响力的代表人物、建筑思想和实践，这在第三章中已经有了丰富的叙述。从建筑文化发展的长河来看，它们具有明显的共同特点，这就是：

（1）坚决反对复古，要创时代之新，新的建筑必须有新功能、新技术，其形式应符合抽象的几何形美学原则。

（2）承认建筑具有艺术与技术的双重性，提倡两者结合。

（3）认为建筑空间是建筑的主角，建筑设计是空间的设计及其表现，建筑的美在于空间的容量、体量在形体组合中的均衡、比例及表现。此外，还提出了所谓四向度的时间——空间构图手法。

（4）提倡建筑的表里一致，在美学上反对外加装饰，认为建筑形象应与适用、建造手段（材料、结构、构造）和建造过程一致。其中欧洲的理性主义在形式上主张采用方便建造的直角相交、格子形柱网等，有机建筑与建筑人情化在这方面基本上是这样做的，但不坚持。

然而，现代建筑也体现出了多样性，即使理念相仿，在分寸的掌握上也会有差异，更不用说那些牵涉社会现实的问题了，例如在对待建筑经济与建筑师的社会责任上，理性主义同有机建筑就有很大的不同。欧洲的现代派早在1928 年 CIAM 在拉萨拉兹的第一次会议中便指出建筑同社会的政治与经济是不可分的。他们说："经济效益不是指来自生产的最大商业利润，而是在生产中最少的工作付出……为此，建筑要有合理性和标准化。"① 又说：建筑师"应使目前受到限制的大多数人和需要得到最大程度的满足"。②

显然，这些提法是同第一次世界大战后西欧所处的政治经济动荡与人民生活困苦有关的。之后 CIAM 几次会议的议题同样反映了这个特点。如在第二次会议（1929 年在法兰克福）中讨论了由德国建筑师提出的低收入家庭的"最少生存空间"，在第三次会议（1930 年在布鲁塞尔）中讨论了也是由德国建筑师提出的房屋高度、间距与有效用地和节约建材等"合理建造"问题。这些课题反映了他们把建筑必须满足人的生理与物理要求看得十分重要的特点，而这些内容是过去的建筑学所忽略了的。在讨论过程中还反映出他们时而把调查研究与科学分析的方法掺入过去只被看作艺术的建筑学中。对此，特别值得提起的是 1933 年 CIAM 在雅典的以"功能城市"为主题的第四次会议，与会者在分析了 34 个欧洲城市之后，勒·柯布西耶提出现代城市应解决好居住、游憩、工作与交通四大功能，并介绍了他原来就有的关于功能城市的设想（图 4-2-1）。在这里，一幢幢采用新功能、新技术并标准化了的建筑按功能分区屹立于阳光、空气与绿化之中；建筑有高低大小之分，而没有社会等级之别；头上是飞机与飞船，脚下是分层的机动车道……这次会议的内容后来在第二次世界大战期间以《雅典宪章》的名称公布于世。尽管其

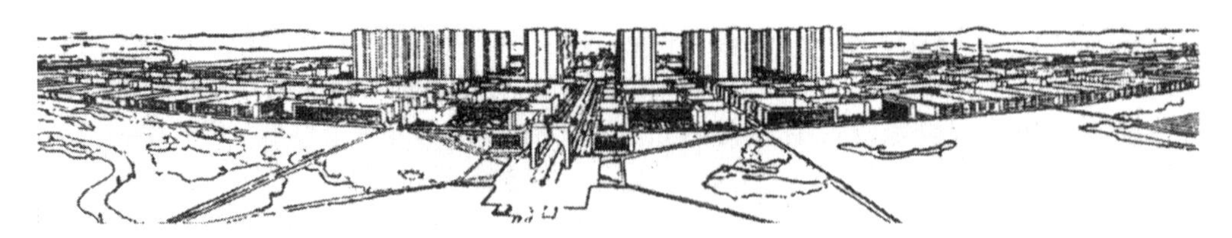

图 4-2-1 勒·柯布西耶的"现代城市"方案——"300 万人口的城市"

①、② CIAM 的拉萨拉兹会议中（1928 年）指出，现代建筑的风格特征取决于现代化的生产技术与生产方式。参见：FRAMPTON K. Modern architecture—a critical history[M]. London，1980：269.

内容并不全面，但它说明了建筑师对城市问题的关心，大大地吸引了战后渴望和平、秩序与时代进步的年轻人。虽然 CIAM 因内部意见不合于 1959 年自行休会，但其功能城市思想却深刻地影响了后面的几代人。

美国以赖特为代表的有机建筑走的却是另外一条路线。美国大陆在两次世界大战期间虽是参战国，但远离战场，政治、经济稳定，工业生产由于是战场的后方反而骤增，市场比较活跃。赖特本来就以能为中小资产阶级建造富有生活情趣和具有诗意环境的住宅而杰出于众，1930 年代，随着现代建筑的崛起，受过土木工程训练的他也积极主动地采用新技术来为他的创作目标服务，例如他曾尝试用预制的刻有图案的混凝土砌块来使现代的方体形建筑具有装饰性（图 4-2-2）。然而，1936 年他为富豪考夫曼设计的流水别墅却惊动了建筑界。他向人们展示了当时尚属新颖的结构——钢筋混凝土悬挑结构——在使建筑与自然环境相得益彰的艺术魅力中起着关键的作用。尽管这幢建筑的造价十分昂贵，它的结构在半个多世纪后的维修过程中被发现是很不合理的，但仍不愧是一创世之作。之后赖特的新建筑，例如约翰逊公司总部、古根海姆博物馆等，无一不是与新技术并进，并使新技术转换成为建筑艺术成果的杰出作品。

再看以芬兰的阿尔托为代表的人情化与地域性，从表面上看似乎是一条介于欧洲的现代建筑与美国的有机建筑之间的中间路线，但是他把建筑与人的心理反应联系起来，特别是对人在体验建筑时由视感、触感、听觉等引起的心理反应的重视，为建筑学开辟了一个新的研究与实践领域。

第二次世界大战后，欧洲的现代建筑由于比较讲求实效，对战后恢复时期的建设较为适宜，同时，一批曾接受 1930 年代从欧洲移民到英国与美国的学术权威教育与影响的青年已经成长。因此，理性主义在战后不仅普及欧洲并“深入到美国的生活现实中去”。[①] 此外，美国的有机建筑也因它的浪漫主义情调与能为业主增加生活情趣与“威望”的超凡形式而受到了广泛关注。于是，在战后一段时期的建筑界几乎形成了由几位大师所主导的局面。

然而，现代建筑走向成功的历程并非一帆风顺。特别是欧洲的现代派在两次世界大战之间不仅要与学院派复古主义作斗争，还要与当时另外一个称为新传统（New Tradition）[②] 的倾向对峙与抗衡。为了说明这个问题，需要再度回溯这一段历史。

图 4-2-2 赖特用刻有图案的混凝土砌块来装饰建筑

① BENEVOLO L. History of modem architecture[M].1971：651.

② 这个名称是由历史学家 Henry-Russell Hitchcock 于 1929 年针对当时的情况提出的，后受到弗兰姆普敦的沿用。参见 *Modem Architcture-A Critical History*，K.Frampton，第 210 页。

第一次世界大战后，在许多国家中出现了政权的变革。如 1917 年俄国十月革命成功地建立了苏维埃政权；1922 年意大利墨索里尼政变后实行了法西斯统治；1931 年英国殖民主义者为了加强对印度的统治，把印度首都从加尔各答迁到新德里；1934 年德国希特勒自封元首后实行严格的法西斯统治以及一些原来被统治的殖民地获得了自治权等。它们在建设中希望自己的建筑能具有象征国家新政权的新面貌，原来学院派复古主义的一套由于在形象上与旧政权、旧社会的联系而显得不合时宜，而具有时代进步感的现代派又在表现国家权力与意识形态方面显得格格不入，于是一种新的设计思潮——既能表现国家权力与民族优势，又具有新意的所谓新传统派应运而生。新传统派事实上是一个政治美学感甚强，但在手法上又相当保守的学派。

新传统派继承了学院派的全部构图手法。例如讲究轴线、对称、主次、古典比例、和谐、韵律等，但在形式上则剥掉了原来明显的古典主义、折中主义装饰，代之以简化了的具有该国家传统特色的符号，在形体上也进行了简化，使之接近现代式。由英国一手操办的新德里总督府的设计（图 4-2-3），既歌颂了英国的权力，又显示了莫卧儿皇朝的辉煌，此外，1934 年前苏联在莫斯科的苏维埃官方案（图 4-2-4），1937 年巴黎世界博览会的德国馆和前苏联馆（图 4-2-5）都是新传统的典型实例（后三者又具有装饰艺术派特征）。它们给人的印象是雄伟而壮观，像纪念碑一样，具有明显而强烈的宣传政治意识形态的作用。这种风格不仅受到官方的赏识，并对群众起着一定的振奋作用。当时有些方案是经过公开的国际竞赛评选的，例如在苏维埃宫的设计竞赛中，勒·柯布西耶、佩雷、格罗皮乌斯、帕尔齐格等人都参加了，他们的方案由于缺乏使人一目了然的图像性效

图 4-2-3　新德里总督府

图 4-2-4　苏联的莫斯科苏维埃宫获奖方案，1934 年，设计人 Iofan

图 4-2-5　1937 年巴黎世博会的德国馆（左，设计人 A. 施佩尔）和前苏联馆（右，设计人 B. 约凡）

果而输给了受前苏联官方支持的所谓社会主义现实主义的创作路线。在此之前，也有一次挫败，这便是 1927 年的国联大厦设计竞赛。当时参赛的共有 27 个方案，被认为是学院派的有 9 个，被认为是现代建筑派的有 8 个，被认为是新传统派的有 10 个。8 个现代派方案中有当时已受到注意的勒·柯布西耶（图 4-2-6）和 H. 迈尔的方案。由于争论激烈，评委最后只好授权给名列前茅的 4 位参赛者（3 人为学院派，1 人为新传统派）去做一个综合方案。结果最终方案是一个后来成为“笑柄”的“剥光了的古典主义”！①

在此时期，美国也不甘寂寞。美国在设计思潮上本来就没有欧洲那么激进，在通常的建筑中，学院派的残余与新传统并存。但在高层建筑中，新传统派却获得了它的市场。须知，高层建筑由于功能与结构的关系，本身便具有先天的、不同于历史建筑的现代形象。但在纽约，商业竞争要求产品个性化，业主也要利用建筑形象来炫耀自己的资本实力，于是喜欢在现代形象的高层顶上加上一个高耸的塔楼和在墙面上放上丰富的装饰。例如纽约第一幢号称摩天楼的伍尔沃斯大厦的塔楼，采用的便是有利于增强建筑挺拔感的哥特式风格（参见图 2-5-8）。此外，为了强调建筑的垂直向上感，便在窗间墙上面加上利于强化这种感觉的几何形装饰以及对塔楼进行几何形的层层收分（图 4-2-7），其中有的表现一般，但也有杰出的，如纽约克莱斯勒大厦（Chrysler Building，1928—1930 年，图 4-2-8）。关于后面那种善于运用几何形形体与装饰者，由于同 1920 与 1930 年代流行于巴黎的装饰艺术风格相仿，也被称为装饰艺术派。

然而，现代建筑派同新传统派斗争得最激烈的地方却在那些曾经孕育过现代运动的国家。在前苏联，曾于 1920 年代十分活跃的现代主义先锋——构成主义和当代建筑师联合会（Association of Contemporary Architects，简称 OSA，领导人为 M. 金兹堡，内有建筑师维斯宁兄弟等），在 1930 年代初

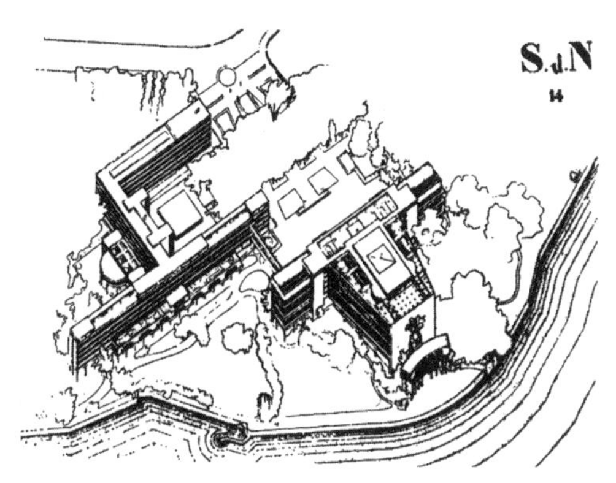

图 4-2-6　勒·柯布西耶的国联大厦参赛方案

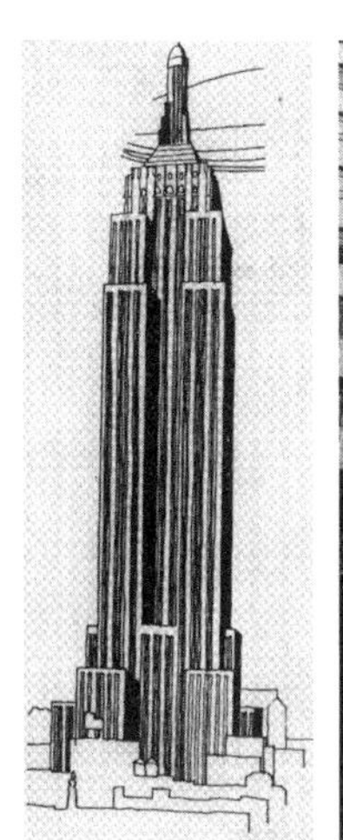
图 4-2-7
纽约帝国大厦

图 4-2-8
纽约克莱斯勒大厦

① 参见 *Modern Architecture—A Critical History*，K.Frampton，第 212 页。

便受到社会主义现实主义的公开指责，并于1932年被解散。在意大利，始于1926年的以特拉尼为代表的坚持抽象几何形美学的“七人组”（“Gruppo 7”）的作品曾受到许多人（包括墨索里尼）的重视，但1931年，在他们正式成立意大利理性建筑运动（Movimento Italiano per l’Architettura Razionale，简称MIAR）后没有几个星期，便被受官方支持的、信奉古典法则的全国建筑师联盟以政治与业务为理由所兼并。德国的包豪斯则比他们更不幸，在它尚未来得及与德国的新传统派进行公开的较量时便于1933年被希特勒政权所查封。由于里面还牵涉到政治因素，促使包豪斯成员向国外逃亡。自此，欧洲的现代建筑派被认为是只会做大量性住宅与工业建筑，而对公共建筑无能为力的学派。

现代建筑派受歧视引起了本派内部的警觉。1943年，在第二次世界大战中，当反法西斯阵营看到了胜利的曙光时，现代派建筑理论家、CIAM的发起与组织者之一、经常赴美讲学的瑞士人吉迪翁和原为建筑师，后成为立体主义画家的法国人F.莱热（Femand Legér，1881—1955年）及已定居美国的西班牙建筑师J.L.塞尔特三人共同写了一篇名为“纪念性九要点”（“Nine Points on Monumentality”）的文章。文章提出：纪念性是按照人们自己的思想、意志和行动而创造的，是人们最高文化的表现，也是人们集体意志的象征，因而也是时代的象征，是联系过去与未来的纽带。近几百年来，纪念性已沦为空洞的既不能代表现代精神也不能代表共同感情的躯壳。战后经济结构的变化，将会带来城市社交生活的组织化，人们会要求能代表他们的社会与社交生活的建筑，而不仅仅是功能上的满足。[①] 须知“纪念性”这个词对当时很多理性主义者来说是一个很敏感的、既蔑视又怕正视的词。因为理性主义作品在同新传统作品的较量中常会因所谓缺乏纪念性而被否定。吉迪翁、莱热和塞尔特的“纪念性九要点”虽是他们自己的见解，但提出后却引起不少人对这个问题的反思；另一方面，也有人认为这是投降。直到战后CIAM内部发生了关于建筑既有物质需要（Material needs）又要有情感需要（Emotional needs）的讨论时，这个问题才再次被提出来。

第二次世界大战后，新传统派在西欧国家由于它所代表与宣传的意识形态使人反感而受到谴责；而现代建筑派却因它的经济效率、灵活性与时代进步感，特别是对战后经济恢复时期的适应而受到欢迎，并逐渐成为主流。随着社会经济的迅速恢复与增长、工业技术的日新月异、物质生产的越来越丰富，社会对建筑内容与质量的要求也越来越高。此外，垄断资本为了自身的利益而鼓励消费，在产品上鼓吹个性与标新立异等也对建筑提出了新的要求。对于这些方面，有机建筑比较容易适应，但对欧洲的理性主义来说则还需要一个自我反思的过程。这个过程可在战后CIAM的五次会议中反映出来。

战后的第一次会议，即CIAM的第六次大会于1947年在英国的布里奇沃特（Bridgewater）召开。这是一次振奋人心的大会，数以千计的年轻建筑师与建筑大学生朝圣似地涌到布里奇沃特，为的是一睹现代建筑

① 参见*Modern Architecture—A Critieal History*，K.Frampton，第233页。

第一代大师的风采。在这次会中，CIAM 超越了原来关于“功能城市”的抽象与片面的见解，申明了 CIAM 的目的是要为人创造既能满足情感需要，又能满足物质需要的具体环境。之后几次会议都是在这个基调下进行的，特别是 1951 年在英国霍兹登（Hoddesdon）召开的议题为“城市中心”的第八次会议中，有人将 8 年前由吉迪翁、莱热和塞尔特写的“纪念性九要点”重新提了出来。原文章提到的市民要求能够代表他们的社会与社区生活的建筑以及能够表达他们的抱负、幸福与骄傲的纪念性等引起了与会者的重视。在讨论到城市公共空间的形象时，提出了在实践中新建的建筑是否要与原先这个空间周围的历史建筑形式呼应的问题。年轻一代的与会者希望老前辈能对战后城市这种局面的复杂性作出切实可行的判断，但老一辈的大师们对此没有表态，这使年轻人感到失望与不安。这个隔阂在 CIAM 第九次会议（1953 年在法国普罗旺斯的埃克斯昂）上被公开了。会中由史密森夫妇和 A. 凡 · 艾克为首的一批中青年建筑师，其中有 J. 巴克马，G. 坎迪利斯（Georges Candilis，1913—1995 年，法籍俄裔）和 S. 伍兹（Sadrach Woods，1923—1973 年，美国）等人，公开批评了《雅典宪章》中把城市简单化为居住、工作、游憩与交通四大功能分区，并认为老一辈大师们在第八次会议中的态度仍未脱离功能主义的状态。虽然他们没有提出一套新的关于城市功能的分区法，但介绍了他们正在研究的关于城市设计的结构原则以及居住区除了家庭细胞之外的需要，诸如城市环境的可识别性——社区感、归属感、邻里感与场所感等。显然，年轻一代更为关心的是城市的具体形态同社会心理学之间的关系。于是，大会决定在下一次会议，即 CIAM 的第十次会议中，将重点讨论这个问题，并成立了一个由第九次会议的积极分子组成的小组为下次会议作准备。这个小组后来被大家称为“Team X”（我国译之为“小组十”或“十次小组”）。1956 年 CIAM 第十次会议在前南斯拉夫的杜布罗夫尼克（Dubrovnik）如期召开，但老一代的建筑师没有出席。勒 · 柯布西耶在给大会的信中说，那些出生于第一次世界大战与第二次世界大战期间的中青年建筑师“发现自己正处于当今时代的中心与当前形势的沉重压力之下，认为只有他们才能切身与深刻地感觉到现实的问题、工作目标与工作方法。他们懂得这一切；而他们的前辈由于不再直接受到形势的冲击已不再如此，可以出局。”[①] 会议由“十次小组”按议程作了汇报后宣布 CIAM 长期休会。

由此可见，建筑思潮正如世界上任何事物一样，不可能是原封不动、永恒不变的。任何思潮都是批判的历史与现实创造的结晶，都是在努力使自身适应现实的发展过程中不断地受到时光大海的冲刷与磨炼，不断地在客观压力与自身反省中进行批判地继承与革新的结果。有时，无情的时光大海会把部分精华也冲掉，但不久之后或很久以后，只要是精华，随着客观世界的需要，又会以新的形式重新涌入，并投身于新的磨炼中。研究思潮就是要回顾它们在成长历程中主观与客观的互动，并发现不同思潮之间的内在联系。

现代建筑几十年来的形成与发展历程是艰巨的。第二次世界大战后，正当它在庆祝自己

① 参见 *Modern Architecture—A Critieal History*，K.Frampton，第 271~272 页。

好不容易地成为建筑发展的主流思潮时，又发现了自己的不足。既是主流，就要适应社会上各种不同的人在生活与活动中的各种不同的物质与感情需要。这个问题不仅首当其冲的中青年建筑师要积极面对，对于一些执牛耳的大师级人物也是不容忽视的。于是自 1950 年代便先后出现了各种不同的把满足人们的物质要求与感情需要结合起来的设计倾向。主要可以归纳为七种：①对理性主义进行充实与提高的倾向；②粗野主义倾向；③讲求技术精美的倾向；④典雅主义倾向；⑤注重高度工业技术的倾向；⑥人情化与地域性倾向，包括第三世界国家地域性与现代性的结合；⑦讲求个性与象征的倾向。其中讲求个性与象征的倾向又包含三个方面：以几何图形为特征、抽象的象征与具体的象征等。上述七种倾向虽然表现各异，但事实上是战前的现代建筑派在新形势下的发展。他们在既要满足人们的物质需要又要满足情感需要的推动下，一方面坚持建筑功能与技术的合理性及其表现，同时重视建筑形式的艺术感受、室内外环境的舒适与生活情趣以及建筑创作中的个性表现。这种局面一直维持到 1970 年代，现代主义受到批判与后现代主义兴起后才改变。

第三节
对理性主义进行充实与提高的倾向

对理性主义进行充实与提高的倾向是战后现代派建筑中最普遍的一种。它使建筑既要满足人们的物质需要又要满足情感需要，在方法上比较偏重理性。它言不惊人，貌不出众，故常被忽视，甚至还不被列入史册。然而，它有不少作品却毫无异议地被认为是创造性地综合解决并推进了建筑功能、技术、环境、建造经济与用地效率等方面的发展；在形式上也不再是简单的方盒子、平屋顶、白粉墙、直角相交，而是悦目、动人、活泼与多样化的。格罗皮乌斯在两次世界大战之间便提出过一个设想：“新建筑正在从消极阶段过渡到积极阶段，正在寻求不是通过摒弃什么、排除什么，而是通过孕育什么、发明什么来展开活动。要有独创的想象和幻想，要日益完善地运用新技术的手段、运用空间效果的协调性和运用功能上的合理性。以此为基础，或更恰当地说，以此作为骨骼来创造一种新的美，以便给众所期待的艺术复兴增添光彩。”① 对理性主义进行充实与提高的倾向可以说是格罗皮乌斯上述设想在第二次世界大战后的实现。美国由于早在 1930 年代便引进了欧洲现代派的主力，故理性主义的充实与提高倾向最先在美国开花与结果。

哈佛大学研究生中心（Harvard Graduate Center，Cambridge，Mass.U.S.，1949—1950 年，图 4-3-1）是这个倾向的一个早期例子。设计人是简称为 TAC 的协和建筑师事务所（The Architects Colaborative）。TAC 是

① 参见 *The New Architecture and the Bauhaus*，W.Gropius，1936，第 66 页。

由格罗皮乌斯和他在美国的 7 个得意门生组成的。他们在该事务所既要个人分工负责又要相互讨论协作的制度下共同设计了许多房屋。

哈佛大学研究生中心内的七幢宿舍用房和一座公共活动楼按功能分区并结合地形而布局。房屋高低结合，其间用长廊和天桥联系，形成了几个既开放又分隔的院子。它们与所处的自然空间前后参差、虚实相映、高低结合、尺度得当，形成了能够把室内与室外联系起来的宜人环境。公共活动楼呈弧形，底层部分透空，二层是大玻璃窗，面向院子的凹弧形墙面既使它显得有欢迎感，同时也与受地形限制的梯形大院在形式上更加相宜。楼上的餐厅每次用膳约有 1200 人，由于当中有一斜坡通道无形中把餐厅划分为四部分，故用膳人并不感到自己是在一个大食堂里。楼下的休息室与会议室在需要的时候可以打通成为会堂。建筑造型简洁、优雅，毫无夸张之处，宿舍用格罗皮乌斯自法古斯工厂时便喜用的淡黄色面砖，公共活动楼用石灰石板贴面，处处表现出精确与细致的匠心，而造价却并不昂贵。

1957 年，联邦德国结合柏林汉莎区（Hansa-Viertel）的改建举行了一个称为 Interbau 的**国际住宅展览会**（图 4-3-2）。展览会的策展人巴特宁早在 1920 年代时便已是德国现代派的一位知名建筑师。在他的主持下，这次展览会办得像 30 年前的魏森霍夫住宅展览会一样，邀请了国际知名建筑师，如格罗皮乌斯、勒·柯布西耶、阿尔托、雅各布森、尼迈耶、巴克马等和联邦德国自己的建筑师共 20

（a）总体布局

（b）研究生宿舍楼

（c）研究生公共活动中心

（d）研究生中心的联系廊

图 4-3-1　哈佛大学研究生中心

（a）1957 年联邦德国国际住宅展览会局部

（b）格罗皮乌斯为国际住宅展览会设计的公寓

图 4-3-2　国际住宅展览会

余人参加，使展览会成为战后现代住宅设计的一次普遍巡阅。

展览会的规划有受包豪斯影响的行列式，也有受勒·柯布西耶影响的四面凌空的独立式，有高层、低层、多层，有板式、塔式、庭院式等，但总的来说比较分散，没有形成一个统一体。单体的户室布局也是十分多样的，有分层分户的、复式的、错层的、跃层的等，各显神通。

格罗皮乌斯与TAC为Interbau设计的是一幢高层公寓楼（图4-3-2b），上面8层为公寓，底下1层是公共活动与服务设施。公寓楼形状像哈佛大学研究生中心的公共活动楼一样呈弧形。为了施工方便，这个弧形是由一段一段的折线组成的。他对功能、技术与经济的关注即如他过去所设计的住宅一样，但在外形上却作了不少处理，如把各层阳台错开使立面有些变化，对两个尽端也不是平均主义地处理，而是有些单元有前窗，有些单元有边阳台等，使公寓的造型既简洁又活泼。这些变化在现在看来是微不足道的，但在当时算是迈出了一大步了。

皮博迪公寓（Peabody Terrace，Cambridge，Mass，U.S.，1963—1965年，图4-3-3）的设计人是塞尔特（Josep Lluís Sert，1902—1983年）。塞尔特出身于巴塞罗那，是CIAM西班牙支部的领导人之一，1929—1932年到巴黎勒·柯布西耶处工作，1939移居美国，1953—1969年任哈佛大学设计研究院院长，后一直是哈佛大学的资深教授。塞尔特自大学毕业后便没有停止过设计实践，作品很多。

在他荣获美国建筑师学会（AIA）金质奖章后答记者问时说："我认为建筑主要是为居住和使用它的人创造各种供他们使用，并使他们赏心悦目的空间。所谓'赏心悦目'，我指的是建筑的精神质量，这是满足生理或物质要求以外的东西；在我的心目中，这对建筑质量是真正重要的。"①

这是哈佛大学为已婚学生建造的公寓建筑群，由3幢22层的大楼和10余幢3~7层的低层与多层公寓单元组成。这里共有500套公寓和可供362辆汽车停放的停车库。总体布局呈半开敞的院落式，一系列的低、多层与高层联系在一起，部分有廊相通，可以共同使用高层中的电梯。

从远处看建筑群，只见3幢独立的高层，走近后无论从哪个入口进去，先看见的却是低层与多层。这是因为，塞尔特认为，在居住建筑中，低层与多层的尺度比高层更为宜人。

高层内部采用跃层式布局，即每隔两层设置电梯厅与贯通全层的走廊。这样可以节约交通面积和更充分地利用建筑空间。在户室组合中，每3层与3个开间共同组成一个基本单元（图4-3-3d），每个基本单元又可按层划分为几种大小不同的户室，以适应不同家庭的需要。在建筑外形上，米灰色的墙板，与结构和构造一致的白色线条划分，阳台与窗户的灵活布置，栏杆和遮阳板的不同长度、角度与色彩的变化，使之不仅十分悦目与活泼，而且具有浓厚的生活气息。

皮博迪公寓直至如今仍被认为是此类型建筑的设计精品之一。

哈佛大学本科生科学中心（Undergraduate Science Center，Harvard University，1970—1973年，图4-3-4）是塞尔特的另

① 张似赞译自"美国建筑师学会1981年金质奖获得者J.L.塞尔特"。原文载（美）《建筑实录》1981年5月号，第96~101页。

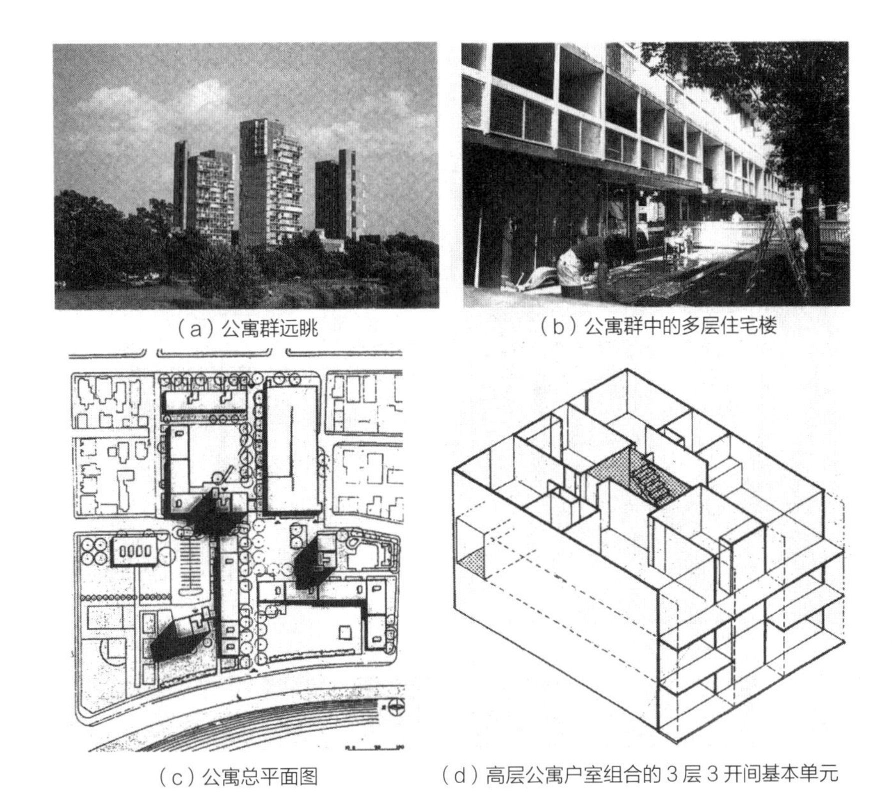
（a）公寓群远眺
（b）公寓群中的多层住宅楼
（c）公寓总平面图
（d）高层公寓户室组合的3层3开间基本单元
图4-3-3　皮博迪公寓

一成功之作。其特点是把非常复杂的内容与空间布置得十分妥帖，使科学中心成为哈佛老院（Harvard Yard）和它北面的新校园在视感与交通上的有效过渡与连接点，其形象不仅悦目，并且十分感人。这是一个目光远大且设计精细的成果。

科学中心在哈佛老院北门外。这里原是一条东西走向的城市道路与新老校园的南北人行道的交叉口，人车繁忙。塞尔特从建筑与城市环境的关系出发，在规划时便与市政当局联系，将东西大道经过此处的一段下沉至地下，在上面架了3座平桥作为南北向的城市人行道，保证了日以千计的学生的交通安全。

科学中心是一多功能的综合体。建筑面积27000m²，内有天文、地质、生物、统计等学科的实验室、教室、讨论室、图书馆、教师办公及研究室、大型阶梯讲堂、咖啡厅等各种空间，另有一个5400m²的供应此建筑与周围建筑的制冷站。设计人按空间性质要求，在内布置了一组上有天窗照明的T形走廊——“内部街”——把复杂的内容统一起来。“内部街”的南端即科学中心的主入口，直接面对城市的人行道；其他两端与新校园衔接。建筑的空间布局与主体形状呈T形。所有需要特殊设备与大空间的实验室与教室沿“内部街”的北侧布置，大量的排气管与竖向管道也集中在此。南北“内部街”

（a）从哈佛老院看科学中心

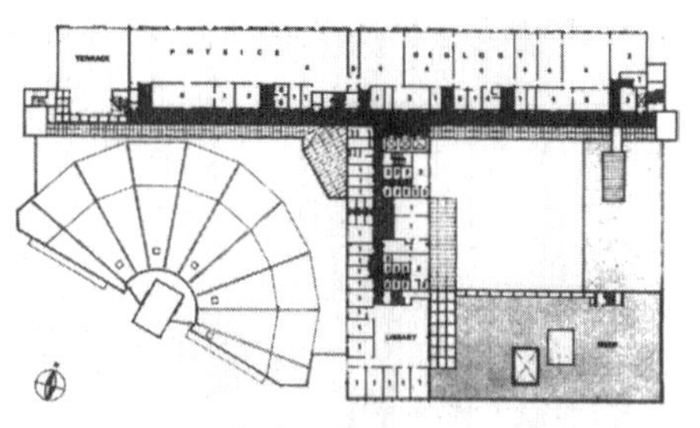

（b）三层平面图

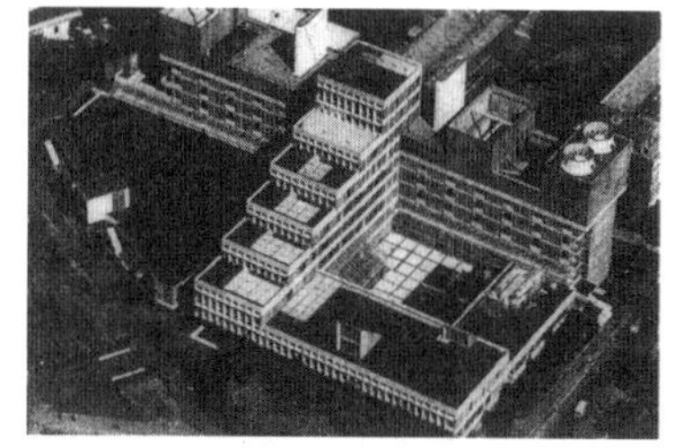

（c）科学中心鸟瞰图

（d）上有天窗照明的内部街

（e）科学中心在阳光下特别动人

图 4-3-4　哈佛大学本科生科学中心

主要联系教师办公室、研究室与图书馆。T 形主体的西侧：东面是由实验室、讨论室与图书馆围合的内院，西面是大讲堂。制冷的机械室在内院下面，故内院除了机械室所需的天窗外，其余配置绿化，供学生课间休息用。咖啡厅就在内院西南侧，其墙与顶均是玻璃的。大阶梯讲堂呈扇形，承重的屋架翻到屋顶上面，内部无柱，可按不同需要把它分为几个小间或打通为一大间，当中是灵活隔墙。除了大阶梯教室部分采用钢结构，屋顶上的冷却塔和水池等用现浇混凝土外，其余全部为钢筋混凝土预制、现场装配的梁、柱、板与竖井。上述一切均反映了深思熟虑与十分严谨的设计逻辑。

在外形上尽管实验室部分的体量最大，但教师办公及研究室部分由于略高于它们而显得更像主体。主体的北端高 9 层，然后阶梯状地向南跌落，到南端入口处是 3 层。它同东面高 2 层的图书馆与西面高 1 层多的大讲堂形成一个低平的立面。按塞尔特的说法是要使科学中心在视感上成为哈佛老院（一般 3 层）向北面新校园（已有不少高层）的自然过渡。跌落式的平台上，常有教师与学生在此休息或三五成群地座谈，结合东面的内院活动来看，科学中心并不是一个冷冰冰的、严肃的建筑物，而是充满生活气息的。建筑的外墙是与哈佛老院砖墙颜色一样的预制墙板，它们同灰白色的构件，特别是打有圆洞的遮阳板结合，在阳光下闪烁着动人的光辉。这是塞尔特特别关心建筑与人在情感与心理上的交流之故。

何塞·昆西社区学校（Josiah Quincy Community School，South Cove，Boston，Ma，1977 年，图 4-3-5，设计人 TAC）是一个通过认真调查研究、深入分析和共同协作，把一个长期得不到解决的、存在于学校要求与基地缺陷之间的矛盾，转化为一座能充分满足学生学习与活动要求的别开生面的学校建筑的实例。

该校原是一所成立于 19 世纪中叶的学校，历史悠久，房屋陈旧，尤其缺少学生的户外活动场地。校方自 1960 年代起便想要重建，但因基地太小（1.32hm^2），内容过多（要求能容纳 820 名从幼儿园到五年级的学生），地下西北角又有地铁通过，还要求与北角的高层公寓有些距离等，虽做了不少方案，而未能得到满意的解决。

1965 年，TAC 接受任务之后开始调查研究，设计事务所、当地三个邻里单位和原占用了校舍

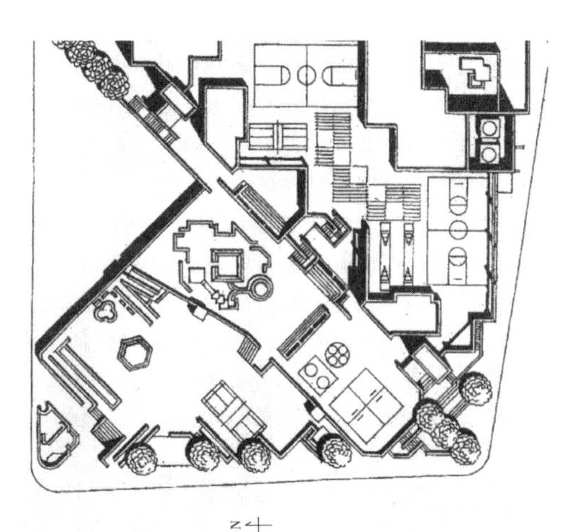

（a）基地上的屋顶平面图

（b）屋顶为学生户外活动场地，右上为篮球场

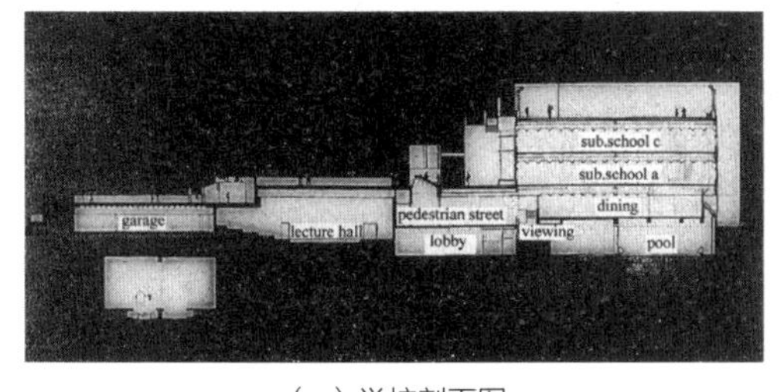

（c）学校剖面图

（d）沿南面马路外观，底层为社区诊疗所和办公用房

图 4-3-5 何塞·昆西社区学校

一角的诊疗所、社区用房等几方面组成了委员会，共同协作，产生了这个皆大欢喜的方案。

这个方案不仅保留了原基地上的所有内容，连原来居民从东北到西南经常穿越校园的一条捷径也没漏掉，并为学生创造了许多必不可少的户外活动场地。其解决办法是：将向居民开放的室内运动场和游泳池放在西南角地下，避开地铁；地面层是车库、大讲堂、对角通道、学生饭厅与诊疗所。车库、大讲堂与室内运动场的屋面巧妙地做成屋顶花园，供学生游戏活动。这些屋顶平台按照下面空间的高低而上下参差，形成地形变化、饶有趣味的环境。学生活动基本上从2层开始，与居民互不干扰。教学楼设在东南角，避开了高层公寓，虽为4层，但层层叠叠的屋顶平台使它看上去好像只有2层，尺度宜人。篮球场设在教学楼顶上，以便留出更多的可供学生自由活动的下层地面。整个设计充分反映了设计人为活跃的儿童着想的匠心，使人们感到在此小小的基地里，房屋似乎不多，但可供学生蹦蹦跳跳的室外场地却很多。

普西图书馆（Pusey Library，Harvard University，Cambridgc，Mass，U.S，1976年，图4-3-6）设计人为美国建筑师斯塔宾斯。

哈佛大学图书馆是美国最大的图书馆之一，由中心图书馆与邻近的好几个学科图书馆组成。1970年代中期，为了加强各图书馆之间的联系，使之能共用现代化的电子与机械设施，于是建造了普西图书馆。馆址选在各馆之间的空地上。这块空地本来就很小，同时，为了保护环境，于是将两层高的普西图书馆中的一层半下沉于地下，屋顶上照样种植草皮树木，保留了此地原有的一个较大的开放性室外空间。在新馆与周围绿地之间置有一圈浅沟，入

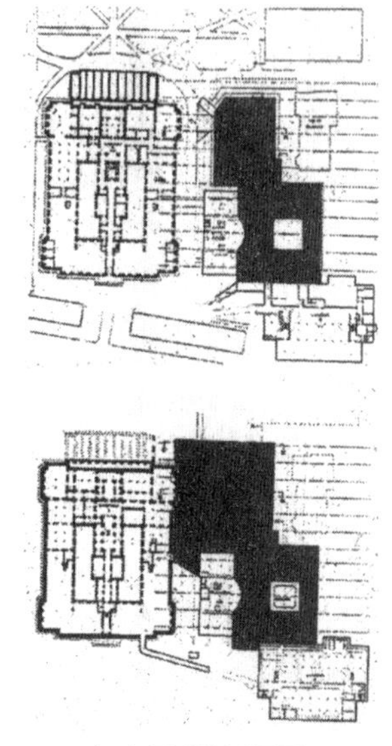

（a）图书馆平面图
上：顶层平面图，下：地下层平面图

（b）图书馆入口

图4-3-6 普西图书馆

口低于地面，以门旁的一座雕塑为标志。由于建筑大部分都在地下，室内设计显得尤为重要。色彩以暖色为主，灯光大多置于墙与顶棚之间，从远处看上去，就如自然的天顶光那样。沟边斜坡上的垂直绿化以及室内的人工光线均使得在此工作的人员和读者仿佛置身于地面上的自然环境与自然光线之中。特别是东南部分有一个贯穿两层的下沉式内院，更为周围的阅览室创造了一种虽在地下却犹在地面绿化庭院之中的宜人气氛。

阿姆斯特丹的儿童之家（Children's Home，Amsterdam，1958—1960年，图4-3-7）设计人荷兰建筑师凡·艾克。凡·艾克是Team X的成员，第二次世界大战后对荷兰的建筑与城市规划影响甚大。

儿童之家的空间形式与组合形态属“多簇式”（Cluster Form），即把一个个标准化的单元按功能要求，结构、设备与施工的可能性组成一簇簇形式近似的小组。据设计人凡·艾克说，这种布局采自非洲民居，并认为它反映了人居的本质。[①]儿童之家的功能要求复杂、空间性质多样，且大小不一，凡·艾克以空间组织与层次上的严谨的逻辑性把它们组成为一个具有“迷宫似的清晰”[②]的既分又合的统一体。这种设计思想和实践策略被称为结构主义。

阿姆斯特丹儿童之家是一个可供125名战后无家可归的儿童生活与学习的地方。里面成立了8个小组，分别供从婴儿到20岁的儿童乃至青年学习与生活之用。各小组既可共同享用院内的公共设施，又可在自己的单元里过着互不干扰的室内外生活。整个建筑采用统一模数，小房间为3.3m×3.3m，活动室为它的3倍——10m×10m，房间的屋顶是大小两种预应力轻质混凝土方形薄壳穹隆。靠近北面入口的一幢长条形的2层高的建筑是行政管理用房，8组儿童用房左右各4组，按“Y”形布局。西边的为大孩子用，局部2层；东边的为小孩子用，是平房；当中是一个各组共用的大内院，然而各组内部又有自己的小内院。此外，各组又向自己旁边的室外大绿地开放，儿童完全可以按自己的需要自由选择合适的活动场地。这的确是一个十分成功与影响极大的建筑。

中央贝赫保险公司总部大楼（Central Beheer Headquarters，Apeldoorn Netherlands，1970—1972年，图4-3-8）被认为是表现荷兰结构主义建筑思想的最成功的实例。设计人是当代荷兰著名建筑师赫茨伯格。

作为一个大型保险公司的总部大楼，赫茨伯格认为这座建筑应最大限度地易于抵达与通过，因而它除了一边沿铁路之外，其他各面均有出入口和较为宽畅的广场、绿地、停车场与临时停车场。整个建筑形似一个小城镇，由无数个3~5层的、平面呈正方形、结构构件标准化了的单元组合而成。在它们之间有小街（露天或上面覆盖玻璃）、小广场或小庭院。结构体系是钢筋混凝土框架填以混凝土砌块，楼板与屋面是预制的，构件中有些是现浇的。空调系统与结构系统结合。结构的支撑点不像一般的建筑那样置放在单元的四个角上，而是置放在四个边的当中，因此，各个单元的转角处可以自由地向外开敞。赫茨伯格以此建立了一种与众不同的具有向社会开放的意识的办公空间。在装修中，他有意留下余地，让使用者放置自己所喜欢的花台、植物与

① 参见《建筑学报》2000年第五期，“非洲建筑的神秘魅力”，张钦楠。

② 凡·艾克语。参见《20世纪世界建筑精品集锦1900—1999》第3卷，第167页。

（c）儿童之家的大内院

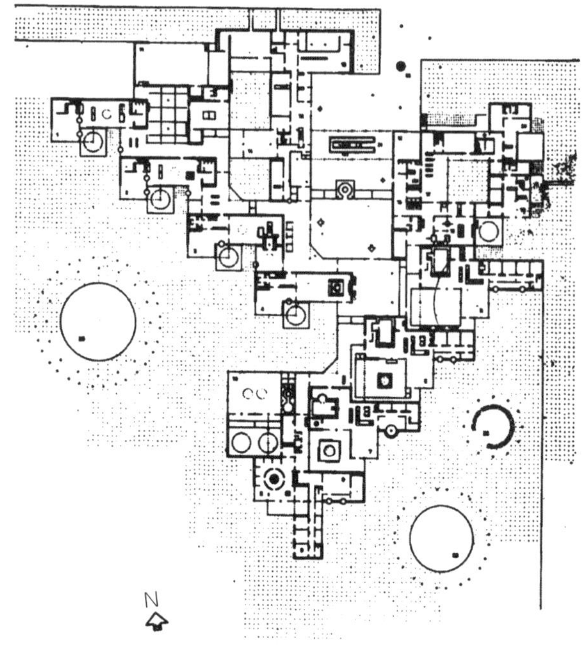

（b）底层平面图

图 4-3-7 阿姆斯特丹的儿童之家

（a）大楼总体鸟瞰图

（b）大楼室内

图 4-3-8 中央贝赫保险公司总部大楼

家具，使之具有个性化。当自然光从各单元之间的天窗射入时，室内充满人情味的气氛。

上述实例充分反映了第二次世界大战后对理性主义进行充实与提高的建筑倾向，即力图在新的要求与条件下，把同房屋有关的各种形式上、技术上、社会上和经济上的问题统一起来，特别是同使用人的物质与精神要求统一起来的各种尝试。这些思想与方法使建筑功能、技术、环境与形式有了不同于以往的概念，并在实践上把它们推进了一步，创造了不少经验。

第四节
粗野主义倾向

“粗野主义”（Brutalism，又译为野性主义）是20世纪50年代中期到60年代中期喧嚣一时的建筑设计倾向。它的含义有多重，有时被理解为一种艺术形式，有时被理解为一种有理论、有方法的设计倾向。对它的代表人物与典型作品也有不完全一致的看法。

英国于1991年第四次再版的一本建筑词典（编者N.Pevsner，J. Fleming和H. Honour）对这个名词的解释是：“这是1954年撰自英国的名词，用来识别像勒·柯布西耶的马赛公寓大楼和昌迪加尔行政中心那样的建筑形式，或那些受他启发而作出的此类形式。在英国有斯特林和高恩（J.Stirling和J.Gowan）；在意大利有维加诺（V.Vigano，如他的Marchiondi学院，1957年）；在美国有鲁道夫（P.Rudolph，如耶鲁大学的艺术与建筑学楼，1961—1963年）；在日本有前川国男和丹下健三等人。粗野主义经常采用混凝土，把它最毛糙的方面暴露出来，夸大那些沉重的构件，并把它们冷酷地碰撞在一起。”由此看来，粗野主义的名称来自英国，代表人物是法国的勒·柯布西耶和英国、意大利、美国与日本一些现代派的第二代与第三代建筑师。典型作品很多，其特点是毛糙的混凝土、沉重的构件和它们的“粗鲁”组合。

粗野主义这个名称最初是由英国现代派第三代建筑师史密森夫妇（Team X成员）于1954年提出的。那时，马赛公寓大楼已经建成，昌迪加尔行政中心建筑群已经动工。史密森夫妇原是密斯的追随者，他们羡慕密斯和勒·柯布西耶等可以随心所欲地把他们所偏爱的材料特性尽情地表现出来。相形之下，他们认为当时英国的主要业主——政府机关对年轻的建筑师限制太多。于是，他们把自己的比较粗犷的建筑风格同当时政府机关所支持的四平八稳的风格相比，把自己称为“新粗野主义”。可能这个名称使人联想到了勒·柯布西耶的马赛公寓大楼和昌迪加尔行政中心的毛糙、沉重与粗鲁感，于是粗野主义这顶帽子被戴到马赛公寓大楼与昌迪加尔行政中心建筑群和勒·柯布西耶的头上去了。

马赛公寓大楼（Unité d’Habitation at Marseille，1947—1952年，图4-4-1）和昌迪加尔行政中心的建筑风格完全与勒·柯布西耶在1920年代提倡的纯粹主义大相径庭，也是密斯·凡·德·罗战后提倡的讲求技术精美倾向的对立面。在纯粹主义的萨伏伊别墅中，房屋像是一个没有分量的盒子搁在细细的钢筋混凝土立柱上，墙面抹得很平整，柱子像是踮着脚尖轻轻地站在地面上。在方盒子的薄薄的墙里面包着的好像就是空气。马赛公寓大楼与昌迪加尔行政中心建筑群给人的感觉是一个颇具震撼力的巨大而雄厚的雕塑品。在这里，内部空间与它的墙体相互交织，就像是一次浇筑出来的，或是从一个实体中镂空出来那样，也就是说，是塑性造型（Plastic Form）的。马

（a）侧外观

（b）大楼墙面与细部

（c）大楼正外观

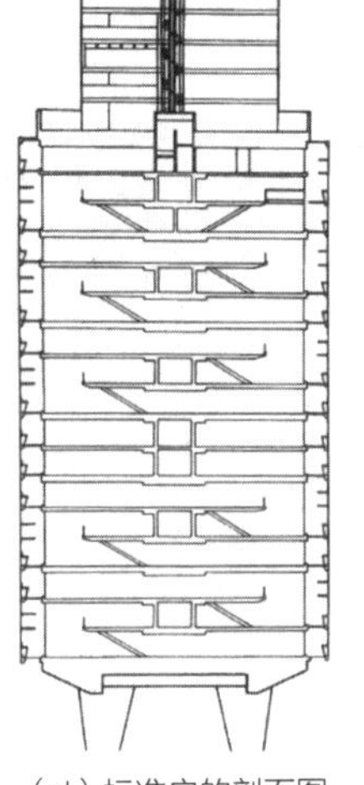

图 4-4-1 马赛公寓大楼 （d）标准户的剖面图 （e）大楼屋顶平台

赛公寓大楼粗大沉重的柱墩、昌迪加尔最高法院粗重的雨篷与遮阳板都超乎结构与功能的需要，是对钢筋混凝土这种材料的构成、重量与可塑性的夸张表现。在这里，混凝土的粒子大，反差强，连浇筑时的模板印子都留着，各种预制构件相互接头的地方也处理得很粗鲁。无怪粗野主义这个名称很容易地就落到了它们身上。当然，这个名称只不过说明了它们的建筑风格，至于它们在功能上的特点，特别是马赛公寓大楼在居住建筑中的意义—— 一个竖向的居住小区——需要另做讨论。

马赛公寓是一座容 337 户约 1600 人的大型公寓住宅，钢筋混凝土结构，长 165m，宽 24m，高 56m。地面层是敞开的柱墩，上面有

17 层，其中 1~6 层和 9~17 层是居住层。户型变化很多，从供单身者住的到有 8 个孩子的家庭住的都有，共 23 种。大楼按住户大小采用复式布局，各户有独用的小楼梯和 2 层高的起居室。采用这种布置方式，每 3 层设一条公共走道，减省了交通面积。

大楼的第 7、第 8 两层为商店和公用设施，包括面包房、副食品店、餐馆、酒店、药房、洗衣房、理发室、邮电所和旅馆。在第 17 层和上面的屋顶平台上设有幼儿园和托儿所，二者之间有坡道相通。儿童游戏场和小游泳池也设在屋顶平台上。此外，平台上还有成人的健身房，供居民休息和观看电影的设备，沿着女儿墙还布置了 300m 长的一圈跑道。这座公寓大楼除解决 300 多户人家的住房问题外，同时还满足他们的日常生活的基本需要。

勒 · 柯布西耶认为这种带有服务设施的居住大楼应该是组成现代城市的一种基本单位，于是把这样的大楼叫做“居住单位”（Unité d’Habitation）。他理想的现代化城市就是由“居住单位”和公共建筑所构成的。他从这种设想出发，为许多城市作过规划，可是一直没有被采纳。直到“二战”结束，才在一位法国建设部长的支持下，克服种种阻力，在马赛建成了这座作为城市基本单位的建筑。1955 年在法国的南特（Nantes）又建了一座，1956 年，在当时的柏林也建造了一座可容 3000 名居民的“居住单位”。但总的看来，这种居住建筑模式没有得到推广。

印度昌迪加尔行政中心建筑群（Govemment Center，Chandigarh，India，1951—1957 年，图 4-4-2）是 1950 年代初印度旁遮普省在昌迪加尔地区新建的省会行政中心。勒 · 柯布西耶受尼赫鲁之聘担任新省会的设计顾问，他为昌迪加尔作了城市规划，并且设计了行政中心内的几座政府建筑。

昌迪加尔位于喜玛拉雅山下的干旱平原上，新城市一切从头建起。初期计划人口 15 万，之后 50 万。勒 · 柯布西耶的城市规划方

（a）最高法院

（b）议会大厦

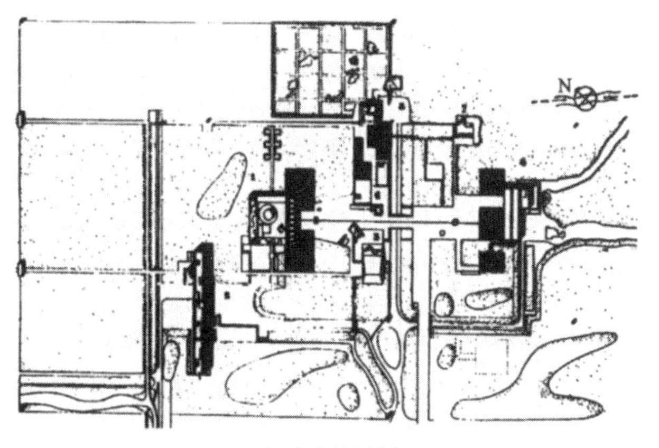

（c）总体规划图

图 4-4-2　昌迪加尔行政中心

案采用棋盘式道路系统，城市划分为整齐的矩形街区。政府建筑群布置在城市的一侧，自成一区，主要建筑有议会大厦、省长官邸、高等法院和行政大楼等。前 3 座建筑大体呈品字形布局。行政大楼在议会大厦的后面，是一个长 254m、高 42m 的 8 层办公建筑。广场上车行道和人行道放在不同的标高上，建筑的主要入口面向广场，在背面或侧面有日常使用的停车场和次要入口。为了降温，议会大厦、省长官邸和法院前面布置了大片的水池，建筑的方位都考虑到了夏季的主导风向，使大部分房间能获得穿堂风。可是，这些房屋之间的距离过大了，从一幢房屋走到另外一幢通常需要 20 分钟。建筑物如此分散，无法形成亲切的环境，外加炎热的天气也使人不愿在广场上逗留，更不用说在上面与人招呼、闲谈或会晤了。

在昌迪加尔的政府建筑群中，最先建成的是最高法院（1956 年，图 4-4-2a）。其外形为一巨大的长方盒子，但其内部空间、结构与处理手法却十分独特。为了隔热，整幢建筑的外表是一个前后从底到顶为镂空格子形墙板的钢筋混凝土屋罩。罩顶长一百多米，由 11 个连续的拱壳组成。拱壳横断面呈 V 字形，前后略向上翘起，既可遮阳，又不妨碍穿堂风畅通。室内空间宽敞，共有 4 层，各层的外廊与联系它们的斜坡道同置于这个大屋罩之下，并向室内的大空间开放。这种把室内空间处理得像室外一样的手法对后来的设计影响很大。

法院入口没有门，由 3 个高大的柱墩从地面直升到顶，形成一个开敞的大门廊，气势恢宏。正、背立面粗重的格子形遮阳板上部略为向前探出，似乎是要同上面向上翘起的屋顶呼应。里面纵横交错的斜坡道的钢筋混凝土护栏上开着一些没有规律的孔洞，并涂上了鲜艳的红、黄、白、蓝之类的颜色，更给建筑带来了出乎意料的粗野情调。无怪粗野主义这个名称很容易被人套到它的头上，也很快便被广泛认同。

须知，自从第二次世界大战结束后，日益成为主流的现代建筑派便一直在探索如何在公共建筑中产生其应具有的能在视感上影响人的力量。勒·柯布西耶的昌迪加尔政府建筑群以功能（降温）、材料（钢筋混凝土）为依据而演化出来的雄浑、恢宏以至权力感，确实具有很强的视觉冲击力，吸引了不少人的注意。

至于史密森夫妇的粗野主义，这在本质上是与勒·柯布西耶的作品大异其趣的。史密森说："假如不把粗野主义试图客观地对待现实这回事考虑进去——社会文化的种种目的，其迫切性、技术等——任何关于粗野主义的讨论都是不中要害的。粗野主义者想要面对一个大量生产的社会，并想从目前存在着的混乱的强大力量中，牵引出一阵粗鲁的诗意来。"[①] 这说明他们的粗野主义不单是一个风格与方法问题，而是同当时社会的现实要求与条件有关的。当时，英国正处于战后的恢复时期，急需大量的居住用房、中小学校与其他可快速建造起来的能与大量性住宅配套的中小型公共建筑。在此急需大量建设的时刻，是按一般的习惯尽可能地追求形式上的美满，还是从改变人们的审美习惯出发提出一种能同大量、廉价和快速的工业化施工一致的新的美学观？历史总

① 转摘自 *Modern Movements in Architecture*，C.Jencks，1973 年，第 257 页。

是在重演，第一次世界大战后以包豪斯为代表的德国现代主义不是也提出过这样的问题吗？以史密森夫妇为代表的英国年轻建筑师主张后面一种观点。他们认为建筑的美应“以结构与材料的真实表现作为准则”，[①] 并进一步说，“不仅要诚实地表现结构与材料，还要暴露它（房屋）的服务性设施”。[②] 这种以表现材料、结构与设备为准则的美学观，从理论上来说，是同勒·柯布西耶的粗野主义和当时以密斯·凡·德·罗为代表的讲求技术精美的倾向一致的。但由于经济地位与美学标准的取向不同，所以成果也各异。例如讲求技术精美的倾向是不惜重金地极力表现优质钢和玻璃结构的轻盈、光滑、晶莹、端庄及其与材料和结构一致的“通用空间”；而史密森夫妇的粗野主义则要经济地从不修边幅的钢筋混凝土（或其他材料）的毛糙、沉重与粗野感中寻求形式上的出路。

图 4-4-3　亨斯坦顿学校

亨斯坦顿学校（Hunstanton School，Hunstanton，Norfolk，1949—1954 年，图 4-4-3）是史密森夫妇在提出他们的粗野主义前夕的作品。它是钢结构的，在设计上，功能合理，造价不高，采用了简单的预制构件。其形式显然是受到了密斯的影响，但毫无讲求技术精美之意，而是在直截了当地、老老实实地表现钢、玻璃和砖之外，把落水管与电线也暴露了出来。

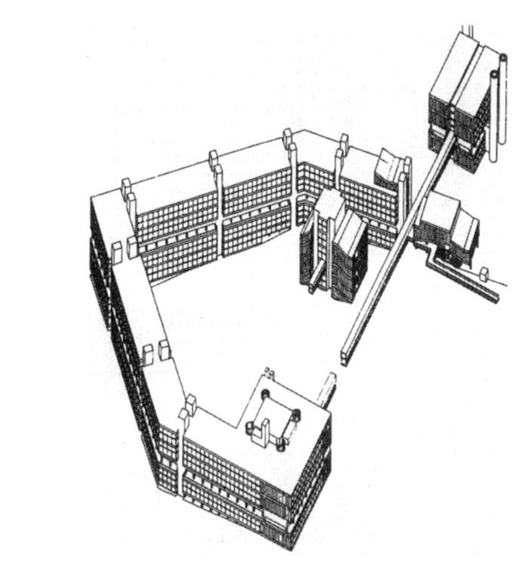
图 4-4-4　谢菲尔德大学设计方案

谢菲尔德大学设计方案（Scheme for Sheffield University，1954 年，图 4-4-4）再次明确地表示了史密森夫妇要使服务设施作为建筑形式的表达。在这里，由学生人流形成的交通系统是它的要点，于是，处于不同水平面上的汽车道、专为人行的天桥、联系上下的电梯不仅得到了充分的表现，而且是整个设计的重要因素。因为他们认为：“什么直角、几何形图案都可以抛在一边，要研究的是以基地地形和内部交通的高低错落为基础的构图方式。”[③]这个方案没有实现，但在谢菲尔德的另一组由其他建筑师设计的住宅中却体现了它的意图。

①、② 参见 *Encyclopedia of Modern Architecture*，1963 年，编者 G.Halje，“Brutalism”条。
③ R.Banham 语，摘自 *Encyclopedia of Modern Architecture*，Brutalism 条。

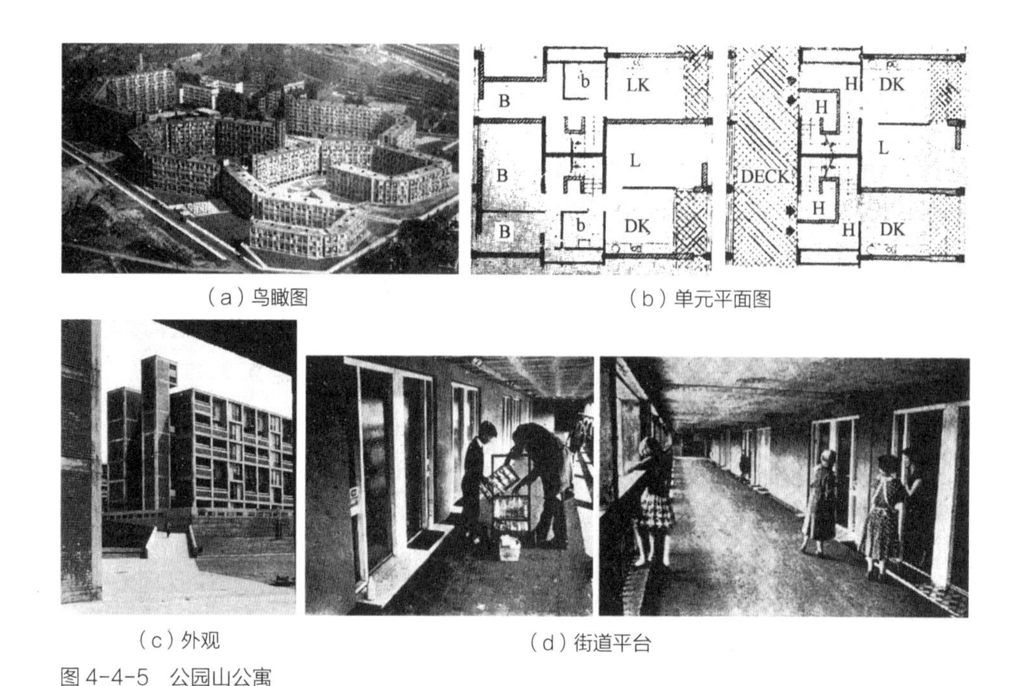

（a）鸟瞰图
（b）单元平面图
（c）外观
（d）街道平台
图 4-4-5　公园山公寓

公园山公寓（Park Hill，Sheffield，1961 年，设计人 J.L.Womersley and Lynn，Smith，Nicklin 等，图 4-4-5）是一组大型的工人住宅，其规模相当于马赛公寓大楼的 3 倍，像一条巨蛇那样按着地形的起伏蜿蜒在基地上。它的基本构思是每 3 层才有一条交通性的走廊（和马赛公寓大楼一样），但这条走廊是外廊式的，并被拓宽成为一条又宽又长的“街道平台”（Street Deck）。这条“街道平台”（其概念最先由史密森夫妇提出）像一条龙骨似的贯通整幢公寓，居民不必下楼就可以从公寓的一端去到其他的几个末端。在此“街道平台”上，孩子们可以安全地玩耍，主妇与老年人可以在此散步和与邻居话家常，甚至货郎也可以在此送货上门。公寓的外形简朴而粗犷，是它的内容的直率反映。建筑材料是当时最容易“找到的”混凝土。这里，毛糙的混凝土墙板与钢筋混凝土骨架如实地暴露无遗。这是对一个贫民窟进行改建的庞大工程的一部分，投资并不宽裕。在设计中做具体工作的是两位刚从大学毕业的建筑师，这是他们对英国的“粗野主义”的响应。

由于勒 · 柯布西耶的影响，粗野主义于 1950 年代开始流行，其形式表现多种多样。英国的斯特林和高恩设计的**莱汉姆住宅**（Langham House，Ham Common，London，1958 年），美国的鲁道夫设计的**耶鲁大学建筑与艺术系大楼**（1959—1963 年，图 4-4-6）和丹下健三设计的**仓敷市厅舍**（图 4-4-7）都是强调粗大的混凝土横梁的，甚至在两根横梁接头的地方还故意把梁头撞了出来。但如**伦敦南岸艺术中心**（South Bank Art Center，London，1961—1967 年，设计人 H.Bennett，图 4-4-8）和**伦敦国家剧院**（National Theatre，South Bank，

London，1967—1976 年，设计人 Denys Lasdun & Partners，图 4-4-9）则强调把巨大的、沉重的房屋部件大块大块地、粗鲁地碰撞在一起。强调粗大的混凝土横梁的风格还是追溯到马赛公寓，勒·柯布西耶在 1954—1956 年设计的**尧奥住宅**（Maisons Jaoul，Neuilly，图 4-4-10），以及昌迪加尔政府建筑群也延续这种手法，强调把巨大的房屋部件大块大块地碰撞在一起。相比之下，耶鲁大学的建筑与艺术系大楼的"灯芯绒"式的混凝土墙面给人以粗而不野之感；仓敷市厅舍的既强调横梁又有直柱的构图及其扁平的比例却颇具日本的民族风味。

（a）外观

（b）"灯芯绒"混凝土墙面

图 4-4-6 耶鲁大学建筑与艺术系大楼

图 4-4-7 仓敷市厅舍

图 4-4-8 伦敦南岸艺术中心

图 4-4-9 伦敦国家剧院（与南岸艺术中心一样贯彻了勒·柯布西耶主张的人车分流）

图 4-4-10 尧奥住宅

粗野主义这个词还被用来形容英国建筑师斯特林（1926—1992 年）在 1960 年代的作品。斯特林是一个很有独创性的第三代建筑师。他在 1950 年代曾是英国粗野主义的支持者，设计了上面提过的莱汉姆住宅。1950 年代末，他开始在建筑风格上摸索自己的道路。总的来说，他的设计大都比较讲求功能、技术与经济，在形式上没有框框，自由与大胆，可谓野而不粗。

莱斯特大学工程馆（Leicester University Engineering Building，莱斯特，英国，1959—1963 年，图 4-4-11）是由斯特林与高恩合作设计的。这是一座包括有讲堂、工作室与实验车间的大楼。在这里，功能、结构、材料、设备与交通系统都清楚地暴露了。形式很直率，但并没有把形体构图与虚实比例置之不顾。特别是办公楼后面车间的玻璃屋顶，既要采光，又要使光线不耀眼，同时还要便于排水，结果形式独特，斯特林因此被誉为善于同玻璃打交道的能手。此外，他为剑桥大学设计的**历史系图书馆**（1964—1968 年，图 4-4-12），更是异曲同工。人们对这两座房屋的评价是："那里没有像机器那样严肃的、令人生畏的吓唬人的态度""而是对刺人的机器形象进行反复加工，使之柔和起来"，[1] 也有人把这两幢建筑称为高技派。[2] 这说明斯特林事实上已脱离了粗野主义的牵制。他在 1960 年代为意大利奥利维蒂公司设在英国的奥利维蒂专科学校所设计的校舍（Olivetti Training School，Haslemere，England，1969—1972 年）则完全超出了粗野主义的范围。1970 年代末他走向了把历史传统和现代技术混合起来的创作道路。

粗野主义在战后的公共建筑中找到了它的用武之地，而在理论上的助推者，正是英车建筑理论家雷纳 · 班纳姆（Reyner Benham）。

（a）外观

（b）轴测鸟瞰

（c）车间外观

图 4-4-11 莱斯特大学工程馆

（a）外观

（b）玻璃顶阅览大厅

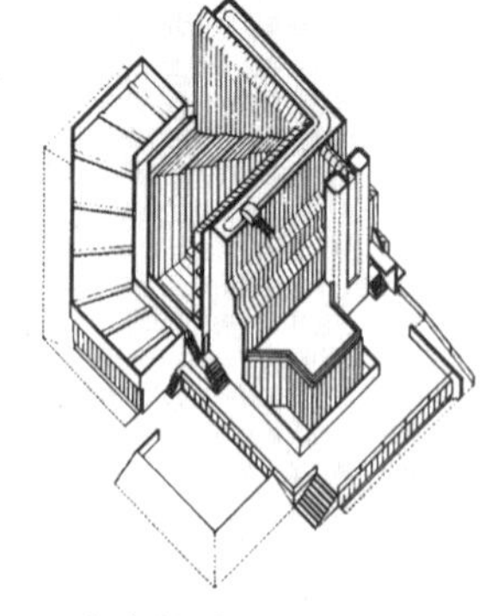
（c）轴测鸟瞰图

图 4-4-12 剑桥大学历史系图书馆

① 参见 *Progressive Architecture*，1978 年 1 月刊。

② 参见 *Dictionary of Architecture*，Fleming，Honour，Pevsner，1991 年，第 424 页。

第五节
讲求技术精美的倾向

讲求技术精美（Perfection of Technique）是战后初期（20世纪40年代末至60年代）占主导地位的设计倾向。它最先流行于美国，在设计方法上属于比较“重理”的，人们常把以密斯为代表的纯净、透明与施工精确的钢和玻璃方盒子作为这一倾向的代表。密斯也因此在战后的十余年中成为建筑界最显赫的人物。

早在两次世界大战之间，密斯便在他的作品——1929年巴塞罗那世界博览会中的德国馆和1930年布尔诺的图根哈特住宅中探讨了他特别感兴趣的所谓结构逻辑性（结构的合理运用及其忠实表现）和自由分隔空间在建筑造型中的体现。这种结构—空间—形式的见解，自他到美国以后，逐渐洗练，发展成为专心讲求技术上的精美的倾向。这种倾向的特点是建筑全部用钢和玻璃来建造，构造与施工均非常精确，内部没有或很少设柱子，外形纯净与透明，清晰地反映着建筑的材料、结构与它的内部空间。芝加哥范斯沃斯住宅、湖滨公寓、伊利诺伊工学院克朗楼和纽约的西格拉姆大厦，以及柏林国家美术馆新馆是他在战后讲求技术精美的主要代表作。

密斯在战后坚持并专一地发展了他过去认为的结构就是一切的观点。他说：“结构体系是建筑的基本要素，它的工艺比个人天才、比房屋的功能更能决定建筑的形式。”[①]又说：“当技术实现了它的真正使命，这就升华为建筑艺术。”[②]在建筑功能问题上，他主张功能服从于空间。他说：“房屋的用途一直在变，但把它拆掉我们负担不起，因此我们把沙利文的口号‘形式追随功能’颠倒过来，即建造一个实用和经济的空间，在里面我们配置功能。”[③]在创作方法上他坚持“秩序”（Order），并把它提到社会观的高度上来看。他说：“在那漫长的用材料通过功能以致达到创作成果的道路上，只有一个目标：要在我们时代的绝望的混乱中创造秩序。我们对每样事物都要给以秩序，要按其本性把它归属到所属的地方并给予其应得的东西。”[④]至于创作成果的形式问题，密斯早在他的《关于建筑对形式的箴言》（1923年）中便说了：“我们不考虑形式问题，只管建造问题。形式不是我们工作的目的，它只是结果。”[⑤]最后，密斯把这套先结构、后形式，先空间、后功能和讲究“条理”的设计思想归结到他早在1928年就已提出的一句话：“少就是多。”对于“少就是多”，密斯从来没有很好地解释过。其具体内容主要寓意两个方面：一是简化结构体系，精简结构构件，使之产生偌大的、没有屏障或屏障极少的可作任何用途的建筑空间；二是净化建筑形式，精确施工，

---

① 转摘自 *Architecture Today & Tomorrow*，Cranston Jones，1961年，第24页。
② “在伊利诺伊工学院的讲话”转引自 *Mies Van der Rohe*，P.Johnson，1953年，第203页。
③、④ 转摘自 *Meaning in Western Architecture*，C.Norberg Schulz，1974年，第396页。
⑤ 参见 *Age of the Masters*，R.Banhnam，1975年，第2页。

使之成为不附有任何多余东西的只是由直线、直角组成的规整、精确和纯净的钢和玻璃方盒子。

范斯沃斯住宅（Farnsworth House，Plano，Illinois，1945—1951年，图4-5-1）是一座四面都是绿化的建筑。住宅的结构构件被精简到了极限，以至于成为一个名副其实的玻璃盒子。它除了地面平台（架空于地面之上）、屋面、八根钢柱和室内居中的服务性房间是实体的之外，其余都是虚的。柱子有意贴在屋檐的外面，以表示它的工艺是焊接的，花园通过两道平台（一道在房子旁边，是没有顶的；另一道在房子的一端，是有顶的）过渡到室内。室内与室外通过玻璃外墙打成一片。房子的形状端庄典雅，虽然什么都很简单，造价却超出预算85%，引起业主强烈的不满。

芝加哥湖滨公寓（Lake Shore Building，Chicago，1951—1953年，图4-5-2）是两幢26层高的高层公寓，也是密斯以结构的不变来应功能的万变的一次体现。居住单元除了当中集中的服务设施外，从进门到卧室都是一个只用片断的矮墙或家具来划分的隔而不断的一体大空间。密斯称之为“通用空间”（Total Space）。这种能适应功能变化的空间对于某些公共建筑与工业建筑是有其优越性的。但住宅的功能从来都不是那么千变万化的，隔而不断却使声音、视线、气味成为干扰。公寓的外墙全部是钢和玻璃，标准化的幕墙构件使它具有了鸽子笼似的模数构图（Modular Composition）；大片的玻璃和笔挺的钢结构又使它具有强烈的工业时代的现代感。它为高层建筑造型开了一条路，影响甚大。

西格拉姆大厦（Seagram Building，New York，1954—1958年，图4-5-3）的紫铜窗框、粉红灰色的玻璃幕墙以及施工上的精工细琢使它在建成后的十多年中，一直被誉为纽约最考究的大楼。它的造型体现了密斯在1919年就预言的：“我发现……玻璃建筑最重要的在于反射，不像普通建筑那样在于光和影。”[①] 的确，玻璃幕墙不仅把周围的环境反射了，还把天上的云朵，一天的变化也反射了。密斯的形式规整和晶莹的玻璃幕墙摩天楼在此达到了顶点，有人夸张地说：“他的影响可以在世界上任何市中心区的每幢方形玻璃办公楼中看到。”[②] 大楼高38层，内柱距一律为8.4m（28英尺），正面五开间。侧面三开间，坐落在纽约最高级的大道之一——花园大道上。业主西格拉姆公司，是美国一个有名的酿酒公司，它希望自己的办公楼具有高雅与名贵的形象。密斯满足了它的要求，并把大楼退离马路红线，在前面建有一个带有水池的小广场，这种做法在寸土寸金的纽约市中心区，是难能可贵的。其造价正如密斯的其他作品一样特别昂贵，房租也要比与它同级别的办公楼高1/3。

伊利诺伊理工学院的校园规划（图4-5-4）是密斯的“秩序”在建筑群体规划上的体现。基地为一面积41.8hm²（110英亩）的长方形地段，设置有行政管理楼、图书馆、各系馆、校友楼、小教堂等十多幢低层的建筑，并按着7.3m×7.3m（24英尺×24英尺）的模数划成网格。房屋的模数与基地的模数相关，严格地按照基地上的网格纵横布置，屋高为3.6m（12英尺）。在形式上，黑色的钢框架显露在

① 1919年，密斯在研究他的钢骨架、玻璃外墙的高层办公楼设想时，把他做好的模型放在窗外时说的。

② 参见*Age of the Masters*，R.Banhnam，1975年，第2页。

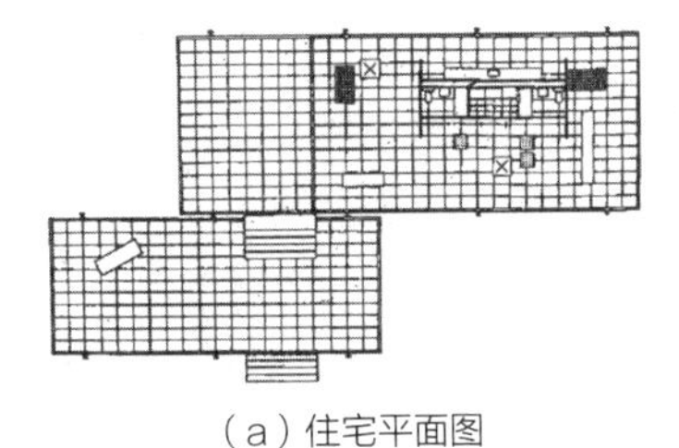

（a）住宅平面图

（b）住宅外观

图 4-5-1　范斯沃斯住宅

图 4-5-3　西格拉姆大厦

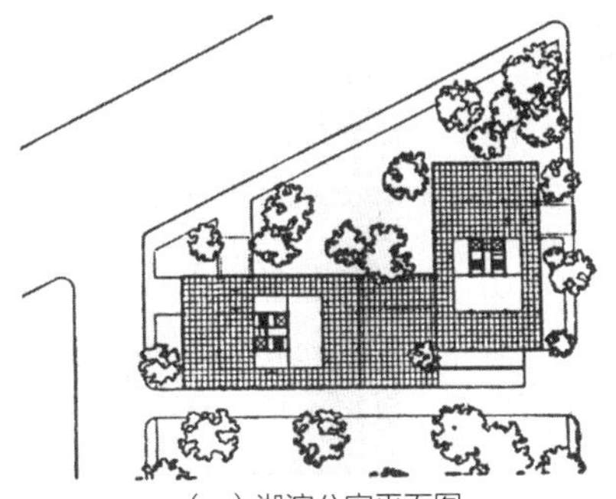

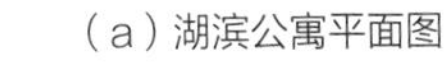

（a）湖滨公寓平面图

（b）湖滨公寓外观

图 4-5-2　芝加哥湖滨公寓

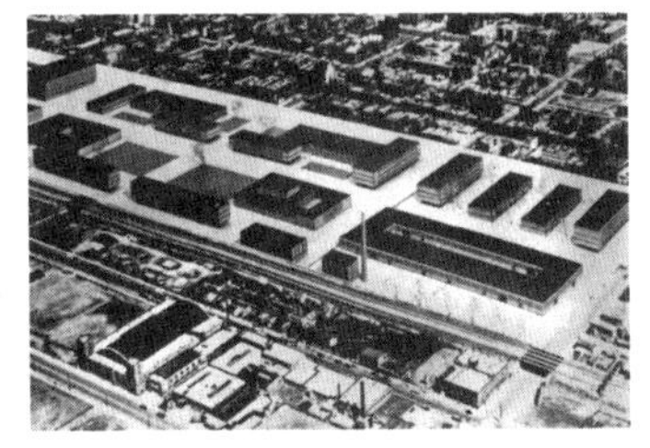

图 4-5-4　伊利诺伊理工学院的校园规划

外，框架之间是透明的玻璃或米色的清水砖墙，施工十分精确与细致，一切都显得那么有条理和现代化。事实上，这里却存在着密斯关于建筑与形式的理论——结构体系及其工艺决定建筑的形式和形式只是建造的结果——在实践中的矛盾。这就是因为防火的关系钢结构不能赤裸地暴露在外面，必须包上防火层，因而这些显露在外的钢框架事实上是在结构钢外面包上防火层之后再包上一层钢皮形成的。这种做法从理论上说是有悖于密斯的理论的。

克朗楼（Crown Hall，Chicago，1955 年，图 4-5-5）是学院的建筑系教学楼。它把教室放在地下，地面上是一个没有柱子、四面为玻璃墙的“通用空间”的大工作室。密斯为了获得空间的一体性，连顶棚上面常有的横梁也要取消，于是他在层顶上面架了 4 根大梁，用以悬吊屋面。学生对于要在这么一个毫无阻拦的偌大空间里工作很不满意，情愿躲到地下室里去。但密斯却认为，比视线与音响的隔绝更为重要的是阳光与空气，他以阳光与空气为借口来为随心所欲的玻璃盒子和“通用空间”辩护。

西柏林新国家美术馆（National Gallery Berlin，1962—1968 年，图 4-5-6）是密斯生前最后的作品。它离克朗楼约七八年，但构思与手法都没有变，只不过是造型上更具有类似古典主义的端庄感而已。密斯为了给这个玻

（a）克朗楼外观

（b）克朗楼的大工作室

图 4-5-5 伊利诺伊理工学院的克朗楼

璃盒子以明显的结构特征，屋顶上的井字形屋架由 8 根不是放在房屋角上而是放在四个边上的柱子所支承，柱子与梁枋接头的地方完全按力学分析那样被精简到只是一个小圆球。在这里，讲求技术上的精美可谓达到了顶点。

这种以“少就是多”为理论根据，以“通用空间”“纯净形式”和“模数构图”为特征的设计方法与手法被密斯广泛应用到各种不同类型的建筑中去。住宅是这样，办公楼也是这样，博物馆是这样，剧院也是这样。它们成为密斯的标志，曾于 1950—1960 年代极为流行而被称为密斯风格（Miesian Style）。

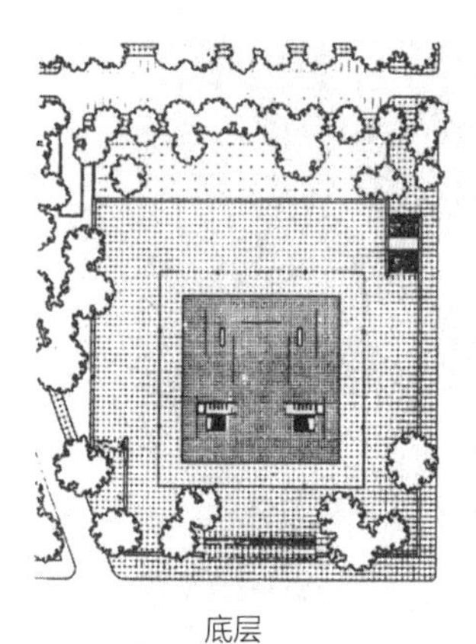

底层

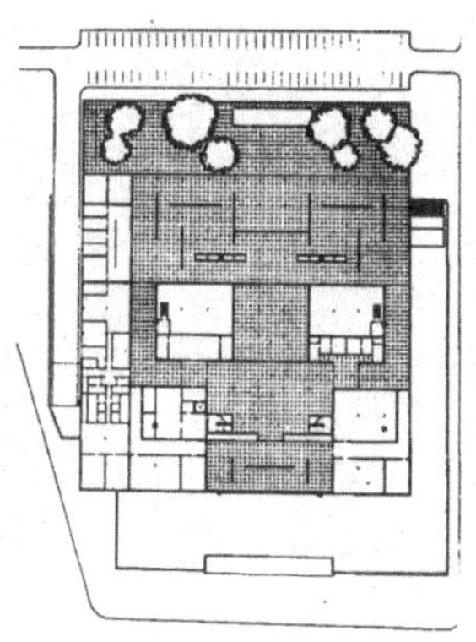

地下室

（a）平面图

（b）柱子与梁枋接头处是一个小圆球

（c）入口外观

图 4-5-6 西柏林新国家美术馆

密斯风格由于全面采用了当时尚属先进新材料的钢和玻璃，在形象构图中又运用了古典主义的尺度与比例，使之具有了端庄、典雅与超凡脱俗的效果而广受欢迎。这种兼备时代进步感与一定的纪念性的气质被广泛用来表达国家、大企业、大公司与大文化机构的先进性与权威性，甚至它在结构、构造与构图上的严谨与精确被看作现代工业与现代科学精密度的表现，它在造价上的昂贵被说成是资本雄厚的表现。这种风格虽以密斯为先导，但拥护者甚众，甚至波及整个西方。事实上，密斯风格在美国的流行是同美国在 1950—1960 年代为了在空间技术上同苏联竞争，积极鼓吹发展高度工业技术的社会舆论分不开的。当时不少建筑设计权威，如 SOM 建筑设计事务所、哈里森和阿布拉莫维茨（Harrison and Ambramovitz）建筑设计事务所也在提倡与推行这样的风格。不过，他们不像密斯那么典型、那么彻底而已。对于密斯的个人作品，美国著名社会学家兼建筑评论家芒福德（L.Mumford）说："密斯·凡·德·罗利用钢和玻璃的条件创造了优美而虚无的纪念碑。……他个人的高雅癖好给这些中空的玻璃盒子以水晶似的纯净的形式……但同基地、气候、保温、功能或内部活动毫无关系。"[①] 这可以说是评论得相当贴切的。

在追随密斯风格的倾向中，埃罗·沙里宁设计的**通用汽车技术中心**（Technical Center for General Motors, Detroit, 1951—1956 年，图 4-5-7）做得似乎比较得体，即把先进技术与人们习惯的审美标准结合起来。

埃罗·沙里宁（Eero Saarinen）是一位很

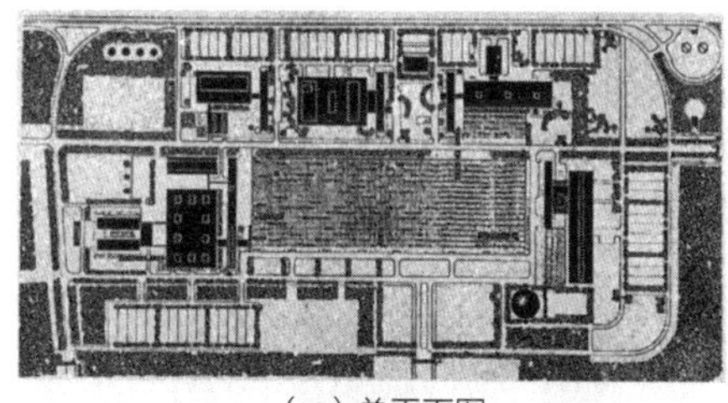

（a）总平面图

（b）工程馆与汽车展示厅图

（c）中央水池与水塔

图 4-5-7　通用汽车技术中心

① 参见 *Modern Movements in Architecture*，C.Jencks，1973 年，第 108 页。

有才华的现代建筑第二代建筑师。他的设计路子较宽，曾做过多种倾向的设计。1950 年代，他是密斯的追随者。通用汽车技术中心的设计始于 1945 年，这个任务原来是委托给他的父亲埃里尔 · 沙里宁（Eliel Saarinen）的，父子合作，并以儿子为主，埃罗 · 沙里宁就按照当时十分新颖的密斯风格来设计。

通用汽车技术中心的基地约 1.61km（1 英里）见方，共有 25 幢楼，环绕着中央一个长方形的人工湖自由但又富于条理地进行布局。它的建筑风格、钢和玻璃的“纯净形式”“通用空间”“模数构图”和到处闪烁着的在技术上的精益求精，使人联想到密斯。但是埃罗 · 沙里宁在尺度的掌握和形体界面的处理上较密斯更为活泼丰富，既讲究技巧又接近人情。例如把水塔建成一个由 3 根钢柱顶着的闪闪发亮的金属盒子，并把水塔置于水池中；把汽车展示厅建成一个扁平的没有墙与顶之分的金属穹隆。这些处理在整体上软化了周围严谨的密斯式办公楼与厂房。其中有两幢楼：工程馆与展示厅的效果甚佳，荣获 1955 年的 AIA 奖。工程馆包括有车间、制图室、办公室等，位于人工湖的一端，它功能合理，外形简洁，一望便知是最新的一件工业产品。事实上，它在厂方的支持下的确是第一次大规模地使用了当时的新产品——隔热玻璃，然而尺度宜人、构图清新、细部处理细致，在人工湖水和绿化的交相辉映之下显得别有特色。这种试图使简单的形体与房屋的内容结合，使机器大工业产品与人们对形式和环境的心理要求协调起来的尝试，是沙里宁的成功所在。讲求技术精美的倾向之所以会一度广受欢迎是同这样一类作品的出现分不开的。

以钢和玻璃的“纯净形式”为特征的讲求技术精美的密斯风格，到 1960 年代末开始降温，自 1970 年代资本主义世界经济危机与能源危机起，时而被作为浪费能源的典型而受到指责。但真正使密斯式退出舞台的还是因为镜面玻璃，特别是无边框镜面玻璃幕墙的流行。

第六节
典雅主义倾向

“典雅主义”（Formalism，又译作形式主义）是同粗野主义并进，然而在审美取向上却完全相反的一种倾向。粗野主义主要流行于欧洲，而典雅主义主要在美国。前者的美学根源是战前现代建筑中功能、材料与结构在战后的夸张表现，后者则致力于运用传统的美学法则来使现代的材料与结构产生规整、端庄与典雅的庄严感。它的代表人物主要为美国的 P. 约翰逊，斯通（E.D.Stone，1902—1978 年）和雅马萨奇（Minoru Yamasaki，1912—1986 年）等现代派的第二代建筑师。可能他们的作品会使人联想到古典主义或古典建筑，因而典雅主义又被称为新古典主义、新帕拉第奥主义或新复古主义。

对于这种倾向，有人热烈赞成，也有人坚决反对。赞成的认为它给人们以一种优美的像古典建筑似的有条理、有计划的安定感，并且它的形式能使人联想到业主的权利与财富。难怪当时美国许多官方建筑（如在国外的大使馆与世界博览会中的美国馆等）、银行或企业的办公楼均喜欢采用这样的形式。反对的认为它在美学上缺乏时代感和创造性，是思想简单、手法贫乏的无奈表现。他们还对那些用以象征权利与财富的做法产生了反感，认为这会使人联想到1930年代法西斯的新传统建筑或者是资本家为了商业与政治利益来装点门面的权宜之计。事实上，作为一种风格，典雅主义如其他风格一样，的确有许多肤浅的粗制滥造的作品，但是，在具有典雅主义风格的作品中，却也有不少是功能、技术与艺术上均能兼顾，并有一定的创造性的。

约翰逊为内布拉斯加州立大学设计的**谢尔登艺术纪念馆**（Sheldon Memorial ArtGallery，1958—1966年，图4-6-1）前面的中央门廊有高大的钢筋混凝土立柱，门廊里面是大面积的玻璃窗，它使室内顶棚上一个个圆形图案同外面柱廊上的券通过玻璃而内外呼应。柱呈棱形，显然是经过精心塑造与精确施工的，既古典又新颖，是约翰逊为典雅主义风格创造的好几种柱子形式之一。

由斯通设计的美国在新德里的大使馆和1958年布鲁塞尔世界博览会的美国馆则除了庄严、典雅之外，还相当豪华与辉煌，同时还采用了新材料和新技术。它们体现了斯通所意欲实现的"需要创造一种华丽、茂盛而又非常纯洁与新颖的建筑"。[①]

美国在新德里的大使馆（1955年，图4-6-2）位于两条道路交叉处的一块长方形基地上。使馆建筑群包括办公用的主楼、大使住宅、两幢随员住宅与服务用房。据说斯通在设计主楼前曾研究过印度的著名古迹泰姬陵（Tāj Mahal），从中获得了启发。进入大门后是一条林荫大道，主楼呈长方形，建在一个大平台上，平台前面是一个圆形水池，平台下

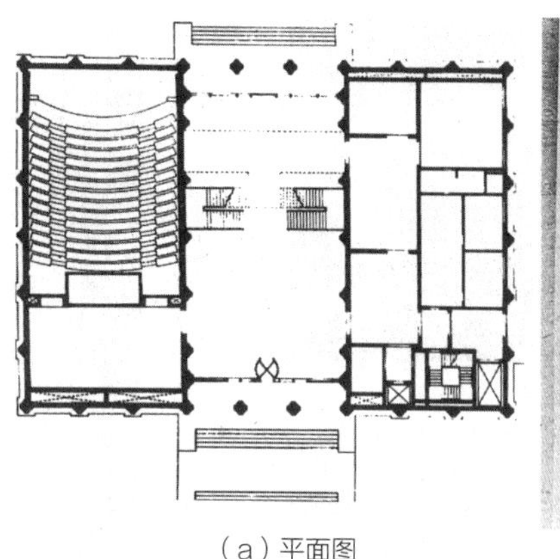

（a）平面图

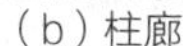

（b）柱廊

（c）从室外看室内

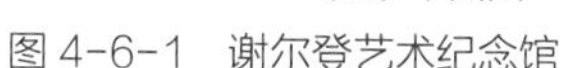

图4-6-1　谢尔登艺术纪念馆

① 参见 *Encyclopedia of Modern Architecture*，G.Halje，前言。

面是车库。房屋四周是一圈两层高的、布有镀金钢柱的柱廊。柱廊后面是白色的漏窗式幕墙，幕墙是用预制陶土块拼制成的，在节点处盖以光辉夺目的金色圆钉装饰。办公部分高 2 层，环绕着一个内院而布局，院中有水池并植以树木，水池上方悬挂着铝制的网片用以遮阳。屋顶是中空的双层屋顶，用以隔热；外墙也是双层的，即在漏窗式幕墙后面还有玻璃墙。建筑外观端庄典雅、金碧辉煌，成功地体现了当时美国想在国际上形成的既富有又技术先进的形象。新德里的美国大使馆于 1961 年获得了美国的 AIA 奖。

（a）外观

（b）柱廊

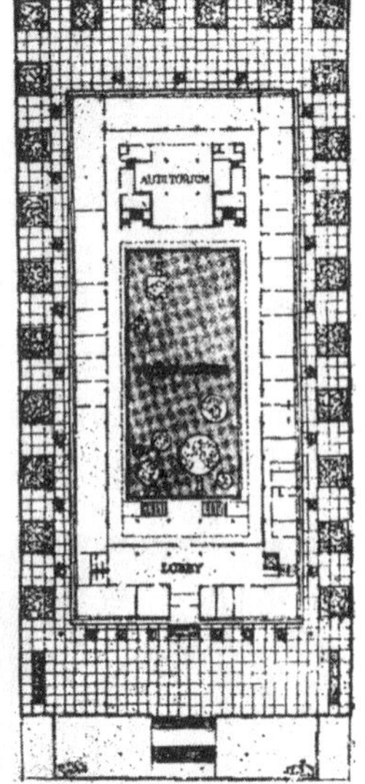

（c）平面图

图 4-6-2　美国在新德里的大使馆

1958 年布鲁塞尔世界博览会中的美国馆（图 4-6-3）再现了新德里大使馆那样的艺术效果。由于尺度较大（直径 104m，柱廊钢柱高 22m），又采用了当时最先进的悬索结构，效果更为显著。它同当时在它附近的属“粗野主义”的法国馆与意大利馆在审美上形成了强烈的对比。至于在此之后斯通一度把镀金柱廊、白色漏窗幕墙作为自己的商标似地到处滥用，那就是另一回事了。

图 4-6-3　1958 年布鲁塞尔世界博览会中的美国馆

纽约的林肯文化中心（Lincoln Cultural Center，1957—1966 年，设计人约翰逊、哈里森和阿布拉莫维兹，图 4-6-4）是一个规模宏大的工程。它包括：舞蹈与轻歌剧剧院（约翰逊设计）、大都会歌剧院（哈里森设计，位于广场中央）、爱乐音乐厅（阿布拉莫维兹设计）和另一个有围墙的包含有图书馆、展览馆和实验剧院的形体（埃罗·沙里宁和其他几位建筑师设计）。3 幢主要建筑环绕着中央广场布局，其布局方式与建筑形式使人联想到 19 世纪的剧院。由于房屋的形体都是简单的立方

图 4-6-4　林肯文化中心鸟瞰

图 4-6-5　林肯文化中心爱乐音乐厅

体，各个建筑师都在它的立面柱廊上大费心思。图 4-6-5 所示是爱乐音乐厅的柱廊。

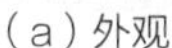
（a）外观

（b）中庭

图 4-6-6
麦格雷戈纪念会议中心

美籍日裔建筑师雅马萨奇主张创造“亲切与文雅”[①]的建筑。他为底特律的韦恩州立大学设计的**麦格雷戈纪念会议中心**（Mcgregor Memorial Conference Center，Wayne State University，Detroit，1959 年，图 4-6-6）曾获 AIA 奖。这是一座两层的房屋，当中是一个有玻璃顶棚，贯通两层的中庭。屋面是折板结构，外廊采用了与折板结构一致的尖券，形式典雅，尺度宜人。据雅马萨奇说，这座建筑是他访问日本后，受到日本建筑的启发再结合美国的现实情况设计的。

自此之后，雅马萨奇在创造典雅主义风格上特别倾向于尖券。**1964 年西雅图世界博览会中的科学馆**是尖券（图 4-6-7），1973 年纽约**世界贸易中心**的底层处理也是尖券（图 4-6-8）。虽然有人把这样的处理称为新复古主义，然而，它们却在一定程度上与新结构相结合。不过，雅马萨奇也创作了一些形式主义的作品，例如**西北国家人寿保险公司大楼**（Northwest National Life Insurance Co，Minneapolis，1961—1964 年，图 4-6-9）。这是一座 6 层的办公楼，据说为了使它为其所处的公园增色，故用精致的柱廊把它包围起来。虽然柱廊的形式做得相当别致，但不仅不适用，而且尺度过高，比例失调，看上去很别扭。

典雅主义倾向在某些方面很像讲求技术精美的倾向。1960 年代后期，典雅主义倾向开始降温，但它比较容易被大众接受，至今仍时有出现。

图 4-6-7　1964 年西雅图世界博览会中的科学馆

图 4-6-8　纽约世界贸易中心

图 4-6-9　西北国家人寿保险公司大楼

① 参见 *Encyclopedia of Modem Architecture*，G.Halje，前言。

第七节
注重高度工业技术的倾向

注重"高度工业技术"的倾向（High-Tech）是指那些不仅在建筑中坚持采用新技术，并且在美学上极力鼓吹表现新技术的倾向。广义来说，它包括战后现代建筑派在设计方法中以材料、结构和施工特点作为建筑美学依据的方面，例如以密斯为代表的讲求技术精美的倾向和以勒·柯布西耶为代表的粗野主义倾向，确切地是指那些在1950年代末随着新材料、新结构与新施工方法的进一步发展而出现与活跃起来的超高层建筑、空间结构、幕墙和创新地采用预制装配标准化构件方面的倾向。

从历史上看，自从进入现代化机器大生产时代起就一直有各种出于经济或适用的目的，试图把最新的工业技术应用到建筑中去的尝试，而妨碍采用新技术的则往往是人们已习惯了的美学观，因而要推广新技术就必须同时树立新的美学标准和鼓吹新的美学观。然而，基于技术进步的美学观是多样的，它的表现与标准还会随着时代的变化而变化。例如两次世界大战之间，人们曾把不加掩饰地采用与表现钢筋混凝土、钢和玻璃的，像萨伏伊别墅和巴塞罗那展览会中的德国馆那样的建筑称为"机器美"，并附加以"时代美""精确美""轻盈美""透明美""纯净美"等标签。第二次世界大战后，这些名词依然存在，但标准则转到表现得更为彻底的像密斯的范斯沃斯住宅和克朗楼那样的建筑中去了。此外，还增加了像马赛公寓大楼那样的沉重的"粗野美"。1950年代以后，注重高度工业技术倾向的兴起又为上述各种美——姑且统称之为20世纪的"时代美"——注入了新的标准与新的内容。这说明"时代美"总是随着时代技术的进步而变化的。

注重高度工业技术的倾向是同当时社会上刚刚发展起来的以高分子化学工业与电子工业为代表的高度技术（High Technology）分不开的。当时的新材料，如高强钢、硬铝、高强度水泥、钢化玻璃、各种涂层的彩色与镜面玻璃、塑料和各种胶粘剂，不仅使建筑有可能向更高、更大跨度发展，并且宜于制造体量轻、用料少，能够快速与灵活地装配、拆卸与改扩建的结构与房屋。在设计上它们强调系统设计（Systematic Planning）和参数设计（Parametric Planning）。其理论可以借用奈尔维的一句话来说明："以谦虚的抱负来接近神秘的自然规律，顺从它们并利用与支配它们，只有这样才可以把它们的崇高与永恒的真理引导到为我们有限的条件与目的服务。"[①] 其具体表现是多种多样的。有的努力使高度工业技术接近人们所习惯的生活方式与美学观，尽管在初看时不一定习惯，但它还是尽量在适用与美观上取悦于人。下面将要提到的伊姆斯夫妇（C.and R.Eames，前者：1907—1978年）的"案例研究住宅"和E. 艾尔曼（Egon Eiermann，1904—1970年）在钢结构外墙构件标准化方面的尝试、玻璃幕墙和

---

① 参见 *Modem Movements in Architecture*，C.Jencks，1973年，第73页。

美国科罗拉多州的空军士官学院内的教堂等均属此类。也有的比较激进地站在未来主义的立场上，认为技术越来越向高科技发展是当今社会的必然，人们的生活方式与美学观都会随之发生变化，因此人们应该有远见地去领会它、接受它和适应它。

须知 1950 年代末，西方各先进工业国经济与工业生产开始进入战后的非常繁荣时期，科技迅速发展，生产大大提高，迅速地把先进的科技利用到生产中，带动生产，然后生产上的进步又反过来影响科技发展，是这一时期的特征。为此，注重高度工业技术的倾向经常受到大企业的支持、鼓励与配合。此外，电子计算机的推广应用与其自身的迅速进步不仅影响了社会生产与科技发展，还强烈地影响了人们的思想，在社会上形成了对技术的乐观主义。建筑上的注重高度工业技术的倾向就是在这样的社会背景下产生的。这个倾向持续繁荣了 20 多年，到 1970 年代逐渐向新一代的注重高度工业技术的倾向转型。

（a）外观

（b）内景

图 4-7-1 伊姆斯的“案例研究住宅”

图 4-7-2 布伦堡麻纺厂的锅炉间

1949 年，伊姆斯夫妇在加利福尼亚州为自己设计的住宅（又称“案例研究住宅”，Case-study House，图 4-7-1）是最早应用预制钢构架的居住建筑之一。这幢住宅是在当时的 *Art & Architecture* 杂志的支持下，按照一定的工业生产系统来设计的。外墙由透明的玻璃与不透明的颜色鲜艳的石膏板制成，所有门窗都是工厂的现成产品，它们说明了战后要把工业技术推广到家庭生活与独立式住宅中去的倾向。伊姆斯说：“研究如何使这个固有的体系性适应使用空间的要求，如何让这种结构的必然性形成图案和质感是一件有趣的事。”①他指出，采用以标准化构件为体系的建筑必须解决体系的固有性、必然性同房屋使用中的灵活性和美观之间的矛盾。

1950 年代德国的 E. 艾尔曼也在这方面取得了出色的成绩。他一直在探求把轻质高强的预制装配式钢构架坦率而悦目地暴露于外的结构系统。他在构造上的细部处理常使那些本来没有什么修饰的房屋显得纤巧。**布伦堡麻纺厂的锅炉间**（Linen Mill，Blumberg，1951 年，图 4-7-2）中，建筑外观与内容一致，立面构图清晰，细部精致，使一座普通的厂房显得并不平凡。在 1958 年**布鲁塞尔世界博览会德国馆**（图 4-7-3）中，在纤细的白色钢杆后面是

① 转引自：Charles Eames，*Architectural Review*，1978 年。

（a）局部外观

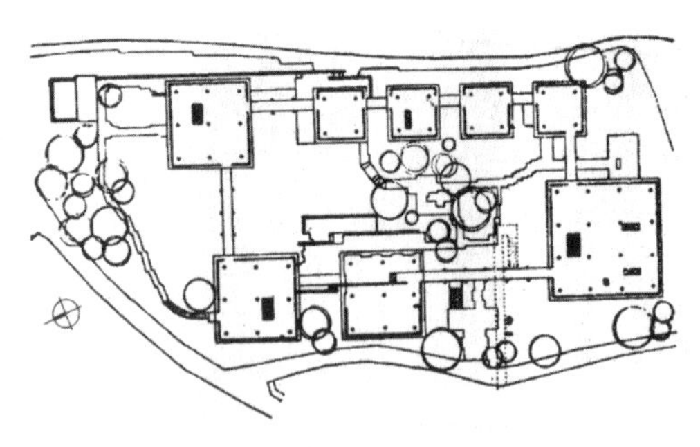

（b）总体平面图

图 4-7-3　1958 年布鲁塞尔世界博览会德国馆

连续不断的玻璃墙。细部上的精美使人联想到密斯的建筑。但后者造价高昂，前者造价一般；后者造型冷漠，前者尺度宜人；后者是永久性的纪念碑，前者是可装可卸的。

国际商业机器公司研究中心（IBM 在法国 La Gaude 的研究中心，1960—1961 年，图 4-7-4）是布劳耶在战后设计的许多大型建筑之一。

布劳耶曾是包豪斯的学生和教师，是建筑师也是家具与工业品设计师。他于 1937—1941 年与格罗皮乌斯在美国合作期间设计了不少住宅。这些住宅配合环境，布局自由，有些采用了当地的材料，如木材和虎皮石等，然而不失包豪斯原有的现代化与工业化气息。其中有颇受关注的在新肯辛顿的工人新村（Workers Village at New Kensington，

（a）总体鸟瞰

（b）局部外观

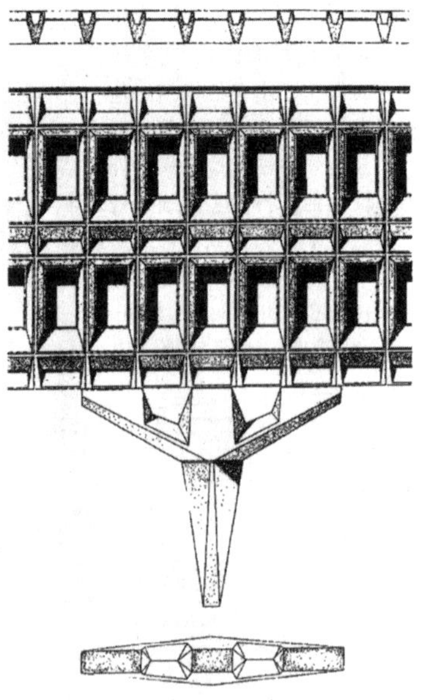

（c）外墙构造

图 4-7-4　国际商业机器公司研究中心

Pennsylvania，1940 年）。战后，自从他与奈尔维和泽夫斯（B.Zehrfuss）合作设计了在巴黎的联合国教科文总部的会议厅后，① 成为一个深受新型大机构欢迎的建筑师。自此，他设计了许多新颖的预制装配式大型办公楼与科研大楼。

国际商业机器公司研究中心和他设计的其他大型办公楼一样，楼层不多，布局合理。把两个“Y”字连接起来的平面布局体态独特，同时又合乎采光、通风与交通联系等功能要求。它的形式是功能、材料、结构以及建造方法——采用标准化的预制外墙承重构件——的反映。但形体比例的细致推敲，施工的精确，使那些既是结构构件又是装饰部件的“树枝形柱”（Tree Column）显得很有特色。正是这些预制的结构构件使得一座简单的房屋显得不平凡。1978 年，法国建筑科学院（L'Academie d'Architecture）向布劳耶授予金奖时说：“他的建筑的逻辑性、力量感和结构真挚性所表现出来的各种材料之间恰到好处的关系，和这些杰作的崇高性把布劳耶置于我们最伟大的灵感泉源之中。”② IBM 研究中心可谓是这句话的一个实物说明。

布鲁塞尔的**兰伯特银行大楼**（Banque Lambert，设计人：SOM事务所，1957—1965年，图 4-7-5）是 1950 与 1960 年代美国和西欧尝试用标准化的预制混凝土构件来建造承重外墙的另一成功实例。构件呈十字形，上、下接头处是两个不锈钢的帽状节点，结构合理，形式新颖，虽然承重但不显得笨重，统一的构件使它的立面形成了规则的几何形图案。类似这样的例子不少，构件的不同形式使它们的立面构图各异。在**英国伦敦的美国大使馆**（设计人：埃罗·沙里宁，图 4-7-6）的构件是方框形的；在**爱尔兰首都都柏林的美国大使馆**（设计人：J.M.Johansen，1916—2012 年，图 4-7-7）的外墙由两种构件组成，立面形式独特。

注重高度工业技术的倾向中最引人注目和最流行的是采用玻璃幕墙（图 4-7-8、图 4-7-9）。玻璃幕墙的采用是同战后玻璃工业的发展（吸热玻璃与反射玻璃的发明与发展）、化学工业的发展（各种胶料与垫圈材料的发明与发展）、空调工业的发展（由于玻璃幕墙是薄壁与封闭的，必须依赖空调）和机械化施工工业的进步和发展分不开的。玻璃幕墙既然同那么多的现代工业有关，无怪它的形象能使人联想到现代的尖端科学。此外，它的色彩多样，光泽晶莹，如注意洗刷，能长久保持

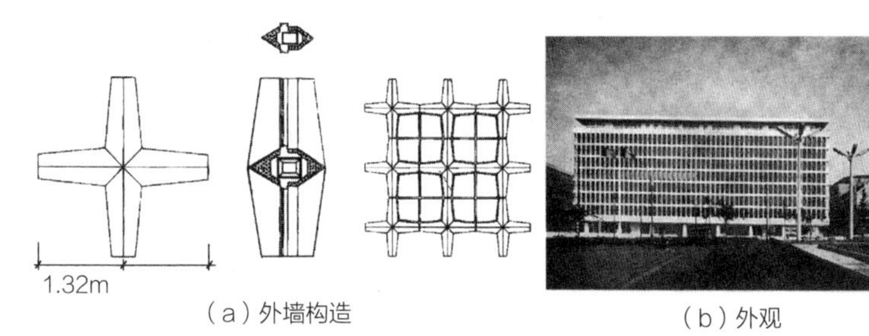

（a）外墙构造　（b）外观

图 4-7-5　布鲁塞尔兰伯特银行大楼

图 4-7-6　英国伦敦的美国大使馆

① 参见第四章第三节。

② *Architectural Review*，1978 年 8 月刊第 33 页。

（a）外观

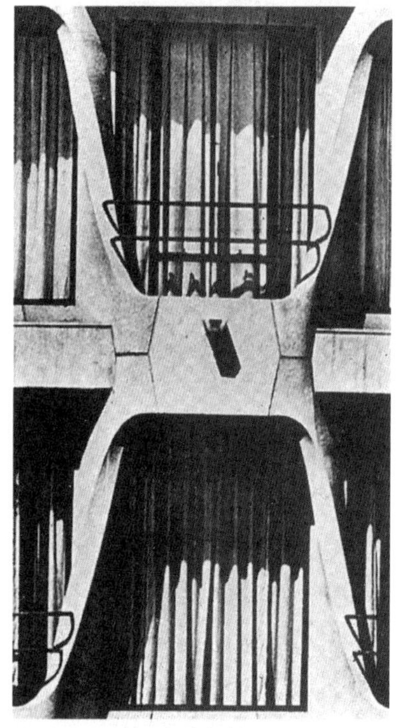

（b）细部

图 4-7-7　美国在爱尔兰首都都柏林的大使馆

图 4-7-8　美国波士顿汉考克大楼

图 4-7-9　美国纽约所罗门大厦

清新；它的反射，即对周围动、静环境的反射等，具有很大的魅力，并向人们展示了新的视感。于是，玻璃幕墙大受欢迎，在 1960 年代时甚为流行。由于它的造价并不便宜，那些设法“为业主增加威望”的高级建筑更喜欢采用。玻璃幕墙的造价虽然比较昂贵，但它的轻质可减少房屋的自重，薄壁可为房屋增加约 30cm 厚度的外围面积，预制装配可以缩短工时，这些可谓补偿。尽管各种新型的保温玻璃不断出现，但玻璃幕墙建筑在空调上的开支至今仍比一般墙体大得多。而自 1973 年石油价格调整后，这些开支显著提高。此外，它对光的反射屡屡成为诉讼事故的根源。故自 1980 年代以来，欧美对于玻璃幕墙的热忱已有所降温。人们不禁回顾说，玻璃幕墙的流行是同玻璃厂商、化工厂、幕墙加工商的大做广告与施加影响分不开的，他们指出："这是美学同工业勾结起来反对房屋的使用者，因为他们的需要与要求全被忽视了……其战略是要为产品市场发掘在流行样式中的潜力。"[①] 这句话可谓揭露了玻璃幕墙——一种预制构件——居然会成为一种十分流行的建筑思潮的社会根源，这样的问题在研究建筑思潮时是不容忽视的。

除了玻璃幕墙还有铝板幕墙、石板与混凝土板幕墙，还有用玻璃或彩色玻璃同上述各种薄壁材料组合起来的幕墙。西萨·佩里（Cesar Peli）曾提倡用不同色彩的玻璃与其他薄壁材料在建筑立面上组成图案（图 4-7-10）。

图 4-7-10　用不同色彩与质感的玻璃和薄壁材料组成的幕墙

美国科罗拉多州空军士官学院中的教堂（Chapel，U.S. Airforce Academy，Colorado Springs，Colorado，1954 年开始设计，1956—1962 年建成，SOM 事务所设计，图 4-7-11）成功地利用最新技术创造了能够象征教堂的新形象。

教堂的平面呈简单的长方形，其中包含有三个教堂，一个 900 座的基督教堂在楼上，一个 100 座的犹太教堂和一个 500 座的天主教堂在楼下（两者背对背地连接在同一层内，各有自己对外的出入口），底下为服务性的地下室。该教堂的造型特点在于其形式既具有强烈的与时代一致的"机器美"，同时在视感上又同中世纪哥特教堂一样企图把人们的目光引向上天的上升感。教堂的形式同结构一致，由一个个

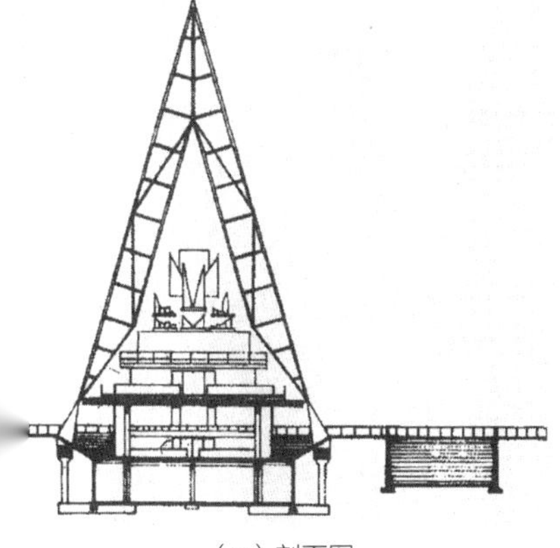

（a）剖面图

（b）外观

（c）局部

图 4-7-11　美国科罗拉多州空军士官学院中的教堂

① "Mirror Building"，参见 *Architectural design*，1977 年 2 月刊。

重复的用钢管（外贴铝皮）与玻璃构成的四面体单元所组成。每个层次一种类型，共有三种类型。在每个四面体单元的几个面的接合处还镶以一条彩色玻璃带，以增加宗教气氛。无疑地，这个教堂在使技术创新同艺术效果相结合的尝试中是成功的。

另一座比科罗拉多空军士官学院教堂更享盛名，同样具有高度工业技术特征的是**旧金山的圣玛丽主教堂**（St.Mary's Cathedral，San Francisco，U.S.，1971年，图4-7-12）。设计人是P.贝卢斯奇（P.Belluschi 1899—1994年）、奈尔维（P.Nervi，1891—1979年）、麦克斯威尼（Mcsweeney）、瑞安（Ryan）和李（Lee）等。

教堂原位于另一条街上，1960年被火烧毁，通过等价与当地一超市交换，乃建于此。贝卢斯奇长于设计教堂，他所设计的教堂从来没有两个是相同的。圣玛丽主教堂的基地位于一座小山上，本来就具有先天条件，但建成后使教堂更引人注目的是它独特的内部空间与建筑造型。在这里，结构与光线的相互作用和互为因果，使教堂建筑完全超越了传统的概念而达到了一个新的境界。贝卢斯奇认为，宗教建筑的艺术本质在于空间，空间的设计在教堂设计中具有至高无上的重要性。为此，他在设计前，一方面回到他出生的意大利去重新体验天主教堂的艺术实质，同时还请了兼为建筑结构与美学专家的奈尔维与他一同设计。

主教堂平面呈正方形，可容2500个座位。上面的屋顶由四片高度近60m的双曲抛物线形壳体组成（图4-7-12a），地底下为交谊室与会议室。教堂内，圣坛居中，人们环绕圣坛而坐。四片向上的双曲抛物线形薄壳从正方形底座的四角升起，并随着高度的上升逐渐变成为四片直角相交的平板（图4-7-12b）。四块薄板为室外创造了高峻的具有崇神气氛的体形，在顶上形成的十字沟与在四边形成的垂直沟，不仅照亮了教堂的室内，并通过沟上的彩色玻璃加强了教堂的宗教气氛（图4-7-12c）。教堂的尺度很大，但并不显得笨重，也没有破坏旧金山的天际线。贝卢斯奇一向认为，建筑创作的秘诀在于整体性、比例恰当与简洁性，美由此而产生光泽，并认为当代人应充分挖掘技术的可能性。圣玛丽主教堂可谓验证了他的观点。

科罗拉多空军士官学院教堂与旧金山的圣玛利丽主教堂无疑属于注重高度工业技术倾向，但其艺术形象却十分动人，因而有人称这样的建筑"高技术与高情感"（"High tech and high touch"）。

1960年代出现了许多企图以"高度工业技术"来挽救城市危机和改造城市与建筑的设想。其在建筑中的表现之一为建造大型的、多层或高层的、用预制标准构件装配成的"巨型结构"（Mega-structure）。例如英国以彼得·库克（Peter Cook，1936—）为代表的建筑电讯派（Archigram）小组设计的插入式城市（Plug-in city，图4-7-13）、法国弗里德曼（Yona Friedman，1923—2020年）提出的空间城市（Spatial Town），便属此类。这些"巨型结构"大多是一个庞大的结构构架，内有明确的交通系统与周全的服务性管网设施。在设计中他们强调建造的高度工业化和快速施工，强调结构的轻质高强与可装可卸，强调内部空

（a）外观之一

（c）从屋顶的十字沟连到边上的垂直沟

（b）外观之二

（d）圣坛

图 4-7-12　旧金山的圣玛丽主教堂

间可以随时变换的灵活性。例如在插入式城市和空间城市的设想方案中，居住单元就像是一个个预制好的插头一样，只要插入构架、接通管网，便马上可用；不用时也只要把它拉掉便可。在美学上，他们站在未来主义的立场上，认为既然这是发展方向，人们就应该适应它并从中体会其美。他们对此的理论根据是一百多年前的英国水晶宫、巴黎铁塔与机械馆最初也是不被人接受的，但是随着时代的演变，现代的人不仅能够接受它们并公认其为美。因而直

图 4-7-13　彼得·库克设计的插入式城市（Plug-in-city）

率地反映当前最新的高度工业技术的“机器美”是美的。

在这方面还有不少力求“以少做多”（To do more with less）的尝试。1970 年在大阪世界博览会上展出的一幢称为 **Takara Beautilion 的实验性建筑**（设计人黑川纪章，图 4-7-14），整幢房屋的结构是将同一种构件重复地使用了 200 次构成的。其构件是一根按统一弧度弯成的钢管，每 12 根组成一个单元，它的末端还可以继续接新的构件与新的单元，因而，这个结构事实上是可以无限延伸的。在单元中可以插入由工厂预制的适应不同功能的设施，可供居住、生产或工作用的座舱，或插入交通系统、机械设备等。这幢房屋的装配只用了一个星期，把它拆除也只需那么多的时间。

图 4-7-14　大阪世界博览会里展出的 Takara Beautilion 实验性建筑

黑川纪章和丹下健三同为当时日本新陈代谢派（Metabolism）的成员。新陈代谢派强调事物的生长、变化与衰亡，极力主张采用最新的技术来解决问题。丹下健三在 1959 年时讲的一句话是很有代表性的。他说：“在向现实的挑战中，我们必须准备要为一个正在来临的时代而斗争，这个时代必须以新型的工业革命为特征……在不远的将来，第二次工业技术革命的冲击将会改变整个社会的根本特性。”[①] 这句话不仅说明了新陈代谢派的基本立场，也说明了注重高度工业技术倾向中比较激进方面的立场。

丹下健三设计的**山梨文化会馆**（Yamanashi Press Center，1967 年，图 4-7-15）可谓是一座体现了他上述观点的、以新型的工业技术

① 转摘自“Modem Movements in Architecture”，C.Jencks，第 71 页。

图 4-7-15 山梨文化会馆，丹下健三设计

革命为特征的建筑。它的基本结构是一个个垂直向的圆形交通塔，内为电梯、楼梯和各种服务性设施。活动窗户和办公室像一座座桥或是抽屉那样架在相距 25m 的、从圆塔中挑出来的大托架上。原来的设计意图是圆塔在建成后还可以按需要在高度上再添高或改矮而不至于影响房屋的整体结构，那些像抽屉似的室内空间也是随意疏密安排，甚至建成后还可以增加或抽掉。不过，事实上房屋自建成至今并没有改变过。

注重高度工业技术的倾向中最轰动的作品是 1976 年在巴黎建成的**蓬皮杜国家艺术与文化中心**（Le Centre Nationale d'art et de Culture Georges Pompidou，1972—1977 年，图 4-7-16），设计人是第三代的建筑师——意大利的皮亚诺（Renzo Piano，1935—）和英国的罗杰斯（Richard Rogers，1933—2021 年）。他们的解释是："这幢房屋既是一个灵活的容器，又是一个动态的交流机器。它是由预制构件高质量地提供与制成的。它的目标是直截了当地贯穿传统文化惯例的极限而尽可能地吸引最多的群众。"

蓬皮杜国家艺术与文化中心包括有现代艺术博物馆、公共情报图书馆、工业设计中心和音乐与声乐研究所四个内容。前面三个内容集中安排在一幢长 168m、宽 60m、高 42m 的 6 层大楼中；音乐与声乐研究所则布置在南面小广场地底下（图 4-7-16b、图 4-7-16c）。大楼不仅暴露了它的结构，连设备也全部暴露了。在沿主要街道的立面（图 4-7-16d）上挂满了五颜六色的各种管道，红色的代表交通设备，绿色的代表供水系统，蓝色的代表空调系统，供电系统用黄色来说明。面向广场的西立面（图 4-7-16a），是几条有机玻璃的巨龙，一条由底层蜿蜒而上的是自动楼梯，几条水平向的是各层的外走廊。

蓬皮杜国家艺术与文化中心打破了一般所认为的凡是文化建筑就应该有典雅的外貌、安静的环境和使人肃然起敬的气氛等习惯概念。它从广场以至内部的展品全部是开放的。广场就像一个平常的街边广场一样，在上面有闲坐的、游荡的、话家常的、做游戏的以至玩杂耍的，什么都有。展品也没有一定的布置方式，它使参观者有时会出其不意地忽然发现自己竟同一个著名雕像面对面地对望着。

值得注意的是它的房屋。平面长方形，在 168m×60m 的面积中，只有两排共 28 根钢管柱。柱子把空间纵分为三部分，当中 48m，两旁 6m。各层结构是由 14 榀跨度 48m 并向两边各悬挑出 6m 的桁架梁组成的。桁架梁同柱子的相接不是一般的铆接或焊接，

（a）现代艺术博物馆与前面的广场

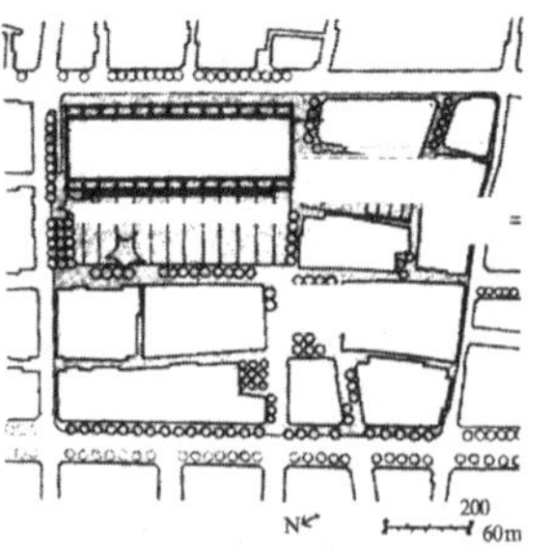

（b）基地平面图

（d）暴露在外墙上的各种管道

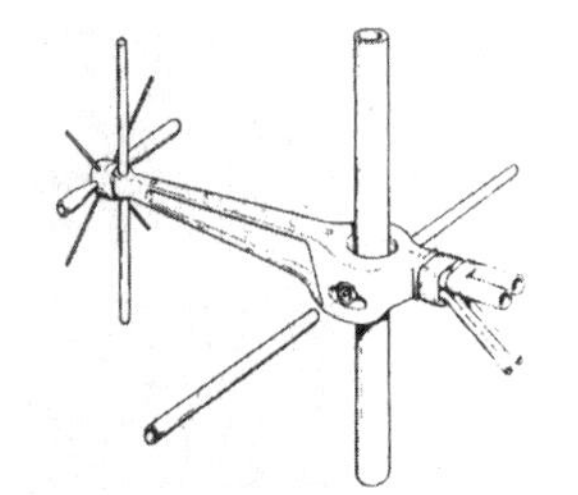

（c）桁架梁与柱子的套筒式接头

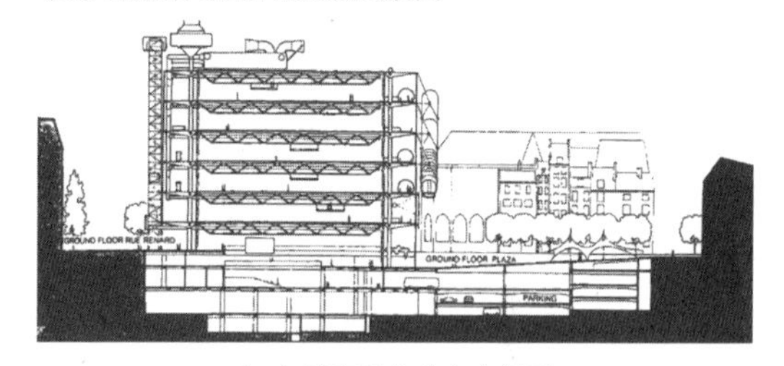

（e）蓬皮社艺术中心剖面

图 4-7-16　蓬皮杜国家艺术与文化中心

而是用一特殊制作的套筒（图 4-7-16e）套到柱子上，再用销钉把它销住。采用这样的套筒为的是使各层楼板有自由升高或降低的可能性。至于各层的门窗与隔墙，由于都不是承重的，就更有任意取舍或移动的可能了。因而房屋的内部空间是极端灵活的。正是为了保证它的灵活性，故把电梯、楼梯与设备全部放在房屋外面或放在 48m 跨度之外。

蓬皮杜国家艺术与文化中心在建造过程中与建成之后一直是人们议论的中心。人们除了议论它的体量过大，风格同周围环境不相称，空间有没有必要这么灵活之外，最具争议的是艺术馆能否采用这种“没有艺术性”的形式以及其设备暴露和鲜艳颜色是否太过分了等。

新技术与艺术性能否很好地结合，几十年来一直是一个引人思考的问题。仍有不少人，由于保守，就以注重高度工业技术倾向中的“缺乏人情”和“没有艺术性”而反对它。此外，社会上也有些人因为憎恨环境污染而转怒于工业技术的发展，进而责怪建筑中采用象征高度工业技术的倾向。诚然，这个倾向同其他倾向一样，有其合理的也有其不合理的方面，并且由于这个倾向同材料工业与设备工业的关系，的确是经常会受到垄断企业的左右、误导与控制的。然而，注意工业技术的最新发展，及时地把最新的工业技术应用到建筑中去，将永远是建筑师的职责。问题在于是为新而新，还是为了有利于合理改进建筑而新。

第八节
人情化与地域性的倾向

战后的讲究人情化与地域性倾向同下面将要谈到的各种追求个性与象征的尝试，常被称为“有机的”或“多元论”的建筑。其设计意识是战后现代建筑中比较“偏情”的方面。“多元论”，按挪威建筑师与历史学家诺伯格－舒尔茨（C.Norberg-Schulz）的解释是“以技术为基础的形式主义”，[①]“其对形式的基本目的是要使房屋与场所获得独特的个性”。[②]可见它们是一些既要讲技术又要讲形式，而在形式上又要强调自己的特点的倾向。这些倾向的动机主要是对两次世界大战之间理性主义所鼓吹的要建筑形式无条件地表现新功能、新技术以及建筑形式上相互雷同的反抗。

讲究人情化与地域性在建筑历史上并不是一种新东西，但是它作为一种自觉的倾向，并以此来命名，却是现代的事。它们在战后的表现较为多样。此外，人情化与地域性也不总是孖生的，而是各有偏向的。在西方国家，讲究人情化与地域性的倾向最先活跃于北欧。它是1920年代的理性主义设计原则结合北欧一向重视的地域性与民族习惯的发展。北欧的工业化程度与速度不及产生1920年代现代建筑的德国和后来推广它的美国那么高与快。北欧的政治与经济也不像它们那么动荡，对建筑设计思想的影响与干扰也不那么大。此外，北欧的建筑一向都是比较朴实的，即使在学院派统治时期，也不怎么夸张与做作。因而他们能够平心静气地使外来经验结合自己的具体实际形成现代化并具有北欧特点的人情化与地域性建筑。1950年代中期以后，日本在探求自己的地域性方面也作了许多尝试，其中不少设计把现代与一定程度的民族传统意味结合得颇有特色。1960年代起，随着第三世界在政治与经济上的独立与兴起，它们的建筑，无论是本土建筑师设计的，还是外国人为它们设计的，都在现代化的地域性与民族性方面取得了不少成绩。

建筑创作中的地域性（Regionalism）是指对当地的自然条件（如气候、材料）和文化特点（如工艺、生活方式与习惯、审美等）的适应、运用与表现。地域性亦称当地性（Locality），广义地还含有乡土性（Vernacular）。由于乡土性的意义偏于狭隘，故人们在创作中更多追求的是地域性。1980年代，由于全球文明与地域文化的冲突

①、② 参见 *Meaning in Western Architecture*，C.Norberg-Schulz，1977年，第391页。

日益显现，有些理论家，如弗兰姆普敦主张把地方的自然与文化特点同当代技术有选择地结合起来，并称之为“批判的地域性”（Critical Regionalism）。[①]

芬兰的阿尔托被认为是北欧人情化、地域性的代表。阿尔托原是欧洲现代建筑派中的一位年轻成员，他在两次世界大战之间的代表作——维堡市立图书馆与帕米欧结核病疗养院[②]已被列入现代建筑经典作品之中。但如细致观察，可以看出他在处理手法上已经表现出对芬兰的地域性与民族情感的关注。之后，他在这方面的倾向越来越明显，到 1940 年代初，他成为较早地公开批判欧洲现代主义的人。他在美国的一次称为“建筑人情化”的讲座中说：“在过去十年中，现代建筑的所谓功能主要是从技术的角度来考虑的，它所强调的主要是建造的经济性。这种强调当然是合乎需要的，因为为人类建造好的房舍同满足人类其他需要相比一直是昂贵的。……假如建筑可以按部就班地进行，即先从经济和技术开始，然后再满足其他较为复杂的人情要求的话，那么纯粹是技术的功能主义是可以被接受的；但这种可能性并不存在。建筑不仅要满足人们的一切活动，它的形成也必须是各方面同时并进的。……错误不在于现代建筑的最初或上一阶段的合理化，而在于合理化得不够深入。……现代建筑的最新课题是要使合理的方法突破技术范畴而进入人情与心理领域。”[③]在这里，阿尔托肯定了建筑必须讲究功能、技术与经济，但批评了两次世界大战之间的现代建筑，说它是只讲经济而不讲人情的“技术的功能主义”，他提倡建筑应该综合满足人们的生活功能和心理感情需要。

以阿尔托为代表的人情化和地域性倾向的设计路子相当宽，其具体表现为：有时用砖、木等传统建筑材料，有时用新材料与新结构；在采用新材料、新结构与机械化施工时，总是尽量把它们处理得“柔和些”或“多样些”。就像阿尔托在战前的玛丽亚别墅中[④]为了消除钢筋混凝土的冰冷感，在钢筋混凝土柱身上缠上几圈藤条；或为了使机器生产的门把手不至于有生硬感，而把门把手造成像人手捏出来的样子。在建筑造型上，阿尔托不局限于直线和直角，还喜欢用曲线和波浪形。据他说，这是芬兰的特色，因为芬兰有很多天然湖泊，这些湖泊的形状都是自然的曲线。在空间布局上，阿尔托主张不要一目了然，而是有层次、有变化，要使人在进入的过程中逐步发现。在房屋体量上，阿尔托强调人体尺度，反对“不合人情的庞大体积”，对于那些不得不造得大的房屋，主张在造型上化整为零。由于阿尔托不赞成严格地从经济出发，所以他的作品虽然形似朴素，但是设计的精致与施工上的颇费心机使它们的造价并不低廉。

珊纳特赛罗镇中心的主楼（Town Hall of Säynatsalo，1950—1955 年，图 4-8-1）是阿尔托在第二次世界大战后的代表作。珊纳特赛罗是一个约有 3000 名居民的半岛。镇中心由几幢商店楼与宿舍，一座包含有镇长办公室、会议室、各部门办公室、图书馆、商店与部分职工宿舍的主楼，和它们附近的一座剧院、一座体育场组成。主楼的体量与形式同前面的商

① 参见第五章第六节。

② 参见第三章第九节。

③ 转摘自 *Towards an Organic Architecture*，B.Zevi。

④ 参见第三章第六节。

店与宿舍相仿，都是红砖墙、单坡顶的，环绕着一个内院而布局。阿尔托在此巧妙利用地形，做到了两个凸出：一是把主楼放在一个坡地的近高处，使它由于基地的原因而凸出于其他房屋（图 4-8-1a）；二是把镇长办公室与会议室这个主要的单元放在主楼基地的最高处，使它们再凸出于主楼的其他部分（图 4-8-1b）。

在设计手法上，阿尔托的不要一目了然、要逐步发现在此得到了充分体现：人们沿着坡道直上时先看到的是处于白桦树丛中的主楼的一个侧面，一座两层高的，上为图书馆、下为商店的单元。走近了才能看到那铺了草皮的，可通达主楼的台阶。当人们转身走到台阶口，首先吸引他的目光的是内有镇长办公室与镇会议室的主要单元与这个单元入口的花架（图 4-8-1c）。于是，人们拾级而上，到了

（a）镇中心总平面图，右上角为主楼

（b）引入主楼的台阶

（d）环绕主楼内院的各部门办公室

Der Haupteingang/Entree principale/Main entrance

（c）进入主要单元（镇长办公室与镇会议室）的入口

（e）会议室内支撑屋顶的木构架

图 4-8-1 珊纳特赛罗镇中心的主楼

上面，豁然开朗（图 4-8-1d）：左面是一个有绿化的优雅内院，环绕内院的是只有一层高的各部门的办公室，右面是两层高的图书馆，面对台阶口的是含镇长办公室与镇会议室的主要单元。人们可以按照他的需要而选择他所要去的地方。这里还值得提起的是，进入主要单元的大门面对图书馆，它上面的花架可使人感到它的存在而没有明显地正面看到。要进去还得转一个弯（图 4-8-1d 的右端）。镇会议室（图 4-8-1e）的内墙也是红砖的，上面形式独特的木屋架既是结构也是装饰。

珊纳特赛罗镇中心的巧妙利用地形、布局上的使人逐步发现、尺度上的与人体配合、对传统材料砖和木的创造性运用以及它同周围自然环境的密切配合——不像欧洲一般现代建筑那样，在对比中寻求相补，而是在同一中寻求融合——说明了北欧的人情化与地域性的特点。

卡雷住宅（Maison Carré，巴黎近郊，1956—1959 年，图 4-8-2）的设计原则同珊纳特赛罗的镇中心相仿，只是没有采用红色砖墙，而是又回到了他早期所倾向的白粉墙上。它的内部空间组合复杂，使人莫测，给人以层

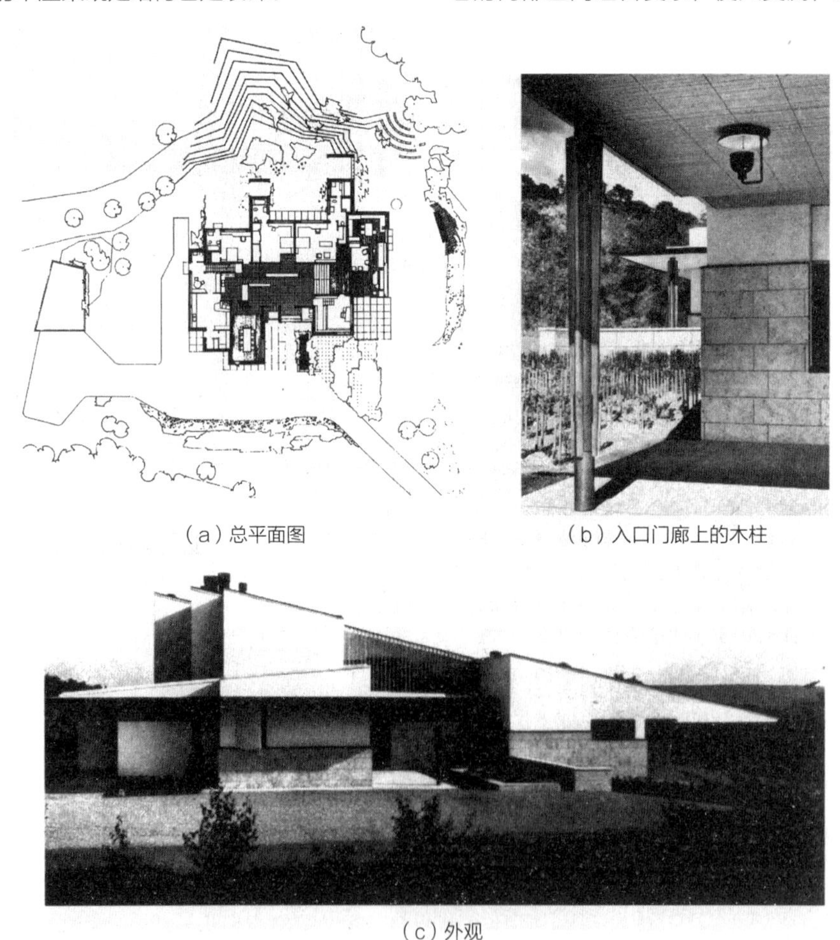

（a）总平面图

（b）入口门廊上的木柱

（c）外观

图 4-8-2　卡雷住宅

层次次的好像在不断增生的感觉。入口门廊上的木柱是阿尔托长期以来要使构件形式因其结构与构造的不同而显得多样化的尝试之一。

沃尔夫斯堡文化中心（Wolfsburg Cultural Center，1959—1962 年，德国，图 4-8-3）的基地不大而内容丰富。对于这样的任务，可以有不同的解决办法。阿尔托的处理是情愿建筑铺满基地而屋高却只有两层。为了使这个不得不连成一片的房屋不致有庞然大物之感，阿尔托采用了化整为零的方法，把会堂与几个讲堂一个个直截了当地暴露了出来，其形式不仅反映着其内容，并富于节奏感。

阿尔托是北欧的主要代表，事实上，在丹麦、瑞典、挪威均有不少这方面的杰出作品。

建于丹麦哥本哈根附近**苏赫姆的一组联立住宅**（“Chain House”，Soholm，1950—1955 年，图 4-8-4），是由丹麦杰出的第二代建筑师雅各布森设计的。这是一组既现代化而又乡土风味浓厚的住宅。其在布局上的配合地形与各家的相互不干扰，对富有地方风格的黄砖墙与单坡屋顶的细致处理和在尺度上的恰当掌握均很有特色。类似这样的住宅在战后的北欧与英国的新卫星城镇中时常出现。

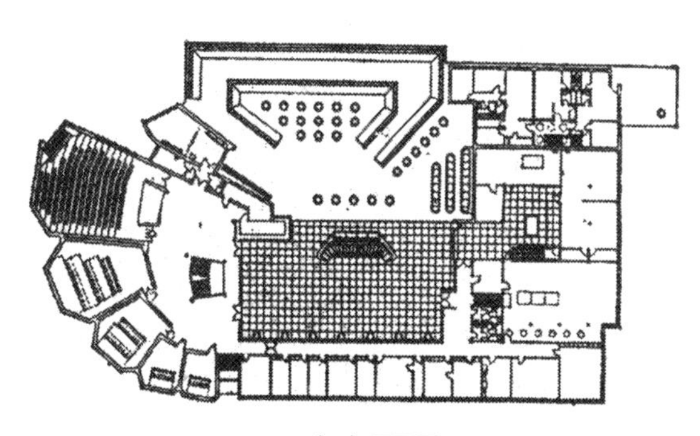

（a）平面图

（b）外观

图 4-8-3　沃尔夫斯堡文化中心

瑞典**拉普兰的体育旅馆**（Sports Hotel，Borgafjall，Lappland，1948—1950 年，图 4-8-5）是一座宛如天生地偎依在它的自然环境中的建筑。它的大胆和独特的轮廓，地道的乡土风味和对地方材料与结构的巧妙运用使它一直被认为是北欧有机建筑中的典范。这座旅馆在冬天的时候是拉普兰南部的滑雪中心，在这里，每年有 8 个月是积雪的；在夏天的时候是钓鱼与徒步远足的基地。建筑师厄斯金是一位有才华的现代建筑派的第二代建筑师。他具有北欧建筑师一般所共有的特点：明确社会对他的要求，善于处理建筑中的技术和经济问题，能够适时适地地采取适当的方法。在这里，设计的特点是努力使房屋同自然融合。

旅馆主要分为两大部分，前面是对外营业的饭店与休息厅，后面是可供 70~80 位旅客住宿的客房。基本材料是木，因为木材对于这座旅馆的保温和形式的需要是一致的，而且还是当地最方便易取的材料。厨房部分，为了防火，用的是砖石。室内的家具与陈设都是厄斯金自己设计的，虽然显得比较复杂与琐碎，却使人联想到山区的农舍。

地域性在 1950 年代末在日本也很流行。当时日本的经济已经恢复并正在赶超西方，建

（a）沿街外观

（b）面对花园的外观

图 4-8-4 苏赫姆的联立住宅

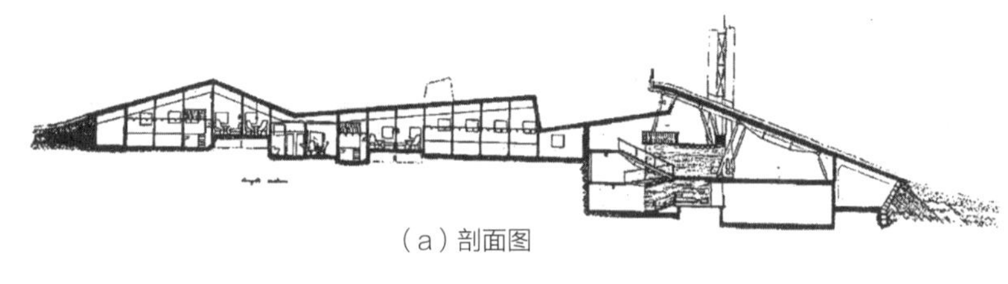
（a）剖面图

（b）外观

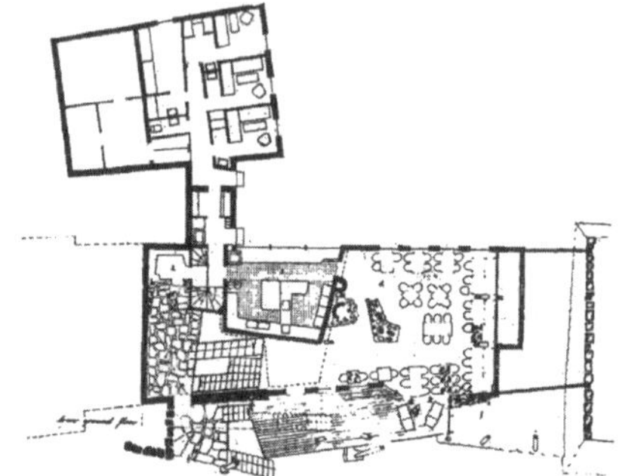
（c）平面图，前为饭店与休息，后为客房

图 4-8-5 瑞典拉普兰的体育旅馆

筑活动十分频繁。以丹下健三为代表的一些年轻建筑师对于创造具有日本特色的现代建筑很感兴趣。丹下健三本人也在他设计的县政府新办公楼中进行了不少尝试。对于地域性，丹下健三说："现在所谓的地域性往往不过是装饰地运用一些传统构件而已，这样的地域性是向后看的……同样地，传统性亦然。据我想来，传统是可以通过对自身的缺点进行挑战和对其内在的连续统一性进行追踪而发展起来的。"[①]这说明丹下健三认为地域性包括传统性，而传统性是既有传统又有发展的。

日本的香川县厅舍（1958 年，图 4-8-6）和仓敷县厅舍可谓他在这方面的代表作。有人因他把钢筋混凝土墙面与构件处理得比较粗重而把它们称为粗野主义，这种说法是可以理解的，因为勒·柯布西耶当时对日本中青年建筑师的影响很大。但如仔细观察，由厅舍外廊露明的钢筋混凝土梁头、各层阳台栏板的形式与比例等可以看到，这两幢房屋从规划以至细部处理都散发着日本传统建筑的气息。

战后不少第三世界国家在将现代性与地域性相结合方面做出了成绩，这与它们摆脱帝国主义或长期殖民统治并争取到了独立之后的民族意识高涨与经济上升有关。例如东南亚的菲律宾、泰国（原本就是独立国，但战后经济有了长足的进步）、马来西亚、新加坡等，南亚的印度、斯里兰卡、孟加拉、巴基斯坦等，非洲北部的埃及与中部、南部的尼日利亚、莫桑比克、南非等和中东的以色列、土耳其、伊朗、伊拉克等。它们大多经历过 19 世纪至 20 世纪初的西方复古主义与折中主义，有些还经历了 1930 年代所谓的新传统主义。例如英国人在印度新都新德里的政府建筑群就是在西方折中主义构图中掺杂有印度民族主义词汇。当时的建

① 转摘自"Modern Movements in Architecture"，J.Jencks，1973 年，第 322 页。

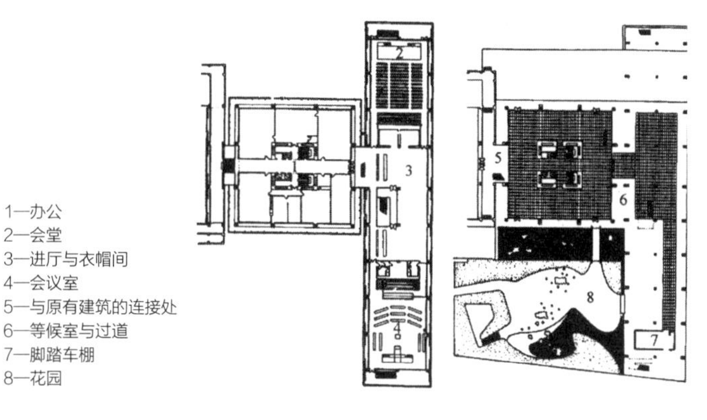

左：二层平面图；右：底层平面图

图 4-8-6　日本的香川县厅舍　（a）平面图　（b）外观

筑师几乎全部为西方人，建筑类型以官方建筑为主，然而大量的民居与部分宗教建筑，如寺庙、清真寺等则保留了明显的乡土特色。当然，这些国家的政治、民族、宗教、文化、社会生活与经济发展差异很大，建筑发展的背景又迥然不同，很难予以全面叙述。现在只对它们在现代性与地域性结合方面的尝试作简单的介绍。

这些国家对现代性与地域性结合的探索始于 20 世纪 50 年代中期。一方面是因为民族意识与经济发展，另一重要因素是一批在西方先进工业国学成回国的本国建筑师面对国家大量出现的需要适应现代生活要求的诸如体育场、学校、医院、商业建筑、剧场、办公楼等任务，也迫切希望寻求一条既符合生活实际又在建筑形式上不同于以往、不同于他人的可识别性道路，因而也会陷入在建筑风格上是走西方现代化还是走民族主义道路的争论。当时勒 · 柯布西耶在印度昌迪加尔的行政中心建筑群对不少年轻建筑师启发很大，并坚定了他们要走自己道路的信心。何况当时不少国家的领导人也倾向于建筑现代化。例如勒 · 柯布西耶就是应尼赫鲁本人之邀到昌迪加尔主持该城的规划与设计工作的。尼赫鲁认为勒 · 柯布西耶的带有世界大同意识的社会观念和理性的建筑思想符合他对印度所抱有的雄心壮志和所设想的印度形象。[①] 在印度尼西亚的苏加诺时期（1957—1965 年），现代建筑被看作力量和现代性的象征而毫无异议地被引入；现代运动内在的排斥旧秩序的意识也被认为是适合民族独立潮流的；许多现代化的大型建筑、重要的国家级纪念性建筑同高速公路并肩发展。这种情况在苏加诺下台后仍然继续着。[②] 此外，1960 年代，当许多中东国家忽然由穷国跃至举世瞩目的石油输出富国后，大量先进工业国的著名建筑师云集中东，且不说大师级的勒 · 柯布西耶和格罗皮乌斯（图 4-8-7）等人，更多地是第二代与第三代的现代建筑师，他们的作品有的直接搬用西方经验，也有的自觉地站到探索现代性与当地地域性结合的行列中。在当时的探索中，一些本国的中、青年建筑师显得最为积极。他们努力发掘本土文化，并且认为：这些土生土长的文化不会在强大与富于侵略性的外来文化之下成为自然屈从者而被抛弃。事实上，本土文化已经证明了自己在长期的对立和压迫下的

① 张祖刚 . 南亚建筑文化的多元化特征 [J]. 建筑学报，2000（5）：64.
② 《20 世纪世界建筑精品集锦》第 10 卷“从无处到有处到更远”第 9 页，林少伟著，张钦楠译。

灵活性和生存能力。[①] 他们以自身的条件来审视现实，从本国的角度来重新阐释本土文化的内在力量与复杂个性，同时又要分享当代世界的现代性。下面将举例以说明之。

探索首先从充分利用地域文化来满足现代生活要求开始。

埃及建筑师哈桑·法赛（Hassan Fathy，1900—1989 年）要为穷人解决住宅问题，长期献身于运用本土最廉价的材料与最简便的结构方法（日晒砖、筒形拱）来建筑大量性住宅的实践与研究。他为此制定了既适合生活同时也是最经济的尺度，改良其结构与施工方法，对之进行标准化，并在组合中对隔热、通风、遮阳等作了周密的考虑与妥善的安排。早在 1940 年代他便成功地在埃及卢克索附近建造了**新古尔那村**（Village of New Gourna，1945—1948 年）。1960 年代，他又在政府的支持下，在哈尔加绿洲处建了**新巴里斯城**（New Bariz，Oasi di kharga，1964 年始，图 4-8-8）。新巴里斯城规模很大，由 6 座卫星城组成，是埃及大规模治沙定居计划的重要项目之一。居民住宅布局为了适应当地恶劣的气候条件，通过狭小的内院来组织居住空间，住宅之间以迂回曲折的巷弄相联系（图 4-8-8a）。此外，在市场处还建了土法的垂直通风塔，以利通风与降温。新巴里斯城

（a）勒·柯布西耶在巴格达设计的萨达姆·侯赛因体育馆（1956—1980 年）

（b）格罗皮乌斯与 TAC 在巴格达设计的巴格达大学（1958—1970 年）

（c）Candilis，Woods 和 Bodinsky 在卡萨布兰卡设计的一座公寓（1952—1954 年）

图 4-8-7 勒·柯布西耶和格罗皮乌斯等人为第三世界国家设计的作品

① 《20 世纪世界建筑精品集锦》第 10 卷“从无处到有处到更远”第 9 页，林少伟著，张钦楠译。

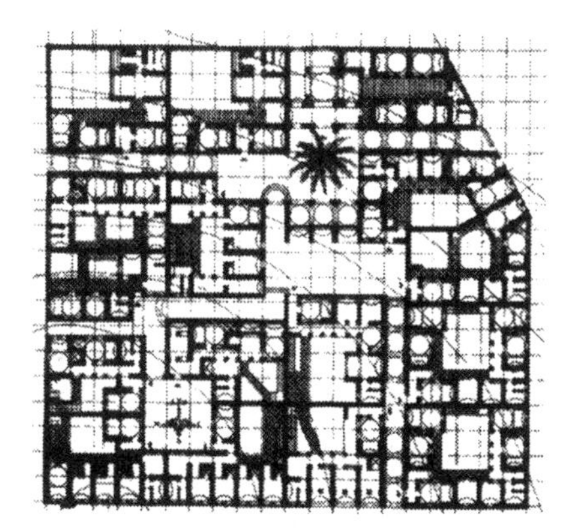

（a）居民住宅底层平面图

（b）城市市场工地

图 4-8-8　新巴里斯城

于 1967 年因中东战争而停工，工地至今仍是原来的样子（图 4-8-8b）。法赛的建筑显然具有强烈的乡土性。但这里的乡土性并非出于浪漫的怀旧或别致的形象，而是由于社会现实的需要而明智地将传统与乡土性向现代延伸。

泰国建筑师、理论家朱姆赛依（S.Jumsai，1939—）在西方学成回国后强烈地感到了东西方文化的差异，并重新体会到了泰国本土文化的魅力。他把这些区别总结为："广义地说，地球上只有两种文明，一种本能地以受拉材料为基础，另一种则以受压材料为基础。前者产生于与水有关的技能和求生本能，在需要时可在最少的辎重下流动。"[①] 他感慨地把东南亚的文明称为水生文明（Water based Civilization）。的确，东南亚与南亚的早期居民均沿水而居。建筑大多为木或其他植物杆结构。结构构件轻而小，长期的改进不仅使材料性能得到了充分发挥，且结构合理、构造逻辑性强并富有韵律感。由于当地气候炎热潮湿，遮阳与通风成为建筑的关键因素。窗户大多为成片的漏窗，有时在墙与屋顶挑檐之间还要留出可供通风的间隙；屋顶上面还设有利于热空气上升外逸的气窗。这种凸出于屋面的气窗使光线从侧面进入，既有利于散热与通风，又不至于使阳光直接射人。

斯里兰卡建筑师 G. 巴瓦（Geoffrey Bawa，1919—2003 年）设计的**依那地席尔瓦住宅**（Ena De Silva House，Golombo，Sri Lanka，1962 年建成，图 4-8-9）是其中一个优秀而典型的实例。它引申了几乎上述传统住宅所有的特点，但却是一座完全符合现代生活要求与生活情趣的住宅。他一方面使居室环绕一个较大的中央内院布局，同时又在有些居室旁设置了自用的较为私密的小内院，室内与室外空间相互穿插，时而打成一片。此外，他在室内外的铺地上也考虑得十分细致，有些地方粗犷，有些地方精致，有些显得古朴，有些则自然得宛若天生。这种以现代的方式来表达传统的设计意志和态度体现了巴瓦所说的："虽然历史给了很多教导，但对于现在该做些什么却没有作出全部回答。"[②]

马来西亚建筑师林倬生（Jimmy Cheok Siang Lim）的**瓦联住宅**（Walian House，又音译为华联住宅，吉隆坡，1982 年设计，1983—1984 年建成，图 4-8-10）与依那

① 《20 世纪世界建筑精品集锦》第 10 卷"从无处到有处到更远"第 9 页，林少伟著，张钦楠译。

② 转摘自"Contemporary Vernacular"，William Lim，Tan Hock Beng，1998 年，第 87 页。

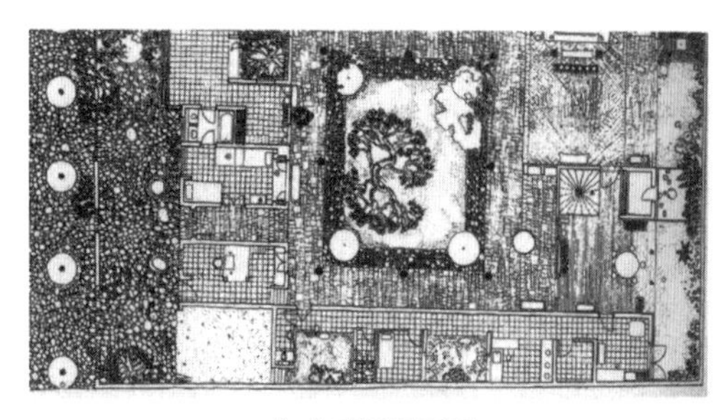

（a）底层平面图

（b）屋顶

图 4-8-9　依那地席尔瓦住宅

地席尔瓦住宅异曲同工。它除了在通风与遮阳上充分引用了传统民居的特色外，还在水的方面下功夫，故又被称为“风水住宅”。它的中庭空间高达 15m（50 英尺），上有屋顶 3 层外，还有上凸的气窗，不仅前后通风，还能左右通风。深深的挑檐使人生活在通风良好、没有日晒的宜人环境中。部分中庭筑在水池上面。水池分为两部，水面略高的是游泳池，池水经过一片斜墙像瀑布似地泻到下面的水池中。房屋的木结构不用说，十分精巧。瓦联住宅代表了当时已开始流行的极有乡土情趣的现代建筑。这种风格特别受到旅游饭店的欢迎。例如印度尼西亚的旅游胜地巴厘岛的高级旅馆，大多是上有风、下有水的木结构，它们为了吸引顾客，从建筑细部以至环境都做得十分精致（图 4-8-11）。

世界公认并曾获得多个国家建筑金奖的印度建筑师柯里亚（Charles Mark Correa，1930—2015 年）设计了许多具有深刻的地域文化内涵的现代建筑。自 1956 年在国外学习与工作了 10 年后，柯里亚一方面带着明显的西方现代建筑倾向回国，另一方面却在东西方文化的强烈对比中，对印度本土建筑比较灵活的空间布局、不同材料的敏感运用

（a）鸟瞰图

（b）中庭剖面图

图 4-8-10　瓦联住宅

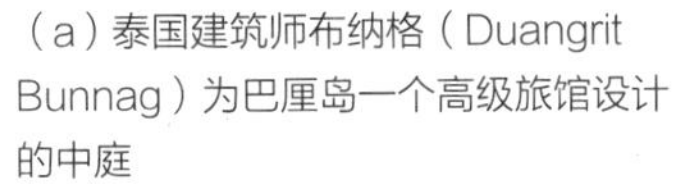

（a）泰国建筑师布纳格（Duangrit Bunnag）为巴厘岛一个高级旅馆设计的中庭

（b）新加坡建筑师 K. 希尔（Kerry Hill）为巴厘岛设计的一个高级旅馆的客房区

图 4-8-11 巴厘岛高级旅馆的地域性表现

和低造价越来越感兴趣。于是在不断探索中逐渐形成了他以印度本土建筑经验为依据的既现代又地域的风格。**甘地纪念馆**（Gandi Smarak Sangrahalaya，Ahmedabad，India，1958—1963 年，图 4-8-12）是他最早引起人们注意的作品，也是印度本土建筑师最先在公共建筑中体现现代地域性的作品。展览馆是甘地故居的引申，圣雄甘地是在这里开始他的历史性光辉历程的，这里以展出甘地的信件、照片，反映自由运动历史的文件和宣传甘地的思想为主。建筑设计巧妙地把西方现代的理性主义同甘地故居中原有的简单与朴实结合起来。一个个标准化了的展厅单元按着一定的模数自由地坐落在部分开敞、利于通风的院子周围。院子当中还有一个水池。房屋屋顶是传统民居中常见的方锥形瓦屋面，建筑四边或是开敞，或是砖墙，或是镶在柱子之间的可拉动的大片木制百叶墙。建筑为混凝土梁柱结构，处于单元之间的混凝土槽形梁既是屋梁也是雨水槽。这样的布局与结构均有利于纪念馆日后的扩建。事实上，该纪念馆的设计是同西方后来受到称赞的阿姆斯特丹儿童之家同时期的，只是儿童之家比甘地纪念馆较早建成而已。由此可见柯里亚的创造性，更不用说这里还充分反映了印度地域的自然要求与历史文化特点。建筑评论家的评语是：“通过对历史精华的抽象应用，纪念馆体现出一种与历史相联系的当代建筑的力量。建筑中隐含的逻辑性、合理性表达出了清晰、简洁和优雅的气质——这正呼应着与其相邻的甘地故居的精神。”①

国家工艺美术馆（National Crafts Museum，Delhi，India，1975—1990 年，图 4-8-13）是柯里亚另一较为早期的作品。

① 《20 世纪世界建筑精品集锦》第 8 卷，第 25 页，R.Mehrotra 著，申祖烈、刘铁毅译。

（a）水池给炎热的艾哈迈达巴德带来清凉

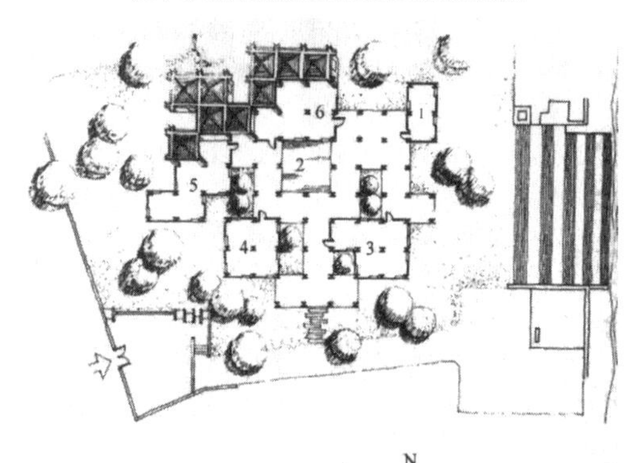

（b）总平面图
1—会议室；2—水池；3—办公；4~6—展馆

（c）从室内通过院子看到对面，有的展馆在柱子之间镶有大片木制百叶墙
图 4-8-12 甘地纪念馆

这里系统地展出了印度历史上各个方面的约25000余项从乡村工艺、庙宇工艺以至杜尔巴（Durbar，宫廷）工艺的展品。展馆造得十分原真，从地坪、梁柱、檐口以至墙体、门窗、漏窗，无一不是按照当时、当地特定的类型与级别来制作的。在规划与设计上特别值得提起的是整个建筑群不是以一幢幢展馆为中心，而是以一系列的由房屋所包围着的“露天空间”（Open-to-sky spaces，内院）为中心的。内院周围的建筑立面本身也是展品，其艺术形象与该内院要求展出的内容完全一致。至于其内部设计与规模，则视展出要求而定，比较自由。这是柯里亚自己身处那些印度庙宇之间的内院或通道时得到的灵感：一个从神圣的露天空间走向另一个神圣的中心的移动，这个移动本身就是一段重要的礼仪性历程。[①]无疑地，国家工艺美术馆是一件感染力很强的作品。应该注意的是，柯里亚在传统与现代化的处理中有一个十分明确的理念，这就是他尊重历史文化，但坚决反对抄袭与“转移”（Transfer）。他认为应该发掘历史上深层的、神话似的价值（Mythic Values），使之

（a）展品成为全印度工艺美术工作者的参考对象

（b）“露天空间”形成不同性质展区

（c）建筑与工艺产品结合在一起

图 4-8-13 国家工艺美术馆

① 转摘自“Contemporary Vernacular”，William Lim，Tan Hock Beug，1998 年，第 46 页。

图 4-8-14　新孟买贝拉普地区的低收入家庭试点住宅

"转化"（Transform）为今日之用。就是说，只有在充分理解古代图像的含义与原理后，按当代的需要对它进行重新阐释才能获得受人尊重的作品。这一点不仅体现在这里，还以不同的着眼点与方式体现在他后来的许多作品中。如在孟买的**干城章嘉公寓**（Kanchanjunga Apartments，Bombay，India，1970—1983 年）。又如在**新孟买贝拉普地区的低收入家庭试点住宅**（Low Income Housing Scheme，Belapur，New Bombay，1986 年，图 4-8-14）中，柯里亚考虑的是如何以有限的土地与最低的造价适应他们的生活要求与提高他们的生活质量。建筑有一层的与两层的，独门独户，每三四户或四五户成为一组，环绕着一个半开敞的内院布局。内院既有利于周围住宅的通风，同时也为这些住户在门前进行家庭手工业生产提供了场地。门前有门廊，后面有阳台，以躲避烈日与季风雨的袭击。厕所按当地人的习惯是坑位，但可用水冲洗，并兼作洗澡间。旁边是有围墙的内院，也可用于洗澡或家庭杂务。砖墙承重，梁柱均为预制。设计与建造过程中常为了降低造价而对每一寸土地或每一分出檐作仔细的计算与推敲。

S.H. 埃尔登（Sedad Hakki Elden，1908—1987 年）是土耳其在探求民族传统与现代的结合方面最有影响的建筑师。他因 1950 年代初创造带有现代特色又富于乡土性的住宅而崛起，成为 1960 年代土耳其第二次民族建筑运动——追求"现代阿拉伯性"——的带头人之一。埃尔登主张继承的不是王宫与清真寺特色，而是土耳其民居中有深挑檐的屋顶、厚实的底层直条形窗与模数化了的木结构特征，但是要用现代的方法——钢筋混凝土框架结构与填充墙——表现出来。须知，中东地区气候干热，在这里，遮阳与隔热成为关键因素，因而埃尔登的建议既符合了当地建筑的形式特点，也符合气候的要求。他的代表性作品很多，在伊斯坦布尔的**社会保障大楼**（Social Security Complex，Zeyrek，Istanbul，Turkey，1963—1968 年，图 4-8-15）被认为是土耳其"具有文脉的建筑中最优秀的先例之一。它那富于变化的形式，它的尺度、节奏以及它的比例都得自它的外观，也来自于功能和内部空间的布局。"[①]

在探索土耳其的新地域性建筑方面，有与埃尔登齐名的 T. 坎塞浮（Turgut Cansever，1921—2009 年）。他的作品虽然不多，但富于哲理。他与 E. 耶内尔（Ertur Yener）共同设计了在安卡拉的**土耳其历史学会大楼**（Turkish Historical Society，Ankara，Turkey，1959—1966 年，图 4-8-16）。坎塞浮的设计目的是："使其与这一地区的文化和技术相匹配，同时与当时盛行的国际式建筑倾向相抗衡……要实现用当代的语言来表现

① 《20 世纪世界建筑精品集锦》第 5 卷，第 117 页，H-U. 汗主编，李德华译。

（a）从东面看建筑群全貌

（b）挑檐和窗的细部

图 4-8-15　社会保障大楼

（a）建筑外观

（b）中庭的透风花屏

图 4-8-16　土耳其历史学会大楼

伊斯兰的内向性和统一性的理想。"[①]房屋采用钢筋混凝土框架结构，在填充砖墙的外表贴以安卡拉红石面饰。屋内有一个 3 层楼高的中庭，上覆以玻璃窗。在太阳晒得到的中庭墙面上装有可以启闭的土耳其传统构图的橡木透风花屏，以便通风与遮阳。

伊拉克是 1950 年代中东地区以石油而致富的国家中最为突出的。当时西方建筑师云集中东，其中有不少就在伊拉克，因此现代建筑比较活跃。1958 年七月革命之后，民族主义情绪高涨，要求复兴地域文化的热情大大地影响了建筑。当时有两位建筑师被认为是最杰出的，这就是 M. 马基亚（Mohamed Makiya，1914—2015 年）和 R. 卡迪基（Rifat Chadilji，1926—2020 年）。稍后又有第三位 H. 穆尼尔（Hisham Munir，1930—）。他们的作品与设计思想被认为反映了现代阿拉伯的品质。马基亚以设计和建造大型清真寺而闻名。他所负责的项目大多规模很大，为了使清真寺在继承文脉和新的建造方法中取得一致

① 《20 世纪世界建筑精品集锦》第 5 卷，第 117 页，H-U. 汗主编，李德华译。

而费了很多心思。其中包括对传统的拱券与拱廊在尺度与构图上作新的阐释，并且在材料与结构中，既用了砖、石、钢筋混凝土，还局部地采用了钢结构等。图 4-8-17 所示是建于巴格达一个源于 9 世纪的历史场址上的一座 13 世纪遗留下来的密那楼（又称邦克楼）旁的**胡拉法清真寺**（Al Khulafa Mosque，Baghdad，Iraq，1961—1963 年）。由卡迪基与伊拉克咨询公司共同设计的**烟草专卖公司总部**（Tobacco Monopoly Headquarters，Baghdad，Iraq，1965—1967 年，图 4-8-18）标志着伊拉克建筑"进入一个新的表现主义时期"。[①] 卡迪基提倡地域的国际主义建筑，认为建筑必须表现材料特性，体现社会需要和现代技术。该建筑形象受伊拉克建于公元 8 世纪的**乌科海德宫**（Palace of Ukhaider）启发，外形为一个个垂直的砖砌圆柱体，其间点缀着垂直与狭长的券形窗。这座建筑对中东 1960—1970 年代的建筑创作很有影响。

1950 年代起，石油的收益促使伊朗启动了一系列的建设新城和建造住房的计划。至 1980 年代，由营造商经营的"建造—出售"事业十分兴旺，成果良莠不齐。此期间最杰出的建筑师是迪巴（Kamran Diba，1937—）和阿达兰（Nadar Ardalan，1939—）。迪巴以住房与社区建筑为主，值得提起的是由他主持建造的在胡齐斯坦省的**舒什塔尔新城**（Shushtar New Town，Khuzestan，Iran，1974—1980 年，图 4-8-19）。这是由附近一个蔗糖厂为了安置它的雇员而建的一个规模很大的新城，规划居民 4 万人。其内除了有大量住房外，还有公园、广场、林荫道、柱廊、清真寺、学校等，但原计划要建的供市民生活与交往用的公共建筑则因 1970 年代末

（a）从西面看胡拉法清真寺全貌

（b）对传统的拱券与拱廊作现代的阐释

图 4-8-17　胡拉法清真寺

（a）建筑平面图

（b）局部外观

图 4-8-18　烟草专卖公司总部

① 《20 世纪世界建筑精品集锦》第 5 卷，第 121 页，H-U. 汗主编，李德华译。

（a）标准街道

（b）住宅：庭院与屋顶

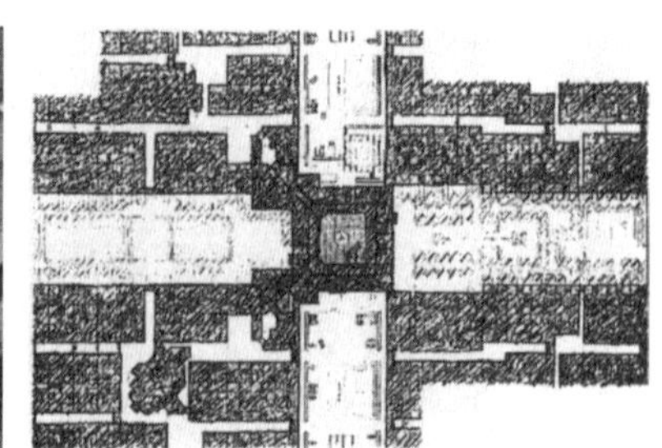

（c）小区部分总平面图

图 4-8-19 舒什塔尔新城

的政治变革而没有建。布局采用了传统的内向形式，并特别注意到了中东干热地带不同季节的风向与避免烈日直射等自然因素。其中公共空间比较宽敞；住宅则室内宽舒，室外庭院仍按传统习惯比较狭窄，以形成阴影。当地人有晚上睡在内院中或屋顶平台上的习惯，因而平台周围筑有矮屏风以保证私密性。住宅采用当地生产的砖墙承重，钢筋混凝土基础和钢屋架，为了隔热，在梁与梁之间架设浅弧形的砖砌筒形拱，跨度为 4m。该新城可谓“把满足当地生活方式和当地建筑与工业发展的现代需要完美地结合了起来”。[①]

德黑兰当代美术馆（Museum of Contemporary Art，Tehran，1967—1977 年，图 4-8-20）是迪巴与阿达兰在伊朗深受西方建筑影响的时代（1960—1970年代巴列维王朝后期）共同设计的一座被认为是该时代标志的建筑。美术馆共有 7 个展廊，设计人巧妙和充分地利用基地，按着地形的坡度将房屋斜向地环绕着一个不规则的内院——雕塑庭院——来布局。建筑

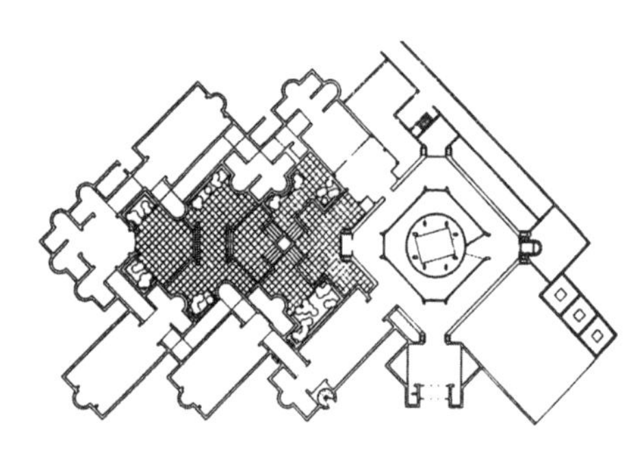

（a）总平面图

（b）从街上看美术馆的采光塔

（c）全景

图 4-8-20 德黑兰当代美术馆

① 《20 世纪世界建筑精品集锦》第 5 卷，第 153 页，H-U · 汗主编，李德华译。

全部顶上采光，其形象由于有一个个水平与竖向的半筒拱状的采光筒而使人联想到路易斯·康和塞特同时期的作品。其实这种半筒拱在伊朗并不陌生，因为伊朗传统建筑中用以捕捉风流的迎风塔有的也是这个样子的。1980 年代的伊朗由于政治变革而引起了文化变革，使美术馆在收藏与展出内容上有了很大改变。

南亚与东南亚在探求以新的工业材料与结构方法来适应现代生活对建筑数量与质量的要求的同时，还在保留其地域特色上作了许多探索。

B. 多 西（Balkrishna Doshi，1927—2023 年）和 R. 里沃（Raj Rewal，1934—）是另外两位印度杰出的建筑师。多西是印度本国培养但深受西方影响的建筑师、城市规划师与建筑教育家。1950 年代初，勒·柯布西耶在印度艾哈迈达巴德工作时，多西开始师从勒·柯布西耶，到 1950 年代中期，他又成为勒·柯布西耶在昌迪加尔的高级助手，同时，还经常在勒·柯布西耶的巴黎事务所工作。1960 年代初，当路易斯·康在孟加拉的达卡主持设计首都建筑群时，多西又协助了康在孟加拉的工作。他经验丰富并有许多作品，作品大多反映了他所说的：“我试图去了解我的人民，他们的传统生活习惯和生活哲学……[①] 以及那些把他们同环境联系起来的冷、热、风向、阳光、月光、星空、生活方式、宗教仪式、艺术、工艺……”[②] **班加罗尔的印度管理学院**（Indian Institute of Management，Bangalore，India，1977—1985 年，图 4-8-21）是一个国家级的拥有许多教室、研讨室、宿舍、教职员住宅、图书馆、咖啡厅、休息厅和其他附属设施的大型校舍。多西受印北莫卧儿皇朝时期的大清真寺与印南印度教的大寺庙的影响，在学院主楼的空间布局中表达出了自己对印度建筑的理解。在这个复杂的相互连接的大建筑中，虚实交错，有如迷宫。各部分通过复杂的走廊系统联系在一起，贯穿其中的是一条南北向的交通主线。在这里，建筑并不作为处于空间中的一个实体被欣赏，只有当人们行走于其中时，才能体会到空间的丰富以及各空间层叠交融的

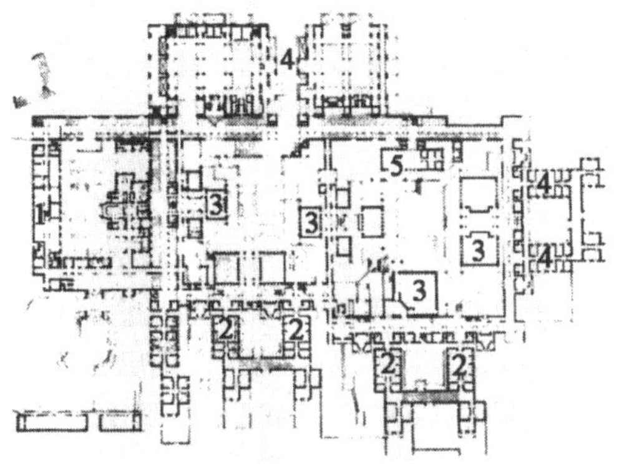

（a）学院主楼平面图
1—行政办公；2—教员办公；3—教室；4—图书馆；5—计算机中心

（b）光线通过上面的遮阳板而落下，使廊具有戏剧性的效果

图 4-8-21　班加罗尔的印度管理学院

①、② Contemporary Architects，Muriel Emanuel 主编，1980 年，第 211 页。

妙处。“这无论在建筑师自己的心目中，还是在次大陆地区，都被视为一个典范。”①

孟加拉国的伊斯兰姆（Muzharul Islam）在1950年代已着手将西方现代建筑同孟加拉地域特点相结合。他是该国一位资深建筑师，在达卡建有许多建筑。1960年代初，由他邀请康主持首都建筑群的设计时，他便表达了建筑不仅要有地域的自然特征，还要有文化特征的愿望。他的代表作品之一**达卡大学国家公共管理学院**（National Institute of Public Administration（NIPA）Builduig，University of Dhaka，Bangladesh，1969年，图4-8-22）表明了他从适应气候特点出发的同时也融入了传统特征的设计方法。学院建筑高3层，钢筋混凝土框架结构，结构布局与构件清晰、整齐，施工精确。3层中，上层较下两层向外凸出，顶部是悬挑很深的平顶。房屋周边留有较宽的回廊，有些公共的房间干脆没有墙，与回廊打成一片。这种像亭子似的，重视遮阳、通风并尽可能产生荫凉的建筑，从手法上源于南亚与东南亚的民居。当时在东南亚有与此异曲同工的**马来亚大学地质馆**（Geology Building，University of Malaya，Kuala Lumpur，1964年开始设计，1968年建成，图4-8-23），由当时的马来亚建筑师事务所设计。该事务所由曾留学英国，后来活跃于新加坡的林苍吉、曾文辉、林少伟三位组成。地质馆除逐层挑出之外，在屋顶上还装有利于下面通风的迎风管。

东南亚传统住宅的屋顶总是深挑檐的四坡顶或两坡顶，上铺草或木片瓦，顶上常有侧窗或上凸的气窗通风。结构是地方的竹、木或其他植物杆。墙体常用席子或漏空的栅栏，或局部开敞。在形象上，由于柱子较细，常给人以上重下轻的感觉。这种房屋在菲律宾称为聂帕榈茅屋（Nipa），在马来亚地区指一种叫甘邦（Kampong）的水上民居。随着建造方法的现代化，钢筋混凝土与黏土砖、瓦代替了地方的原始材料，但有些特色，如墙体像屏风一样、在墙与屋檐之间留有空隙或墙面也要透风等被保留下来了。这使东南亚的民居建筑仍具有浓重的地域特色。在菲律宾曾多次获奖并被誉为国家艺术家的建筑师洛克辛（L.V.Locsin，1928—1994年）在努力寻找一种真正属于菲律宾的建筑表现时，大胆并成功地把来自聂帕榈茅屋的经验转化到大型的公共建筑中。1969年的**菲律宾文化中心**（图4-8-24）与1976年的**菲律宾国家艺术中心**是菲律宾在不到10年间出现的两座引起国际瞩目的纪念

图4-8-22　达卡大学国家公共管理学院

（a）外观

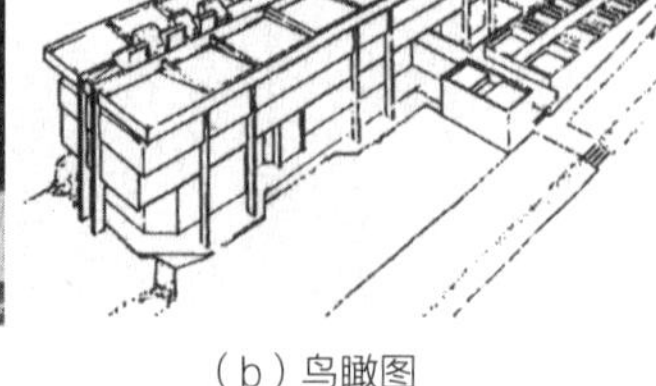

（b）鸟瞰图

图4-8-23　马来亚大学地质馆

① 《20世纪世界建筑精品集锦》第8卷第8页，R.Mehrotra 著，申祖烈、刘铁毅译。

碑。前者成为马尼拉市的一道城市景观；后者比前者更具现代地域性。菲律宾国家艺术中心（National Arts Center of the Philippines，Los Banos，Laguna，1976年，图4-8-25）是一个为了培育年轻艺术家而建的，拥有剧场、村舍、俱乐部、小演出厅、交谊厅、餐厅以及一切与之有关的服务设施的建筑群。主体建筑是剧场，内部最多可设5000个座位，位于风景十分美丽的拉古那湖畔。深挑檐的钢结构大屋顶，底层基本透空，由8个三角形的钢筋混凝土墩柱支撑着的上重下轻的建筑形象，使人一看便会联想到当地的聂帕榈茅屋以及在菲律宾山区中的一种屋顶是方锥形的、下面的支撑是三角形的传统建筑（Hugao）。建筑内部功能十分到位，装饰属于有传统特色的地域风格，且使用了地方材料。评论家认为，洛克辛的“卓越才能在于能用菲律宾的观点来继承国际风格，使他的作品发展了一种强有力的菲律宾认同性”。[①]

图4-8-24　菲律宾文化中心

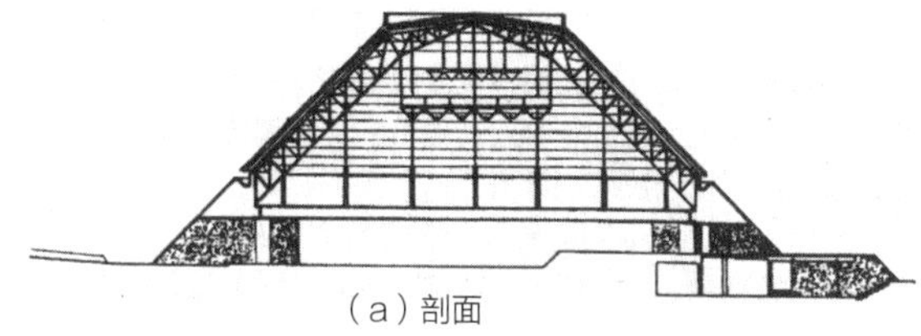

（a）剖面

（b）鸟瞰

图4-8-25　菲律宾国家艺术中心

第九节 讲求个性与象征的倾向

同讲求人情化与地域性接近而又不相同的是各种讲求个性与象征的倾向。它们开始活跃于1950年代末，盛行于1960年代。其动机和上述倾向一样，是对两次世界大战之间的现代建筑在建筑风格上只允许抽象的、客观的共性的反抗。

讲求个性与象征的倾向是要使房屋与场所具有不同于他人的个性和特征，要使人一见之后难以忘怀。为什么建筑必须具有个性呢？赖特说：“既然有各种各样的人就应有与之相应的种种不同的房屋。这些房屋的区别就应该像人们之间的区别一样。”[②]这句话在处处要

① 《20世纪世界建筑精品集》第10卷第89页，Francisco Bobby Manosa 著。

② “F.L.Wright on Architecture”第5页。

突出人与人之间的差别的商品社会中是很中听的。挪威的建筑历史学家与建筑评论家诺伯格·舒尔茨（C.Norberg-Schultz）说，这是为了人们的精神需要，因为“建筑首先是精神上的蔽所，其次才是身躯的蔽所”。[①]英国的建筑历史学家与建筑评论家詹克斯（Charles Jencks）则似乎说到了它的本质：资本家为了推销他们的产品就要不断地改变其形式，即使内容基本一样的收音机与电视机亦然。可见，讲求个性与象征的倾向是同偏重于形式的建筑观、同突出个人的人生观、同商品推销与广告的经济效益（即把建筑作为商品、商业、业主与设计人的广告）有关的。不过，虽然如此，由于人们对建筑的要求本来就是多种多样的，各个建筑又都附有自己的特殊任务与条件，而人们又从来都不满足于风格上的千篇一律与毫无特色，因此，讲求个性与象征在我们的现实生活中还是需要的，它可以使人们的生活更具情趣，更为丰富。关键在于具体问题具体分析。

讲求个性与象征的倾向常把一项建筑设计看作建筑师个人的一次精彩表演。战前曾认为建筑师负有改造社会的责任的勒·柯布西耶，战后变为一个讲求个性与象征的先锋。他有一段话，很能说明问题：“……一个生气勃勃的人，由于受到他人在各方面的探索与发明的鞭策，正在进行一场其技艺无论在均衡、机能、准确还是功效上均是无与伦比和毫不松懈的杂技演出，在紧要关头，每人都屏息静气地等待着，看他能否在一次惊险的跳跃后抓住悬挂着的绳梢。别人不晓得他每天为此而锻炼，也不晓得他宁可为此而抛弃了千万个无所事事的悠闲日子。最为重要的是，他能否达到他的目标——系在高架上的绳梢。”[②]讲求个性与象征的倾向认为设计首先来自“灵感”，来自形式上的与众不同。被誉为“为后代人而开花”的，积极主张建筑要有强烈的个性和明确象征的路易斯·康说：“建筑师在接受一个有所要求的关于空间的任务前，先要考虑灵感。他应自问：一样东西能使自己杰出于其他东西的关键在于什么？当他感到其中的区别时，他就同形式联系上了，形式启发了设计。”[③]既然要与众不同，就必然会反对集体创作。埃罗·沙里宁说：“伟大的建筑从来就是一个人的单独构思。”[④]鲁道夫也说：“建筑是不能共同设计的，要么就是他的作品，要么就是我的作品。”[⑤]在设计方法上，赖特的一句话很有代表性，他说：“我喜欢抓住一个想法，戏弄之，直至最后成为一个诗意的环境。”[⑥]

讲求个性与象征的倾向在建筑形式上变化多端。究其手段，大致有三：运用几何形构图的，运用抽象的象征的和运用具体的象征的。主张这种倾向的人并不把自己固定在某一种手段上，也不与他人结成派，只是各显神通地努力达到自己预期的效果。

在**运用几何形构图**方面，战后的赖特可谓是一个代表。

赖特在战前的作品——流水别墅——曾巧妙地利用垂直向与水平向的参差使房屋同环境

① “Architectural Record” 1976年3月刊第43页。
② 转摘自“History of Modern Architecture”，L.Benevolo，1977年，第717页。
③ 转摘自“Modern Movements in Architecture”，C.Jencks，1973年，第229页。
④ 转摘自“Architecture，Today and Tomorrow”，Cranston Jones，1961年。
⑤ 同上 第175页。
⑥ 同上 第23页。

配合得很好。战后，他倾向于"抓住"某一种几何形体作为构图的母题，然后整幢房屋环绕着它发展。由于他的任务大多比较特殊，不少作品表现为：对于形式十分讲究，对于功能与经济则很不在乎，因而不少人认为他已经步入形式主义了。英国建筑史与建筑评论家班纳姆（R.Banham）对于赖特自1930年代创造他所谓的有机建筑起，至1959年他逝世前的作品的评价是："最初的20年他做出了他整个业务生涯中最好的作品，最后的5年则是一些任何老年人都能想象出来的最无稽的方案。"[①]这个评语虽然比较苛刻，但不是凭空而来的。

古根海姆美术馆（1941年设计，1959年建成）是赖特所谓的抓住与戏弄某个想法的一个代表。在这里，反复出现的是圆形与圆体。虽然它在功能上的一个方面——把观赏展品的起点从底层移至顶层，形成一条蜿蜒连贯的斜坡道，使得这个多层展览馆的展线不致被各层的交通厅所隔断——是颇有创造性的，然而，这个创意却对另外一个更为重要的功能造成了影响，即地面的倾斜使挂在墙上的展品看上去很别扭（图4-9-1）。

普赖斯大厦（Price Tower，Barlesrille，Oklahoma，1953—1955年， 图4-9-2）是赖特利用水平线、垂直线与凸出的棱形相互穿插与交错来体现他早就设想过的"千层摩天楼"。虽然这座大楼在结构布置上有它的独到之处，即把结构负荷集中在塔楼当中的4个竖井以及由此引申的4片厚墙上，但以水平向来象征居住单元，以垂直向来象征办公单元，与其说是联系内容还不如说出自构图的图形效果。

1978年，一座轰动整个建筑界的公共建筑——美国华盛顿的**国家美术馆东馆**（The East Building of the National Gallery of Art，1978年，图4-9-3）落成，它是一座非常有个性的成功地运用几何形体的建筑。

华裔美籍的贝聿铭（Ieoh Ming Pei，1917—2019年）是杰出的战后第二代建筑师，擅长设计高层办公楼、高层公寓、研究中心与

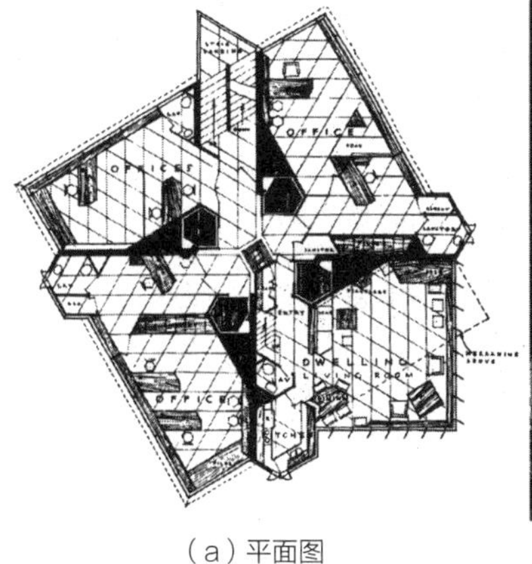

（a）平面图

（b）外观

图4-9-1 古根海姆美术馆内景 图4-9-2 普赖斯大厦

① "Age of the Masters"，R.Banham，1975年，第2页。

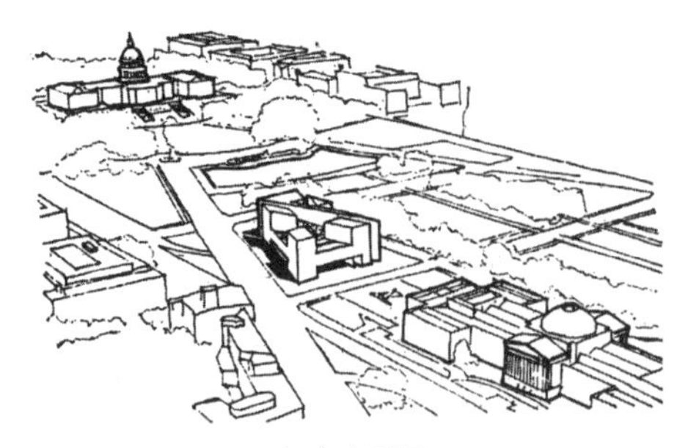
（a）鸟瞰图

（b）主立面外观

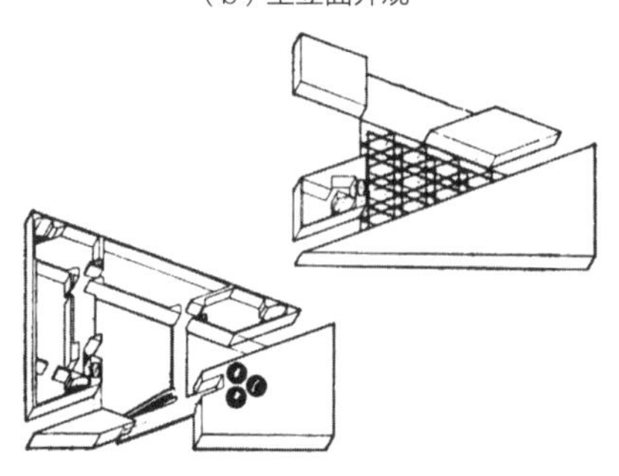
（c）个别层面的剖视图

（d）内景

图 4-9-3 华盛顿的国家美术馆东馆

文化中心之类的建筑，并在建筑设计与建筑技术上很有独创性。学生时期他曾在哈佛大学受到格罗皮乌斯的亲授，并在格罗皮乌斯与布劳耶的影响下形成了自己的建筑观。工作后他又倾向于密斯，并设计了不少具有“密斯风格”的大楼，然而他并不限于钢和玻璃，并且在处理钢筋混凝土时显露了才能，其设计也比密斯的更加自由与实在。之后，他感到密斯的纯粹“皮与骨”的风格有点僵化，不能表达建筑所特有的容量与空间，于是他转而参考勒·柯布西耶，并对阿尔托、赖特与路易斯·康兼收并蓄，形成了自己的善于运用钢筋混凝土独特地表现建筑的体量与空间的风格。东馆是他在这方面的好几个尝试之一。

东馆的造型醒目而清新，其平面主要是由两个三角形——一个等边三角形（美术展览馆部分）和一个直角三角形（视感艺术高级研究中心）——组成的。这两个三角形并不来自灵感或随心所欲，而是在精心地解决房屋同城市规划、同原有的邻近建筑与周围环境，特别是同建于 1930 年代的主馆的关系时产生的。结果其形式极其新颖和大胆，同原有的规划、建筑、环境又十分协调，可谓既突出于环境而又与之相辅相成，甚至还为之增色。无怪东馆被认为是一个成功与杰出的作品，贝聿铭也由此而得到了 1979 年美国 AIA 的金质奖。须知美国对于位于首都华盛顿国会大厦周围的建筑是极其谨慎的，不轻易建造。这个方案是在 1969 年经过长达 2 年的方案比较后评选出来的。建筑师贝聿铭对于在旧城中建造新房屋有他自己的理论，他说：“要是你在一个原有城市中建造，特别是在城市中的古老部分中建造，你必须尊重城市的原有结构，正如织补一块衣料或挂毯一样。”[①] 东馆就是在这样的思想指导下进行创新的。

此外，东馆的内部也是适用的。大厅的展出效果与艺术效果良好，展品自由而有目的地挂在大厅的适当部位，各层的回廊与天桥相互穿插，由多面体玻璃组成的顶棚和当中挂着的一件大型的动态的金属艺术品等，在精心设计的人工与天然采光下显得变化多端，丰富多彩。处于几个塔形部分内的展览室，其内墙与楼板都是可以变动的，灯光的设计也为不同的展品准备了多种不同的可能性。一切都考虑得十分细致，人们把它归功于设计人的专心致志以及对工作的负责和热忱。对于建筑设计，贝聿铭曾说：“设计对于我来说是一个煞费苦心的缓慢过程。我认为目前人们对于形式关心过多，而对本质过问得不够。建筑是一件严肃的工作，不是流行形式。在这方面，我可是一个保守派。”“生活是千变万化、多种多样的。我倾向于在生活中探索条理性，我喜欢简约而不喜欢使事情复杂化。”“我相信继承与革新。我相信建筑是反映生活的一种重要艺术。作为一个建筑师，我想要建造能与环境结合的美观的房屋，同时要能满足社会的要求。”[②]

由此可见，在追求个性与象征的倾向中，运用几何形构图只不过是创作的一种手段。在各个建筑师与各个作品中还存在着一个设计目的与思想方法问题。因此对它们的评价不能因其手段而一概而论。

在追求个性与象征中也有人是**运用抽象的象征**来达到目的的。

在这方面，战后最具震撼力的是勒·柯布西耶的朗香教堂。勒·柯布西耶思想活跃，手法灵活，是一个“经常处于动态中的人”。[③] 他在 1920 年代曾是功能主义者，欧洲现代建筑的先驱；他所提倡的底层透空、用细细的立柱顶着的水泥方盒子在 1930 年代已影响很大；1940 年代，他设计的马赛公寓大楼成为 1950 年代影响很大的粗野主义倾向的先锋；1950 年代，他提出了一个既非功能主义，又非粗野主义的朗香教堂。无怪 P. 史密森说：“……你会发现他有着你所有的最好的构思，你打算下一步做的他已经做了。”[④]

朗香教堂（Notre-Dame-du-Haut, Ronchamp，1950—1953 年。图 4-9-4）坐落在孚日（Vosges）山区的一座小山顶上，周围是河谷和山脉。基地上原来的教堂传说曾显过圣，故这里向来是附近天主教徒祈祷的场所。原来的教堂在第二次世界大战中毁掉了。勒·柯布西耶设计的这个教堂规模很小，内部的主要空间长约 25m，宽约 13m，连站带坐只能容纳 200 来人。在宗教节日大批香客来到的时候，就在教堂外边举行宗教仪式。勒·柯布西耶曾为教堂的设计费了许多心思。据说他多次在清晨与傍晚时站在废墟上吸烟，久久地凝视着周围的环境与自然景色，然后构思了这么一座形体独特的建筑。这里没有十字架，也没有钟楼，平面很特殊，墙体几乎全是弯曲的。入口的一面墙还是倾斜的，上面有一些大大小小的如同堡垒上的射击孔似的窗洞。教堂上面有一个凸出的大屋顶，由两层钢筋混凝土薄板构成，两层之间最大的距离达 2.26m，在边缘

①、② “AIA Journal” 1979 年 6 月刊中 Andrea，O.Dean 同贝聿铭的谈话。

③ 荷兰第三代建筑师巴克马（J.Bakema）语，见“Architecture D’ Aujourd’ hui” 1975 年，180 卷第Ⅷ。

④ 转摘自“Modern Movements in Architecture”，C.Jencks，1973 年，第 259 页。

（a）外观，教堂入口在图左侧的夹缝处

（b）平面图

（c）教堂室内

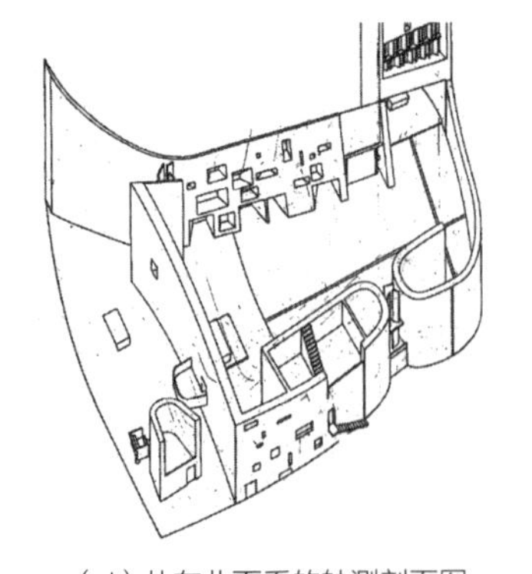

（d）从东北面看的轴测剖面图

图 4-9-4　郎香教堂

处，两层薄板会合起来，向上翻起。整个屋面自东向西倾斜，最西头有一根伸出的混凝土管子，让雨水泄落到下面一个蓄水池里。教堂内部，在主要空间的周围有 3 个小龛，每个小龛的上部向上拔起呈塔状。塔身像半根从中剖开的圆柱，伸出于屋顶之上。教堂的墙是用原有建筑的石块砌成的承重墙，具有白色的粗糙的外表。屋顶部分保持混凝土的原色，在东面和南面，屋顶和墙的交接处留着一道可进光线的窄缝。朗香教堂的各个立面形象差别很大，如果只看到它的某个立面，很难料想其他各面的模样。教堂的主要入口缩在那面倾斜的南墙和一个塔体的折缝之间，门是金属板做的，只有一扇，门轴居中，旋转 90° 时，人可从两旁进出。门扇的正面画着勒·柯布西耶的一幅抽象画。总之，整个设计是超乎常人想象的。尽管设计人为它的形式提出了许多功能依据，但是人们大多把它当作一件雕塑品、一件“塑性造型”的艺术品来看待。人们初次看到它时可能说不出它究竟是一幢什么房屋，但是随着对它的了解的增多，晓得它是一座处于一个偏僻山区中的、带有宗教意义的小教堂或亲临其境参观过其中的宗教活动后，就会越来越领会到这的确是一座宗教气氛极其浓厚，能同其中的宗教活动融为一体的教堂。勒·柯布西耶在此运用了许多不寻常的象征性手法 卷曲的南墙东端挺拔上升，有如指向上天；房屋沉重而封闭，暗示它是一个安全的庇护所；东面长廊开敞，意味着对广大朝拜者的欢迎 墙体的倾斜、窗户的大小不一、室内光源的神秘感、光线的暗淡、墙面的弯曲与棚顶的下坠等，都容易使人失去衡量大小、方向的判断。这对于那些精神上本来就游离于世外的信徒来说，起着加强他们的“唯神忘我”的作用。教堂本来就是一个宣传宗教、吸引信徒与加强他们信仰的场所。从这方面来说，朗香教堂是成功的。

柏林爱乐音乐厅（Berliner Philharmonie，Berlin，1956—1963年，图4-9-5）被评为战后最成功的作品之一。设计人夏隆（Hans Scharoun，1893—1972年）是1920年代即已显露才华的第一代现代建筑师。

爱乐音乐厅的形式独特。夏隆的意图是把它设计成为一座“里面充满音乐”的“音乐的容器”。其设计方法是紧扣“音乐在其中”的基本思想，处处尝试“把音乐与空间凝结于三维形体之中”。[①] 为了“音乐在其中”，它的外墙像张在共鸣箱外的薄壁一样，使房屋看上去像一件大乐器；为了“音乐在其中”，观众环绕着乐池而坐，观众与奏乐者位置的接近加强了观众与奏乐者的思想交流；为了“音乐在其中”，休息厅环绕着观众厅—演奏厅而布局，不仅使用方便，还有利于维持演出与休息之间的感情联系。总而言之，爱乐音乐厅在造型上的所谓象征不仅仅是形式上的，而是有具体内容的。此外，它的休息厅布局自由，空间变化多端，使人一眼之下难以捉摸，并经常能有所发现。观众厅在音响与灯光等技术处理上也是成功的。把演出放在中间以及把听众席划分为几个区，可按演出时音质的要求与观众数量多少来分区开放等的总体布局，使它成为此种类型的典型代表。

夏隆原是1920年代欧洲现代建筑派的主要成员，曾同格罗皮乌斯合作，又是哈林提出的讲究功能、技术、经济而形式上具有表现主

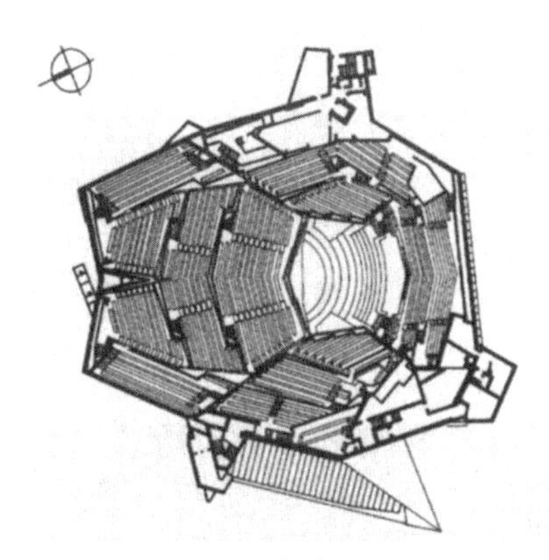

（a）平面图

（b）外观

（c）观众厅

（d）休息厅

图4-9-5　柏林爱乐音乐厅

① “Meaning in Western Architecture”，Norberg-Schulz，1977年，第412、413页。

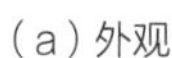

（a）外观

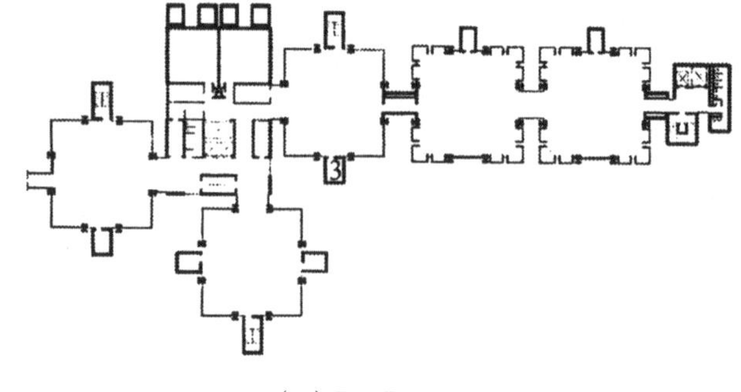

（b）平面图

图 4-9-6 理查德医学研究楼

义特征的德国有机建筑的信徒。柏林爱乐音乐厅的构思可谓这种思想长期酝酿的结果。夏隆是一个民族主义者。希特勒白色恐怖时期，他虽然很不得志，却坚持留在祖国，战后成为德国最享盛名的建筑师。他把人们对他的赞扬归功于德意志的民族性与现代化，提倡创造具有德国民族特征的现代建筑。他说：“我们的作品是我们的热血的梦，是千百万的人类同伴的血复合而成的梦。我们的血是时代的血，时代的可能性彰显其中。”①

理查德医学研究楼（Richards Medical Research Laboratories，费城，1958—1960 年，图 4-9-6）是另外一幢成功地运用了抽象象征手法的建筑。

设计师路易斯·康从年龄（1901—1974 年）上说属于第一代建筑师，但在他的成名作——耶鲁大学美术馆问世时，他已 50 有余了，因而他的学生称他是“为后人而开花的橄榄树”。他真正被广泛关注的作品是宾夕法尼亚大学的理查德医学研究楼。

研究楼的布局很别致，由一幢幢体量不大的塔式房屋组成。由于这里的研究主要是生物学方面的，时而会放出一些有气味的气体，康在此采用了既要分组又要联系方便，且便于气体排出的按小组分层与分楼的方法。塔楼的布局采用了“可发展图形”，即要为日后的扩建准备条件。事实上，1958 年初建时只有 3 幢，后来才发展到现今的 7 幢。

要理解理查德医学研究楼的建筑风格，首先还是回到空间组织方式，即一连串的主要功能区作为被服务空间，设备管道、楼梯或走道作为服务性空间附着在周围，而在建筑形式上，两个层级的空间元素均富有独立的表达。有人因其外形特征突出对服务性空间（交通与排气管道）的表现，把它称为粗野主义。也有人认为，虽然它的形式直率地反映了它的服务性功能，但是造型上的推敲，使一组组平地而起的塔楼显得刚劲而挺拔，不仅毫无粗野之感，反而具有古典建筑典雅之风。美国的建筑史学家与建筑评论家斯卡利（Vincent Scully）还特别指出：“房屋的实体同阳光的明暗交织在一起，给人以不可磨灭的印象。”②

康认为设计的关键在于灵感，灵感产生形式，形式启发设计。但是康所谓的灵感不是凭

① 转摘自 Modern Movements in Architecture，C.Jencks，1973 年，第 64 页。

② “Louis Kahn”，Vicent Scally，第 44 页。

空而来的，而是通过对任务的了解而获得的，即只有了解了这个任务不同于其他任务的区别时，才会有灵感，才会联系到形式，才会启发设计。康之所以重视对任务的了解，是因为他认为“设计总是有条件的”，[①]不是随心所欲的。所谓了解，他说：“建筑在其表面化之前就已被其所处的场所和当时的技术所限定了。建筑师的工作便是捕捉这种灵感。”“我想，就是把思维与感情联在一起。”[②]康还十分善于利用条件，譬如说，在建筑造型上，他提倡利用阳光。他说：“应该重新使阳光成为建筑造型中的一个重要因素，因为它是‘万物的赋予者’”，[③]又说：“要做一个方形的房间就应给它无论在什么情况下均能揭露它本来是方形的亮光”。[④]理查德医学研究楼的造型效果，说明康既在设计前抓定了这所房屋的内容特点，把它成功地反映在造型上，并在设计时把阳光可能在此产生的光影效果充分估计进去了。

加泰罗尼亚的**当代艺术研究中心**（Center for the Study of Contemporary Art，Joan Miro's Foundation，加泰罗尼亚，西班牙，1976 年，图 4-9-7）是另一座以暴露服务性设施——展览室上面的天窗——来获得个性与象征性的建筑。

设计人塞尔特是第二代建筑师。他曾在勒·柯布西耶处工作过，后继格罗皮乌斯任哈

（a）外观

（b）展览廊室内

（c）内院

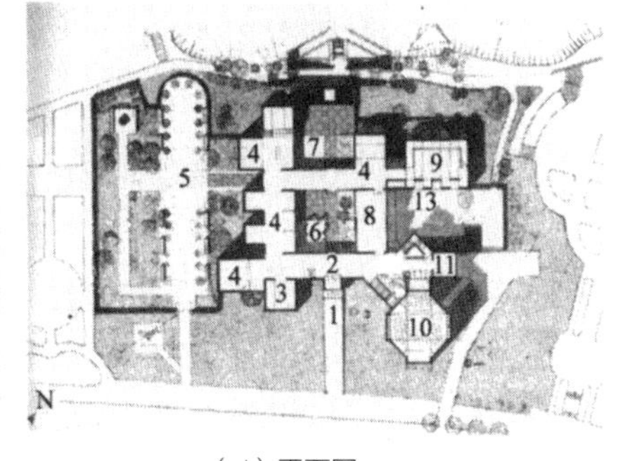

（d）平面图
1—入口；2—进厅与短期展览；3—专题展览；4—展览廊；5、7—外院；6—内院；8、9—专题展览；10—会堂；11—书店

图 4-9-7 当代艺术研究中心

①、② 路易斯·康在 CIAM 1959 年的奥特洛（Otterlo）会议中的讲话。
③、④ “Architecture D'Aujourd'hui” 152 卷，第 13 页。

佛大学建筑系主任与设计研究院主任。他同当代艺术研究中心的建立人——画家兼雕刻家米罗（J.Miro）同为加泰罗尼亚人，被邀负责此设计。

当代艺术研究中心包括有各种展览室，一个大会堂、书店、办公室和几个既可展览也可作休息用的院子。院子使室内外空间相间，并在展览中起着陪衬展品的作用。艺术研究中心造型简单，除了纵横布置的富有象征性的天窗外，在朴素的粉墙上点缀了一些小券，颇富西班牙的地方特色。

在讲求个性与象征中**运用具体的象征**手法的，可举埃罗·沙里宁在纽约肯尼迪航空港设计的环球航空公司候机楼和伍重在澳大利亚设计的悉尼歌剧院。

埃罗·沙里宁是一位手法高妙的建筑师，善于设计各种风格的建筑。但像**环球航空公司候机楼**（TWA Terminal，Kennedy Airport，1956—1962 年，图 4-9-8）那样的具体象征——像一只展翅欲飞的大鸟——不论是在他本人的作品中或是在现代建筑中均是罕见的。由于它的设计与施工都极其精心，故既为业主也为他本人做了一次有效的广告。这里虽然采用了新技术（四片薄壳），却需要大量的手工劳动，因为技术在这里主要是为形式服务的。它具体地体现埃罗·沙里宁的一句话："唯一使我感兴趣的就是作为艺术的建筑。这是我所追求的。我希望我的有些房屋会具有不朽的真理。我坦白地承认，我希望在建筑历史中会有我的一个地位。"[①]不过，尽管是这样，埃罗·沙里宁不喜欢别人说 TWA 候机楼像鸟，他总说这是合乎最新的功能与技术要求的结果。可见埃罗·沙里宁在设计理念上仍然要把自己归在现代建筑派的体系内。

事实上，埃罗·沙里宁这段时期的作品都在尝试运用新技术来达到他所追求的个性与象征。从小深受家庭——建筑师父亲、雕刻家母亲——影响的他对建筑造型特别敏感，不仅重视而且精心追求。1958 年他设计的**耶鲁大学冰球馆**（David Ingalls Hockey Rink in Yale University 图 4-9-9），其屋顶与馆身的曲线便是受冰球在冰上滑行所启发的。1959 年他为圣路易斯的杰斐逊公园设计的国土拓

（a）外观

（b）鸟瞰

（c）候机楼大厅

图 4-9-8　肯尼迪机场环球航空公司候机楼

① 转摘自"Modern Movements in Architecture"，C.Jencks，1973 年，第 197 页。

展纪念碑（Jefferson National Expansion Memorial，图4-9-10）是一巨型的高约200m的抛物线形券——**大券门**（Gateway Arch），以此来象征圣路易斯是美国国土从东向西、向南与向北发展的门户。[①] 埃罗·沙里宁的作品当时虽未受到建筑学界的普遍认可，却广受社会大众的欢迎。可惜他英年早逝，去世时只有51岁。十余年后，当后现代主义兴起时，建筑历史学家与评论家詹克斯把他列为后现代主义的先驱之一，同时，他对建筑文化多元论的贡献也是得到公认的。

悉尼歌剧院（Sydney Opera，1957年设计，1973建成，图4-9-11）是一幢"是非诸多"的建筑。当时，悉尼的市民希望能有一幢建筑水平可与澳大利亚音乐的国际地位相匹配的音乐厅与歌剧院。1956年，年轻的丹麦建筑师伍重（Jörn Utzon，1918—2008年）以他丰富的想象力把选址于贝尼朗岛（Bennelong）上的歌剧院设计得像一艘迎风而驰的帆船一样，赢得了国际方案竞赛的头奖。此后，由于澳大利亚的政客一直把歌剧院作为他们政治竞选的资本，不等设计完成便破土动工，于是问题层出不穷，以致建造了十多年，造价也超出了预算的十多倍（最后结算为10亿零200万美元）。这些问题其实不应怪到建筑师头上，因为这本来就是一个竞赛中的方案，是概念性的，并不成熟。

悉尼歌剧院名为歌剧院，其实是以两个演出大厅为中心的多功能综合体（图4-9-11b）。最大的演出厅是音乐厅，其次是歌剧院，另外还有两个大排演厅以及许多小排演厅，一个多功能的接待大厅，一个展览馆，两个餐厅和一个出售纪念品的小商店，外面是濒临海湾的公园。现在这里已成为悉尼市民的文娱中心。

歌剧院由钢筋混凝土结构把各部分组织在一起。它的外形是一个上有3组尖拱形屋面系统的大平台：一组覆盖着音乐厅，一组覆盖着歌剧院，另一组覆盖着贝尼朗餐厅。这些屋顶看起来像是壳体结构，实质不是，而是由许多钢筋混凝土的券肋组成的。伍重的原意是用薄

图4-9-9 耶鲁大学冰球馆

图4-9-10 圣路易斯的大券门

① 美国独立后的最初20余年只拥有东部的几个州。直至1803年，杰斐逊总统下决心从法国人手中买下路易斯安那地区后，以密西西比河畔的圣路易斯为根据地向西、北、南扩展。

（a）远眺

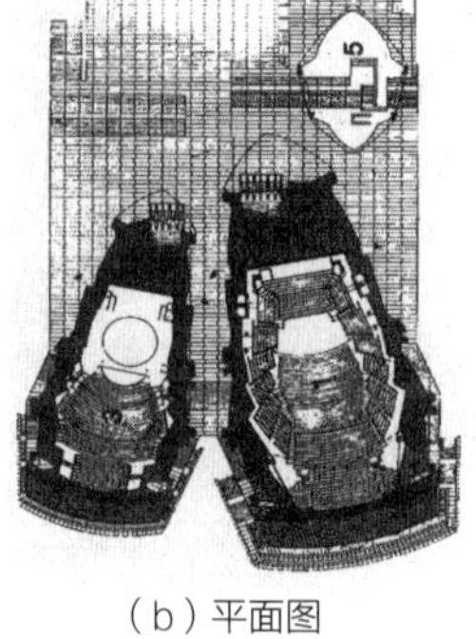

（b）平面图

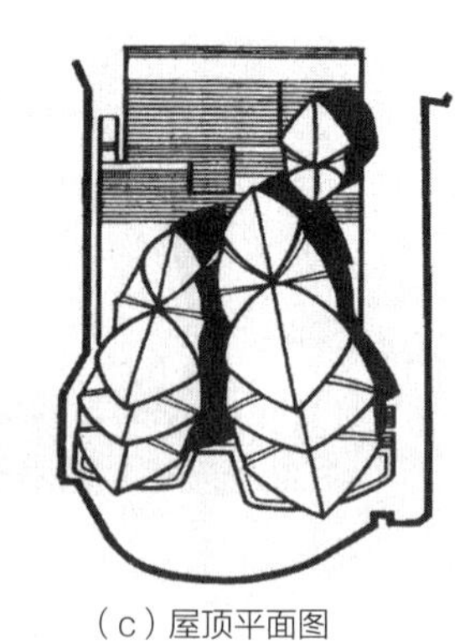

（c）屋顶平面图

图 4-9-11　悉尼歌剧院

壳，但由于结构复杂，且壳体结构在应付外来冲击时，安全性相对较差，故未能实现。虽然现在的屋面看上去比原设计厚重，但已是够吸引人了。人们把它比作鼓了风的帆，把歌剧院比作一艘乘风破浪的大帆船。对于这样的比喻，伍重是高兴的。大平台占地 1.82hm^2，除了上述三个部分外，其他内容都组织在大平台下面。平台前面的宽度达 90m 多，是当今世界上最宽的台阶之一。在歌剧院落成的开幕典礼中，英国女皇在此剪彩。

现在，悉尼歌剧院无论从哪个角度来看都很有特点，已成为悉尼市的标志。对于它的评价，各种看法都有。有人认为它的结构不合理，造价高昂，形式与内容表里不一，是一个失败的样本；有人则认为从现在的效果来说，在这样一个环境与地形中，似乎什么形式都不会像现在的这样成功与富于吸引力。讲求个性与象征的倾向是经常会引起争论的，但自 1970 年代末起，当对现代主义千篇一律的批判越来越多时，这些建筑不仅得到认可，还被认为是后现代的先声。

由此可见，多元论倾向主要是一种设计方法而不是一种格式。其基本精神是建筑可以有多种目的和多种方法而不是一种目的或一种方法，设计人不是预先把自己的思想固定在某些原则或某种格式上，而是按照对任务性质与环境特性的理解来产生能适应多种要求而又内在统一的建筑。当然，虽然理论是这样说，实例也有，不过正如任何倾向均有名实相符与名实不一的作品一样，不是所有自称多元论的建筑都是这样的，也不能说不称为多元论的建筑就只管物质、不管精神或只管精神、不管物质。建筑是复杂的，不同的人对于建筑有不同的要求，相同的人也会因条件的不同而改变方法。此外，人们对于不同的类型，在标准上也会有所不同。例如在战后恢复时期的住房建设中，不少人认为两次世界大战之间的理性主义经验很适用，但随着社会生产与生活水平的提高，就会逐渐感到它过于单调与枯燥，就会产生各种改良的或另觅途径的方法。因而，各种倾向均有它产生的原因，也有它存在的理由，否则就不会汇合而成流了。

第五章

现代主义之后的建筑思潮与实践

第一节 从现代到后现代

1960 年代，西方国家的建筑领域呈现出极为纷繁复杂的状况。一方面，现代建筑的传播和实践更加广泛，并继续朝着多样化的方向发展；而另一方面，建筑界出现了一些新的思潮和倾向，开始对现代主义和功能城市规划提出公开批评，揭示现代建筑的理念与实践带来的种种问题和潜藏的深刻危机，并积极探讨重新认识与建构建筑学基本原理与设计方法的理论学说。之后的 20 多年里，西方建筑界形形色色的新思潮、新理论与新的设计探索不断涌现出来，这些变化也蔓延到西方世界之外的多个国家和地区，使 20 世纪的建筑发展又一次呈现出生机勃勃的景象。一开始，有西方学者认为建筑发展已进入一个历史转折期，现代主义正在被观念、实践与形式都全然不同的新事物所替代，因而可以将这些新事物统称为“后现代主义”（Post-Modernism），[①]或者至少是，建筑的发展已经从“现代”转入“后现代”（Post-modern）时期。但从更多建筑历史理论家的相关研究中可以看到，后现代主义在西方建筑界渐渐形成特定的所指，[②]却难以涵盖这个时代的丰富现象和多元特征。因此，即使用后现代，也越来越趋向于指已经脱离正统现代建筑主导的历史转折时期的总体建筑状况。也有史学家给予更客观的描述，将这一时期纷繁的建筑现象统称作“现代主义之后的建筑”（Architecture after Modernism）。[③]

事实上，后现代并不是建筑领域的专有名词，在这之前它已被用在文学评论、艺术、电影和戏剧等方面，它还涉及哲学与政治学领域，关系到政治经济与社会状况的新的特性与思维模式，它甚至被用来定义新的战争。“后现代”被用来描述 20 世纪后半叶涉及人类广泛的思想与知识领域观念转变的共同状况，标志着西方世界进入了对自身建立的工业文明与现代化模式的全面反思。经过战后 20 多年的建设，发达国家的发展进入了高度增长期，工业化进程带来了生产技术水平的迅速提高，物质生活的极大丰富，社会呈现出一派繁荣乐观的景象。然而，过于信赖工业化的力量以及技术对于推进社会发展的主导作用，在这些西方国家中各种意想不到的挑战接踵而来，城市问题、环境破坏、能源危机以及与第三世界的矛盾等，敲响了人类生存的警钟，并引发了关于科学技术的作用、社会进步的观念、文化与技术的关系以及生态环境等重大问题的重新认识。同时，现代化模式和现代性观念正向西方之外的国家和地区蔓延，对科学理性、技术优化以及制度规范的一味推崇，不仅压制了人类对保持个性和多样化发展的需要，更削弱了众多国家、地域和种族间的差异性，导致了地方传统和多元文化的破坏。针对种种矛盾和发展危机，人文

---

① C.Jencks，*The Language of Post-Modern Architecture*，1977. 中译本：后现代建筑语言 . 李大夏，译 . 北京：中国建筑工业出版社，1984.

② 见本章第二节后现代主义。

③ GHIRARDO D. Architecture after modernism[M].Thames and Hudson，1996：96.

学科领域表现得异常敏感和活跃，出现了许多新思潮、新理论，挑战启蒙运动以来的理性主义，重新探讨现代与传统、文明与文化、技术与人文之关系的重大问题，开启了许多新的研究领域，并试图使被主流文化所淹没的各种声音和观念传达出来。由于 1968 年爆发的欧美学生运动以及一系列政治事件在当时的文化反叛浪潮中具有标志性意义，并显著地折射在建筑领域，因此也有建筑界学者以“从 1968 年到现在”（1968 to the present）来描述这个后现代时期。[①]

1960年代建筑领域出现的种种现象表明，建筑的发展既折射出时代的复杂变化，也表现出自身特有的演变方式。现代主义建筑的成长与发展基于两个主导性的价值观念：其一是，相信建筑师的科学理性原则和形式创造的才能，不仅可以从历史主义中获得解放以实现建筑的进步，而且还有助于建立社会环境秩序，甚至实现改良社会的道德理想；其二是，信奉现代技术的发展及其合理应用，会在建筑实现自身进步和社会理想的过程中发挥关键而有效的作用。而这一时期，这两个价值观念开始受到根本性的质疑。

回溯第二次世界大战前后的建筑发展，现代主义建筑师们将 19 世纪以来持续发展的新技术、新材料和工业化生产，与适合城市大量住宅建设的实际需要结合起来，开创了造价低、建速快的城市住宅和现代住区，合理、高效的设计与建造也受到许多地区政府部门、城市管理者或开发商的青睐，成为西方乃至世界范围发展中国家的城市现代化建设模式。然而，随着单一居住类型和“国际式”风格的不断蔓延，地方传统文化的独特性遭受了前所未有的冲击。国际现代建筑协会（CIAM）制定的《雅典宪章》推出功能主义城市规划理论，在战后欧洲乃至世界各国城市及住区的重建、更新或开发中广泛实践，种种问题也随之而来：看似具有普遍合理性的规划设计却隐藏了对建筑与城市的狭义认识，带来了简单、死板的功能分区和地方传统的断裂。印度昌迪加尔行政中心和巴西利亚新城中心的规划实施，成为现代主义城市规划遭遇失败的典型实例。在昌迪加尔，尽管建筑师在议会大厦和高等法院的建筑设计中考虑了地域气候，融合了乡土特征，但作为新印度象征的设计，行政中心超长的城市尺度以及过于抽象的布局不仅无法显示城市心脏的公共属性，完全脱离了这个国家的现实生活状态。正如历史学家所言，它暴露出现代主义“在养育现有文化，甚至在维持自己经典形式的意义中所表现的无能为力，它除了不断进行的技术发明和经济成长最优化之外别无其他目标的状态，都综合出现在昌迪加尔的悲剧中——这是一座为小汽车设计的城市，却建造于一个许多人尚未拥有自行车的国家中”。[②]巴西利亚规划建设的失败之处在于，由于整体规划更缺乏系统性，造成的后果不仅可达性差，而且新城中心建成后的巴西利亚形成了两个分裂的城市，即一个政府部门和大企业所在的宏大纪念碑式的城市和另一个规划之外的“非法居住”的城市。

现代建筑的另一个价值观念问题，就是建筑师过于相信和依靠新技术的力量，偏离了建

---

① MALLGRAVE H F, GOODMAN D J. An introduction to architectural theory: 1968 to the present [M]. Wiley-Blackwell, 2011.

② FRAMPTON K. Modern architecture, a critical history [M]. London: Thames and Hudson，1992: 230.

筑设计关怀人类生活的根本原则，部分人甚至走上了技术至上的道路。来自包豪斯的瑞士建筑师马克斯·比尔（Max Bill，1908—1994 年）在战后的联邦德国创建了乌尔姆高等设计学院（Ulm Hochschule für Gestaltung），旨在继承和发扬包豪斯的办学理念和设计精神。为此，学校探索工业化建筑体系，发展一系列符合工业生产和使用需要的设计方法论。然而，由于过于强调形式的确定应依赖于对其生产和使用的精确分析，便产生了对合理化设计的偏执，导致了“那些纯净主义者宁肯准备放弃答案，也不愿接受一种未按人类工效学原理确定的设计”。①

密斯战后在美国有大量实践活动，反映出另一种技术至上的典型倾向。他设计的“通用空间”被简化为没有任何屏障的钢和玻璃的盒子，建筑的支撑与围合以精炼的方式组织，材料及构造工艺被精准地展示，以体现“当技术完成了它的使命时，它就升华为建筑艺术”。技术因此被赋予了压倒一切的文化力量，却给使用者留下了私密性、可识别性以及保温、隔热等最基本的建筑学问题。密斯的实践还显示，战前的先锋派探索在战后已经成为精密工业技术的最佳利用与一种全新技术美学的成功结合，不仅为这个时代塑造了全新的技术纪念碑，也为打造都市摩天楼的商业形象建立了范式。以后，SOM（Skidmore，Owings &, Merrill）、波特曼建筑事务所（Portman Architects Office）、马丁与合伙人（Albert C.Martin & Associates）以及 KPF（Kohn Pedersen Fox Associates）等多个建筑事务所都成为密斯的追随者，其实践作品汇成的“密斯风格”，勾勒着美国一个又一个城市的天际线。从西格拉姆大厦到纽约世贸中心双塔或芝加哥西尔斯大厦，这些城市标志物也是这个时代技术与财富的表征。随着资本与技术的全球性传播，各种基于标准化体系建造的，简洁、光亮而轻盈的幕墙建筑的建造体系，不断地向各个国家的城市移植，带来现代化未来的趋同性、能源消耗的增长和地域特征的失落等诸多问题（图 5-1-1）。

然而，技术乐观主义在 1960 年代的西方建筑界仍有增无减，并且还发展出了新的未来主义形式。这一方面受科技领域迅猛发展、特别是人类登月技术等高科技成果的激励，另一方面，以班纳姆（Reyner Benham，1922—1988 年）为代表的历史理论家也为这些技术畅想起到推波助澜的作用。曾为佩夫斯纳学生的班纳姆，以代表作《第一机器时代的理论与设计》（*Theory and Design of the*

图 5-1-1　美国城市芝加哥

① FRAMPTON K. Modern architecture，a critical history [M]. London: Thames and Hudson，1992: 287.

First Machine Age，1960 年）在建筑理论界产生深刻影响。以他的观点，现代建筑对功能主义和技术的推崇不是过头，而是还未得到切实的发展。他颇有洞察性地指出，之前由汽车、飞机和远洋轮所激励的“第一机器时代”，正在被电视、广播以及各种家用电器等一系列新事物构成的“第二机器时代”所替代，并反映出民主精神将成为大众娱乐的目标。为论证这些观念，班纳姆提倡把对技术的注意力扩展到建筑墙体背后的设备管道工程，并从环境调控的视角揭示了赖特 20 世纪初在拉金大厦中的设计智慧，他还把提出过众多惊人技术方案的设计师富勒推到很高的历史地位，并使建筑技术引向生态环境的议题。然而，以发展技术来改善人类居住状况的理念，在大部分的实验性设计中只是科幻电影般居住机器的超绝想象，就如富勒最大胆的设计，是给纽约曼哈顿中心区覆盖一个透明的大穹隆，一种保护城市免遭灾难的未来构想（图 5-1-2）。这一时期的巨型结构设计实验最为活跃，无论是匈牙利裔法国建筑师弗里德曼的空间城市方案，还是英国建筑电讯派的行走城市和插入式城市，或者日本新陈代谢派的巨构设计，都以高度技术乐观的态度构想灵活生长的城市空间的各种可能，但这些设计更像新技术的狂想曲，却缺乏对建筑、人和自然的真正关注和研究。建筑电讯派的建筑师甚至说，“没有多大必要去关怀他们的那些巨型结构物的社会及生态后果”。而事实上，“他们所提出的空间标准都远远低于那些他们蔑视的战前功能派所确定的‘最低生存标准’”。[①]

需要关注的是，自 1950 年代后期开始，部分现代建筑师已经发出一些批判现代主义的声音。从国际现代建筑协会中分离出来的十次小组的多位成员，十分尖锐地指出了功能城市及其住区规划思想的不足（图 5-1-3），开始从人的社区归属感着手，重新理解和诠释居住与城市的关系。英国建筑师史密森夫妇以一种更接近现象学的分类方法提出了房屋、街道、区域和城市的概念，对抗功能分区的规划理念；荷兰建筑师凡·艾克以其人类学实证研究向建筑师和规划师提出了更为深层的质疑，批判他

图 5-1-2　富勒用一个透明的大穹隆覆盖纽约曼哈顿中心区的设想

图 5-1-3　美国圣路易斯城 1954 年建成的普鲁特·伊戈（Pruitt-Igoe）社会住宅

① FRAMPTON K. Modern architecture, a critical history [M]. London: Thames and Hudson, 1992: 282.

们都无法发展一种美学或一种战略来应对庞杂而多样的社会现实，但却在不断消除环境的“场所感”，他因此提出应重返对乡土文化的关注，重新认识建筑空间的社会意义。日本现代派建筑师前川国男也对战后发展现代建筑的社会价值和伦理体系提出质疑，他认为：一方面，尽管工艺学和工程学强调科学，但简单化和抽象化却导致其脱离人类现实；而另一方面，一些由于经济利益或官僚机制的需要而把建筑艺术硬塞入某种预定框架内的作为，必然使建筑脱离人性。

立场和观念与现代建筑激进态度全然不同的建筑设计也已经出现。凡·艾克将人类学研究的成果与其设计实践联系起来，致力于从传统阿拉伯城市甚至北非原始部落中获得启示，以“房屋就是一个小城市”来重新定义建筑，在充分考虑人与人、人与环境乃至人与宇宙之间的关系中组织生活空间。路易斯·康的设计直接反映出一种转型的意愿，作为在现代建筑发展日臻成熟与广泛传播的进程中成长起来的建筑师，他却始终保持着早年学院派教育为他铺垫的古典建筑传统底色。与功能主义的立场全然不同，康在设计中明显要表达对形式的重新理解以及对历史的广泛兴趣，无论是古典传统的还是中世纪的历史建筑，都可以成为形式设计的来源。康强调了形式本身存在的独立性与精神意义，设计被他理解为“特定建筑空间的存在意志”“思想和感觉的结合，是事物愿意成为什么的源泉”，因此形式包含着一种系统的和谐，一种秩序感，设计虽是一种物化行为，但“形式与物质条件不相干”，形式是“为那些有助于人的某一活动的空间敷陈和谐的特色”。[①] 在康的索尔克生物研究所等一系列作品中，这些思想都得到了充分的表达。转到欧洲的意大利，著名建筑杂志《美屋》（*Casabella*）的主编厄内斯托·罗杰斯（Ernesto Rogers）在 1950 年代末就提出对现代建筑发展现状的质疑，强调传统仍然是现代建筑成长的基础。他与合作人的事务所（BBPR）设计建成的米兰维拉斯加塔楼（参见图 4-1-10）十分与众不同，它虽是现代钢筋混凝土结构的办公楼，却以挑出的上部楼层造型唤起了意大利中世纪城镇的历史记忆。另一位活跃在威尼斯地区的建筑师卡洛·斯卡帕（Carlo Scarpa，1906—1978 年），其作品也展现了不同于工业化与理性主义的现代设计之路，他以独特的方式在每一项设计中纳入传统工艺与历史元素，通过新老并置的策略，精妙地将诸多历史建筑再利用的项目塑造成为充满叙事性的动人场所（图 5-1-4）。

1960 年代起，一系列有历史性影响的著作陆续出版，标志着一个历史转折期的真正到来。第一部引起强烈反响的著作，是美国城市理论家、记者简·雅各布斯（Jane Jacobs）的《美

（a）庭院内景

（b）局部

图 5-1-4　维罗纳古城堡中的中世纪博物馆改造设计

① 李大夏．路易斯·康[M]．北京：中国建筑工业出版社，1993：124.

国大城市的死与生》（*The Death and Life of Great American Cities*，1961 年），为整个欧美开启了一个反思现代主义城市规划理论的时代。在书中，雅各布斯猛烈抨击勒·柯布西耶为代表的功能城市规划思想和“光辉城市”等方案，甚至还对包括霍华德花园城市在内的近代以来各种工业化城市的规划思想发起批判。雅各布斯并不回避城市的发展变迁与资金投入和金融运作直接关联的现实，但通过对自己居住的纽约街区、街道空间多样性与活力的挖掘，再与新规划建成的低收入社会住宅区相比较，她发现后者由于街道生活被抹杀而显得死气沉沉，因而对建筑师和规划师全然无视城市原有邻里关系、缺乏地域性历史研究的实践进行了尖锐批驳，呼吁大家关注那些隐藏在街道中的秩序所包含的日常生活模式、人际关系网络以及丰富多样的都市生活，认为这些城市现存价值的保持在规划中极为重要。

1966 年出版的两部著作对于转变建筑学的观念和方法更为关键，一部是美国建筑师罗伯特·文丘里（Robert Venturi，1925—2018 年）所著的《建筑的复杂性与矛盾性》（*Complexity and Contradiction in Architecture*），另一部是意大利建筑师阿尔多·罗西（Aldo Rossi，1931—1997 年）所著的《城市建筑学》（*L'architettura della citta*）。文丘里批判现代建筑的技术理性排斥了建筑所应包含的矛盾性与复杂性，因而脱离了生活的本质，提出设计应兼容并蓄，应从历史中吸取各种可能的经验。罗西则以揭示技术决定论者和功能主义者的根本性问题，论述建筑形式的基础源自城市历史、形态和记忆，并试图以类型学和类比的理论重建建筑学的认知与方法。虽然两者在各自的文化环境中形成了完全不同的批判理论，但在重新唤起对历史的发现与诠释、回归建筑人文性内涵上，体现了共同的价值趋向和非凡的影响力。1969 年，埃及建筑师 H. 法赛发表了《为穷人造房子》（*Architecture for the Poor*），代表了非西方国家建筑界对国际式现代建筑的公开抵抗。法赛分析了埃及在 1930 年代建造的一个村落，指出外来建造技术其实无法满足实际需求，却使传统建造方式与文化特征一并消失。他提出，建筑师应该成为地方传统继承人，而非新技术的模仿者，基于这些思考，他也投入了许多地域性的设计实验。可以看到，重视和保持地域特征成为越来越受关注的建筑学议题，它不仅使西方世界之外的国家和地区日益重视地方传统的挖掘和转化，也使西方世界关注到了保护自身内部文化多样性的迫切需要。

面对现代建筑的乌托邦理想与社会现实生活的严重脱离，一些建筑师和建筑理论家试图在建立更复杂的设计方法上有所突破，以适应社会多样性的需要。美国的克里斯多夫·亚历山大（Christopher Alexander，1936—2022 年）是其中最有影响的一位，他依据独特的敏感观察发表的论文《城市不是一棵树》（*A City is not a Tree*，1965 年），有力地论证了功能分区和等级结构如何造成规划实践的失败。他广泛吸收社会学、人类学和环境行为学的理论与方法，通过对多种地域文化的城市社区的长年实证研究，归纳各类社会—空间模型，建构了“模式语言”（A Pattern Language），作为延续地域特征和社会习俗的社区设计指导。伴随着这些积累，他开展了300多项设计实践，虽然并不都很成功，但却汇集成了《模式语言：城镇、建筑、建造》（*A Pattern Language：Towns，Buildings，Construction*，1977年）这部具有深远影响的著作，对开拓建筑学的认识论和方法论作出了历史性的贡献。这样一种为强调建筑社会性的重要意义而放弃形式先入为主的设计实践，在英国建筑师R. 厄斯金（Ralph Erskine，1914—2005年）设计的拜克墙低租金社会住宅综合体（Byker Wall Housing Development，Newcastle-upon-Tyne，England，1969—1980年，图5-1-5）和比利时建筑师L. 克罗尔（Lucien Kroll，1927—）设计的鲁汶大学医学院教工住宅楼（Medical Faculty housing，University of Louvain，Brussels，Belgium，1970—1971年，图5-1-6）中也有充分体现，建筑师们都以对话形式开展设计，使业主和使用者通过交流充分参与到方案决策与房屋建造过程中，项目的结果也不免成为"拼贴的建筑"，因为住宅每一个局部的色彩、材料、形式和比例都由住户自己决定。荷兰建筑师J. 哈布拉肯（John Habraken）领导的建筑研究机构创造的"支撑体系大众住宅"（SAR-Sticking Architecten Research）模式走得更远，他们运用工业化建造技术创造了一种开放式的基础结构，使公众参与（Public participation）进入更深层、自主的设计与建造活动中。

图5-1-5　拜克墙低租金社会住宅综合体

图5-1-6　鲁汶大学医学院教工住宅楼

图5-1-7　阿姆斯特丹附近的阿尔麦尔新区

对功能城市规划思想的抵抗，使越来越多工业革命之前传统城市的生活秩序和形态特征得以价值重现，这种延续历史的愿望与一些中产阶级业主的趣味相遇，甚至出现了城市建设的怀旧风。比较成功的例子是1970年代由库哈斯（Teun Koolhaas，1940—）在阿姆斯特丹附近规划的阿尔麦尔（Almere），整个新区既现代又有宜人的建筑与步行街尺度，尊重了荷兰的传统生活方式（图5-1-7）。然而，类似的传统主义规划和设计实践也引起了建筑内外的激烈争议，最著名的是1980年代英国查尔斯王子（Prince Charles，1948—）对伦敦数个公共项目改建扩建的一系列保守论调和干预，引起部分捍卫现代建筑历史地位的建筑师们的强烈反应。尽管如此，尊重城市历史的规划设计观念与实践已经备受关注并广泛开展，在历史街区，甚至被废弃的工业基地环境中设计，已经成为越来越多职业人参与旧城振兴的重要实践。英国伦敦的老码头（Dockland）改造以及巴黎贝西区（Quai de Bercy）的更新项目，都是影响广泛的成功案例。而在理论建树方面，柯林·罗（Colin Rowe，1920—1999年）与弗莱德·库尔特（Fred Koetter）合著出版的《拼贴城市》（*Collage City*，1975年）毫无疑问是这一时期城市规划与城市设计领域最深刻也最具创新性的理论成果之一。

要对现代主义之后出现的种种建筑现象做一全面概述显然是困难的，但在开始各种思潮与倾向的具体叙述之前，还是要再次强调这个时期建筑发展的一个突出特征：这是一个思想多元和理论创新的黄金时代。这种特征既源于建筑界自身不断集聚的反思性和批判力，更是后工业时代异常活跃的人文领域的多种思想、多元理论向建筑学渗透的结果，因此，这一时期建筑理论的相关议题和学说成就呈现出前所未有的多样性，而这些学术成果的学科交叉特征也从未表现得如此显著、如此丰富。与罗西同时代的曼弗雷多·塔夫里（Manfredo Tafuri，1935—1994年）以代表作《建筑学的理论与历史》（*Teorie e storia dell'architettura*，1968年）触动了建筑界，这位马克思主义建筑史学家和理论家以“操作性批评”（Operative criticism）等核心概念，开创了对现代主义建筑的意识形态批判，也为新时期建筑批评方法论奠定了理论基础。英国建筑历史理论家约瑟夫·里克沃特（Joseph Rykwert，1925—）是另一位开启建筑历史理论研究新气象的人物，他早期的《城之理念》（*The Idea of a Town*，1963年）以及后来的《亚当之家》（*On Adams House in Paradise*，1972年）是两部同样具有震撼力的著作，他以极为渊博的历史研究追溯和探讨城市与建筑的起源问题，以摆脱理性主义的束缚，重建建筑学的人文主义基础。

这一时期的理论发展也与一些机构和团体开创性的学术活动密切关联。早在1950年代，美国得克萨斯大学奥斯丁分校聚集了柯林·罗、霍伊斯里（Bernard Hoesli，1923—1984年）、海杜克（John Hejduk，1919—2000年）和斯拉茨基（Robert Slutzky，1894—1965年）等人，他们以教学创新为契机，开展建筑的视觉及其形式复杂性的研究，不仅创建了像《透明性》（*Transparency*）这样的形式理论，也拓展了设计方法，并以“得州骑警”（Texas Ranger）之名产生深远影响。1967年成立于纽约的建筑与都市研究所（The Institute of Architecture and Urban Study，IAUS，1967年）成为这个时期更有影响力的理论阵营，创办人是纽约建筑师彼得·埃森曼（Peter Eisenman，1932—）以及纽约现代艺术博物馆（Museum of Modern Art，MoMA）建筑部主任德雷克斯勒（Arthur Drexler），这里不仅聚集了柯林·罗、肯尼斯·弗兰姆普敦、斯坦福·安德森（Stanford Anderson，1934—2016年）、安东尼·维德勒（Antony Vidler，1941—）、马里奥·冈德索纳斯（Mario Gandelsonas，1938—）和海杜克等美国建筑理论界的活跃人物，还积极开展与塔夫里、罗西等欧洲建筑理论家的密切交流。这个机构于1973年创办了杂志《对立面》（*Oppositions*）后，其作为理论创新高地的影响力得以进一步

图 5-1-8 1975 年“巴黎美术学院的建筑展”广告

发挥。此外，建筑展览对推动理论进程也起风向标的作用，1975 年由德雷克斯勒等人发起的、在纽约艺术博物馆（MoMA）举办的“巴黎美术学院的建筑展”（The Architecture of the École des Beaux-Arts，图 5-1-8），与 1932 年同一地点举办的“国际建筑”展形成历史对话，鲜明地表达了这个时期建筑观与历史观的转向。还需提及伦敦的建筑联盟学校（The Architectural Association School of Architecture in London，AA London），因为在这个后现代时期迅速成长起来的许多位理论思维活跃、设计创新大胆的建筑师，都来自这所学校。

在这个多元化时代，尽管见解不同，观点各异，甚至充满争议，但建筑思想与设计实践却异常丰富和活跃，许多理论成果不仅内涵学科自身的深厚历史和问题思考，而且也反映出对各种学科领域新观念和新方法的广泛吸收与深度融合，涉及结构主义、后结构主义、解构主义以及现象学等多种哲学，还有美学、心理学、历史学、语言学、符号学和信息理论以及文化人类学等，跨学科交流对推动理论的繁荣发展起到了举足轻重的作用。另一方面，资本主义社会日益成长的消费主义和通俗文化，以及以欧美学潮为标志的文化反叛浪潮，都是理解这个时期诸多建筑观念和设计实践必不可少的因素。最后，尽管现代建筑面临深刻危机，遭遇多重批判，但也仍在不断地自我修正中保持着持续发展的生命力，甚至技术乐观主义的实践也并未消退，“高技派”（High-Tech）以“高度感人”（High Touch）的新面貌再度出现，对新技术的热情接纳继续拓展着建筑形式与空间的新视界。

以下的七个小节将分别以“后现代主义”“新理性主义”“批判的地域主义”“新现代”“解构主义”“高技派的新发展”以及“简约的设计倾向”为主题，更详细地叙述现代主义之后的一些特征显著且很有影响力的建筑思潮，通过对代表性的人物、理论与作品的解读获得对这一时期建筑发展状况的深入认识。诚然，这些建筑思潮的归类和定义一方面以丰富的历史事实为依据，另一方面也不可避免地带有人为痕迹，事实上，一些设计作品是很难简单归入某个标签之下。因此，关注建筑师个体的思想、实践及其文脉环境，认识宏观与微观之间的复杂关联与差异，是十分重要的。

第二节
后现代主义

西方的后现代主义这一术语被用于各种学科领域，以描述与现代主义相对抗的某些风格或理论观点。在建筑界，它是指 1960 年代后期开始，由部分建筑师和理论家以一系列批判现代主义建筑理论与实践而推动形成的建筑思潮，它既产生在大的时代背景下，又有其自身的发展特点。到 1970—1980 年代，当后现代主义的作品在西方建筑界引起广泛关注时，它更多地被用来描述一种乐于吸收各种历史建筑元素，并运用讽喻手法的折中风格。因此，它时而也被称作后现代古典主义（Postmodern-classicism），或后现代形式主义（Postmodern-formalism）。具体了解与认识这一建筑思潮，还应从几位最有影响力的美国建筑师谈起。

费城的建筑师与建筑理论家文丘里在 1966 年发表了他的《建筑的复杂性与矛盾性》一书，这是最早对现代建筑公开宣战的建筑理论著作之一，文丘里也因此成为后现代主义思潮的核心人物。在书的一开始，文丘里就对正统现代建筑提出质疑，抨击现代建筑所提倡的理性主义片面强调功能与技术的作用而忽视了建筑在真实世界中所包含的矛盾性与复杂性。他认为，建筑师的义务就是“必须决定如何去解决问题而不是决定想解决什么问题”，而现代建筑却是排斥复杂性的，密斯的“少就是多”（Less is more）的论点就是对复杂性的否定，这是“要冒建筑脱离生活经验和社会需要的风险”的。[①] 因此，他针锋相对地提出“少是厌烦”（Less is a bore）。[②] 文丘里提倡一种复杂而有活力的建筑，他甚至直接表明，“我喜欢基本要素混杂而不要‘纯粹’，折中而不要‘干净’，扭曲而不要‘直率’，含糊而不要‘分明’……宁可迁就也不要排斥，宁可过多也不要简单，既要旧的也要创新”等，赞成“杂乱而有活力胜过明显的统一”。[③] 文丘里在书中通过许多实例与相关的艺术分析，进一步阐释了建筑中种种矛盾现象存在的必要性和合理性。他指出，建筑的不确定性是普遍存在的，形式与内容、实体与意义等之间，都有来回摇摆的关系，而一些内在的冲突是以生活不定为基础的，也恰恰能提供建筑的丰富性。因此，他赞成包含多个矛盾层次的设计，提出“兼容并蓄”（Both-and）、对立统一的设计策略和模棱两可的形式语言。不仅对建筑形式的理解如此，对功能的理解也不例外，一幢建筑或一间房间都会是多功能的。由此，文丘里大大质疑了现代建筑“在极为紊乱的时代中建立法则”的想法，指出“一切由人为制定的法则都极为局限”，[④] 设计应该适应矛盾，建筑师的任务应该是“对困难的总体负责”。值得特别关注的是，文丘里在书中引用了大量西方历史建筑的实例来阐述他的观点与设计主张，从古罗马到巴洛克，从波洛米尼到高迪，甚至还包括现代派建筑师勒·柯布西耶的一些作品，众多历史建筑都成为他提倡兼容并存的设计方法

①~④ 文丘里．建筑的复杂性与矛盾性 [M]. 周卜颐，译．北京：中国建筑工业出版社，1991.

的生动论证。同时，这也清楚地说明了一个重要的事实，那就是后现代的建筑师对待历史与传统的态度发生了根本的转变。文丘里在书中不断呈现对历史与传统的关注，他认为“在建筑中运用传统既有实用价值，又有表现艺术的价值”。① 不仅如此，传统要素的吸收还对环境意义的形成产生影响，他甚至提出，民间艺术对城市规划的方法另有深刻的意义。文丘里的著作提出的种种观点具有深刻的内涵，对于理解这个时代建筑思想的转变具有极其重要的意义。建筑理论家斯卡利在这本书的序言中称其为“1923 年勒·柯布西耶写了《走向新建筑》以来有关建筑发展的最重要的著作”。②

文丘里不仅是理论家，还是努力贯彻自己建筑主张的实践者，其事务所主要成员包括他的妻子 D. 斯科特 - 布朗（Denis Scott-Brown，1931—）和劳奇（John Rauch，1930—2022 年）。他早期最有代表性的作品是与劳奇在 1962 年合作设计的宾州栗子山**文丘里母亲住宅**（Vanna Venturi House，Chestnut Hill，Pa.USA，1962年，图5-2-1）。文丘里称“这是一座承认建筑复杂性和矛盾性的建筑”，因为它“既复杂又简单，既开敞又封闭，既大又小”。③ 确实，这座建筑在许多方面显得模棱两可，平面或立面似对称又不对称，形式似传统又并不传统。最特别的是，它以山墙为正立面，但山墙的顶部又是断裂的；墙中央的门洞被放大以显示入口的隆重，但真正的门却偏在一边。门洞的墙内侧刚好是起居室的中心，壁炉和楼梯在此会合，建筑师把它们看作两个互争中心地位的要素，一边是形状歪扭的壁炉及微微偏向一边的烟囱，另一边是楼梯，楼梯因遇到烟囱而突然变窄。文丘里还称住宅是“大尺度的小房子”，他把一些构件或元素的尺度放大，从而使建筑真正的尺度感变得暧昧。他认为在小建筑上用大尺度能避免琐碎，达到一种对立统一，获得建筑的平衡。可以看到，文丘里这个作品至少在两个方面明显脱离了以往现代建筑的设计准则：一是以强调建筑的不定性来对抗现代建筑的确定性和功能主义原则；二是包容了现代建筑所排斥的传统建筑要素，并以诙谐的方式引用到设计之中。在他的另一个作品**基尔德老年人公寓**（Guild House，Retirement Home，Philadelphia，USA. 1960—1963 年，图 5-2-2）的设计中也表现出了同样的特征。

1960 年代后期开始，美国建筑师中出现了更多批判现代建筑的声音。曾经是现代建筑忠实追随者的约翰逊在他的演讲中开始反对功能主义，提倡建筑应维护“艺术、直觉与美的真谛”。建筑师穆尔（Charles Moore，

（a）立面外观

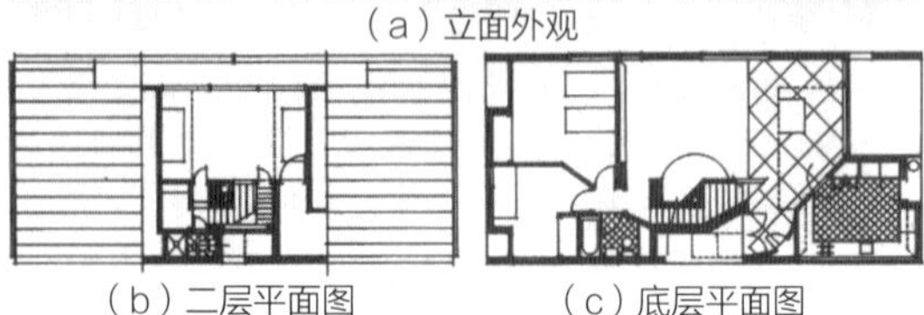
（b）二层平面图　（c）底层平面图

图 5-2-1　宾州栗子山的文丘里母亲住宅

①~③ 文丘里 . 建筑的复杂性与矛盾性 [M]. 周卜颐，译 . 北京：中国建筑工业出版社，1991.

1925—1994 年）声称要向人神同形论的形式（Anthropomorphic Forms）回归，要传达“历史记忆”的建筑。建筑师斯特恩（Robert Stern，1939—）在期刊上公开抨击国际式建筑的抽象还原和技术定位，提出建筑应是“联想的”（Associational）、“感知的”（Perceptional），应立足于文化意义。而要达到这些，一方面应回归历史，另一方面要有意识地引入新含义的形式，并以折中的方式将其拼贴和重叠起来。至 1970 年代，出现了更多对现代建筑原则来说是离经叛道的建筑理论学说。文丘里与其夫人斯科特 - 布朗和艾泽努尔（Steven Izenour）经过多年的共同探讨，于 1972 年发表了第二部具有冲击力的著作《向拉斯维加斯学习》（*Learning from Las Vegas*）。书中，他们把视线转向了通俗的大众文化，提出应关注美国充满广告牌的商业景观，认为拉斯维加斯的赌场和巨型招牌是汽车文化时代的恰当形式。他们以大量历史与当代的案例来充分地论述装饰与象征主义手法在建筑中的价值，进而提出，大多数建筑就是装饰了的棚屋（Decorated Shed）。那些被装饰了的“丑陋与平凡”的建筑，与拒绝装饰的英雄主义式的现代建筑相比，是更为合理的形式选择。很显然，这些思想与当时整个西方文化艺术中的反叛浪潮有关，并直接受到波普艺术（Pop Art）的观念与美学的影响。这一时期的艺术反叛者认为，现代派英雄式的艺术家虽然创造了个性化的艺术品，却是永远不能普及的作品。而在充满广告与商业信息的社会里，文化中可选择的东西是多种多样的，高雅文化与媚俗（Kitsch）之间并没有绝对的界限和高低之分。于是，从广告到日常生活中的现成品都成了波普艺术的题材，而拼贴（Collage）也成了这种艺术的典型手法。

图 5-2-2 基尔德老年人公寓立面外观

进入 1970 年代后期，更多后现代主义的建筑实践作品也在美国出现，引发了建筑界的广泛关注。这些作品的确将斯特恩所说的拼贴、重叠和回归历史以及文丘里的包容通俗文化付诸实践，甚至完全背离了现代建筑形式忠实于功能和符合技术特征的美学准则。在美国路易斯安那州的新奥尔良市边缘，有一个集商店、餐饮及居住等功能为一体的开发项目，主要是为当地的意大利后裔和移民社区规划设计的。该区有一个名为意大利广场的中心区域，广场上建有一组**圣・约瑟夫喷泉**（St. Joseph's Fountain in the Piazza d' Italia in New Orleans，USA，1975—1978 年，图 5-2-3）。广场设计隐喻了这个地区居民的文化身份，并因其极为夸张的设计手法而成为褒贬不一的后现代主义代表作。建筑师穆尔布置的这个小广场由公共场地、柱廊、喷泉、钟塔、凉亭和拱门组成，充满了古典建筑的片段，却全然没有古典建筑的肃穆气氛。广场地面是黑白相间的同心圆弧铺地，喷泉落下并穿入其间，形状是意大利地图，五个柱廊片段围绕着圆心，被赋上了红、橙、黄等鲜亮的颜色。夜晚，柱廊的轮廓又被闪烁的霓虹灯勾勒出来，廊上可以找到各种古典柱式，但柱头的一部分又由不锈钢材料代替而变得具有调侃意味。最“出格”的是穆尔的合作者还把穆尔的头像放在了柱廊的壁檐上，口中不断喷出水来。整个场面有点庸俗离奇，但又热情欢快，它确实让虚幻与真实、历史与现实以及经典与通俗走到了一起。

1983 年，P. 约翰逊设计的在纽约麦迪逊大街上的**美国电话电报公司总部大楼**[①]（AT & T Building，New York，USA，1978—1983 年，图 5-2-4）落成，彻底改变了人们以往所熟悉的摩天楼形象，引起一片哗然。约翰逊这一创作生涯的戏剧性转变无疑为后现代主义增添声势。这幢摩天楼外墙大面积覆盖花岗石，立面按古典方式分成三段，顶部是一个开有圆形缺口的巴洛克式的大山花，底部因中央设有一高大拱门的对称构图而令人想起布鲁内莱斯基的巴齐礼拜堂。甚至还有人把这座摩天楼比作恰蓬代尔（Chippendale）[②]的立柜。显然，设计师想使摩天楼告别钢与玻璃的形象，重新对 20 世纪初期曼哈顿尚未脱离传统形式的石材建筑立面作出回应。

这一时期接连出现的批判现代建筑的理论著作再一次对这股思潮的兴起产生了推波助澜的作用。如布莱克（Peter Blake）的《形式追随失败》（*Form Follows Fiasco*），布罗林（Brent Brolin）的《现代建筑的失败》（*The Failure of Modern Architecture*）等，一些评论家和理论家，如斯卡利、P. 戈德伯格（Paul Goldberger）等人为不断出现的后现代建筑师作品展开了理论构建和舆论宣传，其中最有鼓动性的是英国建筑理论家 C. 詹克斯及其在 1977 年发表的《后现代建筑语言》（*The Language of Post-modern Architecture*）。詹克斯是最早正式给建筑中的后现代主义下定义的人，并使这一名称在建筑界广泛流传。在书中，詹克斯首先以一种戏剧性的方式宣告现代建筑已经死亡，然后通过对比将其认为更加合理的后现代建筑特征推广出来。他指出：相对于现代主义的单一价值取向，后现代包含了多重价值；现代主义信奉普世的真理，而后现代则关注历史与地方文脉；现代主义注重技术与功能，而后现代却关心乡土的和隐喻的方面，赞赏模糊不定。詹克斯的阐述明显吸纳了符号学的理论与方法，他认为，现代建筑所缺乏的正是建筑传达意义的交流特征，建筑的形式应是可以联想的，是“一种有职业根基同时是大众化的建筑艺术，它以新技术与老样式为基础”，[③]因此后现代建筑的要义“就是它本身的两重性”，詹克斯将其称为“双重译码”

图 5-2-3　圣 · 约瑟夫喷泉广场

图 5-2-4　美国电话电报公司总部大楼

① 现名：麦迪逊大道 550 号（550 Madison）。

② 18 世纪英国著名的家具设计师。

③ 詹克斯 . 什么是后现代主义？[M]. 李大夏，译 . 北京：中国建筑工业出版社，1984：11.

（Double coding）。

为体现建筑形式的交流作用，后现代建筑最显著的特征之一就是热衷于运用历史元素，尤其是古典建筑元素。因此有人认为它们被冠以“后现代古典主义”的名称更为贴切。当然，它们吸取通俗文化的特征同样凸显。建筑师 M. 格雷夫斯（Michael Graves，1934—2015 年）的设计正是这种风格的典型，其代表作是他为俄勒冈波特兰市设计的**波特兰市政厅**（The Public Service Building in Portland，Oregon，USA，1980—1982 年，图 5-2-5）。该建筑形似一笨重的方盒子，上下分成三段，最下面一段形成稳健的基座，上部以实体墙面为主，墙上既有均质开窗的现代建筑意韵，又有从古典建筑拱心石及古典柱式中演绎出来的各种图形，而且色彩丰富。这幢建筑将以往现代办公楼简洁冰冷的形式完全打破了，它带来了从新古典主义到装饰艺术风格的众多历史联想，但又明显地让人感到像一幅通俗的招贴画。格雷夫斯在其之后的建筑设计中一直沿用这种手法，并称自己的作品为隐喻的建筑（Figurative Architecture），以此实践着建筑既出自专业人员之手又使大众简明易懂的后现代设计理念。

图 5-2-5 俄勒冈的波特兰市政厅

这一时期，欧洲同样出现了批判现代建筑的思潮，许多设计现象与美国的后现代建筑有相似之处。一些建筑师公开表示与现代建筑决裂，如 1964 年成立的罗马建筑师和规划师协会（GRAU）就是这种倾向的代表。当时，意大利设计界与建筑界表现出了对现代运动前期的新艺术运动甚至更早的建筑风格的极大兴趣，强调历史意识的恢复。例如，罗马建筑师及建筑历史学家 P. 波托盖西（Paolo Portoghesi，1931—2023 年）将自己的建筑设计与历史上的各种建筑风格联系在一起，形成了富有浪漫精神的折中主义创作实践。他设计的巴尔第住宅（Casa Baldi，near Rome，Italy，1959 年，图 5-2-6）呈现出了巴洛克与风格派的对立综合，他的其他许多作品也都有连绵不断的弯曲墙面和天顶，看似全新创造，却又能在多处捕捉到巴洛克建筑大师波洛米尼的影子。

奥地利建筑师汉斯·霍莱因（Hans Hollein，1934—2014 年）在引用古典语言和象征手法上，也完全称得上是一位正统现代建筑的反叛人物。**奥地利维也纳旅行社**（Office of Austrian Tourist Bureau，Vienna，Austria，1976—1980 年，图 5-2-7）是其颇有影响的代表作。在旅行社的营业大厅的设计中，霍莱因采用了舞台布景式的设计策略，以很写实的手法布置了一组组“风景”片段，以唤起旅行者们对异域景观的丰富联想：残破

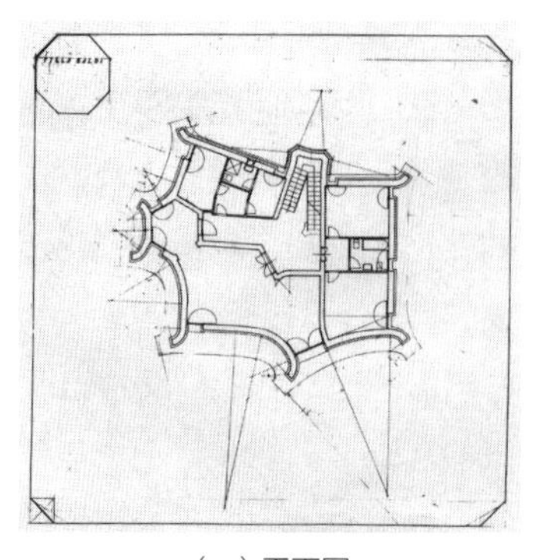

（a）平面图

（b）外景

图 5-2-6
巴尔第住宅
（Casa Baloli）

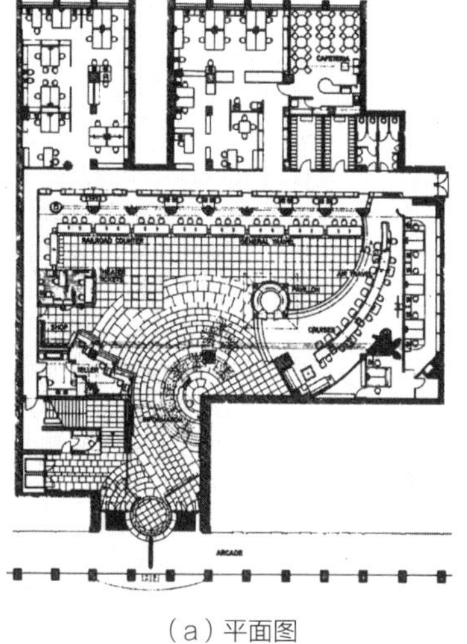

（a）平面图

（b）室内

图 5-2-7
奥地利维也纳
旅行社

的柱子象征着在希腊与意大利的旅行，青铜顶的亭子代表着印度，代售戏票的柜台似舞台帷幕组成的剧场，鸟代表了飞行，还有摩洛哥的棕榈树等。这些布景大都用金属制作，又隐喻了高技术在现代旅行中是必不可少的条件。

1980 年，由波托盖西策划并主持的一届**威尼斯双年展**（Venice Biennale）推出了特别的主题："过去的呈现"（The Presence of the Past）。参展建筑师有意识地将其具有共同特征的作品聚集在这个双年展上，这些作品都引入了历史建筑的形式语言，但又采用讽喻的方式。这个展览也被看成是后现代建筑师在欧洲的一次集体亮相（图 5-2-8）。

虽然，相对于美国，欧洲对这样的后现代主义建筑思潮的反应要冷淡得多，但建筑师关注城市历史文脉对建筑设计的影响作用变得日益普遍。英国建筑师 J. 斯特林在 1980 年代初设计完成的德国**斯图加特州立美术馆扩建工程**（Staatsgalerie Stuttgart Extension，1982 年，图 5-2-9），显示了其创作道路的巨大转折，作品本身也在建筑界引起了不小的争议。扩建的新馆毗邻老馆，建于坡地上，面向一条喧闹的交通要道，而新馆的建设除了满足本身功能要求外，还要安排一条穿越自身场地的城市公共步行道路。从形式上看，这个作品显然吸收了众多古典建筑元素。整座建筑以厚重的墙体为主，顶部有微微出挑的檐口，金色砂石外墙贴面酷似古典建筑的石墙肌理。平面的 U 形

图 5-2-8 1980 年威尼斯双年展“最新一条街”上建筑师的参展作品

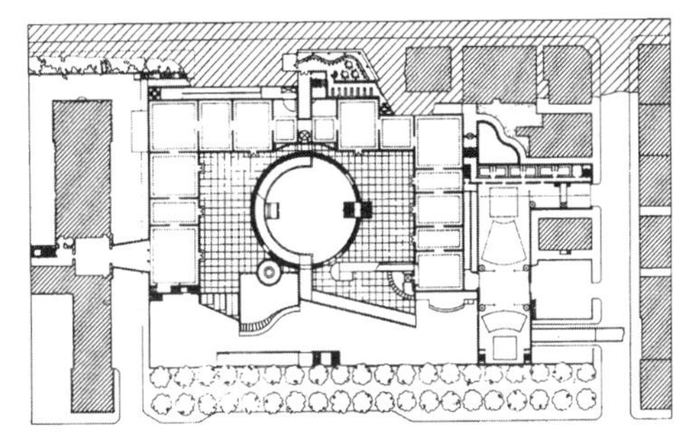

（a）平面图

（b）鸟瞰图

图 5-2-9 德国斯图加特州立美术馆扩建工程

布局与老馆呼应，同样有明显的轴线关系。最突出的是围绕中心有一圆形庭院，使博物馆获得了一座古典建筑所具有的纪念性和仪式感，从布局上很容易使人联想到 19 世纪德国建筑师辛克尔设计的柏林老博物馆。然而，这个万神庙般的院子又是开放的，天空是穹隆，而且对称的总体布局中实际兼容了许多自由空间，包括曲面构成的美术馆门厅，巧妙穿越圆形庭院的城市步行坡道。同样，建筑形式看上去古典，但每一个片段又总是被诸如鲜亮的色彩和夸张的形式等非常规要素所削弱。这个作品落成后，有人指责斯特林的这种历史主义转变是向玩弄形式的后现代主义屈服。但从城市设计的角度看，这个美术馆在既延续历史的纪念性又巧妙创造开放的城市公共空间上作出了卓越的探索。

1980 年代，当时的西柏林又推出了一项计划，使其再一次成为住宅设计探索的舞台。不过，此次众多建筑师的参与，与 1920 年代的斯图加特魏森霍夫住宅展和 1950 年代的柏林现代住宅建筑展不尽相同，带上了很明显的后现代主义色彩。这个与城市大规模建筑活动结合的**国际建筑展**（International Building Exhibition，Berlin，Germany，1987 年，德语简称 IBA，图 5-2-10）是由城市当局为柏林建城 750 年举办的。展览的主题为“作为生活场所的内城”（The Inner City as a Place for Living）。可以看到，在已经转变的政治、社会与经济形势下，对住宅展的期望已与过去差异很大，对新建筑如何关联城市的过去与未来发展的认识也已全然不同。参展的大部分建筑师都是后现代时期的活跃人物。他们在设计中引入了许多传统元素，无论是邻里空间，还是建筑风格，都努力建立着与城市历史的关联性，以此响应这个展览不是规划新区而是修补城市的宗旨。

关注历史元素和使用隐喻方式的设计探索在日本建筑师中也有响应，矶崎新（Arata Isozaki，1931—2022 年）就是一个重要代表。他曾是丹下健三的学生，也曾是 1960 年代日

（a）“城市花园住宅”

（b）R. 克里尔的作品

（c）H. 霍莱因的作品

图 5-2-10 柏林国际建筑展项目之一：“城市花园住宅”（Urban Villas，Rauchstrasse 4~10）

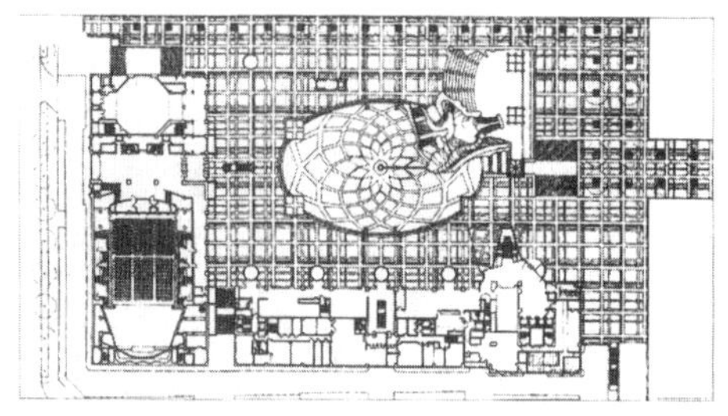
（a）平面图

（b）外观

图 5-2-11 筑波市政中心

本新陈代谢派的成员。但 1970 年代后期，他渐渐转变了设计方向，关注于自称为引用和隐喻的建筑（An architecture of quotation and metaphor），重要代表作品就是他设计的**筑波市政中心**（Tsukuba Civic Center，Japan，1979—1982 年，图 5-2-11）。矶崎新认为，历史建筑的形式、原理和方法事实上对形成现代建筑作品的整体构想有重要作用，“建筑的创作方法是对已建成的建筑档案库进行引用和增补的工作”。① 矶崎新在实践中表现出了强烈的手法主义倾向，按他自己的解释，筑波中心所呈现的是一幅包括从米开朗琪罗、勒杜、勒·柯布西耶一直到穆尔在内的群体肖像画，而这幅肖像画又是由形形色色的各种历史片段从它们“原本的文脉关系中撕拉出来”，② 再以既冲突又和谐的方式组合而成的。中心最特别的是由建筑群围绕的下沉广场，显然部分复制了米开朗琪罗的罗马卡比多广场的椭圆形地面图形，中央代替古罗马皇帝骑马铜像的是两股水流的交汇点，一股来自光滑石面上的水幕，另一股来自象征月桂女神的月桂树（青铜雕塑）下的礁石。在这里，看似极有秩序的空间，却围绕着一个空虚的中心，内容结构作了逆转和倒置的处理，历史元素也因此转入了一种新创造的文脉关系之中。

建筑师斯特恩（Roberts Stern，1939—）曾将后现代建筑的特征总结为文脉主义（Contextualism）、引喻主义（Allusionalism）和装饰主义（Ornamentalism）。虽然，这些所谓的后现代主义建筑师大多数并不愿意被贴上这样的标签，但他们的实践确实呈现出了这样一些基本的共同特征：首先是回

①、② 邱秀文，等．矶崎新 [M]. 北京：中国建筑工业出版社，1994：104.

溯历史，引用古典建筑元素；其次是追求隐喻的设计，以各种符号的引用和装饰手段来强调建筑形式的含义与象征作用；再就是包容大众与通俗文化，戏谑地使用古典元素，如商业环境中的现成品、儿童喜爱的卡通形象以及鲜亮色彩可以一并出现在建筑中；最后，后现代主义的开放性甚至并不排斥看似也将成为历史的现代主义建筑。因此，詹克斯把后现代归纳为激进的折中主义（Radical Eclecticism）有其一定的道理。[①]

不可否认，后现代主义重新确立了历史传统的价值，承认建筑形式有其技术与功能逻辑之外独立存在的联想及象征的含义，恢复了装饰在建筑中的合理地位，并树立起了兼容并蓄的多元文化价值观，这从根本上弥补了现代建筑的一些不足。

不过，一些现象也表明，不少后现代主义的实践只停留在形式的层面而缺乏更为深刻的内涵，因此，后现代主义很容易与玩弄风格画上等号。曾经名噪一时的某些代表作品其实从一开始就极有争议，被认为只是些滥用符号、迎合商业趣味的、舞台布景似的时髦玩意儿。1980 年代后期，这股思潮已经大大降温。

第三节 新理性主义

在 1960 年代后期西方出现的批判现代建筑的思潮中，理论学说和设计实践都表现出多样性，欧洲和美国的情形也有所不同。在欧洲，与上述所谓的后现代主义同时出现的，是意大利新理性主义运动（Italian Neorationalist Movement），形成了另一股影响深远的思想潮流。新理性主义（New Rationalism）也称坦丹札学派（La Tendenza），它的代表人物就是意大利建筑师、建筑理论家 A. 罗西。从表面上看，新理性主义运动与后现代主义有许多共同之处，其理论关注点都是围绕建筑的历史与传统问题展开，实践作品也体现出了强烈的历史意识。但事实上，新理性主义运动相比以美国为代表的、广泛吸收各种历史符号的后现代建筑，显现出更深层次的思考，并要寻找一种基于城市历史的发展逻辑来建立的、合乎理性的建筑生成原则。

意大利成为新理性主义运动的发源地并非偶然。早在 1920 年代欧洲的现代建筑运动方兴未艾之时，意大利就涌现出了一批“另类”的探索者，因为同样是寻找新时代的建筑发展之路，他们与以勒 · 柯布西耶和密斯为代表的激进先锋派们所持的主张有所不同，试图把意大利古典建筑的传统语言与机器时代的结构逻辑进行新的综合，形成了以特拉尼及其意大利理性建筑运动（M.I.A.R.）的“七人组”（Gruppo 7）为代表的思想与实践。因而 1960 年代的新理性主义运动很大程度上是在

① 詹克斯 . 后现代建筑语言 [M]. 李大夏，译 . 北京：中国建筑工业出版社，1986.

继承那一时期思想理论的基础上发展起来的。还需看到的是，战后的意大利在社会政治领域始终难以建立一种稳定性，围绕大城市发展的城郊社区呈现出无序状态。1960 年代末遍及西方世界的向正统和权威挑战的反叛文化浪潮，一方面拓展了迈向多元文化的发展道路，但另一方面也出现了信念破碎后的彷徨，甚至走向了悲观主义。在这种危机中，建筑界又开始呼唤向传统价值的回归。于是，以罗西和 G. 格拉希（Giorgio Grassi，1935—）为代表的意大利建筑师们重启“回归秩序”（Retour à l'ordre）[①] 的建筑探索，并很快在建筑界引起了反响。

新理性主义的兴起以两部历史性的理论著作的出版为标志，一是罗西的《城市建筑学》，另一部是格拉希的《建筑的结构逻辑》（*La Construzion Logica dell'Architettura*）。他们都以类型分析方法（Analysis of typologies）探讨建筑形式原理，以罗西的类型学理论最有影响。受法国考古学与建筑理论家德 · 昆西（Antoine-Chrysostome Quatremère de Quincy，1755—1849 年）的启示，罗西超越了现代主义建筑以功能定义类型的设计思维，而是将形式现象还原到人类的普遍经验和心理过程中探讨。对此，他在《城市建筑学》一书中展开了丰富而深刻的论述，认为建筑的本质是文化产物，而不是功能与技术的结果；形式的生成取决于地域文化的深层结构，来源于城市历史积淀的集体记忆（Collective memory）。按他的观点，仅以合理化原则开展设计实践的现代建筑剥离了形式应有的自主价值，因为城市是历史场所，人们记忆中的、历史形成的秩序规律（Orderliness）才是其中最有价值的部分，是真正反映社会文化习俗的集体表达（Collective representation）。类型学就是揭示建筑形式之于城市历史的内在逻辑关系，呈现城市中“历史形成的、亘古不变且无法再简化的基本建筑要素”，这些要素具有原型（Prototype）价值，应回归其“建筑学体系的地位”（Architectonic place），从而形成建筑设计的恒定法则。进而，罗西将此学说诠释为一种类比的建筑学（An analogical architecture，图 5-3-1）。

罗西与建筑师布拉基埃里（Gianni Braghieri）合作、在当时的全国竞赛中获胜的**圣 · 卡塔多公墓**（San Cataldo Cemetery，Modena，Italy，1971—1976 年，1980—1985 年，图 5-3-2）设计，是其类比建筑学理论的典型实践。这是紧邻一座历史公墓的扩建项目，基地呈一长方形围合，微妙复制了老墓地的布局，沿着墓地的中轴线依次建造了灵堂、墓室和公共墓冢，最后是绵长而规则的拱廊横向排列。灵堂是一个色彩明艳的巨大立方体，墙上开满窗洞，与意大利北部的传统住宅极为相似，但却没有屋顶与楼层，未完成的房子以一种抽象形式呈现了对住宅概念的永恒记忆，同时其荒芜的形象俨然是被遗弃的废墟，一座“死者的住屋”。屋后的墓室以等边三角形的布阵整齐排列，犹如人体躯干上的条条肋骨，走到墓室的端部是大烟囱造型的公共墓冢。灵堂、墓室和墓冢以古典三部曲的方式展开，整个构图恰似一个脱离了生命与肉体的躯干，一副死亡者的骨架，也暗喻时间的消匿。可以看到，罗西的类比设计一方面立足于抽象的和

① 1926 年由法国艺术家、作家科克多（Jean Cocteau，1889—1963 年）写的一篇文章的题目，这篇文章表达了作者反对当时艺术激进派的思想，号召重新回归传统秩序。

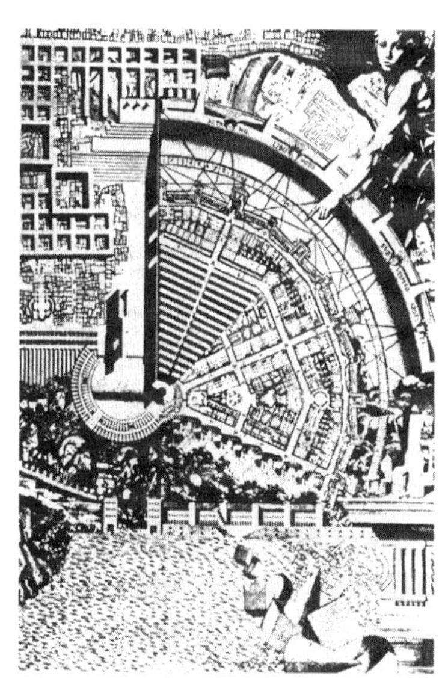

图 5-3-1　类比的建筑学——“类比城市”

（a）公墓设计表现图

（b）灵堂外观

（c）长廊局部

图 5-3-2　圣·卡塔多公墓

形而上学的概念，试图建立一种绝对、普遍和永恒的形式原则，另一方面又紧密关联具体的历史环境和对地域传统的诠释，并认为从传统建筑中抽取的单纯几何体是最适宜表达概念的元素，因此，正方体、长方体、三角形或圆锥体等纯粹几何体就不断出现在他的作品中。

罗西的另一个代表作——**米兰的格拉拉公寓**（Gallaratese 2 Residential Complex，Milan，Italy，1970—1973 年，图 5-3-3）的设计。同样反映了其类型学理论的实践。这是一幢超乎寻常的长条形住宅建筑，长 182m，进深仅 12m，利用地形高差而分成两部分。住宅的形式来自米兰传统出租房的意象，底层为透空长廊，住家大都在二楼以上布置。沿透空的底层，一边由落地的窗间墙支撑，另一边是纤细的片状列柱，建筑两部分的连接处是几根粗大的圆柱体立柱。无始无终的列柱形成了强烈的传统“外廊”的感觉，“意味着一种浸透了日常琐事、家居的亲切感和变化多样的私人关系的生活方式”。但同时，建筑的形式又被简约到了最纯粹的层面，素面的外墙、正方形

（a）立面表现图

（b）建成外观

图 5-3-3　米兰的格拉拉公寓

的窗洞、长方形的绵延不尽的片柱以及圆柱体支柱，唤来了超越世俗的抽象与纯净，仿佛也维护了这一低造价住宅的尊严感。

以功能主义者的眼光看，格拉拉公寓建筑有一个过于抽象的立面，在卡塔多墓地中使用的纯粹几何形也同样出现在这幢为生者的建筑中，这似乎是有悖常理的。然而罗西认为，坟墓作为死者的住屋从类型上是与住宅并无二致的，保存秩序比适应功能更为重要，建筑的形式赋予有优先权，因为这是“集体的表现”，只有这样，新建筑的设计才能真正属于它的城市。

罗西作品中的抽象性与纯粹性仍反映着 1920 年代现代建筑师勒·柯布西耶和米兰现代建筑领袖人物 G. 穆基奥（Giovanni Muzio）的影响，但其理论却表达着深刻的批判性。他相信建筑学应回到自然与人文科学般的思考中，建筑形式是在“最完整地表现出人类状态”的城市叙述中产生的。他以这样的方式重建一种理性的建筑原则，既揭示了现代主义的深层危机，也唤回了众多建筑师的职业信心。罗西的理论逐渐在欧美广泛流传，引来众多追随者。1980 年代以后，罗西有更多的机会将他的类型分析方法推广到各种公共建筑设计的实践领域，他为 1980 年威尼斯双年展设计的**水上剧场**（Teatro del Mondo，Venice，Italy，1979 年，图 5-3-4）是其又一代表作。在这一设计中，他把纯粹几何体的寂静与水城纪念建筑的欢快意象结合起来，使人既联想起文艺复兴时期的威尼斯水上剧场，又能追忆起中世纪的钟楼，蓝色的八角形屋顶还是水城运河口圣玛丽亚教堂大穹顶意象的现代阐释。城市纪念性主题一直贯穿在罗西的公共建筑中，无论是市政厅还是博物馆，都意欲传达罗马建筑般的尊贵或帕拉第奥式的严谨。

图 5-3-4　1980 年威尼斯双年展水上剧场

新理性主义的实践探索还包含了意大利之外的一些出色的建筑师。在瑞士南部的提契诺地区，与毗邻的意大利北部有着共同的地域文化传统。几十年来，这里一直活跃着一支尝试将历史传统与现代建筑结合的建筑师队伍，形成了所谓的提契诺学派（Ticenese School）。1970 年代以来备受关注的建筑师马里奥·博塔（Mario Botta，1943—）就是这个学派最有影响的人物。博塔早年就读于威尼斯建筑学院，曾在勒·柯布西耶的工作室学习过，做过路易斯·康的助手，这些经历都深深地印刻在他之后的实践生涯中。1970 年代，博塔通过一系列的独立住宅设计逐渐形成自己在建筑界的影响力。博塔是一位立足于实践的建筑师，但他的建筑思想却与罗西及其追随者有着许多共同之处。一方面，他致力于以类型学的方法从提契诺地区的历史传统中寻找建筑的形式逻辑来源另一方面，他的作品又由纯粹的几何体组成，体现着一种强烈的秩序感和古典精神，同时以减法的方式处理内部空间，以形式的自主性建立建筑自身的完整世界。

在**圣·维塔莱河旁的住宅**（House at Riva San Vitale，Ticino，Switzerland，1972—1973年，图5-3-5）是博塔形成自己建筑风格的重要作品之一。住宅是一个平面为正方形的棱柱体，坚实地矗立在山地上，其入口由一道凌空的钢桥与山体连接，而宅内的生活空间完全在几何体内逐层安排。棱柱体或圆柱体在博塔的系列住宅设计中一直出现，这种掩蔽而结实的单纯形体有返璞归真之感，又可联想到当地传统建筑的干粮仓或瞭望塔。然而，过于严谨的几何体又明显地与场地保持着一种距离，甚至是一种与地形学的对抗。博塔称这是一种建筑与环境的辩证游戏，即一面是以表现几何形体力度、材料的雄浑以及构造与细部的优雅来唤回地方传统的价值，张扬地域建筑的品质，而另一面则是以柏拉图式的几何形和笔直轻盈的红色钢桥强化着建筑的人工意味。这里，建筑的存在起到了重塑场地的作用，周围景观反而在这人工物的主宰下更加衬显了出来。建筑像获得了天赋的特权，把一种地方精神提升到了富有象征性的高贵境界。

博塔在许多城市公共建筑的设计中也体现出了同样的思想与策略。在其代表作——瑞士**卢加诺的戈塔尔多银行**（Bank of Gottardo，Lugano，Switzerland，1982—1988年，图5-3-6）中，设计既依赖都市的现实背景，又积极构筑银行自身的城市形象。该建筑沿街有四个独立的单元体，其间形成半围合式的城市庭院，与侧面的公园遥相呼应。单元体的立面是一个个坚实的“面具”，影射着城市中古老宫殿的建筑意象，同时也为银行自身建立了富有尊严的纪念碑形象。1980年代后期起，博塔的业务不断扩展，文化、宗教类公共建筑项目日益增多。1995年落成的美国**旧金山现代艺术博物馆**是其实践生涯中的又一重头戏。博塔把这座艺术殿堂提升到

（a）平、立、剖面图

（b）外观

图5-3-5　圣·维塔莱河旁的住宅

了今天的城市大教堂的地位，他将城市空间引入博物馆，又通过博物馆赋予城区以新的意义。博塔的作品就是这样在广泛的实践中既体现出了对地域特征的关怀，同时也创造了他自己个性鲜明的建筑神话。

新理性主义的探索在德国也有响应。建筑师翁格尔斯（Oswald Mathias Ungers，1926—2007 年）长期潜心于建筑的本源和类型学的思考。和罗西一样，他探讨建筑生成的结构原理，并归结为一种“建筑学中的新抽象”（New Abstraction in Architecture）。他认为这种方法能“还原空间的基本概念”，可作为“普遍适宜的、表达一种永恒质量的抽象秩序”。[①]在**马尔堡市利特街的住宅群**（Residential development in the Ritterstrasse，Marburg，Germany，1976 年，图 5-3-7）的设计中，他从该市的传统住宅里挖掘形态特征，将其归为十多种变形的立方体块，并选出几种用于设计，形成了多样中的统一。法兰克福的一幢旧宅将改成**建筑博物馆**（Museum of Architecture，Frankfurt-am-Main，Germany，1981—1984 年，图 5-3-8），翁格尔斯设计了一个“屋中之屋”，旧宅既成为博物馆中的首件展品、一个建筑的原型，也暗喻了所有的建筑从这里生长，包括围绕在外的另一幢旧宅。

除此之外，新理性主义运动还有两位颇受关注的人物，那就是卢森堡建筑师 R. 克里尔（Rob Krier，1938—2023 年）和 L. 克里尔（Leon Krier，1946—）兄弟。与其他建筑师相比，克里尔兄弟回归历史的主张走得更远，他们把工业革命前的欧洲城市看作最理想

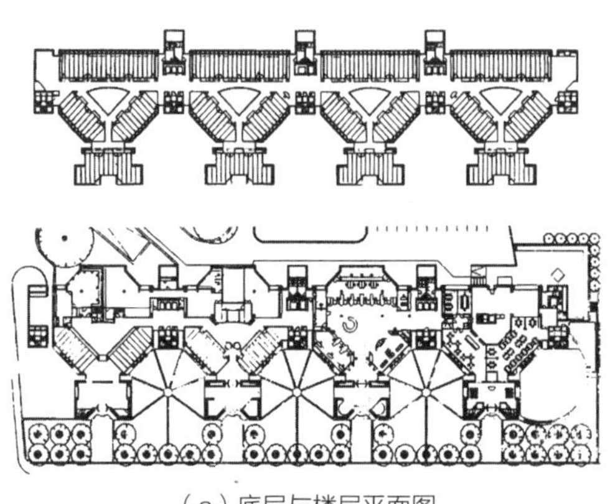

（a）底层与楼层平面图

（b）沿街立面外观

图 5-3-6
卢加诺戈塔尔多银行

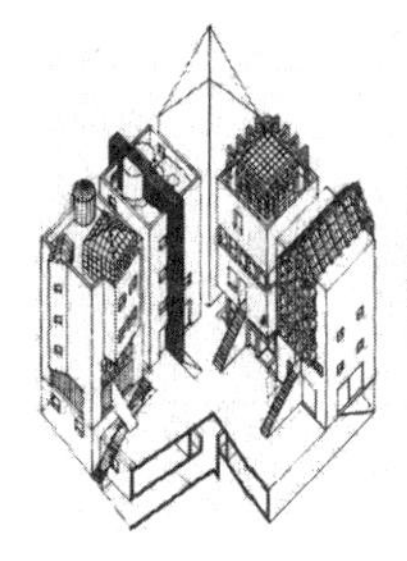
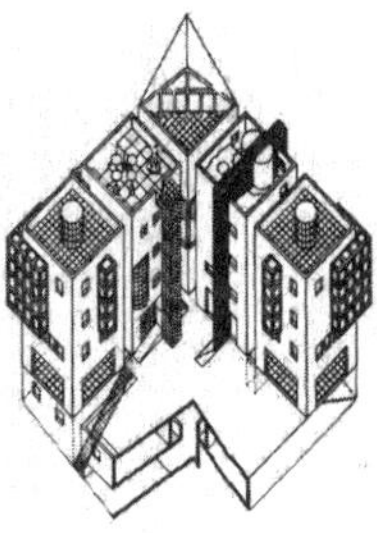
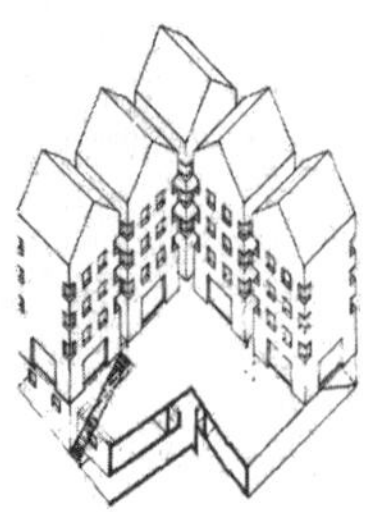
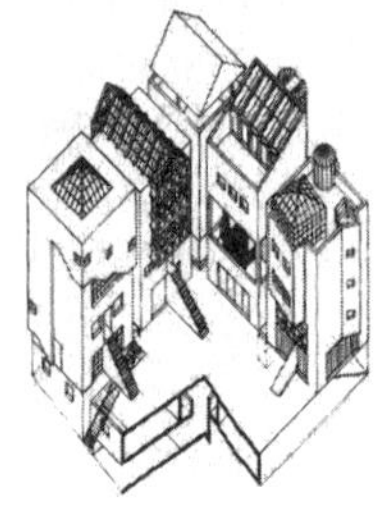

图 5-3-7
利特街的住宅群

① TZONIS A，LEFAIVRE L. Architecture in Europe since 1968，memory and invention[M]. Thames and Hudson，1992：134.

的城市模式，因而，他们所要追求的理性建筑就是“用恢复城市空间的精确形式的方法来反对城市分区所造成的一片废墟”。借助于类型学以及与建筑学相关的所有知识，他们要重新建立建筑物与公共领域、实体与空隙、建筑有机体及它所形成的周围空间之间的辩证关系。在 L. 克里尔所做的一些城市重建方案、如伦敦的皇家敏特广场（The Royal Mint Square Project，London，1974 年）、巴黎的拉维莱特区规划（La Villette Quarter in Paris，1976 年）和**卢森堡市中心规划**（the Center of Luxembourg City，1978 年）中可以看到，19 世纪早期的新古典主义几乎成为他试图恢复城市秩序的永恒风格（图 5-3-9）。

R. 克里尔曾是翁格尔斯的学生，他致力于城市及建筑空间的形态学研究。他从历史中引申并定义各种都市空间类型，再把它们作为原型重新植入现存的都市环境设计中。在 R. 克里尔所著的《城市空间》（*Urban Space*）一书中，就列举了大量类似的研究。比如他列出了城市街道与广场交汇的 4 种原型以及 44 种由此而来的变体形式，还列举了不同类型的广场，如圆形广场、四边形广场等以及这些类型的多种变体，使类型学的研究具备了更大的实践操作性（图 5-3-10）。

新理性主义的核心是抵抗功能主义和技术至上的现代工业化城市规划及其建筑设计，试图以类型学的方式建立与城市历史有深层关联的建筑形式原则，以保持城市记忆与建筑文化的延续性。从实践中看，类型学从作为一种理解城市与建筑的原理，到一种普遍适用的建筑设计方法论，仍有其局限性。有批评者认为，罗西以及大多数追随者对于形式语汇的关注往往远重于对深层社会习俗的研究。因此，他们的作品最终也难免成为一种带有怀旧特征的、易于模仿的风格。

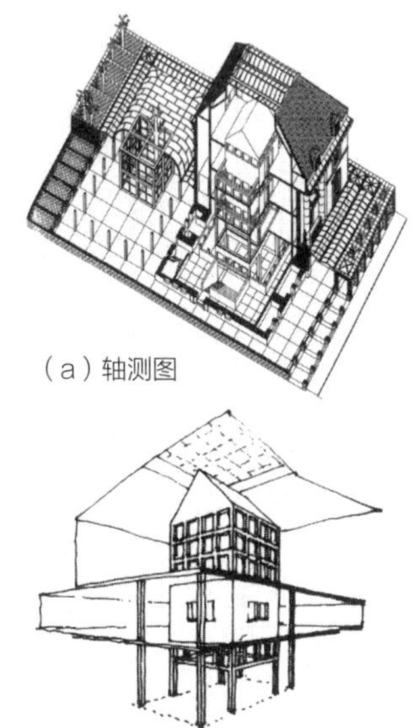
（a）轴测图

（b）设计草图

图 5-3-8　法兰克福旧宅改建的建筑博物馆

图 5-3-9　卢森堡市中心规划图

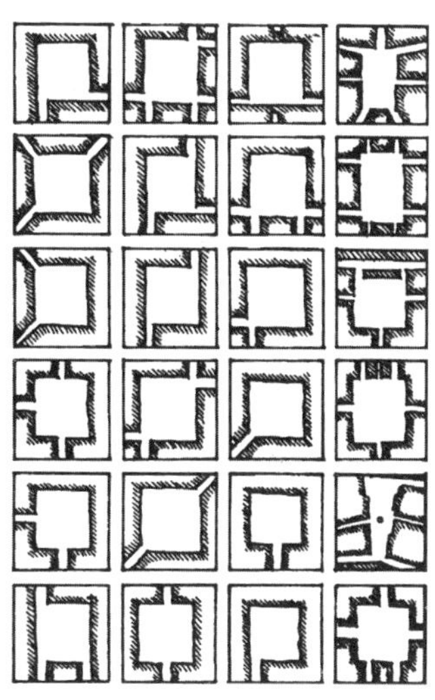
图 5-3-10　用类型学方式分析广场形态

第四节 新现代

与上述两种建筑思潮相比，“新现代”（New Modern 或 Neo-Modernism）的所指比较含糊，它算不上是一种全新的建筑思潮，也没有明显统一的理论学说。一般来讲，这一名称主要是指那些相信现代建筑依然有其生命力并试图继承和发展现代建筑的设计语言与方法的倾向。新现代也可以有更广义的所指，它包括 20 世纪 70 年代以后绝大部分与有历史主义意味的各种后现代思潮截然不同的当代实践。本小节讨论的对象并不包含后一种更宽泛的所指。

1980 年代初，纽约的一些评论家开始使用这个名称，意指一种现代建筑的历史“复活”，建筑师 R. 迈耶（Richard Meier，1934—）具有“优雅新几何”（Elegant New Geometry）形象的作品被认为是新现代的典型风格。1990 年 9 月，伦敦的泰特美术馆举行了一次题为“新现代”（The New Moderns）的国际研讨会，参会的有 C. 詹克斯、R. 迈耶、D. 里伯斯金、G. 勃罗德彭特（Geoffrey Broadbent）等 30 多人，他们中有建筑师、评论家和理论家。会后，英国著名建筑杂志 AD 出版了专集《新现代美学》（*The New Modern Aesthetics*）。活动并没有对新现代作出明确定义，大家基本认为确实有从现代建筑的传统中发展出来的新建筑，并形成了一种与后现代古典主义或通俗主义相抗衡的设计倾向。同年，詹克斯出版了著作《新现代》（*The New Moderns*），又推动了这个名称的传播。

曾经师从建筑史学家威特克尔（Rudolf Wittkower）的柯林·罗，早在 1940 年代就发表了“理想别墅的数学”一文，揭示勒·柯布西耶 1920 年代的住宅设计与古典建筑语言的内在关联性，1950—1960 年代，他又与 R. 斯拉茨基（Robert Slutzky）发表关于“透明性”（Transparency）的系列文章，以更精细的方法解读现代建筑的形式语言。部分新现代的建筑师受这些理论的启示是毫无疑问的。

因此，也有人将 1969 年在纽约现代艺术博物馆举办的一个建筑展作为新现代的开始。这次展览介绍了 5 位当时并不出名的美国建筑师的作品，建筑师是 P. 埃森曼（Peter Eisenman，1932—），M. 格雷夫斯，R. 迈耶，C. 格瓦斯梅（Charles Gwathmey，1938—2009 年）和 J. 海杜克（John Hajduk，1929—2000 年）。展览清一色为独立式住宅设计，形式有明显的共同特征，简洁的几何形体看似勒·柯布西耶早期的建筑风格，也像直接吸取了荷兰风格派代表人物里特维尔德和意大利建筑师特拉尼的设计手法。展览引起了建筑界的关注，柯林·罗和弗兰姆普敦都发表了评论文章。随后，作品与评论文章合成专集，于 1972 年出版，书名就叫《五位建筑师》（*Five Architects*）。由于这 5 人都在纽约，因此他们又被称为“纽约五”（New York Five）。

“纽约五”的作品虽然看起来酷似勒·柯布西耶早期的住宅建筑，但形式的表达却是更为抽象，建筑的尺度也很难判断。海杜克的**10 号住宅**（House 10，USA，1966 年，图 5-4-1）体现出了一种无情节的构图，他使设计降至对建筑形式本身的判断，点、线、面和体的组织，3/4 的圆形或正方形，三角形斜边等都是形式的基本元素，住宅的布局在水平方向上被超常规地拉长，建筑以时间维度的扩展形成了庞大尺度的幻觉。海杜克致力于将空间和尺度推向它们的极限的建筑实验，既有很强的思辨性，也不免晦涩难懂。

埃森曼关注的也是如何强化建筑形式的独立性，他的住宅系列设计相当明显地表达了他的这种努力。首先，从形式上看，**一号住宅**（House Ⅰ）和**二号住宅**（House Ⅱ）（图 5-4-2）都是从一种九宫格似的结构基础中生长出来的，它们保持着各立面的正面性，使人很容易联想到特拉尼于 1930 年代在意大利北部城市科莫（Como）设计建成的作品法西斯宫，但这些住宅同时也包含一种不对称的

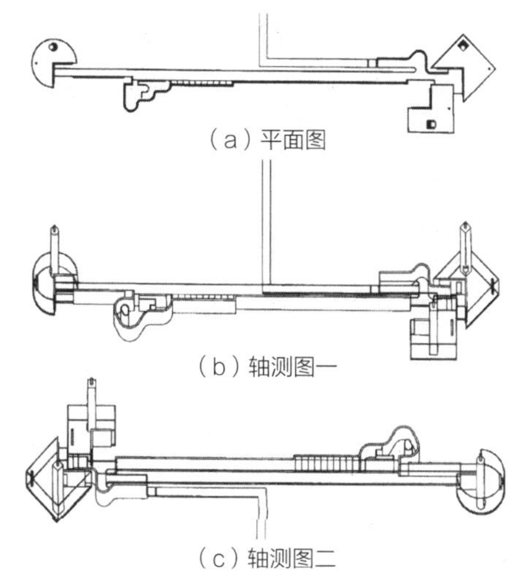

（a）平面图

（b）轴测图一

（c）轴测图二

图 5-4-1　海杜克的 10 号住宅

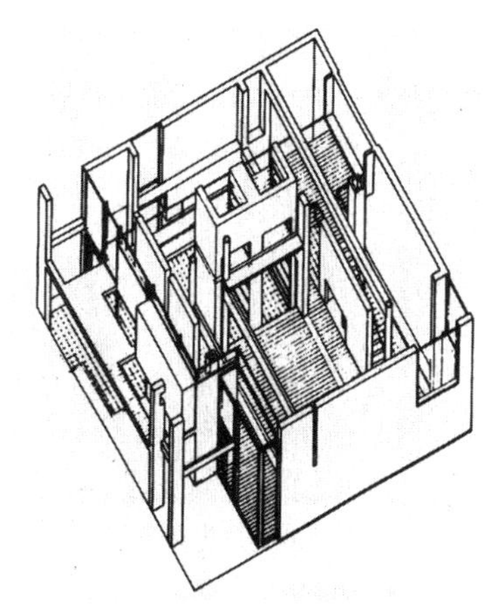

（a）一号住宅轴测图

（b）二号住宅外观

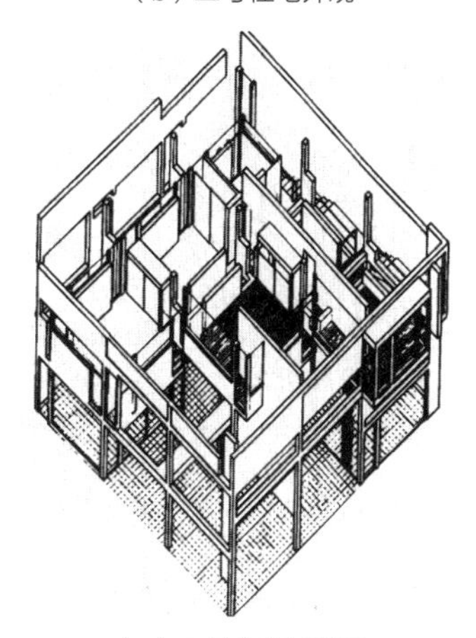

（c）二号住宅轴测图

图 5-4-2　埃森曼的一号住宅和二号住宅

旋转，使建筑的内外都不易成为建筑形式的主宰。建筑理论家将这种现象称为“建筑正面性与旋转性的对峙”（Frontality vs. rotation），[①]而建筑师自己称此设计意图是要将形式的构成逻辑有别于功能与技术原则下的形式结果。埃森曼并不否认形式与使用、建造等环境条件的关联，但他强调另一个更抽象、更本质的形式结构的意义。在他看来，现代建筑要获得完整的发展，根本上不在于实践美学道德准则或社会文化承诺，而应吸收乔姆斯基的语言学分析方法，找出可以解释形式产生的深层结构、定律和规则，从而界定出建筑语言自身的规范和行为，设计的实质就是以这些规范为基础的智力操作（Mental operation），而规则本身的制定可以是任意的。埃森曼因此也将自己模型般的系列住宅作品称作“纸板建筑”（Cardboard Architecture）。[②]上述两个住宅设计，房屋梁柱的排列是脱离传统力学逻辑的，空间的功能关系也在复杂的形式操作中错置或迷失，唯一重要的，是要让各种元素完全组织到抽象而自洽的形式与空间中。在之后的三号住宅（House III，Lakeville，Connecticut，1971，图 5-4-3）设计中，埃森曼用了一种旋转机制，将一个转动的立方体与原始的三度空间扣连起来，使另一复杂的形式操作轨迹清晰可辨。

图 5-4-3　埃森曼设计的三号住宅

埃森曼与罗西都努力推动建立一种“自主的建筑学”（Autonomous Architecture），[③]但两者的理论有很大区别。对罗西来说，自主性是在城市历史中得到确认的，而对埃森曼来说，自主性则指以自足的语言做出形式的阐释，把建筑形式生成的操作过程（The process）看得最为重要。当然，他们又都以不同的理论共同突出了建筑活动的智力特性，埃森曼更是频繁发起多样活动，不断表明建筑理论思考应优先于设计实践，并以此克服现代主义已经带来的建筑学的危机，重新建构建筑职业人的身份地位和社会自信。

1980 年代起成为后现代古典主义代表的格雷夫斯，早在 1960 年代的成名作更多体现出对现代主义的继承与超越，因而也是作为“纽约五”的一员而崭露头角的。在他设计的**汉索曼住宅**（Hanselmann House，Wayne，Indiana，USA，1967 年，图 5-4-4）和**贝纳塞拉夫住宅扩建**（Benacerraf House Addition，1969 年，图 5-4-5）中，明显是效仿勒·柯布西耶的几何形式语言来组织建筑体量与空间布局的。格氏将建筑活动理解为人在自然中建立秩序的过程，对形式在自然中如何生成与形式包含的功能同等重视。在贝纳塞拉夫的住宅扩建中，他以在规则形中作删减法，将一个闭合的和一个开放的体量结合起来，使住宅既保持形式的自主，又与自然场地融合。格氏的设计还表明，他既立足于现代建筑的抽

① ROWE C. Kenneth Frampton，five architects[M]. New York：Oxford University Press，1975：9.
② 同上，15.
③ 同上，41.

（a）外观

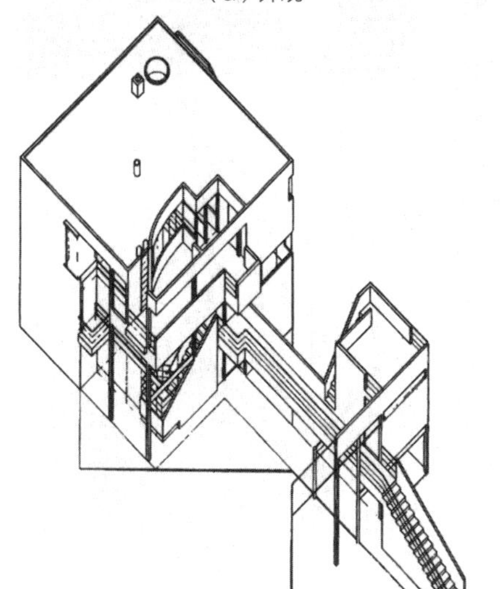
（b）轴测图

图 5-4-4　格雷夫斯的汉索曼住宅

图 5-4-5　贝纳塞拉夫住宅扩建

象形式，又完全不在意其形式原本包含的理论原则与社会愿景，而是直接展示对“建筑艺术”的偏爱。比起埃森曼，格氏吸纳了风格派施罗德住宅以及抽象雕塑等更丰富的造型与色彩，使作品隐喻了现代主义多种语言在这里的汇集与碰撞。

如果说埃森曼和格雷夫斯的设计已经预示了他们后来的不同走向的话，“纽约五”的另一成员迈耶的设计语言则一直有持续性。从当时展出的**史密斯住宅**（Smith House，Darien，Conn. USA，1965 年，图 5-4-6）中，已经可以看到迈耶成熟的设计风格。这座独立式住宅通体洁白，很容易使人联想到勒·柯布西耶的施坦因别墅（Villa Stein，Garches，France，1926—1927 年）。住宅坐落在一片宜人的环境中，人们要穿越浓密的树林和岩石才能进入。建筑本身以功能关系划分为实体的与开敞的两大部分，区分家庭成员各自的私密生活空间与共享起居空间，而住宅的结构系统和空间组织正好相互契合。于是，住宅传达了清晰的空间关系：一条长坡道由丛林引向入口，切入建筑实体部分，与住宅内的水平走廊连接，两个成对角布局的楼梯形成的交通流线，将住宅的私密与公共两部分有机地结合在一起。封闭的私密空间分 3 层，向着沙滩与大海开敞的起居空间贯穿 3 层，因家庭成员对交通空间的频繁使用，两部分之间的层次感与通畅感交相映衬。史密斯住宅表达了迈耶建筑设计中的双重概念，一个是理想的、抽象的，另一个是现实的、解析的。抽象概念包含了空间分层系统和与之平行或交叉的交通流线的确定，现实概念是指抽象概念与其回应现实问题之间的互

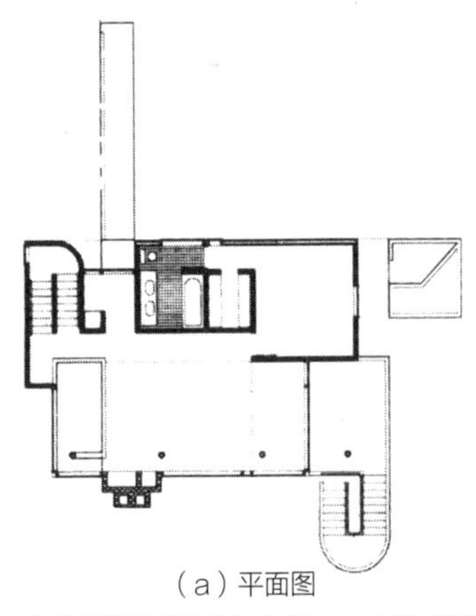

（a）平面图

（b）主立面

图 5-4-6　迈耶的史密斯住宅

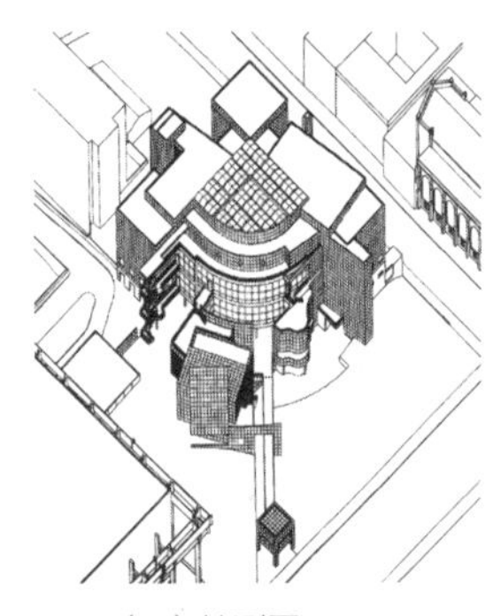

（a）轴测图

（b）外观

（c）中庭

图 5-4-7　海氏艺术博物馆

动，涉及场地、功能、流线与入口、结构及围合，因此，建筑生成的自主性与形式秩序感没有离开建筑与环境的有机联系。1980 年代起，迈耶将这种设计手法扩展到更多的公共建筑中，他以对白色的偏爱和把握形式的出色才能，使现代建筑获得了独特的优雅、高贵和诗意。

在乔治亚州亚特兰大市**海氏艺术博物馆**（High Museum of Art，Atlanta，Georgia，USA，1980—1983 年，图 5-4-7）的设计中，迈耶的风格日臻完善。博物馆自然包含了更丰富而复杂的内外空间和形体组织。建筑晶莹洁白的外表聚焦到一条长坡道，将参观者引向二层，进入博物馆。馆内的中庭最具特色，各展厅和服务空间围绕展开，其螺旋形坡道让人联想起赖特的古根海姆博物馆，但在这里仅起交通流线作用，形成灵动而通透的漫游空间。参观者行走其间能不停地感受精致的细部和变幻莫测的光影，一个高雅的文化和社会活动的公共聚会中心。博物馆就这样内外呼应，浑然一体。

1997 年，迈耶完成了他职业生涯中规模最大的设计项目**盖蒂中心**（Getty Center，Los Angeles，USA，1985—1997 年，图 5-4-8），一个集艺术收藏与展览、文物保护研究以及行政与服务为一体的建筑群。整个中心由 6 组建筑综合体组成，坐落于一座占地 44.5hm^2 的小山丘上，共 8.8 万 m^2，面向洛杉矶市区和太平洋，周围景色十分优美。从形体到光线，从空间到景观，建筑师无不精心组织，因而建筑最成功之处在于群落的布局与环境的完美结合。迈耶说，面对这片场地他看到了一个经典的构筑即将产生：“她从粗犷的山丘上崭露出

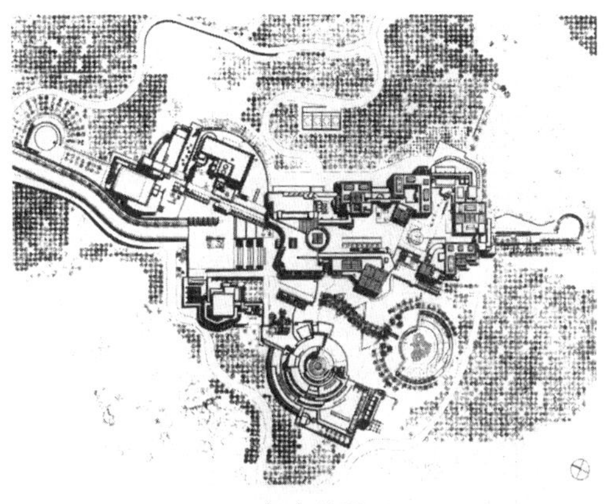
(a)总图

(b)鸟瞰图

图 5-4-8 盖蒂中心

来，优雅而永恒，明朗而完美……有时是环境控制着她，有时她又挺立而出主宰环境，两者在对话中共存，在相互交融中合二为一。”①迈耶称他要努力回到古罗马哈德良离宫（Villa Hadriana，Tivoli，Rome，AD118—134 年）的精神中，回到这些建筑的空间序列、厚重的墙体表现、它们的秩序感以及建筑与场地互为依存的方式中。

“纽约五”继承和发展了现代主义建筑的纯净语言，因此被贴上“白色派”的标签，并与文丘里和斯特恩为代表的、主张回到历史文脉与文化象征表达的“灰色派”们形成了对峙。斯特恩甚至还推动了“五对五”（Five on Five）的系列文章在《建筑论坛》（*Architecture Forum*）杂志上发表，直接抨击“白色派”又回到 1920 年代勒·柯布西耶的美学，是排他的而不是包容的，会使建筑陷入形式主义的歧途，却难以走向真正的变革，以拯救现代建筑意义（Meaning）缺失带来的人文主义危机。不过这场争论并未延续很久，部分“纽约五”成员及其理论家很快改变方向，甚至转入了“灰色派”阵营。

再看欧洲，1960 年代后期的文化反叛浪潮自然引发对现代主义的反思与批判，但各国家和地区的差异性也显而易见。在法国，许多建筑师表达出对后现代历史主义的抵抗，自觉延续和发展勒·柯布西耶为代表的现代建筑师创造的空间和形式，甚至出现了被称为新柯布派（Les Néocorbuséens）的群体，秘鲁裔的 H. 希亚尼（Henri Ciriani）就是其中的代表。这位从 1960 年代开始在法国从业的建筑师，于 1978 年起担任巴黎美丽城建筑学院教授，他将对勒·柯布西耶建筑的深入研究与设计教学紧密结合，摆脱教条，超越局限，延续和发展了现代建筑形式语言，设计了**法国一战纪念馆**（Historial de la Grande Guerre，Péronne，Somme，France，1987—1992 年）等系列作品，也影响了一批法国青年学生与建筑师。

法国建筑师 C. 包赞巴克（Christian de Portzamparc，1944—）从 1980 年代开始建立起国际声誉。他的作品带上了更多感性与表现的成分，但一系列建筑形体与空间设计

① JODIDIO P，Richard Meier[M]，Taschen Press，1995：46.

的手法仍然强烈表现出了现代建筑传统语言的影响与继承。**拉维莱特音乐城**（Cité de la Musique，Paris，France，1984—1995 年，图 5-4-9）是他的代表作，项目设计蕴含了对城市生活的思考，并以灵活多变的几何体形来满足复杂的功能和对周围环境的响应。音乐城分为东西两个部分，二者在差异中相互促进，西侧的相对封闭而稳固，为国立音乐学院所用；东侧的具有动感和流动性，是音乐厅、音乐研究所和乐器博物馆。音乐城建筑仿佛是一部庞大的交响乐，以多样的组合关系和富有装饰性的细节塑造了一个包容众多公共活动场所的、充满愉悦感的城市空间。

1980 年代初，建筑师贝聿铭设计了**巴黎大卢佛尔宫的扩建**（Grand Louvre，Paris，France，1981—1989 年，图 5-4-10），方案一推出即在这个文化名城中引起轩然大波，因为贝聿铭以强烈几何特征的透明金字塔作为卢佛尔宫博物馆的新入口，置于古老的宫殿广场中央，被认为是对巴黎核心历史环境的极大挑战。卢佛尔宫是每天都要接待上万名游客的著名艺术圣殿，长期以来一直为展览路线过长且严重缺乏现代博物馆必备的服务设施所困扰。1980 年代初的扩建计划首先出于功能上的迫切需要，并被列入巴黎纪念法国大革命 200 周年的十大工程之一，由当时的总统密特朗亲自组织。扩建涉及大量复杂的功能和技术

（a）音乐厅外观

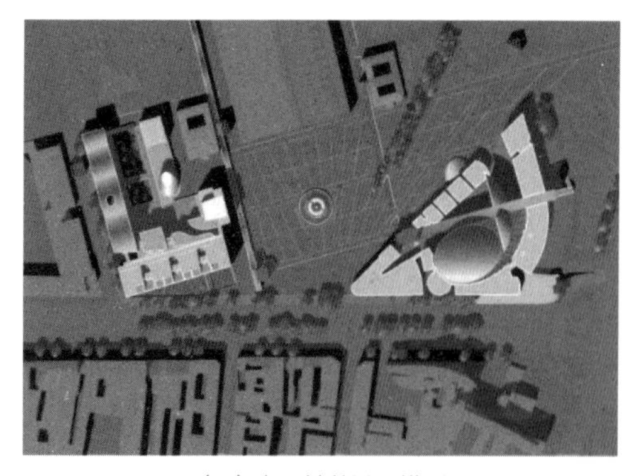

（b）音乐城总平面模型

图 5-4-9 拉维莱特音乐城

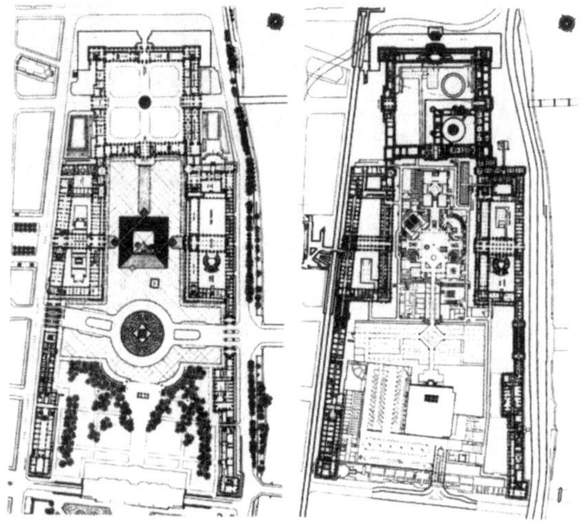

（a）首层平面图 （b）地下层平面图

（c）卢佛尔宫入口

图 5-4-10 巴黎大卢佛尔宫的扩建

问题，所有扩展的服务空间都要求放入广场的地下，贝聿铭以其出色的才能将这个庞大的扩建空间与宫殿以及延伸至更远的城市交通有机地连接起来。地下增设的开放式中庭、各种学术与艺术交流场所及文化购物街等一流设施，极大地改善了博物馆的参观条件。在工程建设过程中挖掘出来的、在原址上的卢佛尔宫 11 世纪城堡遗址，也被建筑师很巧妙地组织到参观路线中，使得博物馆又增添了一个独特的景点。当然，最有挑战性的是在地下工程的地面上以何种形式放置博物馆的主入口。贝聿铭设计了一个体形极为纯净的玻璃金字塔，他声称选择最透明的玻璃金字塔就是在最大程度上尊重历史环境，同时又强烈地表征了新建筑的时代特征。当时有人指责贝聿铭将古埃及的图像错接到了巴黎中心，但贝聿铭坚持这是面向未来的建筑，而且几何形是建筑的基本形式语言，并在某种程度上延续了法国从古典主义到勒·柯布西耶的几何精神。这个大胆新奇的方案最终还是得到了人们的认同和赞美。

西方现代建筑对于日本 20 世纪建筑发展的影响早在前川国男和丹下健三等两代建筑师身上就已充分体现。第二次世界大战以后成长起来的新一代建筑师，从 1960—1970 年代起开始崭露头角，如槙文彦、黑川纪章、矶崎新和安藤忠雄等人，他们受西方建筑文化的影响依然很深，但与他们的前辈不同的是，这些建筑师更加自觉地将现代建筑的设计思想及设计语言与日本城市文脉、传统精神联系在一起，创建了又一批获得世界性赞誉的日本的现代建筑。

曾经在美国工作过多年的建筑师槙文彦对西方的现代建筑有着浓厚的兴趣，他致力于探索一种包含有较多感性成分的建筑，也就是抛弃教条，更加关注于人们的体验。他的作品首先给人以优雅和亲切的感觉，但又毫无拘束，处于不断流变之中，从他在东京设计的**螺旋大厦**（SPIRAL，Minato，Tokyo，Japan，1985 年，图 5-4-11）中就可以看出他发展一个方案的独特途径。从形式上看，组成大楼的各部分都可回归到一些基本的几何形体，沿街立面的拼贴方式很像是内部各种功能的形式图解，但实际上，大楼的设计过程却与“形式追随功能”的原则不尽相同。设计师首先从一个古典立面构图开始，然后使其在一种螺旋运动中转变，立面因此从稳定转向富有活力的形式，过程中恰使各种功能对应并连贯组织在建筑之中。螺旋大楼的片段感依然维护了城市立面的存在，又使建筑在与街道的相互渗透中成为城市空间的延伸。槙文彦设计建成了大量公共建筑，风格清新、雅致，他以对形式创造的娴熟技能和对技术表现的精细把握使现代建筑

图 5-4-11 螺旋大厦

获得了一种优美的品质。

日本新一代建筑师中还有一位深受勒·柯布西耶影响且自学成才的建筑师——安藤忠雄。安藤忠雄称自己在15岁那年，在一家旧书店里买到勒·柯布西耶作品全集，描了很多书上的图，自此对建筑产生了浓烈的兴趣。安藤忠雄在潜心学习现代建筑的基础上，逐渐发展出了自己独特而富有诗意的建筑语言。在他成为1995年普利策奖得主时，评委会给予这样的评论："他的设计理念和对材料的运用把国际上的现代主义和日本美学传统结合在一起。……通过使用最基本的几何形态，他用变幻摇曳的光线为人们创造了一个世界。"对他来说，材料、几何与自然是构成建筑的三个必备要素，他的每一件作品都一丝不苟地体现着对这些要素的把握与组织。他强调材料的真实性，喜用混凝土，并且执着于混凝土质朴与纯粹的表达。在他的作品中，以圆形、正方形和长方形等纯几何形来塑造建筑空间与形体的手法也是十分凸显的，他认为几何是一种原理和演绎推理的游戏，它为建筑提供了基础与框架，体现出人拥有超越自然的自由意志和建立和谐的理性力量。他还强调自然的作用，而他指的自然并非原始的自然，而是经人为作用的一种无序自然或从自然中概括而来的有序的自然，这种自然是抽象了的光、天和水，他称："当自然以这种姿态被引用到具有可靠的材料和正宗的几何形的建筑中时，建筑本身被自然赋予了抽象的意义。"①安藤忠雄最早引起反响的作品是位于大阪的**住吉的长屋**（1976年，图5-4-12）。长屋原来是日本传统中又窄又长的城市住宅，安藤忠雄设计的这个两层住宅，用狭长的混凝土箱形体替代了传统本构长屋中的一间。整个建筑平面是一个简单的矩形，对外封闭的几何形体与材质使建筑和它周围的传统建筑既相似又相异，有很强的现代建筑特征。进入内部长形平面被分成三等份，中间是一个开放的天井，天井中，楼梯与天桥将两边空间相连，住宅所有的门窗全部朝向这个天井，建筑就这样将光、风和雨等自然要素引入了居住生活。安藤忠雄称庭院的置入有意打破了现代建筑的合理形态，使建筑与自然处于相互对峙和相互补充之中。这种几何秩序与自然的交融有日本传统文化的神韵，并发展成为建筑师设计生涯中的独特风格。

安藤忠雄最动人的作品是他设计的**光的教堂**（1989年，图5-4-13）和**水的教堂**（1988

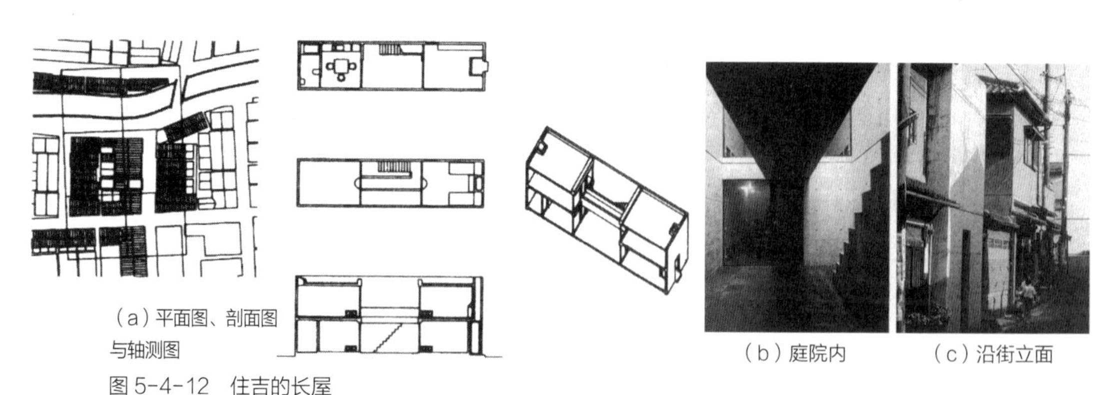
（a）平面图、剖面图与轴测图
（b）庭院内
（c）沿街立面
图5-4-12　住吉的长屋

① 安藤忠雄 1983—1989. 中国台湾：圣文书局，1996：5.

年，图 5-4-14）等系列宗教建筑。位于大阪市的光的教堂建在一个幽静的住宅区内，形式比较单纯，长方形空间被一堵墙以 15° 的夹角插入其内，这堵墙比建筑低 18cm，人们穿过墙上一个宽 1.6m、高 5m 的开口，沿着对角线墙走进教堂。教堂内部昏暗而深沉，最动人之处是祭坛墙面上的十字光带。安藤忠雄认为，光只有被照射在黑色的背景上才能展示其光辉的效果。因此，在光的教堂中，他的设计意欲使自然抽象到一个最高程度，同时使建筑得到相应的净化。在另一座位于北海道的水的教堂中，他的几何与自然的有机共生也同样创造了一个无与伦比的诗意世界。

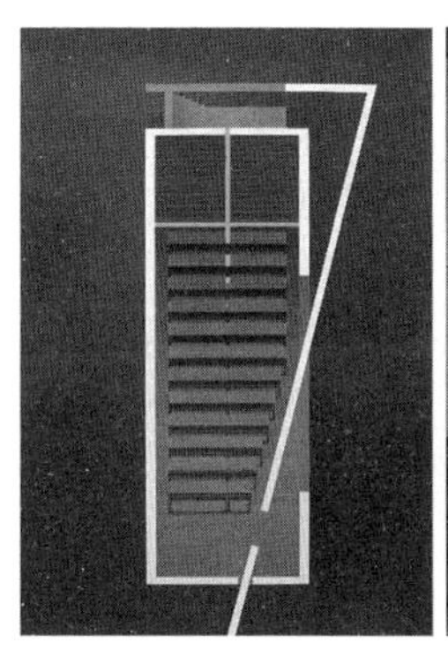

（a）平面图

（b）内景

图 5-4-13　光的教堂

图 5-4-14　水的教堂（1988 年）

1980 年代后期，美国建筑师 S. 霍尔（Steven Holl，1947—）也因发展和丰富了现代建筑而成为令人瞩目的人物。霍尔早年受康的影响较大，但他又在长期的实践探索中吸收了这个时代各种建筑与人文学思想，发展了一条富有特色的设计创作道路。1987 年，霍尔出版了他的著作《锚固》（*Anchoring*），这一过程也形成了他对建筑、基地、现象、意念与历史的一些根本主张。霍尔坚持一种务实的建筑哲学，他努力超越现代建筑的一些陈规，强调建筑师应关注建筑所在的环境中的各种特征与不可预料的因素。他认为，任何一处基地都自有一种存在的意义，建筑应在这些特殊性中生成。他的创作依据现象学的方法，注重直觉经验，在强调基地存在的独特意义的同时，努力探索建筑形式的各种可能。他对后现代形式主义的东西不感兴趣，认为光线、材质、细致工艺与空间重叠才能构成最强有力的建筑意义。从古罗马的万神庙到斯卡帕的细部设计，他善于在历史资源中获得灵感，最后又以出色的才能凝结出自己作品的独特性。霍尔在美国西雅图大学设计的**圣伊纳爵小教堂**（Chapel of St.Ignatius，Seatle，USA，1994—1997 年，图 5-4-15）堪称一首光的赞美诗。对这座规模很小的教堂，霍尔设计了一系列引入不同光质的屋顶采光口，教堂内部空间就像一个光的容器，将各个方向上多样离奇的光接纳进来，霍尔称它就像在耶稣会的圣仪中那样，没有一套单一的既定之法，但在这里，异彩纷呈的光最终是由教堂空间神奇地汇到了一起。

日本福冈公寓（Void Space/Hinged Space Housing，Nexus World Kashii，

Fukuoka，Japan，1989—1991 年，图 5-4-16）是霍尔的又一个代表作。建筑师以一种新视角看待集合住宅。公寓有 28 套套房，他的设计方法是增加建筑的构筑部件，打破仅限同一层的空间组织，将各套房以部分相互扣接的方式连在一起，形成多样的空间组合以及各套公寓都不相同的意趣。在各组公寓内，霍尔设计了铰接空间（Hinged space），使墙壁可以根据家庭结构的变化进行增减调节。不仅如此，霍尔在开始就将建筑与所在场地建立积极的关

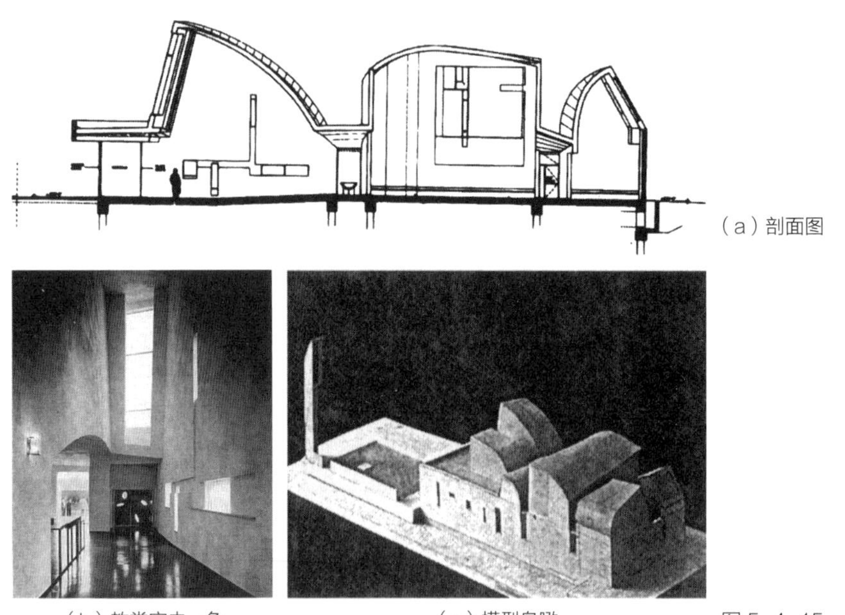

（a）剖面图

（b）教堂室内一角

（c）模型鸟瞰

图 5-4-15　圣伊纳爵小教堂

（a）沿街外观

（b）局部剖面图

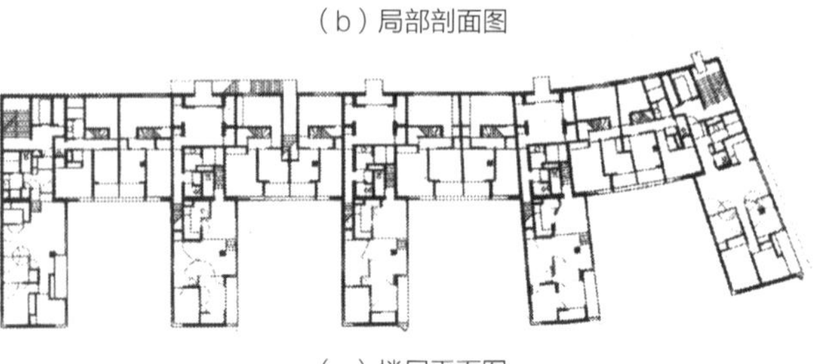

（c）楼层平面图

图 5-4-16　日本福冈公寓

联，使公寓建筑虚实交织、富于变化，形成了从私密空间走向城市空间的活跃场所。霍尔坚持建筑与场地应是超越物理与功能的结合，是现象学的、经验的结合，是形而上学的环链。

“新现代”倾向其实包含了极为丰富与多样的表现，难以括出边界。“新现代”的作品虽然时时都能看到现代建筑的持久影响，但并不是简单的复制或延续；建筑师们不再盲目地把现代建筑作为一种范式，而是以深层理解和复杂分析去充实与扩展其内涵，丰富其形式。就理论层面看，“新现代”的概念无法定义，即使美学相近的作品，其背后的诠释会大异其趣，从这一点看，关注它们的差异性更为重要。

第五节
解构主义

解构主义（Deconstruction）是1980年代后期西方建筑界出现的新名称，用以描绘和定义部分已经崭露头角的青年建筑师在理论与实践上的创新趋势。这些建筑师不仅全面质疑现代主义建筑，也对后现代历史主义持批判态度，而比起“新现代”，他们更具先锋派姿态，设计语言呈明显的反传统，甚至反叛特征，有的还致力于深刻的理论探讨，试图重建建筑学的认识基础。不过，这些建筑师之间也存在着差异，创新探索往往不在同一层面上。因此，解构主义作为一种思潮的兴起与一些建筑理论家的推动密不可分，首先是1988年的两项重要活动，把这些建筑师真正汇集起来，推上前台。

第一项活动是当年4月上旬于伦敦泰特美术馆举办的一个名为“建筑与艺术中的解构主义”（Deconstruction in Architecture and Art）国际研讨会，组织者是学院出版社（Academy Editions）的编辑帕帕扎基斯（Andrea C. Papadakis）。来自纽约的建筑师埃森曼和建筑评论家M. 威格利（Mark Wigley）、来自巴黎的B. 屈米（Bernard Tschumi，1944—）以及伦敦建筑师Z. 哈迪德（Zaha Hadid，1950—2016年）出席了其中的建筑学专题座谈会，英国评论家C. 詹克斯主持这场座谈。帕帕扎基斯意在借用哲学名称为当时既不同于现代主义也不同于后现代主义的建筑倾向给出定义，为此会上还放了对法国解构主义哲学家德里达（Jacques Derrida，1930—2004年）的采访录音。詹克斯则用“晚期现代主义”（Late-Modernism）来概括这些倾向，并表示出对建立在虚无之上的新风格的蔑视，但遭到埃森曼的反驳，后者认为解构在“400多年来它一直要征服自然、现在又不得不尝试成为征服知识的象征”，它意味着“切入文本和置换系统”，去揭示美与丑、理性与非理性之间被压抑的成分，可以为建筑学做出颠覆性的系统重建。屈米也以其作品说明，解构应定义为一种与设计中传统逻辑的决裂，是后现代主义的一种替代物。有讽刺意义的是，威格利在会上否认这些动向的哲学关联性，但他两年前完成的博士论文却题为《雅克·德里达和建筑学：建筑话语建构的可能性》（Jacque Derrida and Architecture：the constructive possibilities of architectural discourse）。尽管意见不同，英国的《建筑设计》杂志（*Architecture Design*，简称 AD）还是在同年的 3/4 期以合集形式出版了由主要参加者策划组稿的专刊《建筑中的解构主义》（*Deconstruction in Architecture*）。

伦敦研讨会是为第二项更具影响力的活动发出的先声，这就是同年 6 月在纽约现代艺术博物馆开幕的、为期两个月的展览——“解构主义建筑”（Deconstructivist Architecture）。两位策展人一位就是评论家威格利，而另一位正是曾经追随现代主义建筑、后来转身扮演后现代主义中坚角色、而今再次调转方向的美国建筑师 P. 约翰逊。7 位建筑师（事务所）被邀参展，他们是美国的弗兰克·盖里（Frank Gehry，1929—）和埃森曼、法国的屈米、波兰裔美国人丹尼尔·里伯斯金（Daniel Libeskind，1946—）、英国的哈迪德、荷兰的雷姆·库哈斯（Ram Koolhaas，1944—）以及奥地利的蓝天组（Coop Himmeblau）。这些建筑师因为入选这次展览而声名鹊起，作品开始受到广泛关注。盖里展示了他的自宅设计，埃森曼展示其法兰克福大学的生物中心设计，屈米带来他的拉维莱特公园项目，哈迪德的是她的香港顶峰俱乐部竞赛方案，还有里伯斯金设计的柏林“城市边缘”项目、库哈斯事务所（OMA）的鹿特丹公寓大楼项目以及蓝天组的三个别出心裁的设计方案。有意思的是，策展人并未将伦敦研讨会的哲学议题带到这个展览里，约翰逊甚至称这并不是什么新运动，用“解构主义”（Deconstructivist）是因为这些作品相互冲突、游移不定的形式与 1920 年代俄国构成主义（constructivist）有相似性（参见第三章第二节），因此，他关注的是这些作品的形式主题，是“矩形和梯形条状物的对角线重叠”。同样，威格利也把作品解释为“如冷酷的国际风格应用在先锋派充满焦虑的形式上，一种类别调和，形式是在理论之外发挥作用，是用陌生化的方式唤来震撼或不安感，以瓦解传统的形式观念”。[①]

展览中的解构主义（Deconstructivist）作品与哲学的解构主义（Deconstruction）究竟有何关联，建筑师们没有共识。埃森曼和屈米都以直接引入德里达的哲学甚至与哲学家直接交流来阐述建筑思想，而另一些建筑师并不认为自己与哲学有何联系。有评论家将其合成 Deconstructivism，但也无迹象表明某种公认的建筑理论已经成形，而 Decon（解构）又越来越多地被用作讨论某些建筑的前缀。策展人威格利甚至也说，展览就是一个“插曲”，建筑师们很快都会各行其是。[②] 的确，逐个了解他们各自的思想与作品，及其相关人文环境的影响，是理解这个思潮更恰当的途径。当然，这些建筑师的成长过程也有特殊的关联性，比如，屈米、库哈斯、里伯斯金和哈迪德曾同时在伦敦建筑联盟学校（AA London）学习或任

① 戈德曼 . 建筑理论导读——从 1968 年到现在 [M]. 赵前，周卓艳，高颖，译 . 北京：中国建筑工业出版社，2017：125.

② 同上 .

教，颇具“68一代”的精神气质。

埃森曼与屈米有关“解构”的哲学思考，始于当时法国哲学界出现的新理论——后结构主义（Post-Structuralism）的影响，两人也被认为是将这一哲学理论融入建筑话语讨论的关键人物。后结构主义以质疑并立志改造已形成牢固地位的结构主义（Structuralism）哲学而获名，但要确切认识其中包含的批判思想，还是要回到之前的结构主义。结构主义哲学的核心是建立一种分析方法，它关注形成知识的结构关系，认为人类对知识与概念的表达完全依靠语言，语言是一个符号系统，而人们正是遵循了其中的同一语言规则，符号可以传达意义，交流得以实现。因此，结构主义是将各种现象都视作一个系统，一个反复的变量操作都遵照一种普遍规律的系统。索绪尔的符号学理论就是一种结构语言学方法，把语言看作一套句法结构控制的符号意义系统；列维—斯特劳斯的结构人类学理论，论证了一种人类思维的普遍结构存在于所有文化中，并都可以被识别。之前作为“纽约五”一员的埃森曼，以“纸板建筑”实验展开的形式结构研究，正是直接吸取了乔姆斯基的句法结构理论。事实上，后现代历史主义强调建筑形式的符号意义与象征价值，也无不与结构主义及其符号学的影响密切关联。

然而，就在结构主义哲学家中间逐渐出现了批判声音。罗兰·巴特以《作者之死》（The Death of the Author，1968年）一文，从根本上质疑被解读的文本是否存在稳定不变的意义；同一时期法国哲学家米歇尔·福柯（Michel Foucault，1926—1984年）也发表极具震撼力的系列论著，在其《知识考古学》（*The Archeology of Knowledge*，1969年）中，他将知识的历史看作一定社会、文化以及相关制度所定义的人类的复杂网络，而不再认可特定原点、中心结构和道德真理的存在。对这些哲学和文学认识上的深刻转变，埃森曼在1970年代中期便开始有所响应，这也部分受益于好友——普林斯顿大学教授M. 冈德索纳斯和阿格雷斯特（Diana Agrest，1945—）夫妇的启示。阿格雷斯特在其“设计对峙非设计”（Design versus Non-Design，1976年）一文中，直接开启了对后现代主义符号学理论的后结构批判，主张作为“社会文本”（Social texts）的建筑解读，应在更开放的多重矛盾之间获得其“意义的稠度”（Densities of meaning）。埃森曼同年发表了他的“后功能主义”（Post-Functionalism，1976年）论文，开始阐述其形式结构转换理论之外的第二种设计策略——形式的片段性和去中心。①

虽然埃森曼自己在理论思想与设计探索间的关系语焉不详，但**10号住宅方案**（House X，Bloomfield Hills，Michigan，USA，1975年，图5-5-1）仍被普遍认为是其设计语言的一次转向。在这个住宅中，之前的独立立方体被四个四分之一立方体的“L”形结构代替，当它们相互间以实体填满虚空后，各自即被界定出另一些立方体，“L”形结构可赋予功能联想，辅助性的服务空间可以安排在各结构之间的空隙处，但形式、尺度与意义都是可变的。在10号住宅基础上，埃森曼发展出11a号住宅，又

① 马尔格雷夫，戈德曼．建筑理论导读——从1968年到现在[M]. 赵前，周卓艳，高颖，译．北京：中国建筑工业出版社，2017：104，105.

称**福斯特住宅**（Forster House，Palo Alto，California，USA，1978年，图5-5-2），该方案同样以一系列“L”造型为基调，形成半地上、半地下的状态，形体和空间互为循环，互为轮转。

这个具有莫比乌斯形态特征的11a住宅方案被埃森曼称为多元时代的离散性、不完整性和宇宙状态的不确定性的建筑图解，他的批判性理论表达也在进一步吸收哲学家德里达的解构主义思想后变得更加鲜明。德里达基于文学评论阐释解构理论，指出意义是不稳定的，原来的“实在”其实是一种“缺席”（Absence），甚至认为“作者已经死亡”，文学作品作为“文本”（Text）可以有许多种解读方式。哲学家为此引申出自造的概念“延异”（Differance），将符号的“差异”（Difference）、意义的必然“扩散”（Differre）以及意义最终是永无止境的“延宕”（Deferment）这三层意思融为了一体。埃森曼也以建筑的文本性（Texuality）重新定义形式与意义的关系。他认为，既然后现代时期建筑的原始价值已不复存在，建筑也是一个总是在形式和意义之间错置（Dislocate）传统关系的术语，或只是一种“之间的状态”（State of between）。他因而发展了一系列修辞性战略，以表征这种中心的失落：挖掘（Excavation），意味着掘入过去和潜意识；缩放（Scaling）和拓扑几何学（Topological geometry）代替欧几里得几何学，意指已脱离古典传统的人神同形论（Anthropomorphic）。[①] 由此他引申出“弱形式”（Weak form）的概念，因为今日的媒体能很快制造意义，建筑不再持续依赖“强意义”和图像学的“强形式”，[②] 由此也形成非古典（Not-classical）、分解（De-composition）、去中心（De-center）、非连续（Dis-continuity）、几何分解的递归（Recursivity）和自相似（Self-similarity）的系列设计策略。[③]

1970年代后期至1980年代末，埃森曼以系列设计作品强化了他的理论影响力。在

图5-5-1 埃森曼设计的10号住宅

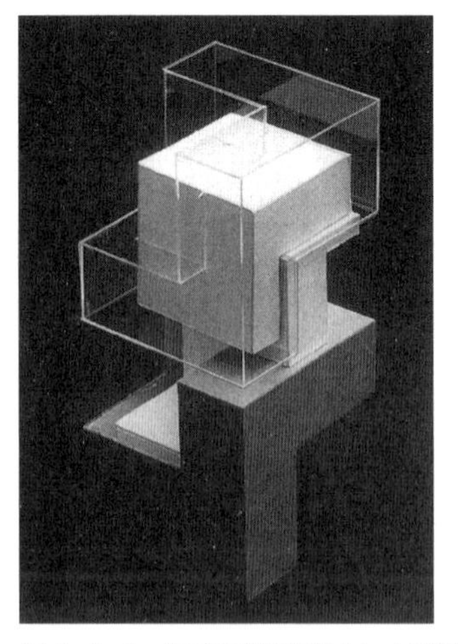

图5-5-2 埃森曼设计的11a号住宅

① JENCKS C. Deconstruction：the pleasure of absence[M]. AD，1988：3，4.
② 见“采访彼得·埃森曼”，《世界建筑》1991年第2期。
③ MALLGRAVE H F，GOODMAN D. an Introduction of architectural theory 1968 to the present[M]. Wiley-Blackwell，2011：136.

威尼斯卡纳雷吉欧社区的竞赛设计（Project for Cannalegio，Venice，1978 年） 中，他在一边批判各种怀旧主义、一边对勒·柯布西耶曾经的威尼斯医院设计方案的独特回应中，形成了高度概念化的方案。在柏林腓特烈大道旁设计建成的查理检查站住宅（Haus am Checkpoint Charlie，Berlin，1981—1985 年），埃森曼以不同于城市历史肌理的墨卡托方格网（Mercator grid）及其“反记忆”策略，为自己“人工挖掘的城市”一文作出了具体的阐释。比较而言，真正体现埃森曼成功攀登理论与实践的新高度的，是其设计建成的**俄亥俄州立大学的韦克斯纳视觉艺术中心**（The Wexner Center for the Visual Arts，Columbus，Ohio，USA，1985—1989 年，图 5-5-3）。建筑位于校园椭圆形广场的东北角，场地上已有两幢分别为古典风格和“粗野”风格的会堂建筑，还有一处曾毁于大火的军火库的遗址。艺术中心是若干套不同系统的相遇与叠置，包括一组砖砌体、一组白色金属方格构架、一组重叠断裂的混凝土块以及东北角上的植物平台，它们看似相互冲突，实际是在两套互成 12.25 度的网格中定位的，一套是大学所在的哥伦布城市网格，另一套是大学自己的校园网格。红线步行道强调城市网络参照系统的作用力，起点是校园外的第 15 大街，入东校门后穿越艺术中心、擦过椭圆广场，最后与大学运动场的底边重合。笔直的金属架是艺术中心最引人注目的部分，它与红线相交处构成主入口，覆盖整个的中央步行道，“拉起”原有建筑，串连在新建的展览、剧场、声乐室、图书馆、教室以及管理用房的流线上，形成综合体，同时它的空虚、抽象又让整个建筑呈现出无中心、不稳定感和移动感。入口一系列肢解、扭曲和撕裂的砖砌体片断，是残破的塔体形象，唤起军火库老城堡的记忆，回到场所“不可见的历史与结构”，也就是印迹（Trace）在设计中的使用。埃森曼的手法称作广义的文脉主义（Broad-Contextualism），或是某种后现代的特技。建筑师自己解释道，“我们将场址当作一个再生羊皮纸卷来用，一个可在上面进行书写、涂抹和重写的地方”“我们的建筑颠倒了场址造就建筑的过程，我们的建筑造就场址”，或者说，建筑师无法以再现（Representation）的方式延续建筑学的特质，只能关注建筑自身形式生成的过程

（a）中心入口处

（b）鸟瞰

图 5-5-3 美国俄亥俄州立大学的韦克斯纳视觉艺术中心

与操作，设计就是以“书写”的思想（Idea of “writing”）来对抗“形式意象”（Image）。[1]

建筑师屈米在**拉维莱特公园**（Parc de La Villete，Paris，France，1982—1989 年，图 5-5-4）国际设计竞赛中夺魁之前，已有活跃而丰富的理论探讨活动。1960 年代末他开始在伦敦建筑联盟学校教授“城市政治学”和“空间政治学”课程，1976—1977 年间，他还成为普林斯顿大学和纽约建筑与城市研究所的客座讲师。这个时期他发表了“环境触发器”（The Environmental Trigger）、“空间问题：金字塔和迷宫（或建筑学的悖论）”——Questions of Space：the Pyramid and the Labyrinth（or the architectural paradox）、“建筑与越界”（Architecture and Transgression）等系列文章，试图探讨建筑学在后现代主义和新理性主义之外的第三条路，理论研究不仅深入到建筑学自身的理论历史中，也积极吸收巴特、德里达和乔治·巴塔耶（Georges Bataille，1897—1962 年）等哲学家的思想。屈米批判地思考在感官层面的空间体验和概念层面的空间本质之间的悖论关系，并倾向于感官方法、愉悦和震撼（Pleasure and shock）逐渐成为他设计中反复出现的主题，他甚至还设计了一张展现废弃状的萨伏伊别墅的广告画，并标上大字“这座房屋最具建筑学的东西就是它现在身处的这种衰败状态”（The most architectural thing of this building is the state of decay in which it is.），以表明感官体验如何压倒理性认知。1976—1981 年间屈米为系列展览策划集成的《曼哈顿抄本》（*The Manhattan Transcripts*），像一本戏剧性小说，又包含了一系列平面图、轴测图和图表，以表达设计应转向为空间、运动和事件之间的关联建立一种新途径，而这些尝试都被应用到了之后让其名声大振的拉维莱特公园项目之中。

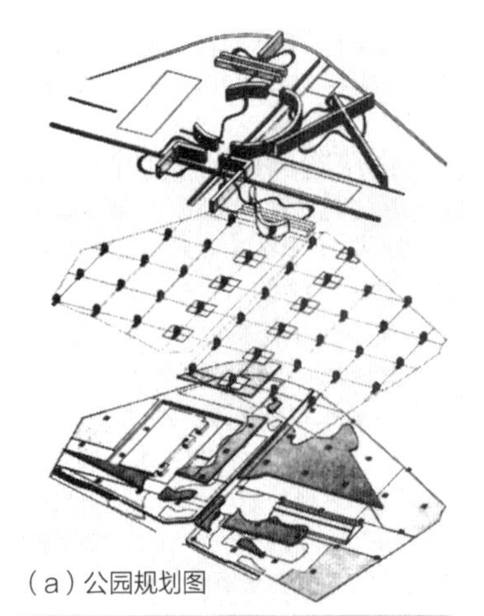
（a）公园规划图

（b）外观

图 5-5-4 拉维莱特公园

拉维莱特公园建设是法国政府计划纪念法国大革命 200 周年巴黎十大工程之一，在公园方案国际竞赛中，屈米战胜众多参赛者（如莱昂·克里尔和库哈斯），赢得了他作为开业建筑师的第一个实施项目。项目位于巴黎东北角的拉维莱特地区，实际是对该地区围绕一个 19 世纪屠宰场及周边环境的更新计划。当时

① MALLGRAVE H F，GOODMAN D. an introduction of architectural theory 1968 to the present[M]. Wiley-Blackwell，2011：136.

基地北侧的科学与工业城已建成，包括一个高技派的主体建筑和一个闪闪发光的环球影城，西南面的老屠宰场也已改为音乐会堂。屈米在方案中首先为这块 50.6hm^2（125 英亩）的基地确立了一个 120m 长度单位（巴黎老城典型街坊尺度）的方格网矩阵，又在这笛卡尔式网格的每个节点上都放置一个边长 10m、被称作疯狂物（Folies）的、解构形态的红色立方体，形成一个“点”的系统（System of‘point’），满足公园所需的一些基本功能。法语词“Folies”原意是指思想或情绪的错乱，也可以回溯到 17—18 世纪欧洲园林中的奇异小品，而屈米设计的这些疯狂物，又使人联想到 1920 年代俄国构成主义代表人物梅尔尼柯夫的作品。穿插和围绕着这些小品，屈米组织了数条道路，有几何布置，也有自由形态，共同组成了公园“线”的系统。在点和线的系统之下，是作为公园“面”层的科学城、广场、环形体和三角形围合体，布置餐厅、影视厅、滑冰场、体育馆和商店等复杂功能。因此，新的公园在点、线、面三个自身有序但迥然不同的系统的叠合（Superimposition）和并置（Juxtaposition）中形成，它们以非项目计划的（Non-programmatic）随机方式相遇，彼此间可能相安无事甚至相得益彰，也可能形成干扰甚至彼此冲突，以产生某种“杂交”的畸变（“Hybrid”distortion）。屈米进一步解释道，“疯狂清晰地注明了某些东西，这些东西是为保存脆弱的文化或社会秩序而常常被忽略的”；以往的实践将建筑作为世界和谐秩序的反映，这和今日的现实情形格格不入，因为这个世界已经丧失了统一；以“疯狂”作为基本参照点，是“试图将这个建成的‘疯狂’从历史的含义中解脱出来……作为一个自律体，在将来能够获得新的意义”。①

屈米的叠合与并置的设计事实上是多个事件的蒙太奇，被比拟为“电影剧情系列”（Series of cinnegrams）。他更喜欢互文性（Intertextual）概念，接近于罗兰 · 巴特关于“所有的文本实际上是由其他文本的片段构成”的思想，并强调保持创造中的偶然性特征。这些都是他在方法上与埃森曼的根本不同之处。1986 年，在拉维莱特公园为伦敦建筑联盟学院准备的展览上，德里达亲自为屈米的红色疯狂物的错位、失稳和意义解构包裹了一层哲学解说，使这位年轻建筑师获得了从未有过的地方哲学名人的认可，而这些哲学阐释的费解程度，却也是现代建筑史上罕见的。②

参展人中，荷兰建筑师库哈斯主要以对大都市与建筑学问题非同一般的洞见，引起建筑界的关注。1968—1972 年间，库哈斯作为伦敦建筑联盟学院的学生，他的两个设计项目就让教授们另眼相看，也引起争议。一个名为“作为建筑的柏林墙”（The Berlin Wall as Architecture），是库哈斯对柏林墙这条将城市撕裂后留下的、心理学上乖戾地带（Psychological non-man's land）的独特研究。另一个与同学曾赫里斯（Elia Zenghelis）合作的“大逃亡或者成为建筑的志愿囚徒”（Exodus，or the Voluntary Prisoner of Architecture，1972），描绘了一个新的城市以及未来居民如何自愿选择成

① 见译文“疯狂与合成”，《世界建筑》1990 年 2/3 期。
② 戈德曼 . 建筑理论导读——从 1968 年到现在 [M]. 赵前，周卓艳，高颖，译 . 北京：中国建筑工业出版社，2017：111.

为其囚徒并接受其高度管控的生活方式，方案灵感来自莱奥尼多夫（Ivan Leonidov）1930年代的在乌拉尔山脉的小镇设计，同时也有超级工作室（Superstudio）的显著影响；两人还曾合作撰写论文“被俘获的星球之城”（City of the Captive Globe，1972年，图5-5-5），提出了一个由多层的、花岗石立面塔楼街区组成的中心城区意象，其中虽有相互争斗的意识形态，却都以抽象建筑术建造的形式（The form of abstract architectonic constructions）被安置其中。1973年，库哈斯受邀在康奈尔大学和纽约建筑与城市研究所访问，交往了建筑理论界的多位活跃人物。1975年，他与妻子弗里森多普（M. Vriesendorp）及曾赫里斯夫妇（Elia and Zoé Zenghelis）合作成立了大都市建筑事务所（OMA，the Office of Metropolitan Architecture）。一系列经历酝酿成就了他影响最为深远的著作《癫狂的纽约：关于曼哈顿的回顾性宣言》（*Delirious New York：A Retroactive Manifesto for Manhattan*，1978年），也奠定了他在西方建筑界的历史性地位。

图5-5-5 被俘获的星球之城

雷姆·库哈斯是城市化的积极拥护者，他被纽约过度丰富和疯狂堆砌的生活方式深深感染。在《癫狂的纽约》中，他以考古式的分析研究，追溯了这个“没有宣言”的大都会的成长过程及其独特之处，同时又表现出对树立“曼哈顿主义”信条的满不在乎。他的核心论点是，“曼哈顿惊人的崛起与大都市对其自身概念的定义是同步的，曼哈顿展现了在人口与城市设施两方面有关密度理想的极致”，因此，其“建筑促进了在任何可能层面上的拥挤状态，同时它对拥挤状态的探索又激发并支撑着一种特殊的交往形式”，综合就形成了其独一无二的大都市文化特征，即一种拥挤的文化（The culture of congestion）。他将曼哈顿的下城健身俱乐部（The Downtown Athletic Club）这组高层建筑视为拥挤文化的代表，表明拥挤并非仅指物质空间的高密度，而是指丰富内容的聚集。在这幢38层高楼俱乐部里，不同的甚至冲突的内容以叠置的方式占据各自的空间，恰似一个项目计划的拼贴（Programmatic collage），高楼因此成为一个社会聚合器（Social condenser），其中的内容还可以根据需要做出调整或更新。由此，库哈斯引申出一种全新的都市建筑设计原理，其思想既非以引入传统的街道、广场来挽救现代化进程对城市的破坏，也非现代主义通过驱逐混乱达到对都市不稳定状态的控制，因为在他看来，“人们不再相信现实是一成不变或永不消亡的存在”，都市只是散乱片段的聚合，建筑的内容因而也是不定的，人们无法以单一的功能认知一个建筑，而建筑的内外也会有完全不同的性质，真正重要的是建筑本身对变化的包容性。[①]他甚至主张“通过脑白质切除术和分裂的双重割裂——将建筑的内外分离”，使内部专注于功能主义，而外表可以专注于形式主义。[②]

1983 年，OMA 事务所参与了**巴黎拉维莱特公园的设计竞赛**（图 5-5-6），虽未获胜，但明显是将垂直摩天楼拥挤文化的空间组织转译到了公园总体规划上。公园设计由“一系列在几乎没有建筑物参与的情况下制造出的连环事件”组成，旨在以一种新景观策略来对付过于复杂而详尽的现实的各种可能。方案将已知的内容与可能发生的内容组织到场地里划分出的一系列横向排列的地段中。这些狭长地段上设置了不同的活动项目与植物，内容配置是任意和随机的，但彼此又能相互渗透。除此之外，场地上还点状分布了一些售货亭、儿童活动场等元素，包括其中原有建筑以及连接系统。这样，各个体系的叠合（Superimposition）形成了一种丰富的结构纹理（Texture），它近似于那个健身俱乐部剖面结构的平放，对都市密度作出了新的阐释。[③]

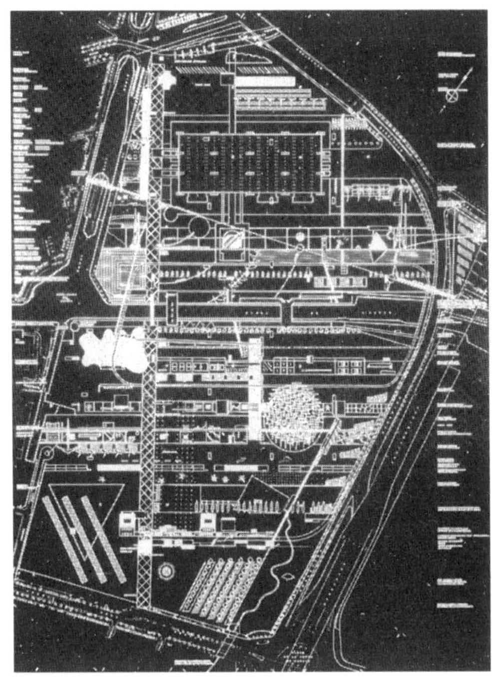
图 5-5-6 巴黎拉维莱特公园设计竞赛方案

库哈斯第一个获得实施的作品是**海牙国立舞剧院**（National Dance Theatre in Hague, Holland，1984—1987 年， 图 5-5-7）。剧院建设投资很有限，选址在一城市轨道交通与公交的中转区附近，与 8 车道的高架与呆板的混凝土政府办公楼相邻。面对这样一个因战后城市化理想挫败后留下的真空地，库哈斯并未采用普遍认同的、唤回“场所”与“记忆”的通俗文脉主义策略，而是以一座边线坚硬（Hard edge）的建筑置入这苛刻的都市边缘，主入口像次入口，邻交通要道的立面铁板一块，背立面更像车库。总之，建筑是一幅邋遢现实的品相（Dirty-real quality of building），毫无文化机构的优雅形象。[④]然而，这并不意味着设计都以这般“无奈”回应场地。在剧院外

图 5-5-7 海牙国立舞剧院

① KOOLHAAS R. Theorizing a new agenda for architecture，an anthology of architectural theory 1965-1995 [M]. Princeton Architectural Press，1996.

② 库哈斯 . 癫狂纽约：给曼哈顿补写的宣言 [M]. 唐克扬，译 . 生活・读书・新知三联书店，2015：452.

③ JENCKS C. Deconstruction：the pleasure of absence'. AD，1988：3，4.

④ TZONIS A，LEFAIVRE L. Architecture in Europe since 1968. Memory and Invention. Thames and Hudson，1992：182.

观的最高处，即舞台部分的立面上，艺术家作了描述舞蹈者的巨型壁画，以对抗环境的消极；而进入室内，有倒置的金色锥体入口、色彩鲜亮的大厅、缆绳悬吊的卵形舱体、香槟酒吧和曲线形的跳台以及波浪形的表演厅屋面，不稳定的元素与观众们的身体运动汇聚成敏捷又有控制的动感空间。

库哈斯关于曼哈顿拥挤文化的建筑学思考，更熟练地转化在其 1980 年代中后期的一系列公共建筑设计探索中，如海牙市政厅方案（Town Hall project，the Hague，1986 年）、**泽布勒赫海运码头**（A Sea Terminal in Zeebrugge，Belgium，1989 年，图 5-5-8）以及法国国家图书馆（Bibliotheque de France，Paris，1989 年）。这些设计虽都止于方案，但充满创意：将差异性很大的功能用途汇成一体，以丰富多样的交通形式在多向度上连接各要素，形成活跃、不安、矛盾兼容又充满活力的共享空间，一个个社会凝聚器，建筑师甚至还将海运码头方案生动地比作“正在运作的巴别塔”（A working Babel）。至 1990 年代，库哈斯不断丰富自己的理论，并以一贯的媒体人方式进行广泛传播。他还将视野拓展到西方之外的亚洲等城市，思考全球化趋势下大都市的发展状态，在其一系列城市研究及《广普城市》（*Generic City*，1995 年）、《小，中，大，特大》（*S*，*M*，*L*，*XL*，1995 年）等著作中广泛论述，也创造了建筑理论的新形式。库哈斯在实践上明显反对历史主义，同时也反对形式主义，他远离多愁善感，发展出鲜明乐观、带有超现实主义色彩的建筑风格，有构成主义的影子，也有建筑电讯派的影响痕迹。

扎哈·哈迪德的成长经历与库哈斯有密切关系。她是伊拉克人，早年在黎巴嫩贝鲁特的美国大学攻读数学，后赴英国，于 1972—1977 年间在伦敦建筑联盟学院学习并获建筑学学位，库哈斯是她的老师。1976—1978 年间，她还在库哈斯主持的 OMA 事务所工作，

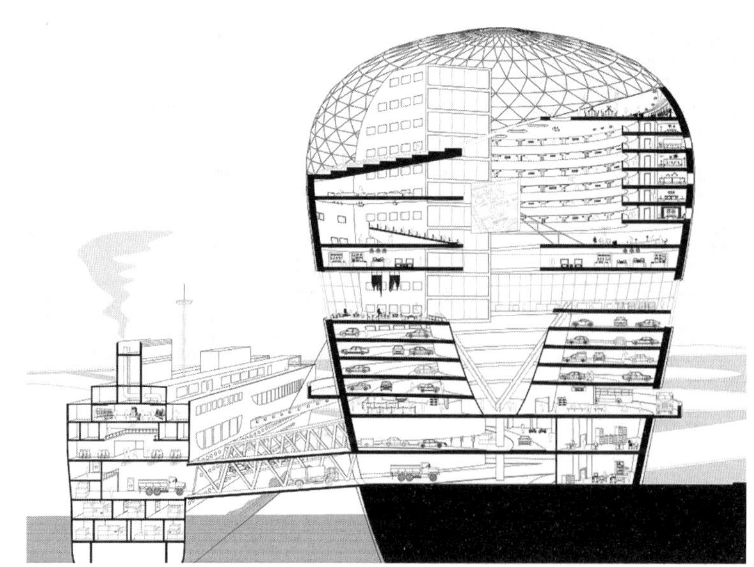

图 5-5-8　泽布勒赫海运码头剖面图

并成为合伙人，至1979年她自行开业为止。哈迪德的设计方案看起来就像一幅幅绘画，画面充满交织的斜线，没有比例，无始无终，却新奇而极具视觉冲击力。哈迪德公开声称自己与哲学理论学说没有什么关联，而是乐于不断探索形式与空间的可能性，使建筑获得独特新意。她在一篇题为“89度”的短文中将其工作定义为“重新调查现代性，这就需要入侵与征服‘新领地’”。她在学生期间就已显现充满想象且独具一格的设计才能，因此被形容“在自己独特的轨道里运行的行星”。①

解读哈迪德的风格，可以看到三个来源：首先是20世纪初俄国先锋派艺术的影响，马列维奇的至上主义和塔特林、康定斯基的构成主义是其形式创新的主要灵感来源；其次是她的城市思想，设计重视个体建筑之于城市肌理的相互作用，这前两项都离不开导师库哈斯的深刻影响；三是对电脑绘图的娴熟应用，据说每一个项目她都要绘制上百张建筑画，体现其技术手段对形式探新的巨大潜力。哈迪德的成名作就是这个参展作品——**香港山顶俱乐部设计**（Peak Club，Hong Kong，1983年，图5-5-9）。这是一个国际竞赛获奖方案，被形容为一个“反重力的爆炸性空间”（Anti-gravitational exploded space）。建筑师意在用高度不同、长短不一、各成角度的四块巨形水平大板嵌入山岩，组成一个巨大而抽象的人造花岗石山峰景观。同时，她也将不同功能置入四块巨形水平大板中：最低的板是两层玻璃的工作单元，成30°角上下叠合；第二块板上有一圆洞，下方柱子穿过圆洞撑住第三块板，之间形成一个13m高的虚空，入口甲板、门厅、蛇形酒吧和阅览室就悬挂在这虚空之中；第三块板上是四个单元阁楼；第四块板是主人住宅，包括大起居室、餐厅和私人泳池。这个作品在香港纷杂的城市脉络中不断勾画而成，梁的聚合（Gathering together of the beams）形成偶然、恣意的形式，建构了一个复杂的环境秩序，而其充满能量的流动性也为这个空间的无限扩张提供了极大的潜力。②

维特拉消防站（Vitra Fire-Station，Weil am Rhein，Germany，1993年，图5-5-10）是哈迪德的第一个建成作品。建筑位于维特拉家具厂厂区主干道的尽端，主要由两部分组成，

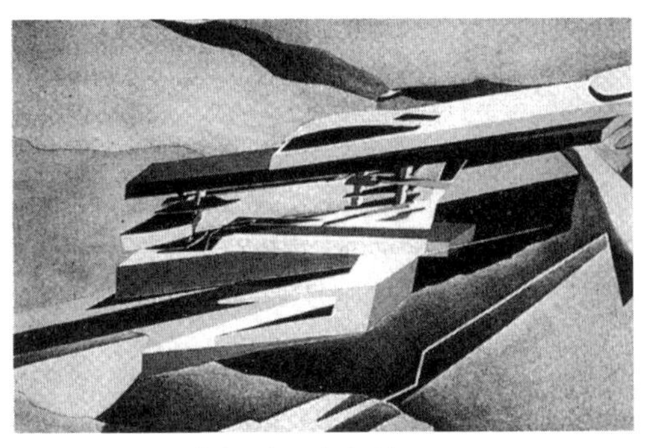
图5-5-9　香港山顶俱乐部设计

图5-5-10　维持拉消防站

① 戈德曼．建筑理论导读——从1968年到现在[M]．赵前，周卓艳，高颖，译．北京：中国建筑工业出版社，2017：121-122.

② BROADBENT G. Deconstruction，a student guide[M]. Academy Edition，1996：17.

一部分是车库，另一部分是辅助用房，包括更衣室、训练室、俱乐部和餐厅等。动态的外观形式与环境契合，也与消防站的性格相符。入口处理是整体构图的焦点，斜向升起的雨篷悬挑长达近 7m，尖角像一把飞刀，投射到墙上的阴影随着日照的变化而变化，与钢管束柱组成独一无二的造型。建筑的与众不同还从室内无处不在的非正交、不稳定的各元素组合形成的空间中体现出来，人在其中会产生一种迷离、晃动的戏剧性感受，仿佛等待着一触即发的行动。札幌季风餐厅（Monsoon Restaurant，Sapporo，Japan，1989 年）室内设计，也是哈迪德的一个精彩之作。餐厅分别以“冰”与“火”为主题，充满了动感和激情，再次体现了设计师对探寻偶然形态与空间张力的迷恋。当然，哈迪德对“新领地”的拓展，不仅给视觉传统也是给既有的结构体系带来了一个又一个难以预料的挑战。

丹尼尔·里伯斯金在被选为参展人时，也没有任何建成作品。他生于波兰，曾在以色列和美国纽约学习音乐，是一位天才音乐家。就在纽约期间，他放弃钢琴家的职业，于 1965 年转入库柏联盟学校（Cooper Union School）学习建筑，师从海杜克。之后，他又到英格兰的埃塞克斯大学（University of Essex）历史和哲学系攻读博士，成为建筑历史理论家里克沃特和维塞利（Dalibor Vesely，1934—2015 年）的学生。1978 年，他成为美国匡溪艺术学院建筑系主任。丰富的背景使他的建筑浸润着哲学思考，呈现出浓厚的文化气息，既深含历史寓意，又充满探索性。他开始的一系列画作抽象并富于神秘主义气息，而装置作品“阅读机器”（Reading Machine）则呈现出高度的工艺感与人文传统的融汇，又显露出导师海杜克的启示。

里伯斯金在赢得**柏林犹太人博物馆**（Jewish Museum，Berlin，Germany，1989—1999 年，图 5-5-11）竞赛后一举成

（a）室内

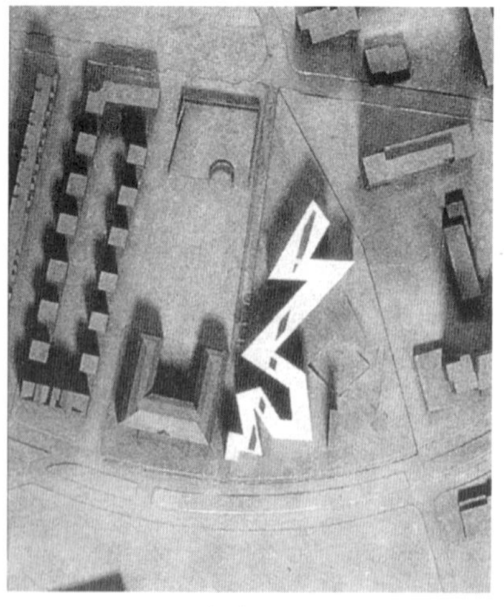
（b）总图

图 5-5-11　柏林犹太人博物馆

名，也真正踏上了他的职业道路。柏林犹太人博物馆在柏林老博物馆的基础上扩建而成，位于三条大街交汇处、一块二战中被炸毁后闲置的空地上。新馆与老馆在地面上完全脱开，只在地下相连。老馆是一个巴洛克式的历史建筑，而新馆则是一个以“之”字形平面布局的异乎寻常的新建筑。里伯斯金用对比手法使新老建筑在外观上显现出强烈的冲突感，而在地下空间深处又将它们相互连接，以此暗示犹太人在这座城市中的命运。建筑师认为，一切都已因残酷的历史而消失，而那些“不可见的”（What is not visible）正代表了柏林犹太人历史遗产的丰富性，因为从博物馆基地附近、柏林城的地图上随处都能看到那些犹太人留下的痕迹，找到他们留给城市的灿烂篇章。因此，他将柏林地图上一些著名犹太人的出生和工作地点连成线，形成大卫之星的图形，结合柏林墙的走势，最终发展出博物馆的“之”字形体。在包裹着金属外皮的建筑立面上，布满了不同方向断裂的直线、尖锐的角和狭长的缝，寒光闪烁，触目惊心。参观者必须从老馆进入，通过地下层来到新馆，并展开三条线路的参观。第一条长廊引向一个死胡同，象征死亡之路，到达这个“绝境”空间的底部，有一扇门，门内就是“大屠杀塔”（Holocaust Tower）——一个极其阴森恐怖的烟囱空间，里面存放着当年被驱逐出城再遭屠杀的犹太人的最后签名；第二条路径最长，通向楼上陈列当年犹太社区幸存者遗物的各个展厅，该空间也将引导参观者返回博物馆入口；沿着第三条路径，两侧墙上布满了当年犹太人逃往世界各地的城市名，由暗到明，长廊尽端通向一个名为霍夫曼花园的室外庭院，其中矗立一组密集、倾斜的混凝土柱，柱顶有绿色植物，象征犹太人在流浪、迁徙中寻找生命之路。在博物馆设计构思中，里伯斯金还构建了从音乐家勋伯格的歌剧《摩西与亚伦》（*Moses and Aaron*）到哲学家本雅明的“单行道”（One-Way Street）等更深刻的象征性框架，而建筑中最意味深长的，是在之字形空间中穿入了一条直线空间，建筑师因此也将这个设计称为“两线之间”（Between the lines），即一条连绵不断的折线和一条断裂的直线，它们的相遇处都是贯通数层的虚空间（void），以此表达“缺席的空间”（Space of absence），作为柏林犹太人群体曾被从这座城市里彻底根除的见证。

来自奥地利的蓝天组由W.普瑞克斯（Wolf. Prix，1942—）与H.斯维琴斯基（Helmut Swiczinsky，1944—）两人合作成立于1968年。该小组代表着奥地利创新的一代，设计活动主要在维也纳，作品体现出明显的前卫姿态。建筑师对社会现实抱有一种激进又悲哀的情怀，同时也力图在建筑美学中表现这种荒凉的美感。他们的哲学思想受心理学家弗洛伊德精神分析理论的影响，认为抑制需要巨大的能量，而他们要把这些能量用于设计中，声称过去理解的建筑学已经结束，“建筑并非调和或顺从，而是将一个场所中存在的张力用强化的视觉方式作出的表达”。[①] 由此可以理解，他们的作品总是显出对现有秩序强烈的侵犯和破坏，呈现一种不安感、混乱和非理性特征，甚至把武器作为建筑形式的表现对象。在1988年的那场展览上，他们呈现了两个代表作，维也纳一座老楼上的**屋顶加**

① Encyclopaedia of 20 th century architecture[M]. Thames and Hudson，1989：75.

建（The Rooftop Remodeling，Vienna，Austria，1983—1989 年，图 5-5-12）和汉堡天际线大楼（Skyline Tower，Hamburg，Germany，1985 年）。屋顶加建给人留下的印象最深，项目位于维也纳一传统居住区中两道交叉处一幢老房子的顶部加建，用作一个律师事务所的会议室和办公室。这个像昆虫般吸附于屋顶的房子，也像一个明亮而新奇的浮游空间，在历史环境中尽显离经叛道的姿态，是综合了桥梁和飞机的结构系统原理，用钢材、玻璃和钢筋混凝土等材料叠合、构筑而成的。建筑师就是这样通过对各种元素的游戏式解构（Playful deconstruction），将一种复杂又梦幻的空间变为现实，既实现形式的超越，也有力地表达着他们的理念，即建筑并不一定需要功能，或仅需考虑它的业主，但也不意味着它的终结，“建筑应该被定义为一种扩展活力的媒介”。[①]

弗兰克·盖里被普遍认为是“解构”建筑师中最有想象力的一位，他也曾被誉为美国建筑界与埃森曼、文丘里和海杜克齐名的，引领建筑思潮的“四大教父”之一。盖里的作品以出其不意的形象和视觉的复杂性被建筑评论家们贴上“后现代”“解构”甚至“现代巴洛克”等各种标签，而他又戏称自己的作品是“废旧建筑”（Junk Architecture）。与埃森曼等人不同，盖里并不热衷于谈论哲学，他曾表示，“在一定程度上我也许是一个建筑艺

（a）外观

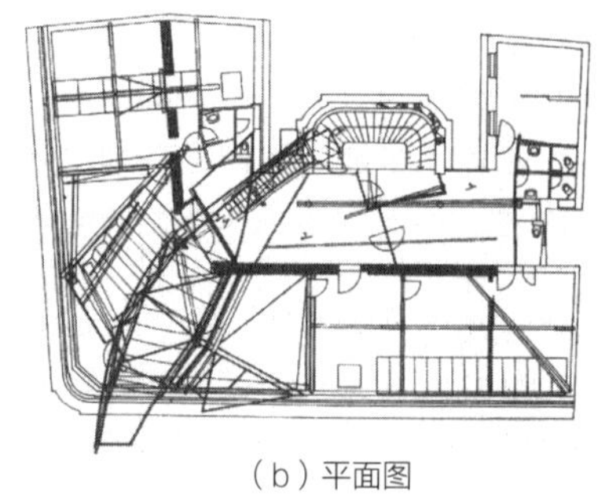
（b）平面图

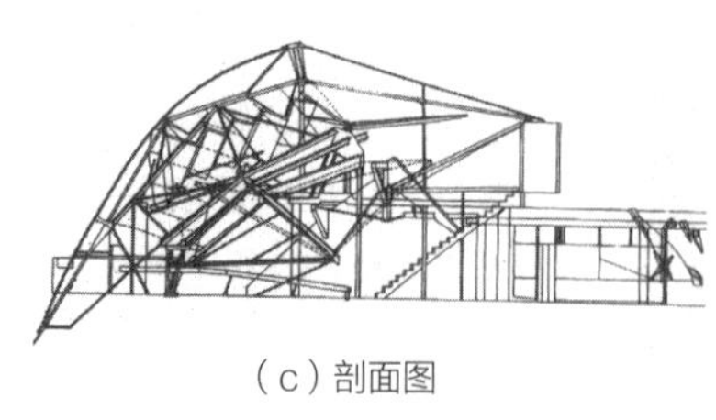
（c）剖面图

（d）内景

图 5-5-12　屋顶加建

① Sheila De Vallée. Architecture for the Future. Terrail，1996：113.

术家（Artist-architect）”，更倾向于从感性出发，以艺术家的敏感呈现时代特质。盖里认为，这是一个暂时性的（Temporal）、碎片状的（Fragmental）、不断变化（Constant changing）的世界，建筑师的工作就是用建筑语言对这种生存状况作出形式回应。他说：“我从大街上获取灵感。我不是罗马学者，而是街头斗士（Street fighter）。”“我们的文化由快餐、广告、用过即扔、赶飞机、叫出租车等组成——一片混沌。所以我认为我关于建筑的想法比创造完满整齐的建筑更能表现我们的文化。”“我从艺术家的作品中寻找灵感……我努力消除传统的文化包袱，并寻找新的途径。我是开放的（Open-ended），这儿没有规则，没有对或错。我常对什么是美的，什么是丑的感到困惑。”他在为东京设计了鱼餐馆后甚至这样解释：“若是有人要说古典主义是完美的，那么我就要说鱼是完美的，因此我们为什么不模仿鱼呢？”

盖里从1960年代开始设计实践，并逐渐以选材廉价和形式叛逆的设计风格在建筑界崭露头角。他大胆采用工业材料，注重表现材料自身的属性，并以打碎、拆散各种建筑构件和重新组合的设计手法，塑造偶然、过程以及未完成的新形式，让随意组装与功能偶然契合，彻底颠覆了古典原则和传统美学。这种反叛设计首先在**加州圣莫尼卡的自宅改建**（Gehry's own house，Santa Monica，Calif. US，1978—1979年，图5-5-13）中得以综合展现。建筑原本是一栋很普通的2层住宅，加建后老宅底层向三面扩展，增大800平方英尺（$74.32m^2$），二层则增加680平方英尺（$63.17m^2$）的平台。临街的入口以变化的铺地、台阶和二层出挑的组合金属网架强调出来。扩建的厨房和餐厅是最特别之处，厨房的大窗是个木条钉制的、像从屋顶上塌陷、偶然卡在了厨房上空的斜置玻璃立方体，不仅给室内带来充足的采光，还可透过玻璃观赏宅旁的大树。餐厅在街道转角处也是一个倾斜的大角窗，使用的材料有瓦楞钢板、铁丝网、木条、粗制木夹板、钢丝网玻璃等廉价材料，全部裸露在外，不加修饰。整个加建部分形态横七竖八，好像未完成状态，让自宅向街道呈现了满不在乎的幽默表情。

1980年代盖里承接了一系列公共建筑设计任务，形式探索不仅大胆，而且更多样。有吸收后现代的夸张、诙谐的隐喻手法的加州航空博物馆（California Aerospace Museum，Los Angeles，Calif. US，1982—1984年）和神户的鱼舞餐馆（Fish dance Restaurant，Kobe，Japan，1987年）等，其中**维特拉家具设计博物馆**（Vitra Furniture Design Museum，Weilam-Rhein，Germany，1987—1988年，图5-5-14）是盖里风格逐

图5-5-13　加州圣莫尼卡的自宅改建设计

（a）内景

（b）外观

图 5-5-14 维特拉家具设计博物馆

图 5-5-15 巴塞罗那奥运村鱼雕塑

步走向成熟的标志。在这个包括门厅、图书室、会议室以及若干展厅的展馆中，他从小尺度建筑构件转向采用大尺度的功能组合体为变化单位，运用越来越多的曲线塑造出一个空间和形体都十分复杂但又紧密缠绕的、雕塑般的建筑；走进室内又可以发现，这个躁动不安的内部实际自然契合了功能布局，如外形夸张部位对应门厅、楼梯等辅助空间，形态、连接和采光设计都变换多样，形成室内流线、展品与光相互交汇的独特效果。

盖里对鱼的主题十分感兴趣，认为鱼代表了人类之前的美丽生物，有助于他同时摆脱古典传统和现代主义，去重新探讨抽象与变形。他为巴塞罗那奥运村设计了一个巨大的**鱼雕塑**[Peix（Fish），Olympic village，Barcelona，Spain，1989—1992 年，图 5-5-15]，并别出心裁地将制造飞机的航空软件技术用于解决非线性曲面的设计难题。一系列试验使 1990 年代既保持鲜明动感，又在把握形式与完善功能之间达到巧妙平衡的盖里风格真正走向成熟。在竞赛获胜的迪士尼音乐厅方案（The Walt Disney Concert Hall，Los Angles. US，1988—2003 年）中，盖里正式将新型软件技术用于建筑图纸设计，新工具的运用从此为他更广阔的业务打开新的大门，也为建筑师实现更大胆的美学想象开启了全新时代。

盖里在设计**毕尔巴鄂古根海姆博物馆**（Guggenheim Museum，Bilbao，Spain，1993—1997 年，图 5-5-16）中获得的成功已超越一般建筑美学意义。博物馆位于西班牙北部巴斯克的毕尔巴鄂市奈维翁河（Nervion）南岸，原是商业和库储区，该项目因而也是地区复兴计划的第一步。基地附近有博物馆、大学以及部分老城区，新建博物馆处于这三者间的中心。盖里将入口设计成一个公共广场，引导人们从附近的文化场所步行前来。建筑由曲面块体组合而成，外墙是西班牙石灰石和钛金属面板，前者用来建造矩形的空间，后者用来覆盖雕塑般的自由形体。博物馆波浪起伏的造型能够付诸实施，又一次得益于航空领域的技

图 5-5-16 毕尔巴鄂古根海姆博物馆

术借鉴，欢快动人、诗一般舞动的形象，既是城市艺术的新殿堂，也是一座令人难忘的当代纪念碑，它一改城市以往的衰败景象，形塑了充满活力的公共空间，不断吸引来自世界各地的游客。该项目的成功也因此被冠以城市更新中的“毕尔巴鄂效应”。

第六节
批判的地域主义

批判的地域主义（Critical Regionalism）由建筑历史理论家楚尼斯和列斐伏尔（Alexander Tzonis and Liane Lefaivre）夫妇于 1981 年在他们的“地域主义的问题”（The question of regionalism）一文中提出，[①]用来描述和推动自觉探索适应地域特征、延续地区文化与重塑地方精神的建筑实践。弗兰姆普敦很快引用这个概念，并从理论上作进一步阐释。[②] 1984 年《建筑评论》（*Architecture Review*）杂志推出了有关地域主义的专辑，使相关论点得以更广泛地传播和响应。需要指出，批判的地域主义并不是一个以明确标志性活动、公认的代表性建筑师及作品为特征的建筑思潮，而是由历史理论家关注、构建和倡导的一系列相关设计理念和实践倾向，以抵抗二战后国际式现代建筑的无尽蔓延，维护地域文化的多样性。地域性问题在二次大战后的建筑发展中已被关注，[③]而在对现代主义问题形成

① 本节有关楚尼斯和列斐伏尔夫妇的相关研究和观点论述见中国建筑工业出版社 2007 年出版的他们的专著《批判性地域主义 ——全球化世界中的建筑及其特征》，王丙辰译。

② 指弗兰姆普敦于 1983 年发表的文章“走向批判的地域主义：抵抗建筑学的六要点”（Towards a Critical Regionalism，Six Points for an Architecture of Resistance）。

③ 见第四章“人情化和地域性的倾向”。

广泛反思与批判的后现代时期更是如此。因此，新概念的提出者是要表达另一立场，就是认为后现代建筑的历史主义倾向甚或前卫主张都流于表面，难免肤浅，应寻找现代建筑延续地方性特征的发展途径。因此，批判的地域主义有时也被称作地域性现代主义（A regional modernism）。

为了在比较中阐述这个历史性议题在后现代时期的独特性，楚尼斯夫妇甚至回溯了自维特鲁威时代至20世纪，尤其是启蒙以来各个阶段的相关论争。如18世纪英国出现的如画式园林（Picturesque garden）设计，就包含了以保存地域自然景观来抵抗法国古典主义文化权威的意愿。德国诗人歌德发表《论德意志的建筑》（1772年），对其家乡斯特拉斯堡大教堂大加颂扬，称这座带有“蛮族意味”繁复装饰的哥特式教堂其实是“真实地属于这一地域的建筑”（An architecture true to the region），建筑的地域性塑造作为记忆工具以抵抗中心文化，并将家乡的过去、现在和未来联系起来。在民族意识普遍觉醒的19世纪，欧洲各种历史风格的复兴在为民族国家身份认同的浪漫主义表达中发挥了极大的作用。对于19世纪延续至20世纪的各种地域主义表现，他们作了更深刻的剖析，并对极端爱国主义或商业旅游宣传中产生的、过熟的地域主义（Over-familiarizing Regionalism）设计持鲜明批判态度。他们进而认为，后现代历史主义以怀旧和符号化途径来延续地域特征，仍是一种简单的情感表达和营养不良的设计思维。

在拒绝了历史上的多种地域主义之后，楚尼斯夫妇提出，全球化语境下的地域主义需要在批判固有思维的前提下发展出来，既对地域有深切关怀，又要以陌生化（Defamiliarization）的设计策略重构地方认同感和归属感。他们的理论深受芒福德的启示。事实上，探讨美国自身现代建筑之路的努力早有表现，甚至包括建筑大师赖特，而芒福德是建树理论的核心人物，但其思想却被竭力推动国际式现代建筑发展的主流淹没多年。芒福德在1930—1940年代即指出，建筑不能盲从技术至上的国际式，但也必须与先进技术以及社会和经济发展和谐共存。就现代建筑如何不脱离地方传统，他提倡走陌生转换（Strange making）而不是历史主义的途径，积极接纳新技术而不是回到手工艺时代，寻求协调人与自然的可持续发展而不是浪漫的画境式怀旧，对多元文化开放包容而不是固守于单一文化的传统社群。毫无疑问，建筑的地域性必定是要在本土与全球文化的融合中实现，而楚尼斯夫妇的再探讨也使芒福德的思想重获当代价值。

在实践领域，批判的地域主义理论家首先将20世纪初以来现代建筑自身包含的地域多样性得以展现，不仅像阿尔瓦·阿尔托这样的北欧建筑师的实践再度获得关注与推崇，而且被以往现代建筑史家边缘化甚至被完全忽视的地区、人物及其作品也不断浮现出来。为论证其理论的核心观念，楚尼斯夫妇将希腊建筑师的设计作品推送出来，比如建筑师皮奇奥尼斯（Dimitris Pikionis，1887—1968年）设计的通往卫城之路（Pathway up the Acropolis and the Philopappos Hill，Athens，Greece，1953—1957年）这类原本默默无闻的作品，称赞其体现了对历史敏感地段的“天然基址和地形学美景的反思”“是反对用技术的力量统治自然景观的大地艺术的先驱”。他们还不断发现像活跃在美国西海岸的第二代现代主义建筑师的地域性风格，对理查德·诺伊特拉的**考夫曼住宅**（Kaufman House，California，US，1947年，图5-6-1）等作品的纯净、自由形式与场地、气候和景观密切交融的设计十分推崇。总之，他们为阐释批判的地域主义所汇集的一批典范人物和案例涵盖世界各个地区，包括中国。同样，弗兰姆普敦也积极地从西方内部和外部不断发现“边缘性”的地域实践，甚至使一部现代建筑史的叙述大大改观。

在意大利，卡洛·斯卡帕这个人物在以往的现代建筑史书中难以寻觅，他甚至还被本国建筑界忽视，但由于批判地域主义理论的推动，他开始受到建筑界越来越多的关注和欣赏。在斯卡帕的作品中，人们可以读出分离派、风格派、赖特一直到路易斯·康等一系列现代建筑流派和人物的影响，甚至有来自西方之外各种地域元素的痕迹，而这位建筑师则植根于独特的自然地理与气候环境，融入历史积淀深厚的城市肌理，以高超的设计技巧，将威尼斯地区的建筑工艺传统与现代主义设计以及多元文化结合起来，以片段策略、并置手法、精妙的采光处理以及独具匠心的节点设计，完成了以**维罗纳古城堡中世纪博物馆改建**（Museum Castelvecchio，Verona，Italy，1956—1964年，图5-1-4）、奎里尼-斯坦帕里亚基金会博物馆（Museum Querini-Stampalia foundation，Venice，Italy，1961—1963年，图5-6-2）以及布里昂家族墓地（Brion Monumental Tomb，Treviso，Italy，1969—1978年）等多项历史建筑保护、更新与扩建的精彩项目。斯卡帕的设计总是使场地的历史在各种新老要素的拼贴或叠置中被层层揭示出来，这在维罗纳城堡博物馆改建中有最充沛的表现。对于这座有着从古罗马、中世纪、拿破仑时代一直到20世纪的战争与修复改造这一系列深厚历史叠置的城堡中，建筑师通过历史透明性（Historical transparency）策略，将各种碎片形成戏剧性重组，建构起空间和遗迹中的间断性叙事（Disjunctive narrative），使新老对话鲜明、生动而充满寓意，

图5-6-1　考夫曼别墅

图5-6-2　奎里尼-斯坦帕里亚基金会

场所的塑造因此给人带来独一无二的体验。

1970 年代后期，西班牙建筑界人才辈出，一些人物和作品被认为是新时期地域主义实践的典范。“二战”以后，西班牙现代建筑是在受到美国、德国、英国和意大利等国的广泛影响下发展起来的，但也很快表现出对本土传统文化的自觉意识。如 1952 年成立于巴塞罗那的 R 小组（Grupo R），就致力于将现代建筑的探索与加泰罗尼亚民族复兴事业联系在一起，在本国产生了影响。西班牙建筑界地域性实践的真正活跃期，始于弗朗哥时代结束后的 1970 年代，来自马德里的建筑师 J.R. 莫内欧（Jose Rafael Moneo，1937—）就是其中一位受到世界赞誉的优秀建筑师。

莫内欧在 1970 年代的实践已显现他是西班牙地方主义运动中的活跃角色。他曾在丹麦建筑师伍重事务所工作过，之后在罗马西班牙学院的学习经历，使他有机会直接接触到赛维、塔夫里和波托盖西这些理论家，同时也被罗西的城市建筑学理论深深吸引。**马德里银行大楼**（The Bankinter Building in Madrid，Spain，1973—1976 年，图 5-6-3）设计，就是其融汇多种思想和方法、形成自己设计语言的标志性作品。马德里城的悠久历史和文化因“二战”后的大规模城市开发而遭到不小的破坏，银行基地就坐落在这个城市仅有的几块尚存历史遗迹中的一个地块上，这恰好也是马德里市转变发展方向、开始严格控制老城中新建筑体量的第一个项目。莫内欧从阅读城市历史起步，将城区建筑意象归为棱柱形的体块以及精密的红砖艺术，而“砖的构造”（Brick construction）是特征要素的主导，同时还联系到 1930 年代米兰建筑师的“新纪念性”，并巧妙地吸取了芬兰建筑大师阿尔托化整为零的形态设计手法，使设计最终获得了一种创造性的综合。建筑在几何性与精密性中显现自由与开放的性格，银行既结合特定环境，又超越了以往熟悉的地方模式，而红砖艺术语言也从此开始，在莫奈欧之后的一系列作品中得以精彩延续和发展。

罗马艺术国家博物馆（Museo Nacional de Arte Romano in Merida，Spain，1980—1986 年，图 5-6-4）让莫内欧的设计才华尽情展现，也代表着地域性设计揭开新的

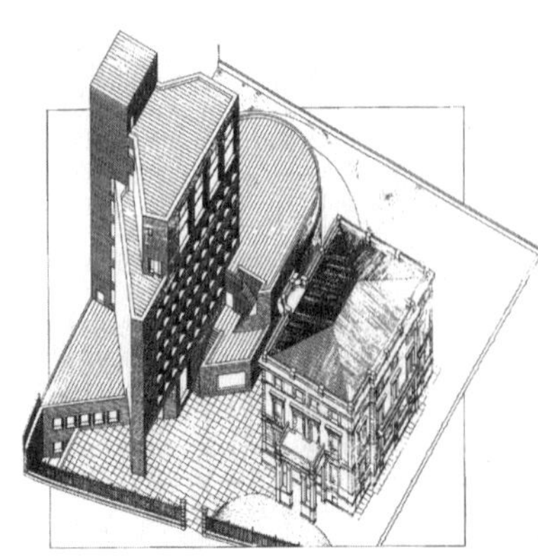

图 5-6-3　马德里的银行大楼

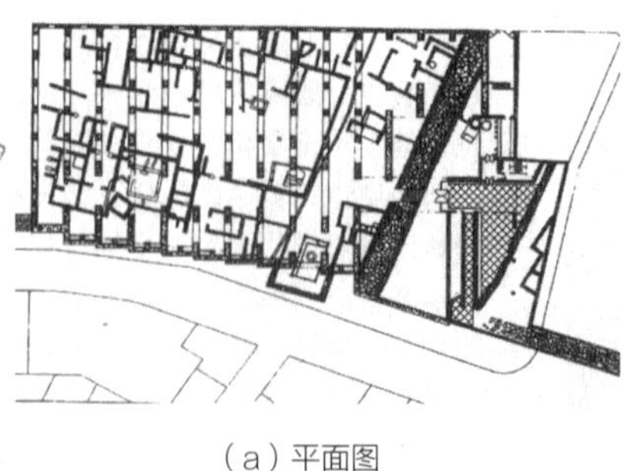

（a）平面图

（b）内景

图 5-6-4　罗马艺术国家博物馆

面目。博物馆建在梅里达城的古罗马遗址上，计划收藏2万多件西班牙最重要的古罗马考古文物，呈现古罗马统治时期梅里达城在这个地区不可替代的重要地位。形体单纯的新建筑以不同的轴线朝向叠置于遗址上，既能使考古遗址肌理、场景的展示更有识别性和感染力，也与现今都市社区生活的空间脉络相衔接。馆内主展厅由九片大券门墙体平行排列，墙体用与当年古罗马砖同样尺寸、在塞维利亚地区手工制造的红砖砌筑，墙体内有混凝土填实，高墙之间覆盖的则是玻璃采光顶。在主展厅一侧设置了自下而上一系列拱桥，在水平向切断墙体直穿而过的同时，组织了不同楼层的参观流线。气势恢弘的博物馆主展厅明显展示在历史城市中的类型学设计策略，体现了古罗马砖墙和大拱门的强烈意象。不过这又与罗西过于抽象、甚至脱离场地的类比设计不同，而是以光和材料两大主题，为来访者提供独特的参观体验。具体手法是，一些展品置于展厅较高的亮处，而大部分展品置于暗处，废墟遗址更是在洞穴般的低矮空间中展陈，烘托出了浓重的思古氛围；相比之下，主展厅连续的砖墙既展现罗马墙强有力的体积感，又以红砖砌筑灰缝的明显减小来表白与历史的差异和距离。在这个作品中，建筑师使建筑来源于场地又超越于场地的设计手法日益多样也日臻成熟。

在与西班牙相邻的葡萄牙，也有一位因出色的地域主义实践而获得广泛声誉的建筑师——阿尔瓦罗·西扎（Alvaro Siza，1933—）。西扎在深受阿尔瓦·阿尔托的影响中逐渐培育自己的设计实践，他既体现出对场地特有的敏感性，又对地方文脉中的创作保持开放姿态；他的作品总是像环境中的自然构成，极其灵活地穿插在起伏的自然地貌或复杂的城市肌理中，但建筑又以形体简洁、外表光洁的鲜明现代建筑语言，赋予地方新的生命。从早年的海边餐厅和泳池（Boa Nova Restaurant，1958—1963年，Swimming Pool，1958—1963年，Leca da Palmeira，Portugal），到后来的**加利西亚当代艺术中心**（Galician Center of Contemporary Art，Santiago de Compostela，Spain，1993年，图5-6-5）和波尔图建筑学院（School of Architecture，Porto，Portugal，1985—1996年），西扎已形成了一套娴熟的设计语言。加利西亚当代艺术中心位于西班牙圣地亚哥市一座17世纪修道院旁的场地上，平面由两个L形穿插组成，与修道院教堂前连续变化、层

图5-6-5 加利西亚当代艺术中心

（a）外观

（b）局部

图 5-6-6 奈尔森美术中心

层跌落且互不平行的地形秩序形成呼应，同时又明确限定出城市空间，将修道院、艺术中心和新的公园形成整体。中心两个 L 形平面的交汇处形成中央三角形空间的主展厅，环绕的通道又引向陈列雕塑作品的屋顶，屋顶还是可供观望修道院和城市的景观平台。新建筑外表光洁而坚实有力，大理石贴面与相邻的巴洛克修道院粗拙的外墙形成对比，灵活交汇的形体既融入环境，又整合了环境。西扎精湛的设计展现在对于地方性、偶然性和不确定性的巧妙把握上，善于将每个项目中所遇的现实冲突和模糊不清转入积极的关联中，以放弃个人预设的形式表现，实现建筑与环境的整合。西扎的建筑从不求助于传统形式与符号，这也非常符合弗兰姆普敦等理论家们赞赏的批判的地域主义作品的辩证特性，是“已扎根的价值观和想象力结合外来文化的范例，自觉地去瓦解和消化世界性的现代主义”。[①]

批判的地域主义明显推崇自觉适应地方气候、利用地方资源乃至吸取地方传统建造经验的设计，呈现从现代建筑的教条中解放出来的多种实践。1980 年代后期起，美国和澳大利亚的一些建筑师开始挖掘早在殖民时期就被扼杀了的当地土著文化，以此来重新思考适应地理和气候条件的地方建筑。美国的 A. 普雷多克（Antoine Predock，1936—）被誉为“土坯建筑师”（Adobe Architect），他在美国西南部设计的一系列作品都用了大片的土墙，灵感来自当地西班牙移民或印第安部族的传统，但并非肤浅的模仿。在他的代表作**奈尔森美术中心**（Nelson Fine Arts Center，Arizona State University，Tempe，Arizona，USA，1989 年，图 5-6-6）的设计中，建筑泥浆色的外墙和要塞般的形体与周围的山体、乱石（或沙漠）和仙人掌的环境连成一体，让人想起土著人的“泥坯建筑”（Mud Architecture），但外墙上意外出现的带着强烈色彩的钢构件，又让人明确无误地体验到其建筑的当代气息。澳大利亚的

① 弗兰姆普敦．现代建筑：一部批判的历史 [M]. 原山，译．北京：中国建筑工业出版社，1988：396.

格伦·马库特（Glenn Murcutt，1936—）对环境敏感而外形朴素的设计作品为人推崇，也是基于同样的理念与价值。

毫无疑问，发展中国家在现代化进程中更直接地面临西方现代建筑的冲击和地方传统文化失落的重重矛盾，尤其是那些摆脱西方殖民主义长期统治后获得独立的国家；而在西方内部，质疑声也不断出现，如荷兰建筑师凡·艾克所说，“西方文明习惯于把自己视为文明本身，它极度傲慢地假定凡是不像它的都是邪说，是不先进的……”①一批自1960年代起就活跃于地方建筑实践的发展中国家的建筑师，因为出色地探索了具有地域特征的现代建筑，越来越受到国际建筑界的关注，随着批判的地域主义理论的兴起，某些被西方建筑理论家“发现”的建筑师，很快成为享誉世界的典范人物，突出的例子就是墨西哥建筑师路易斯·巴拉干（Luis Barragán，1902—1988年）。巴拉干早年受勒·柯布西耶的影响，后又钟情于法国画家和景观建筑师巴克（Ferdinand Bac）以及德裔墨西哥雕塑家吉奥里兹（Mathias Goeritz）的作品，而家乡农场、自然景观以及地方历史则早已渗透在他的记忆深处。逐渐地，他把这些形式的灵感来源综合演绎成一种抽象的建筑语言，融入地方的自然景观和气候条件，建筑设计与景观设计彼此不分，形成了自己的独特风格。他的建筑总是以大块洗练的几何形体和块面组成，着以高亮度的、魔幻般的鲜艳色彩，并与喷泉、水渠等水景组合成一体，包容在浓郁的绿化之中，在阳光下形成充满诗意的人工环境。巴拉干的成名作品是**艾格斯托姆住宅**（Egerstrom House at San Cristobal, Mexico，1967—1968年，图5-6-7）、迈耶住宅（Meyer House in Bosque de la Lomas, Mexico City，Mexico，1978—1981年）以及他为自己所设计的住宅。

为重建民族精神的理想，印度部分建筑师致力于将对自身传统文化的深层认识与设计结合起来，柯里亚就是其中的杰出代表，甘地纪念馆是他最早的成功之作，他关于孟买地区适应地方气候和生活方式的系列住宅设计，也受到了国际性赞誉。柯里亚不仅是建筑师，还是建筑理论家，他不断地通过对古代印度传统文化理念与精神的吸纳，让作品获得深刻的地方特质，这在他的**斋普尔市博物馆**（Jawahar Kala Kendra，Jaipur，India，1990年，图5-6-8）设计中得到了充分体现。博物馆的平面由9个方块单元组成，形式来自于曼陀罗图形。在印度教里，曼陀罗是象征宇宙中心妙高山的平面化图形，表现了一种“梵我同一”的哲学观，印度教的神庙就是严格按此格式建造的，甚至建于18世纪的斋普尔城本身的形态，也依据了同样的图形。柯里亚以与古代“规划师”极其相似的策略构思博物馆布局：9块方格组成的平面中有1块游离于整个图形，使其正好形

图5-6-7 艾格斯托姆住宅

① 转引自 FRAMPTON K. Modern ardritectuce，a critical history[M]. Thames ard Hudson，1992：298.

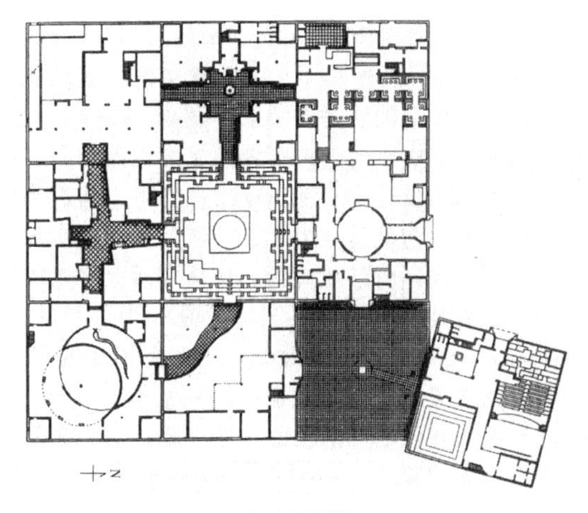
（a）平面图

（b）外观

图 5-6-8 斋普尔市博物馆

图 5-6-9 桑伽的事务所

成博物馆宽敞的入口。建筑群包括行政部门、图书馆、演出中心、展览中心等多种功能内容，对应分配给了围绕中心（Kund）的 8 个单元，它们彼此紧密联系又相对独立，也符合博物馆各部分分期投资建造的客观条件。建筑的墙体用当地的红砂石贴面，墙角处都有按正方形切割的“缺口”，曼陀罗的意象被不断唤起。每个单元内的空间组织设计既有个性又极为丰富，而中心单元太阳院中的独特地面肌理，又来自莫德拉水池的台阶意象。作品无处不呈现着浓重的古代印度文化气息，但显然又经过了创造性的现代阐释。正如柯里亚自己所说，要寻找“我们文化的深层结构”就要研究过去，“但研究的目的又不是简单地强调任何已存在的价值，我们是要知道为什么它要改变，从而找到通向新的景象的大门”。[①]

在印度，不仅有本土建筑师们的探索，西方现代建筑师在这里的跨文化地域的设计实践也早已有之，且影响深刻，20 世纪 50 年代勒·柯布西耶为新城昌迪加尔行政中心的建筑群设计最为著名。这个项目一方面引起了许多争议，但同时，勒·柯布西耶回应地方特征的一些形式与空间设计，也影响众多本土建筑师，曾跟随勒·柯布西耶和路易斯·康工作过的多西（Balkrishna V. Doshi，1927—2023 年）是其中最突出的一位。多西不到 30 岁就开业，半个多世纪的职业生涯中从低造价住宅到各种公共建筑，实践类型广泛，体现出既植根地域又有现代转化的鲜明特质。**桑伽的事务所**（Sangath，Ahmedabad，India，1976—1980 年，图 5-6-9）设计是其优秀的代表作。建筑以长长的筒形拱顶作为造型主体，使人联想起支提窟的屋顶，但又有现代建筑抽象、简洁的典型特征，更关键的是，这一形式将实际使用需要和适应气候条件整合在了一起：拱

① CORREA C. The new landscape. The Book Society of India，1995.

形屋面白色碎瓷贴面可反射阳光，工作室挖入地下半层，都产生隔热效应；再有，双层外墙形成良好通风，沿拱顶流下的雨水最终通过排水渠收入庭院中的水池，又起到降温作用。无论是室内光影和空间的多样变换，还是室外阶梯、拱顶、水池和小山丘的灵活组织，丰富的设计唤起地域性的共鸣，使场所充满了诗意。**侯赛因—多西画廊**（Husain-Doshi Gufa，Ahmedabad，India，1995 年，图 5-6-10）设计表现出多西更加强烈的表现主义手法，为建筑塑造了一种既有洞穴意象、又让人联想到印度古代支提窟和窣堵坡的神秘场所。他保留了场地微微起伏的轮廓，壳体结构和碎瓷表面材料的组合似乡间流行的湿婆（Shiva）神龛穹顶；多个眼睛般的窗洞在达到采光和隔热的平衡后，给室内带来了神奇的光感，而画家本人在酷似洞穴的岩壁上添加的蛇形图案，更使画廊增添了少有的宗教神秘气氛。

（a）局部

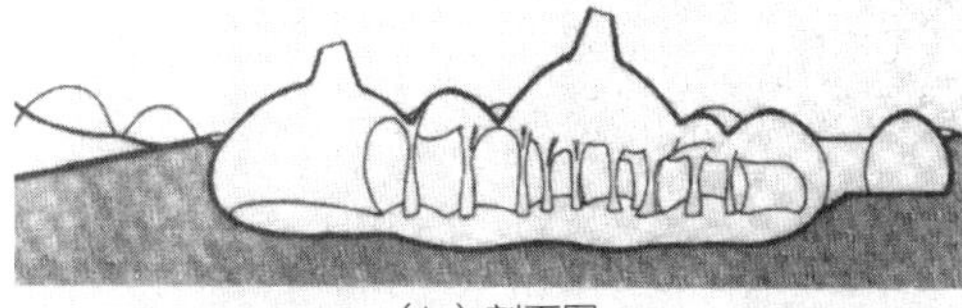

（b）剖面图

（c）室内

图 5-6-10　侯赛因—多西画廊

与印度建筑师相比，马来西亚的杨经文（Kenneth Young，1948—）采取了一种更加积极开放的地域性设计策略。杨在设计中喜用新技术的倾向十分显著，很难让人捕捉到任何传统或乡土语言，但他总是以新技术的应用和富于表现力的空间组织和形式设计，使建筑成为地域生活的气候调节器。他的自宅就是最典型的代表作，房子南北朝向，避免阳光的直射，也有利于主导风向的贯通，最特别之处是建筑师在高低错落的屋顶上覆盖了一把“大伞”，这个用以遮阳的大屋顶与融合在住宅空间里的水池一起，共同对住宅的小气候起到降温作用，住宅因而成为环境过滤器（Environmental Filter），又因其特别的造型而得名为“**双顶屋**”（Roof-Roof House，Selangor，Kuala Lumpur，Malaysia，1984 年，图 5-6-11）。杨完成了一系列有强烈高技派形象的作品，他受美国建筑师 B. 富勒的影响十分明显，甚至称自己首先是生态主义者，其次才是建筑师，他的实践显然扎根地域环境，而不是停留在技术的未来主义梦想中。

新加坡的林少伟（William Lim，1932—2023 年）是 20 世纪 80 年代起相当活跃的亚

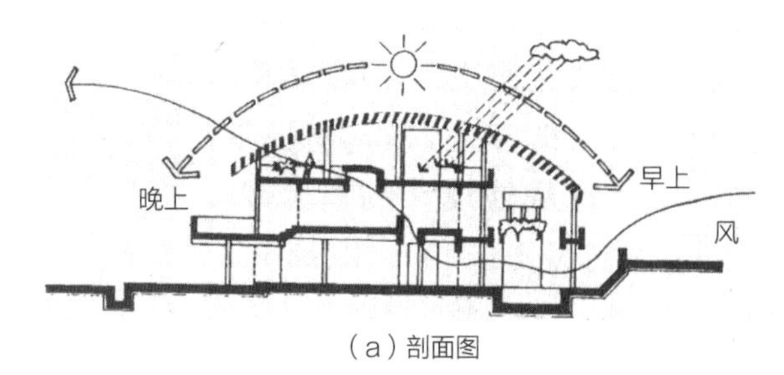

（a）剖面图

（b）外观

图 5-6-11 双顶屋

图 5-6-12 吉隆坡中心广场

洲建筑师。在其设计实践和理论研究中，他持续关注全球化趋势下亚洲的城市化进程与融合地区传统的发展之路。在其事务所完成的一系列东南亚地区城市商业和住宅建筑设计中，传统生活如何延续始终是最为关键的目标议题。代表作**吉隆坡的中心广场**（Central Square，Kuala Lumpur，Malaysia，1990 年，图 5-6-12），是一个毗邻城市中央市场的新增商业综合体，建筑师将综合体分成两块，又将每一块再分成更小的街坊系列，沿街店面都以小尺度方式不规则地组织，并在色彩与造型上形成差异，新建综合体以这样的方式延续了地方传统商业街店铺林立的街道意象。

1980 年代起，西方越来越多享有国际声誉的建筑师在欧美以外的地区获得实践的机会，许多设计反映出他们尊重地方文化并从中吸取设计灵感的显著意愿，表现出别具一格的创造性。1998 年 5 月，在西南太平洋新喀里多尼亚的努美阿半岛上，一座为纪念卡纳克独立运动领导人而建的**吉巴欧文化中心**（Tjibaou Cultural Centre，Noumea，New Caledonia，1995—1998 年，图 5-4-13）落成开放，向世人展示了一个与地方自然和人文景观精妙融合的建筑杰作，建筑师却是当年以设计巴黎蓬皮杜现代艺术中心而闻名的 R. 皮亚诺。事实上，皮亚诺的“高技”情结并未消退，但这一次他将娴熟技巧倾注到了一个文明尚在形成中的岛屿上。艺术中心沿一条与半岛地形呼应的弧线道路建造，一侧串连着大厅、旅馆和露天剧场等大小不等的方形空间，另一侧自由地散落着高耸、独处又相互簇拥的形似编织物的圆形体，分别容纳画廊、图书馆、多媒体中心等各种功能。圆形体显然构成了建筑的主体形象，它们像又一个“棚屋”组成的村落，也是融入森林的新成员。事实上，建筑师不仅在空间布局上类比村落原型，还从建造上转译了这些原始棚屋的构筑语言：结构是当地惯用的木肋架方式，但原来编织其上固定肋架的棕榈树苗被换置成了胶合板与镀锌钢材；“棚屋”由双层立面编织成，背后是单层空间，因而立面大大高出屋顶，用来抵御飓风，又可利用海风在上部形成的压力抽取下部空气，达到通风的作用；密集层叠的百叶不仅调节着风的气候，还调节着光的变化，甚至可回应海风掀起的涛声。“棚屋”就是大地艺术，其“未完成”的形象正隐喻了卡纳克文明还在形成之中。

批判的地域主义表现出极其丰富多样的实践，体现了后工业时代建筑师们在普世性的文明形态冲击下延续地域特征的各种实践探索，却并没有统一的语言与方法。作为最早的倡导者之一，弗兰姆普敦总结了这样七个特征，试图概括批判地域主义共有的态度和策略：①在坚持批判立场的同时并不拒绝现代建筑带来的进步，但其片段性和边缘性特征已远离早期现代建筑的规范化途径与乌托邦理想；②关注“场所—形式”（Place-form）的关联性，认识到一种有边界的建筑，即建筑总是生成于特定的环境；③建筑设计注重“建构的事实”（Tectonic fact），而不使建筑沦为舞台布景式的符号拼贴；④关注建筑如何回应特定场地的因素，如地形、气候与光的特征；⑤关注视觉之外的建筑品质，如温度、湿度、空气流动以及表面材料对人体的影响；⑥反对感情用事地模仿乡土建筑，而要寻找乡土的转译方式，要在世界文化的背景中培育具有当代特征的地方精神；⑦这种倾向可以在摆脱普世文明（Universal civilization）理想的文化间隙中获得繁荣。[①]

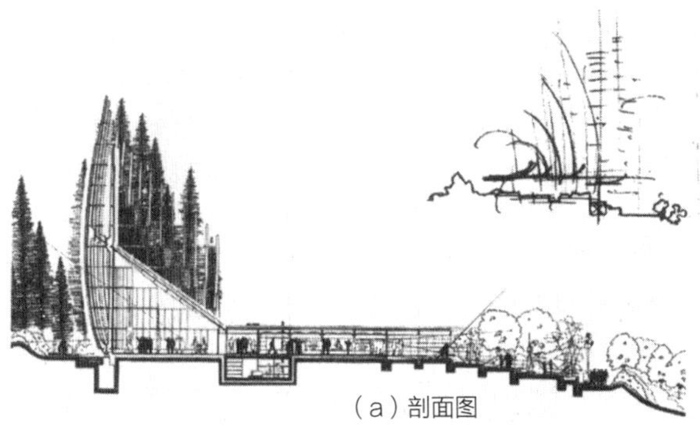
（a）剖面图

（b）外观

图 5-6-13 吉巴欧文化中心

在涉及文明与文化关系的讨论中，弗兰姆普敦的理论阐述受到了法国哲学家保罗·利科（Paul Ricoeur）的深刻影响，强调当代地域性实践取决于扎根传统的文化在吸收外来文明影响的同时，对自身传统再创造的能力。同时，他也吸收海德格尔的现象学理论，认为建造是居住的本质形式，建筑设计应使场所（Place）和建构（Tectonic）等议题回归至主导性地位，执意表达对后现代主义符号学和布景式设计的抵抗。在此之前，建筑现象学已有挪威建筑理论家诺伯格·舒尔兹的开创性探讨，发表了《存在、空间与建筑》等多部著作，从空间（Space）观念的全新认识中开启这个领域的研究。继弗兰姆普敦之后，芬兰建筑师尤哈尼·帕拉斯玛（Juhani Pallasmaa，1936—）等人，也成为建筑现象学的积极推动者，为如何创造多种感觉体验的建筑学做出了一系列相关原理和方法的论述。[②]

① FRAMPTON K. Modern architecture，a critical history[M]. Thames and Hadson，1992：327.

② 尤哈尼·帕拉斯玛著《肌肤之目——建筑与感官》（原著 *The Eyes of the Skin: Architecture and the Senses* 第三版），刘星、任丛丛译，北京：中国建筑工业出版社，2016 年。

批判的地域主义在全球化时代成为一个广泛而持续的议题，不断形成新的见解和学说，但也不断引发争议。楚尼斯夫妇与弗兰姆普敦都吸收法兰克福学派的批判思想，强调批判的地域主义应基于对现实世界的挑战性思考，在脱离各种习惯思维与陈词滥调后走向新发现。然而，楚尼斯夫妇却反对建筑现象学的基本立场，警示落入“土地”和“家园”等狭隘境地，而是倾向于接近惠特曼（Walt Whitman）和爱默生（Ralph Waldo Emerson）提出的浪漫和民主的多元文化，一种更加开放的地域主义。阿兰·柯泓论述更触及问题源头，指出地方性特征的自觉意识是19世纪以来文明和文化相分离、文化成为可选择模式后的产物，因此质疑地域性是否有不变的、本质主义的模型（Essentialist model）存在，并指出，当代地域性实践根本上都是建筑师关于一个地方的折中的感觉过滤，一种“二次组织系统”（Second-order system）。[①] 在实践层面，部分欧美、亚洲及其他地区的建筑师因其出色的地域主义实践而获得世界声誉，甚至其业务也从地区走向了世界，这难免使部分建筑师的地域性设计成为符号广泛传播，却偏离了地域性实践的初衷。

第七节
高技派的新发展

建筑中新技术的运用一直是众多西方现代建筑师的实践特征，而作为一种设计倾向的高技派，则有其自身的独特性。它一方面表现为积极开创更复杂的技术手段来解决建筑甚至城市问题，而另一方面又追求建筑形式上新技术带来的新的美学表现。无论是英国建筑电讯派提出的插入式城市、行走式城市的设计理念，还是在巴黎落成的蓬皮杜现代艺术中心，都是这些倾向的典型。

1980年代以后，注重高度技术的倾向依然存在，但其表达方式有所转变。在经历并认识了由种种对技术的盲目信仰带来的社会、环境与人类生存危机的问题以后，西方世界在技术乐观主义方面有所降温，并更加冷静地看待技术对于建筑的影响作用，客观地审视新技术影响下建造方式与建筑美学转变的种种经验与探索。1980年代末，由C. 戴维斯（Colin Davies）所著的《高技派建筑》（*High Tech Architecture*）一书，就是对这一倾向的历史性总结与思考，并强调了历史经验对于不断延续的高技派倾向的影响作用。

戴维斯称早在1779年英国塞文河上的第一座生铁桥的落成起就开始了高技派方式的形式表达，而且昔日大英帝国工程技术的辉煌所带来的这种设计方式甚至到了20世纪末还发生着影响作用。20世纪初，西方建筑先锋派将工

---

① COLQUHOUN A. The concept of regionalism[M]//G.B. Nalbantoglu，Wong Chong Thai. The Concept of Regionalism, Postcolonial Space (s). New York：Princeton Architectural Press，1997.

业技术的发展与建立现代城市和社会秩序的理想联系了起来，意大利未来主义的城市畅想和俄国构成主义的设计探索都试图将机器时代的工程技术引导到一种新型文化与美学理想的建构之中。如果说他们的设想只提供了一种观念与图景，那么密斯的钢和玻璃的建筑、法国建筑师P.夏霍(Piere Chareau，1883—1950年)设计的**玻璃屋**(Maison de Verre，Paris，France，1932年，图5-7-1)、美国建筑师富勒研制的一种可以系列生产的住宅方案**迪马松**(Dymaxion，1927年，图5-7-2)以及法国建筑师J.普鲁维(Jean Prouvé，1901—1984年)在1930年代末就已完成的预制装配的轻型金属构件系统建造的空间可灵活调整的**克利希的人民宫**(Maison du Peuple，Clichy，France，1937—1939年，图5-7-3)等作品，已经为20世纪后半叶的高技派实践完成了一系列的探索实验。“二战”后，一些建筑师将航空技术等高科技制造业的工业生产方式运用到建筑工业化建造体系中的尝试仍然继续着，例如普鲁维的实验性探索一直持续到1970年代，成了之后高技派不断延续的传统。正如英国建筑师福斯特评价普鲁维时所说：“没有你我们将无法做到这一切。”①

图5-7-1　玻璃屋

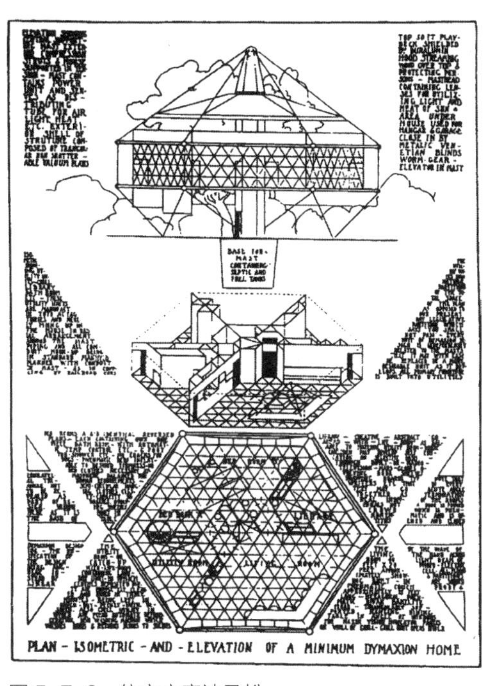

图5-7-2　住宅方案迪马松

1970年代以后，高技派的表现有了一些新的时代特征。在经历了对现代建筑过于注重技术理性的批判与反思后，建筑师的创作实践中少了许多技术乌托邦的理想，转而更加关注新技术影响下如何拓展结构与空间形式，如何使建造方式更加精良。不仅如此，在一系列强调人文关怀的建筑思潮的影响下，这一时期的高技派也开始表现出对环境、生态甚至文化历史的关怀，使作品呈现出既注重高度技术又强调高度感人的新景象。

在英国，以建筑电讯派为代表的高技派的实践在二战之后一直受到关注，理论家甚至认为，英国人对于表现新技术的热情已经成为他们传统的一部分。这一方面是因为18、19世纪其工程技术领先的直接的影响，另一方面或许是因为英国人把建筑当作技艺的职业传统所

① DAVIES C. High-Tech architecture[M]. Thames and Hudson. First Edition，1988：16.

（a）外观

（b）细部

图 5-7-3　克利希的人民宫

致。曾经以巴黎蓬皮杜国家艺术与文化中心的设计而名声远扬的 R. 罗杰斯，在以后的众多实践中仍然表现出了对于将新技术运用于建筑设计的探索热情。位于伦敦的**劳埃德大厦**（Lloyd’s of London，London，UK，1978—1986 年，图 5-7-4）就是其又一代表作。与蓬皮杜中心相比，劳埃德大厦减弱了文化上的反叛姿态，多了建造技术上的精美追求。大厦位于伦敦市中心商业区，四周是拥挤的街道和石头般体块的建筑，只有北面是一个由新建筑围合的广场。业主劳埃德保险公司是世界保险业的巨头，要求建筑必须能体现公司在世界市场上的地位，同时又要求业务单元空间在原有条件下提高 3 倍，主要空间和辅助空间既要相互联系又要减少相互干扰。另外，为了适应保险业对市场的应变，空间必须灵活变化。罗杰斯把一系列办公廊围绕中庭布置，电梯、设备间、服务设施、消防楼梯和结构柱被布置在主体建筑之外的六个垂直塔中，使办公空间得到最大效率的使用，服务设施相对集中又便于维修和更换。同时，6 个垂直的塔体充分利用了地块的不规则的角隅，由不锈钢夹板饰面的闪亮塔身不仅形成了与周围建筑的强烈对比，而且丰富了城市的轮廓。这个建筑的确显示了形式的表现与使用功能以及结构布置的完好整合而且细部精美，只是

图 5-7-4　劳埃德大厦

在室内空间效果上，充满机器般构件的环境显得冰冷而不近人情。

罗杰斯在**欧洲人权法庭**（European Court of Human Rights，Strasbourg，France，1989—1993 年，图 5-7-5）和 **4 频道电视台总部**（Channel 4 Television Headquarters，London，UK，1990—1994 年）的设计中延续了劳埃德大楼的高技术表现。前者没有采用纪念性建筑的体量处理，而运用了露明钢架、不锈钢板等手法，并把室外楼梯及部分钢架，尤其是室内主楼梯吊顶钢架涂上鲜艳的红色。后者依地形而建，两座 4 层高的办公楼呈“L”形布置，中间是内凹的弧形连接体。入口的曲面玻璃幕墙通过复杂的空间钢构架与屋顶的悬臂钢支架相连，曲面幕墙顶部连接幕墙与屋面的钢构件形成了有韵律的檐部，透明的幕墙使得幕墙后的构件显露无遗，使入口产生了戏剧性的效果。

（a）入口透视

（b）外观

图 5-7-5 欧洲人权法庭

罗杰斯认为自己并没有刻意追求高技术，不喜欢高技派这个标签。他称自己采用的技术为适宜技术（Appropriate Technology），并称这个适宜技术与高技和低技无关。它既可能是低技术，如在非洲曾经尝试过在黏土砖中加入添加剂，以增加墙体对雨水的抵抗力；也可能是高技术，如在欧美特定的经济环境下，在公共建筑中使用复杂的建造技术。适宜技术的概念使设计师自己表述的技术观更为全面，尽管在大多数有影响力的公共建筑中他仍然采纳了高技术手段，并在美学上表现它。罗杰斯对于细部也非常重视，他指出：“我相信比例、纹理以及美学的许多其他方面都来自细部特征，而它正慢慢地在许多当代建筑中逐渐丧失……如果你掌握了组成部分之间的关系（这一点和建筑的高宽尺寸一样重要）你就能够通过细部的处理使它产生你所希望的效果。”[①]

从罗杰斯的作品中可以看出这样几个明显的倾向：把服务设施和交通体安排在建筑的外面，创造出室内无障碍的空间效果，同时交通体和服务设施在室外也产生了独特的装饰效果。罗杰斯常常允许建筑在剖面或平面上有所变动或延展，如蓬皮杜国家艺术与文化中心的剖面在设计时是允许楼面上下移动的。他在作品中还频繁地使用张拉结构（Tension structure）。张拉结构明显轻于传统结构，在视觉和体量上也极为精练，并且这种装配式结构各部分间往往以轴、杆、链的方式连接，它

① DCC vs Rogers. Interview with Richard Rogers Partnership[J]. World Architecture Review，1997（5，6）：14.

们在空间中连接而成的结构体成为高技术表现最为常见的方式，这些构件一般在工厂制造，现场只需少量的焊接或装配就可以完成。在细部处理上，设计师大量采用了铆接的方式，甚至整个结构体系采用这一方式，这也直接得益于著名英国结构工程师P. 莱斯（Peter Rice，1935—1992年，图5-7-6）的配合。莱斯认为，这种铆接的结构艺术来自于19世纪大型工程结构如建筑和桥梁结构的启示，历史理论家班纳姆将这一结构连接方式描述为一次意义重大的冲击，动摇了1950年代几乎已无可争议的刚性节点结构方式。此外，罗杰斯在作品中依靠智能化技术，但没有完全依赖复杂的设备与先进科技，既采用了传统的被动式环境控制，如选择建筑朝向、体形等控制热交换，也采用了来自其他领域的科技成果，如应用在航空和汽车工业中的流体动力学成果以及新型材料和控制系统，降低建筑物的运行和维修费用。

英国的福斯特（Norman Foster，1935—），在建筑实践上表现出了与罗杰斯十分相似的特征。福斯特对于技术也持有明确肯定的乐观信念，他一直认为，技术是人类文明的一个部分，反技术如同向文明本身宣战一样站不住脚。但他一直争辩他对技术的信念从没超出过“适宜”的范围，而且其作品一直致力于用结构创造空间，其他技术的采用也围绕着这一目的。福斯特的“适宜技术”，从狭义上讲，常与“低造价”和“再生能源”等技术有关，特别适用于发展中国家；广义一些讲，是指采用某些技术时，应根据当地的条件和使用的情况而定。福斯特在加那利群岛的一个区域规划研究中就曾经采用当地的劳动密集型技术和再生能源技术维护当地的自然生态环境。当然，在福斯特大量有代表性的作品中仍然采用了人们通常认为的高技术手段。他自己这样解释道，他只是将用于诸如飞机制造、汽车工业的新材料、新技术“移植”到建筑中，这种“移植”，也只有在使用最适宜的方法、产生最大效益的情况下才采用。

图5-7-6　莱斯设计的1992年塞维利亚世界博览会未来馆的细部

福斯特有一个著名的论点是建筑即生产（Production）。他认为：“如果一个建筑师能不辞辛苦和工业企业中的人员紧密合作，或对生产工艺的内容本质进行深入地研究，那么他就有可能设计出一种相对来说生产周期短，甚至可用于某些单独的项目的工程部件。”①可以说，正是对生产工艺的熟悉，使得福斯特可以更为方便地设计自己喜爱的部件，并在工厂中加工，特殊部分又可以在现场制作。这样的方式使得福斯特的作品既有大工业生产加工的痕迹，同时其构件或细部又独具个性。同罗杰斯一样，福斯特也主张采用先进的大跨度结构，便于空间的灵活划分，他称之为“可变的

① 窦以德，等. 诺曼·福斯特[M]. 北京：中国建筑工业出版社，1997：6.

机器”（Soft machines）[①]。这一主张与密斯的“通用空间”有着较大的相似之处。

福斯特在早期作品中表现出了对人类生态学的关注，但从**信托控股公司**（Reliance Controls Ltd，Swindon，Woltshire，UK，1965—1966 年）开始，福斯特在作品中转向对工业化建筑技术的表现。**塞恩斯伯里视觉艺术中心**（Sainsbury Centre for Visual Arts，VEA，Norwich，Norfolk，UK，1974—1978 年）是福斯特在 1970 年代的一个重要作品，建筑在开敞的草地中暴露着端部巨大的结构网架，被评论家称为“飞机库”，强调纯粹的工艺技术和建造逻辑所产生的“显著的感官形象”的手法已经更加明显。

香港汇丰银行新楼（New Headquarters for the Hong Kong and Shanghai Banking Corperation，Hong Kong，1979—1986 年）建于香港回归中国之前，是使福斯特真正成为高技派中最引人注目的代表人物的关键作品。这个建筑悬挂在数榀桁架上，前后共 3 跨，建筑在高度方向共分成 5 段，每段由 2 层高的桁架连接，成为楼层的悬挂点。这 5 个楼层段由底部的每段 8 层到顶部为 4 层，依次递减。前后 3 跨也采用不同的高度，依次为 28、35 层和 41 层，建筑在侧面上形成了丰富变化的轮廓。这个建筑在高层建筑交通组织方式上也富于创意，设计师把层高划分为几个容易区分的段落空间，通过电梯可快速到达中间的某层接待厅，再由接待厅乘自动扶梯到达分区单元内部的某个目的地，建筑物因此克服了呆板的方盒子直线型的内部垂直功能组织，一个一个的分区单元犹如一串村落，十分丰富。在外形上，桁架结构主体及悬挂方式完全显露于立面上，和横向的遮阳设施一起构成了建筑外在的“骨架”关系，高技术形象显示了作为金融机构的坚实力量和权力感。

在**雷诺公司产品配送中心**（Parts Distribution Center for Renault UK Ltd，Swindon，Wiltshire，UK，1980—1983 年，图 5-7-7）的设计中，福斯特开创了巨型悬挂结构的新领域，表现了这一结构体系强烈的力量感和美感。建筑师在基地上布置了一系列标准单元，从悬挂结构的支撑桅杆的中心顶点计算跨度都是 24m，支撑点高度为 16m。一期工程完成了 42 个标准单元，包括仓库、配送中心、地区办公室、展示厅和培训中心等内容。每一个结构单元由四个角点的悬挂桅杆的钢索从中部将拱形钢架悬挂，这些悬挂桅杆及拉索被漆成黄色，鲜明地强调着结构自身的张力带来的美学特征。

格雷姆肖（Nicolas Grimshaw，1939—）也是 1980 年代起广受关注的英国高技派代表人。**牛津滑冰馆**（Ice Rink，Oxford，UK，1984 年）设计是他个人风格形成的开始。在这个大型室内滑冰馆中，建筑师把屋顶的重量

图 5-7-7　雷诺公司产品配送中心

① ABEL C. Modern architecture in the second machine age：the work of Norman Foster[J]. A+U，1988，5（增刊）.

先集中于一根纵向的中心钢梁上，钢梁被4组钢索悬挂在滑冰馆轴线两端的桅杆上，再经桅杆向下和钢梁的外挑部分铰接后集中传递到地面的混凝土桩上。这一复杂的力的传递过程被建筑师用钢梁、钢索和桅杆的方式表现得淋漓尽致。此后的4年里，格雷姆肖发展了这一帆船式的结构形式。在**金融时报印刷厂**（Financial Times Printing Works，London，UK，1987—1988年）的设计中，格雷姆肖创造性地使用了全新的外张拉式幕墙系统（Outrigged glass cladding support system），很好地解决了大面积玻璃幕墙的温度变形问题。该系统是通过钢架把玻璃挂在幕墙外的钢柱上，再在玻璃上按网格拉钢索加固。由于玻璃分块悬挂在钢板上，钢索和钢架又有很好的延展性，解决了玻璃的热胀冷缩的变形问题。同时，这一悬挂方式又有高技术的表现能力，悬挂着玻璃的三角形钢架、长条形圆弧端头的悬挂钢柱、距离玻璃面10cm的网状钢索的连接无一不显示出构造的精美，施工的准确。

格雷姆肖最出色的作品是1992年**塞维利亚世界博览会英国馆**（British Pavilion，Seville，Spain，1992年，图5-7-8）。这个建筑使用了三种不同形式的围护：东墙是一面高18m、长65m的水墙（Water wall），通过水的循环往返把外墙上的热量带走，达到降温的目的。西墙受太阳辐射较强，为此，建筑师采用了由装满水的集装箱充当的高蓄热材料作墙体，以吸收热量作为建筑的补充能量来源。在南、北墙上，建筑师又采用了外张拉结构，挂上了白色的PVC织物作遮阳之用，弯曲的桅杆上片片织物犹如白帆，充满了抒情的诗意。这个建筑虽然采用了看起来耗能的水瀑布以及大面积的玻璃，但实际耗能量仅为一般同类建筑的1/4。

英国建筑师M.霍普金斯（Michael Hopkins，1935—2023年）以其出色的帐篷结构设计获得声誉。由于他1970年代曾与福斯特共事，深受其影响，所以有人称“其作品就是从福斯特那里取得的经验的直接延伸”。[①]从1980年代起，他开始探索帐篷结构，其

（a）水墙立面

（b）遮阳细部

图5-7-8 塞维利亚世界博览会英国馆

① PAPADAKIS A. Architecture of today[M]. Terrail，1992：14.

中最有代表性的作品是**苏拉姆伯格研究中心**（Schlumberger Research Centre，Cambridge，UK，1984 年，图 5-7-9）、**芒得看台**（Mound Stand，Lord's Cricket Ground，London，UK，）和**巴塞尔顿市政广场的围合**（Town Square Enclosure，Basildon，England，UK，1987 年）。在这些作品中，霍普金斯充分利用了由 Geiger-Berger 和 Dupont 在与 SOM 合作的**阿卜杜勒·阿齐兹国王国际空港朝圣候机楼**（Hajj Terminal，King Abdul Aziz International Airpot，Jeddah，Saudi Arabia，1974—1982 年）中首创的涂有半透明特氟隆面层（Teflon-coated）的重磅纤维玻璃织物于帐篷结构中。尤其是苏拉姆伯格研究中心，建筑师用带采光井的门形构架、桅杆、拉索把纤维玻璃织物固定成多个方向变化的屋顶单元，创造出了别具一格的帐篷顶形式。在这个作品中，业主要求石油勘探研究所需的各种功能和 50% 的扩展余地。霍普金斯不仅合理布置了功能，而且强调了不同部门的科学家的交流。其基本构思十分简单：两个单层的研究区域，包括科学家办公室、实验室、行政办公室、计算机室、厨房等，呈南北向布置，中间是 24m 跨度的大型空间，如钻井试验中心、餐厅、温室等。其中，研究区域的两端留出空地，以备扩建之用。整个建筑的钢结构由两个相互覆盖的不同体系组成，中间的钻井试验中心、温室等空间上面是三个单元的大型半透明特氟隆面层的膜结构，膜表面在两个方向上弯曲，有利于光线的透入。两翼研究空间的平屋顶在压型屋面板上覆盖着单层聚合膜，地面被悬挂起来，其下是设备区。

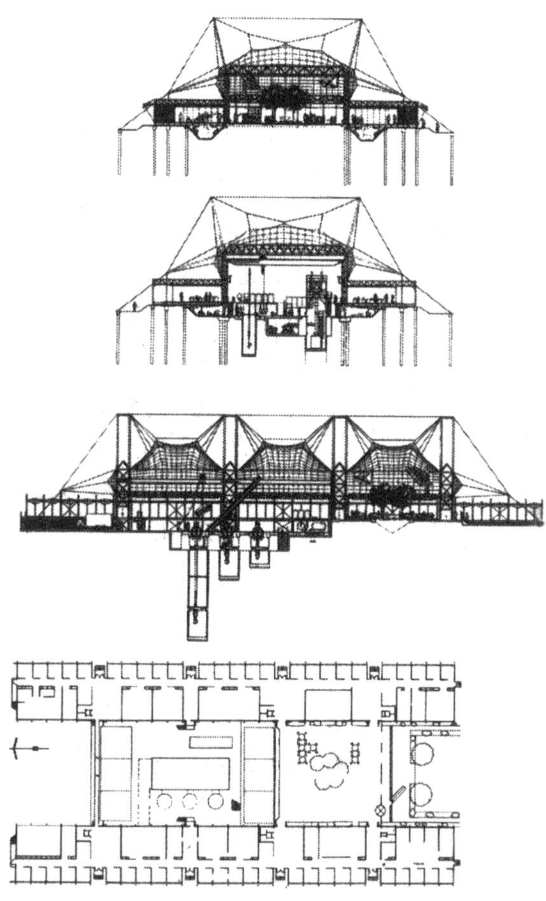
（a）部分平、立、剖面图

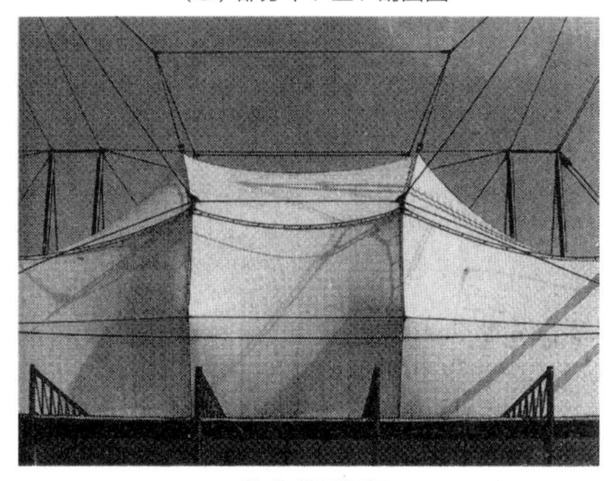
（b）外观局部

图 5-7-9　苏拉姆伯格研究中心

如果说建造技术方式的扩展、结构语言的合理性和由此延伸的美学表达是英国高技派建筑师们比较共同的特性，那么法国建筑师让·努维尔（Jean Nouvel，1945—）设计的**巴黎阿拉伯世界研究中心**（The Arab World Institute，Paris，France，1981—1987 年，图 5-7-10）则为高技术在建筑中的创造性使用揭开了又一幅崭新的图景。建筑分为两个部分，半月形的部分沿着塞纳河的河岸线弯曲，平直的部分呼应着城市规则的道路网格，中间有一贯通顶部的露天中庭。这个建筑最有表现力的地方是南立面的处理：立面上有上百个完全一样的金属方格窗，平整光亮，它们被称为照相感光的窗格（Photosensitive panels），因为每一个方格窗按图案方式安排了大大小小的孔，而每一个孔洞如同一个照相机的快门，孔径可以随着外界光线的强弱调控，以调节室内采光。整个立面因此变得活跃，象征着万花筒般神秘变幻的阿拉伯世界。这个奇妙的作品在 1990 年 10 月获得了阿卡汗奖（Aga Khan Award，Cairo）。

图 5-7-10　巴黎阿拉伯世界研究中心

图 5-7-11　埃拉米洛大桥

西班牙建筑师 S. 卡拉特拉瓦（Santiago Calatrava，1951—）对建造技术语言的把握独具一格。他从动物骨骼等形态来源中得到启发，寻找独特的建筑结构方式，创造了一系列富有诗意的建筑造型。卡拉特拉瓦既是建筑师，又是结构工程师，他把这二者的结合充分地发挥了出来，因此他也被称为继意大利著名建筑大师奈尔维之后最善于发挥结构与材料特性的设计师。卡拉特拉瓦设计了许多桥梁，这些桥梁因独特的造型成为环境中的公共艺术。如他设计的**埃拉米洛大桥**（Alamillo Bridge，Serville，Spain，1987—1992 年，图 5-7-11）犹如一张古希腊的七弦琴，把结构技术与艺术完美地结合为一体。由于个人深厚的结构功底，他能够把钢筋混凝土结构与钢结构的力学性能充分地运用于不受约束的、自由的有机形式中，突破了这两种结构体系自身的极限，也成了他建筑风格的独到之处。卡拉特拉瓦的代表性建筑作品是法国里昂郊区的**萨特拉斯车站**（TGV Station，Lyon-Satolas，France，1989—1994 年，图 5-7-12），建筑的结构元素与结构关系完全暴露，但整个结构又像立刻就要腾空而起的鸟，充满了动感。卡拉特拉瓦的“能动的建筑”（Kinetic architecture）将运动的形态与逻辑的建构方式融合起来，创造出诗意的建筑，改变了人们的建筑意象，他因此也被称为建造大师（Master Builder）。

从这些典型作品中可以看出，1970 年代以后的高技派有这样一些主要特征：首先，建筑看似复杂的外形，其实都包含着内部空间的高度完整性和灵活性，建筑师们甚至认为，他们提供的不是一个围合的空间，而是一个带服务设施的区域（A serviced zone），以供任意分割，或方便以后改变使用方式，因此他们努力使所有的永久性构件如外墙、屋顶等都可以拆卸，或常常暗示未完工的形式和扩展的可能。其次，高技派注重部件的高度工业化、工艺化特征与设计的开发，常常在一些专业工厂或工作室里订做自己设计的部件，如福斯特的中国香港汇丰银行新楼里所有的构件，包括幕墙、设备单元、地板、顶棚、隔墙、家具等都是由建筑师与厂家一起设计、开发和测试的，使构件既有工业化特征，又有高品质工艺特性。此外，大多数高技派建筑师热衷于结构的外露，但实际上并没有足够充分的理由把钢结构暴露在外，相反，这样做有很多明显的弊端。因为暴露的结构更需要经常维护，桅杆或钢索的油漆既昂贵又费工，而且屋顶悬挂起来后，结构穿过屋顶的支撑点也是耐风雨性较差的地方。为此，

图 5-7-12 萨特拉斯车站

必须采用一系列技术措施来弥补这个问题。比如在牛津滑冰馆里，格雷姆肖把所有的拉杆设计成昂贵的、无需维修的不锈钢杆件，又通过巨大的室内主梁减少了支撑点的数量，但暴露钢结构的技术缺点依然存在。还有，高技派建筑师热衷于插入式舱体的使用，一个主要理由是容易更新，另一个更为实际的理由是可以把需要高度复杂技术的构件在生产线上完成，运到工地后只需测试和安装。在实际应用中，如香港汇丰银行新楼，由于 139 个舱体每一个都不相同，并不能充分发挥生产线批量加工的优势。

显然，高技派在许多方面是 1960—1970 年代注重高度技术倾向的延续和实践，也反映出了新技术带来的建造工艺的发展与手法的逐步成熟。值得关注的是，这一时期高技派逐渐表现出了对地区文化、历史环境和生态平衡的重视，并且仍然主张以高度技术的方式去解决这些问题。在福斯特、罗杰斯、格雷姆肖和皮亚诺的作品中都能看到他们对生态技术的关注，如利用太阳能等可再生能源，少耗或循环使用不可再生能源，重视自然通风或机械辅助式通风、自然采光和遮阳等节能技术，格雷姆肖在塞维利亚博览会上的英国馆就是一个典型。前面提到的亚洲建筑师杨经文的建筑实践也充满了以高技术手段对建筑环境加以控制的创造性努力。在福斯特设计的**斯坦斯泰德机场**（Third London Airport Stansted，Essex，UK，1981—1991 年，图 5-7-13）中，他采用了智能化的热量再生系统把业务经营空间中的热量加以回收，以使建筑处于最低的热耗水平。福斯特设计的位于莱茵河畔的**法兰克福商业银行**（Commercial Bank Tower，

Frankfurt，Germany，1992—1997 年，图 5-7-14）因为采用了螺旋上升的室外花园平台和整体的机械辅助式自然通风塔而被誉为第一座生态型高层塔楼。在**柏林国会大厦重建**（Reconstruction of Reichtag，Berlin，Germany，1992—1999 年，图 5-7-15）中，福斯特的生态技术使用又有了新的方式：新古典主义风格的柏林国会大厦始建于 1894 年，1933 年和 1945 年曾两度被破坏和简单修复。对于这座在德国历史上有着特殊意义的建筑，福斯特首先设计了一个透明的玻璃穹顶，以“恢复”被毁的古典式穹隆，并使其变成了一个向公众开放的观光场所。建筑师的设计是，让自然光线透过玻璃穹顶后，再经过倒锥体的反射进入下部中央议会大厅的室内，同时，议会大厅两侧的天井也可以补充室内采光。穹顶内还设置了一个随日照方向自动转动的巨大遮光罩，防止眩光和热辐射。修复和重建工程还采用了自然通风体系，议会大厅的进风口设在西门廊的檐部，风道位于地板下面，并从座位下的风口送风，顶部连接穹顶的倒锥体内的空腔实际上是一个巨大的天然拔气罩。此外，该工程还成功地利用了地下湖的天然资源，大厦附近有两个地下湖，浅层蓄冷，深层蓄热，形成了生态的大型冷热交换器。大厦甚至以油菜籽或葵花籽中提炼的油作为生态燃料，大大减少了环境污染。

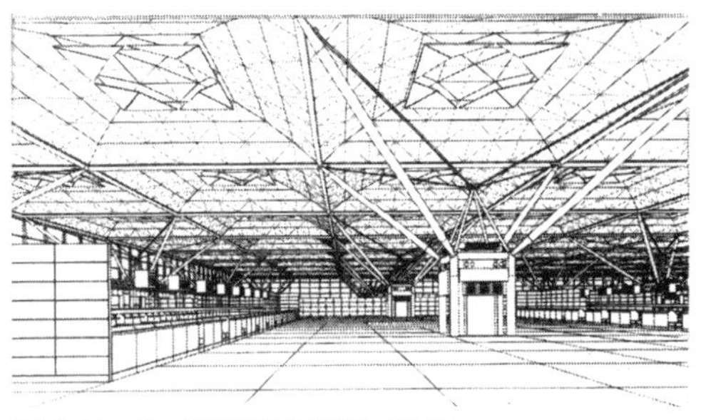
图 5-7-13　斯坦斯泰德第三机场

（a）剖面图　（b）外观
图 5-7-14　法兰克福商业银行

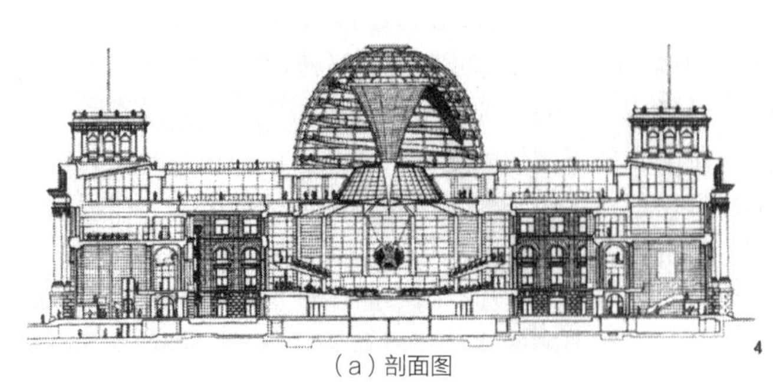
（a）剖面图

（b）重建穹顶内部

图 5-7-15　柏林国会大厦改建

第八节
简约的设计倾向

20世纪的最后20年是一个建筑思潮不断变化的年代，越来越多的风格或形式一个接一个以令人困惑的速度发展变化着。后现代主义建筑师们希望通过游戏般地使用历史符号组合建筑形式，以之与现代主义建筑的美学和道德标准相抗衡。在解构主义思潮的冲击下，一些建筑师带着对哲学家德里达和鲍德里亚的解构哲学的独特解读，将周围日益纷杂甚至走向疯狂的世界反映到了建筑形式当中。1990年代，在批判地审视了现代建筑的流动空间、后现代主义的隐喻和解构主义的分裂特征之后，西方建筑界开始了一种以继承和发展早先现代建筑一个明显特征——向“简约”（Simplicity）回归的潮流。虽然对这种风格的命名各不相同，如“新简约”（New Simplicity）、“极少主义”或“极简主义”（Minimalism）[①]等，然而，不论具体的称呼如何，这种设计趋势的主题是以尽可能少的手段与方式感知和创造，即要求去除一切多余和无用的元素，以简洁的形式客观理性地反映事物的本质。

一些理论研究或专业杂志也开始关注这种现象。J.格兰西（Jonathan Glancey）在他的著作《新现代》一书[②]中称极少主义是“90年代的风格”。意大利*DOMUS*杂志前主编V.M.兰普尼亚尼（Vittorio Magnago Lampugnani）在其《持久的现代性》（*Die Modernität des Dauerhaften*）一书中，对这种“新简约”作了理论上的探索。其后，这种以形式上的简约为特征的潮流在建筑设计和评论界引起了广泛关注和讨论。意大利《莲花》（*Lotus*）杂志、西班牙《草图》（*El Croquis*）杂志、法国《今日建筑》（*L'Architecture D'Aujourd Hui*）以及英国《建筑设计》（*Architectural Design*）杂志都纷纷出版“极少主义”（Minimalism）专辑，分析和评价这一趋势。1998年英国皇家艺术学院组织了关于极少主义建筑与艺术的国际研讨会。

“简约”并非这个时代特有的，且形成的原因很多。有来自技术方面的原因，即当产品的简约性成为降低成本以适应大规模生产的要求时，那些复杂的方式将被淘汰；也有来自于意识形态、思想方式等方面的，如西方传统宗教哲学中一直有主张道德和宗教简朴严素的理念，像西多教派、圣方济各会以及美国基督教派中的震颤派，都提倡一种克己苦修的生活。他们将美的概念从教义中放黜，认为上帝的信徒不应在日常生活中为追求美而浪费一丁点钱财。因此，器皿、家具和房屋都力求简单、实用，只考虑遮光蔽热等生存所需的基本功能，同时精工细作并精心维护保养，这样，对方式的精简成为“完美”概念的引申。最后还有来自艺术观念的影响，因为自工业革命以来形成了一个概念即顺应时代和技术要求的“简约”已成为一种文化进步的显著标志，并逐渐上升为一

① Minimalism一词来自1960年代的“Minimal Art”，译为“极少主义”或“极简主义”艺术，1980年代以来也开始被用来描述室内和建筑设计中追求极度简洁和纯净的趋势。

② JONATHAN G. The New Moderns: Architects and Interior Designers of the 1990's[M]. Crown Pub., 1990.

种艺术原则。直至1960年代西方绘画、雕塑等领域出现的极少主义艺术，都寻求一种简洁的几何形体和结构，运用人工而非自然材料，如金属和玻璃，表达一种精工细作的光洁表面，运用排列、重复等手段，创造一种三维的秩序感（图5-8-1）。艺术品没有任何意义参照和原型，单一而独特的形式强化了视觉联系和冲击力，作者的痕迹从作品中完全退场，观者直接面对艺术品本身，在观察对象的过程中，获得心理感受。总体上看，极少主义艺术符合20世纪纷繁的艺术世界中一种从具象到抽象的艺术趋势，并将之更推向极端，它在剥离了全部意义和历史参照之后，试图以最有限的手段创造最强劲的视觉张力。这些都成了文化领域的一种“简约”的思想根源。

图5-8-1 艺术家D.贾德（Donald Judd）在得克萨斯的极少主义艺术作品

图5-8-2 荷兰法尔斯修道院

可以说，对简洁形式的追求一直是20世纪现代建筑发展中的持续特征。从勒·柯布西耶设计的拉图雷特修道院、身兼传教士与建筑师的H.莱安（Hans van der Laan）设计的**荷兰法尔斯修道院**（the St. Benedictusberg Abbey at Vaals, Neatherland，1955年，图5-8-2）中，都很容易辨认出一种宗教性的简约思想的痕迹。勒·柯布西耶认为“一个人越有修养，装饰就越少出现”，[①] 而A.路斯很早提出了更加激进的关于“装饰与罪恶”的讨论。与路斯同时期的哲学家维特根斯坦（Ludwig Wittgenstein，1889—1951年）为他的姐姐设计了一座没有装饰的路斯风格的住宅，[②] 是关于精密细致和严格功能的实验，反映了维特根斯坦的哲学思想：功能主义、优雅和完美主义。这些现代主义建筑的原则在密斯·凡·德·罗手中发展到了极致。他认为“少就是多”实际上是以一种极端简洁的形式达到对复杂的升华。

20世纪末出现的简约形式的建筑，常被当作20世纪初现代主义运动目标与形式的复兴。对于空间的开放性和连续性的关注、建筑的线性和逻辑性、对传统建筑形式和观念的突破以及建筑中洁白墙体上光与影的变化，这些都赋予两代建筑师的作品以共同的特征。但毋庸讳言，这一时期的简约风格绝不仅是现代主义思想的简单再现，而是注入了新的思想内

---

① Le Corbusier. L'Art Décoratifd' aujourd'hui. Paris，1925. 转引自：FRAMPTON K. Le Corbusier[M]. London and New York：Thames and Hudson，2001.

② 见第三章第六节。

容。1960年代极少主义艺术的影响以及对地方感、建筑本质的探寻，都注定了这时的简约风格不再是现代建筑国际式广泛传播的那种大一统的呆板景象，而是融入了现代美学和不同地区文化的相互作用，甚至直接体现出对地方手工艺传统的吸纳。

在简约倾向的建筑中，较早引起理论界关注的是自1980年代末以来，伦敦和纽约的建筑师们一系列形式洗练的时装展示空间设计。现代时装界素来不乏简洁明朗的设计风格，一些知名品牌的时装，如CK（Calvin Klein）、阿玛尼（Armani）等以单纯的色调（如黑、白、灰）、冷色照明、宽敞的展示空间、寥寥无几的展品和极少主义的家具确立了自己的美学特征。这一时期的代表建筑师包括英国的J. 鲍森（John Pawson，1949—）、戴卫·奇普菲尔德（David Chipperfield，1953—）和C. 西尔韦斯汀（Claudio Silvestrin，1954—）等，其中以完成多项合作设计的鲍森和西尔韦斯汀最具代表性。

鲍森1980年代的作品主要是为富有的艺术品商设计的住宅或公寓，以没有装饰的平面和体量、空旷的空间及材质和光的戏剧性效果为特征。西尔韦斯汀则以设计商业性的艺术品画廊著称。这一时期，许多画廊的陈设趋向于一种中性的空间，以获得最佳的效果展示展品本身。两人的设计体验有某种共同的特点：艺术品商希望自己的住宅可以和画廊一样，以最好的氛围展示艺术品。这些特征同样适用于名牌时装店，对于纽约和伦敦的时装店而言，越宽敞的店面展示越少的商品，意味着商品的价格越昂贵，品质也就越高，就像画廊里的艺术品一样被展示，要避免一切分散注意力的细节和诱导。

1995年鲍森**设计的纽约麦迪逊大街CK分店**（Calvin Klein Madison Avenue，New York，USA，1995—1996年，图5-8-3）正式开业。在这里，CK希望这不只是一家普通的时装店，而是展示其全部高品位设计的场所。这家时装店占据了一座历史建筑的底层至第4层，极为简洁的大片无框玻璃使整间店面像一个巨大的时装展示窗。光洁的大理石铺地、白色墙面、有节制的展品布置，使顾客在一种平静、和谐的氛围中感到自己是整座商店的主人。为避免分散注意力的灯具、标准吊顶和空调装置成为视觉干扰，所有这些元素都被仔细地隐藏了起来。没有任何预设的路线或阻挡，顾客可以在这间豪华气派的店堂内自由移动。而由美国的彼得·马里诺（Peter Marino）设计的**纽约阿玛尼时装店**（Giorgio Armani Boutique，New York，USA，1996年，图5-8-4），从建筑到室内设计都表达了这样的概念：在今日的商品社会中，时尚与建筑都是临时易变的。整幢建筑以一个

图5-8-3 纽约麦迪逊大街CK分店

简洁的白色盒体的形象从整个麦迪逊大街深色的建筑背景中脱颖而出。和周围嘈杂的环境不同，建筑空间显得平静、安详，是时装展示理想的抽象容器。顾客从拥挤、嘈杂的大街上进入宽敞舒适的空间，甚至可以如释重负地长舒一口气。

值得注意的是：这几位英国建筑师在一定程度上受到了日本建筑的影响。安藤忠雄对日本空间传统的现代诠释虽然有别于立足于欧洲建筑传统的建筑实践，却在欧洲建筑界刮起了一阵旋风。日本建筑师坂茂（Shigeru Ban，1957—）采用当地的特殊材质建造了许多形式简洁的建筑，比如他的**"2/5 住宅"**（House 2/5，Nishinomiya，Japan，1995 年，图 5-8-5）项目，采用 PVC 和铝板等工业材料创造出光洁立面的同时，日本式的院落及内向的植物景观，都使得小住宅在喧嚣的都市环境中保持了自己的平静典雅。这些英国建筑师甚至有数年在日本生活的经历，包括鲍森和西尔韦斯汀，他们还在伦敦 AA 学院接触了安藤忠雄的作品。日本建筑对于英国建筑界的影响无疑是存在的。从某种意义上说，简约的风格可以视作对拥挤嘈杂的城市和让人无法喘息的快节奏生活的保护性反应，还给人们以平静抚慰和沉思默想的空间。

图 5-8-4　纽约阿玛尼时装店

图 5-8-5　"2/5 住宅"

简约的倾向最具代表性的实践反映在瑞士、西班牙、意大利、葡萄牙和奥地利等国家部分建筑师的作品中。这也表现出欧洲大陆现代建筑传统的强劲持续力。如 E.S. 德穆拉（Eduardo Souto de Moura，1952—）、赫尔佐格和德梅隆（Herzog & de Mearon）、P. 卒姆托（Peter Zumthor，1943—）和 A.C. 巴埃萨（Alberto Campo Baeza，1946—）等，融合了现代建筑与地方手工艺传统，使探寻建造特性和采用纯净形式的建筑实践成为有广泛影响的建筑潮流。

从葡萄牙建筑师德穆拉的作品中，可以清晰地看到两种传统的共同影响：一是来自他所在的城市波尔图，基于简单性、对公共建筑建造逻辑的阐释、对细部构造的关注和重视对特殊基地的体验这样一些建筑传统。最能体现德穆拉的设计特征的，莫过于**波尔图文化中心**（Porto Cultural Center，Porto，Portugal，1981—1989 年）：一个长条形的建筑隐蔽在原有的新古典主义花园中，所有的空间都设置在一条狭长的石墙后，只开了几扇小窗和隐蔽的入口。这座建筑让人联想到了 19 世纪德国著名建筑师、理论家森佩尔所称的“编织原则”，各种不同材料的表皮并置在一起，并保持各自独立的特性。在这座建筑中，石头、砖、拉毛粉饰和木材以本来面目叠置，没有任何模仿、隐藏或相互混淆。在 1995 年的作品**阿威罗大学地学系馆**（Department of Geosciences，Aveiro University，Aveiro，Portugal，1991—1995 年，图 5-8-6）中，他把整个体量处理为两座被中间的玻璃采光通廊一分为二的简洁的混凝土盒体，这里的材质处理再一次展示了他通过特殊的手法赋予普通材质一种高贵特性的技能：微微泛红的大理石片细密地排列在大片玻璃的立面上，成为光线和空间的柔和介质。从他的建筑中可以看出密斯·凡·德·罗的作品中所没有的那种对场所的关注。他考虑每一座基地的文脉和限制，将之作为一个创造独特形体的要素加以整合，而不像密斯·凡·德·罗那样，认为每座建筑不应有自己的特征，而是一种放之四海而皆准的模式。

奥地利的建筑师鲍姆施拉格和厄伯勒（Carlo Baumschlager，1956—；Dietmar Eberle，1952—）的作品，尝试用极简的形式反映当地的建筑材料与施工工艺，混凝土、砖、木格栅等都是他们的常用材料。在他们设计的**BTV 银行商住综合楼**（BTV Commercial and Residential Building，Wolfurt，Austria，1997—1998 年，图 5-8-7）中，他们使用了可沿钢轨滑动的松木格栅覆盖整座玻璃体建筑的立面，既创造了多层次的丰富的光影效果，同时，可水平/垂直滑动的松木格栅板产生了建筑立面变动不居的面貌。在**格拉夫电力公司办公楼扩建项目**（Extension of Graf Electronics，Dornbirn，Austria，1995 年，图 5-8-8）中，为了使新旧部分形成一个给人以强烈视觉冲击的整体，他们用一座鲜红的盒体横跨新旧两部分，同时将旧建筑覆以细木条板，以维持视觉上的平衡。从他们的作品中体现出了一种不拘泥于简单的极少主义美学，而将项目特质和业主要求综合起来考虑的策略。

瑞士建筑师赫尔佐格和德梅隆较早的代表作品有巴塞尔市的**沃尔夫信号楼**（SBB Signal Box 4，Auf dem Wolf，Basel，Switzerland，1991—1994 年，图 5-8-9）

图 5-8-6 阿威罗大学地学系馆

图 5-8-7 BTV 银行商住综合楼

和慕尼黑的**戈兹美术馆**（Gallery for Goetz Collection，Munich，Germany，1991—1992 年，图 5-8-10）等。赫尔佐格的设计所具有的特征首先是对建筑本质的追问，比如建筑的要素减至何种程度还称其为建筑？1997 年，在法国建成的**鲁丁住宅**（Rudin House，Leyman，High Rhin，France，1997 年，图 5-8-11），几乎可以称作住宅的原型：陡峭的坡屋面伸出的巨大烟囱、

图 5-8-8　格拉夫电力公司办公楼扩建项目

图 5-8-9　巴塞尔市的沃尔夫信号楼

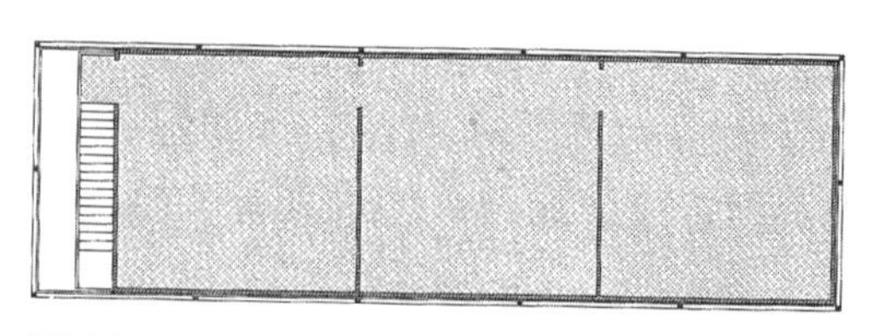

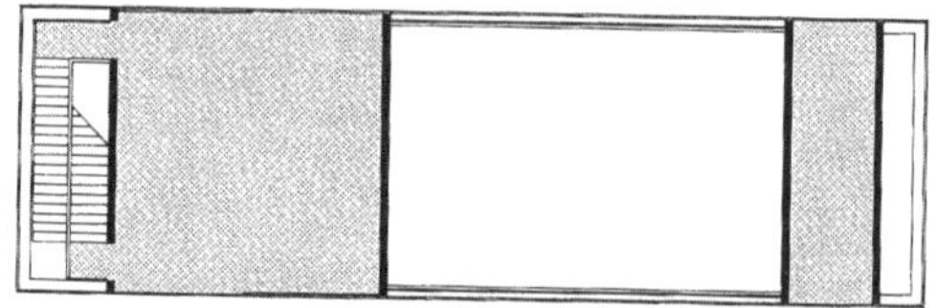

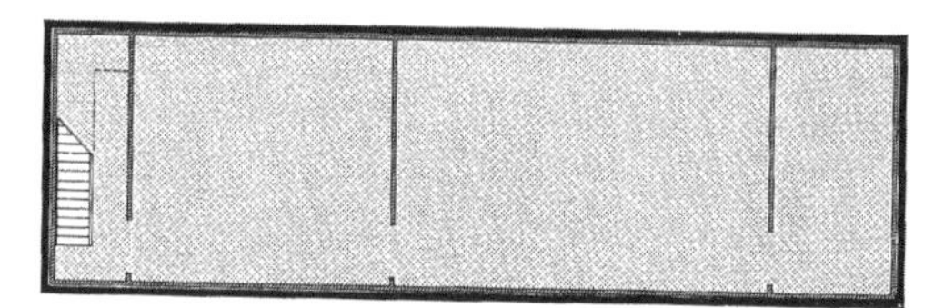

（a）平面图

（b）外观

（c）室内

图 5-8-10　戈兹美术馆

图 5-8-11　鲁丁住宅

混凝土墙面上整扇光洁的玻璃洞口，都使人联想起儿童画中的房子。建筑兀立郊外，像一块岩石接受风雨的侵蚀。坡屋面与墙面采用同样的材料，几乎融为一体。建筑坚实的体量感与支撑基座的细桩形成了一种戏剧化的矛盾效果，1998 年，他们在美国加州的作品**多米那斯酿酒厂**（Dominus Winery, Yountville, California, USA, 1996—1998 年，图 5-8-12）又成为被关注的焦点，因为这座建筑很好地表达了赫尔佐格对表皮的关注。整

（a）外观

（b）室内

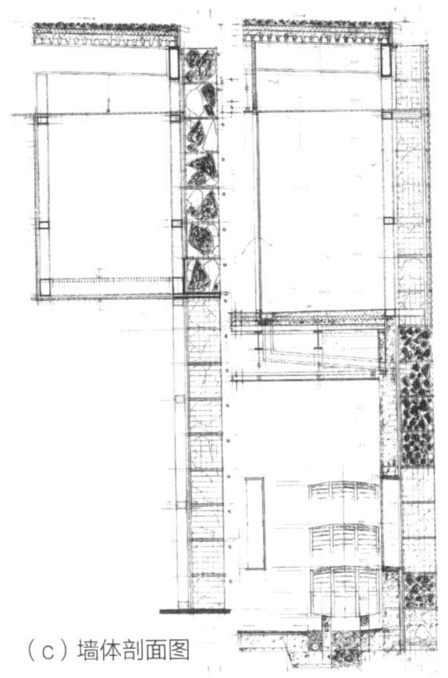
（c）墙体剖面图

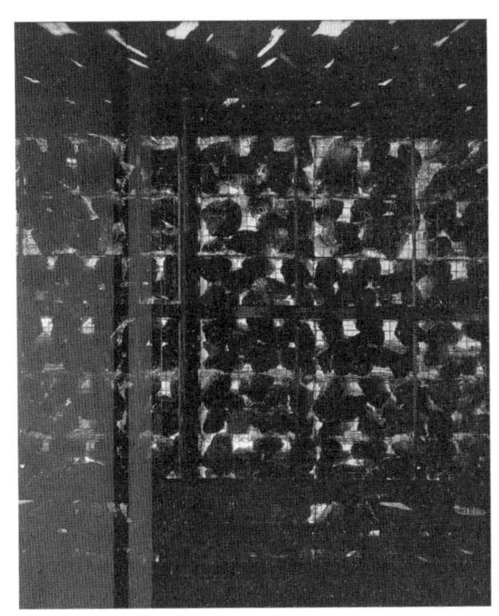
（d）墙体局部

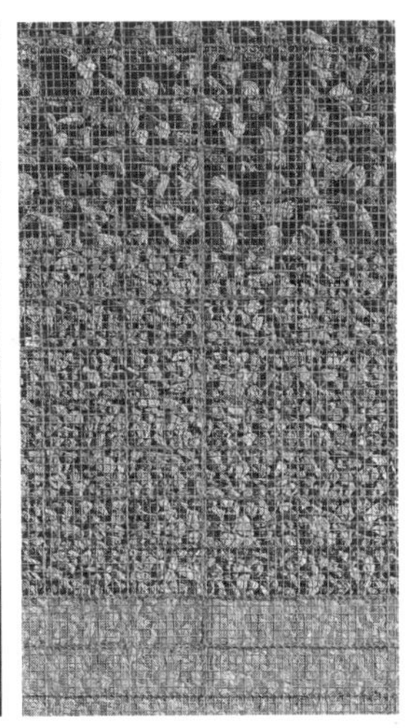
（e）墙体局部

图 5-8-12　多米那斯酿酒厂

座酒厂呈现为 100m×25m×9m 的盒体，容纳了工艺需要的三个主要空间。最特别的是面层的处理，使用两层金属网，中间填入大小不均的当地碎石，石材颜色呈现从深绿到黑色的微妙差别。阳光透过碎石的缝隙，洒在室内地坪上，呈现出一种斑驳而柔和的光影效果。这种独特的表皮处理，消解了通常意义上墙的概念，具有了一种可以自由呼吸的皮肤的意向。

赫尔佐格在瑞士苏黎世高等工业学校学习期间，受意大利建筑师 A. 罗西的影响以及中欧深厚的城市规划传统的熏陶，这又使他的作品具有和其他建筑师作品不同的公共性，往往从城市这一更大的角度考察建筑，并要求建筑容纳城市生活。赫尔佐格的另一个作品——**伦敦泰特现代美术馆**（Tate Gallery of Modern Art，London，England，1995—2000 年，图 5-8-13）也引起了广泛的反响。该美术馆是由泰晤士河边一座旧发电厂改造而成的。他的策略是对旧建筑外形改动最小，仅在顶层增加了透明的玻璃盒体。作为激活南岸旧工业区的重要举措，该美术馆要成为从中心区吸引人流的公共空间。因而建筑中设置了通长的中庭作为人们活动交往的空间，力求在展示艺术品的室内营造出类似城市街道的效果。

另一位瑞士建筑师卒姆托以一种不屈不挠的执着与独特的设计智慧创造了一座座精确、完美、使人感动的建筑作品，**瓦尔斯温泉浴场**（Thermal Bath，Vals，Switzerland，1990—1996 年，图 5-8-14）是其最有代表性的作品。浴室的下半部分嵌入地下，整座建筑采用层砌的石材构成一种有着微妙差异的整齐表面，像一块平行六面体的石头嵌入坡起的山麓，建筑深入地层，以探寻一种强烈的原始力量。光线透过层砌石材精心设置的窄缝照入地层下雾霭弥漫的温泉浴室，除了水和石这两种引发人类原始思维的材料外，几乎空无一物。

1997 年在奥地利建成的**布列根茨美术馆**（Art Museum，Bregenz，Austria，1990—1997 年，图 5-8-15）则反映了卒姆托对建筑平面严谨、逻辑的追求和对墙体构造的创造性试验。建筑坐落在布列根茨老城与湖面之间，面水而立，整座建筑除了入口处一扇不起眼的金属门外，其他部分全部由等距排列的一片片鳞片状半透明玻璃层所覆盖。白天，玻璃反射着阳光和空气；夜晚，美术馆则成为一座通体透明的灯箱，经过蚀刻的呈半透明状的玻璃使室内外的光线都呈现出一种柔和的、不可名状的美。建筑层高的 2/3 被玻璃内一道混凝土墙体严严实实地包裹起来，展厅内的五个面也都被素混凝土包裹，从顶部一片片不密合的毛玻璃吊顶透入均匀柔和的光线，所有的照明都隐藏在这道半透明玻璃顶棚和上层楼板之间的夹层内。整座建筑像一座内部设计极为精致巧妙的机械盒子，为 4 层高的美术馆提供了最佳的展示气氛。

瑞士的建筑师组合吉贡和古耶（Annette Gigon，1959—；Mike Guyer，1958—）同样引人注目，他们的作品的冷漠外表下是对建筑基地特质的体验。在他们的代表作**克什纳博物馆**（Kirchner Museum，Davos，Switzerland，1989—1992 年，图 5-8-16）中，整个建筑被匀质光洁的半透明玻璃所包裹，并通过玻璃透明度的微妙变化回应不同的

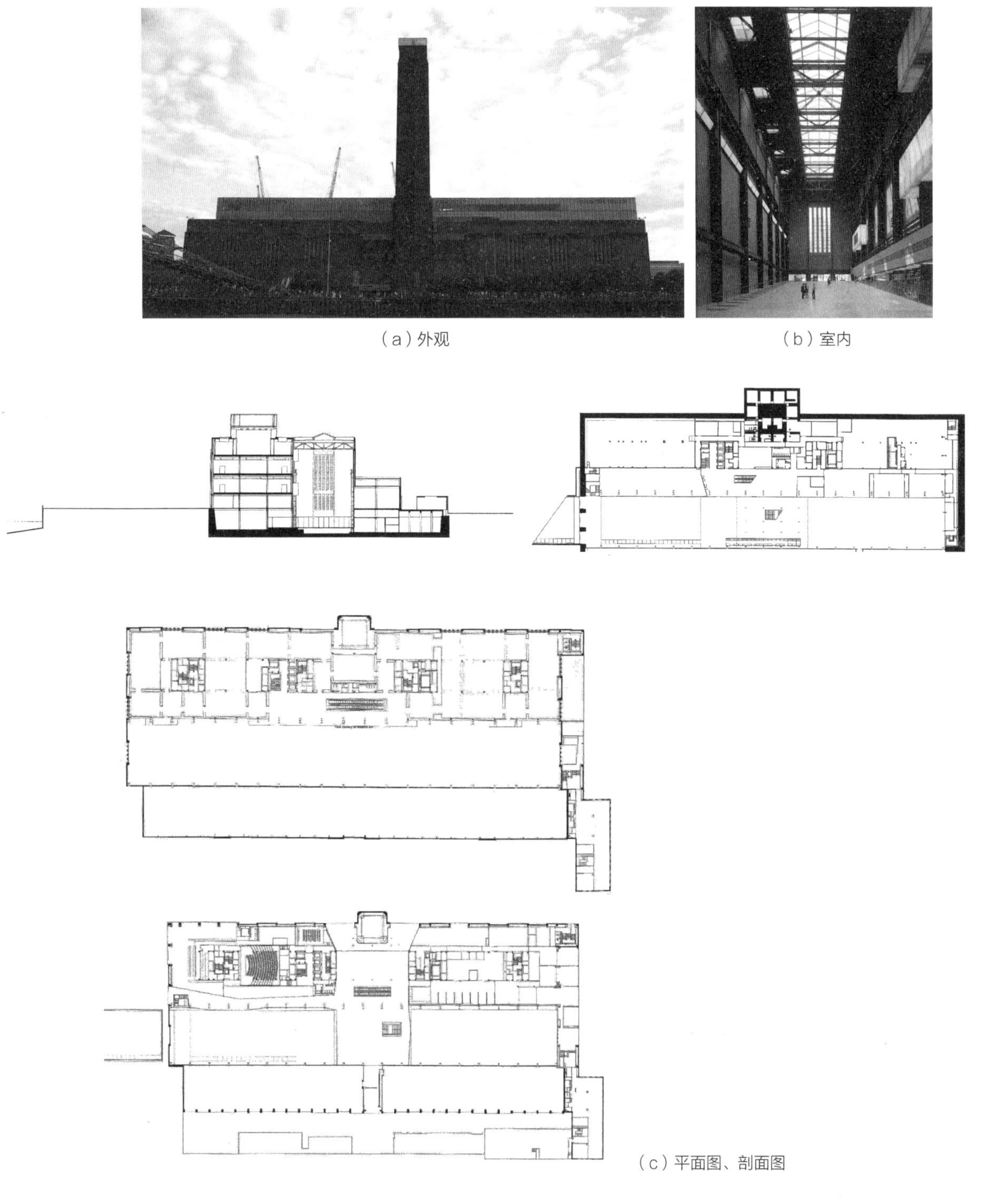

（a）外观

（b）室内

（c）平面图、剖面图

图 5-8-13　伦敦泰特现代美术馆

使用功能。他们的另一作品**苏黎世的铁路转换站**（Railway Switching Station，Zurich，Switzerland，1996—1999年，图5-8-17）则呈现为一个微妙变化的方盒子，唯一的几扇窗也被刻意地处理成与墙面完全一致，建筑像一座微微起翘的暗红色混凝土块，伫立在一片错综复杂的铁轨旁。他们的最新作品**卡尔克瑞斯考古公园**（Archaeological Meseum Park，Kalkriese，Germany，1998—2002年，图5-8-18）则是在一片罗马战场的遗址上修建的一组小型建筑：整个建筑被锈迹斑斑的金属板所覆盖，并按照极为规则的模数张挂，间或透空的洞口像全副盔甲的罗马武士的面容。

欧洲中北部德语区（德国、瑞士）的建筑对建造精确性的表达源自居民性格中严谨、执着的一面；而在南部的意大利、西班牙等国家中，一些作品的极简性和地中海地区强烈的阳光及其活泼浪漫的民族个性结合起来，产生了一种在烈日和海风下独特的建筑样式。这里的住宅为避开强有力的海风，常采用一种房间围

图5-8-14 瓦尔斯温泉浴场

图5-8-15 布列根茨美术馆

图5-8-16 克什纳博物馆

图5-8-17 苏黎世铁路转换站

图 5-8-18 卡尔克瑞斯考古公园 图 5-8-19 马洛卡岛新技术中心

绕内院的布局方式。这种地中海建筑文化的独特传统，在崇尚简洁的西班牙建筑师 A.C. 巴埃萨的作品中就可以找到。巴埃萨在西班牙**马洛卡岛上**的工业园中一块三角形地块上设计了一座由高墙围合成三角形内院的**新技术中心**（Center for Innovative Technology，Inca，Mallorca，Spain，1997—1998 年，图 5-8-19）。高过屋顶的石墙沿基地外檐而建，清晰地隔离了内部与外部环境。办公部分平行于外墙，并脱开一段距离。建筑以最简单的方式建成：两排立柱支撑着一片薄薄的悬挑平板屋檐，并以大片光洁的无框玻璃围合。内院除了按 6m × 6m 的网格种植的橘树和一小片下沉广场外空空如也。墙面和地面都使用了当地一种浅色的明亮的石灰石，在阳光下反射着耀眼的光芒。玻璃映射着深蓝的天空，隐在屋檐的阴影中。高科技办公使室内空间只容纳最少的家具，所有复杂的设备都设在地下层。建筑如此素朴，以至于具有了一种凝重的纪念性。这里甚至体会不到瑞士建筑师的作品中那种层层叠叠的精巧构造，所有的墙柱、支撑和围合体系都一览无余地展现在你的眼前，显得清澈、透明，围合着内院的房间变成了视线可穿透的玻璃体。

实际上，西班牙的现代建筑传统始终在其建筑实践中具有举足轻重的作用。这种简约的倾向渗透在大量作品中，几乎成为西班牙新一代青年建筑师的集体风格。西班牙著名建筑理论家莫拉雷斯（Ignasi de Solà-Morales，1942—）分析了当代西班牙建筑从现代主义时期发展而来的理性传统以及对 20 世纪末极少主义风格的影响，[①] 可作为对这种趋势的概括。西班牙最活跃的建筑师如 J.N. 巴蒂维格（Juan Navarro Baldeweg，1939—）、阿巴罗斯和海洛斯（Iňaki Abalos，1956—；Juan Herreros，1958—）等创造了许多极其简约的建筑，在世界范围内的阵容也日益壮大，并成为一种强有力的趋势。意大利建筑师 M. 福克萨斯（Massimiliano Fuksas，1944—）、F. 维尼切亚（Francesco Venezia，1944—）、

① Ignasi de Solà-Morales. Minimal Architecture in Barcelona[M]. New York: Rizzoli, 1986.

奥地利建筑师A.克里奇安内兹（Adolf Krischanitz，1946—）以及日本建筑师妹岛和世（Kazuyo Sejima，1956—）等人的实践都有相似的特征。

这一类简约倾向的作品显然成为世纪转折时期建筑界最引人注目的一股设计潮流，并且，正因为简约不是一种固定的风格样式，众多的建筑师出于各自的传统和背景与创作才能，设计了面貌不尽相同的作品。然而，从这些创作中还是可以归纳出一些共性与特征：首先，对建造形式、元素和方式的简化。通过严格选择去除一切不必要的东西，以获得符合功能与建造的逻辑性。其次，追求建筑整体性的表达，强调建筑与场所的关联。建筑可以出自一种个人化的设计体验，然而对每座建筑，基地环境始终是一种限制性的要素，整体的建筑是通过与环境的同构提升场所的品质。再有，这些作品十分重视材料的表达，以对材料的关注替代建筑的社会、文化和历史的意义表达。最后，对细部的研究从形体转折变化上的仔细推敲，转为一种对大面积的表皮构造的重视。正如人的光滑皮肤表面下是复杂的细胞和血管，建筑简约、光洁的外表下，可能是造价高昂的构造和殚精竭虑的选择。

简约的倾向依然呈现出现代建筑传统的生命力。虽然这种倾向也不免被归纳为一种美学特征，但“简约”作品的多样性以及背后所包含的丰富性甚至复杂性超越了当年现代派建筑师们的想象力，它不仅是一种风格的呈现，因为其中众多作品是力图回归建筑建造艺术本原的思考。因而，这一时期建筑历史理论家弗兰姆普敦的著作《建构文化研究》（*Studies in Tectonic Culture*，MIT Press，1995年）的出版也并不是偶然的。

从本章节的内容可以清楚地看到，现代主义之后，在建筑发展与变化中涌现出的各种思潮、人物与创作实践的确呈现出了极其多元的态势，形式十分丰富，却没有哪种单一的思潮或设计实践能占主导地位。尽管本章节的内容已涉及众多很有影响的人物与作品，但要描绘出一幅全球化时代多元文化的建筑景象，还远远不够，而且，多元的理念与创作道路以及众多建筑师日趋复杂与个性的设计语言，使得了解并诠释单个作品的任务也变得复杂和困难，甚至对不少个体建筑师而言也是无法以一种形式语言、设计手法和设计思想去认识的。因此，本章节的介绍仍是为读者提供一个了解现代主义之后各种建筑思潮的引子，真正的了解与评价，一定是依赖更丰富翔实的信息资源。

专题篇

专题一

“二战”之后的城市规划与实践

专题二

高层建筑、大跨度建筑与战后建筑工业化的发展

专题一
“二战”之后的城市规划与实践

一、20世纪40年代后期的城市规划与建设

第二次世界大战期间，参战各国都遭受了各种严重的损失。苏联毁于战火的城市达1700座；波兰华沙与但泽90%的建筑物被毁；德国柏林有70%以上的建筑被毁；日本东京毁坏的建筑达55%；广岛、长崎城市建筑1/3被破坏；法国等欧洲国家的城市也遭受到不同程度的破坏。

面对百孔千疮的现实，当时欧洲一些国家与日本最迫切的任务是解决战后的房荒，进行若干重点建筑物的恢复和重建，并开始有步骤、有计划地整治区域与城市的环境、建设新城以及对旧的城市规划结构进行改造。

早在20世纪前期，西方发达国家资本的进一步集中与垄断，使城市的分布和城市工业畸形发展，人口极度集中，生活的空间与时间、地上与地下的结构、土地的使用、城市环境等都面临日趋严重的困境。第二次世界大战期间，赖特发表了《不可救药的城市》，塞尔特（J.L.Sert，1902—1983年）发表了《我们的城市能否存在》（Can Our Cities Survive，1942年），埃里尔·沙里宁（Eliel Saarinen，1873—1950年）也在《城市：它的生长、衰败与未来》（*The City: Its Growth, Its Decay, Its Future*. 1943年）中以十分悲观的笔调描述了现代资本主义城市的厄运。“二战”后，资本主义城市的固有矛盾显得更为突出，其中最为严重的是土地和资源的不合理使用，人口的不合理密集，使人类各项活动超出了当时当地的环境容量。从根本上说，资本主义的土地私有、垄断投机以及人口分布与生产发展的无计划状态，是难以医治城市痼疾的。但战后，人民群众为重建家园、改变环境、改善生活、愈合战争创伤献出了巨大的智慧和劳动，并为了改善劳动条件和生活环境，与政府和垄断财团进行了坚持不懈的有力斗争。战后，资本主义国家充分利用人力资源，开展技术革新，使得经济不断增长，更因垄断资本与国家机器日趋融合，大量财富集中到国家手中，于是国家采取政府资助等有效措施和制定适应时宜的城市规划综合政策，为有计划、有成效地进行战后恢复建设创造了有利条件。与此同时，集合住宅（Housing）和建筑工业化也有大规模的发展。

以下介绍英国、法国、苏联、波兰与日本的战后重建工作。

（一）英国的城市规划

早在第二次世界大战期间，英国为了加强战争必胜的信心，便开始了重建伦敦的规划。大战结束后，英国的城市规划与建设处于领先地位。它为各国城市中出现的共同问题，如压缩特大城市人口和规模、探索特大城市的理想规划结构、完善现代化交通设施、改善城市绿化环境、美化城市景色等都提供了一系列新的理论与实践经验，在新城的建设与选址、利用地形、塑造建筑群空间造型等方面也有独特的成就。美国20世纪20年代末由佩里（C.Perry）首创的邻里单位（Neighbourhood Unit）理论在英国的哈罗

新城（Harlow New Town）中得到了实现。斯蒂文乃奇（Stephenage）、考文垂（Coventry）等城市的市中心商业步行区规划在当时也是一种创新。这种把机动交通挡在步行区之外的措施是1942 年由英国警局交通专家特里普（Tripp）提出的。

大伦敦规划

自 19 世纪工业革命开始，伦敦市区不断向外蔓延，外围的小城镇和村庄不断被它吞并。至 20 世纪 30 年代，特别是 1939 年，大伦敦人口已达 800 万，矛盾空前激化。为此，1940 年英国政府提出了疏散工业与人口的“巴洛报告”（Barlow Report）。1943—1947 年先后制定了伦敦市（City of London）、伦敦郡（County of London）与大伦敦（Greater London）三个规划。规划汲取了 19 世纪末霍华德和 20 世纪初格迪斯（P.Geddes）以城市外围地域作为城市规划范围的集聚城市（Conurbation）概念。当时纳入大伦敦地区的面积为 $6731km^2$，人口为 1250 万人。规划从伦敦密集地区迁出工业，同时也迁出人口 103.3 万人。

规划方案在半径约 48km 的范围内，由内向外划分为四层地域圈：内圈、近郊圈、绿带圈、外圈（专图 1-1）。内圈是控制工业、改造旧街坊、降低人口密度的地区。近郊圈作为建设良好的居住区，圈内尽量绿化，以弥补内圈绿地之不足。绿带圈宽度约 16km，以农田和游憩地带为主，严格控制建设，作为制止城市向外扩展的屏障。外圈计划建设 8 个具有工作场所和居住区的新城。从中心地区疏散 40 万人到新城，疏散 60 万人到外围地区现有小城镇去。

大伦敦规划结构（专图 1-2）为单中心同

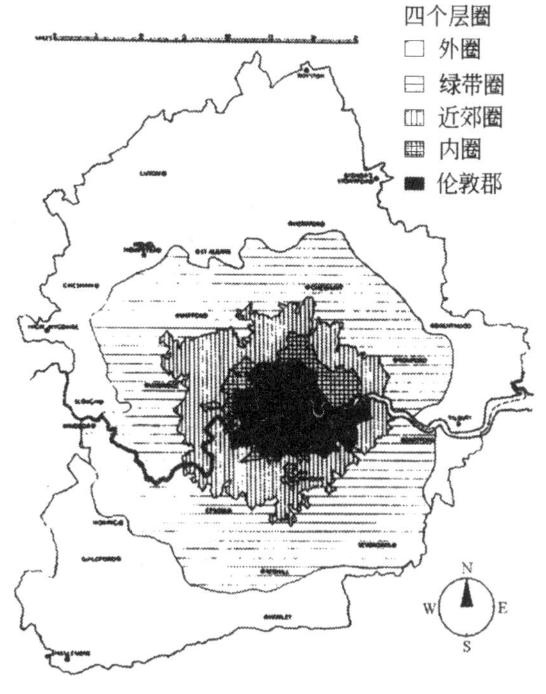

专图 1-1　大伦敦的规划结构示意图

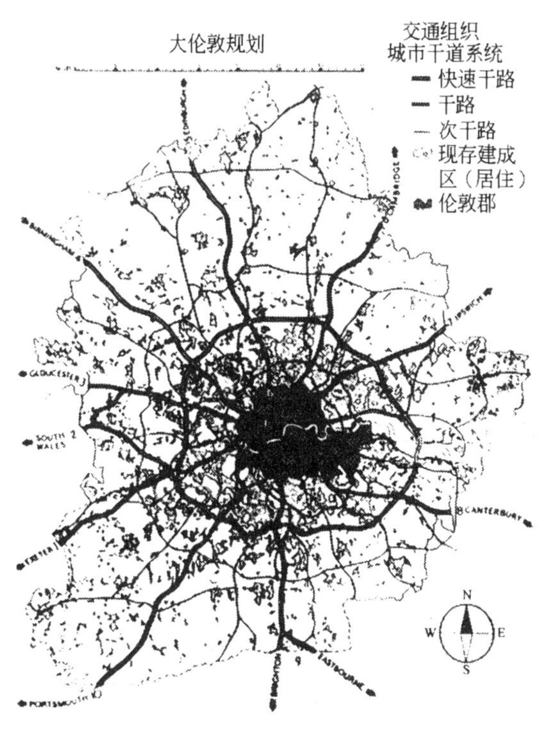

专图 1-2　大伦敦规划的交通组织示意图

心圆系统，其交通组织由 5 条同心环路与 10 条放射路组成。其中 B 环路是主干路，位于伦敦郡中部，10 条放射路由此向外延伸。D 环路是快速干路，与 10 条放射路相交处都作立体交叉，使过境交通不穿过市区而从 D 环路绕行通过。

伦敦郡规划绿地由每人 $8m^2$ 增至每人 $28m^2$。建成区外绿地以楔状插入市内，并重点绿化泰晤士河岸。

大伦敦规划吸取了 20 世纪西方国家规划思想的精髓，对控制伦敦市区的自发性蔓延以及改善原有城市环境起了一定的作用，对四五十年代各国的大城市总体规划有着深远的影响。

但在其后几十年的实践中，也出现了不少问题。如中心区人口非但未减反而有所增长；如对其后第三产业的发展估计不足；如新城建设投资较大，对疏散人口的作用不够显著；如新城人口大都来自外地，反而使伦敦周围地区人口增加; 如距市中心 3~10km 的环形地区内，交通负荷不断增长等。

哈罗新城

战后欧洲国家掀起的新城运动首先是从英国开始的。英国于 1946 年颁布了“新城法”，并组织了新城建设公司。

哈罗新城于 1947 年开始规划（专图 1-3），是 20 世纪 40 年代伦敦附近 8 座新城之一，并被誉为第一代新城的代表。战后第一代新城的共同特点是规模较小、密度较低、按邻里单位进行建设、功能分区比较严格、道路网为环路加放射路组成。

哈罗新城距伦敦 37km，占地 $2560hm^2$，择址于北有河谷、南有丘陵和林地的乡间。规划人口 8 万人。规划特点是充分利用自然景色、

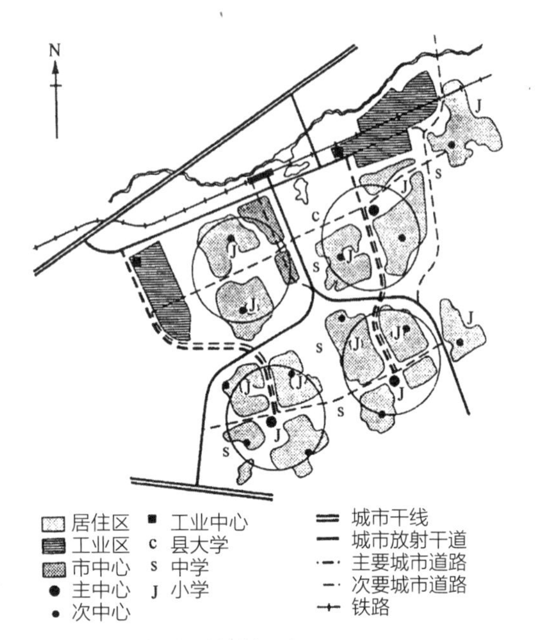

专图 1-3　哈罗新城规划示意图

体现田园风貌、交通上人车分行、格调上精致典雅。工业区分成东西两部分，有干道与铁路车站连接。居住房屋分布在远离主要干道的高地上，划分成 4 个由邻里单位组成的居住区，其间以自然谷地隔开。哈罗市中心（专图 1-4、专图 1-5）在用地选择、功能划分和建筑艺术造型等方面都富有特色，组成了一个有内部步行系统、周围被行车道和停车场所围合的市中心，这在当时也是一种新的尝试。市中心内部有市民广场、教堂广场、市场广场、影剧院广场和两条步行商业街。市中心南立面面向其南的谷地、绿化空间和一个规则式花园。整个中心功能多样、关系紧凑。哈罗城的规划与建设在当时曾引起世界各国的关注。

考文垂和斯蒂文乃奇市中心商业步行区

考文垂位于伦敦西北，第二次世界大战中被毁，于 1947 年开始进行规划。将城市中心

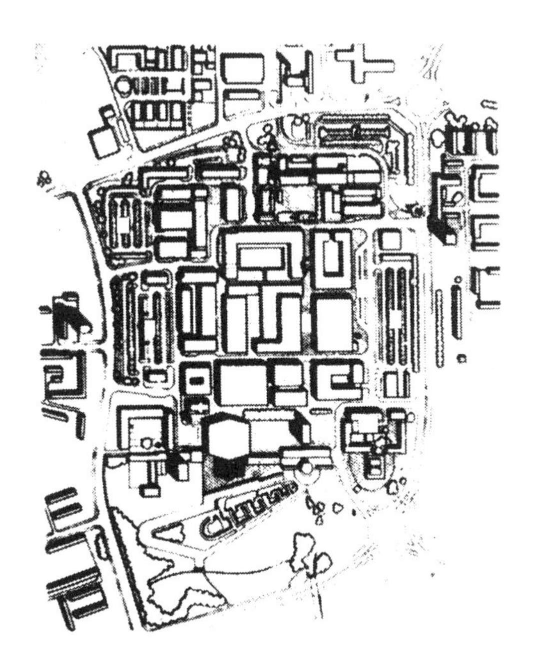

专图 1-4　哈罗市中心平面图

专图 1-5　哈罗市中心设计

部分约 40hm^2 范围划为步行区（专图 1-6、专图 1-7），周围设停车场，可容纳 1700 辆汽车。新的商业中心采用狭长的对称式矩形布局，贯穿于步行区的中轴线，以巨大的露天楼梯连接二层商场，再以横向露天连廊分隔成几个院落。这种平面布局被称为考文垂模式。

斯蒂文乃奇新城位于伦敦以北，于 1946 年开始规划，其商业步行区较考文垂更为完整，是整个市中心全部为步行区的城市。它因首创

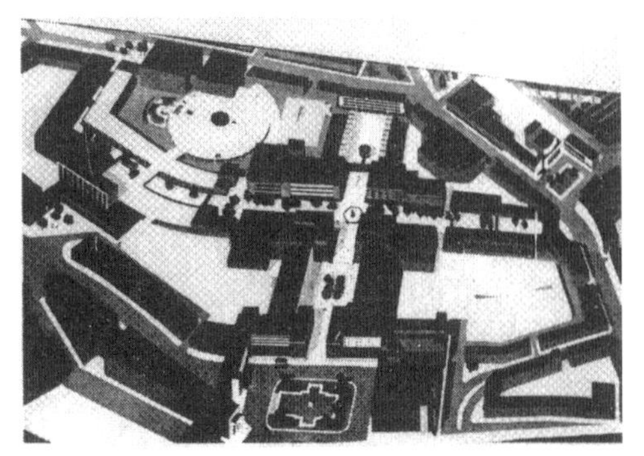

专图 1-6　考文垂市中心平面示意图

专图 1-7　考文垂商业步行区

了完整步行街而闻名于世。

（二）法国勒阿弗尔的战后重建

勒阿弗尔（Le Havre）是法国沿英吉利海峡的主要港口城市。战前有居民 15.6 万人。市中心在战争中全部被炸毁，8 万人无家可归。二战后，佩雷[①]接受了重建任务。规划上受加尼埃“工业城市”[②]的影响，最大限度地采用了当时在建筑和交通运输方面的新技术、新成就。城市总体规划、道路、街坊以及房屋设计都纳入统一的 6.24m×6.24m 模数（专图 1-8），为建筑、道路、管网工程的工业化设计和施工创造了条件。预制构件在城市建设中第一次被大量应用，为迅速缓解战后严重的房荒做出了贡献。

---

① 见第二章第四节。

② 见第一章第四节。

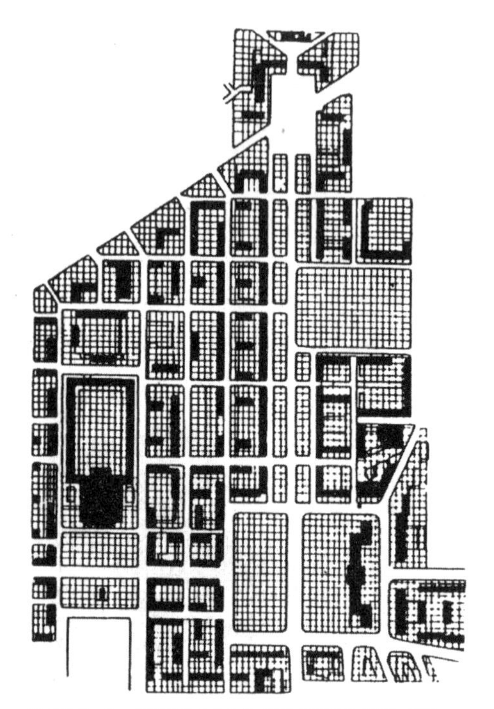
专图 1-8　勒阿弗尔城市总体规划的模数系统

专图 1-9　华沙重建规划示意图

（三）波兰、苏联、日本的战后重建

波兰华沙的战后重建

1945 年，波兰为被战争破坏几成废墟的首都华沙制定了华沙重建规划（专图 1-9）。规划的主要内容是对这个传统文化古城基本上按战前原样重建，被称为“华沙模式”，以区别于另起炉灶进行重建的荷兰的“鹿特丹模式”。战后，英勇的波兰人民以惊人的毅力和建设速度，在短期内建成了一个开放的、先进的、绿树成荫的现代化城市。为优化城市环境，新辟了一条自北向南穿城而过的绿化走廊，扩展了维斯杜拉河岸的绿色地带，修复了重要的历史性建筑，并在中心区增添了一些重要的科学文化设施。

苏联斯大林格勒与莫斯科的战后重建

战后，苏联配合 1945 年所订五年计划，制定了长远建设规划。由于大量建设的需要，对于住宅、学校等大量性建筑和工业厂房采用了工业化建造体系，推广了标准设计和定型构件的制作和装配。在重建斯大林格勒的过程中，建设的速度与范围是惊人的。战后 3 年内，人口便大幅度增加。战后城市总体规划沿伏尔加河建设长达 50km 的带形城市，每一建成区距河流均不超过 4km。为优化环境，把有害工业区迁往郊区，建设地铁，重整运河系统，并把受战火毁坏的夏宫完全修复。

战后莫斯科的建设要求进一步美化市容。1947 年，决议通过在莫斯科建造首批超高层建筑。从克里姆林宫起，沿莫斯科河两岸一些空旷丘阜之上，有节奏地布置广场、绿地，安排8座30层高的建筑物，如列宁山上的莫斯科大学（专图1-10）等。1949年苏共中央和部长会议通过了新的改建莫斯科的总体规划的决议。决议指出，进一步改建首都应在科学地制定能反映苏联国民经济、科学和文化的新的发展规划的基础上进行。

日本的战后重建

战后日本把全部力量都用在复兴上，经过5年时间，得到初步恢复。1947年，日本对被原子弹破坏的广岛市重新进行规划。建设“和平林荫道”，宽100m，并在“原爆”地点辟和平中心。由丹下健三设计的纪念拱门和两层纪念馆于1950年建成。

专图1-10　莫斯科战后城市总体规划中的西南区中心轴平面图

二、1950年代的城市规划与建设

1950年代，从世界范围来看，是城市规划与建设在理论与实践上开始有较大突破的时期。当时各国经济获得恢复并迅速发展，城市化步伐加快，世界人口向大城市涌流的势头十分猛烈，城市问题显得更为迫切。

为合理解决区域范围内的人口分布与生产力布局，各国开展了大量的区域规划工作，并有不少国家制定了国土规划，实现了有计划的国土综合开发，包括全国人口的布局、资源的开发与保护、后进地域的发展、大城市的改造和重点产业的合理布局等。日本于1950年代制定了“特定地域综合开发计划”；波兰于1950年代末制定了公元2000年的全国用地开发计划；德国制定了莱茵—鲁尔（Rhine-Ruhr）区域规划。后者将若干规模相仿但城市职能各有所专的大中城市及其周围城镇组成多中心城市集聚区，其地域延伸在5个行政区内，容有8个大城市区域和20座主要城市，约1000万人口。其中最大的城市——科隆，人口控制在80万左右，这个过去布局混乱的国家煤炭钢铁大工业中心已发展成为一个具有优美自然环境的多中心型城市区域。荷兰制定了兰斯塔德（Randstad）多核心城市集聚区，这是一个由大、中、小型不同职能的城镇集结而成的马蹄形环状城镇群，包括3个50万~100万人口的大城市：阿姆斯特丹、鹿特丹和海牙，3个10万~30万人口的中等城市以及许许多多的小型城镇和滨海旅游胜地。环状城市地带的中心地区保留了面积约为 1600km^2 的开敞绿地及农田，从而形成了“绿心城市带”。

1950 年代，在区域规划和国土规划的指引下，进行了大城市的建设和改造。为缓解超负荷的人口容量和环境容量，在大城市外围建设了许多新城，如瑞典的魏林比（Vällingby）与英国的第二代新城坎伯诺尔德（Cumbernauld）等。但均由于城市规模小，未能有效地疏散大城市人口和控制城市超负荷发展。1950 年代后期，英国等发达国家对伦敦那样的一元化体系——封闭式单中心规划结构模式提出了质疑，促进了其后大城市多中心、开放式结构模式的采用和推广。

这段时期，在城市重建中值得提起的是朝鲜。朝鲜首都平壤于抗美战争中被夷为平地，战后发扬了千里马精神，也以奇迹般的速度进行了大规模的重建。

1950 年代新建的大城市，以印度旁遮普邦首府昌迪加尔（Chandigarh）和巴西新都巴西利亚（Brasilia）最为典型。这个时期，科学园区和科学城的建设已开始启动，最具规模的是前苏联新西伯利亚科学城的建设。

各国对古城、古建筑保护进行了新的探索。意大利罗马避开古城、另建新城的保护规划是各国古城保护借鉴的榜样。各国的成片历史地段的保护亦各具特色，并注意对乡土建筑的保护。有的整个村落、整个集镇和整个自然风貌都被完整地保存了下来。

随着新城市的建设和旧城市的改造，各国对塑造城市中心和商业街区的空间形态做出了努力。商业街区的规划模式，从商业干道发展到全封闭或半封闭的步行街；从自发形成的商业街坊发展到多功能的岛式步行商业街；从单一平面的商业购物环境发展到地上、地下空间综合利用的立体化巨型商业综合体；从地面型步行区发展到与二层平面系统的步行天桥连通的商业街区等。地下商业街、中庭式商业建筑空间和室内商业街创造了一种全天候的购物环境。

这个时期各国为解决房荒、提高人民居住水平和改善居住环境质量，采用建筑工业化方法进行了大规模、高速度的居住区规划建设。

1950 年代后期城市环境学科兴起，创设了环境社会学、环境心理学、社会生态学、生物气候学、生态循环学等学科。这些学科相互渗透结合，成为一门研究“人、自然、建筑、环境”的新学科。1958 年，多加底斯（Doxiadis）在希腊成立“雅典技术组织”（Ekistics），开始对人类生活环境和居住开发等问题进行大规模的基础研究。1959 年，荷兰首先提出整体设计（Holistic Design）和整体主义（Holism），把城市作为一个环境整体，全面地去解决人类生活的环境问题。

1955 年召开的国际现代建筑大会（CIAM）中，由“十次小组”（Team X）提出的新思想、新观念为 1950 年代后期及其后的城市规划与设计的探新提供了重要的见解。“十次小组”强调以人为核心的“人际结合”和开放式的人与环境的关系，提出了“变化的美学”“空中街道”“簇群城市”（Cluster City）等新的概念，并从流动、生长和变化出发，考虑了易变性、居民生活环境的多变和多样以及缩短城市更新的循环周期等。

（一）瑞典新城魏林比与英国新城坎伯诺尔德

瑞典魏林比

瑞典第一个新城魏林比位于首都斯德哥尔摩以西 10~15km 的森林地带，1950 年开始规划（专图 1-11）。以一条电气化铁路和一条高速干道与母城联系，用地 170hm^2，人口 23000 人，与东、西两侧其他居民点邻接，形成了 8 万人口的魏林比区。

城市中心（专图 1-12）为岛式布局，占地 700m×800m，位于高出地面 7m 的丘陵顶部。铁路从中心区下面通过，设自动扶梯与地面连通。中心地段有火车站、商业设施和办公楼，地段外围有俱乐部、图书馆、影剧院、礼堂、邮电局、教堂等，并有地下车库与仓库。公共中心周围布置居住建筑群。高层塔式建筑安排在距新城中心 500m 以内，较远处安排 1~2 层住宅，另有 3~4 层公寓区。为阻挡寒风，住宅区广泛采用周边式的封闭街坊布局，形成了三面建筑、一面敞开的庭园式布局，并组织成了不同形式的群体组合。还有一些建筑物布置在阶梯状地形上，高低错落，衬托自然景观。

英国坎伯诺尔德

坎伯诺尔德（专图 1-13）位于格拉斯哥东北约 23km 的丘陵地带。1956 年完成规划总图，规划人口 7 万人，被誉为第二代新城的代表。与第一代新城相比，布局上比较集中紧凑，有较高的人口密度，改变了以邻里单位组成的分散式结构形式。住宅建筑群环绕布置在市中心周围坡地上，与市中心保持尽可能短的距离。

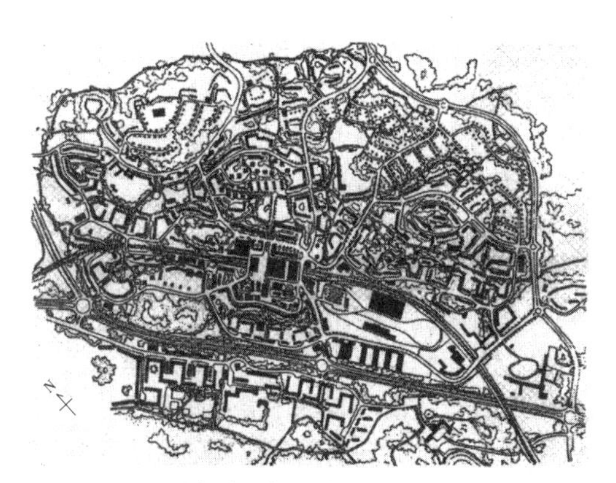

专图 1-11　魏林比规划示意图

专图 1-12　魏林比市中心鸟瞰图

专图 1-13　坎伯诺尔德新城平面图

市中心（专图 1-14）布置在中间丘陵顶部。沿着丘陵之脊建了两排楼房，中间是一条双向车行道，两排多层楼房的底层是停车库、公共汽车站、货场等，二层为商业服务、事务所、医疗、文化、旅馆等用房。二层楼上有许多过街人行桥，把两排楼房连成一体。楼房高 8 层，三层以上有公寓住房。

道路交通的特点是人车分离，一条主干道穿越市中心，一条环路围绕整个丘陵高地。住宅区建于丘陵坡地上，在平坡地建带有花园的 2 层住宅，在陡峭地建设锯齿形住宅，此外还修建了 4~5 层的和一些 8~12 层的公寓式建筑，以达到高密度要求。

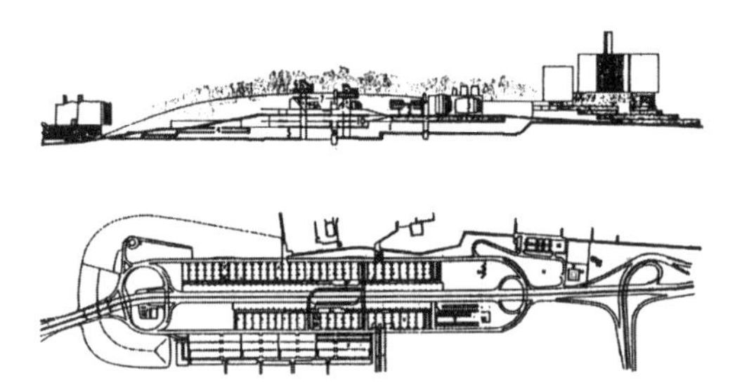

专图 1-14　坎伯诺尔德新城中心平剖面图

（二）朝鲜平壤的重建

朝鲜停战以后，经 1 年准备，3 年恢复，以千里马的速度进行了平壤市的重建。它的特点是平地起家，全部新建，速度快，规模大。城市规模控制在 100km^2 左右，不超过 100 万人口，距中心城市 20~30km 处设置一系列卫星城市。大部分工业设在市郊，市内无有害工业。

平壤市自然条件优越，城市地形起伏，普通江贯穿全城，与市中心的牡丹峰相互映照。以两江（大同江、普通江）、三山（大成山、牡丹峰、烽火山）为主体的绿化系统把城市分隔成几个地区，形成组团式布局。市区绿化成荫，市容整洁，交通有序，环境优美，被誉为“花园中的城市”。

（三）新建的大城市：印度昌迪加尔和巴西新都巴西利亚

印度昌迪加尔

印度旁遮普邦首府昌迪加尔（专图 1-15）位于喜马拉雅山南麓的缓坡台地上，是座从无到有的新建城市。1951 年，勒·柯布西耶负责新城的规划设计工作。规划人口 50 万，规划用地约 40km^2。按勒·柯布西耶关于城市是一个有机整体的思想，以人体为象征，构成了总图的特征。如设在城市顶端的行政中心象征主脑，位于主脑附近的是地处风景区的博物馆、图书馆、大学等神经中枢，工

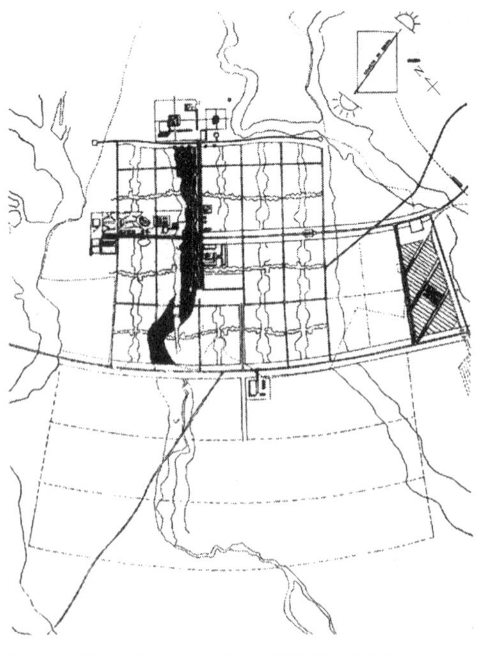

专图 1-15　昌迪加尔 1951 年规划平面图

业区在右边，似人手下垂，水电系统似血管神经，遍布全身，道路系统构成骨架，市内建筑物像肌肉贴附，留作绿化用的间隙空地似肺部呼吸。

行政中心（专图 1-16）设于城市的顶部山麓处，居高临下，控制全城，用强烈的映衬手法，把议会大厦、高等法院、行政大厦和邦首长官邸作了恰当的相互联系和空间变化，用水面倒影方法使放置较远的建筑在感觉上仍感贴近。远远望去，其背景衬托着起伏的山脉，烘托出城市轮廓。

道路网采用方格系统。在纵向平行的道路之间，各设平行绿带，贯穿全城。在绿带中组织完整的自行车与人行交通系统。城市有明确的功能分区。政府中心设在顶端，商业中心设于城市纵横轴线交叉处的核心地段，与文化设施靠近。城东为独立的工业区。居住区由一系列 $100hm^2$ 的邻里单位构成。

印度昌迪加尔规划在 1950 年代初由于布局规整有序而得到称誉，从规划本身来说，不愧为一力作，但城市建成后问题不少，曾受到印度群众的批评。其缺陷是脱离印度国情，把外来西方文化强加在一个古老的东方民族身上。各国规划工作者亦认为，规划构思和布局过于生硬机械，形成的建筑空间和环境显得空旷、不够亲切。1950 年代中期，从 CIAM 分离出来的“十次小组”反对 CIAM 时，就曾针对昌迪加尔的规划作重点批评。

巴西新都

巴西利亚也是一个从平地建设起来的新城。1956 年巴西为开发内地不发达地区，决定在国家中部戈亚斯州（Goyaz）海拔 1100m 的高原上建设新都。总体规划采用了巴西建筑师科斯塔的竞赛获选方案（专图 1-17），于 1957 年开始建设。规划用地 $152km^2$，人口 50 万。城市骨架由一条长约 8km 的横贯东西的主轴线和另一条与之垂直的长约 13km 的弓形横轴所组成。平面形状犹如向后掠翼的飞机，以此象征国家在新技术时代的腾飞。昂向东方的机头为政府建筑群，象征其首脑地位，机翅为居住区，象征人民。

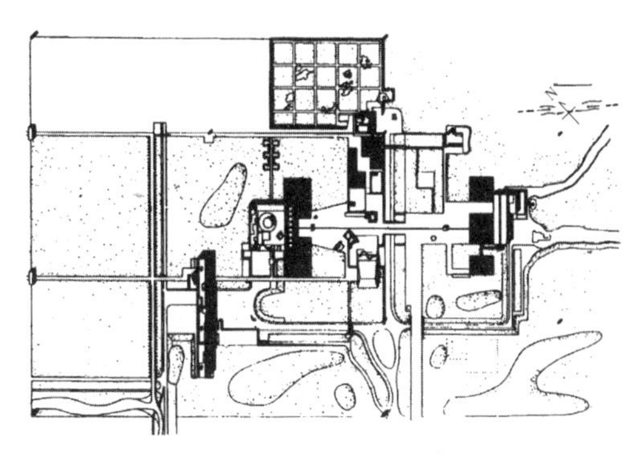

专图 1-16　昌迪加尔 1956 年行政中心平面图

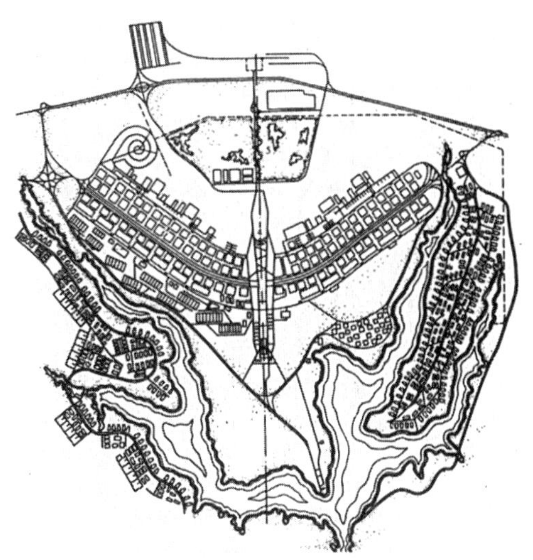

专图 1-17　巴西利亚规划图

机头有国会、总统府和最高法院三足鼎立的三权广场（Three Power Square，专图 1-18、专图 1-19）。其前部为宽 250m 的纪念大道，两旁配有政府各部大楼。横轴交叉处为商贸与文化娱乐中心，相交处设 4 层交通平台和大型立体交叉，以疏导来自各方面的交通。两翼弓形横轴有一条主干道贯穿其间，布置居住区、使馆区。机身尾部为旅馆区、电视塔、体育运动区、动植物园及铁路客运站等。

专图 1-19　三权广场鸟瞰图

从三权广场开始，到主干道轴线交点，再到电视塔，处处呈现不同的建筑景象。轴线的始端庄严肃穆，然后是宏伟壮观，而到大教堂和文化娱乐地区则比较亲切。三权广场上矗立着 3 座独立的建筑物——立法、行政与司法建筑，它们在富有上古之风的等边三角形中确立了切合其内容的形式。三角形底边的两端是总统府和高等法院，顶部是国会。它们的几何形体和构图简洁、完整、统一，再加上位于大空间中富有雕塑感的巨大体量，使其形象独特，十分醒目。有些建筑形象还蕴含一定的意义，如国会大厦是两座并立的高 27 层的大厦，两楼中间有天桥相连，形成 H 形，示意维护人类尊严、保障人权；众议院大厦，形似一只朝天的巨碗，表示言论开放；参议院大厦却像一只倒扣的巨碗，表示它是决策机构。

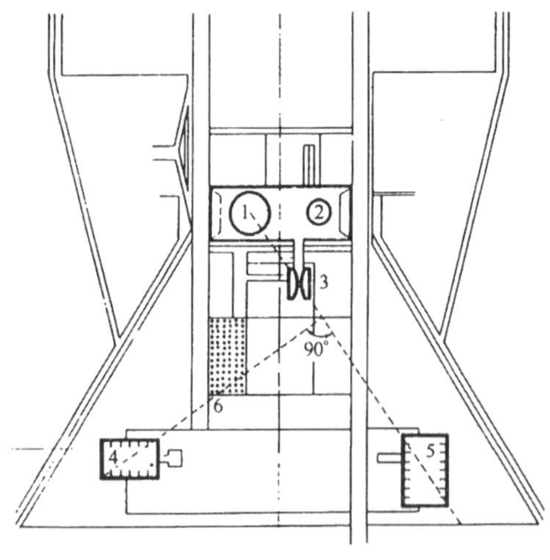

专图 1-18　三权广场平面图

1—众议院大厦；2—参议院大厦；3—国会大厦；4—总统府；5—高等法院

巴西利亚有连片的草地、森林和人工湖。人工湖周长约 80km，大半个城市傍水而立，沿湖设有大学、俱乐部、旅游点及大片独院式住宅区等，使环境更加美好。新首都无污染工业，城市环境质量可列世界名城之先。

这个城市是根据勒·柯布西耶的密集城市模式，以宏伟的规模建设的，构思新颖，三权广场上的政府建筑群在形成首都的形象特征上是成功的。但批评者反映，它的总规划布局是按规划师刻画的模子生搬硬套地塑造的人造纪念碑，它过分追求形式，对经济、社会和生活传统较少考虑，成了一个封闭的、僵硬的、机械的、不理解人的尺度和人在环境中生活的城市组合体。建筑之间距离过大，城市过于空旷，缺乏亲切宜人、富有生机的气氛。

（四）新西伯利亚科学城

新西伯利亚科学城是苏联科学院在西伯利亚的分院，是全苏最大的科学研究中心所在地，它位于鄂毕河畔新西伯利亚水库边，距新西伯利亚市 25km，占地 1370hm^2，1957 年开始建设，1966 年初具规模。20 世纪 80 年代拥有居民 7 万人，其中科研人员 2.3 万人。这里自然条件良好，林木茂盛，环境僻静。

科学城有明确的功能分区（专图 1-20），人车分离的交通系统，有一整套完善的分级文化生活设施。森林公园与各种公园绿地和卫生防护带占城市总面积的 1/2。城市及建筑布局注意与自然地形的结合。

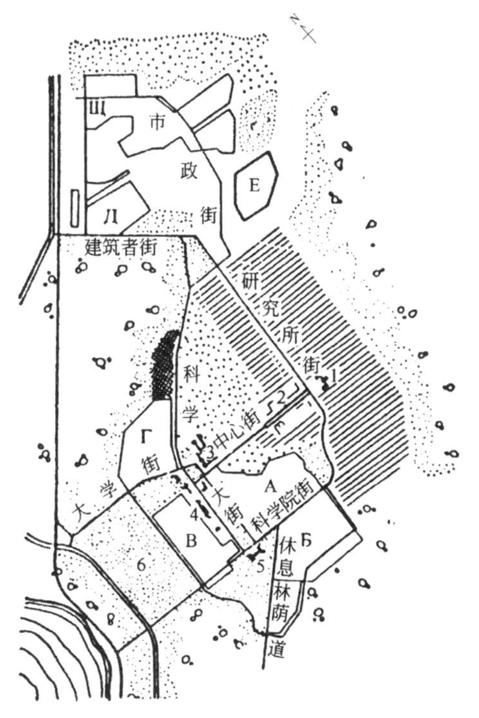

专图 1-20　新西伯利亚科学城规划图
1—核子物理研究所；2—科研区中心；3—大学；4—市中心；5—科学家之家；6—中心公园

（五）意大利罗马的古城与古建筑保护

战后，一些国家对于有历史意义的城市往往成片、成区地进行保护，其中意大利的罗马最具代表性（专图 1-21）。它采取了避开古城另建新城的规划手法，对古罗马保护得十分完整，而新罗马又建设得非常现代化，被誉为“欧洲的花园”。在建设中发现地下有一条古罗马大道，为了保护这一古迹，修改了规划，让出了这条古罗马大道的遗迹。由于历史的变迁，很多古迹埋在地下 2~3m 深处，尤其是罗马市中心地下，几乎都是古罗马时期的街道和建筑。罗马政府采取的办法是发掘一点，保护一点，不搞全面发掘。对地面上留下的古建筑所采取的保护办法是不复原历史，而是保护现状；在不损坏现状的情况下，加固维修和制作复原模型。此外还将有一定遗迹的大片土地规划为考古公园。

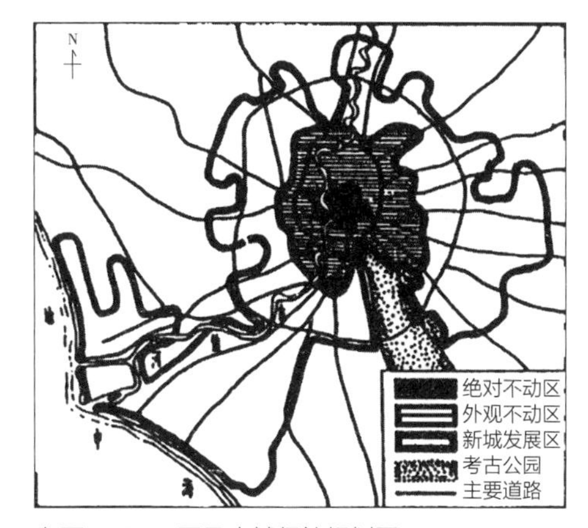

专图 1-21　罗马古城保护规划图

古罗马城划分为绝对保护区和外观保护区两部分。在古建筑群的四周邻近或相互之间不准随意插建别的建筑，以免混淆古建筑的个性和特色，破坏古建筑群的环境。

（六）1950 年代新建的城市中心、步行商业街、郊区购物中心、室内步行街和地下商业街

塔皮奥拉城市中心

随着一些新城市的建设，1950 年代出现了一批风格各异、设计水平较高的城市中心，其中以芬兰的塔皮奥拉（Tapiola）市中心最具田园特色。

塔皮奥拉位于芬兰湾海岸，离赫尔辛基 11km，占地 240hm^2，人口 17000 人，于 1952 年开始建设。这是一个美丽如画的田园城市，当时被誉为世界上最诱人的小城市之一。人口密度低，建筑物与自然风景密切结合，保持原有植物和地形，没有过境交通，内部道路简短，依地形布置建筑。

城市中心（专图 1-22）可为包括邻村在内的 8 万人服务。将原砾石采石场辟作人工水池。水池四周布置行政机构、文化设施、公用建筑、商店、体育运动设施、公园、游泳池和停车场。建筑形象完整统一，丰丽多姿。

专图 1-22　塔皮奥拉城市中心

林巴恩步行商业街

1950 年代，荷兰、德国、美国等继英国之后建设了步行商业街。欧洲第一个新建的步行商业街是 1952 年荷兰鹿特丹市在战争废墟上建立起来的林巴恩步行商业街（Lijnbaan，专图 1-23、专图 1-24）。街宽 18m 与 12m，由两排平行的每段长 100m 的二、三层商店组成，横跨街道的遮棚与沿街商店橱窗上面的顶盖连成整体。街道内设有小卖亭、草坪、树木、花坛、喷泉、雕像、座椅、灯具、标志牌等，建筑造型亲切舒适。

美国的郊区购物中心

1950 年代，随着城市的不断扩大，郊外新居住区陆续出现，特别是欧美国家的城市相继进入了以私人小汽车为主要交通工具的时代，大批中产阶级纷纷迁居郊外。1950 年代

专图 1-23　林巴恩步行商业街透视图

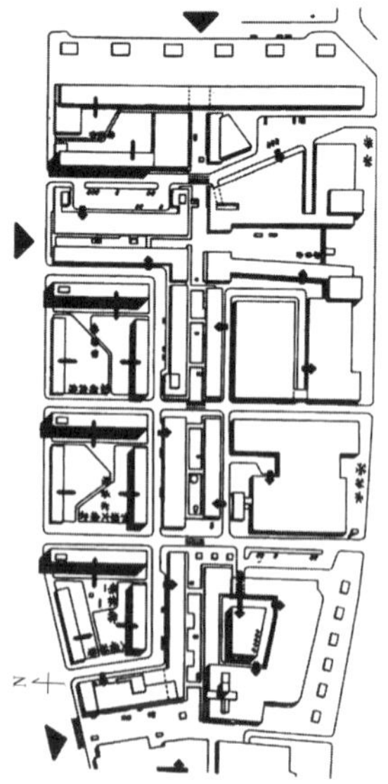

专图 1-24　林巴恩步行商业街平面图

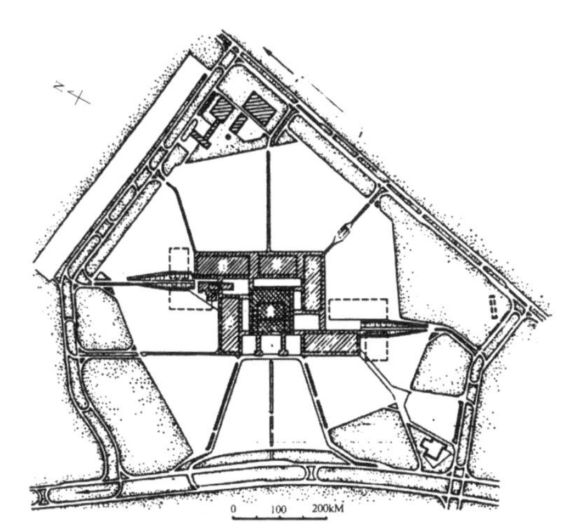

专图 1-25　底特律的郊区购物中心

中期以后，特别是在美国，出现了大批郊区购物中心，一直延续至今。

美国底特律的郊区购物中心（专图 1-25）占地 64hm^2，为解决顾客停车问题，购物中心建筑位于基地中央，四周可停车 7764 辆。

美国的室内商业街

美国从 1956 年起开始在明尼阿波利斯郊区的名叫南谷（South-dale）的购物中心建设了一个有空调设备的封闭式室内商业街，其后得到推广，并且为了破除内部空间的单调感和封闭感，把室外的环境设施，如树木花草、街灯、座椅、喷泉、雕塑等布置在室内步行街中，使人有置身自然的感觉。

自此，郊区购物中心与室内商业街的建设在西方与日本等的大城市中日益兴盛，其内容越来越丰富，常集购物、文娱与休闲活动于一身，规模也越来越大。

日本的地下商业街

至 1955 年日本地下街面积已有 3 万 m^2，其后发展速度甚快，规模亦甚大。地下街的兴起，促使城市向地下立体发展，提高了城市的土地利用率，疏导了城市地面的交通。有的地下商业街是地下铁道的连接通道；有的与大型商店、办公楼、快速电车站等相联系；有的是换乘车的联系道，以此组成一个高效的空间联系网络；有些地下商业街还设有各种游乐和休息设施，加之有良好的人工气候，成为人们乐意休息、逗留和购物的地方。

随着高层建筑中的地下空间越来越发达，地下商业街开始在全世界的大城市中迅速发展。经过实测与调查，人们发现马路上的行人在同等的购物条件下，愿意下一层到地下街购物的比上一层到大楼二层购物的多。

三、1960 年代以来的城市规划与建设

经过 1950 年代在城市规划与建设中的多方面探索，1960 年代以来，城市规划向多学科发展，使城市规划成为一门高度综合性的学科。各学科相互结合，综合评价，以系统论的观点进行总体平衡，从国土、区域、大城市圈、合理分布城镇体系等多方面进行综合布局。在此发展过程中，规划理论与实践日益科学化、现代化。新的技术革命、现代科学方法论以及电子计算机、模型化方法、数学方法、遥感技术等对城市规划与建设将产生愈来愈显著的影响。同时，市民对自己在城市中应有的地位与权利的政治觉醒，促使规划的编制除完成“效率规划”外，还要求做好“公平规划”，以维护广大人民群众社会性的合理化要求。几十年来，特别是 1950 年代所提出的社会、经济、文化、游憩、环境、生态等要求，在 1960 年代以来的区域规划、城市总体规划、新城建设、

科学城和科学园区的建设、大城市内部的改造、古城和古建筑保护和城市中心、广场、步行商业街区、地下街市以及居住区规划等方面不同程度地体现了出来。

一些较为先进的国家在编制城市规划时重视从国土、区域规划上来进行区域城镇体系的合理分布，使全国与区域内的人口与生产力有一个大致合理的布局。以美国为例，全国已基本形成发达的城市网络体系，主要中心城市在全国范围内的分布也大体均衡有序。这些中心城市起着促进区域经济发展的重要作用，推动着整个区域和周围大小城镇的经济稳定、持续、协调地发展。这些中心城市若以 500km 半径作为影响圈，就可覆盖美国全部领土的 80% 以上。其他发达国家如法国的国土整治和日本的四次全国综合开发计划也较为典型。自此，多核心的特大城市或大城市连绵区（Megalopolis）逐渐成为当前世界大城市的发展趋势之一。它常以若干个几十万以至几百万人口的大城市为中心，大、中、小城镇连续分布，形成城镇化的最发达的带形地带，组成相互依赖和兴衰与共的经济组合体，如美国东北部从波士顿经纽约、费城、巴尔的摩、华盛顿至诺福尔克长达 960km 的沿大西洋岸的大城市连绵区以及在日本东海岸、英格兰以及西、北欧等国家的大城市连绵区等。

城市总体规划方面，莫斯科的多核心分片式规划为世界上一些学者所称誉。新城规划，以英国第三代新城米尔顿·凯恩斯（Milton Keynes）和巴黎外围的 5 个第三代新城为典型，它们从扩大人口规模、改善生态环境、完善社会设施和增加就业等方面增进新城的吸引力，并起到了疏散大城市人口和产业的作用。为发展高科技，促进经济发展，各国均竞相建设科学园区或科学城。美国除硅谷（Silicon Valley）外，各个州都建有科技城。日本已建成筑波科学城（Tsukuba Academic New Town），并正在继续完善关西文化学术研究都市（Kansai Science City）的建设。为解决郊区化与逆城市化过程中所产生的市中心衰落问题，即“内城渗透现象”，东京建设了三个副中心（Sub-center），巴黎建设了德方斯副中心，纽约罗斯福岛上建设了“城中之城”（New Town in Town），伦敦于城市中心区建设了巴比坎中心（Barbican Center）。它们在大城市内部改造方面获得了较好的效果，尤其是 1970 年代初，西方世界爆发能源危机以后，重返大城市和振兴内城成为各国旧城改建的主要内容。古城与古建筑保护也逐步成为当今世界性的潮流与共识，各国法规都把历史遗产保护提高到重要高度，并已成为全民运动。

1960 年代以来，城市设计有了新的发展和飞跃。对城市的空间进行再评价、再认识，并重新认识人在城市空间塑造中的地位、价值、所能起到的支配作用和丰富城市环境与文化的作用，成为促进发展不可缺少的步骤。它为城市中心、广场、步行商业街区、地下街市以及居住区的规划、设计与建设等均做出了大量的探新工作。

1977 年 12 月，在秘鲁利马召开了国际建协会议，总结了 1933 年《雅典宪章》——“城市计划大纲”公布以来 40 多年的城市规划理论与实践，并提出了城市规划的新宪章《马丘比丘宪章》。新宪章指出城市规划与设计在新的形势下应该有新的指导思想来适应时代的变化，不仅要看到经济、技术因素，还要看到人、社会、历史、文化、环境、生态等因素。宪章对区域规划、城市增长、分区概念、住房问题、城市运输、城市土地使用、自然资源与环境污染、文物和历史遗产的保存和保护、工业技术、设计和实践、城市与建筑设计等都提出了建设性的意见。

各国规划工作者提出了各种未来城市方案设想，它们的共同点是具有丰富的想象力和大胆地利用一些尚在探索中的先进科学技术手段，以求对人类自身的整个未来活动的规划作出一些超前性的解释。

虽然1960年代以来，国外城市规划与建设取得了较突出的成就，如遵循规模经济的规律，于国土范围内建立发达的城市网络体系，如以城市结构布局的调整适应高科技信息时代经济发展的需要，如依托先进的科学技术和管理，使城市具有完善的联系和循环体系，如城市生态环境的研究已从保护环境战略发展为与环境共生战略，将人类生活的空间与自然界共存和共同发展，如创造城市特色，塑造城市优异文化环境，对地方民俗、乡土环境、民间文化的保护和发扬等都进行了大量有益的工作，但它们的城市仍面临着深刻、复杂的矛盾以及难以解决的规划与建设问题。例如在财富积累程度较高的大城市，同时出现了更多的赤贫居民、贫民窟及犯罪、种族歧视、吸毒等社会问题，影响了大城市的稳定与发展。城市的兴衰敏感地反映了经济形势的变化，时常大起大落，难以进行高效、合理的规划建设。城市的迅速集中和无止境的扩展，导致环境自然生态出现无以逆转的恶化。由于以上社会、经济、环境、生态等各方面的尖锐矛盾，城市功能、效率和优势日趋削弱。1992年，联合国环境与发展大会在巴西里约热内卢召开，180多个国家代表团、联合国及70多个国际组织的代表出席，通过了《里约环境与发展宣言》（又称《地球宪章》）等一系列环境保护宪章和公约，提出了人类“可持续发展”（Sustainable Development）新观念和新战略。

下面分别阐述1960年代以来国外城市规划与建设的发展概况：

（一）法国的国土整治与日本的四次全国综合开发计划

法国的国土整治与区域规划

法国从第七个五年计划（1976—1980年）开始把国土整治的重点从发展产业转向环境质量和生活质量。它把22个国土整治区合并成8个国土整治地带，并制定了20个移民方案。

法国的区域规划着重于落后地区的区域性增长。1960年代，法国政府为了有效地控制巴黎地区的膨胀，制定了21个大区的区域规划，并在全国范围内均衡地发展8个平衡性大城市，以便对国民经济实行“平衡发展法”。如马赛就是作为巴黎的主要平衡区而进行的区域规划。里昂—圣艾蒂安平衡区则着重于复兴一个不景气的煤田地区和开辟荒僻的山地农业地区。

日本的四次全国综合开发计划

日本于1962年提出了“全国综合开发计划”，重点开发沿太平洋的带状地带。其中对工业特别整治地带，重点建设鹿岛等6个地区。1969年，日本又提出了“新全国综合开发计划”，这是由于太平洋沿岸地带环境污染严重，于是从整治环境出发要求扩大国土开发，并调整经济的地区结构，把新的大型工业基地配置到日本的东北、西南地区去。1977年，日本公布了“第三次全国综合开发计划”，优先考虑公共福利，改善人民生活，保护自然环境，建设健康而文明的生活环境和开发落后地区，以确保国土平衡发展的目标，计划在全国建立800个“定居圈”，以完善中小城市的生态环境。其后，日本又制定了计划期为1986—2000年的“第四次全国综合开发计划”，其基本课题为：

（1）适于高龄成熟社会，具有安全感和稳定感的国土建设。

（2）连接城市和乡村，既美丽又舒适的国土环境。

（3）建设向世界开放的有活力和稳定感的国土。

（二）大城市总体规划——1971年实施的莫斯科总体规划

1960年代以来，国外对大城市规划结构进行了有效的探索和调整，如大城市规划结构从单核心同心圆转变为多核心组群式布局，从单轴的不平衡发展转变为多轴平衡发展，并建立反磁力吸引体系，以疏解大城市人口与用地规模的过度集中。世界大城市如伦敦、巴黎、东京与莫斯科等都作了重大调整，其中以莫斯科的经验较为突出。

莫斯科总体规划于1961年公布，1971年批准（专图1-26）。远景规划人口不超过800万，市区用地878km²，并保留100km²备用地。新规划有两个基本特点：一是城市规划结构从单中心演变成多中心，二是综合考虑社会、经济、环境生态诸方面问题。莫斯科的多中心结构把城市划分成8个规划片（专图1-27），克里姆林宫、红场所在地区是核心片，其余7片环绕四周。每个规划片人口为70万~130万。各片内部逐步做到劳动力和劳动场所的相对平衡，有发达的服务设施，并均设市级公共中心。周围7个中心，连同中间的“都市中心”，形成“星光放射”状的市级多中心体系。花园环内的中央核心片继续保持原有的历史、革命传统、文教和行政方面的核心作用，并在片内划出了9个保护区。其他如东南片工厂比较集中，工业生产的性质比较突出，西南片地势较高、环境优美，重点布置科研、高校和设计机构，北片则偏重于文化体育功能。

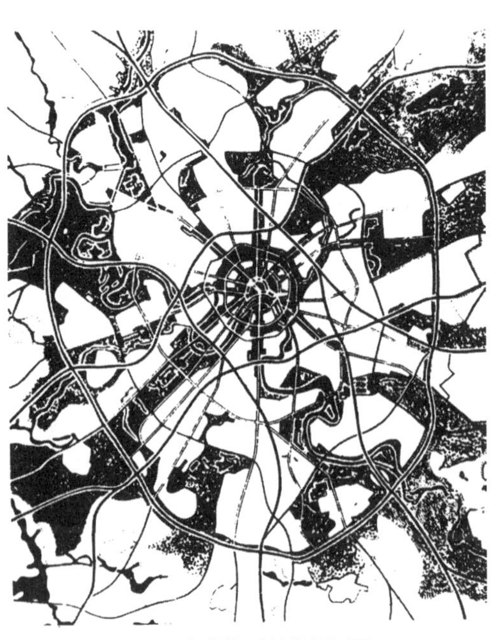

专图1-26　1971年莫斯科总体规划图

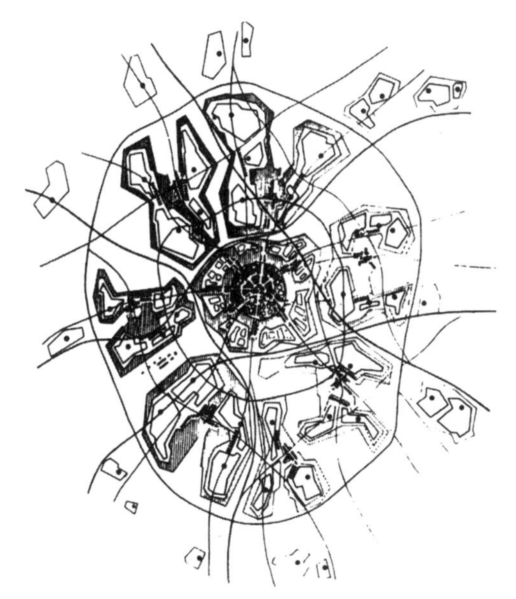

专图 1-27　莫斯科 8 个规划片平面图

每个规划片又分成 2~5 个有 25 万 ~40 万人口的规划区。规划区内又分成若干居住区、生产区、公共中心、公园绿地、体育综合体等。居住区规模为 3 万 ~7 万人。

城市干道由十几条放射路和 6 条环路组成。每一个规划片都以一条或两条主要放射路作为轴线，片内公共中心在布局上均与主要放射路有密切联系，并以其高大的体形同自然风景融为一体。规划公共绿地为每人平均 26m^2，有 2 条绿化环和 6 条楔形绿带——一头楔入城市中心，另一头与市郊森林连接。

为逐步解决规划片内居民就地工作问题，进行了全市工业调整规划。计划将 900 多个企业迁入新建立的 66 个工业片。

市界以外 100~200km 的范围是发展工业的主要地区。这个远离市界的地区与市区之间有一个特殊的屏障，即首都森林保护带。

莫斯科总体规划实施效果较好，但在控制规模、调整工业布局以及在 8 大片内均欲求得生活、工作、游憩三方面的平衡方面，还存在不少问题。1988 年底制定的到 2010 年的总体发展方案，拟着眼于莫斯科周围更广的地域进行详尽而科学的规划，并制定分散首都部分功能的长期综合规划，同时最大限度地提高城市与郊区土地利用效率。

（三）1960 年代以来的新城建设——英国米尔顿·凯恩斯与法国巴黎新城

1960 年代以来，原有新城的规划模式已不适应新的要求，又鉴于新城对疏散大城市人口作用不大，英、法、日本等国着手建设一些规模较大，在生产、生活上有吸引力的“反磁力”城市，其中具有代表性的有英国第三代新城米尔顿·凯恩斯与法国巴黎新城。

米尔顿·凯恩斯

1967 年，英国开始规划第三代新城米尔顿·凯恩斯。此城在城市规模和规划设计观念上都有新的突破。首先，人口规模扩大到了 25 万。其次，在规划设计观念上提出了 6 个新的目标：使它成为一个有多种就业，又能自由选择住房和城市服务设施的城市；建立起一个平衡的社会，避免成为单一阶层的集居地；使它的社会生活、城市环境、城市景观能够吸引居民；使城市交通便捷；使群众参与制定规划，方案具有灵活性；使规划具有经济性，并有利于高效率地运行和管理。

米尔顿·凯恩斯位于伦敦西北 80km，规划用地 9000hm^2。城市平面（专图 1-28）大体上是一个不规则的四方形，纵横各约 8km，大部分地形起伏。

新城规划的主要特点是：①土地使用与交通紧密结合。城市无严格功能分区。尽可能在交通负荷减低和环境无污染的前提下，分散布置就业岗位，以便居民就近工作，即大的工厂较均匀地分布于全市，小的工厂安排在居住区内。非工业性的大的就业中心分散在城市边缘地带。②购物中心布置在居住小区边缘。新城的棋盘式道路将城市分成面积约为 1km^2 的环境区，每个区约有居民 5000 人。改变了过去把活动中心（如商店、学校等）安排在区域中心的做法，而是安排在环境区主要道路中段，并与公共汽车站、地下人行道结合在一起。每个环境区四周有 4 个活动中心，每个家庭可按不同需求自己选择活动场点。③交通系统的高效率和经济性。市内结合现状铁路、道路和河湖走向、丘陵地形，修筑纵横交错、斜曲起伏的宽度为 80m 的方格形干道网，并采用了最经济有效的 1km 路网间距。干道网还与原有河流、运河一起，组成了全城的绿化系统。城市对外交通也是高效能的。④突出城市中心。城市中心（专图 1-29）占地 200hm^2，服务内容齐全，有市政厅、法院、图书馆等市级机关和文娱设施，还有占地 12hm^2、建筑面积为 12 万 m^2 的购物中心，其规模及设施水平当时居欧洲之冠。⑤具有传统的田园城市特色。

城市河湖绿化成网，具有传统田园风貌。主要道路上的景观，虚实交替，并使每个路段各有特点，避免雷同。市内保留一些古建筑、古村舍，有的与新建筑结合，相映成趣，有的与大自然结成一体，交相辉映。

以上特点使米尔顿 · 凯恩斯成了一个较 20 世纪 40 年代末第一代新城的代表哈罗和 20 世纪 50 年代第二代的代表坎伯诺尔德更为成功与更具吸引力的新城。

巴黎的新城

1965 年法国通过的“大巴黎规划”确立建设 5 个新城。它们分布在沿塞纳河两岸从东南向西北与城市发展轴相平行的两条切线上。5 个新城的规划总人口共计 150 万，开拓建设用地约 67000hm^2。

巴黎新城规划的共同特点是：①城市的性质都是综合性的，其规模较大（25 万 ~50 万

专图 1-28　米尔顿 · 凯恩斯城市平面示意图

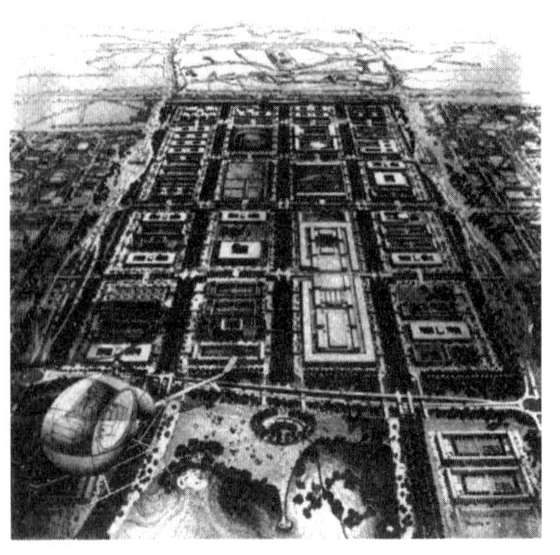

专图 1-29　米尔顿 · 凯恩斯城市中心

人）。1970年的新城法案规定，通过国家优惠政策，吸引巴黎的工业及第三产业，并使60%~80%的居民就地工作。②城址充分利用原有城镇基础，由现有小城镇组织而成。因此，规划结构比较松散，总体布局似村镇组群，各村镇之间都有大片的“生态平衡带”。工业企业分布在村镇边缘，以便职工上下班。③新城占地很广，乡村气息浓重。新城范围内保存大片农田、森林、水面等自然生态，并注意地形地貌与绿地、建筑空间的有机结合。④创建有吸引力的新城中心，并考虑分期发展阶段的完整性。有的新城设置了相当规模的大学和科研情报中心等，以疏解巴黎中心地区无限膨胀的矛盾。⑤新城与母城以及新城之间有完善的快速交通联系，新城之间的快速交通不需穿越巴黎市区。

5座新城之一的塞尔基·蓬图瓦兹（Cergy Pontoise，专图1-30）位于巴黎西北25km，由15个村镇构成，占地10700hm²，规划人口30万。新城地理条件十分优越，它以优美的河湾和大片水面为中心，周围是绿树葱茏的高地，河床与高地的高差为160m。整个地形宛如一个大型台阶式圆形剧场。新城沿河流右岸呈马蹄形发展。5个居住区分布在河湾旁天然绿化地带的高坡上。河湾内部整治成一个大型水上娱乐基地，作为新城最吸引人的活动场地之一。

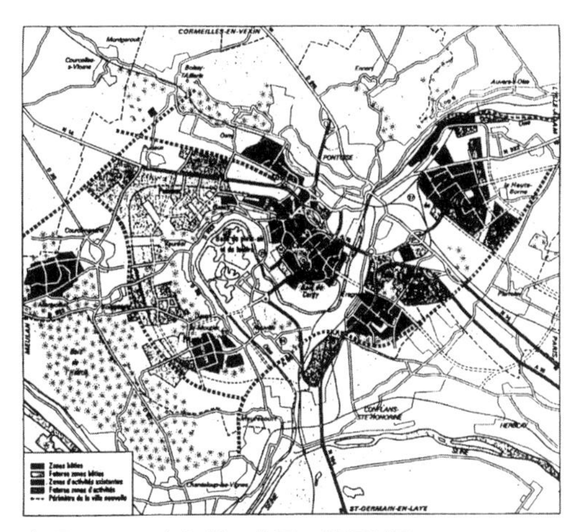

专图1-30　塞尔基·蓬图瓦兹规划图

蓬图瓦兹新城在规划上有所创新。气氛热闹的市中心、广场和公共设施，富有魅力的娱乐基地和公园绿化，形式多样的住宅和步行道路等为居民创造了优越的生活环境。

（四）科学城与科学园区——日本筑波科学城、关西科学城、美国硅谷科学园区

1960年代以来，各国都相继建设以教育、科研、高技术生产为中心的智力密集区，即科学城或科学园区。其中称誉于世的有日本筑波科学城、日本关西文化学术研究都市和美国硅谷科学园区等。

筑波科学城

筑波科学城（专图1-31）于1968年开始建设，距东京东北约60km。城址北靠筑波山，东邻霞浦湖，是一座被包围在松林中的田园城市。规划人口为20万，其中学园区10万，市郊发展区10万。城市无噪声、无环境污染，各项城市设施异常先进，被称为“原子城”“电脑城”或“国际头脑城市”。

学园区位于科学城的中心位置，东西宽6km，南北长18km，面积为2700hm²，保留了城市历史遗产和自然风景，绿化面积广阔。学园区中有一个南北长2.4km，东西宽300~500m，设施完善的城市中心，布置了行政管理中心、科技交流中心、社会和文化中

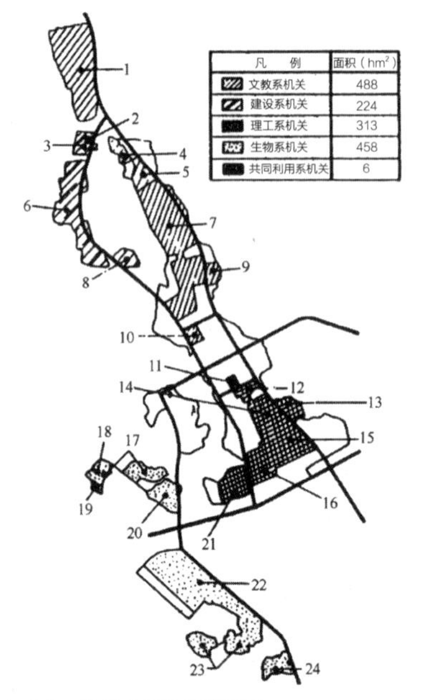

专图 1-31　筑波科学城规划图

1—高能物理所；2—国立教育会馆分馆；3—建筑所；4—电气通信技术开发中心；5—防灾科技中心；6—土木所；7—筑波大学；8—国土地理院；9—实验植物园；10—图书馆短期大学；11—共同利用设施；12—金属材料技术所分室；13—无机材料研究所；14—筑波宇宙中心；15—工业技术院本院一部、计量所、机械所、工业试验场、微生物技术所、纤维高分子材料所、地质所、电子技术所、制品科学所、公害资源所；16—气象所、气象台、气象仪器厂；17—蚕丝试验场；18—卫生研究所医用灵长类中心及药用植物研究设施；19—公害研究所围场；20—果树试验场；21—公害所；22—农业技术所、农事试验场一部、农业土木试验场、家畜卫生试验场、食品所、植物病毒所、热带农业中心、林业试验场、农村水产技术事务局一部；23—畜产试验场；24—林业试验场

心以及商业中心，并以城市步行系统中的主要步道作为轴线将这些活动组织起来。中心区主步道长约 2.5km，其中设有 6 个广场，形成一个整体。市中心主步道还与大学和科研区联系起来，以获得整个学园空间的连续感，充分体现以人为主体的城市空间。

在科研教学区中，所有机构按不同性质分成 5 个小区，即文教、建设、理工、生物以及共同利用设施。每个系统有一组别具一格的建筑群。

在市郊发展区中，尽量保护自然环境以建设成为近似于市郊农业区，保持一个对科学城最为适宜的清新环境。

筑波城的建设对于推动日本向科技高峰冲击起着极为重要的作用。但筑波模式也显露出了一些缺陷，主要是科研和产业联系不多，城市功能过于单一。

日本关西文化学术研究都市

1970 年代末，日本为寻求 21 世纪的学科交叉的科学新体制和调整地域结构，于 1978 年提出在京都、大阪、奈良三个府县交界的“近畿地区”建设一座科学城，即“关西文化学术研究都市”。后于 1983 年又明确提出，该城须建设成为一个具有浓厚文化气息的、有优美自然环境和生态平衡的、面向 21 世纪的实验型样板城市。

关西科学城于 1985 年开始动工建设，由占地约 $3300hm^2$ 的文化学术研究区和占地约 $11700hm^2$ 的周边地区构成。该地区位于日本文化发祥地的轴线上，靠近大阪湾，距京都、大阪各 20~30km，有历史和文化方面的优势及进行文化学术研究的巨大潜力。该地森林密布、河网纵横、丘陵起伏，具有秀色宜人的东方情调和美丽动人的田园风光。

城市规划模式不再搞一个集中的大城市，而采用分散式布局，即分子型的多中心结构。整个科学城由 9 个组团（小城镇群）和 2 个准组团组成（专图 1-32）。每个组团有几十公顷到几百公顷不等，内部自成体系，有自己的研究区、住宅区和服务设施。9 个组团在功能上各有分工，其中以第三组团——祝园地区最为重要，总面积 202.5hm^2，规划人口 9800 人，位置居中，功能最多，作为城市的中心，担负主要的对外交流功能。最大的第四组团——木津地区，总面积 740hm^2，规划人口 4 万，将建成尖端产业的据点。采用组团式布局的优点是有利于保护生态环境，有利于分期发展和形成良好的生产、生活社区。

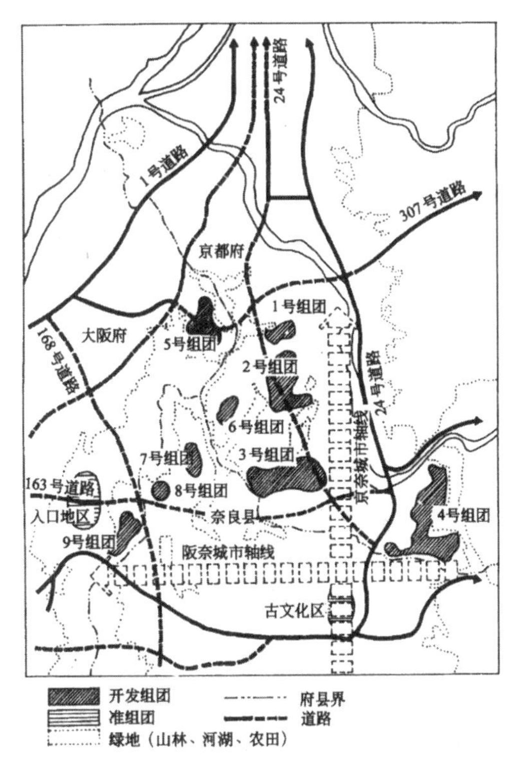

专图 1-32　关西科学城用地规划示意图

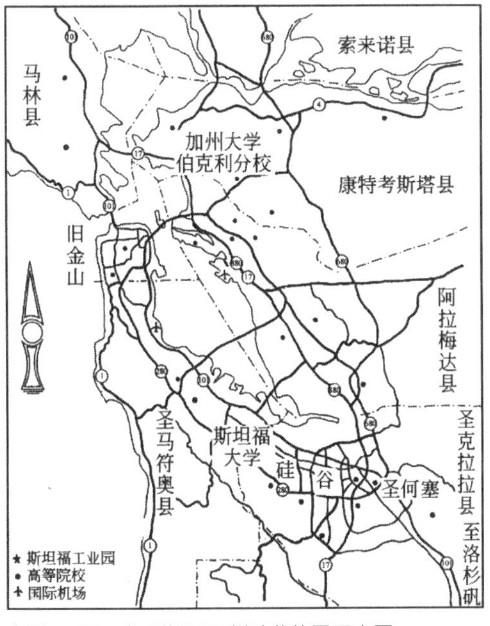

专图 1-33　加利福尼亚州硅谷位置示意图

美国硅谷科学园区

硅谷（专图 1-33）位于加利福尼亚州北部，介于旧金山和圣何塞两城之间，是一个长 48km、宽 16km 的狭长地带，因地处谷地，又为美国高技术电子工业的心脏而得名。硅谷是个自发形成的城市化地区，始于 1960 年代，成熟于 1970 年代。内有二三百万人口，牵涉到从帕洛阿尔托（Palo Alto）到圣何塞（San Jose）的好几个城镇，集中了几千家主要为电子及部分生物技术的工业企业以及与企业生产、科研密切结合的高等院校与科研机构。地带依托著名的斯坦福大学于 1951 年创建的斯坦福科研园区，沿两条高速路由西北向东南延伸，道路两旁是一幢幢相貌平常的大型厂房。所有迁入者皆可按各自的意图设计和组织各自的环境，职工按不同层次分别相对集中地居住在不同的地区。该地有宜人的气候条件、优美的自然生态风貌和舒适的生活工作环境。

（五）大城市内部的更新与改造——日本新宿副中心、巴黎拉德方斯（La Défence）、纽约罗斯福岛、英国巴比坎中心

1960 年代以来，一些发达国家大城市内部的主要问题是城市经济行政中心的容纳能力超过极限以及由于郊区化而引起的内城衰退。为疏解中心区的超负荷，各国采取了建设副中心，使一中心变为多中心的规划方式。例如日本东京建设了新宿、池袋、涩谷三个副中心，法国巴黎在市区边缘建设了拉德方斯等9个综合性副中心，美国在纽约曼哈顿罗斯福岛上建设了“城中之城”，英国在伦敦建造了巴比坎文化中心等。它们对阻止内城衰退、复兴内城活力和吸引居民返回内城起了很大的作用。

专图 1-34 新宿西口车站广场

日本新宿副中心

新宿副中心位于东京市中心以西8km，面积96hm^2，经大规模的拆迁改造后，共新建11个街坊，每个约1.5hm^2，是一个白天能容纳30万人口、城市设施完备的综合业务中心。主要规划建设工作包括三部分：一是超高层建筑区，二是西口车站广场及其地下部分，三是新宿中央公园。街道分层布置，平面层作步行用，高架层作汽车行驶用。西口车站广场（专图1-34）亦分层设计，有椭圆形开口，设有引道通往地下，地下2层、局部3层，供行人换乘各种交通工具，并有地下街市。1980年代末，为降低东京市中心的负荷，开发新宿副中心，使之成为东京市政府的新行政中心（专图1-35），同时兼为抗灾中心和公共关系中心等。

专图 1-35 东京市政府新行政中心

巴黎拉德方斯副中心

根据大巴黎长远规划，为打破巴黎城的聚焦式结构，城市向塞纳河下游，即城市西北方向发展，以形成带形城市。拉德方斯副中心正位于市区沿塞纳河向西北方向发展的必经之地，因而于1965年开始建设拉德方斯副中心，以分散巴黎中心经济职能的过于聚集。

该地距雄师凯旋门5km，与凯旋门、卢佛尔宫在同一条东西对景的中轴线上，全部规划用地为760hm^2，分A、B两区。A区（专图1-36）东西长1300m，用地160hm^2，是一个以贸易中心为主的商贸、办公和居住的综合区，可容居民2万人、工作人员10万人。布局方式

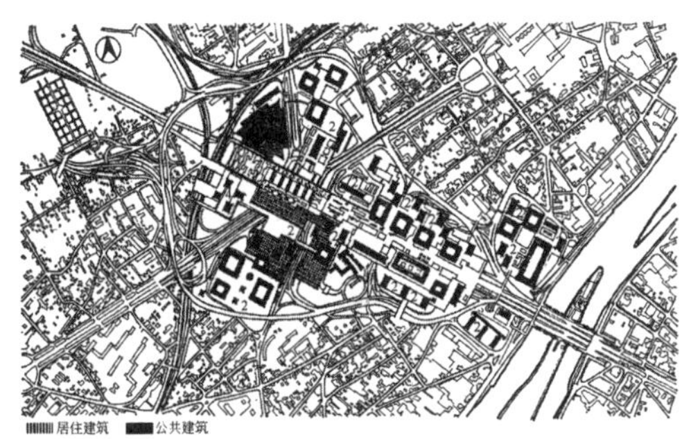

专图 1-36　拉德方斯 A 区
1—学校；2—办公楼；3—展览馆；4—会场

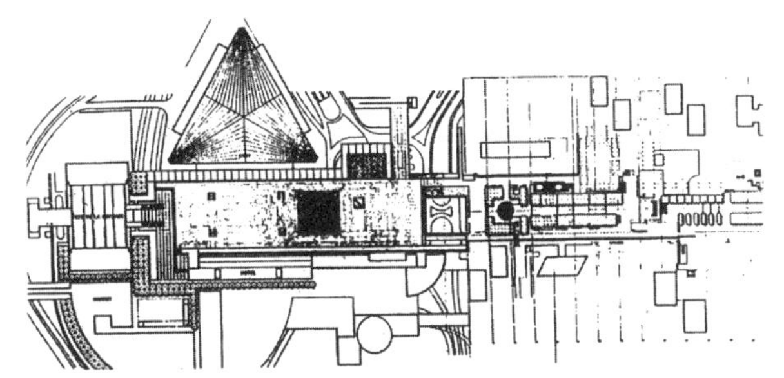

专图 1-37　拉德方斯 A 区中心步行广场

是：高层办公楼、旅馆与 5~10 层住宅楼以及沿街低层商业建筑沿着该区中央广场及大道交错与毗邻布置。B 区范围很大，有大片公园，是一个行政、文教和居住三者结合的综合区，布局比较松散。

A 区中央有一个巨大的中心步行广场（专图 1-37），用一块长 900m、面积 48hm^2 的钢筋混凝土板块将下面的交通全部覆盖起来。整个拉德方斯 A 区为全封闭步行区，机动车只能从街区周边驶入板块底下的地下停车场和地下车库，计可停车 32000 辆。地下空间以不同标高层次设置过境公路、铁路与地铁。

1989 年，在拉德方斯东西向主轴的西端，即爱丽舍大街中轴线的底景部分，建成了拉德方斯巨门“新凯旋门”（La Grande Arche de la Défence，专图 1-38）。这是一座各边长 106m、高 110m、中间掏空、上面带天桥顶盖的近似立方体，其形状似门洞的楼。其南的楼翼为法国政府的装备部、住宅部和运输海洋部所占，其北的楼翼是供出租的商务用房，大楼的天桥顶盖则供人权基金会使用。这座大楼的体量要比星形广场上的雄狮凯旋门大 20 倍，中间透空的大拱门被誉为“现代凯旋门”“世界之窗”“人类历史的洞口”。其形象象征“放眼未来、历史之门、开放无阻”。

专图 1-38　拉德方斯巨门“新凯旋门”

纽约罗斯福岛

1969 年，美国为复兴纽约内城，开始规划和建设罗斯福岛。这是个“城中之城”，位于纽约市曼哈顿区与昆斯区之间的东河小岛上。小岛长 3.2km，最宽处 244m，面积

59.5hm^2。1950 年以前，这里人烟稀少，仅有监狱、感化院和传染病院等少数建筑。规划有岛北与岛南两个居住区，共设 5000 个住宅单元。岛上布置了学校、儿童机构、社区运动场以及其他福利设施。来往于曼哈顿岛和罗斯福岛的交通采用了空中缆车。岛上仅有短程的无污染电动公共汽车和一条车行道用于装卸货物或护送病人。岛上居民的来往主要是步行和自行车交通。

1975 年后，又规划了新的居住区（专图 1-39）。

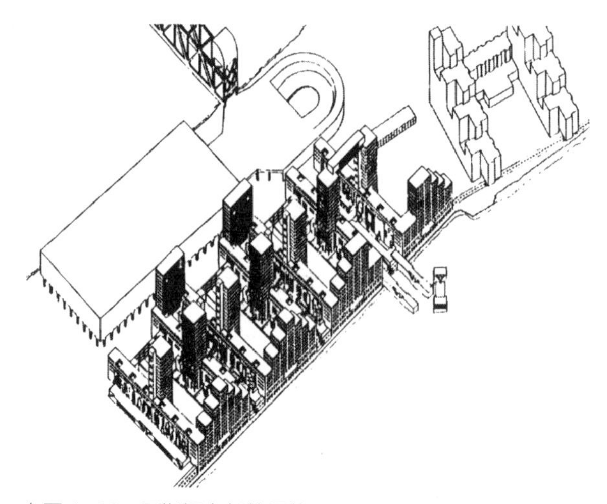

专图 1-39　罗斯福岛新的居住区

巴比坎中心

巴比坎中心（专图 1-40、专图 1-41）位于伦敦中心商务区。这里是英国最大的金融贸易中心，因晚上空无居民，成为社会治安问题最为严重的地区之一。为振兴内城，于 1955 年开始规划，1981 年完成全部建设任务。

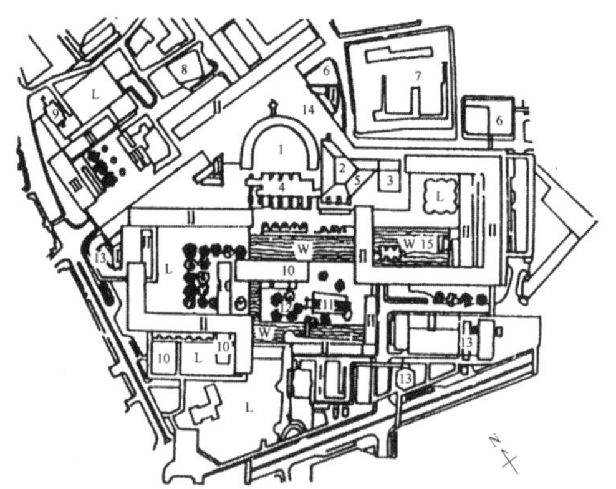

专图 1-40　巴比坎中心平面图

1—音乐厅；2—音乐、戏剧学校；3—剧院；4—图书馆和美术馆；5—温室，花房；6—公共服务处；7—酿酒厂；8—残疾者学院；9—学生宿舍；10—伦敦女子学校；11—教堂；12—广场；13—商场；14—底层商店；15—水上运动场；W—水池；L—草坪；Ⅰ—塔式住宅；Ⅱ—多层住宅；Ⅲ—庭院式公寓

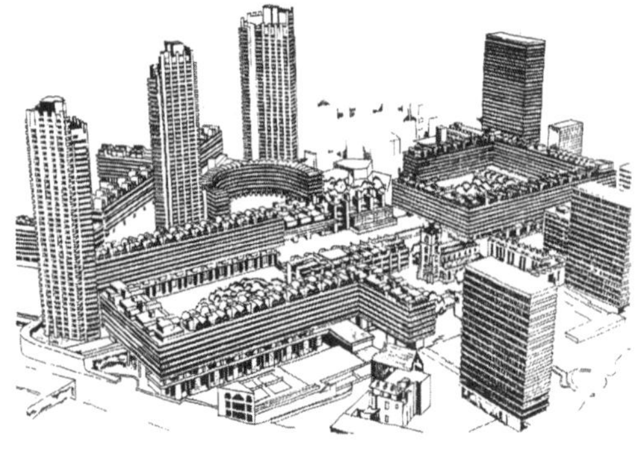

专图 1-41　巴比坎中心全貌

巴比坎中心占地 15.2hm^2，是一个兼作艺术中心、会议中心和生活居住区的综合中心。艺术中心占地 2hm^2，有一栋 10 层建筑（其中 4 层在地下），容纳了艺术中心的主要内容，如音乐厅、剧场、电影院、音乐戏剧学校、图书馆、艺术画廊、展览厅、雕塑陈列庭院和餐厅等。生活居住部分设有 2113 套住宅，并有一栋 16 层学生、青年宿舍及女校。

由于艺术中心位于居住小区内，为了创造一个安静的步行区，采用了分层布置各种设施的办法。区内设置了一个面积为 5.2hm^2 的底座平台层，小区住宅基本设于平台层之上。平台层内设车行道、停车场、公共服务建筑以及少量台阶式住宅。平台层上是人行步道网以及由此而联系起来的 3 栋塔式高层住宅和 U 形、

Z 形的多层住宅建筑。平台上建造了面积约 $1hm^2$ 的观赏性水池，它把中心南部几个庭院联系起来，形成了和谐的整体。小区南部还保留了古罗马时期城墙的几处遗迹，并精心地把它们组织到周围景观中。

（六）古城和古建筑保护

1960 年代以来，古城与古建筑保护已成为世界性的潮流。1964 年公布了保护历史性城镇的国际宪章《威尼斯宪章》；1972 年 11 月联合国通过了一项“保护世界文化与天然遗产公约”；1975 年定为“欧洲建筑遗产年”；1980 年法国把该年定为“爱护宝贵遗产年”。法国的巴黎，瑞士的伯尔尼，美国的威廉斯堡，日本的京都、奈良等均在这方面做了很多工作。这些世界范围的保护运动已超出文化界和建筑界的领域，而成为几乎全民的运动。

各国对古城和古建筑的保护已扩大到文物环境的保护，即对拥有古建筑较多的、有价值的街区实行成片、成区的保护，直至整个古城的保护。例如德国的纽伦堡和雷根斯堡、意大利的佛罗伦萨和锡耶纳、捷克的布拉格、伊朗的伊斯法罕、苏联的撒马尔罕等，都大面积地保留了中世纪的市中心，包括街道、作坊、住宅、店铺、教堂和寺庙、广场等。意大利的威尼斯和美国的威廉斯堡，则是将整个城市当作文物保护下来。保护内容还包括乡土建筑、村落以及自然景观、山川树木。对具有浓郁地方特色的乡土环境和民间文化也进行了保护。

法国巴黎

法国共有 12600 处古迹和 21300 座历史建筑受到法律保护，其中大多数是城堡、庄园、宅第和教堂。

法国于 1962 年公布了《马尔罗法》，规定各城市必须保护具有历史文化艺术价值的旧区，并由国家机构会同地方当局决定保护区范围。在巴黎有 11 个区被指定加以保护。1977 年通过的法令把巴黎分为三个部分：

（1）历史中心区，即 18 世纪形成的巴黎旧区，主要保护原有历史面貌，维持传统的职能活动。

（2）19 世纪形成的旧区，主要加强居住区的功能，限制办公楼的建造，保护 19 世纪的统一和谐面貌。

（3）对周边的部分地区则适当放宽控制，允许建一些新住宅和大型设施。

巴黎被称为世界上最美丽的历史名城之一，除保存了像卢佛尔宫、巴黎圣母院、凯旋门这样的文物古迹外，还完整地保持了长期历史形成的而在 19 世纪中叶为奥斯曼改造了的城市格局（专图 1-42）。历史上特有的巴黎式纵横轴线，广阔的古典园林，气势壮丽的宫殿、教堂、府邸，全城统一的石砌建筑，连绵不断的拱廊，带着窗户、烟囱的坡屋顶和划一的檐口线等，与塞纳河一起，组成了巴黎所特有的历史名城交响乐，被予以认真保护。

瑞士伯尔尼老城绝对保护区

瑞士的伯尔尼老城是 13 世纪开始发展的。城市原主要为木构建筑构成，1405 年遭遇一场大火，城市几乎全部被毁，后来用石灰石加以重建，至今 500 多年，还是完整地保持着原样。城市三面环水，有多座桥梁把西岸老城区与东岸新区连接在一起。

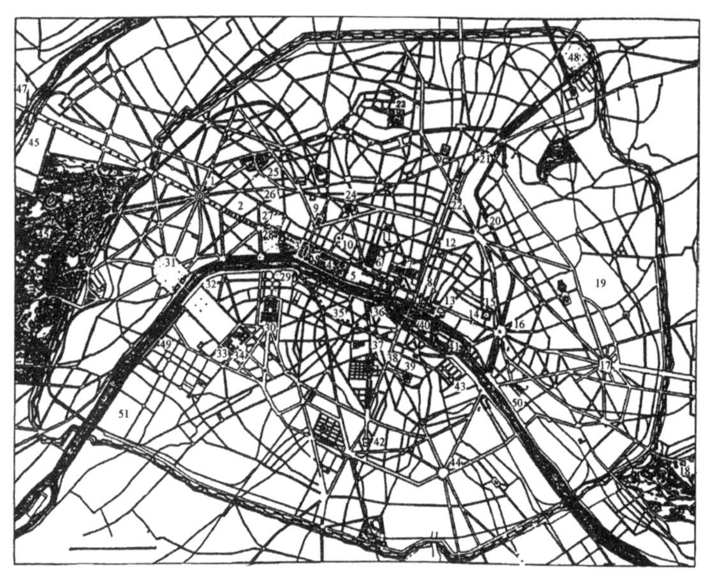

专图 1-42 巴黎城市格局示意图

1—凯旋门；2—香榭丽舍；3—调和广场；4—土勒里花园；5—卢佛尔宫；6—旧皇宫；7—中央商场；8—蓬皮杜中心；9—马德雷教堂；10—旺多姆广场；11—交易所；12—塞巴斯托波尔林荫路；13—市政厅；14—李沃斯大街；15—孚日广场；16—巴士底广场；17—民族广场；18—文森森林公园；19—拉雪兹神父公墓；20—共和广场；21—圣马丹运河；22—斯特拉斯堡林荫路；23—圣心教堂；24—巴黎歌剧院；25—奥斯曼林荫路；26—圣欧诺瑞关厢路；27—爱丽舍宫；28—艺术宫；29—议院；30—残废军人收容所（军事博物馆）；31—夏依奥宫；32—埃菲尔铁塔；33—演兵场；34—联合国教科文组织总部；35—圣热曼大街；36—法兰西学院；37—卢森堡宫；38—圣米契尔林荫路；39—国家名流公墓；40—圣母院；41—圣路易岛；42—天文台；43—动物园；44—意大利广场；45—布罗涅森林公园；46—乃依桥；47—德方斯；48—拉维莱特区；49—弗隆德塞纳区；50—贝西区；51—雪铁龙区

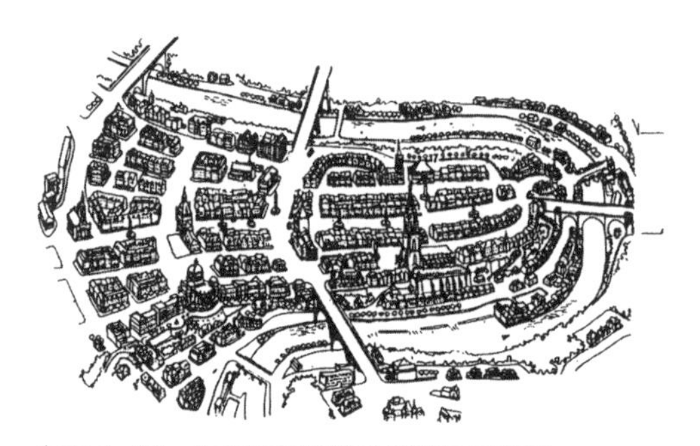

专图 1-43 伯尔尼老城绝对保护区示意图

由于老城定为绝对保护区（专图 1-43），是在一个长条形的半岛上，所以城市成带形发展，4 条平行的街道贯穿全岛。街的两旁是 3~4 层高的民居，首层是石拱骑楼，上部是住宅，一律红瓦坡顶，古雅、朴实而有强烈的地方性。城中耸立着建于 1421 年的全部用灰绿色石料砌造的后哥特式的伯尔尼主教堂和议会大厦。大街上有古老的钟楼（1250 年以前的城门）和狱塔（1250—1350 年的城门）。街道中心有许多历史上遗留下来的雕像和中世纪井泉。井泉上耸立着穿甲胄的武士和建都时以熊命名的雕塑。

老城保护区一直保持着古色古香的中世纪风格。那丰丽多姿的各式各样的红瓦坡顶，那尖形的塔顶、圆形的钟楼、绿色圆顶的宫殿式大厦、哥特式的尖顶教堂、古朴雅致的商店、古砖铺砌的广场，奇光异彩，引人入胜。

美国威廉斯堡

1776 年美国独立以前，威廉斯堡原是英国殖民统治的中心。现整个旧城被划为绝对文物保护区，作为生动叙述美国历史的博物馆。

旧城（专图 1-44）长约 1500m，南北约六七百米，在旧城内，一切保持着 18 世纪时的原样。那里有殖民时期的议会大厦、英国总督的府邸、法院、贵族住宅以及旧时的商店、作坊等。城郊仍保留着18世纪的风车、磨坊、农舍、麦仓和菜地、畜棚等。

旧城的服务人员与导游等都穿着18世纪的服装。街上可看到作坊里的工人在打铁，用老式办法印刷等。

日本京都、奈良

日本的京都、奈良，古称平安京、平城京，都是仿照我国唐长安的模式建成的，它的棋盘式方格网道路系统保留至今。大量的寺院、宫殿经历了上千年的岁月，依然存在。

日本对历史古建筑的保护着眼于对其环境的保存。对有些古城，如京都、奈良，已扩大到对整个历史古城的保存。1966年日本颁布了《关于古都历史风土保存的特别措置法》，主要适用于京都、奈良、镰仓三个古都。其重点是保存历史风土，即“在历史上有意义的建筑物、遗迹等同周围自然环境形成一体，要重视古都的传统文化以及已形成的土地状况”。

日本对没有条件复原重建的古建筑，根据不同情况作不同处理。如奈良平城宫遗迹已发掘1km^2，柱础遗迹均展示于地面，可以看出当时的规模。对500年以上的建筑则全部定为文化财富加以保护，如京都的二条城、御所等。虽几经修复、改建、扩建，已不全是平安京时代的原状，但仍丝毫未动地保护着。

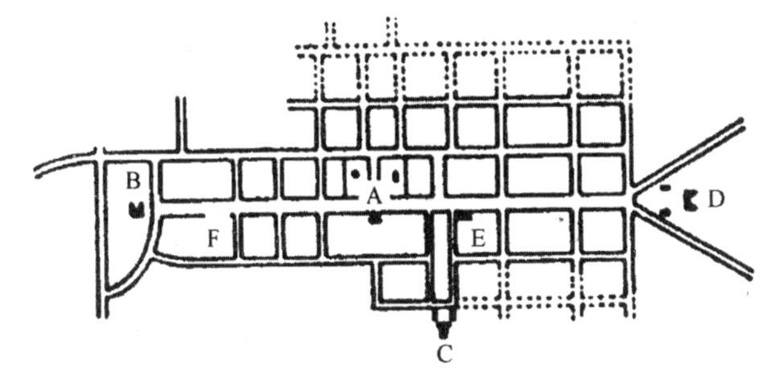

专图1-44　美国威廉斯堡旧城绝对保护区示意图
A—市场广场；B—国会；C—地方长官署；D—威廉与玛丽学院；E—布鲁顿教区教堂；F—格罗赛斯特公爵大街

（七）城市中心、广场、步行商业街区和地下街市

1960年代以来，一些国家把改善城市中心环境质量放到非常突出的地位。其质量评价标准为“历史、文化、环境与生态”和以“场所”（Place）的概念来替代传统的空间概念，同时，在规划过程中制订社会目标，也就是规划方向上、政策上和规划实施过程中的群众参与。这个时期，各国在城市中心、广场、步行商业街区和地下街市的建设方面均进行了有益的探索。

城市中心商务区（CBD）的建设

一些世界大城市如纽约、芝加哥、东京、巴黎、伦敦等都在中心商务区（CBD）的建设中发挥了特大城市的集聚作用。如美国芝加哥中心商务区位于市中心黄金地段，用地面积仅2.6km^2，上班人口为100万。纽约有两个中心商务区，以华尔街为核心的下曼哈顿，面积仅0.8km^2，上班人口55万，另一个是以42街第五大道为中心的中城区，其核心面积仅2.6km^2，上班人口110万。

1960年代以后，中心商务区的分散化趋势加速了中心商务区职能的升级，其职能向信息中心和指挥中心转化，使之专业化、信息化和智能化。巴黎与东京进行了中心商务区的分散化，美国洛杉矶把中心商务区的职能分散布局，都取得了成功。各国为疏解中心商务区的严重交通拥挤，采用了多样化的综合交通系统，包括电车、轻轨系统、公共汽车、地铁、辅助公交系统以及超现代化的快速公交的配合使用。

城市中心的改建

费城是美国始建于17世纪末的早期城市，1776年7月4日美国的《独立宣言》起草于此。第二次世界大战后，美国从1960年代起，对东部的费城、波士顿、巴尔的摩等大城市的市中心进行了大规模的改建。费城在改建中基本保留了原有的格局，这无疑是当时城市改建的一个突出范例。中心区以东西向的市场大街为主轴线与南北向的百老汇大街相交，在交叉点上有18世纪遗存的市政厅和中心广场。中心区的改建规划基本上保留了18世纪的结构模式，仍采用原来集中紧凑的布局。市场大街在不拓宽并保留原历史性建筑的前提下，对原有街道加以整治和美化（专图1-45）。拆除沿街部分建筑，使停车库深入到市中心的内部，并在市中心开辟地下中心广场和建设地上散步林荫道，它的端部与地下电车停车场相连。在整治中，使地面与地下空间结合，地上和地下交通形成一个完整的服务系统。建筑物的高度规定不得超过市政厅塔顶上雕像的基座。

专图1-45　费城市中心区改建

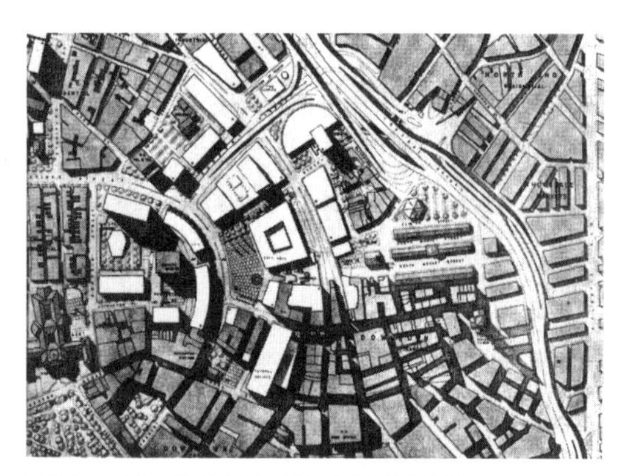

专图1-46　波士顿政府中心平面示意图

波士顿、费城与巴尔的摩同为美国从1960年代起对一些大城市的市中心区进行大规模改建的对象，其中波士顿政府中心（专图1-46、专图1-47）是较早地完成改建的一个例子，改建面积约24hm^2，于1962年完成总平面设计。这个地区的91%的房屋质量低下，除保留了一些历史性建筑外，1969年，对这个地区85%的房屋进行了拆迁。原有的22条窄街与众多的交叉口，改造成为3条宽阔的主干道和3条次干道。新的道路网直捷通畅，与

专图1-47　波士顿政府中心建筑群

步行道路严格分开。区内有一个完善的步行交通系统，与周围地区以步道连通。原有的 4 个地铁车站也进行了现代化装备。

政府中心的主要建筑物有波士顿市政厅、联邦事务局、州办公楼、州服务中心等公共建筑以及车库与公共汽车枢纽站等，共可容纳 25000 位办公人员。

建筑群的总体布局有统一的规划。广场、绿化、建筑小品等都处理得较好。公共建筑群的单体设计因各自争艳，建成后，有不甚协调感。

城市广场

20 世纪五六十年代以来，国外城市广场为避免交通干扰和创造安谧和谐、丰富生动的城市环境景观，出现了从平面型广场向下沉式或上升式空间型广场发展的趋势。城市广场设计趋向于实现广场的步行化、多样化、小型化及个性化。如丹麦哥本哈根从研究步行空间体系入手研究广场的步行化，其市中心步行区包容了若干充满历史和文化意义的广场群。澳大利亚的墨尔本城市广场，为创造多种功能的综合，把广场地坪划分成若干小型化空间，并采用植物、室外小品、地面升降及铺地等多种手段，形成了各种领域化场所，以达到人在广场空间中活动的多样与多彩。有些国外城市广场，着意于广场特色和个性化风格的塑造，如美国新奥尔良的意大利广场和日本筑波科学城的市中心广场。

美国新奥尔良的意大利广场（Piazza d'Italia）建于 1978 年，由穆尔（Charles Moore，1925—1994 年）设计，是当地意大利居民为了怀念祖国，借此激励自己的团结与信心而建设的广场，也是他们举行社区活动的地方。

广场（专图 1-48、专图 1-49）为圆形，场地上的同心圆弧由灰色与白色花岗石板组成，环绕广场中心，一圈套一圈相间布置。广场水池中的一角约 24.4m 长的一段，分成若干台阶，中有一幅以卵石、板石、大理石和镜面瓷砖砌成的寓意意大利半岛在地中海中的地形图。在半岛的最高处有瀑布流出，水流被散为三股，象征意大利的三大河流。水流所注入的两个水池代表意大利的两个内海。在海的当中，接近广场的中心，砌成西西里岛。

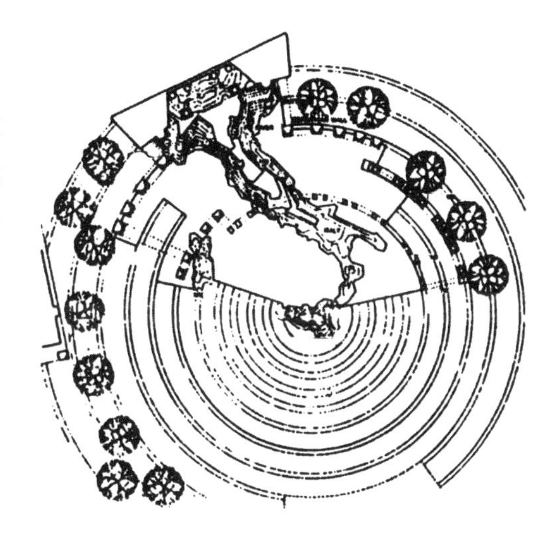

专图 1-48 新奥尔良意大利喷泉广场平面图

专图 1-49 新奥尔良意大利喷泉广场全貌

在砌成的意大利半岛的周围，由六段墙壁形成了一个弧形的廊子及六种不同的后现代古典柱式。墙、廊、柱全部漆成光彩夺目的赭色、黄色或橙色。在各柱上面的喷泉水流，采取各种不同的流水方式和手法，沿着不锈钢柱流下，或从小孔中喷出，向周围、上下各处喷射、流动、倾泻，汩汩作响。氖光灯将那些花纹丰富的建筑轮廓照射得很清晰。

这个广场的总体效果处理得十分生动而有特色。在广场的外部空间中创造了一些“内部”空间，使内外空间相融合，同时也创造出了一种多空间的同时存在，用拼贴画方式，以重叠和透明的手法，把形形色色的组成部分并列起来，以形成一种边界不清的空间含糊性和非限定性。这个广场可能是多年来美国所有城市中最花哨和最有特色的城市广场。它有一种被人们称之为后现代形式主义的性格，充满热情、快慰，然而又有些诙谐之感。

日本筑波中心广场于1983年建成，由矶崎新设计。用地为长方形，以筑波第一饭店、多功能服务楼和音乐堂组成的主体建筑的平面呈反L形，其东南侧布置其余部分，做成格网状铺地的散步平台，并在中部设置了一个平面为椭圆形的下沉式广场（专图1-50、专图1-51）。广场的长轴同城市南北轴相重合。椭圆形广场是这一群体的外部构图中心。它的设计受米开朗琪罗设计的罗马卡皮托广场和穆尔设计的新奥尔良意大利广场的影响，但又吸收了日本的空间构成和庭园布置的传统。广场铺地为放射形图案，其西北角设置了一处顺着平缓的石坡下流的落泉和一处从青铜铸的月桂树下溢出的小瀑布。这两处流泉汇聚成溪流后，

专图1-50　筑波市政中心广场西北向透视

专图1-51　筑波市政中心广场东向透视

流人广场中心，消失在一片泥土里。这种以下沉的、负的、洼陷的空无实体的虚处理，隐喻了日本城市中心的“消失”“不存在”和“缺席”（Absence）的主题思想。这个设计是外域异质文化与日本传统文化的融合，表达了作者强烈的个性和以内在素质为价值取向的深层思想内涵。

1970年代以后，具有个性的不同凡响的公共广场随着设计思想的日趋标新立异而越来越多样。

城市步行商业街区和地下街市

1960年代以来，国外商业中心大多在1950年代经验的基础上采用步行商业街的方式，在城市闹区建成一块安全、宁静、舒适和环境优越的购物或休闲的生活活动地带。它的

功能，由单一化过渡到多样化，由专业化发展成综合性，成为集商贸、文娱、集会、休憩等多种功能综合的商业中心。同时，室内商业街的建设也有了新的发展。

城市中的步行商业街区和购物中心常被称为节日市场，已成为城市中最有吸引力的地区。美国在 1970—1990 年的 20 年间共建成 25000 座购物中心，其中最大的为艾尔伯塔的西埃德蒙顿购物中心，总面积达 52 万 m^2。

“人行化”是改善城市环境的一项重要内容。在严寒地区，建设步行天桥（Skyway）系统，是增加市中心活力和吸引力的一项有效措施。美国明尼阿波利斯市在市中心区建筑物的第二层上采用密封式的玻璃步行天桥，把数十个街坊联系起来，既活跃了市场也丰富了居民的冬季活动。

德国慕尼黑市中心的步行商业街区是一个别具特色的成功实例。慕尼黑是一座具有 800 多年历史的文化名城。1965 年的建设实施方案（专图 1-52）将市中心东西向的纽豪森大街、考芬格大街和南北向的凡恩大街改建为十字形的步行街区，并把玛利亚广场、圣母教堂、古市政厅、古城门等历史性建筑连在了一起。

步行商业街与地下商场、地下交通相结合（专图 1-53）。例如卡尔斯广场，地下一层作为地下人行通道，布置了大小商场，并与一些大型商场的地下部分直接相通，地下二层为交通层和大型商场的仓库，地下三层为地铁层和地下停车库。

步行街在布局上利用原有的传统街道，具有空间紧凑、尺度亲切、曲折变化、建筑错落有致等历史特色。在空间秩序上采用多种模式，使空间收放相济，大街小巷结合，室内室外交替。在步行街上还精心地设计了铺地、灯柱、花池、喷泉和街头小品等，内容十分丰富。

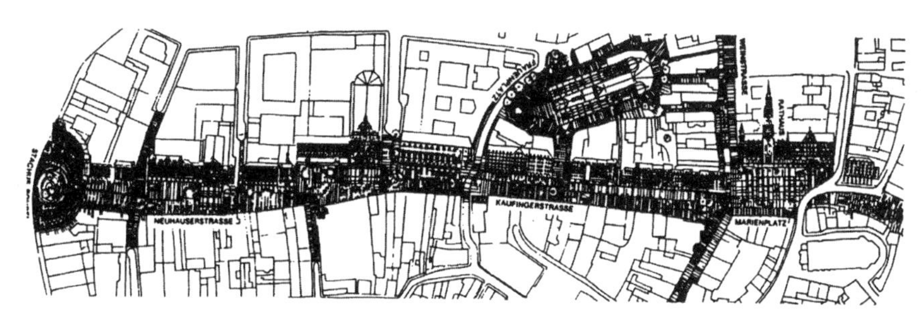

专图 1-52　慕尼黑旧城十字步行区

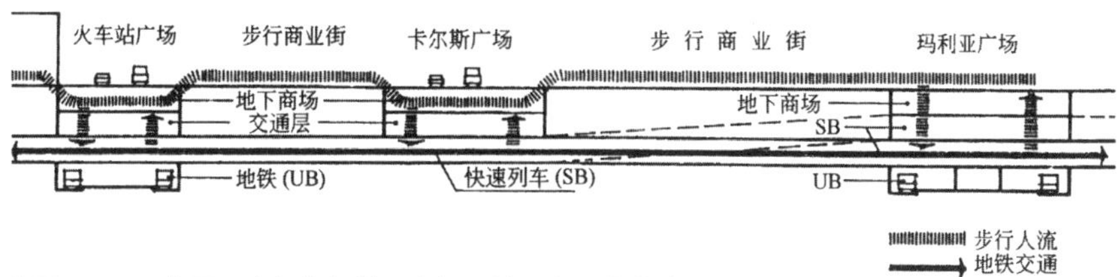

专图 1-53　慕尼黑步行街与地下商场、地下交通的结合

美国旧金山的吉拉德里广场（Ghiradelli Square）购物中心（专图 1-54）位于旧金山北部的滨水地带。地段由北向南升高，向北可远眺旧金山湾和金门大桥。这是一个举世公认的把可能被废弃的古旧建筑改为现代用途，使之具有特殊魅力的成功之作。它在 1hm^2 坡地上把原有的一组砖木结构的巧克力可可工厂和毛纺厂等生产性建筑改为商店和餐饮设施。通过在老建筑旁插建一些低层小商店，用由金属和玻璃组成的回廊、楼梯、竖井等把各幢建筑联系起来，再用台阶、踏步、栏杆、喷泉、路灯等同地段内的老建筑共同围合成两个大小不同、形态各异的小广场，即较为规整、开阔的喷泉广场与具有两个不规则空间的西广场。古旧的 2、3 层建筑的外部保持了红砖原样，内部保留了原木结构的本色，但功能上则完全是新的。奇拉德利的成功改建使它附近的几个已废弃了多年的码头也先后被改建为新旧合璧的购物中心，从而使旧金山这段滨水地带成为市民节日的好去处。

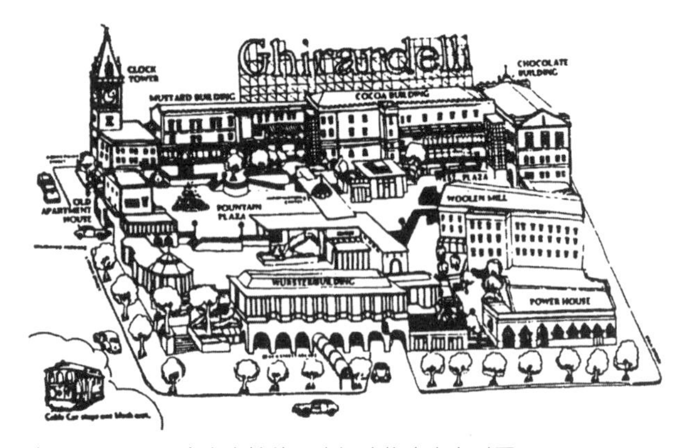

专图 1-54 旧金山吉拉德里广场购物中心鸟瞰图

1980 年代以来，美国十分流行建筑造型丰富独特、富有节日气氛和情调的室外步行街购物中心，1985 年在圣迭戈开张的霍顿广场购物中心（Horton Plaza Shopping Center）就是其中一例（专图 1-55）。它位于市中心闹区，造型丰富多彩，室内外、楼上下空间相互穿插，别具一格。这里几乎用上了各国各历史时期的各种建筑样式，如埃及、文艺复兴、北非伊斯兰、新艺术运动、维多利亚、地中海等，并把它们拼贴并置在一起，使人眼花缭乱。这是一个名副其实的节日市场，节日时吸引许多游客，平时则较为冷清。

专图 1-55 霍顿广场购物中心

地下街市

1960 年代以来，国外地下街市有较大的发展。城市向立体发展，构成一个地上与地下互成一体的网络体系，有利于中心地区的改建和繁荣。有些地下街市，还采用了几何光学幻景以及跟踪太阳的引光技术、人工模拟日光环境和地表自然环境等。它们用光照、瀑布、雨丝、喷泉、溪涧、水池以及雕塑、小桥、绿叶、鲜花等来装点地下广场和地下绿化空间，使之有宜人的地上自然感。

日本在 1950 年代便已开始发展地下街市，至 1970 年代初，其地下街市的面积已增至 70 万 m^2，其后在八九十年代又有了新的发展。1980 年代，大阪市中心的梅田地下街每天有 150 万人穿过、游逛或购物。大阪的阪急地下中心是一个位于车站下的 3 层地下空间，面积达 8 万 m^2。它不仅是一个地下 3 层的商业购物中心，还开辟了富有吸引力的地下游乐中心，活跃了市民的游乐活动。仅大阪市几处主要地下中心的面积总和已超过 20 万 m^2，每天吞吐人数达 320 万。

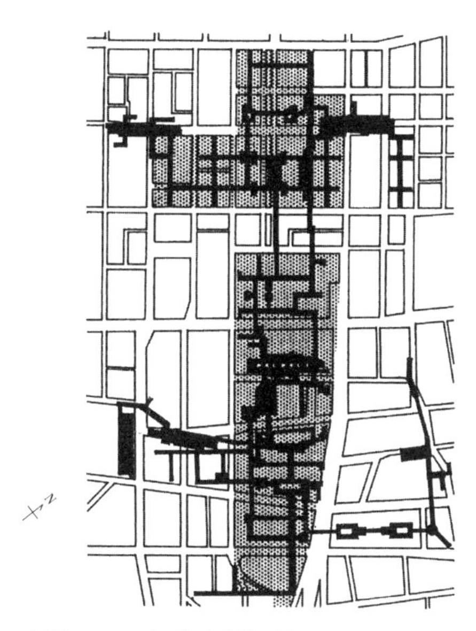

专图 1-56　加拿大蒙特利尔地下城

加拿大规模最大的地下街市在蒙特利尔，被称为蒙特利尔地下城（专图 1-56）。它有 6 个地下中心，总面积 81 万 m^2，含 6 个地铁站，4 个铁路站。人行道长约 11km，有千余家大小商店，上百家饮食店、餐馆、酒吧，并直接通向各个旅馆、大剧场、电影院、银行、股票交易所和可容万辆汽车的地下停车场。此外，蒙特利尔地下城还与中央火车站、长途汽车站以及各航空公司办事处相连。该地下城一次能容纳 50 万人活动。蒙特利尔冬季较长，气候严寒，但地下街市有鲜花绿草，和暖如春，故特别受欢迎。

（八）居住环境与居住区建设

1950 年代初，欧洲各国在认真解决战后的房荒问题中相继采用了两次世界大战之间提出的邻里单位或居住小区的居住组织形式。世界各地亦逐渐采用。1950 年代中期，苏联和东欧各国在建筑工业化的基础上，亦开始搞居住小区。其规划理论基本上是因袭西方的邻里单位，但又结合各自的国情，在规划内容与手法上作了相应的补充。

西方国家于 1950 年代中后期，为适应现代化快速交通的需要，开始以 3 万 ~5 万人口、面积为 100~150hm^2 的社区（Community）或居住区作为生活居住用地的基本单位。

苏联与东欧各国在 1950 年代后期亦开始建设 50~80hm^2 的扩大小区，或称居住综合体，并规划几个小区组成的，规模为 2.5 万 ~ 5 万人，用地为 100~200hm^2 的居住区。

1. 居住环境

1960 年代以来，围绕改善居住条件和优化人居环境，各国政府和国际组织都进行了大量的宣传和推动工作，并开展了大量的理论研究和建设试点工作。1976 年，联合国在加拿大温哥华召开了第一次人类住区国际会议，并在内罗毕成立了“联合国人居中心”。1992 年，在巴西里约热内卢通过了“21世纪行动议程”中的“人类住区”纲领性文件。在学科建设上，创建了一些新学科，如环境社会学、环境心理学、社会生态学、生态平衡和生态循环学等。

居住环境设计随着时代的发展，越来越趋向科学化、完善化。有的研究自然环境与人工环境的融合，使居住环境接近自然，富有田园情趣；有的研究保护自然生态和改善小气候条件，通过对自然生态的严格保护，对城市噪声的治理，对风、日照和天然光的控制和利用来改善居住生态环境；有的研究住宅群体组织中各种空间的有机构成，处理好公共性和私密性、接触与隔离等人类活动与交往的使用特性；有的研究发挥建筑空间的协同作用，创造多功能空间综合住宅、多相形综合体和多功能综合区等。

2. 工作居住综合区

1960年代以来，一些发达国家在工业生产和科研试制中采用封闭系统，工业污染已可基本得到控制。那种把大城市严格地划分为单一性质的功能分区，给人们的上下班、交通和就业带来较多不便，所以产生了一些工作与居住连在一起的综合体。其中有工业—居住综合区、科研—居住综合区、行政办公—居住综合区、市中心—居住综合区、副中心—居住综合区、文化中心—居住综合区等。

距芬兰赫尔辛基市中心8~12km的哈格·凡塔镇由三个居住和工业综合的小区构成，居民2万人，可提供5000个就业岗位。其中一个小区——马尔明卡塔诺小区（专图1-57），规划人口3300人，有就业岗位1600个。小区由4个组群组成，西北角一组以轻工业用房为主，其东南、西南两组亦有少量就业岗位。

法国里莱城科研中心将科研区集中布置在中间，居住区设在科研区周围（专图1-58），是一种科研—居住综合区。

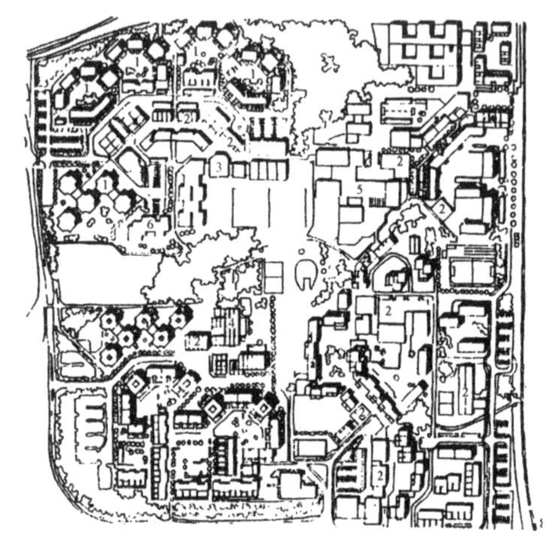

专图1-57　哈格·凡塔镇马尔明卡塔诺小区工业—居住综合区

1—住宅；2—轻工业；3—小学；4—日托；5—综合楼

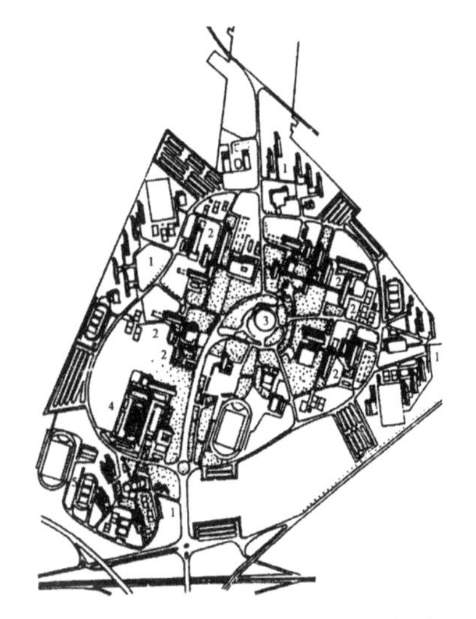

专图1-58　法国里莱城科研—居住综合区

1—住宅组团；2—科研所；3—图书馆；4—行政服务中心；5—体育和休息区

美国华盛顿的西南改建区位于国会大厦西南，面积约 200hm^2，是一个行政办公一居住综合区（专图 1-59）。该综合区的北部基本上是行政办公区，内有少量公寓，南部基本上是居住建筑和为居民服务的公共设施。

日本筑波市中心的中心轴上，将市政办公、市级商业设施、文化设施与居住区建在一起，是市中心一居住综合区。

巴黎德方斯 A 区，在副中心公共建筑群内布置有 30 多幢 25~30 层塔式办公楼和 10 层以下的口字形住宅和少量塔式住宅，是副中心一居住综合区。

英国伦敦巴比坎中心在 15.2hm^2 的用地上，将居住 6500 人的 2113 套住宅集中在两幢 40 层和一幢 38 层塔楼及 4 幢多层建筑内，致使住宅区用地被压缩到 4.8hm^2，而为文化中心的公共活动争取了大量空间。它是一种文化中心一居住综合区。

3. 整体式居住小区

（1）住宅连续布置，配以相应的公共设施，组成整体

这类小区在法国、西班牙已很普遍。如法国格勒诺布尔市奥勒坎小区（专图 1-60），建于 1973 年，用地 21hm^2，可容 7500~9000 名居民。连续布置的住宅组群像树枝一样，构成了小区的骨架。住宅底层架空，开辟了一条宽 15m、高 6m、长 1.5km 的小区步行街，贯通整个小区。分散的公共设施像树叶长在树枝上，布置在步行街的两侧，居民基本上不出室外便能到达所有公共设施。为满足部分居民就地工作需求，小区内还设有一些工厂和小工业。

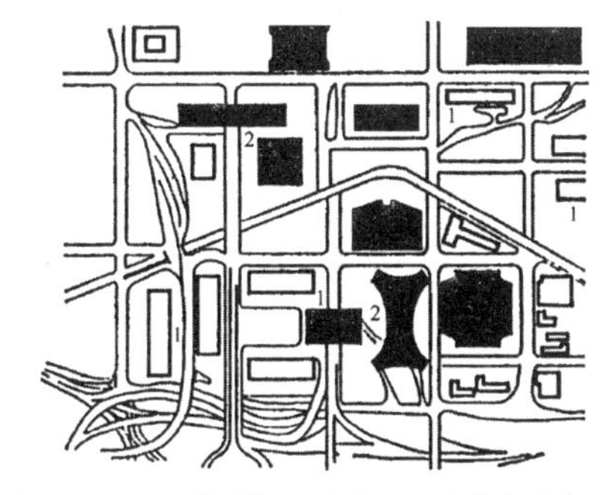

专图 1-59 华盛顿国会大厦西南的行政办公一居住综合区
1—住宅建筑；2—办公楼及其他公共建筑

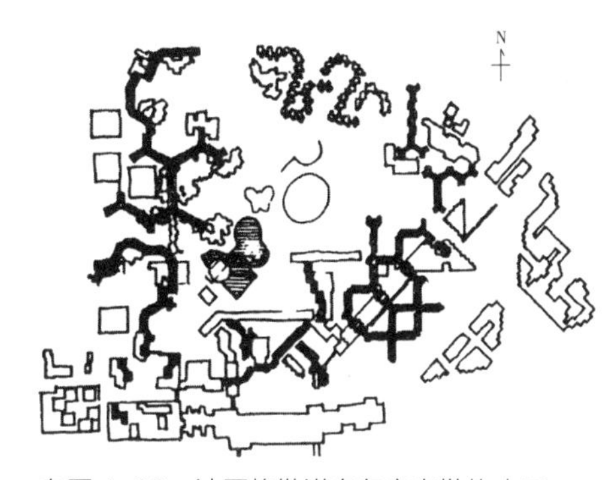

专图 1-60 法国格勒诺布尔市奥勒坎小区

（2）住宅坐落在公共设施上，组成整体平台式小区

这类平台式小区是由单幢成群的住宅坐落在多层公共设施平台之上形成的。如纽约东河畔的 1199 广场小区就属这种类型（专图 1-61）。作为基底的连成一片的公共设施有 3 层，都在地下。屋顶为有绿化和铺面的整体式平台。在这平台上有 4 组整体式高层住宅组群和 2 幢公共建筑。

（3）一栋楼组成一个整体式小区

1960 年代初，苏联建筑师切廖摩什卡设计了一座莫斯科新生活大楼居住综合体（专图 1-62）。这是由两栋 16 层板式大楼和一幢

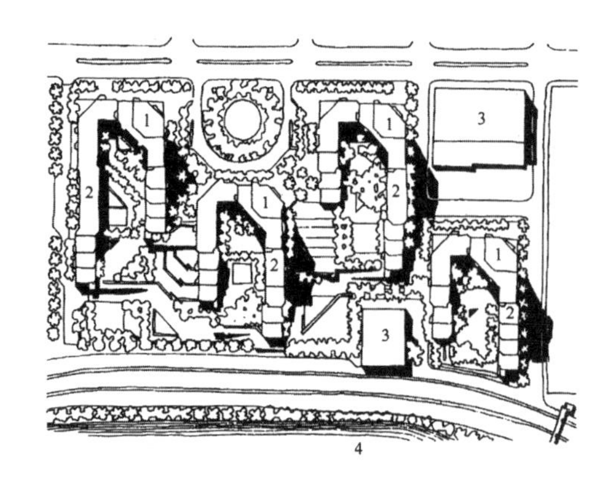

专图 1-61　纽约 1199 广场整体平台式小区总平面图
1—38 层塔式住宅；2—8~16 层错层住宅；
3—公共建筑；4—东河

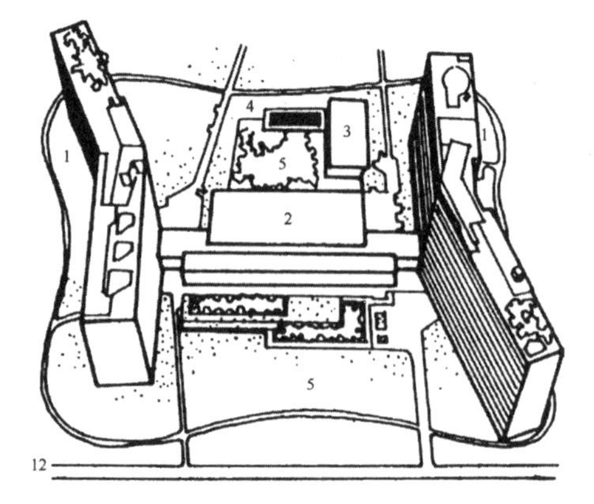

专图 1-62　莫斯科新生活大楼居住综合体
1—可容 1000 居民的 16 层大楼；2—服务楼；
3—体育馆；4—游泳池；5—公共绿地

2 层服务楼连接而成的。两幢大楼内共有 812 套住宅，设有中心餐厅和小食堂。大楼内还有文化教育中心、图书馆、冬季花园厅、小组作业房间、艺术工作室、游戏室等。综合体还有自己的儿童中心、体育中心、地段门诊所和行政中心等，可以认为是一个比较完善的整体式小区。

四、对未来城市的设想

1960 年代以来，各国规划工作者提出了各种未来城市的设想方案。有的设想从不破坏自然生态出发，以可移动的房屋与空间网架来构筑空间城市（Space City）、插入式城市（Plug-in City）与行走式城市（Walking City）。有的设想从土地资源有限出发，拟向海上、海底、高空、地下、山洞争取用地，以建设海上城市（Floating City）、海底城市（Submarine City）、摩天城市（Upper Air City）、悬挂城市（Suspension City）、地下城市(Underground City)、山洞城市(Cave City）。有的设想为开发沙漠、太空、外星以建设沙漠城市(Desert City)、太空城市(Outer Space City）、外星城市（Planet City）。有的从模拟自然生态出发，拟建以巨型结构组成的集中式仿生城市（Arcological City）。还有从其他角度提出的方案。它们的目的是要解放或少占地面空间，在方法上具有丰富的想象力，大胆地利用了一些尚在探索中的先进科学技术手段。

（一）空间城市、插入式城市、行走式城市

法国建筑师弗里德曼（Y.Friedman，1923—）认为，未来建筑可以是活动安装式的。他于 1970 年规划的空间城市（Spacial Town，专图 1-63），是在大地上构筑起的一个柱网间距为 60m 的空间结构网络。在这个网络上可装上各种活动安装式的房屋，可创造各种生活与工作环境。

矶崎新于 1960 年设计的另一空间城市方案（专图 1-64）是一个架空的可连续延伸的构架，它跨越在原有城市的上面。

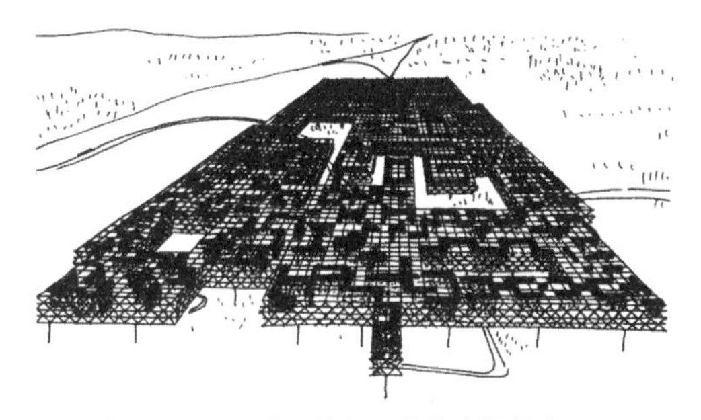

专图 1-63 弗里德曼设想的空间城市

专图 1-64 矶崎新设想的空间城市

建筑电讯派建筑师库克于 1964 年设计了一种插入式城市（专图 1-65、专图 1-66）。这是一幢建筑在已有交通设施和其他各种市政设施上面的网状构架，上可插入形似插座的房屋或构筑物。它们的寿命一般为 40 年，可以每 20 年在构架插座上由起重设备拔掉一批和插上一批。这也是他们对未来的高科技与乌托邦时代城市的设想。

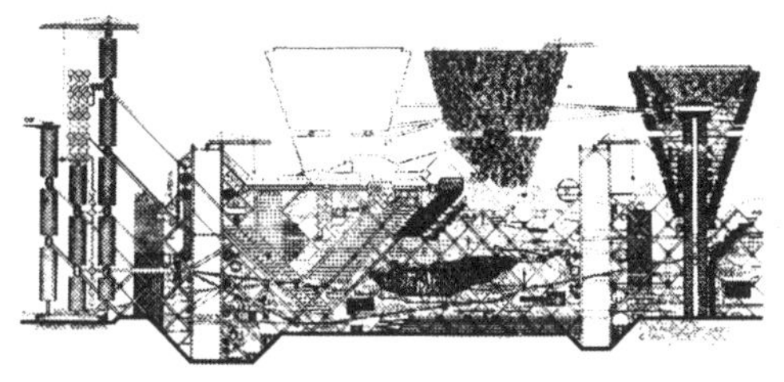

专图 1-65 库克设想的插入式城市

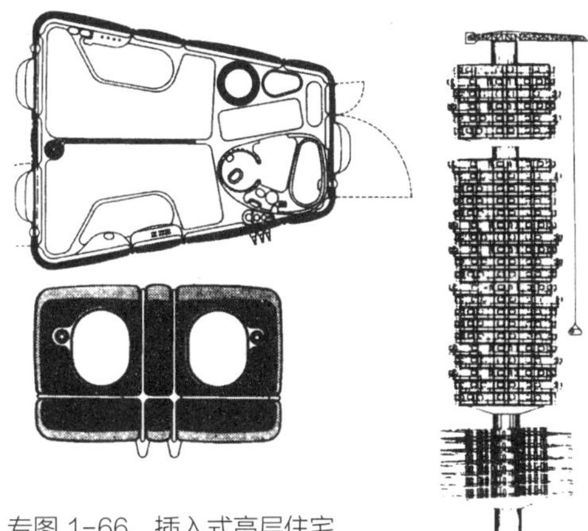

专图 1-66 插入式高层住宅

1964 年赫隆（Ron Herron）设计了行走式城市。它是一种模拟生物形态的金属巨型构筑物（专图 1-67），下面有可伸缩的形似望远镜的可步行的“腿”，可在气垫上从一地移动至他地。

（二）海上城市、海底城市、摩天城、吊城、地下城市、山洞城市

1960 年丹下健三制定了东京海湾规划方案（专图 1-68、专图 1-69）。当时，东京人口为 1000 万，城市发展已缺乏足够的用地，因而将生活居住区与城市的业务部门伸向海湾，建设成一个带形的横跨海湾的海上城市，即把东京湾两岸连接起来，以缓解原来那一个已不堪重负城市中心的压力。

1970 年代初，美国建筑师富勒（B.Fuller）

专图 1-67 赫隆设想的行走式城市

专图 1-68 东京海湾规划方案平面图

专图 1-69 东京海湾规划方案局部模型

专图 1-70 富勒设想的海上城市方案

设想的海上城市（专图 1-70）有 20 层高，可漂浮于 6~9m 深的港湾或海边，与陆上有桥连通，这是一个四面体，呈上小下大的锥形。海上城市人口 15000~30000 人。

1990 年代，日本拟建设大阪湾海上城市和在东京以南 80~160km 的海上建设一个面积为 $25km^2$ 的海洋城。美国也规划在洛杉矶、巴尔的摩、纽约等沿海地区进行大规模的海洋空间开发。拟到 21 世纪初，建立容纳 10 万人的海上城市。

日本于 1970 年代初提出建立海底城市的设想。其方案之一是以许多圆柱体城市单元组成一个城市整体。每个圆柱体城市单元与其他单元的连接采用自动步行装置以及交通运输轨道。城市单元凸出海面的大平台（专图 1-71）供直升飞机升降与轮船泊岸。医院与老人住宅设在上层近海岸处。学校与办公楼位于圆柱体中部。凸出海面的部分拟布置少数能享受到阳光与自然空气的高级住宅。

1990 年代，日本大林建筑公司规划了一个独特的水下工业城市。其居民区将建在位于东京和大阪的太平洋沿岸工业发达区的大陆架水下。海底城市由 505 个海底隧道贯穿，并与海面、空中的船舶与飞机构成立体交通网络。

向高空争取用地的设想有建筑师弗里斯奇蒙构思的摩天城，高达 3000m，可以居住 25 万人，占地面积只有 $0.5km^2$。居民可在这里工作和生活。

苏联建筑师波利索夫斯基提出了吊城（专图 1-72）。他设想在城市用地上装置几百米高的垂直井筒，彼此间用空间网络联系起来，用以悬挂街道、房屋、花园、运动场地等。网

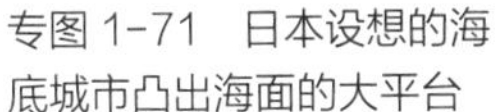
专图 1-71　日本设想的海底城市凸出海面的大平台

专图 1-72　波利索夫斯基设想的吊城

络可以是多层的，因而城市也可能成为多层。

也有人建议在两山之间的峡谷建造悬吊的复网城市，就是在两座山头上拉起超高强钢索网，然后把各种轻型楼房一个个悬挂在网上。

城市向地下发展，已逐渐成为城市发展的方向，被誉为人类的“第二空间”。由保罗迈蒙提出的“地下新巴黎城”方案，利用塞纳河下的地下空间为巴黎增加 3000hm^2 的使用面积。其地下空间与地上空间在使用功能上形成了一个整体，为大城市改造和拓展增加了一条新的思路。

有些建筑师提出可以利用由于人工开采而形成的各种矿井或自然形成的岩洞、溶洞、断层、地缝等开发成可供生活用的地下空间。现有些大型矿井延伸几百公里，开采面积达方圆几十公里，其范围不小于一个中等规模的地区。

山洞城市，古已有之。公元前 300 余年古人在今约旦境内的崇山峻岭中雕凿出了辉煌的岩石要都——佩特拉城（Petra）——至今仍为中东文明的见证。现地球表面有许多地方被高山占据。在建筑上天、入地、下海的同时，人类亦将运用先进的科学技术成就来探索未来城市进山的新途径。

（三）沙漠城市、太空城市、外星城市

随着先进的科学技术手段的运用，如太阳能的广泛利用以及绿化、水、资源等问题的解决，在渺无人迹的浩瀚沙漠中建设城市已可能成为事实。埃及已筹划在沙漠中规划建设一座城市——斋月十日城。

有些学者认为，太空城市可建在距地球和月球均为 40 万 km 的地方，因在这些点上两个星球的引力相互抵消，且不需要耗能来维持城市的运转。美国休斯敦大学正在设计可居住 100 人的宇宙村。美国普林斯顿大学的阿勒尔博士一直在主持一项太空居住区的研究计划，准备建立 1 万名居民的自给空间体系。

关于外星城市，美国航天局预计，到 2060 年，可以在火星上建立一个繁荣的、有人的基地。

（四）仿生城市

规划建筑师索拉里（P.Soleri，1919—2013 年）于 1960 年代起以植物生态形象作为城市规划结构的模型，取名仿生城市（Arcological City）。这是一种城市的集中主义理论。它用一些巨型结构，把城市各组成要素，如居住区、商业区、无害工业企业、街道、广场、公园绿地等里里外外、层层叠叠地密置于此庞然大物中。1968 年，索拉里规划的仿生城市（专图 1-73），其中间主干为公共与公用设施以及公园，从主干向周围悬挑出来的是 4 个层次的居住区，空气和光线通过气候调节器透入中间主干，居住区部分悬挂出来的平台花园可接触空气与阳光。

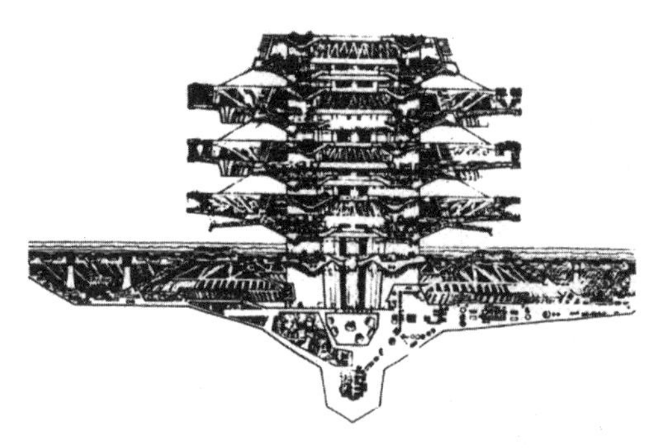

专图 1-73　索拉里设想的仿生城市

索拉里于 1970 年代设计的阿科桑底（Arcosanti，专图 1-74）是索拉里的建筑生态学与仿生城市的实例。该工程位于美国亚利桑那州凤凰城北 112km 处一块 344hm^2 的土地上。整个城市为一座巨大的 25 层、高 75m 的建筑物，可居住 5000 人。楼内设有学校、商业中心、轻工业、剧院、博物馆和图书馆等。在建筑下面有 1.74hm^2 的大片暖房。城市建筑和暖房用地仅占 5.6hm^2，其余的 388.4hm^2 土地则用来作种植农作物和文化娱乐之用，成为环绕城市的绿带。

专图 1-74　索拉里阿科桑底仿生城市部分建成区

专题二
高层建筑、大跨度建筑与战后建筑工业化的发展

第二次世界大战后，国外随着工业生产的发展与科学技术的进步，建筑领域取得了一系列新的成就，在建筑类型方面，高层建筑与大跨度建筑尤为突出，它充分体现了现代建筑的特征与新技术的威力，以往任何时代都望尘莫及。

一、高层建筑

高层建筑虽然在19世纪末就已出现，但是真正在世界上得到普及还是20世纪中叶的事，尤其是近几十年来，它犹如雨后春笋，已逐渐遍及世界各国。高层建筑得到发展的原因：首先是先进工业国城市人口高度集中，市区用地紧张，地价昂贵，迫使建筑不得不向高空发展；其次是高层建筑相对来说占地面积较小，在既定的地段内能最大限度地增加建筑面积，留出市区空地，有利于城市绿化，改善环境卫生；同时，由于城市用地紧凑，可使道路、管线设施相对集中，节省市政投资费用；在设备完善的情况下，垂直交通比水平交通方便，可将许多相关的机构放在一座建筑物内，便于联系；在资本主义国家，垄断资产阶级为了显示自己的实力与取得广告效果，竞相建造高楼，也是一个重要因素；此外，由于社会生产力的发展和广泛地进行科学实验，特别是计算机与现代先进技术的应用，为高层建筑的发展提供了科学基础。因此，高层建筑已成为当时城市建筑活动的重要内容。

关于高层建筑的概念，各国并不统一，一般是指7层以上的建筑，1972年国际高层建筑会议规定，按建筑层数多少划分为四类：

第一类高层：9~16层（最高到50m）；

第二类高层：17~25层（最高到75m）；

第三类高层：26~40层（最高到100m）；

第四类高层：超高层建筑，40层以上（100m以上）。

（一）高层建筑的发展过程

高层建筑的发展和垂直交通问题的解决是分不开的。回顾19世纪中叶以前，欧美城市建筑的层数一般都在6层以内，这就明显地反映了受垂直交通的局限。自从1853年奥蒂斯在美国发明了安全载客升降机以后，[①] 高层建筑的实现才有了可能性。此后，高层建筑的发展大致可以分为两个阶段：

第一个阶段是从19世纪中叶到20世纪中叶，随着电梯系统的发明与新材料、新技术的应用，城市高层建筑不断出现。19世纪末，美国的高层建筑已达到29层118m高。20世纪初，美国高层建筑的高度继续大幅度上升，1911—1913年在纽约建造的伍尔沃斯大厦（Woolworth Building），高度已达52层，241m。1931年在纽约建造的号称102层的帝国大厦，[②] 高381m，在1970年代前一直保持着世界最高的纪录。1930年代后期，

① 1853年美国发明蒸汽动力升降机，1887年发明电梯。详见第一章第三节。

② 见第三章第二节。

高层建筑已开始从单体向群体发展。1931—1939 年，在纽约建成了洛克菲勒中心，这是一组庞大的高层建筑群，占地 8.9hm^2（22 英亩），共有 19 座建筑，最高的一座是 RCA 大厦，高 70 层，成为整个高层建筑群的标志。在高层建筑的造型方面，20 世纪上半叶多半采用“塔式”，自 1937—1943 年在巴西里约热内卢建成巴西教育卫生部大厦（设计人：勒·柯布西耶与尼迈耶）之后，开创了“板式”高层建筑的先河，使高层建筑的大家庭中逐渐出现了两种同样重要的类型。

专图 2-1 纽约联合国秘书处大厦

第二个阶段是在 20 世纪中叶以后，特别是 1960 年代以后，随着经济的上升，发展了一系列新的结构体系，使高层建筑的建造又出现了新的高潮，并且在世界范围内逐步开始普及，从欧美到亚洲、非洲都有所发展。总的来看，最近几十年高层建筑发展的特点是：高度不断增加，数量不断增多，造型新颖，特别是办公楼、旅馆等公共建筑尤为显著。例如英国在第二次世界大战前高层建筑仅占城市新建房屋的 7%，1970 年代已增到 42%，不过仍以 20 层以下为多。美国一些大城市，高层建筑更是普遍，有些中小城市也开始兴建高层建筑。在居住建筑方面，各国建筑层数的发展则趋向不一。有的国家继续向高层发展，有的认为高层住宅造价高且不近人情而控制发展，层数逐年下降。这与各个国家的经济基础、技术条件、文化意识与人民生活水平是分不开的。因此，各个国家在不同时期都有不同的层数标准。

（二）1950 年代以后的高层建筑活动

1950 年代以后，美国的高层建筑大力发展“板式”风格，1950 年在纽约建成的 39 层联合国秘书处大厦（设计人：W.K.Harrison 等，专图 2-1）就是早期“板式”高层建筑的著名实例之一。1952 年 SOM[1]建筑事务所在纽约建造的利华大厦（Lever House，专图 2-2），高 22 层，开创了全部玻璃幕墙的“板式”高层建筑的新手法，成为当代风行一时的样板。如丹麦在 1958—1960 年建造的哥本哈根 SAS 大厦，[2] 就是仿利华大楼的造型。密斯·凡·德·罗在 1919—1921 年设想的玻璃摩天楼方案到这时得到了实现，1956—1958 年建成的纽约西格拉姆大厦（专图 2-3）即是他所创作的玻璃摩天楼的代表。

与此同时，由于战后铝材过剩，被大量转移到建筑上，于是铝板幕墙在高层建筑上被广泛应用。其他如不锈钢板、混凝土板的外墙在此时期也有一定的发展。

由于高层建筑越造越高，在结构上，为了减少风荷载的影响，国外越来越多地建造塔式建筑。如 1964—1965 年在芝加哥建造的双塔形的马利纳城（大厦）（Marina City，设计人：

① SOM 的全名为 Skidmore，Owings & Merrill。
② SAS 的正名为斯堪的纳维亚航空公司。

专图 2-2　纽约利华大厦

专图 2-4　芝加哥　马利纳城（大厦）

专图 2-3　纽约西格拉姆大厦

戈德贝瑞 Bertrand Goldbery，专图 2-4），60 层，高 177m，两座并列的多瓣圆形平面的公寓，1976 年在美国南部亚特兰大建造的桃树中心广场旅馆（Peach-tree Center Plaza Hotel，Atlanta，设计人：波特曼 John Portman，专图 2-5），70 层，圆形平面，1978 年由波特曼设计的底特律广场旅馆主楼，高 73 层，都是塔式玻璃摩天楼的典型实例。

应用铝材或钢板作外墙的塔式高层建筑也很普遍，如 1965—1970 年在芝加哥建成的 100 层的汉考克大厦（John Hancock Center，SOM 设计，专图 2-6），高 337m；1968—1971 年在匹茨堡市建成的 64 层的美国钢铁公司大厦（设计人：哈里森等，专图 2-7）；1969—1973 年在纽约建成的世界贸易中心大厦（World Trade Center，设计人：雅马萨奇，专图 2-8），两座并立的 110 层的塔式摩天楼（于 2001 年 9 月 11 日遭恐怖主义分子袭击倒塌），高 411m；1970—1974 年在芝加哥建成的西尔斯大厦（Sears Tower，SOM 设计，

专图 2-5　亚特兰大桃树中心广场旅馆

（a）外观

（b）内部

专图 2-6　芝加哥　汉考克大厦

专图 2-7　匹茨堡　美国钢铁公司大厦

专图 2-8　纽约　世界贸易中心大厦（于 2001 年 9 月 11 日遭恐怖分子袭击倒塌）

专图 2-9），110 层，高 443m，是当时世界最高的塔式摩天楼。

上述高层建筑大都采用钢结构体系。目前，钢筋混凝土结构在高层建筑中也得到了很大的发展，如 1974 年建的美国休斯顿市贝壳广场大厦（Shell Plaza Building），是 52 层钢筋混凝土套筒式结构，高 217.6m。1976 年在芝加哥落成的水塔广场大厦（Water Tower Place Building，专图 2-10），76 层，另有地下室 2 层，高 260m，是 1970 年代世界上最高的钢筋混凝土楼房，结构亦采用套筒式。

高层建筑，除美国以外，在加拿大也有较大的进展。典型的例子如多伦多在 1970 年代初期建造的商业广场西楼（Commerce Court West），57 层，高 239m；1974 年在多伦多建造的第一银行大厦（First Bank Tower），72 层方塔，高 285m，当时它是世界上（除美国以外）最高的建筑。此外，在 1963—1968

专图 2-9　芝加哥　西尔斯大厦

专图 2-10　芝加哥　水塔广场大厦门厅内景

专图 2-11　多伦多　市政厅大厦

年建成的多伦多市政厅大厦（专图 2-11），是 2 座平面呈新月形的高层建筑，当中围合着一座 2 层高的圆形会堂。两幢高楼分别为 31 层、88.4m 高与 25 层、68.6m 高，创造了曲面板形高层建筑的新手法。

在欧洲，高层建筑也得到了发展，其中意大利米兰城在 1955—1958 年建造的皮雷利大厦（Pirelli Tower，设计人：Gio Ponti and Pier Luigi Nervi 等，专图 2-12）可作为早期欧洲的代表，平面为梭形。这座建筑把 30 层楼板放在四排直立的钢筋混凝土墙上，而没有采取传统的框架形式。1969—1973 年在法国巴黎建成了 58 层（另有 6 层地下室）的曼恩 · 蒙帕纳斯大厦（Maine-Montpamasse），高 229m，办公用，是 1970 年代欧洲最高的建筑，总面积为 116000m^2。在英国，1980 年代以前最高的建筑为 60 层。随着建筑材料的逐渐轻质高强，英国出现了用砖砌体建成的 11~19 层的公寓。1966 年瑞士也已建成 18 层高砖墙承重的公寓，墙厚都不超过 38cm。

在亚洲，日本已于 1974 年在东京建成新宿三井大厦，55 层，高 228m，1979 年建成东京池袋区副中心“阳光大楼”，高 240m，地上 60 层，地下 3 层，钢结构套筒体系。与此同时，新加坡也建成了 52 层的大楼。

这一时期，国外构筑物的高度也有了惊人的增长。继 1889 年在巴黎建造了 328m 高的埃菲尔铁塔之后，到 1962 年在莫斯科建造的

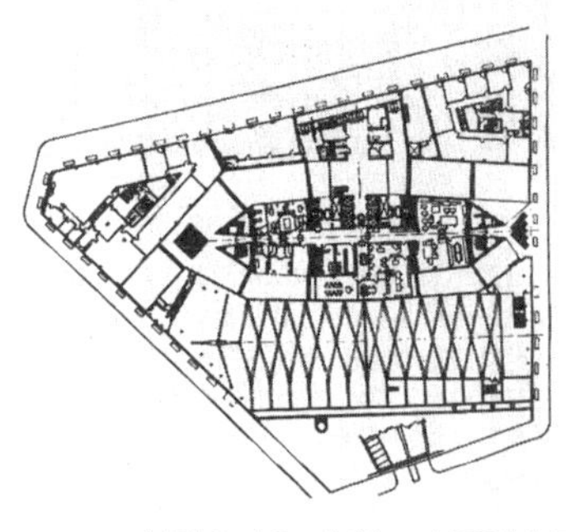

专图 2-12 米兰 皮雷利大厦

住宅区分别集中于东北郊与东南郊，以保护古城原有的风貌；莫斯科的高层住宅区都集中于西南郊，市中心区内则按规划适当布点；意大利的一些城市，如罗马、佛罗伦萨、米兰等也都对高层建筑严加控制，以保持原有城市的特色。此外，在有些新建的卫星城镇，则规划了少数塔式的 10 层左右的高层住宅，以丰富城市形体构图，如瑞典斯德哥尔摩市郊区的魏林

电视塔，钢筋混凝土结构，圆形平面，高度达 532m，是 1960 年代世界上最高的构筑物。1974 年在加拿大多伦多建造的国家电视塔（CN Tower，专图 2-13），高度达 548m（1800 英尺），已取代莫斯科电视塔而成为 1970 年代最高的构筑物，高度也超过了芝加哥的西尔斯大厦。这座塔的平面为 Y 形，钢筋混凝土结构，在顶部还设有一个 400 人的餐厅，并可容纳 1000 人参观。1980 年代初，新建的华沙电视塔，高 645.33m，成为 1980 年代世界最高的构筑物。

专图 2-13 多伦多 国家电视塔

（三）高层建筑的规划与设计概况

由于资本主义国家大城市快速发展，高层建筑在城市中的布局多是自发形成的。如纽约的高层建筑都集中于曼哈顿岛，芝加哥市区的高层建筑多分布在密歇根湖的沿岸（专图 2-14），旧金山的高层建筑多分布在旧金山湾一带。在这些城市的市中心区，人口高度集中，建筑密度很大，加上楼高路窄，阳光稀少，交通极为拥挤，造成了一系列不良的后果。

国外逐步认识到了高层建筑的发展对城市环境的影响，因此，许多国家已开始注意高层建筑在城市总体中的规划。例如巴黎就将高层

专图 2-14 芝加哥 市区的高层建筑（20 世纪 70 年代末面貌）

比新城（专图 2-15），美国华盛顿南郊的雷斯顿（Reston）卫星镇都是处理得比较好的例子。

高层建筑的体形，归纳起来，大致可以分为两类：板式与塔式。板式高层建筑除了平面为一字形外，还有 T 形、H 形、弧形等；塔式高层建筑的平面有三角形、方形、矩形、圆形、多瓣形、Y 形、十字形等。

国外高层建筑的进深一般较大，中间设有供垂直交通的电梯与楼梯竖井，以此作为结构核心，在建筑物的周围大多设有低层的裙楼之类的建筑。正方形平面的边长可大到 60~70m。因考虑结构受力的原因，高层建筑以平面对称、外形简单为原则，并尽可能做到平面以及体形方整。布置平面的方位除考虑日照朝向外，还注意避开主导风向，以利于抗风。显然，低层建筑常用的复杂体形在高层建筑中是不适宜的。

在高层建筑的平面布置上愈来愈朝向大空间发展，以适应多功能的需要。建筑造型简洁，减少外部装饰，便于工业化的施工。例如美国高层建筑中的办公楼，租用者都按其需要灵活隔断。故高层建筑设计，一是把柱距做得较大，一般为 12~15m，柱子截面通常用宽翼工字钢或闭口箱形，二是不论钢骨架还是钢筋混凝土结构，所有楼板都采用现浇混凝土板（平板或带肋板），支承在钢桁架或空腹次梁上，有利于大量管线通过。

专图 2-15　魏林比新城
（20 世纪 60 年代刚建成时的面貌）

（四）高层建筑的结构体系

高层建筑的结构体系在近现代有很大的发展，主要表现在研究抗风力与抗地震的影响方面获得了显著的成就。为了满足高层建筑基本刚度的要求，一般规定在其承受风荷载时位移不得超过建筑高度的 1/600~1/300。因此，传统的以抗竖向荷载为主的框架体系对于高层建筑就不够理想，每增加一层，单位面积的用钢量就增加很多，越高越贵，这就形成了“高度消耗”（Premium for Height），或称之为“高度加价”。例如国外一般 15 层建筑的用钢量为 50kg/m^2，50 层为 100kg/m^2。又如纽约世界贸易中心大厦，下部风力为 225kg/m^2，上部则为 400kg/m^2，产生的高度消耗就很明显，因为高层建筑就像屹立在地面上的悬臂结构，高度越大，悬臂越长，在水平风力作用下建筑物底部产生的弯矩以及为了克服它而需的高度消耗也就愈大，这就对房屋的刚度提出了更高的要求。国外为了解决这个问题，曾进行长期的探索、研究，现在 100 层钢结构办公大楼的用钢量可以不超过 142kg/m^2，它与 1931 年美国建造的 102 层帝国大厦的用钢量（206kg/m^2）相比减少了 31%，这就是由于抓住了水平荷载这个关键，找到了能有效地抗侧力的新结构体系。

1960 年代以后，钢结构方面的新体系有：

（1）剪力桁架与框架相互作用的体系（Shear Truss Frame Interaction）；

（2）有刚性桁带的剪力桁架框架相互作用的体系（Shear Truss Frame Interaction with Rigid Belt Trusses）；

（3）框架筒体系（Framed Tube）；

（4）对角桁架柱筒体系（Column Diagonal Truss Tube）；

（5）束筒体系（Bundled Tube System）。

钢筋混凝土结构的新体系有：

（1）抗剪墙体系（Shear Wall）；

（2）抗剪墙框架互相作用体系（Shear Wall Frame Interaction）；

（3）框架筒体系（Framed Tube）；

（4）套筒体系（Tube in Tube System）。

此外，混合体系（指钢结构与混凝土结构混合使用）在国外也有应用，但尚不够普遍，这主要是因为钢结构施工快，在美国，每层平均只需 3 天，而钢筋混凝土结构则需 7 天左右，这样结合在一起，影响工作效果，而且互相干扰。所以国外多半在主体结构与核心结构部分采用钢结构，而围护结构与内部隔墙采用钢筋混凝土，这样有利于施工。

（五）现代高层建筑代表性案例

下面举两个代表性案例加以说明。

纽约世界贸易中心双塔[①]

纽约世界贸易中心双塔虽然在 2001 年被摧毁，但它在建筑历史上仍然值得记载。

它是由两座并立的塔式摩天楼及 4 幢 7 层建筑和 1 幢 22 层的旅馆组成的，建于 1969—1973 年。两座塔式大厦均为 110 层，另加地下室 6 层，地面以上建筑高度为 411m（1350 英尺）。建设单位为纽约港务局，设计人是雅马萨奇。两座高塔的建筑面积达 120 万 m^2，内部除垂直交通、管道系统外均为办公面积与公共服务设施。建筑总造价为 7.5 亿美元。

塔楼平面为正方形，每层边长均为 63m，外观为方柱体。结构主要由外筒柱网承重，9 层以下外柱距为 3m，9 层以上外柱距为 1m，窗宽约 0.5m，这一系列互相紧密排列的钢柱与窗过梁形成空腹桁架，即框架筒的结构体系。核心部分为电梯的位置，它仅承受重力荷载，楼板将风力传到平行风向的外柱上。由于这两座摩天楼体形过高，虽在结构上考虑了抗风措施，但仍不能完全克服风力的影响，设计顶部允许位移为 900mm，即为高度的 1/500，实测位移只有 280mm。两座建筑因全部采用钢结构，共用去 19.2 万 t 钢材。两座大厦的玻璃如以 50cm（20 英寸）面宽计算，长度达 104km（65 英里）。建筑外表用铝板饰面，共计 204000m^2（220 万平方英尺），这些铝材足够供 9000 户住宅做外墙。在地下室部分设有地下铁道车站和商场，并有 4 层汽车库，可停车 2000 辆。每座大厦共设有电梯 108 部，其中快速分段电梯 23 部，速度达每分钟 486.5m，每部可载客 55 人，分层电梯 85 部。

设备层分别在第 7、8、41、42、75、76、108、109 层上。第 110 层为屋面桁架层。高空门厅（Sky Lobby）设在第 44 层及第 78 层上，并有银行、邮局、公共食堂等服务设施。第 107 层是个营业餐厅。其中一座大厦的屋顶

① 详见“Architectural Forum”1973/4。

上装有电视塔，塔高 100.6m。另一座大厦屋顶开放，供人登高游览。

这两座建筑可供 5 万人办公，并可接待 8 万名来客。经过几年使用后，也发现一些不方便，主要是人流拥挤，分段分层电梯关系复杂。同时，由于窗户过窄，使用者反映在视野上不够开阔。大楼倒塌后专家们还发现，当时被认为先进的把楼板结构与外筒结构形成一个整体、相互支撑的结构方法，竟是大楼遭袭击后快速倒塌的原因。从这里也可以看到材料、结构、设备对高层建筑造型的影响。尽管如此，这两座建筑仍进行了一些建筑艺术处理，底下 9 层开间加大，上部采用了哥特式连续尖券的造型，因此有人称它为 1970 年代的“哥特复兴”。

西尔斯大厦[①]

1970—1974 年建于芝加哥，由 SOM 建筑事务所设计。建筑总面积为 418000m^2（450 万平方英尺），总高度为 443m（1450 英尺），达到了当时芝加哥航空事业管理局规定的房屋高度的极限。建筑物地面上 110 层，另有地下室 3 层，它是 1980 年代前世界上最高的建筑物。这座塔式摩天楼的平面为束筒式结构，共有 9 个 22.9m（75 英尺）见方的管形平面拼在一个 68.7m（225 英尺）见方的大筒内。建筑物内有 2 个电梯转换厅（高空门厅），分设于第 33 与第 66 层，有 5 个机械设备层。全部建筑用钢 76000t，混凝土 55700m^3，高速电梯 102 部，其中有直通与区间之分。这座建筑的外形特点是逐渐上收，1~50 层为 9 个筒组成的正方形平面，51~66 层截去了对角的两个筒，67~90 层再截去两角后呈十字形平面，91~110 层由两个筒直升到顶。这样既在造型上有所变化，还可减少风力影响。实际上大楼顶部由于风力作用而产生的位移仍不可忽视，设计时顶部风压采用 305kg/m^2，设计允许位移为 1/500 建筑物的高度，即 900mm 左右，结果实测位移为 460mm。西尔斯大厦的出现，标志着现代建筑技术的新成就。

（六）1980 年代以后的高层建筑

从 1980 年代开始，西方国家的经济逐渐由 1970 年代的衰退走向复苏，作为支柱产业的建筑业也相应有了新的发展。表现经济实力的高层建筑成为这方面明显的标志，尤其是超高层建筑的建造形成了热点。这一时期，不仅欧美各国继续大力建设高层建筑，而且第三世界，特别是亚洲一些国家和地区的高层建筑更是犹如雨后春笋，反映了经济的增长与强烈的竞争意识。高层建筑的性质以办公楼居多。在建筑的功能与技术方面已日益综合化与智能化，在高度方面虽然没有超出前阶段的最高点，但建筑造型却越来越多样化，建设的数量与建筑的平均高度也在逐年增加。综观其造型特点，大致可分为下列几类：

1. 城市标志

属这一类的高层建筑数量最多，也最普遍，它们的体形多为超高层的塔式建筑，层数一般在 40 层以上，重点强调塔顶部位的高耸尖顶处理，以便成为城市的主要标志。下面几座建筑就是比较著名的例子：

美国　费城　自由之塔（The Liberty Tower，Philadelphia，1984—1991 年，专图 2-16）

这是一座典型的城市标志性超高层建筑，位于费城自由广场上，是该城高层建筑群中最

① 详见“Architectural Forum”1974/1~2。

高的一座塔楼。设计人是建筑师 H. 杨（Helmut Jahn）。自由广场建筑群由 3 幢新建的建筑和 1 幢旧有的 40 层建筑物组成，在方形的广场上各占一角。其中自由之塔高达 251m，是费城最高的建筑物，总建筑面积为 $118500m^2$。考虑到风力的影响，塔楼采用了常用的核心筒结构，并沿建筑周边布置 8 根巨柱，通过 4 层高的桁架与核心筒相连。塔楼平面的角部是内凹的，这样可以增加每层的转角办公空间，也可使建筑体形显得轻巧。大厦底部 3 层裙房用花岗石贴面，上部塔楼全部为玻璃幕墙，并做成横条状，使其具有特殊的装饰效果。塔楼的顶部是这座建筑最有标志性的部位，它明显地受到纽约克莱斯勒大厦（Chrysler Tower）的影响，但却全以玻璃材料构成，给人以新颖的印象。

马来西亚 吉隆坡 双塔大厦（The Petronas Towers，Kuala Lumper，Malaysia，1995—1997 年，又称石油双塔大厦，专图 2-17）

亦称云顶大厦，位于吉隆坡市中心区，设计人为美国建筑师西萨·佩里（Cesar Pelli，1926—2019 年）。双塔高 88 层，包括塔尖总高为 445m，在建成后因超过了芝加哥的西尔斯大厦[1]而获得了当时世界最高建筑的桂冠，这反映了第三世界国家不甘落后的思想。大厦底部有 2 个电梯厅，设 24 部电梯，由 2 个低层区和 3 个高层区组成，分别满足高速直达与区间上下之用。塔的平面为多棱角的柱体，逐渐向上收缩。两塔总建筑面积为 $218000m^2$。底部 4 层为裙房，用花岗石砌筑，裙房之上的塔身为玻璃幕墙与不锈钢组成的带状外表。随着建筑高度的不同，立面大致可分为 5 段，逐渐收缩，最上形成尖顶，近似于古代佛塔的原型。在双塔第 41 层与 42 层之间有一座“空中天桥”连接两塔，“桥”长 58.4m，高 9m，

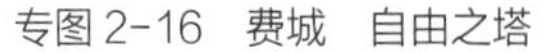

专图 2-16 费城 自由之塔

专图 2-17 马来西亚吉隆坡 双塔大厦

① 西尔斯大厦建筑高度为 443m，楼顶所立电视天线高度为 77m，两者相加为 520m。但世界摩天楼委员会判定西尔斯大厦的电视天线为附属结构，高度不计在内。吉隆坡的双塔大厦顶部塔尖为固定装饰性结构，故高度计算在内。

宽 5m，桥的两端是双塔的“高空门厅”。这座天桥不仅能在结构上加强建筑的刚度，更主要的是象征着城市大门。双塔的外部色彩呈灰白色，造型与细部在设计中都明显吸收了伊斯兰建筑传统几何构图的手法。

阿联酋　迪拜　哈利法塔（Burj Khalifa Tower，Dubai，2004—2009 年，专图 2-18）

位于阿拉伯联合酋长国的迪拜城。它是一幢 162 层，总高 828m 的摩天大楼。哈利法塔 2004 年 9 月 21 日开始动工，2010 年 1 月 4 日竣工，是当前世界第一高楼，造价达 70 亿美元。

哈利法塔原名迪拜塔，是阿联酋副总理、迪拜酋长谢赫穆罕默德 · 本 · 拉希德 · 阿勒马克图姆以阿联酋总统哈利法之名重新命名的，原因乃是感念哈利法总统的金援救火，让迪拜塔渡过了经济危机。

哈利法塔的设计单位是美国 SOM 公司，景观部分则由美国 SWA 公司设计。哈利法塔本身远看就像一把擎天宝剑倒插在大地上，它的剑锋直指苍宇。哈利法塔 37 层以下全是酒店、餐厅等公共服务设施场所，45 层至 108 层则作为公寓。第 123 层是一个观景台，站在上面可俯瞰整个迪拜市。

哈利法塔外观设计为伊斯兰教建筑风格，平面为“Y”字形，并由三个部分逐渐连贯成一个核心体，从沙漠上升，直往天际。至顶上，中央核心逐渐转化成尖塔，Y 字形的楼面也使得哈利法塔有较大的视野享受。106 层以上的楼层设计为办公室与会议室。124 层设计为观景台（距地约 442m 高）。建筑内有 1000 套豪华公寓，周边还有配套的酒店、住宅、公寓、商务中心等项目。它几乎创造了人类的奇迹，展现了这个石油王国的经济转型，让我们拭目以待。

阿拉伯塔酒店（Burj Al-Arab，1999 年 12 月，专图 2-19）

阿拉伯塔酒店又称迪拜帆船酒店，位于迪

专图 2-18　迪拜　哈利法塔

专图 2-19　迪拜　阿拉伯塔酒店（帆船酒店）

拜市，为全世界最豪华的酒店，该酒店也称之为“阿拉伯之星”，曾是世界上第一家7星级酒店。建筑高度321m，开业时间是1999年12月，设计师是英国的汤姆·赖特（Tom Wright）。阿拉伯塔酒店最初的创意是由阿联酋国防部长、迪拜王储阿勒马克图提出的，希望建造一座地标式的建筑。经过5年时间，终于在海滨的一处人工岛上建造了这座帆船形的塔状建筑作为酒店。建筑一共56层，客房面积从170~780m^{2}不等。酒店房价虽然不菲，但客源却依然踊跃。而今，该酒店已升级为世界8星级酒店之一。

帆船酒店远看犹如坐落在海中，水天一色，奢侈之极，具有梦幻般的特色，也是最具有标志性的建筑之一。

2. 高技表现

这一类的高层建筑，虽数量不多，但在世界上的影响却很大，它主要在建筑内外表现了高科技的时代特点，使人们可以在传统艺术王国之外看到一个技术美的新世界。它那震惊人心的工程威力与技术成就，已使它的建筑价值超越了其自身的实用性而具有了某种精神的意义。

伦敦劳埃德大厦（Lloyd's of London，1978—1986年，专图2-20）

专图2-20 伦敦劳埃德大厦

它位于伦敦金融区的干道上，是一座保险公司的办公大楼，设计人为建筑师罗杰斯。大楼的北面是商业联盟广场，其余三面都是狭窄的街巷。主楼布置在靠北面，地面以上空间为12层，周围有6座附有楼梯和电梯的塔楼，加上设备层共有15层。另有地下室2层。总建筑面积约35000m^2。主楼中部是一个开敞的中庭，四周有跑马廊围绕，所有主要办公空间均沿跑马廊布置。中庭上部是一个拱形的玻璃天窗，从大厅地面到中庭顶部高达72m（240英尺）。大厅内有2部交叉上下的自动扶梯，四周均为金属装修。大厦内共安装有12部玻璃外壳的观景电梯，建筑外观由2层钢化玻璃幕墙与不锈钢外装修构架组成，表现了机器美学的特征。大楼的整体造型自北向南逐渐降低，呈阶梯状。大厦内部楼板均支撑在10.8m×10m的钢筋混凝土井字形格架上，由巨大的圆柱支撑，柱内为钢筋混凝土结构，外部以不锈钢皮贴面。建筑内对照明、通风、空调和自动灭火喷水等设备均作了较细致的处理，建筑构件也遵循一定的模数设计，反映了建筑高技化的新特点。

大阪新梅田空中大厦（Umeda Sky Buiding，Osaka，Japan，1989—1993年，专图2-21）

这是日本建筑师、东京大学教授原广司（Hiroshi Hara，1936— ）的著名作品。新梅田空中大厦由北面两幢超高层办公楼和西南面一幢高层旅馆组成，分布在长方形地段的三个角上。两座办公楼为 40 层，总高 170m，在顶部用空中庭园相连，形成门形大厦。顶部空中庭园中央有一个巨大的圆形孔洞，内外装修主要用铝合金板，效果新颖奇特。办公楼外表面主要由玻璃幕墙组成，在门式空间内外的两边墙面也设计了部分面砖外表，起到了一定的装饰与过渡作用。同时，在横跨门形空间的中部，布置有悬空的巨形桁架通廊，并在前后还设计有垂直的钢架作为电梯竖井。更为奇特的是，在左边办公楼颈部有两条斜置的钢构架直达顶部空中庭园的大圆洞，使空中庭园的交通系统显得既复杂又具有神秘感。在门形空间的底部是一个方形的中央广场。在高层旅馆的对面是一些零散的低层商店，以满足游客的需要。在旅馆和商店之间是原广司特意设计的“城中自然之林”，这是一座下沉式的园林，在它的北面布置有 9 根不锈钢的喷泉柱，前面是弧形的水池，池内有散石点缀，它们与中央大片的自然式园林相映成趣，成了观赏的焦点。原广司的这组建筑群造型在某种程度上有点类似于巴黎的新凯旋门，但它的构想之不同处在于要建立空中城市，使将来的高层建筑都在空中相互联系起来，成为一种创造新都市的技术。

专图 2-21　大阪　新梅田空中大厦

3. 新纪念性

这一类的高层建筑常隐喻某一思想，或象征某一典范，以取得永恒的纪念形象。它们并不强调建筑的高度或形式的新颖，而是追求建筑比例的严谨，造型的宏伟，使人永记不忘。

东京都新厅舍（The New Tokyo City Hall，Japan，1986—1991 年，专图 2-22）

位于东京新宿新区的东京都新厅舍，是纪念性高层建筑中比较有代表性的例子。设计人为日本著名建筑师丹下健三。新厅舍由 3 座建筑组成：1 号办公楼平面长度为 108.8m，标准层面积 3926m^2，共 48 层，总高 243m；2 号办公楼平面长度为 98m，标准层面积 3762m^2，高 34 层；另有一座 7 层高的市议会大楼。整个新厅舍占有新宿新区三个街坊，北面是新宿中心公园，南面有市民广场，设计

专图 2-22　东京都新厅舍

方案是力图把这组建筑群创造为一种文明、自律的东京标志。其中 1 号楼最引人注意，它基本上是模拟巴黎圣母院的造型，不过两侧的钟塔部位作了 45° 的旋转，使其具有了新颖的变体，同时也不乏永恒的纪念形象。办公楼的设计大体上表现了 4 个特点：①办公楼内部采用大跨度灵活空间，以适应现代化、自动化的行政办公功能；②配合信息功能的完整系统；③大厦的结构以中部的竖井为核心，用于安装各种管线，电梯分布在两边，横梁作管状，跨度达到 19.2m，是当时摩天大楼中柱距最大的一种；④立面的窗户分格有多种，既能使人想起江户时代的传统样式，也具有高技形象。

法兰克福商品交易会主楼（Exhibition and Office Complex，Frankfurt，Germany，1980—1985 年，专图 2-23）

位于德国法兰克福西南部的商品交易会主楼共 30 层，总高度 130m。由于大厦的特殊造型，使其具有强烈的纪念性。大楼由建筑师翁格尔斯（O.M.Ungers，1926—）设计。主楼分为低层部分与高层部分两段：低层部分高 27m，平面是一边为直角的梯形，其顶部为步行平台。高层部分的平面大致为长方形，由玻璃幕墙建筑和前面的石墙建筑组成。幕墙部分用作办公空间，前面石墙部分主要为会议室。这种前后层高低错落与不同饰面材料的应用，形成了一种与众不同的组合方式。特别是前面石墙建筑部分的中央凹入一门状空间，隐喻着交易会是商业贸易之门，成了最引人注目的标志。由于在交易会场地的东、西两侧均有铁道通过，使设计受到不利的影响，为了联系东、西两面的交通，在铁道上方建造了悬空的跨线玻璃通廊，既方便了东、西两面的联系，又为建筑艺术增色不少。

专图 2-23 法兰克福商品交易会主楼

4. 绿色生态

这是当今建筑设计思想中的一种新潮流。为了使城市建设能够适应生态要求，不致对环境造成不利影响，不少建筑师正在探讨符合生态的设计，其中高层建筑也不例外，而且格外受到青睐。这类高层建筑的生态设计具有一些共同特点，它们都注重把绿化引入楼层，考虑日照、防晒、通风以及与自然环境有机结合等因素，使建筑重新回到自然中去，成为大自然的一员，并努力做到相互共生。

雅加达达摩拉办公楼（Dharmala Office Building，Jakarta，Indonesia，1990 年，专图 2-24）

它位于地跨赤道的印度尼西亚首都雅加达，是美国著名建筑师保罗·鲁道夫（Paul

Rudolph，1918—1997 年）的成功作品之一。大楼在地面以上高 25 层。由于这里属热带雨林气候，为了解决高温、高湿给人们生活带来的困扰，设计中采用了一系列适应生态环境的手法。首先，在建筑中应用了当地传统的倾斜屋顶作为设计要素，装点着交错布置的凸出阳台，加上在阳台内都有意布置了绿色藤蔓，使这座处于热带气候中的大楼显得生机盎然，且富有乡土气息。其次是楼层较高，这样便于建筑内部空气流通，以满足热带气候通风的需要。第三是办公楼每层都有装上玻璃的和不装玻璃的悬挑的三角形阳台，可以保护房间不受太阳直射，同时又可在立面上形成虚实与明暗的光影变化，获得轻盈活泼的感受。第四是在大楼下部设置了一个有 7 层高的中庭，它在与附属裙楼的交接中，使楼板层层后退，产生一个漏斗形的开敞空间，可以从斜面直接获得自然光线，使室内外互相贯通，打破了许多高层建筑内部大厅封闭沉闷的气氛。在中庭内的每层露台上还布置有花草树木与流水、瀑布等，同时还有楼梯可以直通室外，以便与周围绿化环境有机结合。这种设计方式已在周围地区引起共鸣。

MBF 大厦（MBF Tower，Penang，Malaysia，1994 年，专图 2-25）

这座大厦被称为生态大楼，建在马来西亚槟榔屿，是适应地方环境特点的高层建筑。设计人为建筑师哈姆扎和杨经文（T.R.Hamzah & Yeang）。整座建筑共 31 层，根据使用功能的需要，内部分为两个区：底下 6 层为办公、零售和银行，塔楼部分为豪华公寓。考虑到热带气候的特点，大楼中部设计成露天庭院，并且在周围的屋顶平台上布置有绿化。建筑的外表很像是混凝土构架的重复组合，并且在立面上每隔 3 层都设有 2 层高的横向通风洞，使整座大厦的所有房间都能获得最佳的通风与采光，大大降低了闷热的程度。同时，建筑立面上虚实相间、开间大小的对比，也表现出了热带地区生态建筑的特性。

法兰克福商业银行大厦（Commerzbank，Frankfurt，1994—1996 年，专图 2-26）

德国法兰克福商业银行大厦是高层生态建筑最杰出的例子，设计人为英国建筑师诺曼·福

专图 2-24　印尼雅加达达摩拉办公楼

专图 2-25　马来西亚槟榔屿 MBF 大厦

（a）外观

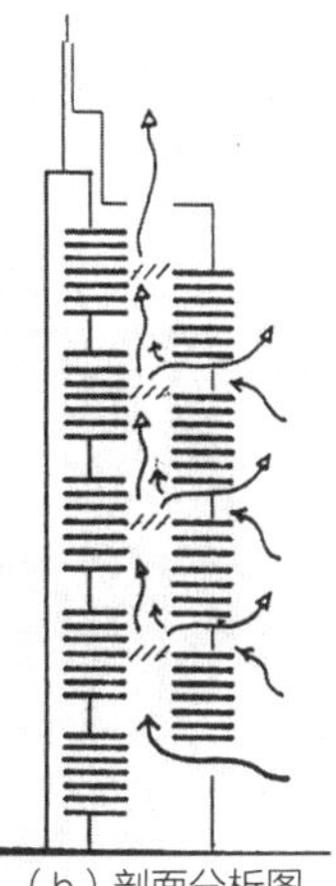

（b）剖面分析图

专图 2-26　法兰克福商业银行大厦

斯特。新商业银行大楼位于城市内凯撒广场的北面，基地大致呈方形。南面有一个主要的步行道入口。在这个地段上组织了一个综合的建筑群，其中主楼为 60 层，作办公用，位置在东面；西面是一座 30 层的公寓；在周边还有一些 4~8 层的裙房作商业零售与多层汽车停车场之用。60 层高的主楼是商业银行的总部办公楼，它的底层中部是一个银行大厅，东侧有一个封闭式的公共广场，在那里可以进行文化与社会活动。银行大厅高达 3 层，主入口在西南面。主楼的标准层平面呈微微弧状的三角形，可分成 3 个区块。中间大厅之上是一个贯穿上下的三角形露天空洞。塔楼的结构是钢骨架与混凝土的混合系统，整个结构由 6 根长条巨柱支撑，每个角上 2 根，塔楼的进深柱距为 16.5m，这样便可使办公大空间的布置不受柱子的影响。主楼中最出色的是进行了生态设计，它采用“绿色政策”，并主张创造一幢高效节能的建筑。大楼环境设计的中心是组织全楼的自然通风，尽可能地使每间办公室与附属用房都能对外开窗，以取得良好的天然采光与通风。正是为了绿化与通风的特殊要求，大楼在三个立面上各开了 3 个巨形空洞，每个洞有 3 层高，与侧面互相错开，在每边空洞的平台上都种植有花草树木，不仅使这座大楼采光通风效果极佳，而且层层绿化与蓝色玻璃幕墙结合，反映了典型的生态意识。加上建筑体形空透秀丽，虚实互补，又在高层建筑中一枝独秀。

5. 人文历史

高层建筑在满足功能与技术之后，外表的装饰艺术已成为近期建筑师热衷的另一倾向。目前常见的是使建筑体形进行有规律的变化，或在建筑顶部进行与众不同的标志性处理，或在建筑基部进行大量丰富的装饰，以便使这座高层建筑给人留下强烈的印象。

DG 银行总部大楼（DG Bank，Frankrurt，Germany，1986—1993 年，专图 2-27）

这是在顶部进行重点装饰的例子。该建筑位于德国法兰克福美茵茨街 58 号，由美国 KPF 建筑师事务所设计。整个基地包括西面的 DG 银行总部塔楼和东面的办公、公寓部分的附楼以及两者之间的中央冬季花园。主楼 47 层，总高 208m，东面为半圆形平面，外部全为玻璃幕墙围护。为了表现建筑的特征，建筑师在主楼的顶部装饰了巨大的弧形悬挑檐口，用放射形的肋架做成，它既象征着皇冠，以表达银行的雄厚实力，也是 KPF（Kohn Pederson Fox Associates）建筑师事务所这段时期的代表作。基地东面的公寓楼，造型为方柱体，顶

专图 2-27　法兰克福 DG 银行总部大楼

上也做了一圈柱廊与挑檐，目的是与主楼取得协调。KPF 建筑师事务所的其他一些作品也都采用了类似的装饰手法。

在高层建筑上表现文化历史特征是后现代主义惯用的手法，如格雷夫斯（Michael Graves，1934—2015 年）、P. 约翰逊等人的作品尤为明显。其中有的表现了新哥特风格，有的表现了新古典风格，有的则表现了后现代的混合风格，使高层建筑的艺术处理又增添了新的文化特征。

休曼那大厦（The Humana Building，Louisville，Kentucky，U.S.A. 1985 年，专图 2-28）

这是具有文化性的高层建筑代表作之一，设计人为格雷夫斯。大厦位于美国路易斯维尔市，是一座 27 层的办公楼，另有 2 层地下停车场。建筑正面朝着俄亥俄河，造型试图与周围原有的低层住宅和高层办公楼协调。大厦是休曼那专用医护器材公司总部的办公楼，第 25 层为会议中心，下部 6 层是公用面积和公司主要办公室。第 25 层还有一个大的露天平台，从这里可以俯瞰全城景色。建筑的造型是后现代主义的，它既表达了古典艺术的抽象精神，又体现了现代技术的形象，因此它是双重译码的典型作品。

共和银行中心大厦（Republic Bank Center，Houston，Texas，1984 年，专图 2-29）

这是美国著名建筑师 P. 约翰逊的作品，他在高层建筑上表现了哥特风格。大厦位于美国得克萨斯州休斯敦市中心，基地为正方形，在方形平面内有一个十字形拱廊贯穿内外，地面全为红色磨光花岗石铺面。因为基地的方位与正北相差 45°，主入口设在东南边。方形基地内的西北一半为高层建筑，东南一半是低层建筑，二者紧邻，使低层部分成为高层建筑的门厅与裙房。在低层部分的左面是银行的大厅，侧面有一组自动扶梯可以上下，低层的入口便是拱廊的大门。高层办公楼部分塔高 234m

专图 2-28　路易斯维尔　休曼那大厦

专图 2-29　休斯敦　共和银行中心大楼

（780 英尺），由于使用功能的需要，逐渐跌落成三段，每段山墙又都形成人字形的屋顶，并且有明显的哥特式小尖塔，这与低层部分的屋顶手法基本一致，不仅给人新颖的感觉，而且也会产生历史文化的联想。

此外，如 P. 约翰逊在 1984 年所作的匹兹堡市 PPG 平板玻璃公司总部大厦（40 层，新哥特风格），1983—1985 年所作的休斯敦市特兰斯科塔楼（64 层，新古典风格）以及 1984 年在纽约建成的美国电报电话公司总部大厦（37 层，后现代建筑风格）等，也都是具有文化性造型特点的例子。

综上所述，我们可以清楚地看到，随着城市人口的高度集中，高层建筑的出现是自然发展的结果，它也是社会发展的产物，特别是近几十年来，在技术上更取得了一系列显著的进展。

但是，与此同时，国外高层建筑的发展仍存在着不少矛盾，这是资本主义制度所决定的。由于土地私有与缺乏统一的城市总体规划，大量建造高层建筑不仅在城市交通、日照、城市艺术等方面会造成令人厌恶的严重后果，而且就高层建筑本身，也有不少非议。有些人指出，高层建筑的造价高，管理费用多，能量消耗大，使用不便等。尽管如此，目前由于社会需要的因素仍占主导地位，所以高层建筑还是在继续发展着。

至于高层建筑发展的前景如何以及高层建筑的层数标准怎样，那就需要根据各国具体条件进行分析研究了。

二、大跨度与空间结构建筑

近代大跨度建筑在 19 世纪末已有很大的创新，1889 年巴黎世界博览会上的机械馆就是一例，它采用了三铰拱的钢结构，使跨度达到了 115m。20 世纪初，随着金属材料的进步与钢筋混凝土的广泛应用，大跨度建筑有了新的成就。1912—1913 年在波兰布雷斯劳建成的百年大厅（Century Hall, Breslau，设计人: Max Berg）采用钢筋混凝土肋料穹隆顶结构，直径达 65m，面积 5300m^2。

1930 年代以后，尤其是在第二次世界大战后的几十年中，大跨度建筑又有了突出的进展。它主要用于展览馆、体育馆、飞机库以及一些公共建筑。

大跨度建筑的发展，一方面是由于社会的需要，另一方面则是新材料与新技术的应用所促成的。在第二次世界大战后，不仅钢材与混凝土提高了强度，而且新建筑材料的种类也大大增加了，各种合金钢、特种玻璃、化学材料已开始广泛应用于建筑，为大跨与轻质高强的屋盖提供了有利条件。大跨度建筑的结构形式，除了传统的梁架或桁架屋盖外，比较突出的是新创造的各种钢筋混凝土薄壳与折板以及悬索结构、网架结构、钢管结构、张力结构、悬挂结构、充气膜结构等空间结构。这些新结构形式的出现与推广，象征着科学技术的进步，也是社会生产力突飞猛进的一个标志。

为了适应工业生产与人们生活的需要，大跨度建筑的外貌已逐渐打破人们习见的框框，愈来愈紧密地与新材料、新结构、新的施工技术相结合，朝着现代化、科学化的道路前进。大跨度建筑发展的另一趋势，则是覆盖空间越来越大，甚至设想要覆盖一块地段，或整个城镇，以便形成人造环境。

由于大跨度建筑多为公共建筑，人流多，占地面积大，因此一般位于城市边缘地带或郊区。在国际奥林匹克运动会或某些大型体育馆的附近，还专门设有运动员村，在那里有宿舍、旅馆及必要的公共福利设施，俨然像一个小城镇。如 1964 年在东京举行的第 18 届奥运会与 1972 年在慕尼黑举行的第 20 届奥运会的总体规划都作了这种考虑。

半个多世纪以来，大跨度建筑在试用各种新结构屋顶的过程中，已探索了不少经验。

（一）钢筋混凝土薄壳顶

利用钢筋混凝土薄壳结构来覆盖大空间的做法已越来越多，屋顶形式也多种多样。由意大利工程师奈尔维（P. L. Nervi，1891—1979 年）设计，在 1950 年建造的意大利都灵展览馆是一波形装配式薄壳屋顶（专图 2-30）；1957 年建造的罗马奥运会的小体育宫是网格穹隆形薄壳屋顶（专图 2-31）；1953—1955 年建造的美国圣路易斯的航空站候机楼（设计人：雅马萨奇，专图 2-32）则采用了交叉拱形的薄壳顶；1960 年完工的纽约肯尼迪机场环球航空公司候机楼（设计人：Eero Saarinen）的屋顶则是由四瓣薄壳组成；1963 年在美国建成的伊利诺伊大学会堂，圆形平面，共有 18000 个座位，屋顶结构为预应力钢筋混凝土薄壳，直径为 132m，重 5000t，屋顶水平推力由后张应力圈梁承担，造型如同碗上加盖，具有新颖的外观。工业厂房为了节约空间，倾向于坡度平缓的扁壳，典型的例子如英国南威尔士布林马尔橡胶厂（Bryn Mawr RubberFactory，1945—1951 年，专图 2-33），它的扁壳厚度为 9cm，柱网为 27m × 21m。世界上最大的壳体是 1958—1959 年在巴黎西郊建成的国家工业与技术中心陈列大厅（Centre Nationale des Industries et Techniques，设计人：R. Camelot，J. de Mailly and B. Zehrfuss，专图 2-34），它是分段预制的双曲双层薄壳，两层混凝土壳体的总厚度只有 12cm。壳体平面为三角形，每边跨度达 218m，高出地面 48m，总的建筑使用面积为 90000m^2。[①] 此外，

专图 2-30　都灵展览馆内部

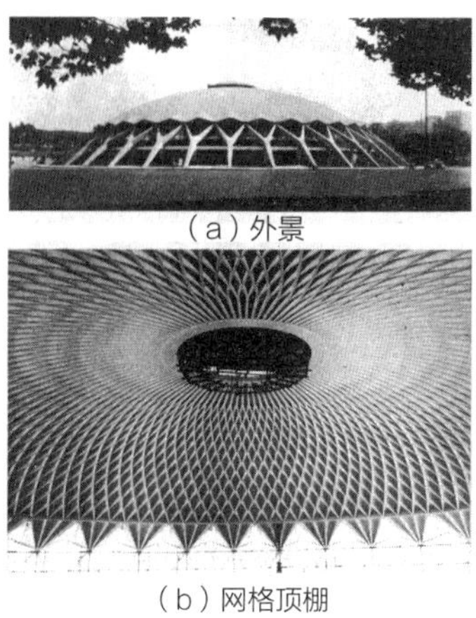

（a）外景

（b）网格顶棚

专图 2-31　罗马小体育宫

专图 2-32　美国圣路易斯航空站内景

① 见 Paris Aerien 第 30 页。

应用钢丝网水泥结构，已可使薄壳厚度减小到1~1.5cm，1959年建造的罗马奥运会的大体育宫（Palazzo dello Sport）的屋盖便是采用波形钢丝网水泥的圆顶薄壳。此外，当时各国还在试用双曲马鞍形薄壳，也取得了一定的技术经济效果。

专图 2-33　英国南威尔士布林马尔橡胶厂

（二）折板结构

折板结构在大跨度建筑中的应用也有发展，比较著名的例子如1953—1958年在巴黎建造的联合国教科文总部（UNESCO）会议厅的屋盖（专图 2-35），这是奈尔维的又一杰作，他根据结构应力的变化将折板的截面由两端向跨度中央逐渐加大，使大厅顶棚获得了令人意外的装饰性韵律，并增加了大厅的深度感。

专图 2-34　巴黎国家工业与技术中心陈列大厅

（三）悬索结构

1950年代以后，由于钢材强度不断提高，国外已开始试用高强钢丝悬索结构来覆盖大跨度空间。这种建筑原来是受悬索桥的启示。由于主要结构构件均承受拉力，以致外形常常与传统的建筑迥异，同时由于这种结构在强风引力下容易丧失稳定性，因此应用时技术要求较高。1953—1954年美国罗利市的牲畜展赛馆（Arena，Raleigh，N.C. 设计人：Matthew Nowicki，Fred Severud，William H.Deitrick，专图 2-36）就是这类建筑早期的著名实例之一，屋盖是一双曲马鞍形的悬索结构，造型简洁、新颖。它的试验成功，使这种新结构形式在大跨度建筑中得到了进一步的推广。1957年在前西柏林世界博览会上，美国建造了一个牡蛎形的会堂（Conference Hall，设计人：Hugh A.Stubbins 等，专图 2-37），

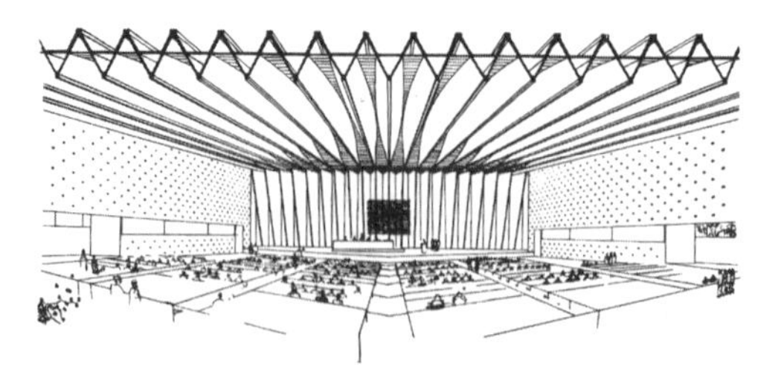

专图 2-35　联合国教科文总部会议厅

专图 2-36　美国罗利市牲畜展赛馆

便是这种马鞍形悬索结构的发展，其屋顶曾在一次意外事故中倒塌，后已修复。

1958—1962年由埃罗·沙里宁在华盛顿郊区设计的杜勒斯国际机场候机厅（Dulles International Airport，专图2-38），是悬索结构的又一著名实例。建筑物宽为45.6m（150英尺），长为182.5m（600英尺），分为上下两层。大厅屋顶每隔3m（10英尺）有一对直径为2.5cm（1英寸）的钢索悬挂在前后两排柱顶上，悬索顶部再铺设预制钢筋混凝土板。建筑造型轻盈明快，能与空港环境有机结合。

悬索结构在1958年比利时布鲁塞尔世界博览会中得到了充分的表现，例如由斯通（E.D.Stone，1902—1978年）设计的美国馆的屋盖采用圆形双层悬索结构（专图2-39），中间留有一空间，形如自行车轮。法国馆的屋盖则是两个拼接的菱形双曲抛物线面的悬索结构，平面形状如同飞蝶。

1964年日本建筑师丹下健三在东京建造的代代木国立室内综合竞技场（包括称为大体育馆的游泳馆与称为小体育馆的球类比赛馆），又使悬索结构技术与造型有所创新。

（四）张拉结构

在悬索结构的基础上进一步发展了张拉结构。它可以是钢索网状的张拉结构，或玻璃纤维织品的张力结构，或二者混合的结构。这种结构轻巧自由，施工简易，速度快，比较适宜于急需的建筑。例如1967年蒙特利尔世界博览会上由古德伯罗（Rolf Gutbrod）和奥托（Frei Otto，1925—2015年）设计的德国馆就采用了钢索网状的张拉结构（专图2-40），屋面用特种柔性化学材料敷贴，呈半透明状。

专图2-37　西柏林会堂

专图2-38　华盛顿杜勒斯国际机场候机厅

专图2-39　布鲁塞尔世界博览会美国馆

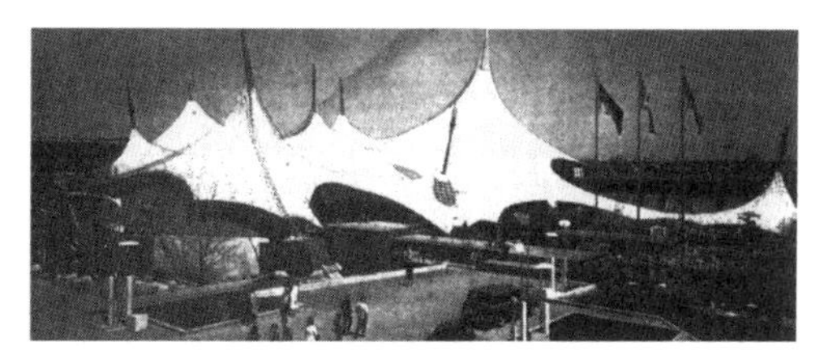

专图2-40　1967年蒙特利尔世界博览会德国馆

1972年慕尼黑奥运会比赛场的看台顶棚也是应用此法。它可以任意伸展与扩大，连绵不断。由于奥托善于应用这种网状张拉结构，故人们也戏称他为蜘蛛人。这种张拉结构后来还发展了帆布帐篷的张拉体系。

（五）悬挂结构

1970 年代初国外又开始试用悬挂结构来建造大跨度建筑，基本原理与悬索桥相同。如 1972 年在美国明尼苏达州明尼阿波利斯市建造的联邦储备银行（Federal Reserve Bank of Minneapolis，Minnesota，专图 2-41）就是采用悬索桥式的结构，把 11 层的办公楼建筑悬挂在 84m（275 英尺）跨度的空中。同年，慕尼黑奥运会的游泳馆则是采用了悬挂与网索张力结构相结合的做法。1976 年在蒙特利尔设计的奥运会体育馆方案也是一例。

专图 2-41　美国明尼苏达州明尼阿波利斯市联邦储备银行

（六）活动屋顶

在 1961 年建成的美国匹茨堡公共会堂（兼体育馆，专图 2-42）是一个多功能的建筑物，平面为圆形，直径 127m（417 英尺），内部有 9280 个固定座位，根据情况可供 7500~13600 人使用。它的特点是穹隆形的钢屋顶可以自由启闭，屋顶下有凹槽与墙身上的圈梁相连接，顶部中央有轴心固定在三足悬臂支架上。整个穹隆屋顶由 8 个大小相似的叶片组成，6 个活动的和 2 个固定的，按下电钮之后，6 个活动叶片会缩至 2 个固定叶片上面，这样就可以变成露天体育场了。在圆形场地的一边设有活动舞台，可供戏剧与音乐表演之用，方法是将看台中有 2100 个座位的部分升起，使看台的底部形成舞台的顶部，下面则是设备完善的舞台了。

专图 2-42　匹茨堡公共会堂

专图 2-43　休斯顿市体育馆

（七）钢空间网架结构

这是大跨度建筑中应用得最普遍的一种形式。1966 年在美国得克萨斯州休斯顿市建造的一座圆形体育馆（专图 2-43），直径达 193m（642 英尺），高度约 64m（213 英尺）。这个体育馆在进行棒球比赛时可坐 45000 人，足球赛时可坐 52000 人，集会时可坐 65000 人，它有 6 层观众席。屋顶正中有一个通气孔，这样可以便于污浊空气的排除。1976 年在美国路易斯安那州新奥尔良市建造了当时世界上最大的体育馆，圆形平面直径达207.3m，作篮球赛场与摔跤比赛场时，可容观众91142人，供集会用时可容纳95427人。1970年代末，世界上跨度最大的建筑是1979年建造的美国底特律的韦恩县体育馆（Wayne Gymnasium，Detroit），圆形平面，钢网壳结构，直径达266m。其实，规模如此巨大的体育馆，已是体育场上覆盖屋顶的概念。至于使用效率与经济核算、维持费用等，仍是值得探讨的重要问题。

（八）金属管空间网架结构

国外还有利用短钢管或合金钢管拼接成的平面桁架、空间桁架或网状穹隆顶等。这种金属管结构的特点是结构、施工与装卸均方便，目前用来建造体育馆、展览馆、飞机库以及临时的大空间建筑的颇多。1967年加拿大蒙特利尔世界博览会上的美国馆就是一个76.2m直径的球体空间网架结构（设计人：Richard Buckminster Fuller，1895—1983年），外表用透明塑料敷面，并可启闭，夜间内外灯火相映，整个球体透明，别具匠心。数年后在一次小修理中，电焊火花不慎触及外面的塑料敷面而燃烧起来，穹隆顶部在几分钟内便倒塌，后虽修理好，但没有再使用。

（九）充气结构

随着化学工业的发展，近年来已开始用充气结构来构成建筑物的屋盖或外墙，多作为临时性工程或大跨度建筑之用。充气结构使用材料简单，一般为尼龙薄膜、人造纤维或金属薄片等，表面常涂有各种涂料，这种结构可以达到很大的跨度，安装、充气、拆卸、搬运均较方便。

充气结构最先由英国工程师兰卡斯特（F.W.Lancaster）试制，当时主要是使用充气构件作为结构的承重构件。后来又有利用室内与室外气压的差别把整座建筑的外壳支承起来的气承建筑，1946年在美国最先用于雷达站，可算第一个气承式建筑，外形为一圆穹体，直径15m。1956年，美国又建成第一座气承式仓库。此后，气承式结构便逐渐用于体育馆、展览馆、工厂或军事设施等。

在巴黎东部的充气体育馆长60m，宽40m，高19m（专图2-44）。

1970年在日本大阪举行的世界博览会是充气建筑的一次大检阅。其中美国馆是一座椭圆形平面的充气建筑，它的充气屋面用32根钢索张拉及涂以β粒子的玻璃纤维制成，每平方米的重量只有1.22kg，整个馆的覆盖面积为10000m^2，超过两个足球场大。充气结构的屋顶用钢丝绳固定，设计时考虑它的使用寿命为10年，并能抵抗每小时200km的台风。总造价290万美元，是当时最经济的做法。之后，美国常采用薄膜气承结构作大型体育馆的屋盖，典型的例子如1975年建造的密歇根州庞提亚克体育馆（Silver-dome in Pontiac，Michigan），跨度达168m（552英尺），可容观众80000人，薄膜气承屋面覆盖35000m^2，是当时世界上最大的气承建筑。[①]

专图2-44　巴黎东部充气体育馆

① 见同济大学学报1978年建筑版。

它备有电子报信系统，如遇漏气或损坏能自动反映，及时修理。1976 年在美国洛杉矶市圣克拉拉大学（University of Santa Clara）建造的学生活动中心，也是一座气承结构，它包括 2 个篮球场地和 1 个游泳池，并有看台，覆盖面积为 $8100m^2$。1979—1981 年在美国塞拉克斯大学建造的充气体育馆（New Carrier Dome in Syracuse）可容纳观众 50000 人，前后建造时间为 17 个月。

（十）1970 年代中期以后的大跨度建筑

从 1970 年代中期开始，随着工程技术的进步，大跨度建筑领域取得了一系列新的成就，明显地表现在体育场馆与交通类建筑方面，空间开阔灵活，造型新颖别致，结构与使用功能先进，受到举世瞩目。在这些大跨度屋盖中，上面提到的悬索结构、预制钢筋混凝土空间结构、金属管网架结构、活动屋顶、木制网架结构、充气结构等都有新的发展。

蒙特利尔奥林匹克体育中心（Olympic Complex，Montreal，1973—1976 年，专图 2-45）

这是 20 世纪 70 年代中期的一项伟大工程，它将体育场、游泳馆、室内赛车场及附属设施全部集中在一处，形成了一个紧凑、高效的体育中心。这组建筑群可分为三部分，其中自行车赛车馆的屋盖特殊，形似盾牌，最大跨度为 172m，高 32m。屋盖由三片预制钢筋混凝土壳体拼装组成，以顶部三条夹缝中的天窗采光。全部构件在现场预制。该馆可容观众 7000 人。主体育场为椭圆形，长轴 493m，短轴 280m，有 3 层看台，看台屋盖为悬臂钢筋混凝土结构，长度为 30.5~54.7m，悬臂高度 42.6~51.7m，体育场可容观众 7 万人。游泳馆在体育场的前面，可容观众 1 万人，屋顶采用预应力钢筋混凝土拱形结构，拱顶上有 2 排玻璃天窗。在体育场前有 167m 高的巨形悬臂塔，用一周钢索与体育场悬挑屋盖相连，既可用悬挂网索结构覆盖中央场地，又能形成中心标志。

莫斯科奥林匹克体育馆（Olympic Complex，Moscow，1980 年，专图 2-46、专图 2-47）

在莫斯科奥运会场馆中有两座比较著名，一座是自行车赛车馆，另一座为主场馆。赛车馆建于克雷拉特斯克区的河边坡地上，设计人是德国建筑师赫尔伯特·沙曼恩（Herbert Sharmaun），结构由俄国工程师完成。馆

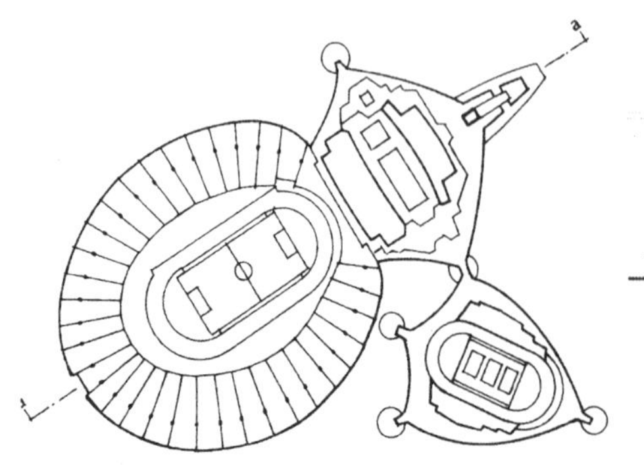

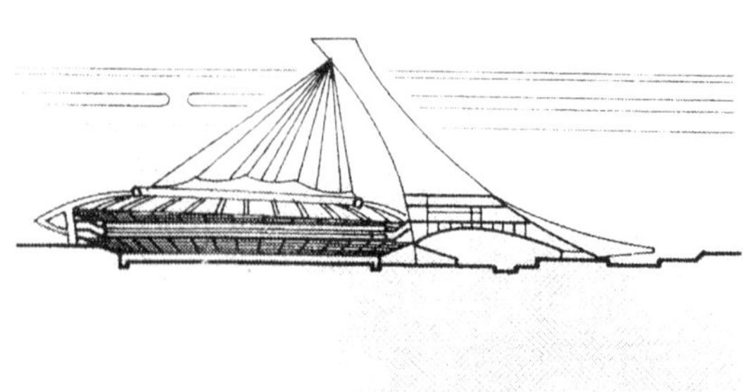

专图 2-45　蒙特利尔奥林匹克体育中心平面图

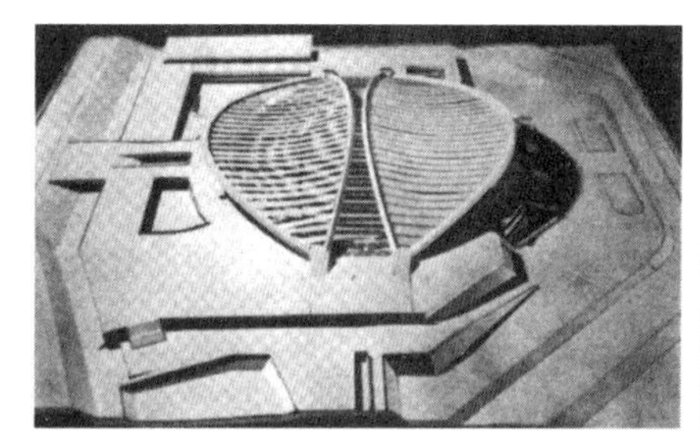

专图 2-46　莫斯科奥林匹克体育馆——自行车赛车馆

专图 2-47　莫斯科奥林匹克体育馆——主场馆

内可容纳观众 6000 人，平面呈椭圆形，跑道长 333.3m，是世界上自行车赛车跑道最长的一个馆。屋顶采用了反高斯曲线，由两个外拱和两个内拱组成，内拱作屋脊，外拱支在悬挑看台上，拱间为拉索，上铺 4mm 厚的钢板。拱本身亦由 20mm 与 40mm 厚的钢板焊成的 3m×2m 的方筒组成，抛物线拱券的跨度达 156m（520 英尺）。整座建筑造型似蝴蝶状，颇有表现力。

主场馆平面亦为椭圆形，长轴径 210m（700 英尺），短轴径 171m（570 英尺），内部高 30m（100 英尺），可容观众 45000 人。建筑外形呈圆柱体状，屋盖采用内凹式钢网架结构体系，使其在节约空间与节省空调能源方面具有明显效果。

藤泽市秋叶台市民体育馆（Fujisawa Municipal Gymnasium，Japan，1984 年，专图 2-48）

这座日本体育馆的设计人是著名建筑师槙文彦（Fumihiko，Maki，1928—2024 年）。建筑造型新颖独特，具有与众不同的个性。体育馆用地 64000m^2，距东京约 50km。建筑物由三部分组成：北部主馆为 2000 座的比赛场所，南部为练习馆、武术馆以及餐厅等服务设施，中间是 2 层桥式连接体，总建筑面积约 12000m^2。由于南面主馆是规整的几何造型，北边小馆是自由的几何体形，因此外观上产生了强烈的对比。这种不对称的处理给人以新颖感，并且在周围的环境中占主导地位。主馆的结构非常特殊，屋盖由 2 条弧形的钢网架拱肋支承，在顶部形成两条明显的肋骨，两侧各构成一条采光带，对于采光、通风都较有利。体育馆的屋盖为不锈钢面层，墙以混凝土与面砖饰面。整座建筑的体形具有一种隐喻效果，它像一个甲壳虫，又像武士的头盔，或者是宇宙飞船，能给人无限的联想，以丰富建筑艺术的趣味。

专图 2-48　日本藤泽秋叶台市民体育馆

福冈体育馆（Fukuoka Dome，Japan，1991—1993年，专图2-49）

亦称福冈穹隆，是日本第一座屋顶可启闭的大型多功能体育馆。设计单位为前田建设工业公司，建筑师是村松映一、平田哲、村上吉雄，体育馆用地面积为169160m²，主体建筑面积为69130m²，地面以上高7层，墙体由钢筋混凝土筑成。穹隆顶直径为212m，由三片总重达12000t的扇形钢结构球面屋盖组成，屋顶有厚0.3mm的钛合金皮铺于45000m²的表面上，以防止酸雨的腐蚀破坏，屋盖开敞时的形象会让我们联想起展开双翼在空中翱翔飞鸟，也使得“晴天在户外活动而雨天则在室内”这一人们的梦想成为现实。

东京充气穹顶竞技馆（Tokyo Air Dome Arena，Tokyo，Japan，1988年，专图2-50）

由日建设计事务所和竹中工务店联合设计，是一座多功能的室内体育馆，主要用作棒球训练及竞赛场地，也可进行其他体育比赛或各种演出。这座大型的既是气承式又是充气膜式穹顶的永久性体育设施位于东京市中心，建设耗资350亿日元。竞技馆内有观众席3层，可容纳观众50000多人，比赛场两侧还可根据需要临时增加13000个可移动的座位。充气穹顶的长边为180m，对角线为201m×201m，呈近似长方形的椭圆形，覆盖着16000m²的巨大空间，室内容积约为124万m³。充气穹顶由225块厚度为0.8mm的双层聚氟乙烯树脂涂层的玻璃纤维布组成（其内膜厚度为0.3mm），每边各用14根直径为80mm、间距为8.5m的钢索交叉固定在屋顶上。每平方米屋顶的重量只有12.5kg。竞技馆在气承的状态下，室内气压比室外气压大约高0.3%大气压，人们并不会有不适之感。由于穹顶薄膜有较好的透光性，故室内可以获得需要的自然采光。竞技馆的外观非常突出，洁白的椭圆形屋顶衬托在周围红、黄、蓝、绿等色彩缤纷的建筑群之中显得格外惹人注目。此外，顶上还装有避雷导体和融雪系统，考虑了许多先进的技术问题。

挪威哈默尔冬季奥林匹克运动会滑冰馆（Olympic Indoor Ice-skating Hall，Hamar，Norway，1992年，专图2-51、专图2-52）

这是一座木制网架结构的大型体育馆，主要建设目的是供1992年冬奥会冰上竞赛项目之用。在北欧一些国家，盛产木材，因此

专图2-49 日本福冈体育馆

专图2-50 东京充气穹顶竞技馆

专图 2-51　挪威哈默尔冬季奥林匹克运动会滑冰馆外观

专图 2-52　挪威哈默尔冬季奥林匹克运动会滑冰馆内部

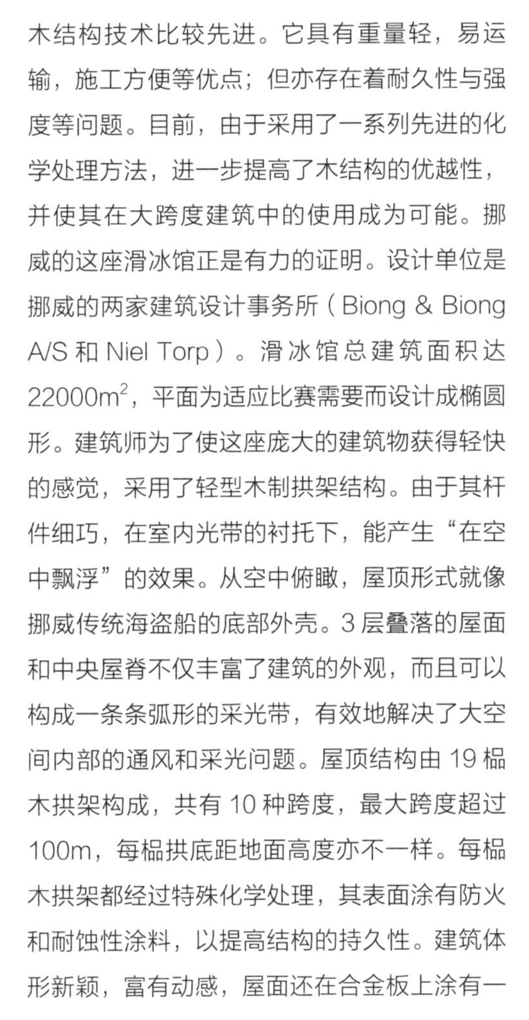

木结构技术比较先进。它具有重量轻，易运输，施工方便等优点；但亦存在着耐久性与强度等问题。目前，由于采用了一系列先进的化学处理方法，进一步提高了木结构的优越性，并使其在大跨度建筑中的使用成为可能。挪威的这座滑冰馆正是有力的证明。设计单位是挪威的两家建筑设计事务所（Biong & Biong A/S 和 Niel Torp）。滑冰馆总建筑面积达 22000m^2，平面为适应比赛需要而设计成椭圆形。建筑师为了使这座庞大的建筑物获得轻快的感觉，采用了轻型木制拱架结构。由于其杆件细巧，在室内光带的衬托下，能产生“在空中飘浮”的效果。从空中俯瞰，屋顶形式就像挪威传统海盗船的底部外壳。3 层叠落的屋面和中央屋脊不仅丰富了建筑的外观，而且可以构成一条条弧形的采光带，有效地解决了大空间内部的通风和采光问题。屋顶结构由 19 榀木拱架构成，共有 10 种跨度，最大跨度超过 100m，每榀拱底距地面高度亦不一样。每榀木拱架都经过特殊化学处理，其表面涂有防火和耐蚀性涂料，以提高结构的持久性。建筑体形新颖，富有动感，屋面还在合金板上涂有一层微妙的蓝色乙烯基涂料，与周围的天空、湖水相映，显得格外和谐秀美。

日本关西国际航空港候机楼（Kansai International Airport，Japan，1988—1994 年，专图 2-53）

空港建造在大阪海湾泉州海面上一个距陆地 5km，4km × 1.25km 的矩形人工岛上。这是日本第一个 24 小时运营的，年吞吐量约 2500 万旅客的海上机场，总投资约 1 万亿日元。由于机场的工程浩大、选址特殊而举世瞩目，被称为 20 世纪最大的工程。该项任务于 1988 年征集方案，在有福斯特、佩里、屈米、波菲尔及贝聿铭等著名建筑师参加的共 52 个方案的竞赛中，意大利建筑师伦佐 · 皮亚诺的方案获得头奖。皮亚诺方案的特点是将建筑、技术、空气动力学和自然结合到一起，创造了一个生态平衡的整体。航空港的外部造型像是一架停放在小岛绿地边缘的“巨型飞机”，并有两条绿带从建筑内穿过，具有浓厚的表现主义特征。皮亚诺解释说，这是出于对无形因素的考虑，即注重的是光、空气和声音的效果。在关西空港候机楼的设计中，其屋顶形式则是由“空气”

这种无形因素决定的，因为它遵循了风在建筑中循环的自然路径、空气回转，如同软管中的水流，而结构正是因循这条曲线而构成的。从有轨车站上面的玻璃顶，到候机楼入口的雨篷，然后到楼内的大跨度屋顶，呈波浪状地有韵律地多次起伏，最后与延伸到两翼的 1.5km 长的登机廊的屋顶曲线自然地连成一体。主要的候机楼屋顶跨度为 80m，轻质的钢管空间桁架由双杆支撑，并共同构成一个拱力作用的角度，从而获得了结构上的效率及侧向的抗震力。整座建筑的底层面积达 90000m^2，共有 41 个进出口，并有 33 个登机门。皮亚诺设计的这座大跨度建筑力图让人们同他一样地相信："这座建筑或许将成为 20 世纪末最杰出的成就。"

（a）鸟瞰

伦敦滑铁卢国际铁路旅客枢纽站（Waterloo Intemational Channel Tunnel Passenger Rail Terminal, London, 1993年，专图 2-54）

设计人是英国建筑师格雷姆肖（Nicholas Grimshaw, 1939—）。该项工程由于设计新颖、结构精巧，曾获欧洲 1994 年密斯·凡·德·罗大空间奖。在滑铁卢国际铁路旅客站设计中所考虑的首要任务是通过建筑的可识别性来提高该建筑的质量以及与其他邻近设施的区分度。因此，建筑师设计了一个现代化的封闭体，有 400m 长，跨度从 35m 至 55m 不等。封闭体的屋顶和外表为亚光不锈钢和玻璃所构成，运用这些材料可使整个建筑耐久且易于维修。建筑的屋顶构架由一组三铰拱并列而成，每个三铰拱中间的铰链偏向一侧，非对称的跨度为室内高架铁轨的铺设提供了可能。建筑的基本结构形式为弓形的拱架，拱架间拉索纵横交错，无论在室内还是室外，皆可对建筑的结构形式一目了然。拱架由一根根锥形钢管连接而成，钢管外表涂有鲜明的蓝色。这座大跨建筑的内部功能比较复杂，建筑师首先想到的是旅客通行的便利，因此进出站流线的设计简明通畅，使得去欧洲大陆的旅行快捷而高效。建筑物室

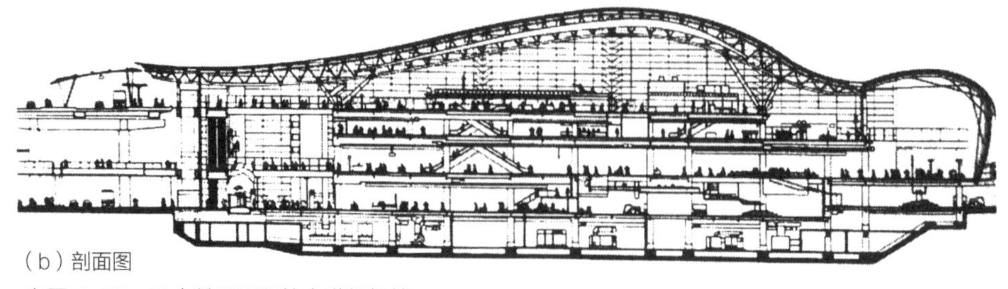

（b）剖面图

专图 2-53　日本关西国际航空港候机楼

专图 2-54 伦敦滑铁卢国际隧道铁路旅客枢纽站

内所有细部都经过精心处理，以方便人流的移动和维修，如室内地面处理成粗糙的质地，防止人们通过时滑倒，同时建筑师特别为方便残疾人而专门设计了一系列设施，从而为旅客创造了一种舒适安全的环境。为了使车站各个部分的设计取得协调，新型列车的流线型外表亦出现在室内装修上。该项工程完成后，由于其功能流线合理、通畅，外形独特，色彩明快而广泛受到好评。

近二三十年来，在高层与大跨度建筑类型中所取得的各种成就，已有力地说明了新技术革命为人们所带来的效益。它使人们的梦想成真，并使这类原先受技术条件制约极大的建筑在建筑技术与建筑艺术的有机结合中产生了多姿多彩的艺术风貌，令人耳目一新。目前看来，要增加建筑的高度与跨度，在技术上并非是不可解决的事，问题是造价不成比例地飙升是否值得以及由于建筑过大、人口在一个建筑中某一段时间内的过于集中而产生的一系列其他问题，例如建筑在日常运作中过分依靠能源，人们在交往与进出的高峰时间所形成的建筑内部与城市的交通压力等。2001 年“9 · 11”事件中也暴露了此类建筑的弱点。因而问题不是越高越大就越好，而是究竟要建多大与多高。

三、战后西方国家建筑工业化的发展

第二次世界大战后建筑工业的另一大发展是工业化的预制装配以至整幢建筑的工业化全装配体系的发展。

预制装配在手工业时代便已出现，例如中国古代建筑的斗栱与以斗口为标准的模数化和古罗马帝国时的石柱，都是预先把构件与部件按一定的模数与定型制好，再到现场进行装配的。工业化的预制装配最初出现在 19 世纪，20 世纪初虽曾受到重视，但真正的大规模发展是在第二次世界大战之后。

工业革命后的大机器生产方式和适于预制的工业化建筑材料（诸如铸铁、玻璃、钢、钢筋混凝土以及经过工业化加工而成的各种胶合木和木质纤维板）的出现与产量的增加以及预制工艺、施工机械的发展等为建筑的工业化提供了条件。同时，工业城市急骤扩大、人口大量集中、新的生产和生活方式的出现也要求大量和快速地兴建各类房屋。于是人们在工厂大量预制构件，然后运到工地装配，以缩短工期，减少手工劳动。

（一）西方第一个建筑预制装配高潮

西方第一个建筑预制装配高潮出现在 19 世纪中叶的一些展览馆、火车站等大厅型建筑与多层厂房中，以后又出现在仓库、商店和办公楼中，主要用铸铁与玻璃预制件来建造。其中一个突出的例子是高度预制和模数化、标准化的“水晶宫”。水晶宫整个庞大的结构完全由重量小于 1t 的简单构件装配而成。其惊人的

建造速度（包括预制件的生产和装配）、装配的简易性和轻巧透明的建筑形象受到当时社会各界人士的高度赞赏。它显示了工业化建造的威力，是建筑工业化体系的先驱作品和里程碑，对后来的现代建筑发展具有深远的影响。[①]设计人帕克斯顿把水晶宫布局在一个模数网格上，以当时可能生产的最大玻璃尺寸 1.22m（4 英尺）×0.25m 为基数，结构模数（柱中距）则为基数的倍数，一般为 2.44m（8 英尺）、4.88m（16 英尺）或 7.32m（24 英尺）。标准化的空心铸铁柱外径为统一尺寸，内壁厚度根据荷载不同而异，从而使梁和桁架也能像柱子一样标准化地大量地生产。桁架和柱的连接也是标准化的（专图 2-55）。水晶宫的所有围护构件，包括折式屋面和全部外墙面均用同一尺寸的平板玻璃构成，因而预制构件规格很少，保证了快建快拆，并能重新组装，造价最终仅为最经济的其他竞赛方案的一半。

19 世纪，由于各地的移民需要，也是大量性的预制木屋与铁屋生产和出口的繁荣时代。在西方，预制木屋构件可追溯到 17 世纪。当时英国为便利迁移美洲的移民能在抵达新大陆后尽快地以最少的劳力建成住屋，采用了一种便于船舱装载的轻质预制木框架与板樯构件。18 世纪，生产木屋部件成为北美殖民地的主要生产之一，并由北美出口至西印度；19 世纪，加州的淘金热又使大量预制木屋部件从美国东部向西运。19 世纪 30 年代创建于芝加哥，并一直沿用至今的美国民间著名的 Balloon[②] 木构架（专图 2-56）就是在这个基础上形成的。这是一片片长度相当于整个房屋高度的密肋式木骨架，其外壁采用复合木板的部件。它充分利用了美国丰富的木材资源和当时的机械化水平，并克服了技工劳力不足的困难。Balloon 木构架没有古老而复杂的需要高级技艺来加工的榫卯节点，只要用锯子、锤子、钉子便可把这些密肋而薄壁的部件装配成房子，于是大量被采用，曾占当时美国住宅总量的

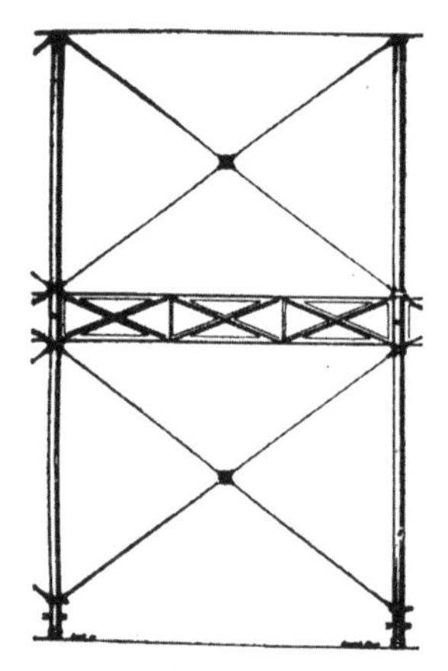

专图 2-55 水晶宫结构体系示意图

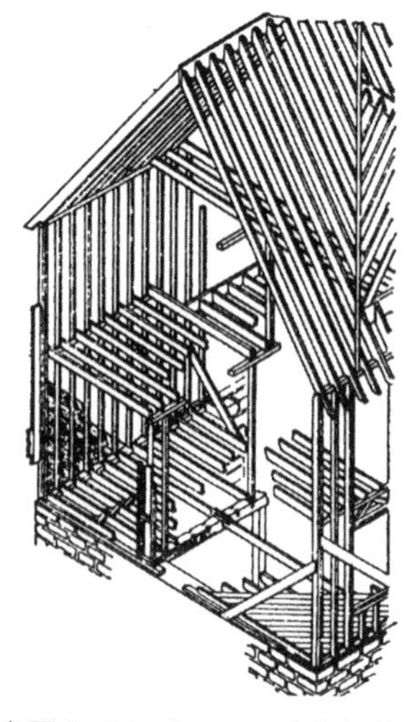

专图 2-56 Balloon 木构架体系

① 参见本教材第一章第三节。

② “Balloon”词意气球，以示构架之轻。

60%~80%。有人认为，如没有Balloon木构架，芝加哥和旧金山就不可能从小村庄发展为大城市。由于它出色地适应了当时社会的要求和条件，其经济价值极大。

当时英国为满足移民需要，还大量生产与出口小型的预制铸铁、熟铁部件与构件。瓦楞铁板加工技术和电镀技术的出现，促进了铁屋的生产。维多利亚时代（1940 年代至 1950 年代），英国曾向美国和澳大利亚出口整条街的预制铁屋，包括商店、旅馆和住宅。但是这股应急的生产热潮很快就消失了，因为铁屋太重，价昂，在正常情况下，没有普遍采用的意义。

（二）第二个预制装配建筑高潮

20 世纪初，第一次世界大战后欧洲城市住房矛盾尖锐化，迫切要求大量兴建住宅，工业化的预制受到重视。另一方面，大量廉价的混凝土用于房屋建筑后，人们认识到这是解决大量性住宅的有效途径。然而现浇混凝土要受季节影响，模板养护费工、费时又费料，限于当时结构理论和计算的水平，其强度也难以精确预测，而预制混凝土构件不但能免去这些缺点，且工厂的大批量生产又特别适合于需要大量重复建造的目的，因而预制混凝土空心板、槽形板等装配式住宅相继出现。1910 年美国一个营造公司曾搞了一套钢筋混凝土骨架、板材的全装配建筑体系，并建造了 300 幢住宅。但在当时的经济技术条件下，装配式混凝土建筑不适合于分散建造的小型住宅，造价也高，无法和传统建造的住宅竞争因而没有推广。[①]

法国吸取了上述失败的教训，在 1930 年代发展了几个多层预制混凝土构件体系。其中 Mopin 多层公寓体系（Mopin system，以巴黎工程师 Eugene Mopin 之名命名）建在巴黎附近地区，之后又在英国 Leeds 城 Quarry Hill 贫民窟改建中（1936—1940 年）得到应用，用以建造 4~6 层公寓。后者是二战前最大的预制装配住宅实践，建造规模大（938 套），层数较高，取得了低于低层住宅的经济价值。这个体系采用轻钢结构，部分现浇震荡混凝土，以预制混凝土面板作永久性模板，这为以后的混凝土装配体系提供了有益的经验。

20 世纪初在美国和北欧一些国家，胶合木预制独立住宅是比较成功的。它把部分胶合木预制构件的生产和局部装配先在工厂中进行，其他部件则开好料后再运至现场进行，这样既可适应住户多样化的需要，还能充分发挥其自动化生产程序的潜力，价格较为低廉。但是这种低层独立式住宅在使用上有局限性，建造数量毕竟是有限的，不能解决普遍存在的住宅缺乏问题。

上述进展引起了建筑师的注意。德、法、荷等国一些现代建筑倡导者也搞了一些试验，并在文章上正式提出了建筑工业化的概念，举办展览会等以扩大其影响。1927 年在斯图加德举办的住宅展览会显示了建筑工业化的方向，但没有作实际的推广。其中只有格罗皮乌斯设计的钢骨架、软木芯石棉预制墙板住宅和帕尔齐格设计的木骨架外覆胶合板住宅是预制装配的。

1941—1948 年格罗皮乌斯和瓦克斯曼（Wachsmann）在美国和通用电器公司一起合作设计了第一个半自动化工厂生产的木制嵌入式墙板单元住宅体系，充分体现了体系设计的思想。[②] 这种独户小住宅的全部构件，包括

① “二战”后成功的装配式混凝土大板体系主要是供大量建造的低薪阶层的高层公寓。

② 该体系从制作到施工资料齐全，能具体表达体系设计思想。

厨房、浴室的固定装置可由一辆特殊的卡车运载到现场，不需技工，只用锤子就能把房屋连同电气、卫生设备安装好待用。然而由于它不能适应社会的需要，一段时间后就停产了。

如上所述，直到“二战”前，在工业化预制装配建筑方面，除了应急状态下的短暂发展和个别先驱的探索和试验外，进展不大，成效很少。除了在公寓、办公楼等单个建筑物中由于采用了钢构架而在一定程度上提高了建筑工业化程度外，建筑业基本上仍然是传统的手工业方式，大规模的发展是在第二次世界大战后。

（三）现代工业化预制装配的发展

第二次世界大战后建筑工业化中最先受到欢迎的是轻质薄壁幕墙，特别是玻璃幕墙。直至“二战”前后，建筑物外墙材料一般还是石和砖，不论是以其自然形式还是经过加工的形式出现，在绝大多数条件下，均用人力和简易起重机械在外脚手架上进行施工。

在 1940 年代末至 1950 年代的美国，由于兴建高层建筑的需要和塔式起重机的出现，为了减轻围护墙体的重量，开始把经过高度工业化与模数化预制成的轻质幕墙单元镶嵌或悬挂在框架结构外面作为围护墙。由于幕墙单元不承受荷载，质轻如幕，故称幕墙。[①]幕墙促使传统的骨架承重结构变小了，而自身的面积则相应扩大以至有可能覆盖整幢结构。

在高层建筑中，各种轻质薄壁幕墙，特别是玻璃幕墙，是以采用空调系统为前提的。过去由厚实的砖石墙承担的保温、隔热、抗风要求，在薄壁的高层建筑中复杂化了，只有靠复杂的机械和电力设备来取得平衡。战后美国经济和工业化水平的提高使过去被视为奢侈设施的空调系统能广泛用于办公楼建筑中，而在其他国家则迟至 1950—1960 年代才开始采用。

幕墙单元是由它的薄壁部分与支撑薄壁的轻金属框格构成的。在框架方面，由于硬铝轻质高强，便于装配而采用颇多，此外也有采用不锈钢或铜质的；在壁材方面，最普通的是玻璃，但也有用铝板、不锈钢板和搪瓷、塑料、轻混凝土板等材料的。幕墙大大减轻了高层建筑的自重，并具有装配速度快，维修费用低（可调换幕墙单元）的优点，能选用色彩与质感多样，还有抗风雨、日晒的面层处理，[②]富有表现力，同时又能使用战后铝、钢等军用过剩物资，因而在 1950 年代迅速传播，广泛采用，至 1960 年代已成为高层建筑外观形象的主要特征。

采用幕墙带来的新课题之一，是如何保持一定的绝缘程度以节省空调费用和避免过多的阳光进入室内。蓝绿、古铜、金黄、银白、蓝灰等色的吸热玻璃[③]和热反射玻璃[④]以及各种玻璃复合制品的采用提高了幕墙的保暖隔热性

---

① 有将幕墙广义理解为由任何材料构成的、不承受荷载的围护墙，但现代化的幕墙通常指建筑中不承重的轻质薄壁，例如玻璃的围护墙。

② 铝板可以电化处理，钢板可用人造合成树脂饰面。

③ 吸热玻璃又称有色玻璃（Tinted glass），是第二代玻璃（第一代为净白玻璃 Clear glass），是在普通玻璃中加入微量金属氧化物，如铁、钴、硒、镍等制成的，能过滤某些色光谱而吸热，呈蓝绿、古铜或灰色。6mm 的吸热玻璃可吸收太阳辐射热 45% 左右，可减少对室内的直接辐射，使光线柔和。其传热系数同净白玻璃也可相等，遮阳系数较低，为净白玻璃的 50% 左右。

④ 热反射玻璃（Heat-reflecting glass）被称作第三代玻璃，是在平板玻璃表面涂一金属薄层。可呈金黄、银白、蓝灰和古铜等各种颜色，能反射太阳辐射热的 30%，反射可见光的 40%，有遮断太阳辐射热的作用；较新的产品在夏季能隔断 86% 太阳热，而透入室内的可见光线也仅 17%。但由于反射，对附近建筑会有所谓光污染的影响，在国外常会因此而引起诉讼。

能，相应降低了空调的负荷，增强了建筑的表现力。热反射玻璃幕墙在白天时室内景象不外露，但能反映出周围的街景[①]和动态的天空云彩，形成一种特有的建筑形象，夜晚，在室内灯光照明下，景象毕露，点缀着城市的夜景，但价格较高。如西格拉姆大厦为追求反射效果，全楼有 75% 的外墙为玻璃幕墙（参见专图 2-3），幕墙采用粉红灰色的吸热玻璃，又选用紫铜框格，致使该大楼造价高出一般大楼一倍左右。

联合国秘书处大楼（纽约曼哈顿，1949 年），高 39 层，是最早的幕墙实例（参见专图 2-1）。它在房屋的正、背两个立面上采用铝框格暗绿色吸热玻璃，而房屋两侧则为整片光滑的白色大理石墙，两者在色彩质感上形成了强烈对比。正、背两面幕墙各由 2730 个尺寸很小的模数化单元构成，由于明亮的玻璃在视觉上掩盖了纤细的铝框格，使人失去了衡量幕墙构图的尺度感（专图 2-57）。

被认为是大面积玻璃幕墙代表作的是利华大厦（纽约，1952 年，参见专图 2-2），幕墙采用不锈钢框格，深绿色、不透明的钢丝网玻璃窗裙和淡蓝色吸热玻璃带形窗水平相间，尺度适宜，效果较好，成为当时宣传玻璃幕墙的有力实例。

美国铝业公司自用的办公楼阿尔科亚大厦（Alcoa，匹兹堡，1953 年，专图 2-58）使用大片的铝制幕墙为自己做广告。幕墙以厚仅 3.18mm 的预制铝板（带窗或不带窗）构成。为提高墙板的刚度，将其冲压成钻石形。为了防火隔热（铝的传热系数比玻璃大 100 倍），在铝板背后安装喷有两层泡沫混凝土的多孔铝板，两板之间留有空气层。由钻石形铝板单元构成的墙面在阳光的映照下形成一片明暗相间的抽象图案，效果甚佳。

幕墙在保温、隔热性能和其他方面，如渗

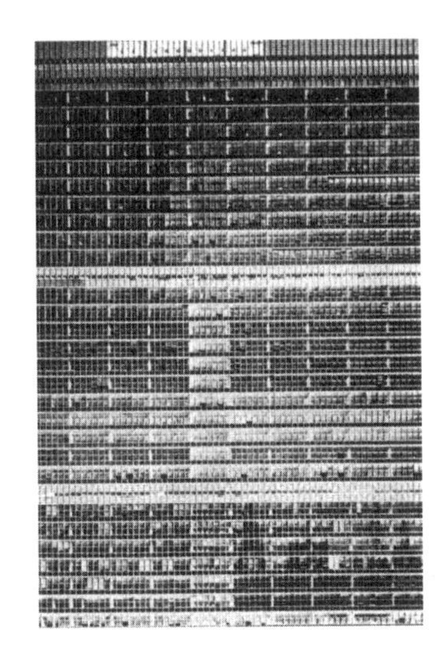

专图 2-57 联合国秘书处大楼的幕墙

（a）外观

（b）幕墙装吊时情况

专图 2-58 阿尔科亚大厦

① 但在某些情况下，对街道景色的反映会造成汽车驾驶员在视觉上的错觉，甚至引起交通事故。

漏、结露、扭曲、嵌缝脱落，或因温度应力引起裂缝或玻璃破碎等，尚存在着不少问题。因而每当资本主义世界出现经济危机、能源危机时，它都会由于能源消耗大而成为众矢之的。为此，要将幕墙作为一种有效的工业化新技术广泛应用还需要解决大量复杂的技术问题。

1960年代中期，另一种建筑围护单元——预制混凝土外墙板（Precast concre-tecladding）——被广泛采用（专图2-59）。其影响之大比1950年代的玻璃幕墙有过之而无不及。由于预制混凝土外墙板取材于价廉的混凝土，生产制作较简单，保温、隔热性能较好，适用于不同地区和国家的自然与经济条件，对第三世界国家更为适宜。但另一方面，墙板构件笨重，不利于结构与基础的负荷，且工业化程度不高，需要较多的人力和较大的场地，运输也不方便。

第一个几乎全部以预制混凝土外墙板覆面的大型建筑物（主体结构为现浇混凝土）是勒·柯布西耶设计的建于1950年代初的马赛公寓（图5-3-1）。其尺寸系统是根据勒·柯布西耶的“模度理论”[①]（Modulor）制定的，试图使公寓的整体和细部均符合人的尺度，又要便于标准化、装配化。

马赛公寓采用了两种预制混凝土外墙板部件：①构成公寓单元正立面阳台的格子板；②安装在框格架外的所有实体墙的覆面板。预制件的组合原则是所有水平向构件的端部均终止在垂直构件的中心线上，清晰地表现了它的构造和结构系统。构件间的接缝较宽，形成一个富有表现力的构图。

专图2-59　美国一座轻质混凝土幕墙的高层建筑

马赛公寓的外形纯真、朴素地表现了混凝土预制件的组合，没有丝毫传统建筑外貌或建造技术的痕迹，显示了预制混凝土墙板的经济价值和美学效果。受到了战后年轻一代建筑师的推崇。

然而，直至1960年代初，马赛公寓等少数几个成功实例并没有促使多数建筑师去应用预制混凝土墙板，只有一些年轻建筑师，从社会上需要价廉物美的公寓建筑出发，继续对预制混凝土建造工艺及其可能形成的建筑艺术表现手法进行探索，例如英国伦敦的罗切姆顿（Rochampton）街公寓群（1953—1958年）和海德高层公寓（Hide Tower，伦敦，1961年，专图2-60）。后者首次采用了价值较高的大型预制外墙板[最大的宽3.66m（12英尺），

① 勒·柯布西耶从人体尺度出发，选定下垂手臂、脐、头顶、上伸手臂四个部位作为控制点，与地面距离分别为86、113、183、226cm。这些数值之间存在着两种关系：一是黄金比率关系；另一个是上伸手臂高恰为脐高2倍，即226cm和113cm。利用这两个数值为基准，插入其他相应数值，形成两套级数，前者称“红尺”，后者称“蓝尺”。将红、蓝尺重合，作为横纵向坐标，其相交形成的许多大小不同的正方形和长方形是为“模度”。但有人认为柯布西耶的“模度”系列不能成为工业化生产的简便工具，因为其数值系列不能以有理数来表达。

高 3.14m（10 英尺 3 英寸）][1]，这样不仅简化了装配和连接，并以其简洁、有效的接缝著称。墙板覆盖整个柱距，使墙板的垂直接缝紧贴柱面而有效地抵御了室外冷空气侵入。这是战后英国对预制混凝土技术的贡献，并在一定程度内被推广应用。

促使预制混凝土外墙板被普遍接受的因素之一是它在美学上的表现力。长期以来，混凝土这一材料给人的印象是粗糙并有污斑，色彩晦暗，除非加用粉刷或贴面材料把它遮盖起来，否则很不美观。直到 1950 年代初人们企图以预制混凝土取代现浇混凝土时，才意识到利用混凝土的可塑性可以浇筑出非常多样、丰富、有装饰效果和表现力的面层来。特别是在预制外墙板构件时，由于可以平躺着浇捣，既能选用经过选择的骨料（从大小、颜色到形体的搭配）和白水泥或有色水泥做面层，也可利用特制的模具做成各种纹理和图案的面层（如勒·柯布西耶的马赛公寓）。如果把面层做得薄些，基层用普通混凝土做，既可收到方便施工、节约劳动力、少耗面层材料的效果，又可获得精致、美观、丰富多样的饰面。为此，建筑师，特别是第三世界国家的建筑师，终于在 1960 年代中期接受了预制混凝土外墙板并推广应用，从而进一步丰富了现代建筑的造型效果。

专图 2-60　英国伦敦采用预制混凝土外墙板的海德高层公寓

偏爱玻璃幕墙的美国，自 1960 年代也开始大力发展预制混凝土外墙板。其特点是从个别建筑的结构需要出发，挖掘其结构的潜力。其中著名的实例是费城的警察行政大楼（1962 年，专图 2-61），它对 1960 年代预制混凝土外墙板的影响，堪比 10 年前的马赛公寓。预制混凝土作为一种外墙板的最大缺点是太重，警察大楼的解决办法是把预制外墙板设计成既是围护结构又是房屋外围的结构。警察大楼底层上部的办公楼，就是采用一片片高达 3 层的构架式外墙板 10.67m × 1.52m × 0.76m（35 英尺 ×5 英尺 ×2.5 英尺）联系而成。此外，它还设计了一种双 T 截面的楔形楼板单元，搁置在中央竖芯和 3 层高的外墙板上，这样既可将楼板与墙板有效地建造成为一个整体，还可为所有水平向、垂直向管道的敷设提供空间。这是一个成功地把结构、外墙、设备、机械设施结合起来的预制装配建筑实例。它的价值不仅在结构上，并且建筑质量高。预制混凝土这种建造方式，可使建筑物的平面形体和总体造型达到一致。

① 1 英尺 =0.3048m。

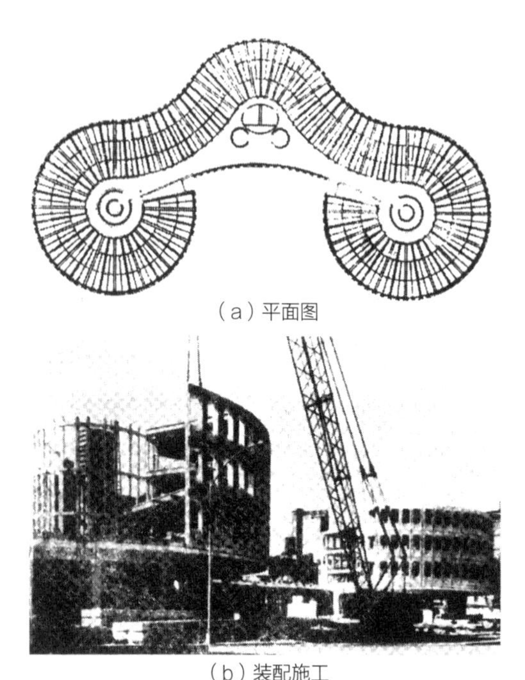

（a）平面图

（b）装配施工

专图 2-61 美国费城警察行政大楼

1950 年代末很多国家还发展了宜于建造大量性建筑的**工业化全装配建造体系**。当时许多国家都面临严重的房荒和市民一般生活所需的诸如学校、医院、小商店等建筑的严重缺乏。经过努力，形成了各种不同程度、不同方式的预制装配，例如采用部分标准化预制构件（如梁柱构件，楼板、墙板构件、砌块等）、运用先进的施工机械或使某些操作程序现代化和流水化等方法，但问题仍然没有解决。于是人们渴望建造全过程的工业化，即整个房屋的建造就像生产其他工业品那样能大批量、成套地生产，运到现场装配即成。这个愿望在 1960 年代前半期得以实现。许多用以建造住宅、学校、办公楼等大量性建筑的全装配建造体系在英、法、北欧、苏联等国家先后涌现，一定程度上解决了工业先进国家自工业革命以来长期存在的住宅问题。这是建造史上一场深刻的革命。

工业化全装配建造体系之所以在 1960 年代突然发展起来，是以战后多年来经济稳定上升和科技迅猛发展为基础的。一方面，城市人口的激增和人们生活水平的提高对住宅和其他大量性建筑不但在数量上，而且在建筑空间和设备质量上也有了更高的要求。另一方面，像建筑业那种室外体力劳动工作大大落后于其他工业部门，逐渐乏人问津，熟练技工日益减少，若要把建筑工人工资提高到产业工人水平，则由于产值低而难以维持。再者，传统建造方法施工期长、利息高，还要加上施工机械的租费和折旧率，使建筑成本更高。这一系列因素迫使营造商接受了整个建造过程的工业化，而最后的促成则是由于政府和地方当局的支持和组织。

工业化全装配建造体系首先要树立一种科学的思考方法，即把过去相互分离割裂的设计、生产、建造程序看成一个统一的整体，也就是把房屋看作一种工业产品，对房屋的设计（包括建筑空间、结构、设备的设计），构配件生产和运输，现场施工组织和装配，技术经济分析，市场需要与销售等各个环节都要进行综合配套的研究，从而建立房屋生产全过程的完整体系。

用工业化建造体系来建造房屋，能最大限度地利用人力、物力、财力资源和加快建造速度，还能在建筑中充分应用现代科学技术成就并开拓广阔的前景。

虽然从理论上说，建筑工业化建造体系是历史发展的必然，但是，它是在充满着各种矛盾的实践中实现的。建筑物不同于其他工业品，它是一项庞大的、综合性很强的、特殊的物质产品，涉及共同承担建筑生产的许多部门和多种专业的分工协作，而其关键又在于强有力的组织和管理。实现工业化全装配体系的主要障碍不是技术问题，而是经济、组织和政治因素，因为成功的建筑工业化必须是大规模的建造活动，它要求建造的连续性、高效率和统一性，并要求降低设计与生产上的个性与多样性。为此，特别需要政府的支持与作用。

上述种种因素，使建筑工业化全装配建造体系的发展惊人地缓慢，往往是阶段性的，并且充满了挫折、失败和经济损失。

1960 年代欧洲发展了不少各具特色的全装配钢筋混凝土大板住宅建造体系。其中法国先行，北欧体系质量较高，而数量最大的是苏联和东欧国家。英国的轻钢构架 CLASP 学校建造体系（The Consortium of Local Authorities Special Programme）则是世界范围内第一个成功的建造体系；1960 年代美国的 SCSD 学校建造体系是 CLASP 的发展，工业化程度很高。

当时的建造体系分预制大板、骨架轻板、匣子三大类。又按所有材料的比重分为重体系（材料密度大于 $1000kg/m^3$，如混凝土、砖）和轻体系（材料密度小于 $1000kg/m^3$，如木制品、石膏、石棉水泥、铝、塑料等，骨架材料则为钢和木）。

1851 年国际博览会上的水晶宫[①]是在当时所有竞赛方案中没有一个能满足要求——快建和在一定造价以内——的条件下被采纳的。它的造价比竞赛方案中最经济者还低一半，所提供的生产、装配程序也切实可行。其设计构思来自帕克斯顿，但标准化细部的设计，连同确切的造价预算则由福克斯（Charles Fox）和亨德森（Henderson）营造商负责。当时所有的部件与构件被分包到不同的工厂中去同时生产，产品集中后在基地上使用动力机械，对铸铁梁柱做了水力试验，再由各工种在现场协同装配。帕克斯顿方案之所以成功，在于他充分利用了当时的工业生产技术和水平（专图 2-62）。他并没有想到要创造一种建筑形式，然而水晶宫的造型却标志着建筑史上一个崭新时期的开始。但是大多数建筑师从那时起直至第一次世界大战，仍然拒绝接受必然支配建筑发展的工业技术，拒绝承认它是新时代建筑赖以产生的物质技术基础。

当代第一个成功的工业化体系是英国的 CLASP 学校建筑体系。这是一个轻钢构架、钢筋混凝土楼板和墙板的装配体系。它是在战后传统建筑材料和技工劳动力特别短缺又急需大量兴建学校的条件下诞生的。它最初是在一

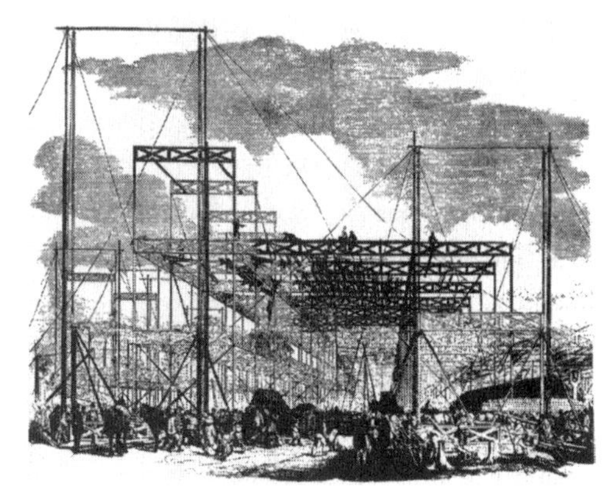

专图 2-62　水晶宫的装配

① 这个占地面积 $71800m^2$ 和回廊面积为 $20200m^2$ 的庞大建筑物，从构件制作到建造共花了 9 个月时间。除了 33m 高的中央通廊，由于采用了曲线形屋顶而不能用标准大梁外，整个建筑物采用的 3300 根柱子、2224 根大梁、330m 长的窗、30 万块玻璃板（约为当时英国全年产量的 1/3）均分散在英国各个工厂中制作。

种装配式玩具的启发下，用轻钢材料制成。之后赫特福德郡（Hertfordshire）地方当局为了充分利用在战时建立起来的轻钢工业生产力，组织了设计小组，使之发展为能够大量生产、价廉配套和只需少量手工劳动就能快速建成的轻钢模数化预制构件系统。1948 年建立了 CLASP 建筑联合企业，1957 年后正式供应，在英国 12 个州的学校采用。CLASP 体系在外墙板、窗、内隔墙方面，组装灵活性较大。如在一个能熟练地运用它的设计人手中，能根据各个学校的具体情况组合成多种多样的具有相当建筑特色的学校建筑。它在 1960 年米兰三年展上得了奖，后被德、法、意等国采用。由于各国气候、建造规范以及当地材料、技术、价格等方面的差异，在细部上需作一些修改和发展，但主体结构和基本构件则各地相同（专图 2-63~ 专图 2-65）。

1950 年代初，法国在建造供低薪阶层居住的**混凝土大板高层公寓建造体系**方面最先取得较大进展。大板体系装配化程度高，构件种类少，能适应当时以数量为主而对布局灵活性尚未有强烈要求的情况。当时在政府的大力支持下建立起了一个大规模混凝土预制板工业系统，之后随着经济的发展和适应城市关于成片地、有组织地建设居住小区的要求，一度取代过去小块街坊和邻里单位的建造。继而一位名叫加缪（R.Camus）的营造工程师精心设计了一个混凝土重板体系，这个体系具有较大的灵活性，能用于高层塔式和板式公寓，最高可达 23 层。1954 年在法国住房部长小克劳狄（Claudius Petit）[①] 的资助下，用加缪体系搞了一个有名的 400 住宅单元的大规模试验，大大推动了该体系的发展，为建筑工业化提供了巨大而有保证的市场，后来经销世界各地（专图 2-66、专图 2-67）。

北欧国家一开始侧重于发展钢筋混凝土预制外墙板。20 世纪 50 年代丹麦哥本哈根的拉森和尼尔森营建公司（Larson & Nielsen）发展了一个同名的十字墙体系，由横向墙和建筑物中部的纵向墙承重，呈十字交叉状，非承重外墙板悬挂在横墙末端（专图 2-68）。该公司在北欧有较大的影响，十字墙体系又给建筑师以较多的自由，使建筑造型较丰富。此外，瑞典的由楼板和墙板组合在一起的 T 形墙全混凝

专图 2-63　CLASP 体系的轻钢框架

专图 2-64　CLASP 体系学校的立面与细部处理

① 马赛公寓主持人。

专图 2-65　英国用 CLASP 体系建造的约克大学

专图 2-66　早期加缪体系住宅

专图 2-67　巴黎附近的加缪体系高层公寓

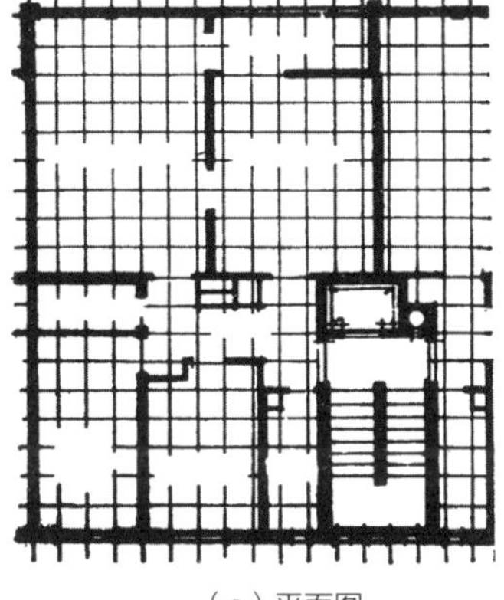

（a）平面图

（b）外观

专图 2-68　丹麦的拉森和尼尔森体系住宅

专图 2-69　瑞典的奥尔森和斯卡纳体系住宅

土（All Beton）体系和重型骨架——奥尔森和斯卡纳（Olson & Skarne）体系（专图 2-69）都是经年累月发展起来的良好而严密的体系。

苏联建筑工业化体系的发展十分最引人注目。计划经济为建筑工业化创造了良好的条件。1954 年全苏建筑工作者会议以后，即开始强调建筑工业化，重点发展重型混凝土大板体系，它使苏联在短短的几年中有一半住户迁进了新居。但由于发展过快，由传统向工业化过渡显得很突然，建筑物往往造型单调，细部枯燥乏味。尺寸的标准化和大规模试验性建造，促进了体系的系列化。以住宅为例，大板建筑共有 42 个系列，大板框架有 9 个，使建筑群组合的多样化有了可能。此外，苏联还实现了匣式体系。

美国在建筑体系方面起步最晚，学习西欧后，开始重视，有著名的 SCSD（Schoool Construction Systems Development）学校建造体系、Techcrete 住宅体系等。美国有一个“突破行动”计划，要在 1968—1978 年间建造 2600 万套新住宅，是个大规模的示范性计划。它在全国范围内组织大量生产，订立了 9 个示范性基地，有些取得了初步成效，有些却流产了。

美国的 SCSD 学校建造体系是 1950 年代英国 CLASP 体系的“后代”，它是在 1960 年代美国建筑工业高度发展、竞争激烈的条件下诞生的。体系由加利福尼亚大学建筑系和斯坦福（Stanford）大学教育系的学校设计试验所，结合学校行政、营造商和生产商共同研究设计的。主建筑师依兹拉·埃伦克兰茨（Ezra Ehren-Krantz）对设计程序合理性颇有研究，在设计前曾去英国学习。

为适应当时英美等国提倡的“不分年级”“小组教育”等教学方法的需要，要求建筑空间具有较大的灵活性，能组合成各种大小不同的“教育空间”，因而空间之间不设可关断的墙和门，而是采用了具有良好隔声效能的多种多样的活动隔断和折叠门。在为检验构件及其组装而建造的足尺模型中，除了厕所、盥洗室部分是固定的以外，其他内隔断和外墙都是可根据活动需要而进行拆卸和组装的，具有很强的适应性。

SCSD 是一个高度工业化体系。除了轻钢结构主体系外，还有五个次体系：①供暖、通风和冷气体系（设备、管道和控制装置）；②照明、顶棚（包括扩音器）体系；③室内隔断体系；④家具体系（包括贮藏柜、课堂实验台）；⑤学生橱柜（专图 2-70）。

到 1967 年，美国采用该体系建造的建筑物已达 400 多幢，其中伦诺克斯（Lennox）空调单元、豪斯曼（Hauseman）可拆装隔断和内地钢铁公司的结构系统、照明顶棚系统等畅销于建筑市场。

1970 年代，国外建筑工业化进入了一个新阶段。

其中一个特点是**现浇和预制相结合的体系**取得了优势。现浇与预制结合最先出现在高层住宅的建造体系中，是为了适应抗震要求而采取的权宜之计。但一经采用，发现不同工艺的混合使建造体系具有了不同于以往的在理论与实践上的优势。以法国为例，在 1950—1960

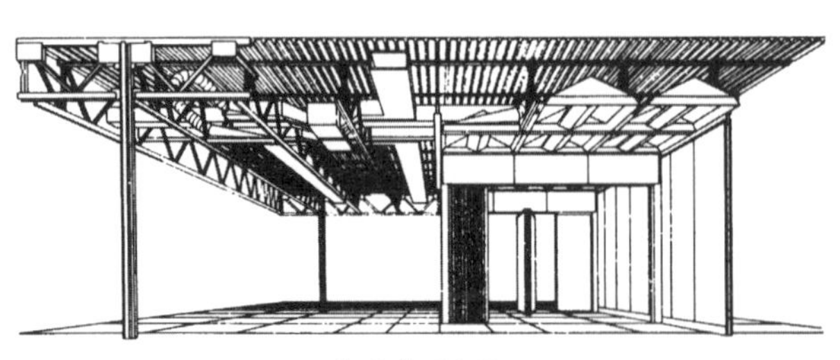

（a）体系全貌

（b）体系建造的学校内景

专图 2-70 美国 SCSD 学校体系

年代，其大型企业以发展预制大板建筑为主，少量中小企业由于投资力较弱，则发展了以大模板为主的现浇工艺。但自 1960 年代末起，由于出现了专用的混凝土运输卡车、混凝土泵等机械设备，大型的混凝土搅拌中心的建立，使预拌混凝土得以发展。于是，各种减少模板用量的滑模、大模板和隧道模等工具式模板现浇施工也得到了推广应用。特别是大模板广泛应用于多层住宅中，如 1975 年巴黎地区 82% 的新建住宅采用大模板。现浇大模板的模板投资仅为预制大板厂的 1/8，适应性强，对起重设备要求低（大板构件重达 10t，大模板不大于 1.5t），又无笨重构件的运输与堆放问题，而且结构整体性好，对高层建筑和地震区建筑尤为有利。这些特点恰好适应了 1970 年代资本主义经济危机时期住宅建设规模趋向小而分散的情况。其缺点是现场用工较多。于是，主体承重结构现浇，外墙（由于装修、隔热、保温和门窗安装等施工较复杂）的现浇和预制相结合的体系被广泛采用。

另一特点是全装配体系从专用体系向通用体系发展。大板为主的专用体系向通用体系发展，初步解决了工业化住宅外形单调呆板、平面布局缺乏灵活性等缺陷。但以轻质高强的建筑材料如钢、铝合金、石棉水泥、石膏、声热绝缘材料、木制品、结构塑料等构成的轻型体系，是当时工业化建造体系的先进形式，由于它比重型的混凝土大板体系更适宜于工业生产，节点制作较为多样化与精确度较高等因素，有利于搞通用体系而成为发展方向。

工业化建造体系是预制、装配的发展。它犹如一套建筑积木和与这套积木相配的构配件。每个建造体系可以从组织机构、技术构成、设计等三个不同的角度来反映它的性质和内容。运用某个体系的构件应能在一定程度上组合成多样化的房屋以适应具体建筑物的要求。专用体系和通用体系（或称封闭体系和开放体系）就是按其适应的程度而形成的两个相对概念。最先发展的体系，如英国的 CLASP、丹麦的拉森 · 尼尔森和法国的加缪体系是专用体系。它们是由一个组织机构发展和生产的，其构配件不能和其他体系的构配件组合装配。在发展过程中，建筑师要求设计中可有较多的选择，设计方案可以更多样化一些，要求构件在一定范围内可以跨体系通用，即成为通用体系。事实上，一个体系的通用性愈强，就愈不成为体系。只有在不同体系的部件、构件采用同一模数，其连接和密封技术也标准化的条件下，不同体系的部件与构件才能通用。预制专用体系在 1950 年代、1960 年代对加快建设速度、解决住宅问题起到了重要作用。但随着生活水平的提高，人们对一般工业化住宅的单调呆板、灵活性差和不适应家庭组成变化的需要等产生了不满。此外，财政匮乏、劳动力过剩又使以大量性建造为前提的全装配体系丧失了优点，大多数预制厂开工不足，导致不论是英、法等西欧国家还是北欧和日、美等都在酝酿如何向建筑工业化第二代过渡。

在英国，高层住宅建设量已大大减少，英国传统习惯的一、二层独立或联立式住宅和采用工业化方法和传统方法相结合的混合体系却逐渐增多。在建筑材料上，采用单一材料的也日趋减少，一般包括有混凝土、金属、木材和砖等各种材料。

法国建筑业正式提出要从专用体系向通用体系发展。法国专用体系多，每种体系均要生产整幢房屋的全部构件。通用体系则是各个厂商根据全国或地区通用的标准、尺寸、构造等生产构配件，用户可根据需要选购，以装配成多种形式的房屋，更适应当时建设趋向小规模与分散的要求。但推行通用体系要求各厂商产品遵守统一标准化规定，改变原有的生产线和建筑业机构，这并不是一件容易的事。

日本为发展通用体系，提出了“住宅部件化”，有计划地将门窗、小五金、卫生间、厨房、供暖、通风等设备、装修材料及制品、结构构件和钢筋、模板、脚手、扣件等，甚至公用信箱、公用电视天线等都进行标准化、专业化生产和实行商品化供应，并于 1975 年进行了通用体系住宅试验。

美国**活动住宅**的生产与销售已经成为美国独立式住宅工业化的一个方面。它从原材料到最后装配成一幢幢房屋，包括设备系统，整个生产过程完全是工业化的，全部在工厂中进行。

早在 1920 年代，为适应旅游的需要，人们开始制造假日篷车、旅行拖车，以免因找不到旅馆而露宿于外。1930 年代，由于经济衰退，住宅建设量缩减，这些拖车的车身虽然窄小，达不到一般的居住生活水平，但还能作长期居住之用，于是出现了永久性篷车、汽车拖车停车场等。

1933 年第一幢活动住宅由汽车制造商生产，一开始只是为了满足流动工人、巡回的钻探工、军事和土木工程人员之用。“二战”期间和战后恢复建设时期，人口流动很大，很多人没有固定的居所，这加速了美国采用拖车的进程。到 1950 年，已销售出的拖车中的 45% 已用作住宅。针对这种趋向，第一辆带有浴室的拖车于 1950 年进入市场；1951 年，加置了抽水马桶；1955 年，美国制造商开始生产 3m 宽的拖车单元；1961 年后，不顾一些州际公路部门的反对，单元达到 3.6m 宽、20m 长。如今美国许多州已允许采用 4.3m 宽的单元。这种大型单元（4.3m × 25.9m）基本上等于预制房屋。它不像过去的拖车可用家庭汽车来拖拉，而是需用特殊的拖拉工具。运至现场后，只要用起重机把它吊装放在地面垫块上，接通基地上的上下水、电和电话系统后就能使用。单元内有煤气供应，也有浴室、厨房连餐室、起居室、卧室等，虽然均为最小尺寸，但需要时可购买 2~3 个单元连接起来使用。

随着活动住宅在美国的扩大采用，产量不断提高，价格有所下降，质量也在改进。因此，社会上有些人提出了一个疑问：一个价格较低的、可以任意迁移的住宅是否将会取代价格较高的永久性住宅呢？其实这是一个非常复杂的什么是住与什么是住宅的问题。

美国另外一个建筑工业化建造体系 Techcrete 的创始人——建筑师卡尔 · 科奇（Carl Koch）从欧洲的体系建筑经验教训出发，认为由建筑师指导并参与设计，有可能将建造体系引向新的前景。于是，他和工程师赛普 · 费恩卡斯（Sepp Firnkas）合作，在熟悉和掌握了欧洲的体系后，考虑到美国严格的防火标准，采用了法国的重混凝土的构造方法，又吸取了北欧具有较强结构稳定性的“十字墙”平面布局，创造了混凝土的 Techcrete 体系。为解决墙板在承受最大应力处可能会出现折断的缺陷，他在混凝土构件装配后用后张法来提高应力，使构件在力学上连成一个刚性整体，提高了混凝土的承载能力，从而减小了构件尺寸。该体系的工业化程度较高，并发展了5个次体系：厨房、浴室卫生体系；楼梯和电梯体系；立面幕墙体系；内隔墙体系和电器设备体系。在建筑总体造型上，他以模数系统、层数和系列化配套为基础，以独特的设计构思，运用体系构件作了巧妙的组合，打破了工业化建造体系中常有的单调划一的局面，塑造了一个新的建筑景色。

工业化建筑体系中孕育着种种设计可能性，它能为建筑开拓一个前所未有的广阔天地。假如建筑师能摆脱传统观念的束缚，真正进入这一新领域，在深入了解工业化建造技术和急剧变化中的使用功能要求后，给自己的工作以新的内容，发挥设计才能，创造出具有较大适应性、多样化的工业化建筑体系，那么，便能使建筑成为人类改造自己物质环境的有力手段。

附录

索 引

C

M

N

O

R

S

图片来源

第一章

图 1-1-1、图 1-2-3、图 1-2-8、图 1-4-9、图 1-4-13，作者提供 .

图 1-1-2，WINTE J. London's teeming streets，1830-1914.Routledge Chapman Hall，Inc.，1994.

图 1-2-1，克鲁克香克 . 弗莱彻建筑史（第 20 版）[M]. 郑时龄，译 . 北京：知识产权出版社，中国水利水电出版社，1996：954.

图 1-2-2、 图 1-2-4，BERGDOLL B. European architecture 1750~1890[M]. Oxford：Oxford University Press，2000：100，191.

图 1-2-5、图 1-2-6、图 1-3-1，SUTTON I. Western architecture[M]. London：Thames & Hudson，1999：238，274，306.

图 1-3-2、图 1-3-4、图 1-3-5、图 1-3-6、图 1-3-7、图 1-3-8、图 1-3-9、图 1-3-10、图 1-3-11、图 1-3-12、图 1-3-13、图 1-3-14，GIEDION S.Space，time and architecture[M]. Cambridge：Harvard University Press Inc.1971：174，179，180，197，203，207，221，224，235，240，250，256.

图 1-2-7、图 1-3-3、图 1-3-15、图 1-3-16、图 1-3-17，本奈沃洛 . 西方现代建筑史 [M]. 邹德侬，译 . 天津：天津科学技术出版社 . 1996：80，15，109，103，103.

图 1-4-3，吉迪翁 . 空间 · 时间 · 建筑 [M]. 王锦堂，孙全文，译 . 台湾：台隆书店 .1996：803.

图 1-4-1、图 1-4-2、图 1-4-4、图 1-4-5、图 1-4-7，贝纳沃罗 . 世界城市史 [M]. 薛钟灵，等译 . 北京：科学出版社，2000：834，858，804，974，974.

图 1-4-6，图 1-4-8，图 1-4-11 张冠增 . 西方城市建设史纲 [M]. 北京：中国建筑工业出版社，2011：226，230，230.

图 1-4-10，柯蒂斯 . 20 世纪世界建筑史 [M]. 本书翻译委员会，译 . 中国建筑工业出版社，2011：83.

图 1-4-12，卓旻 . 西方城市发展史 [M]. 北京：中国建筑工业出版社，2014：156.

第二章

图 2-2-1，图 2-3-1，图 2-3-3，图 2-4-1，图 2-5-3，克鲁克香克 . 弗莱彻建筑史（第 20 版）[M]. 北京：知识产权出版社，中国水利水电出版社，1996：1132，1141，1140，1322，1221.

图 2-3-2，图 2-3-4，图 2-4-3，图 2-5-7，图 2-6-2，塔夫里，达尔科 . 现代建筑 [M]. 刘先觉，等译 . 北京：中国建筑工业出版社，2000：8，78，101，62，97.

图 2-4-2， 图 2-6-3， 图 2-6-4，CURTIS W. Modern Architecture Since 1900[M]. London：Phaidon. 1996：66，79，83.

图 2-4-4，图 2-5-1，图 2-5-2，图 2-5-9，图 2-5-10，图 2-5-11，图 2-5-12，图 2-6-1，图 2-6-6，图 2-7-2，GIEDION S. Space，time and architecture[M].Cambridge：Harvard University Press Inc.1971：310，372，362，403，404，403，66，325，453，483.

图 2-4-5，作者提供

图 2-5-4，EISELE J，KLOFT E，MANUAL H R. Typology and design[M]. Construction and Technology. Birkhauser，Inc. 2003：12.

图 2-5-5，SUTTON I. Western architecture[M]. London：Thames&Hudson，1999：313.

图 2-5-6，HUNT W D，Jr. Encyclopedia of American architecture[M]. New York：McGraw-Hill Book Company Inc.1980：215.

图 2-5-8，HOLLINGSWORTH M. architecture of the 20th century[M]. New York：Crescent Books. 1988：14.

图 2-6-5，GOSSEL P，LEUTHAUSER G. Architecture in the 20th century[M]. Cologne：Taschen GmBH. 2005：157.

图 2-7-1，SHARP D. Twentieth century architecture：a visual history（Facts on File）：New York，1991：34.

图 2-7-3，STEEL J. Architecture today. London：Phaidon Inc. 1996：12.

第三章

图 3-2-1，Philadelphia Museum of Art，公有领域，https://en.wikipedia.org/w/index.php?curid=3922548.

图 3-2-2，公有领域，https://commons.wikimedia.org/w/index.php?curid=25402603.

图 3-2-3，National Gallery of Norway，公有领域，https://commons.wikimedia.org/w/index.php?curid=69541493.

图 3-2-4，公有领域，http：//www.pushpullbar.com/forums/showthread.php?p=117973，公有领域，https://commons.wikimedia.org/w/index.php?curid=4357123.

图 3-2-5，公有领域，https://commons.wikimedia.org/w/index.php?curid=15273214.

图 3-2-6，Astrophysikalisches Institut Potsdam，公有领域，https://commons.wikimedia.org/w/index.php?curid=633860.

图 3-2-7，Genet，CC BY-SA 3.0，https://commons.wikimedia.org/w/index.php?curid=11228394.

图 3-2-8，Wladyslaw，CC BY-SA 3.0，https://commons.wikimedia.org/w/index.php?curid=11830214.

图 3-2-9，Amsterdam Municipal Department for the Preservation and Restoration of Historic Buildings and Sites (bMA)，公有领域，https://commons.wikimedia.org/w/index.php?curid=3863789.

图 3-2-10，Gemeentemuseum Den Haag，公有领域，https://commons.wikimedia.org/w/index.php?curid=37668615.

图 3-2-11，公有领域，https://commons.wikimedia.org/w/index.php?curid=3472843.

图 3-2-12，公有领域，https://fr.m.wikipedia.org/wiki/Fichier：Theo_van_Doesburg_191.jpg.

图 3-2-13，Hay Kranen，CC BY 3.0，https://

commons.wikimedia.org/w/index.php?curid=10042330.

图 3-2-14，公有领域，https://commons.wikimedia.org/wiki/File：Proun_2C_(El_Lissitzky，_1920).jpg.

图 3-2-15，公有领域，https://commons.wikimedia.org/w/index.php?curid=12958279.

图 3-2-16，Tretyakov Gallery，公有领域，https://commons.wikimedia.org/w/index.php?curid=23300142.

图 3-2-17，公有领域，https://commons.wikimedia.org/w/index.php?curid=37989976.

图 3-2-18，A. V. Shchusev，公有领域，https://commons.wikimedia.org/w/index.php?curid=2005436.

图 3-2-19，Robert Byron，公有领域，https://commons.wikimedia.org/w/index.php?curid=12074381.

图 3-2-20，公有领域，http：//russiatrek.org/blog/history/moscow-palace-of-soviets-soviet-architectural-giant/.

图 3-3-1、图 3-3-3、图 3-3-6、图 3-4-1、图 3-4-2、图 3-4-3、图 3-4-4、图 3-4-7、图 3-4-8、图 3-4-9、图 3-4-10、图 3-4-12、图 3-5-2、图 3-5-3、图 3-5-4、图 3-5-7、图 3-5-9、图 3-5-12、图 3-5-13、图 3-5-15、图 3-5-16、图 3-5-18、图 3-5-19、图 3-5-20、图 3-5-22、图 3-5-24、图 3-6-10、图 3-6-18、图 3-6-20、图 3-6-22、图 3-6-23、图 3-6-25、图 3-7-10、图 3-7-15，公有领域 .

图 3-3-2，Sailko，CC BY-SA 3.0，https://commons.wikimedia.org/w/index.php?curid=17433782.

图 3-3-4，Lelikron，CC BY-SA 3.0，https://commons.wikimedia.org/w/index.php?curid=28368990.

图 3-3-5，Lorkan，CC BY 2.0，https://commons.wikimedia.org/w/index.php?curid=6839113.

图 3-4-5，公有领域，https://villawolfgubin.eu/Villa-Wolf-Mies-van-der-Rohe.

图 3-4-6，Hans Peter Schaefer，CC BY-SA 3.0，https://commons.wikimedia.org/w/index.php?curid=183894.

图 3-4-11，Daniel Fišer，CC BY-SA 3.0，https://commons.wikimedia.org/w/index.php?curid=2039677.

图 3-5-1，Vincent Donzé，Le Matin，https://www.bilan.ch/story/la-chaux-de-fonds-achete-enfin-la-villa-fallet-240627142858.

图 3-5-5，RMN，PD-US，https://en.wikipedia.org/w/index.php?curid=56912818.

图 3-5-6，Radomir Cernoch，CC BY-SA 2.0，https://en.wikipedia.org/w/index.php?curid=40841640.

图 3-5-8，SiefkinDR，CC BY-SA 4.0，https://commons.wikimedia.org/w/index.php?curid=51542071.

图 3-5-10，Jaimrsilva，CC BY-SA 4.0，https://commons.wikimedia.org/w/index.php?curid=42447789.

图 3-5-11，公有领域，http：//corbusier.totalarch.com/files/build/024/004.jpg.

图 3-5-14，BOESIGE W，GIRSBERGER H. Le Corbusier 1910-65. Birkhäuser. 1999：59.

图 3-5-17，公有领域，https://images.lib.ncsu.edu/luna/servlet/detail/NCSULIB~1~1~104829~176530：Centrosoyus-Building?qvq=w4s：/when%2FConstructivist&mi=5&trs=127.

图 3-5-21，Imagens AMB，公有领域，https://commons.wikimedia.org/w/index.php?curid=1465902.

图 3-5-23，SiefkinDR，CC BY-SA 4.0，https://commons.wikimedia.org/w/index.php?curid=52660332.

图 3-6-1，公有领域，https://commons.wikimedia.org/w/index.php?curid=3721001.

图 3-6-2，R. Hoogewoud，CC BY-SA 4.0，https://commons.wikimedia.org/w/index.php?curid=24018766.

图 3-6-3，Pimvantend-Own work，CC BY-SA 3.0，https://commons.wikimedia.org/w/index.php?curid=2992763.

图 3-6-4，http：//classconnection.s3.amazonaws.com/83/flashcards/897083/jpg/open_air_school1349967535264.jpg.

图 3-6-5，oneblackline，CC BY 3.0，https://commons.wikimedia.org/w/index.php?curid=4308646.

图 3-6-6，CC BY-SA 2.0，https://commons.wikimedia.org/w/index.php?curid=677093.

图 3-6-7，FeinFinch，CC BY 3.0，https://commons.wikimedia.org/wiki/File：Penguin_Pool_London_Zoo.jpg.

图 3-6-8，A.Savin，FAL，https://commons.wikimedia.org/w/index.php?curid=58092461.

图 3-6-9，Michael Sander，CC BY-SA 3.0，https://commons.wikimedia.org/w/index.php?curid=8891275.

图 3-6-11，Pjt56，CC BY-SA 4.0，https://commons.wikimedia.org/w/index.php?curid=56830031.

图 3-6-12，Bundesarchiv，Bild 146III-373 / CC-BY-SA 3.0，https://commons.wikimedia.org/w/index.php?curid=5484311.

图 3-6-13，公有领域，https://www.elindependiente.com/wp-content/uploads/2018/03/interior-casa-muller-c-the-albertina-museum-viena-1118x808.jpg.

图 3-6-14，Josef Moser，CC BY-SA 4.0，https://commons.wikimedia.org/w/index.php?curid=40228504.

图 3-6-15，Bwag，CC BY-SA 4.0，https://commons.wikimedia.org/w/index.php?curid=42828312.

图 3-6-16，Rama，CC BY-SA 2.0 fr，https://commons.wikimedia.org/w/index.php?curid=4794735.

图 3-6-17，Par Subrealistsandu，CC BY-SA 3.0，https://commons.wikimedia.org/w/index.php?curid=8529489.

图 3-6-19，Hans Andersen，CC BY-SA 3.0，https://commons.wikimedia.org/w/index.php?curid=266140.

图 3-6-21，Holger.Ellgaard，CC BY-SA 3.0，https://commons.wikimedia.org/w/index.php?curid=8317453.

图 3-6-24，Ninara，CC BY 2.0，https://commons.wikimedia.org/w/index.php?curid=69182619.

图 3-6-26，公有领域，https://commons.wikimedia.org/w/index.php?curid=4343156

图 3-6-27，Freepenguin，CC BY-SA 3.0，https://commons.wikimedia.org/w/index.php?curid=5232723.

图 3-6-28，Danny Alexander Lettkemann，CC BY-SA 4.0，https://commons.wikimedia.org/w/index.php?curid=66123973.

图 3-6-29，Peter Schüle，CC BY-SA 3.0，https://commons.wikimedia.org/w/index.php?curid=1305830.

图 3-6-30，dalbera，CC BY 2.0，https://commons.wikimedia.org/w/index.php?curid=24669006.

图 3-7-1，Johnny Bivera，公有领域，https://commons.wikimedia.org/w/index.php?curid=32519919.

图 3-7-2，David Shankbone，CC BY-SA 3.0，https://commons.wikimedia.org/w/index.php?curid=6882882.

图 3-7-3，Sam Valadi，CC BY-SA 2.0 ，https://commons.wikimedia.org/wiki/File：Empire_State_Building，_New_York，_NY.jpg.

图 3-7-4，公有领域，https://commons.wikimedia.org/w/index.php?curid=450735.

图 3-7-5，公有领域，https://s3.amazonaws.com/classconnection/790/flashcards/2686790/png/larkin_building_interior-1532B3F5C9A41B9F758.png.

图 3-7-6，IvoShandor，CC BY-SA 3.0，https://commons.wikimedia.org/wiki/File：Oak_Park_II_Unity_Temple8.jpg.

图 3-7-7，公有领域，https://upload.wikimedia.org/wikipedia/commons/0/0a/Imperial_Hotel_Wright_House.jpg.

图 3-7-8，Daderot，公有领域，https://commons.wikimedia.org/w/index.php?curid=29163818.

图 3-7-9，Lykantrop，公有领域，https://commons.wikimedia.org/w/index.php?curid=3678244.

图 3-7-11，John Fowler，CC BY 2.0，https://commons.wikimedia.org/w/index.php?curid=24664041.

图 3-7-12，公有领域，https://classconnection.s3.amazonaws. com/629/flashcards/1986629/jpg/66-14478985379392CAD52.jpg.

图 3-7-13，Mmdoogie，CC BY-SA 3.0，https://commons.wikimedia.org/w/index.php?curid=4226315.

图 3-7-14，Kimon Berlin，CC BY-SA 2.0，https://commons.wikimedia.org/w/index.php?curid=57594847.

图 3-7-16，Ron Sterling，CC BY-SA 4.0，https://commons.wikimedia.org/w/index.php?curid=73003319.

图 3-7-17，Allan Ferguson，CC BY 2.0，https://commons.wikimedia.org/w/index.php?curid=2357876.

图 3-7-18，Marvin Rand，公有领域，https://commons.wikimedia.org/w/index.php?curid=1281490.

图 3-7-19，公有领域，http：//www.iainclaridge.co.uk/blog/3159.

图 3-7-20，Jack Boucher，公有领域，https://commons.wikimedia.org/w/index.php?curid=7636585.

图 3-7-21，公有领域，https://commons.wikimedia.org/w/index.php?curid=5234373.

图 3-7-22，公有领域，https://commons.wikimedia.org/wiki/File：HORIGUCHI-Okada-house.jpg.

图 3-7-23，公有领域，https://commons.wikimedia.org/wiki/File：SAKAKURA-Paris-pavilion.jpg.

图 3-7-24，Prandrade，CC BY-SA 4.0，https://commons.wikimedia.org/w/index.php?curid=43824035.

图 3-7-25，Riccio Leon，CC BY 2.0，https://commons.wikimedia.org/w/index.php?curid=72050386.

第四章

图 4-1-1、图 4-1-2、图 4-1-3、图 4-1-4、图 4-1-5、图 4-1-6、图 4-1-7、图 4-1-8、图 4-1-9、图 4-1-10、图 4-1-11、图 4-1-12、图 4-1-13、图 4-1-14、图 4-1-16、图 4-1-17、图 4-1-18、图 4-1-21、图 4-1-22、图 4-1-32、图 4-1-33、图 4-1-34、图 4-1-35、图 4-1-36、图 4-1-37、图 4-1-38、图 4-2-4、图 4-3-1（a）（b）（c）、图 4-3-3（a）（b）（c）（d）、图 4-3-4（a）（b）（c）（d）（e）、图 4-3-5（a）（b）（c）（d）、图 4-3-6（a）（b）、图 4-4-5（c）、图 4-4-6（a）（b）、图 4-4-8、图 4-4-9、图 4-4-11（c）、图 4-5-7（a）、图 4-6-1（a）、图 4-6-2（a）（b）、图 4-6-4、图 4-6-8、图 4-7-4（c）、图 4-7-5（b）、图 4-7-6、图 4-7-7（a）、图 4-7-7（b）、图 4-7-8、图 4-7-9、图 4-7-10、图 4-7-11（c）、图 4-7-12（a）（b）（c）（d）、图 4-7-16（a）（b）、图 4-8-1（a）、（c）、图 4-8-5（a）（b）（c）、图 4-8-8（a）、图 4-8-11（a）（b）、图 4-8-14（a）（b）（c）、图 4-9-3（a）（b）（c）（d）、图 4-9-5（c）、图 4-9-7（a）（b）（c）（d）、图 4-9-9、图 4-9-10、图 4-9-11（a）（b）（c），作者提供

图 4-1-15，http：//www.utzonphotos.com/guide-to-utzon/projects/fredensborghusene/.

图 4-1-19，图 4-1-20，图 4-2-8，图 4-3-8（b），图 4-4-11（a），柯蒂斯，20 世纪世界建筑史 [M].《20 世纪世界建筑史》翻译委员会译 . 北京：中国建筑工业出版社，2011：399，523，224，596，535.

图 4-1-23，图 4-1-28，图 4-1-29，图 4-8-6（b），童寯 . 日本近现代建筑 [M]. 北京：中国建筑工业出版社，1983：92，72，82，79.

图 4-1-24，图 4-1-25，图 4-1-27，图 4-1-30，图 4-1-31，弗兰姆普敦 . 20 世纪世界建筑精品集锦第九卷（东亚 1900-1999）[M]. 北京：中国建筑工业出版社，1999：86，102，110，115，118.

图 4-1-26（a），https://dryroastedarch.tumblr.com/post/160848212382/wayofthesamvrai-kenzo-tange.

图 4-1-26（b），https://designkultur.wordpress.com/2013/03/13/tokyo-1964-from-the-official-olympic-book-kenzo-tange/.

图 4-2-1，LE CORBUSIER. Urbanisme. Paris：Les Editions G. Cres & C.1924.

图 4-2-2，图 4-4-1（c），图 4-4-1（e），图 4-5-2（b），图 4-5-3，图 4-5-5（a），图 4-5-7（c），图 4-7-1（b），图 4-7-2，图 4-8-4（a），图 4-8-4（b），图 4-9-8（b），JOEDICKE J. A history of modern architecture[M]. New York：Frederick A. Praeger，1959：35，97，97，81，77，84，237，230，183，202，202，234.

图 4-2-3，图 4-2-5，弗兰姆普敦 . 现代建筑：一部批判的历史 [M]. 张钦楠，等译 . 4 版 . 北京：生活 · 读书 · 新知三联书店，2012：234，243.

图 4-2-6，GIEDION S. Space，time and architecture. Cambridge：Harvard University Press Inc. 1971：532.

图 4-2-7，https://www.skyscrapercenter.com/building/empire-statebuilding/261.

图 4-3-1（d），图 4-4-1（a）（b）（d）图 4-4-2（a），图 4-4-2（c），图 4-4-3，图 4-4-4，图 4-4-5（a），图 4-4-5（b），图 4-4-7，图 4-4-10，图 4-5-1（b），图 4-5-5（b），图 4-5-7（b），图 4-6-1（c），图 4-6-7，图 4-6-9，图 4-7-3（b），图 4-7-4（a），图 4-7-4（b），图 4-7-5（a），图 4-7-15，图 4-8-7（c），图 4-9-5（d），图 4-9-6（a），图 4-9-8（c），JOEDICKE J. Architecture since 1945 source and directions[M]. London：Pall Mall Press，1969：48，39，39，112，111，118，119，136，41，89，46，92，138，148，147，101，74，30，140，137，126，59，128，151

图 4-3-2（a），图 4-9-8（a），童寯 . 近百年西方建筑史 [M]. 南京：南京工学院出版社，1986：113，65.

图 4-3-2（b），BENEVOLO L. History of modern

architecture：volume two the modern movement[M]. Cambridge：The M.I.T. Press，1971：739.

图4-3-7（a），图4-3-7（b），图4-3-7（c），图4-4-11（b），图 4-4-12（c），图 4-9-2（a），JENCKS C. Modern movements in architecture[M]. Second edition. New York：Penguin Books，1985：314，315，312，266，266，130.

图 4-3-8（a），https://www.ahh.nl/index.php/en/projects2/12-utiliteitsbouw/85-centraal-beheer-offices-apeldoorn.

图4-4-2（b），薛恩伦．勒·柯布西耶——现代建筑名作访谈 [M]. 北京：中国建筑工业出版社，2011：146.

图4-4-5（d），Ryner Banham. 近代建筑概论 [M]. 台隆书店．1975：134.

图 4-5-1（a），COHEN J L. mies van Der Rohe[M]. Taylor&Francis，1996：92.

图 4-5-2（a），SCHULZE F. Mies van der Rohe：a critical biography[M]. Chicago and London：The University of Chicago Press，1985：245.

图4-5-4，JOHNSON P C. Mies van der Rohe[M]. New York：the museum of modern art，1947：135.

图4-6-1（b），GESKE，Norman A，HITCHCOCK H R. The sheldon memorial art gallery，university of Nebraska-Lincoln[M]. Sheldon Museum of Art Catalogues and Publications，1963：71.

图4-6-2（c），王受之．世界现代建筑史 [M]. 北京：中国建筑工业出版社，1999：270.

图4-6-3，图4-8-2（c），HATJE G. Encyclopedia of modern architecture[M]. Thames and Hudson London，1963：310，30.

图 4-6-5，HOLLINGSWORTH M. Architecture of the 20th century[M]. New York：Crescent Books，1988：106.

图4-6-6（a），图4-6-6（b），图4-4-12（a），图4-4-12（b），SHARP D. Twentieth century architecture：a visual history（Facts on File）[M]. New York，1991：218，218，288，288. 作者提供

图4-7-1（a），图4-7-3（a），图4-7-11（b），琼斯，卡尼夫．现代建筑的演变 1945-1990 年 [M]. 北京：中国建筑工业出版社，2009：15，32，205.

图 4-7-11（a），U.S. Air Force Academy，https://www.usafa.af.mil/News/Photos/igphoto/2002067542/.

图 4-7-13，https://www.moma.org/collection/works/797.

图4-7-14（a），图4-7-14（b），林中杰．丹下健三与新陈代谢运动——日本现代城市乌托邦 [M]. 韩晓晔，丁力扬，张瑾，等译．北京：中国建筑工业出版社，2011：237.

图4-7-16（c），弗兰姆普敦．20 世纪建筑学的演变：一个概要陈述 [M]. 张钦楠，等译．北京：中国建筑工业出版社，2007：126.

图 4-7-16（e），RICE P. Peter Rice：mémoires d'un ingé nieur[M]. Le Moniteur，1998：140.

图4-8-1（b），弗兰姆普敦．现代建筑：一部批判的历史（第四版）[M]. 张钦楠，等译．北京：生活·读书·新知三联书店，2012：221.

图4-8-1（d），图4-8-1（e），图4-8-3（a），图4-8-3（b），图4-7-16（d），JENCKS C. Modern Movements in Architecture[M]. Anchor Press，1973：174，177，170，170，38.

图4-8-2（a），图4-8-2（b），刘先觉．阿尔瓦·阿尔托 [M]. 北京：中国建筑工业出版社，1998：119，118.

图4-8-6（a），马国馨．丹下健三 [M]. 北京：中国建筑工业出版社，1996：98-99.

图4-8-7（a），图4-8-7（b），图4-8-15（a），图4-8-15（b），图4-8-16（a），图4-8-16（b），图4-8-17（a），图4-8-17（b），图4-8-18（a），图4-8-18（b），图4-8-19（a），图4-8-19（b），图4-8-19（c），图4-8-20（a），图4-8-20（b），图4-8-20（c），弗兰姆普敦，张钦楠．20 世纪世界建筑精品集锦 1900-1999 第 5 卷（中、近东）[M]. 北京：中国建筑工业出版社，1999：90，92，117，117，98，99，106，107，120，121，151，152，152，130，130，131.

图4-8-8（b），弗兰姆普敦，张钦楠．20 世纪世界建筑精品集锦 1900-1999 第 4 卷（环地中海地区）[M]. 北京：中国建筑工业出版社，1999：177.

图4-8-9（a），图4-8-9（b），图4-8-9（c），图4-8-12（a），图4-8-12（b），图4-8-12（c），图4-8-21（a），图4-8-21（b），图4-8-21（c），图4-8-22，弗兰姆普敦，张钦楠．20 世纪世界建筑精品集锦 1900-1999 第 8 卷（南亚）[M]. 北京：中国建筑工业出版社，1999：108，108，109，112，112，113，186，187，187，127.

图4-8-10（a），图4-8-10（b），图4-8-23（a），图4-8-23（b），图4-8-24，图4-8-25（a），图4-8-25（b），弗兰姆普敦，张钦楠．20 世纪世界建筑精品集锦 1900-1999 第 10 卷（东南亚与大洋洲）[M]. 北京：中国建筑工业出版社，1999：96，97，74，74，76，88，88.

图 4-8-13，GHIRARDO D. Architecture after modernism[M]. Thames and Hudson，1996.

图4-9-1，HITCHCOCK H R. Architecture：nineteenth and twentieth centuries[M]. New Haven：Yale University Press，1977：585.

图 4-9-2（b），GILL B. Many masks：a life of Frank Lloyd Wright[M]. New York：G. P. Putnam's Sons，1987：458.

图4-9-4（a），王建强提供

图4-9-4（b），图4-9-4（c），图4-9-4（d），BOESIGER W. Le Corbusier - Œuvre complète Volume 6：1952-1957[M]. Birkhäuser，2015：21，35，25.

图4-9-5（a），图4-5-6（a），图4-5-6（b），图4-5-6（c），NORBERG S C. Meaning in western architecture[M]. 1974：216，207，207，207.

图 4-9-5（b），JONES P B. Hans Scharoun[M]. Phaidon Press，1997.

图4-9-6（b），克鲁克香克．弗莱彻建筑史（第 20 版）[M]. 郑时龄，译审．北京：知识产权出版社，2011：1615.

第五章

图 5-1-1 https://pixabay.com/photos/skyline-city-chicago-downtown-5379286/.

图 5-1-2 FRAMPTON K. Modern architecture：a critical history[M]. 1992，2004：316.

图 5-1-3 纪录片 the Pruitt-Igoe.

图 5-1-4 SERGIO L. Carlo Scarpa[M]. Vienna：Phaidon Press Limited，1995：83.

图 5-1-5，TZONIS A，LEFAIVRE L. Architecture in

Europe since 1968：memory and invention[M]. New York：Rizzoli Intl Pubns，1992：71.

图 5-1-6 https://www.pinterest.com/pin/495396027740853589/.

图 5-1-7，GHIRARDO D. Architecture after modernism[M]. London：Thames and Hudson，1996：27.

图 5-1-8，https://assets.moma.org/documents/moma_catalogue_2483_300300503.pdf?_ga=2.15740159.81467494.1599731550-887622489.1575891705.

图 5-2-1（a），图 5-2-1（b），图 5-2-1（c），文丘里．建筑的矛盾性与复杂性 [M]. 周卜颐，译．1991，2006：119，118.

图 5-2-2，PETER G，LEUTHÄUSER G. Architecture in the twentieth century[M]. Cologne：Taschen，2001：272.

图 5-2-3， 图 5-2-4， 图 5-2-5，STEELE J. Architecture today[M]. Vienna：phaidon Press，1997：171，183，180.

图 5-2-6（a），http：//www.archidiap.com/opera/casa-baldi/.

图 5-2-6（b），https://www.pinterest.com/pin/424112489907859242/.

图 5-2-7（a），荷伦．维也纳歌剧院环路旅行社，奥地利 [J]. 世界建筑，1982（1）：47.

图 5-2-7（b），http：//www.johannesreponen.com/journal/2015/11/29/today-austrian-travel-agency-office-19761978-in-vienna-by-hans-hollein.

图 5-2-8，https://cn.bing.com/images/search.

图 5-2-9（a），图 5-2-9（b），TZONIS A，LEFAIVRE L. Architecture in Europe since 1968：memory and invention[M]. New York：Rizzoli Intl Pubns，1992：130，127.

图 5-2-10（a），http：//www.capitalieuropee.altervista.org/3/310.html.

图 5-2-10（b）， 图 5-2-10（c），DEREK F. The buildings of Europe：Berlin[M]. Manchester：Manchester University Press，1996：60.

图 5-2-11（a），STEWART D B，ISOZAKI A. Arata Isozaki：Architecture 1960-1990 [is published on the occasion of the exhibition organized by The Museum of Contemporary Art（MOCA），Los Angeles，the Centre de Création Industrielle（March 17-June 30，1991）][M]. New York：Rizzoli，1991：151.

图 5-2-11（b），https://shiikihiroshi.com/tcbil1905/.

图 5-3-1，http：//radical-pedagogies.com/wp-content/uploads/E08_2.jpg.

图 5-3-2（b），PETER G，LEUTHÄUSER G. Architecture in the twentieth century[M]. Cologne：Taschen，2001：309.

图 5-3-2（a），图 5-3-2（c），图 5-3-3（a），图 5-3-3（b），图 5-3-5（a），图 5-3-5（b），图 5-3-8（a），图 5-3-8（b），TZONIS A，LEFAIVRE L. Architecture in Europe since 1968：memory and invention[M]. New York：Rizzoli Intl Pubns，1992：56，59，63，61，67，135，134.

图 5-3-6（a），支文军，戴春．马里奥·博塔全建筑 1960-2015[M]. 上海：同济大学出版社，2015：836-837.

图 5-3-6（b），http：//www.botta.ch/en/SPAZI%20DEL%20LAVORO?idx=20.

图 5-3-7，http：//www.tumgir.com/tag/O.M.%20Ungers.

图 5-3-9，FRAMPTON K. Modern architecture：a critical history[M]. London：Thames and Hudson. 2007; 1st ed.，1980.

图 5-4-1（a），http：//www.quondam.com/37/3748ca.htm.

图 5-4-1（c），http：//www.ecole.co/fr/classics/hejduk/.

图 5-4-2（a），图 5-4-2（b），EISENMAN P. Five architects：Eisenman，Graves，Gwathmey，Hejduk，Meier[M]. Oxford University Press，1975：21，31.

图 5-4-2（c），https://eisenmanarchitects.com/House-II-1970.

图 5-4-3 https://eisenmanarchitects.com/House-III-1971.

图 5-4-4（a），http：//www.greatbuildings.com/cgi-bin/gbc-drawing.cgi/Hanselmann_House.html/Hanselmann_Axon.html.

图 5-4-4（b），https://abuildingaday.tumblr.com/post/127731117445/hanselmann-house-michael-graves-fort-wa.

图 5-4-5，柯蒂斯．20 世纪世界建筑史 [M]. 本书翻译委员会，译．北京：中国建筑工业出版社，2011：565.

图 5-4-6（a），PETER G，LEUTHÄUSER G. Architecture in the twentieth century[M]. Cologne：Taschen，2001：280.

图 5-4-6（b）， 图 5-4-7， 图 5-4-8（a），K. Framption，Richard Meier，Phaidon Press，2002：32，139，135，130，207.

图 5-4-8（b），来自 getty center.

图 5-4-9（a），https://www.christiandeportzamparc.com/fr/projects/cite-de-la-musique-est/.

图 5-4-9（b），https://fr.wikiarquitectura.com/b%C3%A2timent/cite-de-la-musique-philharmonie-2/.

图 5-4-10，TZONIS A，LEFAIVRE L. Architecture in Europe since 1968：memory and invention[M]. Rizzoli Intl Pubns，1992：226.

图 5-4-11，图 5-4-14（a），图 5-4-14（b），图 5-5-12（a），图 5-7-14（a），STEELE J. Architecture today[M]. Vienna：Phaidon Press，1997：171，183，180，437，116，117，201，388.

图 5-4-12 JODIDIO P. Ando complete works 1975-2012[M]. Cologne：Taschen，2012：40，47.

图 5-4-13（a），https://www.tokyoweekender.com/wp-content/uploads/2014/08/Ando-Church-of-the-Light.jpg.

图 5-4-13（b），https://www.domusweb.it/content/dam/domusweb/it/architecture/2018/04/10/tadao-ando-chiesa-a-hiroo/gallery/domus-ando-3.jpg.foto.rmedium.png.

图 5-4-14，RICHARD C L，FERNANDO M C. 安藤忠雄 1983-1989[M]. 台北：圣文书局，1996：88.

图 5-4-15（a），https://www.architectural-review.com/archive/chapel-of-st-lgnatius-by-steven-holl.

图 5-4-15（b），https://www.stevenholl.com/projects/st-ignatius-chapel.

图 5-4-15（c），https://www.sfmoma.org/artwork/2008.101/.

图 5-4-16（a），图 5-4-16（b），MCCARTER R，Steven Holl[M]. Phaidon Press，2015：89.

图 5-4-16（c），FRAMPTON K，Steven Holl：Architect[M]Phaidon Press，2003：135.

图 5-5-1，https://eisenmanarchitects.com/House-X-1975.

图 5-5-2，https://upcommons.upc.edu/bitstream/handle/2117/93398/29Amp29de63.pdf?sequence=29&isAllowed=y.

图 5-5-3（a），薛恩伦 . 埃森曼的理论与实践 [J]. 世界建筑，1999，4：68.

图 5-5-3（b），GHIRARDO D. Architecture after modernism[M]. London：Thames and Hudson，1996：91.

图 5-5-4（a），图 5-5-4（b），PETER G，LEUTHÄUSER G. Architecture in the twentieth century[M]. Cologne：Taschen，2001：371，370.

图 5-5-5，KOOLHAAS R，Delirious New York：a retroactive manifesto for Manhattan[M]. New York：The Monacelli Press，1994：295.

图 5-5-6，JENCKS C. Deconstruction：the pleasure of absence[J]. Architectural Design，1988，58（3-4）：16-31.

图 5-5-7，https://www.archdaily.com/785504/what-the-demolition-of-omas-netherlands-dance-theatre-says-about-preservation-in-architecture.

图 5-5-8，https://sulondon.syr.edu/wp-content/uploads/2020/05/Rovensky-et-al-Zeebrugge-Sea-Terminal-Sketch-Close-Up-1024x756.jpg.

图 5-5-9，https://thecharnelhouse.org/wp-content/uploads/2016/03/hadid-zaha-title-hong-kong-peak-date-1982-1983-location-hong-kong-hong-kong-china-4.jpg.

图 5-5-10，薛恩伦 . 哈迪特与动态构成 [J]. 世界建筑，1998（4）：80.

图 5-5-11（a），https://ducciomalagamba.com/en/architects/alvaro-siza/114-galician-contemporary-art-centre-santiago-compostela-2/#DM-002-114.

图 5-5-11（b），图 5-5-12（b），图 5-5-12（c），图 5-5-12（d），图 5-5-14（a），图 5-5-14（b），TZONIS A，LEFAIVRE L. Architecture in Europe since 1968：memory and invention[M]. New York：Rizzoli Intl Pubns，1992：291，220，222，222，270，269.

图 5-5-15，www.alamy.com，the-golden-fish-sculture-by-architect-frank-gehry-peix-olimpic-barcelona-JWKWB6.

图 5-5-16，勉成 . 毕尔巴鄂古根海姆博物馆，西班牙 [J]. 世界建筑，1998（4）：58-59.

图 5-6-1，https://clars.com/wp-content/uploads/2015/03/Shulman_556_63361.jpg.

图 5-6-2，作者自摄

图 5-6-3，图 5-6-4（a），图 5-6-4（b），TZONIS A，LEFAIVRE L. Architecture in Europe since 1968：memory and invention[M]. New York：Rizzoli Intl Pubns，1992：79，149，151.

图 5-6-5，https://ducciomalagamba.com/en/architects/alvaro-siza/114-galician-contemporary-art-centre-santiago-compostela-2/#DM-002-114.

图 5-6-6，http：//www.predock.com/NelsonASU/nelson.html.

图 5-6-7，https://archeyes.com/san-cristobal-stable-egerstrom-house-luis-barragan/.

图 5-6-8，GHIRARDO D. Architecture after modernism[M]. London：Thames and Hudson，1996：94，93.

图 5-6-9，“The Complete a of Balkrishna Doshi”，James Steele：86.

图 5-6-10，侯赛因——多西画廊，艾哈迈达巴德，印度 [J]. 世界建筑，1999（8）：52.

图 5-6-11，林京 . 杨经文及其生物气候学在高层建筑中的运用 [J]. 世界建筑，1996（4）：23.

图 5-6-12，https://www.alamy.com/contemporary-architecture-central-square-kuala-lumpur-malaysia-image1551746.html.

图 5-6-13，JODIDIO P. Renzo Piano building workshop 1966-2005，volume two[M]. Cologne：Taschen，2005：201.

图 5-7-1，https://www.epdlp.com/edificio1.php?id=7493.

图 5-7-2，https://www.archdaily.com/401528/ad-classics- the-dymaxion-house-buckminster-fuller.

图 5-7-3（a），https://kawindhanakoses.wordpress.com/research/the-work-of-jean-prouve-and-its-influence-on-contemporary-architecture-of-the-late-20th-century/.

图 5-7-3（b），https://docomomoaustralia.com.au/dcmm/at-risk-france-sign-the-petition-maison-du-peuple-of-clichy-by-jean-prouve-eugene-beaudouin-marcel-lods-and-vladimir-bodiansky-clichy-france-1935-1939/.

图 5-7-4，TZONIS A，LEFAIVRE L. Architecture in Europe since 1968. London：Thames and Hudson，1997：156.

图 5-7-5（a），图 5-7-5（b），欧洲人权法庭——斯特拉斯堡，法国 [J]. 世界建筑导报，1997（Z1）：79，80.

图 5-7-6，RICE P. Peter Rice：mémoires d'un ingé nieur[M]. Paris：Le Moniteur，1998：151，153.

图 5-7-7，TZONIS A，LEFAIVRE L. Architecture in Europe since 1968[M]. London：Thames and Hudson，1997：117.

图 5-7-8，MEYHÖFER D. Contemporary European architects 2[M]. Köln：Benedikt Taschen，1995：83.

图 5-7-9，TZONIS A，LEFAIVRE L. Architecture in Europe since 1968[M]. London：Thames and Hudson，1997：124-125.

图 5-7-10，TZONIS A，LEFAIVRE L. Architecture in Europe since 1968[M]. London：Thames and Hudson，1997：176.

图 5-7-11，MEYHÖFER D. Contemporary European Architects 2[M]. Köln：Benedikt Taschen，1995：72-73.

图 5-7-12，TZONIS A. LEFAIVRE L. Architecture in Europe since 1968[M]. London：Thames and Hudson，1997：285.

图 5-7-13，TZONIS A，Lefaivre L. Architecture in Europe since 1968[M]. London：Thames and Hudson，1997：259.

图 5-7-14（a），https://www.skylineatlas.com/forum/how-tall-is-the-commerzbank-tower/

图 5-7-14（b），https://miesarch.com/work/1724

图 5-7-15（a），https://www.northernarchitecture.us/artificial-lighting/the-reichstag-berlin.html

图 5-7-15（b），https://www.britannica.com/topic/Reichstag-building-Berlin-Germany

图 5-8-1，WILSON R. From：Francisco Asensio Cerver，The Architecture of Minimalism[M]. New York：Hearst Books International，1997：16.

图 5-8-2，Jeroen Verrecht. From：https://domhansvanderlaan.nl/theory-practice/practice/abbey-st-benedictusberg/explore/.

图 5-8-3，KICHERER K，CARDELÚS D. From：Francisco Asensio Cerver，the architecture of minimalism[M]. New York：Hearst Books International，1997：171.

图 5-8-4，CARDELÚS D. From：Francisco Asensio Cerver，the architecture of minimalism[M]. New York：Hearst Books International，1997：180.

图 5-8-5，HIRAI H. From：Paco Asensio，minimalist spaces[M]. Loft Publications S.L. and HBI，2001：20.

图 5-8-6，RICHTERS C. From：Francisco Asensio Cerver，the architecture of minimalism[M]. New York：Hearst Books International，1997：31.

图 5-8-7，Tyke，CC BY-SA 3.0，https://commons.wikimedia.org/wiki/File：B_E1_lores.jpg

图 5-8-8，HUEBER E. From：Paco Asensio，minimalist spaces[M]. Loft Publications S.L. and HBI，2001：85.

图 5-8-9，SPILUTTINI M. From：Francisco Asensio Cerver，the architecture of minimalism[M]. New York：Hearst Books International，1997：44.

图 5-8-10，Hisao Suzuki. From：El Croquis，60+84，2000：104，105，110.

图 5-8-11，Margherita Spiluttini，Hisao Suzuki. From：El Croquis，60+84，2000：344.

图 5-8-12，Timothy Hursley. From：El Croquis，60+84，2000：318，324，326，327，328.

图 5-8-13（a），Heinz-Josef Lücking. CC BY-SA 2.5，https://commons.wikimedia.org/wiki/File：Tate_Gallery，_London.jpg.

图 5-8-13（b），图 5-8-13（c），Christian Richters，Margherita Spiluttini. From：El *Croquis*，60+84，2000：374，375，376.

图 5-8-14，Sanja，公有领域，https://commons.wikimedia.org/wiki/File：Therme_Vals_hotel，_Vals，_Graub%C3%BCnden，_Switzerland_-_20050803.jpg.

图 5-8-15，Hans Peter Schaefer，CC BY-SA 3.0，https://commons.wikimedia.org/wiki/File：Bregenz_kunsthaus_zumthor_2002_01.jpg.

图 5-8-16，Hisao Suzuki. From：El Croquis，102，2000：55.

图 5-8-17，Hisao Suzuki. From：El Croquis，102，2000：128.

图 5-8-18，Hisao Suzuki. El Croquis，102，2000：252.

图 5-8-19，Hisao Suzuki. Alberto Campo Baeza：Works and Projects. P134.

专题一

专图 1-1，霍华德，等 . 明日的田园城市 [M]. 北京：商务印书馆，2010：21.

专图 1-2、专图 1-7、专图 1-8、专图 1-9、专图 1-10、专图 1-11、专图 1-18、专图 1-21、专图 1-22、专图 1-23、专图 1-24、专图 1-29、专图 1-32、专图 1-33、专图 1-35、专图 1-36、专图 1-37、专图 1-38、专图 1-41、专图 1-43、专图 1-45、专图 1-46、专图 1-48、专图 1-50、专图 1-51、专图 1-52、专图 1-53、专图 1-54、专图 1-55、专图 1-56、专图 1-57、专图 1-58、专图 1-59、专图 1-60、专图 1-61、专图 1-66、专图 1-70、专图 1-71、专图 1-74，作者提供

专图 1-4，专图 1-5，专图 1-6，专图 1-12，根据 Fredderik Gibbered“Town Design”和美国建筑师学会组织“Urban Design”译，《市镇设计》，程里尧，译 . 北京：中国建筑工业出版社，1983：188，191，270（174），193.

专图 1-13，专图 1-14，BENEVOLO L. The history of the city[M]. London：Scolar Press，1980：941，940

专图 1-15，VITTORIO M L. Architecture and city planning in the twentieth century[M]. New York：Van Nostrand Reinhold Co.，1985：130.

专图 1-16，专图 1-40，专图 1-42，BENEVOLO L. Histoire de la ville[M]. Editions Parenthèses，1983：491，488，394.

专图 1-17，专图 1-25，专图 1-44，GALLION，et al. The urban pattern[M]. Van Nostrand Reinhold，1986：548，334，91.

专图 1-19，专图 1-63，JENCKS C. Modern movements in architecture[M]. Anchor Books Edition，New York：Anchor Press，1973：378，428.

专图 1-20，专图 1-30，城市规划译文集 Ⅱ [M]. 北京：中国建筑工业出版社，1983：160，268（273）.

专图 1-26，专图 1-3，奥斯特洛夫斯基 . 现代城市建设 [M]. 冯文炯，陶吴馨，刘德明，译 . 北京：中国建筑工业出版社，1986：244，134.

专图 1-27，奥斯特洛夫斯基 . 现代城市建设 [M]. 冯文炯，陶吴馨，刘德明，译 . 北京：中国建筑工业出版社，1986：127.

专图 1-28，GOLANY G. New-town planning：principle and practice[M]. Hoboken：Wiley，1976：213.

专图 1-31，专图 1-34，城市规划译文集 [M]. 北京：中国建筑工业出版社，1980：153，293.

专图 1-39，专图 1-65，VITTORIO M L. Architecture and city planning in the twentieth century[M]. New York：Van Nostrand Reinhold Co.，1985：238，237.

专图 1-47，WHITTICK A. Encyclopedia of urban planning[M]. Mcgraw Hill，1973：1119.

专图 1-49，MOFFETT et al. A world history of architecture[M]. McGraw-Hill，2004：522.

专图 1-62，波利索夫斯基 . 未来的建筑 [M]. 北京：中国建筑工业出版社，1979：20.

专图 1-64、专图 1-69，库哈斯 . japan project

Metabolism talks[M]. 39，287.

专图1-67、专图1-68，JENCKS CHARLES. Architecture 2000; prediction and methods[M]. New York：Praeger Pub.，1971：94，72.

专图1-72，波利索夫斯基 . 未来的建筑 [M]. 北京：中国建筑工业出版社，1979：24.

专图1-73，JENCKS CHARLES. Architecture 2000; prediction and methods[M]. New York：Praeger Pub.，1971：100.

专题二

专图2-1，专图2-30，专图2-31，SHARP D. Twentieth century architecture：a visual history（facts on file）[M]. New York，1991：193，172，213.

专图2-2，专图2-4，专图2-9，专图2-40，HOLLINGSWORTH M. Architecture of the 20th century[M]. New York：Crescent Books. 1988：103，107，149，145.

专图2-5，ZEIDLER E H. Multi-use architecture[M]. Stuttgart：Karl Kramer Verlag Inc.，1983：54.

专图2-7，Planning and Environmental Criteria for Tall Buildings，American Society of Civil Engineers，Inc.，1981：1046.

专图2-8，Architectural Forum，1973（04）.

专图2-10、专图2-11、专图2-17、专图2-25、专图2-32、专图2-33、专图2-34、专图2-35、专图2-39、专图2-43、专图2-57、专图2-58、专图2-59、专图2-60、专图2-61、专图2-62、专图2-63、专图2-64、专图2-65、专图2-66、专图2-67、专图2-68、专图2-69、专图2-70，作者提供

专图2-12，GLANCEY J. 20th Century architecture[M]. London：Carlton Books Limited，1999：204.

专图2-13，世界建筑，1987（06）：24.

专图2-14，专图2-29，专图2-6，LYNN S B. Second century of the skyscraper[M]. New York：Van Nostrand Reinhold Company Inc.，1988：231，330，139.

专图2-15，芒德福 . 城市发展史——起源、演变和前景 [M]. 北京：中国建筑工业出版社，1983：图版59.

专图2-16，GRICE G. The art of architecture Illustration[M]. New York：McGraw-Hill Book Company Inc.，1997：202.

专图2-18，http：//www.skyscrapercenter.com/building/burj-khalifa/3.

专图2-19，https://www.skyscrapercenter.com/building/burj-al-arab/402.

专图2-20，专图2-3，STEELE J. Architecture today [M]. London：Phaidon Inc.，1996：75，371.

专图2-21，弗兰姆普敦 . 20世纪世界建筑精品集锦第九卷（东亚1900-1999）[M]. 北京：中国建筑工业出版社，1999：195.

专图2-22，Evolving Architecture .Selected architecture competition：past to present 1986-1990[M]. Meiei Publications Inc.，1995：69.

专图2-23，TASCHEN R. Contemporary European architects[M]. Taschen Spanish Inc.，1994：68.

专图2-24，世界建筑，1991（03）：34.

专图2-27，专图2-26，HOWELER E. Skyscraper：Design of the recent past and for the near future[M]. London：Thames&Hudson，2003：145，181.

专图2-28，世界建筑，1986（05）：34.

专图2-36，专图2-38，HUNT W D，Jr. Encyclopedia of American architecture[M]. New York：McGraw-Hill Book Company Inc.，1980：436，彩页 .

专图2-37，GOSSEL P，LEUTHAUSER G. Architecture in the twentieth century[M]. Cologne：Taschen，2001：254.

专图2-41，FRAMPTON K. Modern architecture：a critical history[M]. London：Thames&Hudson，third edition，2002：303.

专图2-42，JENCKS C，CHAITKIN W. Current architecture[M]. London：Academy Edtions，1982：60.

专图2-44，https://www.cnn.com/2014/07/10/us/astrodome-proposal/index.html.

专图2-45，同济大学学报，1978年建筑版 .

专图2-46，专图2-47，专图2-48，GORDON B F. Olympic architecture building for the summer games，（S.1）：Wiley Interscience，1983.

专图2-49，世界建筑，1988（2）：26.

专图2-50，Tokenaka Corporation. Fukuoka Dome. Process Architeture，1995（123）：14-19.

专图2-51，房恩，铁灶 . 东京充气圆顶竞技馆 . 世界建筑 [J]. 1989（4）：36-38.

专图2-52，专图2-53，TREIB M. Spoerts cathedral[M]. Progressive Architecture，1985（6）：71-80.

专图2-54，BUCHANAN P. Kansai international airport[M]. The Architectural Review，1994（11）：32-36.

专图2-55，SEKKEI N. Circulation[M]. Process Architecture，1994（122）：120-123.

专图2-56，GAGG C R. LEWIS P R. The rise and fall of cast iron in Victorian structures-A case study review[J]. Engineering Failure Analysis，Volume 18，Issue 8，2011：1968

参考文献与扩展阅读

一、历史类参考书目

1. GIEDION S. Building in France，building in iron，building in ferroconcrete[M]. Oxford University Press，1996.

2. GIEDION S. Bauen in frankreich，bauen in eisen，bauen in eisenbeton[M]. Leipzig : Klinckhardt & Biermann，1928.

3. HITCHCOCK H. Modern architecture：romanticism and reintegration[M]. Ams Pr Inc，1972；New York：Payson & Clarke Ltd.，1929.

4. HITCHCOCK H，JOHNSON P. The international style：architecture since 1922[M]. W. W. Norton & Co.，1932.

5. KAUFMANN E. Von Ledoux bis Le Corbusier：ursprung und entwicklung der autonomen architektur[M]. Vienna：Passer，1933.

6. PEVSNER N. Pioneers of modern design：from William Morris to Walter Gropius[M]. Penguin Books Ltd，1991.

7. 佩夫斯纳．现代设计的先驱者：从威廉·莫里斯到格罗皮乌斯[M]. 王申祜，王晓京，译．北京：中国建筑工业出版社，2004.

8. GIEDION S. Space，Time and architecture[M]. Harvard University Press，2009.

9. 吉迪翁．空间·时间·建筑[M]. 王锦堂，孙全文，译．武汉：华中科技大学出版社，2014.

10. PEVSNER N. An outline of European architecture[M]. Thames & Hudson，2009.

11. 佩夫斯纳．欧洲建筑纲要[M]. 戎筱，译．杭州：浙江人民美术出版社，2021.

12. GIEDION S. Mechanization takes command：a contribution to anonymous history[M]. University of Minnesota Press，2014.

13. ZEVI B. Architecture as space：how to look at architecture[M]. Horizon Press，1957.

14. ZEVI B. Saper vedere l' architettura[M]. Torino：Einaudi，1948.

15. 赛维．建筑空间论：如何品评建筑[M]. 张似赞，译．北京：中国建筑工业出版社，2006.

16. HITCHCOCK H. Architecture：nineteenth and twentieth centuries[M]. Yale University Press，1977.

17. JOEDICKE J. A history of modern architecture[M]. James C. Palmes. (trans.) Architectural Press，1959.

18. JOEDICKE J. Geschichte der modernen architektur[M]. G. Hatje，1958.

19. BANHAM R. Theory and design in the first machine age[M]. Cambridge：MIT Press，1980.

20. 班纳姆．第一机械时代的理论与设计[M]. 丁亚雷，张筱膺，译．南京：江苏美术出版社，2009.

21. BENEVOLO L. History of modern architecture[M]. MIT Press，1999；

22. BENEVOLO L. Storia dell' architettura moderna[M]. 1st ed. Laterza，1960.

23. 本纳沃罗．西方现代建筑史[M]. 邹德侬，等译．天津科学技术出版社，1996.

24. BENEVOLO，L. The origins of modern town planning[M]. Judith Landry (trans.). The MIT Press，1971.

25. BENEVOLO L. Le origini dell' urbanistica moderna[M]. Bari：Laterza，1963.

26. COLLINS P. Changing ideals in modern architecture，1750-1950[M]. McGill-Queen's Press，1998.

27. 柯林斯．现代建筑设计思想的演变，1750-1950[M]. 英若聪，译．北京：中国建筑工业出版社，2003.

28. PEVSNER N. The sources of modern architecture and design[M]. Thames and Hudson Ltd.，1995.

29. 佩夫斯纳．现代建筑与设计的源泉[M]. 殷凌云，毕斐，译．杭州：浙江人民美术出版社，2018.

30. JENCKS C. Modern movements in architecture[M]. NY：Anchor Books，1973.

31. ZEVI B. The modern language of architecture[M]. University of Washington Press，1978.

32. ZEVI Bruno. Il linguaggio moderno dell' architettura[M]. Torino：Einaudi，1973.

33. BENEVOLO L. The history of the city[M]. Geoffrey Culverwell (trans.). London：Scolar Press，1980.

34. BENEVOLO L. Storia della città[M]. Roma-Bari：Laterza，1975.

35. 贝纳沃罗．世界城市史[M]. 薛钟灵，等译．北京：科学出版社，2000.

36. PEVSNER N. A history of building types[M]. Princeton University Press，1976.

37. TAFURI M，DAL CO F. Modern architecture[M]. Robert Erich Wolf (trans.). Harry N. Abrams，1979.

38. TAFURI M，DAL CO F. Architettura contemporane[M]. Electa/Rizzoli，1976.

39. 塔夫里，达尔科．现代建筑[M]. 刘先觉，译．北京：中国建筑工业出版社，2000.

40. FRAMPTON K. Modern architecture：a critical history[M]. Thames & Hudson Ltd，2007.

41. 弗兰姆普敦．现代建筑：一部批判的历史[M]. 张钦楠，等译．北京：生活·读书·新知三联书店，2012.

42. RYKWERT J. The first moderns：the architects of the eighteenth century[M]. Cambridge：The MIT Press，1980.

43. CURTIS W J R. Modern architecture since 1900[M]. Phaidon Press Ltd，3rd ed.，1996.

44. 柯蒂斯．20世纪世界建筑史[M]. 本书翻译委员会，译．北京：中国建筑工业出版社，2011.

45. LAMPUGNANI V M. Encyclopedia of 20th Century Architecture[M]. Barry Bergdoll (trans.). Thames & Hudson，1986.

46. KOSTOF S. A history of architecture：settings and rituals[M]. Oxford University Press，1985.

47. TRACHTENBERG M，HYMAN I. Architecture：

from prehistory to postmodernity[M]. Discontinued 3PD，2002.

48. WATKIN D. A history of western architecture[M]. Laurence King Publishing，2016.

49. 大卫·沃特金．西方建筑史[M]. 傅景川，等译．长春：吉林人民出版社，2004.

50. HALL，P. Cities of tomorrow：an intellectual history of urban planning in theory and practice in the twentieth century[M]. Blackwell Publishers，1988.

51. 彼得·霍尔．明日之城：1880年以来城市规划与设计的思想史[M]. 童明，译．上海：同济大学出版社，2017.

52. 藤森照信．日本の近代建築（上/下）[M]. 岩波新書，1993.

53. 藤森照信．日本近代建筑[M]. 黄俊铭，译．济南：山东人民出版社，2010.

54. PETER J. The oral history of modern architecture：interviews with the greatest architects of the twentieth century[M]. H. N. Abrams，1994.

55. 约翰·彼得．现代建筑口述史：20世纪最伟大的建筑师访谈[M]. 王伟鹏，译．北京：中国建筑工业出版社，2019.

56. WILSON C S J. The other tradition of modern architecture：the uncompleted project[M]. Black Dog Architecture，1995.

57. OECHSLIN W. Otto wagner，adolf loos，and the road to modern architecture[M]. Lynnette Widder (trans.). Cambridge University Press，2002.

58. OECHSLIN W. Otto wagner，adolf loos und der evolutionäre weg zur modernen architektur[M]. gta Verlag，1994.

59. CHING F D K，JARZOMBEK M，PRAKASH V. A global history of architecture[M]. Hoboken：John Wiley & Sons，3rd ed.，2017.

60. BUTTERWORTH D C. Sir Banister Fletcher's a history of architecture[M]. Reed Educational & Professional Publishing Ltd，1996.

61. 丹·克鲁克香克．弗莱彻建筑史（原书第20版）[M]. 郑时龄，支文军，卢永毅，等译．北京：知识产权出版社，2011.

62. BERGDOLL B. European architecture 1750-1890[M]. Oxford University Press，2000.

63. 巴里·伯格多尔．1750-1890年的欧洲建筑．周玉鹏，译．北京：清华大学出版社，2012.

64. NORBERG-SCHULZ C. Principles of modern architecture[M]. Andreas Papadakis Pub，2000.

65. COLQUHOUN A. Modern architecture[M]. Oxford University Press，2002.

66. JONES P B. Modern architecture through case studies[M]. Architectural Press，2002.

67. 琼斯．现代建筑设计案例[M]. 魏羽力，吴晓，译．北京：中国建筑工业出版社，2005.

68. FAZIO M，MOFFETT M，WODEHOUSE L. A world history of architecture[M]. London：Laurence King Publishing，2013.

69. FRAMPTON K. The evolution of 20th-century architecture：a synoptic account[M]. New York：Springer，2006.

70. 弗兰姆普敦．20世纪建筑学的演变：一个概要陈述[M]. 张钦楠，译．北京：中国建筑工业出版社，2007.

71. MAX R，HEUVEL D V D. Team 10，1953-1981：in search of a utopia of the present[M]. Nai Publishers，2006.

72. JONES P B，CANNIFFE E. Modern architecture through case studies 1945-1990[M]. Oxford：Architectural Press，2007.

73. 琼斯，卡尼夫．现代建筑的演变1945-1990年[M]. 王正，郭菂，译．北京：中国建筑工业出版社，2009.

74. IBELINGS H. European architecture since 1890[M]. SUN architecture，2011.

75. 伊贝林斯．19世纪末—21世纪初的欧洲建筑[M]. 徐哲文，申祖烈，译．北京：中国建筑工业出版社，2015.

76. INGERSOLL R，KOSTOF S. World architecture：a cross-cultural history[M]. New York：Oxford University Press，2018.

77. JAMES-CHAKRABORTY K. Architecture since 1400[M]. University of Minnesota Press，2014.

78. 詹姆斯-柴克拉柏蒂．1400年以来的建筑：一部基于全球视角的建筑史教科书[M]. 贺艳飞，译．南宁：广西师范大学出版社，2017.

79. COHEN J. The future of architecture since 1889：a worldwide history[M]. Phaidon，2016.

80. MALLGRAVE H F，BRESSANI M，CONTANDRIOPOULOS C. The companions to the history of architecture：volume iii，nineteenth-century architecture[M]. John Wiley & Sons，2017.

81. MALLGRAVE H F，LEATHERBARROW D，EISENSCHMIDT A. The companions to the history of architecture：volume iv，twentieth-century architecture[M]. John Wiley & Sons，2017.

82. 吴焕加．20世纪西方建筑史[M]. 郑州：河南科学技术出版社，1998.

83. 弗兰姆普敦．20世纪世界建筑精品集锦（1900-1999）[M]. 张钦楠，译．北京：中国建筑工业出版社，1999.

二、分章参考文献

第一章

84. EASTLAKE C L. A history of the gothic revival：an attempt to show how the taste for medieval architecture which lingered in England during the last two centuries has since been encouraged and developed[M]. Leicester，1971.

85. EGBERT D D. The Beaux-Arts tradition in french architecture[M]. Princeton Architecture Books，1980.

86. ETLIN R A. Symbolic space，French enlightenment architecture and its legacy[M]. Chicago：University of Chicago Press，1994.

87. HERMANN W. Laugier and eighteenth century French theory[M]. Sotheby Parke Bernet Pubns，1986. 1st ed. 1962.

88. HIPPLE W J. The beautiful，the sublime and the picturesque in eighteenth century british aesthetic theory[M]. Carbondale，1957.

89. HUNT J D. Gardens and the Picturesque：studies in the history of landscape architecture[M]. Cambridge：MIT Press，1992.

90. LAUGIER M-A. An essay on architecture[M]. Anni Hermann (trans.). Hennessey & Ingalls. 2009.

91. LAUGIER M-A. Essai sur l'Architecture. A Paris，chez Duchesne，rue S. Jacques，au Temple du Goût[M]. DCC. LIII. Avec approbation & privilege du Roy，1753.

92. 洛吉耶 . 洛吉耶论建筑[M]. 尚晋，张利，王寒妮，译 . 北京: 中国建筑工业出版，2015.

93. LEDOUX C-N. Architecture considered in relation to art，morals and legislation[M]. Anthony Vidler (trans.). Princeton Architecture Books，1983.

94. RUSKIN J. The seven lamps of architecture[M]. Dover Publications, 1989.

95. 罗斯金 . 建筑的七盏明灯 [M]. 石琪琪，译 . 西安：陕西师范大学出版总社，2022.

96. RUSKIN J. The stones of Venice[M]. Da Capo Press，2003.

97. 罗斯金 . 威尼斯的石头 [M]. 孙静，译 . 济南：山东画报出版社，2014.

98. SEMPER G. The four elements of architecture and other writings (res monographs in anthropology and aesthetics)[M]. Harry F. Mallgrave and Wolfgang Herrmann (trans.). Cambridge University Press，1989;

99. SEMPER G. Die vier Elemente der Baukunst：ein Beitrag zur vergleichenden Baukunde[M]. Braunschweig,F. Vieweg，1851.

100. 森佩尔 . 建筑四要素 [M]. 罗德胤，等译 . 北京：中国建筑工业出版社，2010.

101. SEMPER G. Style in the Technical and Tectonic Arts：or，Practical Aesthetics[M]. Harry F. Mallgrave and Michael Robinson (trans.). Texts & Documents，2004.

102. SEMPER G. Der Stil in der technischen und tektonischen Kunsten[M]. Verlag für Kunst und Wissenschaft，1860-1963.

103. STILLMAN D. English Neo-Classical architecture[M]. London：Zwemmer，1988.

104. VIDLER A. The writings of the walls：architectural theory in the late enlightenment[M]. Princeton Architectural Press，1987.

105. VIOLLET-LE-DUC E E. Lectures on architecture，volume I，volume II[M]. Dover Publications，2011.

106. 维奥莱 - 勒 - 迪克 . 维奥莱 - 勒 - 迪克建筑学讲义 [M]. 徐玫，白颖，译 . 北京：中国建筑工业出版社，2015.

107. WATKIN D. Athenian Stuart，pioneers of the Greek Revival[M]. London：George Allen and Unwin，1982.

108. WIEBENSON D. Sources of Greek Revival architecture[M]. Zwemmer Ltd.，1969.

第二章

109. EGBERT D D. Social radicalism and the arts，Western Europe：a cultural history from the French Revolution to 1968[M]. Knopf，1970.

110. KIMBALL F. American architecture[M]. Indianapolis：Bobbs-Merrill，1928.

111. LOOS A. Ornament and crime，selected essays[M]. Michael Mitchell (trans.). Ariadne Pr，1997.

112. LOOS A. Trotzdem，1900-1930[M]. Brenner-Verlag,1931.

113. 路斯 . 装饰与罪恶: 尽管如此 1900-1930[M]. 熊庠楠，梁楹成，译 . 武汉：华中科技大学出版社，2018.

114. LOOS A. Ins Leere Gesprochen 1897-1900 (parole nel vuoto/spoken into the void：collected essays 1897-1900)[M]. Paris and Zurich：Georges Crès，1921.

115. LOOS A. Spoken into the void: collected essays 1897-1900[M]. Jane O. Newman and John H. Smith (Trans.) Cambridge: MIT Press, 1987.

116. 路斯 . 言入空谷：路斯 1897-1900 年文集 [M]. 范路，译 . 北京：中国建筑工业出版社，2014.

117. MORAVÁNSKY A. Competing visions：aesthetic invention and social imagination in central european architecture，1867-1918[M]. Cambridge：MIT Press，1998.

118. MUMFORD L. The brown decades：a study of the arts in america，1865-1895[M]. Harcourt，Brace，1931.

119. RUSSELL F. Art nouveau architecture[M]. New York：Academy Editions，1979.

120. WAGNER，O. Modern architecture[M]. Harry Francis Mallgrave (trans.). Santa Monica：The Getty Center for the History of Art and the Humanities，1988.

121. WAGNER O. Modern architectur[M]. Wien：Schroll，1896.

122. ANDERSON S. Peter Behrens and a new architecture for the twentieth century[M]. Cambridge：MIT Press，2000.

第三章

123. HABERMAS J. The philosophical discourse of modernity：twelve lectures[M]. Cambridge：Polity in association with Basil Blackwell，1987.

124. HARRISON C，WOOD Paul. Art in theory，1900-2000：an anthology of changing ideas[M]. Oxford：Blackwell Publishers，2003.

125. NIETZSCHE F W. The birth of tragedy：out of the spirit of music[M]. London：Penguin，1993.

126. 尼采 . 悲剧的诞生 [M]. 孙周兴，译 . 上海：上海人民出版社，2018.

127. BASSIE A. Expressionism[M]. Parkstone Press，2008.

128. BEHNE A. The modern functional building[M]. Santa Monica，Calif. : Getty Research Institute for the History of Art and the Humanities，1996.

129. READ H E. A concise history of modern painting[M]. London：Thames & Hudson，1997.

130. 里德 . 现代绘画简史 [M]. 洪潇亭，译 . 南宁：广西美术出版社，2015.

131. GROPIUS W. Bauhausbauten Dessau[M]. Dessau：Bauhaus，1930.

132. SIEBENBRODT M，Schöbe L. Bauhaus[M]. New York：Parkstone Press，2009.

133. NEUMEYER F. The artless word：Mies van der Rohe on the building art[M]. Cambridge，Mass. : MIT Press，1991.

134. SCHULZE F，WINDHORST E. Mies van der Rohe：a critical biography[M]. Chicago：University of Chicago Press，2012.

135. COHEN J-L. Mies van der Rohe[M]. London：Taylor & Francis，1996.

136. JENCKS C. Le Corbusier and the continual revolution in architecture[M]. New York：Monacelli，2000.

137. FRAMPTON K. Le Corbusier[M]. London：Thames & Hudson，2001.

138. LE CORBUSIER. Vers une Architecture[M]. Paris：Gres et Cie，1923.

139. LE CORBUSIER. Towards a new architecture[M]. Oxford：Architectural Press，1987.

140. 柯布西耶．走向新建筑 [M]. 陈志华，译．北京：商务印书馆，1996.

141. COHEN J-L. Le Corbusier，1887-1965：the lyricism of architecture in the machine age[M]. Köln：Taschen，2004.

142. LE CORBUSIER. The city of tomorrow and its planning[M]. London：Architectural Press，1971.

143. CURTIS W J R. Le Corbusier：ideas and forms[M]. Oxford：Phaidon，2015.

144. 柯蒂斯．勒 · 柯布西耶：理念与形式 [M]. 钱锋，沈君承，倪佳仪，译．北京：中国建筑工业出版社，2020.

145. ZEVI B. Erich Mendelsohn：the complete works[M]. Boston：Birkhäuser，1999.

146. AALTO A，SCHILDT G. Alvar Aalto in his own words[M]. New York：Rizzoli，1998.

147. QUANTRILL M. Alvar Aalto：a critical study[M]. New York：New Amsterdam，1989，1983.

148. MUMFORD E P. The CIAM discourse on urbanism，1928-1960[M]. Cambridge，Mass.：MIT Press，2000.

149. CONRADS U. Programmes and manifestoes on 20th-century architecture[M]. Lund：Humphries，1970.

150. SULLIVAN L H. The autobiography of an idea[M]. New York：Dover Publications，1956.

151. WRIGHT F L. Frank Lloyd Wright collected writings[M]. New York：Rizzoli，1992.

152. MCCARTER R. Frank Lloyd Wright[M]. London：Reaktion Books，2006.

153. WRIGHT F L. The disappearing city[M]. New York：W. F. Payson，1932.

154. ROSENBAUM A. Usonia：Frank Lloyd Wright's design for America[M]. Washington，D. C.：Preservation Press，1993.

第四章与第五章

155. ALBRECHT D. World War II and the American dream：how war-time building changed a nation[M]. Washington DC：National Building Museum，1995.

156. BANHAM R. The new brutalism[M]. Reinhold，1966.

157. MCHARG I. Design with Nature[M]. John Wiley & Sons，1995.

158. 麦克哈格．设计结合自然 [M]. 芮经纬，译．北京：中国建筑工业出版社，1992，2006.

159. BANHAM R. Megastructure：urban futures of the recent past[M]. Harper & Row，1976.

160. CANIZARO V B. Architectural regionalism：collected writings on place，identity，modernity，and tradition[M]. Princeton Architectural Press，2007.

161. COLQUHOUN A. Essays in architectural criticism[M]. Cambridge：MIT Press，1981.

162. EISENMAN P. The formal basis of modern architecture[M]. Dissertation at the University of Cambridge，1963.

163. 埃森曼．现代建筑的形式基础 [M]. 罗旋，安太然，贾若，等译．上海：同济大学出版社，2018.

164. ALEXANDER C. Murray Silverstein，Sara Ishikawa，a pattern language，towns，buildings，construction[M]. Oxford University Press，1977.

165. 亚历山大，等．建筑模式语言．城镇 · 建筑 · 构造 [M]. 周序鸿，王听度，译．北京：知识产权出版社，2002

166. EVANS R. Translations from drawings to building and other essays[M]. London：Architectural Association，1996.

167. 埃文斯．从绘图到建筑物的翻译及其他文章 [M]. 刘东洋，译．北京：中国建筑工业出版社，2018.

168. FRAMPTON K. Studies in tectonic culture[M]. Cambridge：MIT Press，1995.

169. 弗兰姆普顿．建构文化研究：论 19 世纪和 20 世纪建筑中的建造诗学 [M]. 王骏阳，译．北京：中国建筑工业出版社，2007.

170. GHIRARDO D. Architecture after modernism[M]. Thames & Hudson，1996.

171. GWATHMEY C. Five architects：Eisenman，Graves，Gwathmey，Hejduk，Meier[M]. Oxford University Press，1975.

172. JACOBS J. The death and life of great american cities[M]. Vintage，1961.

173. 雅各布斯．美国大城市的死与生 [M]. 金衡山，译．北京：译林出版社，2005.

174. JENCKS C. The language of post-modern architecture[M]. Rizzoli，1977.

175. 詹克斯．后现代建筑语言 [M]. 李大夏，译．北京：中国建筑工业出版社，1986.

176. KOOLHAAS R. Delirious New York：retroactive manifesto for manhattan[M]. Oxford University Press，1978.

177. 库哈斯．癫狂的纽约：给曼哈顿补写的宣言．唐克扬，译．上海：生活 · 读书 · 新知三联书店，2015.

178. LEATHERBARROW D. Topographical stories：studies in landscape and architecture. [M]. University of Pennsylvania Press，2004.

179. 莱瑟巴罗．地形学故事：景观与建筑研究．刘东洋，陈洁萍，译．北京：中国建筑工业出版社，2018.

180. MONEO R. Theoretical anxiety and design strategies in the work of eight contemporary architects[M]. Gina Cariño (trans.). Cambridge：MIT Press，2004.

181. 莫内欧．八位当代建筑师 [M]. 林芳慧，译．田园城市文化有限公司，2008.

182. NORBERG-SCHULZ C. Genius Loci，towards a phenomenology of architecture[M]. New York：Rizzoli，1980.

183. 诺伯舒兹．场所精神：迈向建筑现象学 [M]. 施植明，译．武汉：华中科技大学出版社，2010.

184. PAPADAKIS A C. Deconstruction in architecture [special issues][M]. Architectural Design，1988.

185. ROSSI A. The architecture of the city[M]. Peter Eisenman (trans.). Cambridge：MIT Press，1982；

L'architettura della città. Padova：Marsilio. 1966.

186. ROSSI A. L'architettura della città[M]. Padova：Marsilio. 1966.

187. 罗西．城市建筑学 [M]. 黄士钧，译．北京：中国建筑工业出版社，2006.

188. ROWE C，FRED K. Collage city[M]. Cambridge：MIT Press，1978.

189. 罗，科特．拼贴城市 [M]. 童明，译．上海：同济大学出版社，2021.

190. ROWE C，ROBERT S. Transparency [M]. St. Martin' s Press，1983.

191. 罗，斯拉茨基．透明性 [M]. 金秋野，王又佳，译．北京：中国建筑工业出版社，2008.

192. TAFURI M. Teoria e storia dell'architettura [M]. Laterza，1968.

193. 塔夫里．建筑学的理论和历史 [M]. 郑时龄，译．北京：中国建筑工业出版社，2010.

194. TAFURI M，BARBARA L L P. Architecture and Utopia：design and capitalist development[M]. Barbara Luigia La Penta (trans.). Cambridge：MIT Press，1979.

195. TAFURI M，BARBARA L L P. Progetto e utopia：architettura e sviluppo capitalistico. Bari：Laterza，1973.

196. VENTURI R. Complexity and contradiction in architecture[M]. Museum of Modern Art，1966.

197. 文丘里．建筑的复杂性与矛盾性．周卜颐，译．南京：江苏凤凰科学技术出版社，2017.

198. VENTURI R，BROWN D S，IZENOUR S. Learning from Las Vegas[M]. Cambridge：MIT Press，1972.

199. 文丘里，布朗，艾泽努尔．向拉斯韦加斯学习 [M]. 徐怡芳，王健，译．北京：水利水电出版社，2006.

200. VIDLER A. The architectural uncanny：essays in the modern unhomely[M]. Cambridge：MIT Press，1992.

201. 维德勒．建筑的异样性：关于现代不寻常感的评论 [M]. 贺玮玲，贺镇东，译．北京：中国建筑工业出版社，2018.

202. 林中杰．丹下健三与新陈代谢运动 [M]. 韩晓晔，译．北京：中国建筑工业出版社，2011.

203. 朱渊，王建国．现世的乌托邦——“十次小组”城市建筑理论 [M]. 北京：中国建筑工业出版社，2012.

三、理论类参考文献

204. SCOTT G. The architecture of humanism：a study in the history of taste[M]. W. W. Norton & Company，1914.

205. 斯科特．人文主义建筑学——情趣史的研究 [M]. 张钦楠译．北京：中国建筑工业出版社，2012.

206. RYKWERT J. On Adam's house in paradise：the idea of the primitive hut in architectural history[M]. New York：The Museum of Modern Art，1972.

207. 里克沃特．亚当之家 [M]. 李保，译．北京：中国建筑工业出版社，2006.

208. ROWE C. The mathematics of the ideal villa and other essays[M]. The MIT Press，1976.

209. KRUFT H-W. A history of architectural theory：from vitruvius to the present[M]. Chronicle Books Llc，1994.

210. KRUFT H-W. Geschichte der architekturtheorie：von der Antike bis zur gegenwart[M]. C. H. Beck，1985.

211. 克鲁夫特．建筑理论史：从维特鲁威到现在．王贵祥，译．北京：中国建筑工业出版社，2005.

212. COLQUHOUN A. Essays in architectural criticism：modern architecture and historical change[M]. Cambridge：MIT Press，1985.

213. COLQUHOUN A. Modernity and the classical tradition：architectural essays 1980-1987[M]. Cambridge：MIT Press，1989.

214. VAN PELT R J，WESTFALL C W. Architectural principles in the age of historicism[M]. Yale University Press，1991.

215. OCKMAN J. Architecture culture 1943-1968[M]. New York：Columbia Books of Architecture，1993.

216. ROWE C. Alexander C. As I was saying，recollections and miscellaneous Essays[M]. Cambridge：MIT Press，1996.

217. LEGATES R T，FREDERIC S. The city reader[M]. Routledge，1996.

218. NESBITT K. Theorizing a new agenda for architecture：an anthology of architectural theory 1965-1995[M]. Princeton Architectural Press，1996.

219. LEACH N. Rethinking architecture[M]. Routledge，1997.

220. JENCKS C，KROPF K. Theories and manifestos of contemporary architecture[M]. Wiley-Academy，1997.

221. 詹克斯，克罗普夫．当代建筑的理论和宣言．周玉鹏，等译．北京：中国建筑工业出版社出版，2005.

222. HAYS K M. Oppositions reader：selected essays 1973-1984[M]. Princeton Architectural Press，1999.

223. HEYNEN H. Architecture and modernity：a critique[M]. Cambridge：MIT Press，1999.

224. 海嫩．建筑与现代性 [M]. 卢永毅，周鸣浩，译．北京：商务印书馆，2015.

225. TOURNIKIOTIS P. The historiography of modern architecture[M]. Cambridge: The MIT Press，1999.

226. 图尼基沃蒂斯．现代建筑的历史编撰 [M]. 王贵祥，译．北京：清华大学出版社，2012.

227. JAY M S，KENT F S. Classic readings in architecture[M]. The McGraw-Hill Companies Inc.，1999.

228. 斯坦，斯普雷克尔迈耶．建筑经典读本 Classic Readings in Architecture [M]. 北京：中国水利水电出版社，知识产权出版社，2004

229. HALE J A. Building ideas：an introduction to architectural theory[M]. Wiley，2000.

230. 黑尔．建筑理念——建筑理论导论 [M]. 方滨，王涛，译．北京：中国建筑工业出版社，2015.

231. HAYS M. Architecture theory since 1968[M]. Cambridge：MIT Press，2000.

232. FORTY A. Words and buildings：a vocabulary of modern architecture[M]. Thames & Hudson，2000.

233. 福蒂．词语与建筑物：现代建筑的语汇 [M]. 李华，武昕，诸葛净，译．北京：中国建筑工业出版社，2018.

234. PEVSNER N，RICHARDS J M，SHARP D. Anti-rationalists and the rationalists[M]. Architectural Press，2000.

235. 佩夫斯纳，等．反理性主义者与理性主义者 [M]. 邓敬，等译．北京：中国建筑工业出版社，2003.

236. MALLGRAVE H F. Modern architectural theory：

a historical survey，1673-1968[M]. Cambridge University Press，2005.

237. 马尔格雷夫 . 现代建筑理论的历史，1673—1968[M]. 陈平，译 . 北京：北京大学出版社，2017.

238. MALLGRAVE H，Architectural theory Vol. 2. an anthology from 1871 to 2005[M]. Blackwell，2007.

239. SAINT A. Architect and engineer：a study in sibling rivalry[M]. Yale University Press，2008.

240. VIDLER A. Histories of the immediate present：inventing architectural modernism[M]. Cambridge：MIT Press，2008.

241. SYKES K. Constructing a new agenda：architectural theory 1993-2009[M]. Princeton Architectural Press，2010.

242. MALLGRAVE H F，GOODMAN D J. An introduction to architectural theory：1968 to the present[M]. Wiley-Blackwell，2011.

243. 马尔格雷夫，戈德曼 . 建筑理论导读——从 1968 年到现在 [M]. 赵前，周卓艳，高颖，译 . 北京：中国建筑工业出版社，2017.

244. PAYNE A. From ornament to object：genealogies of architectural modernism[M]. Yale University Press，2012.

245. 鈴木博之 . 建筑の七つの力 [M]. 鹿岛出版会，1984.

246. 铃木博之 . 建筑的七个力 [M]. 李强，译 . 北京：中国建筑工业出版社，2009.

247. 刘先觉 . 现代建筑理论 [M]. 中国建筑工业出版社，2001.

248. 郑时龄 . 建筑批评学 [M]. 中国建筑工业出版社，2001.

249. 卢永毅 . 建筑理论的多维视野 [M]. 北京：中国建筑工业出版社，2009.

250. 王骏阳 . 理论 · 历史 · 批评（一）[M]. 上海：同济大学出版社，2017.

251. 王骏阳 . 阅读柯林 · 罗的《拉图雷特》[M]. 上海：同济大学出版社，2018.

252. Vittorio Magnago Lampugnani，Modernity and Durability：perspectives for the culture of design[M]. DOM Publishers，2018.